"十二五"普通高等教育本科国家级规划教材

教育部地质工程教学指导分委员会规划教材

岩土工程勘察

GEOTECHNICAL ENGINEERING INVESTIGATION

项 伟 唐辉明 主编

化学工业出版社

·北京·

本书分5篇22章。第1篇为岩土工程勘察的技术方法，包括岩土工程勘察基本技术要求、工程地质测绘和调查、勘探与取样、土体原位测试、岩体原位测试、水文地质原位测试、现场检验与监测、岩土工程分析评价与勘察报告。第2篇为特殊性岩土勘察，包括湿陷性土、红黏土、软土、混合土、填土、多年冻土、膨胀岩土、盐渍岩土、风化岩和残积土、污染土的勘察。第3篇为不良工程地质场地勘察，包括斜坡场地、泥石流发育地区、岩溶发育地区、高地震烈度场地和地下采空区场地的勘察。第4篇为各类建筑岩土工程勘察，包括房屋建筑与构筑物、地下洞室工程、道路和桥梁工程、水利水电工程和港口工程的勘察。第5篇为新兴建筑岩土工程勘察，包括城市轨道交通、废物处理工程、核电厂工程的勘察。

本书是作者们在总结多年教学、科研成果的基础上，系统全面地介绍岩土工程勘察的基本理论、基本知识及其在工程上的应用，同时反映本学科最新科研成果和技术方法。

本书体系合理，内容充实，深入浅出，实用性强，可作为地质工程、土木工程、建筑工程、环境工程等专业的本科生教材，亦可供高等院校有关专业师生及从事相关专业工作的科技人员、工程师参考。

图书在版编目（CIP）数据

岩土工程勘察/项伟，唐辉明主编. —北京：化学工业出版社，2012.8 （2024.2重印）

教育部地质工程教学指导分委员会规划教材

ISBN 978-7-122-14831-5

Ⅰ.①岩… Ⅱ.①项…②唐… Ⅲ.①岩土工程-地质勘探-高等学校-教材 Ⅳ.①TU412

中国版本图书馆 CIP 数据核字（2012）第 158893 号

责任编辑：彭喜英 陶艳玲　　　　　　文字编辑：颜克俭
责任校对：周梦华　　　　　　　　　　装帧设计：韩　飞

出版发行：化学工业出版社（北京市东城区青年湖南街 13 号　邮政编码 100011）
印　　装：三河市延风印装有限公司
787mm×1092mm　1/16　印张 24　字数 650 千字　　2024 年 2 月北京第 1 版第 12 次印刷

购书咨询：010-64518888　　　　　　　售后服务：010-64518899
网　　址：http://www.cip.com.cn

凡购买本书，如有缺损质量问题，本社销售中心负责调换。

定　　价：48.00 元　　　　　　　　　　　　　　　版权所有　违者必究

前　言

《岩土工程勘察》是"地质工程"和"土木工程（岩土）"专业的主干课程，也是环境工程、水利水电工程及应用地质学的重要必修课。

本书作者在中国地质大学多年教学、科研积累的基础上，总结自己多年教学经验，以勘察岩土体性质为重点，系统全面地介绍岩土工程勘察的基础知识、基本理论和基本方法，同时反映本学科最新科研成果和技术方法。

本教材是按 80 学时编写的。全书分 5 篇 22 章。第 1 篇为岩土工程勘察的基本技术方法，包括岩土工程勘察基本技术要求、工程地质测绘和调查、勘探与取样、土体原位测试、岩体原位测试、水文地质原位测试、现场检验与监测、岩土工程分析评价与勘察报告。第 2 篇为特殊性岩土的勘察，包括湿陷性土、红黏土、软土、混合土、填土、多年冻土、膨胀岩土、盐渍岩土、风化岩和残积土、污染土的勘察。第 3 篇为不良工程地质场地勘察，包括斜坡场地、泥石流发育地区、岩溶发育地区、高地震烈度场地和地下采空区场地的勘察。第 4 篇为各类建筑岩土工程勘察，包括房屋建筑与构筑物、地下洞室工程、道路和桥梁工程、水利水电工程和港口工程的勘察。第 5 篇为新兴建筑岩土工程勘察，包括城市轨道交通、废物处理工程、核电厂工程的勘察。

通过本课程的学习，要求学生全面掌握岩土工程勘察的基本知识，以及从服务工程建设的角度去研究岩土性质的基本方法，初步具备解决重大工程地质实际问题的能力，为今后从事生产实际工作和科学研究打好基础。在岩土工程勘察课程教学中，通过基本概念、基本理论、基本方法的教学，培养学生发现、分析和解决工程地质问题的能力。课程以讲授为主，辅以必要习题、作业，应有一定的实践性教学内容，注重理论与实践相结合。

本书由项伟、唐辉明主编，编写分工如下：绪论由唐辉明编写，第 1 篇和第 2 篇由崔德山编写，第 3 篇、第 4 篇和第 5 篇由项伟编写。作者们力图做到体系严谨、合理，基本概念清楚、明确，知识内容重点突出，使本科生易于掌握、学以致用。

本书编写大纲曾征求了张咸恭，天津城市建设学院土木系韩文峰，中国水电顾问集团昆明勘测设计研究院王文远，铁道部第三勘察设计院许再良，太原理工大学水利学院王银梅，吉林大学朝阳校区建设工程学院王清，中国海洋大学环境科学与工程学院贾永刚等单位和专家的意见，并得到教育部地质工程教学指导分委员会专家们的指导。初稿完成后，编者们进行了互审，并提出了修改意见，之后编者们进行了认真修改，最后由项伟统一定稿。

本书编写过程中，得到中国地质大学（武汉）工程学院、工程地质与岩土工程系老师们的支持和帮助。也得到了中国地质大学（武汉）"十二五"教材建设经费资助。谨向他们致以衷心的感谢！

书中不当之处在所难免，恳望读者批评指正。

编　者

2012 年 3 月

目　录

绪　　论

0.1　岩土工程与岩土工程勘察

岩土工程（Geotechnical Engineering）是欧美国家于 20 世纪 60 年代在前人土木工程实践基础上建立起来的一种新的技术体系，它主要研究的是岩体和土体的工程问题。岩土工程勘察是在工程地质勘察的基础上特别注意与地基处理和基础工程施工有关的数据，这些数据主要通过钻探、物探、试验、监测等手段获得。

岩土工程是以求解岩体与土体工程问题，包括地基与基础、边坡和地下工程等问题，作为自己的研究对象。它涉及岩体与土体的利用、整治和改造，包括岩土工程的勘察、设计、施工和监测四个方面。这种为工程建设全过程服务的技术体制，在房屋、道路、航运、能源、矿山和国防等建设工程中占有重要的地位，在保证工程质量、降低工程造价、缩短工程周期以及提高工程经济效益、环境效益和社会效益方面起到了重要作用。

岩土工程以工程地质学、土力学、岩体力学和基础工程学为理论基础，以解决在建设过程中出现的与岩体和土体有关的工程技术问题，是一门地质与工程紧密结合的学科。可以认为，岩土工程是由土木工程、地质、力学和材料科学等多学科相互渗透、融合而形成的边缘学科。就学科的内涵和属性来说，岩土工程是一门服务于工程建设的综合性和应用性都很强的技术学科，属于土木工程范畴。

工程建筑与岩土体之间处于相互依存又相互制约的矛盾中。研究两者之间的关系，促使矛盾的转化和解决，是岩土工程的基本任务。

在土木工程中，各种建筑物以岩土体作为建筑材料、工程结构或建筑环境，岩土工程的地位相当重要。而且，随着工程规模愈来愈大，岩土工程问题愈益突出和复杂，给岩土工程师提出了各种新的、前所未有的研究课题。

就房屋建筑和构筑物而言，目前世界上最高建筑物为阿拉伯联合酋长国的迪拜塔（现已更名为哈利法塔），设计高度 828m，160 层；我国最高建筑物为上海环球金融中心，设计高度 492m，101 层。显然，一般天然土体是难以满足其荷载要求的，为此需要采用桩基础或对地基土进行处理，这就要研究桩身的尺寸、材料强度以及桩基持力层的选择和承载力等问题。此外，施工时深基坑开挖支护和降水问题也很重要。岩土工程在此类工程的总造价和总工期中占 1/3 左右。当今世界上边坡工程规模也很大，土质边坡最高的有 120m，而岩质露天矿坑边坡则高达 1000 余米。在边坡工程中，岩土体既是建筑材料，又是工程结构。高边坡工程的稳定性问题十分突出，尤其是岩质边坡，分析它的稳定性时必须要弄清楚岩体结构，并采用工程地质和岩体力学理论分析其变形、破坏的机制，对稳定性的现状和演化趋势作出科学的评价。对地下工程而言，岩土体既是建筑材料，又是工程结构和建筑环境。它的岩土工程问题更为复杂和多样，诸如围岩稳定、施工开挖、涌水、瓦斯爆炸等，尤其是在复杂地质条件下的大埋深、大跨度、高边墙的地下工程，上述问题更具特殊性。

工程岩土体是地质体的一部分，其工程性质的形成和演化以及对建筑的适应性，与它的物质组成、结构和赋存环境息息相关。因此，岩土工程师在着手解决任何一项岩土工程问题时，首先要查明岩土体的地质特征和场地工程地质条件，尤其是地质条件比较复杂的重大岩体工程，场地工程地质条件的研究更显得重要，甚至会成为影响工程效益、投资抑或成败的关键。可见，岩土工程师必须具备地质和工程地质的基本理论知识，要有较好的地质素养。可以认为，工程地质学是岩土工程的重要基础和支柱。

0.2　岩土工程勘察与工程地质勘察

岩土工程勘察（Geotechnical Engineering Investigation）是根据建设工程的要求，查明、分析、评价建设场地的地质、环境特征和岩土工程条件，编制勘察文件的活动。按其进行阶段可分为：预可行性阶段、工程可行性研究阶段、初步设计阶段、施工图设计阶段、补充勘察、施工勘察等。根据勘察对象的不同，可分为：水利水电工程（主要指水电站、水工构造物的勘察）、铁路工程、公路工程、港口码头、大型桥梁及工业、民用建筑等。由于水利水电工程、铁路工程、公路工程、港口码头等工程一般比较重大、投资造价及重要性高，国家分别对这些类别的工程勘察进行了专门的分类，编制了相应的勘察规范、规程和技术标准等，通常这些工程的勘察称为工程地质勘察。因此，通常所说的"岩土工程勘察"主要指工业、民用建筑工程的勘察，勘察对象主体主要包括房屋楼宇、工业厂房、学校楼舍、医院建筑、市政工程、管线及架空线路、岸边工程、边坡工程、基坑工程、地基处理等。

工程地质勘察（Engineering Geological Investigation）是研究、评价建设场地的工程地质条件所进行的地质测绘、勘探、室内实验、原位测试等工作的统称。为工程建设的规划、设计、施工提供必要的依据及参数。工程地质勘察是为查明影响工程建筑物的地质因素而进行的地质调查研究工作。所需勘察的地质因素包括地质结构或地质构造、地貌、水文地质条件、土和岩石的物理力学性质、自然（物理）地质现象和天然建筑材料等，这些通常称为工程地质条件。查明工程地质条件后，需根据设计建筑物的结构和运行特点，预测工程建筑物与地质环境相互作用（即工程地质作用）的方式、特点和规模，并作出正确的评价，为确定保证建筑物稳定与正常使用的防护措施提供依据。

0.3　岩土工程勘察的任务

岩土工程勘察是岩土工程技术体制中的一个重要环节，是工程建设首先开展的基础性工作。它的基本任务，就是按照建筑物或构筑物不同勘察阶段的要求，为工程的设计、施工以及岩土体治理加固、开挖支护和降水等工程提供地质资料和必要的技术参数，对有关的岩土工程问题作出论证、评价。其具体任务归纳如下。

① 阐述建筑场地的工程地质条件，指出场地内不良地质现象的发育情况及其对工程建设的影响，对场地稳定性作出评价。

② 查明工程范围内岩土体的分布、性状和地下水活动条件，提供设计、施工和整治所需的地质资料和岩土技术参数。

③ 分析、研究有关的岩土工程问题，并作出评价结论。

④ 对场地内建筑总平面布置、各类岩土工程设计、岩土体加固处理、不良地质现象整治等具体方案作出论证和建议。

⑤ 预测工程施工和运行过程中对地质环境和周围建筑物的影响，并提出保护措施的建议。

⑥ 根据勘察结果，选择最适宜的建筑场址，计算地基和基础的承载力、变形和稳定性。

下面解释一下任务中提到的几个术语的含义。

（1）工程地质条件　定义为与工程建设有关的地质因素的综合。这些因素包括：岩土类型及其工程性质、地质构造及岩土体结构、地貌、水文地质、工程动力地质作用和天然建筑材料等方面。显然，工程地质条件是一个综合概念，它直接影响到工程建筑物的安全、经济和正常运行。所以，任何类型的工程建设，进行勘察时必须查明建筑场地的工程地质条件，并把它作为岩土工程勘察的基本任务。工程地质条件是在自然地质历史发展演化过程中客观形成的，因此必须依据地质学的基本理论采用自然历史分析方法去研究它。

（2）岩土工程问题　指的是工程建筑物与岩土体之间所存在的矛盾或问题。在岩土工程施工以及工程建筑物建成使用过程中，工程部位的岩土体和地下水与建筑物发生作用，导致岩土工程问题的出现。由于建筑物的类型、结构和规模不同，其工作方式和对岩土体的负荷不同。因此，岩土工程问题是复杂多样的。例如，工业与民用建筑主要的岩土工程问题是地基承载力和沉降问题。但是，由于建筑物的功能和高度不同，对地基承载力要求的差别较大，允许沉降的要求也不同。此外，高层建筑物深基开挖和支护、施工降水、坑底回弹隆起及坑外地面位移等各种岩土工程问题较多。而地下洞室主要的岩土工程问题是围岩稳定性问题；除此之外，还有洞脸边坡稳定、地面变形和施工涌水等问题。岩土工程问题的分析、评价，可以说是岩土工程勘察的核心任务，每一项工程进行岩土工程勘察时，对主要的岩土工程问题必须作出确切的评价结论。

（3）不良地质现象　定义为对工程建设不利或有不良影响的动力地质现象。它泛指地球外动力作用为主引起的各种地质现象，如崩塌、滑坡、泥石流、岩溶、土洞、河流冲刷以及渗透变形等，它们既影响场地稳定性，也对地基基础、边坡工程、地下洞室等具体工程的安全、经济和正常使用不利。所以，在复杂地质条件进行岩土工程勘察时，必须查清它们的分布、规模、形成机制和条件、发展演化规律和特点，预测其对工程建设的影响或危害程度，并提出防治对策和措施。

0.4　我国岩土工程勘察现状

新中国成立后，由于国民经济建设的需要，在地质、城建、水利、电力、冶金、机械、铁道、国防等部门，按原苏联的模式，相继设立勘察、设计机构，开展了大规模的工程地质勘察研究工作，为工程规划、设计和施工提供了大量的地质资料，使得一大批重要工程得以顺利施工和正常运行。但是，由于工程地质勘察体制的局限，其明显的弊病和缺陷，一是侧重于定性分析，定量评价不够；二是侧重于"宏观"研究，结合工程具体较差，在建筑结构、基础方案和地基处理措施等方面，往往缺乏权威性意见和建议。这反映了勘察与设计、施工在一定程度上是脱节的，影响了勘察工作社会地位和经济效益的提高；它尤其不能适应市场经济的需要。

针对工程地质勘察的缺陷，中国城建、冶金部门的一些工程勘察单位自 20 世纪 80 年代初期，引进了岩土工程体制。这一技术体制是为工程建设全过程服务的，因此很快就显示了它突出的优越性。之后，各部门相继推广。此时，由于国内地质找矿市场逐渐萎缩，不少原从事找矿地质勘察的地质队也纷纷转产，从事岩土工程勘察。因而形成了一支庞大的岩土工程勘察队伍，它们遍布全国各大、中城市，主要从事工业与民用建筑和市政设施的勘察。由于高层建筑，尤其是超高层建筑的涌现，对天然地基稳定性计算和评价、桩基计算与评价、基坑开挖与支护、岩土加固与改良等方面，都提出了新的研究课题，要求对勘探、取样、原位测试和监测的仪器设备、操作技术和工艺流程等不断创新。由于勘察工作与设计、施工、监测结合紧密，勘察真正成为工程咨询性的工作，为保证工程安全和提高经济效益作出了很大的贡献，并积累了许多勘察经验和资料。可以认为：勘察与设计、施工、监测的紧密结合，是岩土工程技术体制的最大优越性。勘察工作存在的问题，主要是缺乏法定的规范、规程和技术监督不足；此外，某些地区工程勘察市场比较混乱，勘察质量不高。

　　为了在市场经济体制下，使岩土工程勘察能贯彻执行国家有关的技术经济政策，做到技术先进、经济合理、确保工程质量和提高经济效益，由国家建设部会同有关部门，共同制订了中华人民共和国国家标准《岩土工程勘察规范》GB 50021—94，作为强制性国家标准于1995 年 3 月 1 日正式颁布施行。该规范是对原《工业与民用建筑工程地质勘察规范》TJ 21—77 的修订，它既总结了中国 40 多年来工程实践的经验和科研成果，又注意尽量与国际标准接轨。该规范中提出了岩土工程勘察等级，以便在工程实践中按照工程的复杂程度和安全等级区别对待；对工程勘察的目标和任务提出了新的要求，除提供地质资料外，更多地涉及场地岩土体的利用、整治和改造的分析论证；扩大了工程勘察的范围和内容；加强了岩土工程评价的针对性，除规定评价原则外，还分别对各类岩土工程如何结合具体工程进行分析、计算与论证，作了相应的规定。

　　2009 年，根据建设部建标［1998］244 号文的要求，对 1994 年发布的国标《岩土工程勘察规范》进行了修订。目前最新版本是《岩土工程勘察规范（2009 年版）》GB 50021—2001。该规范基本上保持了 1994 年发布的《规范》的适用范围、总体框架和主要内容，作了局部调整。现分为 14 章：1. 总则；2. 术语和符号；3. 勘察分级和岩土分类；4. 各类工程的勘察基本要求；5. 不良地质作用和地质灾害；6. 特殊性岩土；7. 地下水；8. 工程地质测绘和调查；9. 勘探和取样；10. 原位测试；11. 室内试验；12. 水和土腐蚀性的评价；13. 现场检验和监测；14. 岩土工程分析评价和成果报告。

　　从目前国内大量的实践可看出，岩土工程勘察侧重于解决土体工程的场地评价和地基稳定性问题，而对地质条件较复杂的岩体工程，尤其是重大工程（如水电站、核电站、铁路干线等）的区域地壳稳定性，边坡和地下洞室围岩稳定性的分析、评价，仅由岩土工程师是无法胜任的，必须有工程地质人员的参与才能解决。这就要求岩土工程与工程地质在发挥各自学科专业优势的前提下，互相渗透、交叉，两者互为补充而相得益彰。

0.5　本书的内容和学习要求

　　本书是为岩土工程专业本科生开设的专业课"岩土工程勘察"而编写的教材，其宗旨是为了使该专业学生能掌握岩土工程勘察的基本原理和方法，为毕业后从事勘察工作打好基础。

　　教材内容共四篇，分别为岩土工程勘察方法、特殊性岩土的勘察、不良地质作用和地质灾害评价与勘察以及各类建筑岩土工程勘察。

　　第 1 篇为岩土工程勘察的技术方法。讨论岩土工程勘察的基本技术要求、工程地质测绘与调查、勘探与取样、岩土体原位测试、现场检验与监测、勘察成果整理等。

　　第 2 篇为特殊性岩土的勘察，讨论湿陷性土、红黏土、软土、混合土、填土、多年冻土、膨胀岩土、盐渍岩土、风化岩和残积土、污染土的工程性质及勘察要点。

　　第 3 篇为不良工程地质场地勘察。讨论各种不同地质作用和地质灾害中的评价方法和勘察要点，包括斜坡场地、岩溶场地、强震区场地及泥石流场地等，以场地稳定性评价为主，讨论其评价准则和方法，不良场地的整治措施。

　　第 4 篇为各类建筑岩土工程勘察，包括房屋建筑与构筑物、地下洞室、道路与桥梁、水利水电工程的岩土工程勘察。以各类建筑主要的岩土工程问题分析、评价为中心，讨论勘察工作布置原则、工作量安排、各勘察阶段所要求的成果。

　　第 5 篇为新兴建筑岩土工程勘察，主要针对现代城市化进程中新兴工程的岩土工程勘察，包括城市轨道交通，垃圾填埋场和核电厂工程的岩土工程勘察。在传统场地稳定性评价的基础上，特别注意场地对环境的影响，有针对性地讨论勘察工作的要点。

　　本课程是土木工程专业岩土工程方向的必修专业课，它的理论性和实践性都比较强。通过本课程学习，要求学生熟练地掌握岩土工程勘察的理论基础和技术方法，为今后从事生产实际工作或科学研究打好基础。课程以讲授为主，并辅以必要的实践性教学内容。

思　考　题

1. 何为岩土工程、岩土工程勘察？岩土工程勘察包含哪些工作内容？
2. 岩土工程勘察的目的和任务有哪些？
3. 如何理解工程地质条件、岩土工程条件、不良地质作用等基本概念？

第1篇　岩土工程勘察的技术方法

第1章　岩土工程勘察基本技术要求

1.1　岩土工程勘察分级和岩土分类

岩土工程勘察等级划分的主要目的，是为了勘察工作量的布置。显然，工程规模较大或较重要、场地地质条件以及岩土体分布和性状较复杂者，所投入的勘察工作量就较大，反之则较小。

按《岩土工程勘察规范》（GB 50021—2001）规定，岩土工程勘察的等级，是由工程重要性、场地和地基的复杂程度三项因素决定的。首先应分别对三项因素进行分级，在此基础上进行综合分析，以确定岩土工程勘察的等级划分。下面先分别论述三项因素等级划分的依据及具体规定，随后综合划分岩土工程勘察的等级。

1.1.1　岩土工程重要性等级

按《岩土工程勘察规范》（GB 50021—2001）岩土工程重要性等级划分是根据工程的规模和特征，以及由于岩土工程问题造成工程破坏或影响正常使用的后果，可分为三个工程重要性等级（表 1-1）。

表 1-1　岩土工程重要性等级划分

重要性等级	破坏后果	工程类型
一级	很严重	重要工程
二级	严重	一般工程
三级	不严重	次要工程

对于不同类型的工程来说，应根据工程的规模和重要性具体划分。目前房屋建筑与构筑物的重要性等级，已在国家标准《建筑地基基础设计规范》（GB 50007—2002）中明确规定根据地基的复杂程度，建筑物规模和功能特征以及由于地基问题造成建筑物破坏及影响正常使用的程度将地基基础设计分为三个设计等级（表 1-2）。此外，各产业部门和地方根据本部门（地方）建筑物的特殊要求和经验，在颁布的有关技术规范中也划分了适用于本部门（地方）的工程重要性等级，一般均划分为三级。

表 1-2　地基基础设计等级

重要性等级	工程规模	建筑及地基类型
甲级	重要工程	重要的工业与民用建筑物；30 层以上的高层建筑；体型复杂，层数相差超过 10 层的高低层连成一体的建筑物；大面积的多层地下建筑物（地下车库、商场及运动场等）；对地基变形有特殊要求的建筑物；复杂地质条件下的坡上建筑物（包括高边坡）；对原有工程影响较大的新建建筑物；场地和地基条件较复杂的一般建筑物；位于复杂地质条件及软土地区的二层或二层以上的地下室的基坑工程
乙级	一般工程	除甲级及乙级以外的工业与民用建筑
丙级	次要工程	场地和地质条件简单荷载分布均匀的七层及七层以内的一般民用建筑物及一般的工用建筑；次要的轻型建筑物

目前，地下洞室、深基坑开挖、大面积岩土处理等尚无工程安全等级的具体规定，可根据实际情况划分。大型沉井和沉箱、超长桩基和墩基、有特殊要求的精密设备和超高压设备、有特殊要求的深基坑开挖和支护工程、大型竖井和平洞、大型基础托换和补强工程，以及其他难度大、破坏后果严重的工程，以列为一级重要性等级为宜。

1.1.2　场地复杂程度等级

场地复杂程度是由建筑抗震稳定性、不良地质现象发育情况、地质环境破坏程度、地形地貌条件和地下水条件五个条件衡量的，也划分为三个等级（表 1-3）。

表 1-3　场地复杂程度等级

等级	一级	二级	三级
建筑抗震稳定性	危险	不利	有利（或地震设防烈度 ≤ 6 度）
不良地质现象发育情况	强烈发育	一般发育	不发育
地质环境破坏程度	已经或可能强烈破坏	已经或可能受到一般破坏	基本未受破坏
地形地貌条件	复杂	较复杂	简单
地下水条件	有影响工程的多层地下水，岩溶裂隙水或其他水文地质条件复杂，需专门研究	基础位于地下水位以下	地下水对工程无影响

　　注：一、二级场地各条件中只要符合其任一条件者即可。

下面讨论一下场地条件的判别。

1.1.2.1　建筑抗震稳定性

按国家标准《建筑抗震设计规范》（GB 50011—2010）规定，选择建筑场地时，对建筑抗震稳定性地段的划分规定如下。

① 危险地段地震时可能发生滑坡、崩塌、地陷、地裂、泥石流及发震断裂带上可能发生地表位错的部位。

② 不利地段软弱土和液化土，条状突出的山嘴，高耸孤立的山丘，非岩质的陡坡、河岸和斜坡边缘，平面分布上成因、岩性和性状明显不均匀的土层（如古河道、断层破碎带、暗埋的塘浜沟谷及半填半挖地基）等。

③ 有利地段岩石和坚硬土或开阔平坦、密实均匀的中硬土等。

上述规定中，场地土的类型按表 1-4 划分。

表 1-4　场地土的类型划分

场地土类型	土层剪切波速/(m/s)	岩土名称和性状
坚硬场地土	$v_s > 500$	稳定的岩石，密实的碎石土
中硬场地土	$500 \geq v_{sm} > 250$	中密、稍密的碎石土，密实、中密的砾、粗、中砂，$f_k > 200$ 的黏性土和粉土
中软场地土	$250 \geq v_{sm} > 140$	稍密的砾、粗、中砂，除松散外的细、粉砂，$f_k \leq 200$ 的黏性土和粉土，$f_k \geq 130$ 的填土
软弱场地土	$v_{sm} \leq 140$	淤泥和淤泥质土，松散的砂，新近代沉积的黏性土和粉土，$f_k < 130$ 的填土

　　注：1. v_s、v_{sm} 分别为土层的剪切波速和平均剪切波速，后者取地面以下 15m 且不深于场地覆盖层厚度范围内各土层的剪切波速，按土层厚度加权的平均值计。

　　2. f_k 为地基土静承载力标准值，kPa。

1.1.2.2　不良地质现象发育情况

不良地质现象泛指由地球外动力作用引起的，对工程建设不利的各种地质现象。它们分布于场地内及其附近地段，主要影响场地稳定性，也对地基基础、边坡和地下洞室等具体的岩土工程有不利影响。

"强烈发育"是指由于不良地质现象发育导致建筑场地极不稳定，直接威胁工程设施的安全。例如，山区崩塌、滑坡和泥石流的发生，会酿成地质灾害，破坏甚至摧毁整个工程建筑物。岩溶地区溶洞和土洞的存在，所造成的地面变形甚至塌陷，对工程设施的安全也会构成直接威胁。"一般发育"是指虽有不良地质现象分布，但并不十分强烈，对工程设施安全的影响不严重；或者说对工程安全可能有潜在的威胁。

1.1.2.3　地质环境破坏程度

由于人类工程经济活动导致地质环境的干扰破坏，是多种多样的。例如，采掘固体矿产资源引起的地下采空；抽汲地下液体（地下水、石油）引起的地面沉降、地面塌陷和地裂缝；修建水库引起的边岸再造、浸没、土壤沼泽化；排除废液引起岩土的化学污染等。地质环境破坏对岩土工程实践的负面影响是不容忽视的，往往对场地稳定性构成威胁。地质环境的"强烈破坏"，是指由于地质环境的破坏，已对工程安全构成直接威胁，如矿山浅层采空导致明显的地面变形、横跨地裂缝等。"一般破坏"是指已有或将有地质环境的干扰破坏，但并不强烈，对工程安全的影响不严重。

1.1.2.4　地形地貌条件

主要指的是地形起伏和地貌单元（尤其是微地貌单元）的变化情况。一般地说，山区和丘陵区场地地形起伏大，工程布局较困难，挖填土石方量较大，土层分布较薄且下伏基岩面高低不平。地貌单元分布较复杂，一个建筑场地可能跨越多个地貌单元，因此地形地貌条件复杂或较复杂。平原场地地形平坦，地貌单元单一，土层厚度大且结构简单，因此地形地貌条件简单。

1.1.2.5　地下水条件

地下水是影响场地稳定性的重要因素。地下水的埋藏条件、类型、地下水位直接影响工程及其建设。其化学成分对工程岩土体及建筑物和构筑物的建筑材料有重要影响。

1.1.3　地基复杂程度等级

地基复杂程度按规定划分为三个地基等级。

（1）一级地基（复杂地基）　符合下列条件之一者即为一级地基：

① 岩土种类多，很不均匀，性质变化大，且需特殊处理；

② 严重缺陷、膨胀、盐渍、污染严重的特殊性岩土，对工程影响大、需作专门处理的岩土。

（2）二级地基（中等复杂地基）　符合下列条件之一者即为二级地基：

① 岩土种类较多，不均匀，性质变化较大；

② 除上述一级地基第二条规定之外的特殊性岩土。

（3）三级地基（简单地基）　符合下列条件者即为三级地基：

① 岩土种类单一，均匀，性质变化不大；

② 无特殊性岩土。

1.1.4　岩土工程勘察等级

综合上述三项因素的分级，即可划分岩土工程勘察的等级（表 1-5）。

1.1.5　岩石的分类和鉴定

1.1.5.1　岩石的分类

在进行岩土工程勘察时，应鉴定岩石的地质名称和风化程度和进行岩石坚硬程度、岩体完整程度和岩体基本质量等级的划分。因岩石的工程性质极为多样，差别很大，进行工程分类十分必要。岩石的分类可以分为地质分类和风化程度，地质分类主要根据其地质成因、矿物成分、结构构造和风化程度，可以用地质名称（即岩石学名称）加风化程度表达，如强风化花岗岩、微风化砂岩等。这对于工程的勘察设计师是十分必要的。岩石的工程分类主要根据岩体的工程性状，使工程师建立起明确的工程特性概念。地质分类是一种基本分类，工程分类应在地质分类的基础上进行，目的是为了较好地概括其工程性质，便于进行工程评价。

表 1-5　岩土工程勘察等级的划分

勘察等级	确定勘察等级的因素		
	工程重要性等级	场地程度等级	地基程度等级
一级	一级	任意	任意
	二级	一级	任意
		任意	一级
二级	二级	二级	二级或三级
		三级	二级
	三级	一级	任意
		任意	一级
		二级	二级
三级	二级	三级	三级
	三级	二级	三级
		三级	二级或三级

　　岩石的工程分类有定性和定量两种划分标准和方法。进行定量分类的工程性质主要包括岩石坚硬程度、岩体完整程度和岩体基本质量等级，其中岩石坚硬程度主要依据饱和单轴抗压强度划分等级，岩体完整程度主要依据完整性指数划分等级，而岩体基本质量指标则是依据岩石的坚硬程度和岩体的完整程度来划分等级的。岩石坚硬程度、岩体完整程度和岩体基本质量等级的定量划分见表 1-6～表 1-8 所列。

表 1-6　岩石坚硬程度分类　　　　　　　　　　单位：MPa

坚硬程度	坚硬岩	较硬岩	较软岩	软岩	极软岩
饱和单轴抗压强度	$f_r > 60$	$60 \geqslant f_r > 30$	$30 \geqslant f_r > 15$	$15 \geqslant f_r > 5$	$f_r \leqslant 5$

　　注：1. 当无法取得饱和单轴抗压强度数据时，可用点荷载试验强度换算，换算方法按现行国家标准《工程岩体分级标准》（GB 50218）执行。

　　2. 当岩体完整程度为极破碎时，可不进行坚硬程度分类。

表 1-7　岩体完整程度分类

完整程度	完整	较完整	较破碎	破碎	极破碎
完整性指数	> 0.75	$0.55 \sim 0.75$	$0.35 \sim 0.55$	$0.15 \sim 0.35$	< 0.15

　　注：完整性指数为岩体压缩波速度与岩块压缩波速度之比的平方，选定岩体和岩块测定波速时，应注意其代表性。

表 1-8　岩体基本质量等级分类

坚硬程度 ＼ 完整程度	完整	较完整	较破碎	破碎	极破碎
坚硬岩	I	II	III	IV	V
较硬岩	II	III	IV	IV	V
较软岩	III	IV	IV	V	V
软岩	IV	IV	V	V	V
极软岩	V	V	V	V	V

　　当缺乏有关试验数据时，可采用定性方法进行岩石坚硬程度和岩体完整程度的分类（表1-9、表 1-10）。

　　划分出极软岩和极破碎岩石具有非常重要的工程意义。有些岩石不仅极软，而且常有特殊的工程性质，例如某些泥岩具有很高的膨胀性；泥质砂岩、全风化花岗岩等有很强的软化性（单轴饱和抗压强度可等于零）；有的第三纪砂岩遇水崩解，有流沙性质。破碎岩体有时开挖时很硬，暴露后逐渐崩解。片岩各向异性特别明显，作为边坡极易失稳。当软化系数等于或小于 0.75 时，应定为软化岩石；当岩石具有特殊成分、特殊结构或特殊性质时，应定为特殊性岩石，如易溶性岩石、膨胀性岩石、崩解性岩石、盐渍化岩石等。

表 1-9　岩石坚硬程度等级的定性分类

坚硬程度等级		定性鉴定	代表性岩石
硬质岩	硬质岩	锤击声清脆,有回弹,震手,难击碎,基本无吸水反应	未风化-微风化的花岗岩、闪长岩、辉绿岩、玄武岩、安山岩、片麻岩、石英岩、石英砂岩、硅质砾岩、硅质石灰岩等
	较硬岩	锤击声较清脆,有轻微回弹,稍震手,较难击碎,有轻微吸水反应	1. 微风化的坚硬岩 2. 未风化-微风化的大理岩、板岩、石灰岩、白云岩、钙质砂岩等
软质岩	较软岩	锤击声不清脆,无回弹,较易击碎,浸水后指甲可刻出印痕	1. 中等风化-强风化的坚硬岩或较硬岩 2. 未风化-微风化的凝灰岩、千枚岩、泥灰岩、砂质泥岩等
	软岩	锤击声哑,无回弹,有凹痕,易击碎,浸水后手可掰开	1. 强风化的坚硬岩或较硬岩 2. 中等风化-强风化的较软岩 3. 未风化-微风化的页岩、泥岩、泥质砂岩等
极软岩		锤击声哑,无回弹,有较深凹痕,手可捏碎,浸水后可捏成团	1. 全风化的各种岩石 2. 各种半成岩

表 1-10　岩体完整程度的定性划分

完整程度	结构面发育程度		主要结构面的结合程度	主要结构面类型	相应结构类型
	组数	平均间距/m			
完整	1~2	>1.0	结构好或结合一般	裂隙、层面	整体状或巨厚层状结构
较完整	1~2	>1.0	结合差	裂隙、层面	块状或厚层状结构
	2~3	0.4~1.0	结合好或一般		块状结构
较破碎	2~3	0.4~1.0	结合差	裂隙、层面、小断层	裂隙块状或中厚层状结构
	≥3	0.2~0.4	结合好		镶嵌碎裂结构
			结合一般		中、薄层状结构
破碎	≥3	0.2~0.4	结合差	各种类型结构面	裂隙块状结构
		≤0.2	结合一般或结合差		碎裂状结构
极破碎	无序		结合很差		散体状结构

　　进行岩石的地质分类时用地质名称加风化程度表述,其地质名称按照岩石定名规则确定,风化程度可按表 1-11 划分。

表 1-11　岩石风化程度分类

风化程度	野外特征	风化程度参数指标	
		波速比 K_v	风化系数 K_f
未风化	岩质新鲜,偶见风化痕迹	0.9~1.0	0.9~1.0
微风化	结构基本未变,仅节理面有渲染或略有变色,有少量风化裂隙	0.8~0.9	0.8~0.9
中等风化	结构部分破坏,沿节理面有次生矿物,风化裂隙发育,岩体被切割成岩块。用镐难挖,岩芯钻可钻进	0.6~0.8	0.4~0.8
强风化	结构大部分破坏,矿物成分显著变化,风化裂隙很发育,岩体破碎,用镐可挖,干钻不易钻进	0.4~0.6	<0.4
全风化	结构基本破坏,但尚可辨认,有残余结构强度,可用镐挖,干钻可钻进	0.2~0.4	—
残积土	组织结构全部破坏,已风化成土状,锹镐易挖掘,干钻易钻进,具可塑性	<0.2	—

　　注:1. 波速比 K_v 为风化岩石与新鲜岩石压缩波速度之比。
　　2. 风化系数 K_f 为风化岩石与新鲜岩石饱和单轴抗压强度之比。
　　3. 岩石风化强度,除按表列野外特征和定量指标划分外,也可根据当地经验划分。
　　4. 花岗岩类岩石,可采用标准贯入试验划分,$N≥50$ 为强风化;$50>N≥30$ 为全风化;$N<30$ 为残积土。
　　5. 泥岩和半成岩,可不进行风化程度划分。

1.1.5.2　岩石和岩体的描述

　　岩石的描述应包括地质年代、地质名称、风化程度、颜色、主要矿物、结构、构造和岩石质量指标 RQD。对沉积岩应着重描述沉积物的颗粒大小、形状、胶结物成分和胶结程度；对岩浆岩和变质岩应着重描述矿物结晶大小和结晶程度。

根据岩石质量指标 RQD，可分为好的（RQD>90）、较好的（RQD＝75～90）、较差的（RQD＝50～75）、差的（RQD＝25～50）和极差的（RQD<25）。

岩体的描述应包括结构面、结构体、岩层厚度和结构类型，并且符合下列规定。

① 结构面的描述包括类型、性质、产状、组合形式、发育程度、延展情况、闭合程度、粗糙程度、充填情况和充填物性质以及充水性质等。

② 结构体的描述包括类型、形状、大小和结构体在围岩中的受力情况等。

③ 岩层厚度分类可按表 1-12 执行。

表 1-12　岩层厚度分类　　　　　　　单位：m

层厚分类	单层厚度 h	层厚分类	单层厚度 h
巨厚层	$h>1.0$	中厚层	$0.1<h\leqslant 0.5$
厚层	$0.5<h\leqslant 1.0$	薄层	$h\leqslant 0.1$

对地下洞室和边坡工程，尚应确定岩体的结构类型。岩体结构类型可按表 1-13 划分。

表 1-13　岩体结构类型划分

岩体结构类型	岩体地质类型	结构体形状	结构面发育情况	岩土工程特征	可能发生的岩土工程问题
层状结构	多韵律薄层、中厚层状沉积岩，副变质岩	层状板状	有层理、片理、节理，常有层间错动	变形和强度受层面控制，可视为各向异性弹塑性体，稳定性较差	可沿结构面滑塌，软岩可产生塑性变形
破碎状结构	构造影响严重的破碎岩层	碎块状	断层、节理、片理、层理发育，结构面 0.25～0.50m，一般 3 组以上，有许多分离体	整体强度很低，并受软弱结构面控制，呈弹塑性体，稳定性很差	易发生规模较大的岩体失稳，地下水加剧失稳
散体状结构	断层破碎带，强风化及全风化带	碎屑状	构造和风化裂隙密集，结构面综复杂，多充填黏性土，形成无序小块和碎屑	完整性遭极大破坏，稳定性极差，接近松散体介质	易发生规模较大的岩体失稳，地下水加剧失稳

1.1.6　土的分类与鉴定

土的分类方法有多种。

① 根据时间可划分为晚更新世 Q_3 及其以前沉积的老沉积土和第四纪全新世中近期沉积的新近沉积土。

② 根据地质成因可划分为残积土、坡积土、洪积土、冲积土、淤积土、冰积土和风积土等。

③ 根据有机物含量可划分为无机土、有机质土、泥炭质土和泥炭。分类依据见表 1-14 所列。

对于颗粒相对较大的碎石土，可根据颗粒形状和颗粒级配进行定名（表 1-15）；对颗粒相对较小的砂土可根据颗粒级配进行定名（表 1-16）；对颗粒非常小的粉土和黏性土可根据颗粒级配和塑性指数进行分类（表 1-17）。

除按颗粒级配或塑性指数定名外，土的综合定名应符合下列规定。

① 对特殊成因和年代的土类应结合其成因和年代特征定名。

② 对特殊性土，应结合颗粒级配或塑性指数定名。

③ 对混合土，应以主要含有的土类定名。

表 1-14　土按有机质含量分类

分类名称	有机质含量 w_u/%	现场鉴定特征	说　明
无机土	$w_u < 5$		
有机质土	$5 \leqslant w_u \leqslant 10$	深灰色,有光泽,味臭,除腐殖质外尚含少量未完全分解的动植物体,浸水后水面出现气泡,干燥后体积收缩	1. 如现场能鉴别或有地区经验时,可不做有机质含量测定 2. $w > w_L$,$1.0 \leqslant e < 1.5$ 时称淤泥质土 3. 当 $w > w_L$,$e \geqslant 1.5$ 时称淤泥
泥炭质土	$10 < w_u \leqslant 60$	深灰或黑色,有腥臭味,能看到未完全分解的植物结构,浸水体胀,易崩解,有植物残渣浮于水中,干缩现象明显	可根据地区特点和需要按 w_u 细分为: 弱泥炭质土(10%<w_u≤25%) 中泥炭质土(25%<w_u≤40%) 强泥炭质土(40%<w_u≤60%)
泥炭	$w_u > 60$	除有泥炭质土特征外,结构松散,土质很轻,暗无光泽,干缩现象极为明显	

注:有机质含量 w_u 按灼失量试验确定。

表 1-15　碎石土分类

土的名称	颗粒形状	颗粒级配
漂石	圆形及亚圆形为主	粒径大于 200mm 的颗粒质量超过总质量 50%
块石	棱角形为主	
卵石	圆形及亚圆形为主	粒径大于 20mm 的颗粒质量超过总质量 50%
碎石	棱角形为主	
圆砾	圆形及亚圆形为主	粒径大于 2mm 的颗粒质量超过总质量 50%
角砾	棱角形为主	

注:定名时,应根据颗粒级配由大到小以最先符合者确定。

表 1-16　砂土分类

土的名称	颗粒级配
砾砂	粒径大于 2mm 的颗粒质量占总质量 25%～50%
粗砂	粒径大于 0.5mm 的颗粒质量超过总质量 50%
中砂	粒径大于 0.25mm 的颗粒质量超过总质量 50%
细砂	粒径大于 0.075mm 的颗粒质量超过总质量 85%
粉砂	粒径大于 0.075mm 的颗粒质量超过总质量 50%

注:定名时应根据颗粒级配由大到小以最先符合者确定。

表 1-17　粉土和黏性土的分类

土的名称	颗粒级配	塑性指数
粉土	粒径大于 0.075mm 的颗粒质量不超过总质量的 50%	等于或小于 10
粉质黏土		大于 10,且小于或等于 17
黏土		大于 17

注:塑性指数应由相应于 76g 圆锥仪沉入土中深度为 10mm 时测定的液限计算而得。

④ 对同一土层中相间呈韵律沉积,当薄层与厚层的厚度比大于 1/3 时,宜定为"互层";厚度比为 1/10～1/3 时,宜定为"夹层";厚度比小于 1/10 的土层,且多次出现时,宜定为"夹薄层"。

⑤ 当土层厚度大于 0.5m 时,宜单独分层。

土的鉴定应在现场描述的基础上,结合室内试验的开土记录和试验结果综合确定。土的描述应符合下列规定。

① 碎石土宜描述颗粒级配、颗粒形状、颗粒排列、母岩成分、风化程度、充填物的性质和充填程度、密实度等。

② 砂土宜描述颜色、矿物组成、颗粒级配、颗粒形状、细粒含量、湿度、密实度等。

③ 粉土宜描述颜色、包含物、湿度、密实度等。

④ 黏性土宜描述颜色、状态、包含物、土的结构等。

⑤ 特殊性土除应描述上述相应土类规定的内容外，尚应描述其特殊成分和特殊性质，如对淤泥尚应描述臭味，对填土尚应描述物质成分、堆积年代、密实度和均匀性等。

⑥ 对具有互层、夹层、夹薄层特征的土，尚应描述各层的厚度和层理特征。

⑦ 需要时，可用目力鉴别描述土的光泽反应、摇振反应、干强度和韧性，按表 1-18 区分粉土和黏性土。

表 1-18　目力鉴别粉土和黏性土

鉴别项目	摇振反应	光泽反应	干强度	韧性
粉土	迅速、中等	无光泽反应	低	低
黏性土	无	有光泽、稍有光泽	高、中等	高、中等

碎石土的密实度可根据圆锥动力触探锤击数按表 1-19 或表 1-20 确定，表中的 $N_{63.5}$ 和 N_{120} 应按《岩土工程勘察规范》进行修正。定性描述时按照表 1-21 确定。

表 1-19　碎石土密实度按 $N_{63.5}$ 分类

重型动力触探锤击数 $N_{63.5}$	密实度
$N_{63.5} \leqslant 5$	松散
$5 < N_{63.5} \leqslant 10$	稍密
$10 < N_{63.5} \leqslant 20$	中密
$N_{63.5} > 20$	密实

注：本表适用于平均粒径等于或小于 50mm，且最大粒径小于 100mm 的碎石土。

表 1-20　碎石土密实度按 N_{120} 分类

超重型动力触探锤击数 N_{120}	密实度
$N_{120} \leqslant 3$	松散
$3 < N_{120} \leqslant 6$	稍密
$6 < N_{120} \leqslant 11$	中密
$11 < N_{120} \leqslant 24$	密实
$N_{120} > 24$	很密

对于平均粒径大于 50mm，或最大粒径大于 100mm 的碎石土，可用超重型动力触探或用野外观察鉴别。

表 1-21　碎石土密实度野外鉴别

密实度	骨架颗粒含量和排列	可挖性	可钻性
松散	骨架颗粒质量小于总质量的 60%，排列混乱，大部分不接触	锹可以挖掘，井壁易坍塌，从井壁取出大颗粒后，立即塌落	钻进较易，钻杆稍有跳动，孔壁易坍塌
中密	骨架颗粒质量等于总质量的 60%～70%，呈交错排列，大部分接触	锹镐可挖掘，井壁有掉块现象，从井壁取出大颗粒处，能保持凹面形状	钻进较困难，钻杆、吊锤跳动不剧烈，孔壁有坍塌现象
密实	骨架颗粒质量大于总质量的 70%，呈交错排列，连续接触	锹镐挖掘困难，用撬棍方能松动，井壁较稳定	钻进困难，钻杆、吊锤跳动剧烈，孔壁较稳定

注：密实度应按表列各项特征综合确定。

砂土的密实度应根据标准贯入试验锤击数实测值 N 划分为密实、中密、稍密和松散，并应符合表 1-22 的规定。当用静力触探探头阻力划分砂土密实度时，可根据当地经验确定。

粉土的密实度应根据孔隙比 e 划分为密实、中密和稍密；其湿度应根据含水量 w（%）划分为稍湿、湿、很湿。密实度和湿度的划分应分别符合表 1-23 和表 1-24 的规定。

表 1-22　砂土密实度分类

标准贯入锤击数 N	密实度
$N \leqslant 10$	松散
$10 < N \leqslant 15$	稍密
$15 < N \leqslant 30$	中密
$N > 30$	密实

表 1-23　粉土密实度分类

空隙比 e	密实度
$e < 0.75$	密实
$0.75 \leqslant e \leqslant 0.90$	中密
$e > 0.90$	稍密

注：当有经验时，也可用原位测试或其他方法划分粉土的密实度。

黏性土的状态应根据液性指数 I_L 划分为坚硬、硬塑、可塑、软塑和流塑，并应符合表 1-25 的规定。

表 1-24　粉土湿度分类

含水量 w	湿度
$w<20$	稍湿
$20 \leqslant w \leqslant 30$	湿
$w>30$	很湿

表 1-25　黏性土状态分类

液性指数	状态	液性指数	状态
$I_L \leqslant 0$	坚硬	$0.75<I_L \leqslant 1$	软塑
$0<I_L \leqslant 0.25$	硬塑	$I_L>1$	流塑
$0.25<I_L \leqslant 0.75$	可塑		

1.2　岩土工程勘察的阶段

　　一项工程，尤其是重大工程，从构思设想到建成运行都需要经过反复研究和不断深化，而不是一次完成的。这是符合辩证唯物论的认识运动规律的，即人类只有经过不断的、反复的实践，才能认识客观事物的内部规律性，使人的主观意图适应于客观存在。因此，对工程建设来说，必须要有一个合理的设计程序，将工程设计划分为由低级到高级的不同阶段，明确规定各设计阶段的目的、任务。

　　岩土工程勘察是为工程建设服务的，它的基本任务就是为工程的设计、施工以及岩土体治理加固等提供地质资料和必要的技术参数，对有关的岩土工程问题作出评价，以保证设计工作的完成和顺利施工。因此，岩土工程勘察也相应地划分为由低级到高级的各个阶段。工程勘察阶段与设计阶段的划分是一致的。

　　为了更好地理解现行《岩土工程勘察规范》关于岩土工程勘察阶段划分的依据和各阶段的目的、任务，先阐述一下新中国成立以来工程勘察阶段划分的历史沿革是很有必要的。

　　中国在 20 世纪 80 年代初期以前，勘察体制基本上是原苏联的模式，即工程地质勘察体制。在新中国建立初期至 20 世纪 60 年代中期，各类工程勘察阶段的划分都是沿袭原苏联的规定，一般划分为四个阶段，即规划勘察、初步勘察、详细勘察和施工图勘察。勘察程序较严谨，各种勘察方法运用得当。后来，根据自己的实践经验，一些部门制订了适合中国国情的工程地质勘察规范和有关的规程，将勘察阶段划分为三个，取消了详细勘察阶段。但是，紧接而来的十年"文革"，使工程地质勘察工作受到严重干扰。当时提出了所谓"边勘察、边设计、边施工"的"三边"方针，不论工程的规模和重要性，都盲目地简化勘察程序。不少重大工程实际上搞了一次性勘察，而且勘察资料尚未正式提交就进行设计甚至施工。这种违背人类认识事物客观规律的做法，导致有些工程地质条件较复杂的工程又搞了多次返工勘察，既造成人力、物力和财力的严重浪费，又延误了工期。鉴于此，70 年代后期，水利水电、冶金工业、工业与民用建筑等部门又重新制订工程地质勘察规范，强调指出勘察工作要分阶段进行，并规定勘察阶段划分为规划选址勘察、初步设计勘察和施工图设计勘察三个阶段。水利水电部门又将初步设计勘察再分为一、二两期。

　　1978 年以来，中国进入了以经济建设为中心和改革开放的年代，开展了大规模前所未有的国民经济建设。经过长期勘察工作实践，积累了丰富的经验和教训，形成了较完整的工程地质勘察体制。此时又从欧美国家引进了岩土工程技术体制，形成两种技术体制并存的局面。为了适应对外开放的需要，更好地提高岩土工程勘察的技术水平，便于国际间的合作和交流，近年来各部门重新修订工程地质勘察规范，力图与国际标准接轨。例如，水利水电工程地质勘察按国际惯例划分为：规划选址勘察、可行性研究勘察、初步设计勘察和技施设计勘察四个阶段，并具体明确各勘察阶段的任务。一些重大工程采取国际招标方式，以引进国外先进的勘察技术和资金。由此，岩土工程勘察工作进入了新的历史阶段。

　　第一版《岩土工程勘察规范》是 1987 年开始着手制订的。经过广泛的调查研究，认真总结国内岩土工程勘察的实践经验，并参考有关国际标准，反复修改定稿后于 1995 年作为国家标准颁布实施，以后规范结合工程实际又经过反复修订。《岩土工程勘察规范》明确规定勘察工作划分为可行性研究勘察、初步勘察和详细勘察三个阶段。

可行性研究勘察也称为选址勘察，其目的是要强调在可行性研究时勘察工作的重要性，特别是对一些重大工程更为重要。勘察的主要任务，是对拟选场址的稳定性和适宜性做出岩土工程评价，进行技术、经济论证和方案比较，满足确定场地方案的要求。这一阶段一般有若干个可供选择的场址方案，都要进行勘察；各方案对场地工程地质条件的了解程度应该是相近的，并对主要的岩土工程问题作初步分析、评价。以此比较说明各方案的优劣，选取最优的建筑场址。本阶段的勘察方法，主要是在搜集、分析已有资料的基础上进行现场踏勘，了解场地的工程地质条件。如果场地工程地质条件比较复杂，已有资料不足以说明问题时，应进行工程地质测绘和必要的勘探工作。

初步勘察的目的是密切结合工程初步设计的要求，提出岩土工程方案设计和论证。其主要任务是在可行性研究勘察的基础上，对场地内建筑地段的稳定性作出岩土工程评价，并为确定建筑总平面布置，对主要建筑物的岩土工程方案和不良地质现象的防治工程方案等进行论证，以满足初步设计或扩大初步设计的要求。此阶段是设计的重要阶段，既要对场地稳定性作出确切的评价结论，又要确定建筑物的具体位置、结构型式、规模和各相关建筑物的布置方式，并提出主要建筑物的地基基础、边坡工程等方案。如果场地内存在不良地质现象，影响场地和建筑物稳定性时，还要提出防治工程方案。因而岩土工程勘察工作是繁重的。但是，由于建筑场地已经选定，勘察工作范围一般限定于建筑地段内，相对比较集中。本阶段的勘察方法，是在分析已有资料基础上，根据需要进行工程地质测绘，并以勘探、物探和原位测试为主。应根据具体的地形地貌、地层和地质构造条件，布置勘探点、线、网，其密度和孔（坑）深按不同的工程类型和岩土工程勘察等级确定。原则上每一岩土层都应取样或进行原位测试，取样和原位测试坑孔的数量应占相当大的比重。

详细勘察的目的是对岩土工程设计、岩土体处理与加固、不良地质现象的防治工程进行计算与评价，以满足施工图设计的要求。此阶段应按不同建筑物或建筑群提出详细的岩土工程资料和设计所需的岩土技术参数。显然，该阶段勘察范围仅局限于建筑物所在的地段内，所要求的成果资料精细可靠，而且许多是计算参数。例如，工业与民用建筑需评价和计算地基稳定性和承载力，提供地基变形计算参数，预测建筑物的沉降、差异沉降或整体倾斜；判定高烈度地震区场地饱和砂土（或粉土）的地震液化，计算液化指数；深基坑开挖的稳定计算和支护设计所需参数，基坑降水设计所需参数，以及基坑开挖、降水对邻近工程的影响；桩基设计所需参数、单桩承载力等。本阶段勘察方法以勘探和原位测试为主。勘探点一般应按建筑物轮廓线布置，其间距根据岩土工程勘察等级确定，较之初勘阶段密度更大。勘探坑孔深度一般应以工程基础底面为准算起。采取岩土试样和进行原位测试的坑孔数量，也较初勘阶段要大。为了与后续的施工监理衔接，此阶段应适当布置监测工作。

以上是岩土工程勘察阶段划分的一般规定。对工程地质条件复杂或有特殊施工要求的重要工程，还需要进行施工勘察。施工勘察包括施工阶段和竣工运营过程中一些必要的勘察工作，主要是检验与监测工作、施工地质编录和施工超前地质预报。它可以起到核对已取得的地质资料和所作评价结论准确性的作用，以此可修改、补充原来的勘察成果。施工勘察并不是一个固定的勘察阶段，是视工程的需要而定的。此外，对一些规模不大且工程地质条件简单的场地，或有建筑经验的地区，可以简化勘察阶段。目前国内许多城市一般房屋建筑进行的一次性勘察，完全可以满足工程设计、施工的要求。

1.3　岩土工程勘察的方法

岩土工程勘察的方法或技术手段，有以下几种。

①工程地质测绘。②勘探与取样。③原位测试与室内试验。④现场检验与监测。

关于这些方法的原理、使用原则及具体的操作方法和步骤等，将分章论述，这里仅就他们在勘察中所处的地位及相互配合关系作概述。

工程地质测绘是岩土工程勘察的基础工作，一般在勘察的初期阶段进行。这个方法的本质是运用地质、工程地质理论，对地面的地质现象进行观察和描述，分析其性质和规律，并借以推断地下地质情况，为勘探、测试工作等其他勘察方法提供依据。在地形地貌和地质条件较复杂的场地，必须进行工程地质测绘；但对地形平坦、地质条件简单且较狭小的场地，则可采用调查代替工程地质测绘。工程地质测绘是认识场地工程地质条件最经济、最有效的方法，高质量的测绘工作能相当准确地推断地下地质情况，起到指导其他勘察方法的作用。

勘探工作包括物探、钻探和坑探等方法。它是被用来调查地下地质情况的；并且可利用勘探工程取样进行原位测试和监测。应根据勘察目的及岩土的特性选用上述各种勘探方法。物探是一种间接的勘探手段，它的优点是较之钻探和坑探轻便、经济而迅速，能够及时解决工程地质测绘中难于推断而又急待了解的地下地质情况，所以常常与测绘工作配合使用。它又可作为钻探和坑探的先行或辅助手段。但是，物探成果判释往往具多解性，方法的使用又受地形条件等的限制，其成果需用勘探工程来验证。钻探和坑探也称勘探工程，均是直接勘探手段，能可靠地了解地下地质情况，在岩土工程勘察中是必不可少的。其中钻探工作使用最为广泛，可根据地层类别和勘察要求选用不同的钻探方法。当钻探方法难以查明地下地质情况时，可采用坑探方法。坑探工程的类型较多，应根据勘察要求选用。勘探工程一般都需要动用机械和动力设备，耗费人力、物力较多，有些勘探工程施工周期又较长，而且受到许多条件的限制，因此使用这种方法时应具有经济观点，布置勘探工程需要以工程地质测绘和物探成果为依据，避免盲目性和随意性。

原位测试与室内试验的主要目的是为岩土工程问题分析评价提供所需的技术参数，包括岩土的物性指标、强度参数、固结变形特性参数、渗透性参数和应力、应变时间关系的参数等。原位测试一般都借助于勘探工程进行，是详细勘察阶段的一种主要勘察方法。各项试验工作在岩土工程勘察中占有重要的地位。原位测试与室内试验相比，各有优缺点。前者的优点是：试样不脱离原来的环境，基本上在原始应力条件下进行试验；所测定的岩土体尺寸大，能反映宏观结构对岩土性质的影响，代表性好；试验周期较短，效率高；尤其对难以采样的岩土层仍能通过试验评定其工程性质。缺点是：试验时的应力路径难以控制；边界条件也较复杂；有些试验耗费人力、物力较多，不可能大量进行。后者使用的历史较久，其优点是：试验条件比较容易控制（边界条件明确，应力应变条件可以控制等）；可以大量取样。主要的缺点是：试样尺寸小，不能反映宏观结构和非均质性对岩土性质的影响，代表性差；试样不可能真正保持原状，而且有些岩土也很难取得原状试样。可见两者的优缺点是互补的，应相辅相成，配合使用，以便经济有效地取得所需的技术参数。

现场检验与监测是构成岩土工程系统的一个重要环节，大量工作在施工和运营期间进行；但是这项工作一般需在高级勘察阶段开始实施，所以又被列为一种勘察方法。它的主要目的在于保证工程质量和安全，提高工程效益。现场检验的涵义，包括施工阶段对先前岩土工程勘察成果的验证核查以及岩土工程施工监理和质量控制。现场监测则主要包含施工作用和各类荷载对岩土反应性状的监测、施工和运营中的结构物监测和对环境影响的监测等方面。检验与监测所获取的资料，可以反求出某些工程技术参数，并以此为依据及时修正设计，使之在技术和经济方面优化。此项工作主要是在施工期间内进行，但对有特殊要求的工程以及一些对工程有重要影响的不良地质现象，应在建筑物竣工运营期间继续进行。

岩土工程分析评价与成果报告是岩土工程勘察成果的总结性文件。在工程地质测绘、勘探、测试和搜集已有资料的基础上，根据任务要求、勘察阶段、地质条件和工程特点等进行。主要工作内容包括：岩土参数的分析与选定、岩土工程分析评价、反演分析、勘察成果报告及应附的图表。对不同的岩土工程勘察等级，其分析评价和成果报告要求有所不同。

　　各种勘察方法的选择和应用、工作的布置和工作量大小，需根据建筑物的类型、岩土工程勘察等级以及勘察阶段来确定。这些问题将在以后各章内容中具体论述。

　　最后要提及的是，随着科学技术的飞速发展，在岩土工程勘察领域中不断引进高新技术。例如，工程地质综合分析、工程地质测绘制图和不良地质现象监测中遥感（RS）、地理信息系统（GIS）和全球卫星定位系统（GPS），即"3S"技术的引进；勘探工作中地质雷达和地球物理层成像技术（CT）的应用；钻孔中钻孔录像的应用等。

1.4　岩土工程勘察纲要

　　岩土工程勘察纲要是根据勘察任务的要求和踏勘调查结果，按规程规范的技术标准，提出的勘察工作大纲和技术指导书。勘察纲要是否全面、合理，会直接影响到岩土工程勘察的进度、质量和后续工作能否顺利进行。

　　岩土工程勘察纲要一般包括以下主要内容。

　　① 勘察委托书及合同、工程名称、勘察阶段、工程性能（安全等级、结构及基础形式、建筑物层数与高度、荷载、沉降敏感性）、整片设计标高等。

　　② 勘察场地的自然条件，地理位置及岩土工程地质条件（包括收集的地震资料、水文气象资料和当地的建筑经验），如表 1-26 所列内容。

表 1-26　场地条件勘察要点

场地条件	技术要点
自然条件	气象、水文； 地形起伏变化情况（山地、斜坡、平坦场地）； 地貌单元与类型，有无暗塘暗沟； 地震烈度； 不良地质作用
地质条件	已有工程勘察资料情况（研究程度）； 地基土构成复杂程度、岩土成因类型和成因时代与地下水条件
场地复杂程度	明确场地条件的复杂程度（分为复杂、中等和简单）
建筑经验	地基类型（天然地基、人工地基）、基础尺寸、埋深、地基承载力、沉降观测资料、地基评价、岩土工程治理经验、岩土工程事故教训和实录

　　③ 指明场地存在的问题和勘察工作的重点。

　　④ 拟采用的勘察方法、勘察内容，确定并布置勘察工作量。包括勘察点和原位测试的位置、数量、取样深度和质量等。要求勘察方法适宜，工作量适当。室内岩土实验的项目可参照表 1-27～表 1-30 选择。钻探、坑探、洞探、工程物探和原位测试工作量以相适应的规范为参照。

表 1-27　室内土工试验项目

试验类型	一般物理性质试验	力学性质试验	特殊性质试验
常规试验	土粒密度 G，天然含水量 ω，天然重度 γ，干重度 γ_d，浮重度 γ'，孔隙比 e，孔隙度 n，饱和度 S_r，天然密度 ρ，界限含水量（ω_P，ω_L），相对密度 D_r	固结试验和压缩试验 强度试验（含抗剪强度和无侧限抗压强度等） 渗透试验	湿陷性试验 胀缩性试验 有机质含量 易溶盐含量
专门试验	颗粒分析试验 相对密实度试验	高压固结试验 固结系数试验 静止侧压力系数试验 击实试验 承载比（CBR）试验 流变试验	溶陷试验 毛细管上升高度试验 冻土试验 管涌试验

表 1-28 土的压缩-固结试验方法与要求

试验方法	一般固结试验和压缩试验	高压固结试验
施加压力	一般土和软土:大于土自重压力与附加压力之和;老黏性土:大于先期固结压力与附加压力之和	不小于 3200kPa
压缩曲线	提供 e-P 压缩曲线或分层综合 e-P 压缩曲线	提供 e-$\lg P$ 曲线(含回弹压缩曲线)
指标	压缩系数标准值 α_{1-2} 压缩模量标准值 E_{s1-2} 压缩系数计算值 α_v 压缩模量计算值 E_s	先期固结压力 P_c 压缩指数 C_c 回弹指数 C_s 超固结比 OCR
饱和土	固结系数 C_v 应变-时间曲线	固结系数 C_v 应变-时间曲线
变形稳定标准	每小时变形不超过 0.01mm	每小时变形不超过 0.005mm 或每级压力下固结 24h

表 1-29 土的抗剪强度试验方法与要求

剪切类型 试验方法或内容	三轴压缩试验	直接剪切试验	
	对甲级建筑物	对乙级建筑物	对滑坡体
加荷速率较快 — 饱和软土	不固结不排水(UU)	快剪	快剪(残余剪)
加荷速率较快 — 验算边坡稳定	不固结不排水(UU)	快剪	快剪(残余剪)
加荷速率较快 — 正常固结土(中、低压缩性)	固结不排水(CU)	固结快剪	
加荷速率较慢	固结排水(CD)	固结慢剪	
承载力验算	不固结不排水(UU)	快剪	
剪切曲线	提供摩尔圆曲线 应力-应变曲线	抗剪强度曲线	抗剪强度曲线
指标值	抗剪强度指标(C、ϕ)基本值和分层的标准值	抗剪强度指标基本值和分层的标准值	反演计算结果和残余抗剪强度指标

表 1-30 岩石试验项目

试验类型	一般物理性质试验	力学性质试验	特殊项目试验
常规试验	含水量(率) 相对密度 密度	单轴抗压强度试验(饱和、干燥) 点荷载试验 直剪试验(结构面、岩石抗剪断面、岩石与混凝土胶结面)	岩相鉴定 膨胀试验 崩解试验
专门试验	波速试验 吸水率和饱和吸水率试验 渗透试验	变形参数试验 抗拉试验 三轴压缩试验 点荷载试验	

⑤ 所遵循的技术标准。

⑥ 拟提交的勘察成果资料的内容,包括报告书文字章节和主要图表名称。

⑦ 勘察工作计划进度,人员组织和经费预算等。

岩土工程勘察纲要的编写,对现行规范中规定的工程、重要性等级为一级和场地地质条件复杂或有特殊要求的工程、重要性等级为二级或一般建筑,均可按以上内容要求详细编写;对其余的岩土工程勘察纲要可适当简化或采用表格形式。

思 考 题

1. 岩土工程勘察的等级是由哪些因素决定的?
2. 花岗岩类岩石,除了可以根据野外特征进行风化程度分类,还可以采用什么方法进行分类?
3. 岩土工程勘察的方法有哪些,分别适用于哪个阶段的岩土工程勘察?

第 2 章　工程地质测绘和调查

2.1　工程地质测绘的意义和特点

如上所述，工程地质测绘是岩土工程勘察的基础工作，在诸项勘察方法中最先进行。按一般勘察程序，主要是在可行性研究和初步勘察阶段安排此项工作。但在详细勘察阶段为了对某些专门的地质问题作补充调查，也进行工程地质测绘。

工程地质测绘是运用地质、工程地质理论，对与工程建设有关的各种地质现象进行观察和描述，初步查明拟建场地或各建筑地段的工程地质条件。将工程地质条件诸要素采用不同的颜色、符号，按照精度要求标绘在一定比例尺的地形图上，并结合勘探、测试和其他勘察工作的资料，编制成工程地质图。这一重要的勘察成果可对场地或各建筑地段的稳定性和适宜性做出评价。

工程地质测绘所需仪器设备简单，耗费资金较少，工作周期又短，所以岩土工程师应力图通过它获取尽可能多的地质信息，对建筑场地或各建筑地段的地面地质情况有深入的了解，并对地下地质情况有较准确的判断，为布置勘探、测试等其他勘察工作提供依据。高质量的工程地质测绘还可以节省其他勘察方法的工作量，提高勘察工作的效率。

根据研究内容的不同，工程地质测绘可分为综合性测绘和专门性测绘两种。综合性工程地质测绘是对场地或建筑地段工程地质条件诸要素的空间分布以及各要素之间的内在联系进行全面综合的研究，为编制综合工程地质图提供资料。在测绘地区如果从未进行过相同的或更大比例尺的地质或水文地质测绘，那就必须进行综合性工程地质测绘。专门性工程地质测绘是对工程地质条件的某一要素进行专门研究，如第四纪地质、地貌、斜坡变形破坏等；研究它们的分布、成因、发展演化规律等。所以专门性测绘是为编制专用工程地质图或工程地质分析图提供资料的。无论何种工程地质测绘，都是为工程的设计、施工服务的，都有其特定的研究目的。

工程地质测绘具有如下特点。

① 工程地质测绘对地质现象的研究，应围绕建筑物的要求而进行。对建筑物安全、经济和正常使用有影响的不良地质现象，应详细研究其分布、规模、形成机制、影响因素，定性和定量分析其对建筑物的影响（危害）程度，并预测其发展演化趋势，提出防治对策和措施。而对那些与建筑物无关的地质现象则可以粗略一些，甚至不予注意。这是工程地质测绘与一般地质测绘的重要区别。

② 工程地质测绘要求的精度较高。对一些地质现象的观察描述，除了定性阐明其成因和性质外，还要测定必要的定量指标。例如，岩土物理力学参数，节理裂隙的产状、隙宽和密度等。所以应在测绘工作期间，配合以一定的勘探、取样和试验工作，携带简易的勘探和测试器具。

③ 为了满足工程设计和施工的要求，工程地质测绘经常采用大比例尺专门性测绘。各种地质现象的观测点需借助于经纬仪、水准仪等精密仪器测定其位置和高程，并标测于地形图，以保证必要的准确度。

2.2　工程地质测绘的范围、比例尺和精度

2.2.1　工程地质测绘范围的确定

工程地质测绘不像一般的区域地质或区域水文地质测绘那样，严格按比例尺大小由地理

坐标确定测绘范围，而是根据拟建建筑物的需要在与该项工程活动有关的范围内进行。原则上，测绘范围应包括场地及其邻近的地段。

适宜的测绘范围，既能较好地查明场地的工程地质条件，又不致于浪费勘察工作量。根据实践经验，由以下三方面确定测绘范围，即拟建建筑物的类型和规模、设计阶段以及工程地质条件的复杂程度和研究程度。

建筑物的类型、规模不同，与自然地质环境相互作用的广度和强度也就不同，确定测绘范围时首先应考虑到这一点。例如，大型水利枢纽工程的兴建，由于水文和水文地质条件急剧改变，往往引起大范围自然地理和地质条件的变化；这一变化甚至会导致生态环境的破坏和影响水利工程本身的效益及稳定性。此类建筑物的测绘范围必然很大，应包括水库上、下游的一定范围，甚至上游的分水岭地段和下游的河口地段都需要进行调查。房屋建筑和构筑物一般仅在小范围内与自然地质环境发生作用，通常不需要进行大面积工程地质测绘。

在工程处于初期设计阶段时，为了选择建筑场地一般都有若干个比较方案，它们相互之间有一定的距离。为了进行技术经济论证和方案比较，应把这些方案场地包括在同一测绘范围内，测绘范围显然是比较大的。但当建筑场地选定之后，尤其是在设计的后期阶段，各建筑物的具体位置和尺寸均已确定，就只需在建筑地段的较小范围内进行大比例尺的工程地质测绘。可见，工程地质测绘范围是随着建筑物设计阶段（即岩土工程勘察阶段）的提高而缩小的。

一般的情况是：工程地质条件愈复杂，研究程度愈差，工程地质测绘范围就愈大。工程地质条件复杂程度包含两种情况：一种情况是在场地内工程地质条件非常复杂。例如，构造变动强烈且有活动断裂分布，不良地质现象强烈发育，地质环境遭到严重破坏，地形地貌条件十分复杂；另一种情况是场地内工程地质条件比较简单，但场地附近有危及建筑物安全的不良地质现象存在。如山区的城镇和厂矿企业往往兴建于地形比较平坦开阔的洪积扇上，对场地本身来说工程地质条件并不复杂，但一旦泥石流暴发则有可能摧毁建筑物。此时工程地质测绘范围应将泥石流形成区包括在内。又如位于河流、湖泊、水库岸边的房屋建筑，场地附近若有大型滑坡存在，当其突然失稳滑落所激起的涌浪可能会导致灭顶之灾。显然，地质测绘时应详细调查该滑坡的情况。这两种情况都必须适当扩大工程地质测绘的范围外，在拟建场地或其邻近地段内如果已有其他地质研究成果的话，应充分运用它们，在经过分析、验证后做一些必要的专门问题研究。此时工程地质测绘的范围和相应的工作量可酌情减小。

2.2.2　工程地质测绘比例尺选择

工程地质测绘的比例尺大小主要取决于设计要求。建筑物设计的初期阶段属选址性质的，一般往往有若干个比较场地，测绘范围较大，而对工程地质条件研究的详细程度并不高，所以采用的比例尺较小。但是，随着设计工作的进展，建筑场地的选定，建筑物位置和尺寸愈来愈具体明确，范围愈益缩小，而对工程地质条件研究的详细程度愈益提高，所以采用的测绘比例尺就需逐渐加大。当进入到设计后期阶段时，为了解决与施工、运用有关的专门地质问题，所选用的测绘比例尺可以很大。在同一设计阶段内，比例尺的选择则取决于场地工程地质条件的复杂程度以及建筑物的类型、规模及其重要性。工程地质条件复杂、建筑物规模巨大而又重要者，就需采用较大的测绘比例尺。总之，各设计阶段所采用的测绘比例尺都限定于一定的范围之内。

现行《规范》规定工程地质测绘及其调查的范围应包括场地及其附近地段，测绘的比例尺满足以下要求：

① 测绘比例尺，可行性研究勘察阶段可选用：1∶5000～1∶50000，属小、中比例尺测绘；

② 初步勘察阶段 1∶2000～1∶10000，属中、大比例尺测绘；

③ 详细勘察阶段 1∶500～1∶2000，属大比例尺测绘；

④ 条件复杂时比例尺可适当放大；对工程有重要影响的地质单元体（滑坡、短层、软弱夹层及洞穴等），可采用扩大比例尺表示。

2.2.3　工程地质测绘的精度要求

工程地质测绘的精度包含两层意思，即对野外各种地质现象观察描述的详细程度，以及各种地质现象在工程地质图上表示的详细程度和准确程度。为了确保工程地质测绘的质量，这个精度要求必须与测绘比例尺相适应。

对野外各种地质现象观察描述的详细程度，在过去的工程地质测绘规程中是根据测绘比例尺和工程地质条件复杂程度的不同，以每平方公里测绘面积上观测点的数量和观测线的长度来控制的。现行《规范》对此不作硬性规定，而原则上提出观测点布置目的性要明确，密度要合理，要具有代表性。地质观测点的数量以能控制重要的地质界线并能说明工程地质条件为原则，以利于岩土工程评价。为此，要求将地质观测点布置在地质构造线、地层接触线、岩性分界线、不同地貌单元及微地貌单元的分界线、地下水露头以及各种不良地质现象分布的地段。观测点的密度应根据测绘区的地质和地貌条件、成图比例尺及工程特点等确定。一般控制在图上的距离为 2～5cm。例如在 1∶5000 的图上，地质观测点实际距离应控制在 100～250m 之间。此控制距离可根据测绘区内工程地质条件复杂程度的差异并结合对具体工程的影响而适当加密或放宽。在该距离内应作沿途观察，将点、线观察结合起来，以克服只孤立地作点上观察而忽视沿途观察的偏向。当测绘区的地层岩性、地质构造和地貌条件较简单时，可适当布置"岩性控制点"，以备检验。地质观测点应充分利用天然的和已有的人工露头。当露头不足时，应根据测绘区的具体情况布置一定数量的勘探工作揭露各种地质现象。尤其在进行大比例尺工程地质测绘时，所配合的勘探工作是不可少的。

为了保证测绘填图的质量，在图上所划分的各种地质单元应尽量详细。但是，由于绘图技术条件的限制，应规定单元体的最小尺寸。过去工程地质测绘规程曾规定为 2mm。根据这一规定，在 1∶5000 的图上，单元体的实际最小尺寸定为 10m。现行《规范》对此未作统一规定，以便在实际工作中因地、因工程而宜。但是，为了更好地阐明测绘区工程地质条件和解决岩土工程实际问题，对工程有重要影响的地质单元体，如滑坡、软弱夹层、溶洞、泉、井等，必要时在图上可采用扩大比例尺表示。

为了保证各种地质现象在图上表示的准确程度，在任何比例尺的图上，建筑地段的各种地质界线（点）在图上的误差不得超过 3mm，其他地段不应超过 5mm。所以实际允许误差为上述数值乘以比例尺的分母。

地质观测点定位所采用的标测方法，对成图的质量有重要意义。根据不同比例尺的精度要求和工程地质条件复杂程度，地质观测点一般采用的定位标测方法是：小、中比例尺——目测法和半仪器法（借助于罗盘、气压计、测绳等简单的仪器设备）；大比例尺——仪器法（借助于经纬仪、水准仪等精密仪器）。但是，有特殊意义的地质观测点，如重要的地层岩性分界线、断层破碎带、软弱夹层、地下水露头以及对工程有重要影响的不良地质现象等，在小、中比例尺测绘时也宜用仪器法定位。

为了达到上述规定的精度要求。通常野外测绘填图所用的地形图应比提交的成图比例尺大一级。例如，进行比例尺为 1∶10000 的工程地质测绘时，常采用 1∶5000 的地形图作野外填图底图，随后再缩编成 1∶10000 的成图作为正式成果。

2.3　工程地质测绘和调查的前期准备工作、方法及程序

2.3.1　工程地质测绘和调查的前期准备工作

在正式开始工程地质测绘之前，还应当做好收集资料、踏勘和编制测绘纲要等准备工

作，以保证测绘工作的正常有序进行。

2.3.1.1　资料收集和研究

应收集的资料包括如下几个方面。

（1）区域地质资料　如区域地质图、地貌图、地质构造图、地质剖面图。

（2）遥感资料　地面摄影和航空（卫星）摄影相片。

（3）气象资料　区域内各主要气象要素，如年平均气温、降水量、蒸发量，对冻土分布地区还要了解冻结深度。

（4）水文资料　测区内水系分布图、水位、流量等资料。

（5）地震资料　测区及附近地区地震发生的次数、时间、震级和造成破坏的情况。

（6）水文及工程地质资料　地下水的主要类型、赋存条件和补给条件、地下水位及变化情况、岩土透水性及水质分析资料、岩土的工程性质和特征等。

（7）建筑经验　已有建筑物的结构、基础类型及埋深、采用的地基承载力、建筑物的变形及沉降观测资料。

2.3.1.2　踏勘

现场踏勘是在收集研究资料的基础上进行的，目的在于了解测区的地形地貌及其他地质情况和问题，以便于合理布置观测点和观测路线，正确选择实测地质剖面位置，拟定野外工作方法。

踏勘的内容和要求如下。

① 根据地形图，在测区范围内按固定路线进行踏勘，一般采用"之"字形曲折迂回而不重复的路线，穿越地形、地貌、地层、构造、不良地质作用有代表性的地段。

② 踏勘时，应选择露头良好、岩层完整有代表性的地段做出野外地质剖面，以便熟悉和掌握测区岩层的分布特征。

③ 寻找地形控制点的位置，并抄录坐标、标高等资料。

④ 访问和收集洪水及其淹没范围等情况。

⑤ 了解测区的供应、经济、气候、住宿、交通运物等条件。

2.3.1.3　编制测绘纲要

测绘纲要是进行测绘的依据，其内容应尽量符合实际情况，测绘纲要一般包含在勘察纲要内，在特殊情况下可单独编制。测绘纲要应包括如下几方面内容。

① 工作任务情况（目的、要求、测绘面积、比例尺等）。

② 测区自然地理条件（位置、交通、水文、气象、地形地貌特征等）。

③ 测区地质概况（地层、岩性、地下水、不良地质作用）。

④ 工作量、工作方法及精度要求，其中工作量包括观测点、勘探点的布置、室内及野外测试工作。

⑤ 人员组织及经费预算。

⑥ 材料、物资、器材及机具的准备和调度计划。

⑦ 工作计划及工作步骤。

⑧ 拟提供的各种成果资料、图件。

2.3.2　工程地质测绘和调查的方法

工程地质测绘和调查的方法与一般地质测绘相近，主要是沿一定观察路线作沿途观察和在关键地点（或露头点）上进行详细观察描述。选择的观察路线应当以最短的线路观测到最多的工程地质条件和现象为标准。在进行区域较大的中比例尺工程地质测绘时，一般穿越岩层走向或横穿地貌、自然地质现象单元来布置观测线。大比例尺工程地质测绘路线以穿越走向为主布置，但须配合以部分追索界线的路线，以圈定重要单元的边界。在大比例尺详细测绘时，应追索走向和追索单元边界来布置路线。

在工程地质测绘和调查过程中最重要的是要把点与点、线与线之间观察到的现象联系起来，克服孤立地在各个点上观察现象、沿途不连续观察和不及时对现象进行综合分析的偏向。也要将工程地质条件与拟进行的工程活动的特点联系起来，以便能确切预测两者之间相互作用的特点。此外，还应在路线测绘过程中将实际资料、各种界线反映在外业图上，并逐日清绘在室内底图上，及时整理、及时发现问题和进行必要的补充观测。

相片成图法是利用地面摄影或航空（卫星）摄影相片，在室内根据判读标志，结合所掌握的区域地质资料，将判明的地层岩性、地质构造、地貌、水系和不良地质作用，调绘在单张相片上，并在相片上选择若干地点和路线，去实地进行校对和修正，绘成底图，最后再转绘成图。由于航测照片、卫星照片能在大范围内反映地形地貌、地层岩性及地质构造等物理地质现象，可以迅速让人对测区有一个较全面整体的认识，因此与实地测绘工作相结合，能起到减少工作量、提高精度和速度的作用。特别是在人烟稀少、交通不便的偏远山区，充分利用航片及卫星照片更具有特殊重要的意义。这一方法在大型工程的初级勘察阶段（选址勘察和初步勘察）效果较为显著，尤其是对铁路、高速公路的选线，大型水利工程的规划选址阶段，其作用更为明显。

工程地质实地测绘和调查的基本方法如下。

（1）路线穿越法　沿着一定的路线（应尽量使路线与岩层走向、构造线方向及地貌单元相垂直，并应尽量使路线的起点具有较明显的地形、地物标志；此外，应尽量使路线穿越露头较多、硬盖层较薄的地段），穿越测绘场地，把走过的路线正确地填绘在地形图上，并沿途详细观察和记录各种地质现象和标志，如地层界线、构造线、岩层产状、地下水露头、各种不良地质作用，将它们绘制在地形图上。路线法一般适合于中、小比例尺测绘。

（2）布点法　布点法是工程地质测绘的基本方法，也就是根据不同比例尺预先在地形图上布置一定数量的观测路线和观测点。观测点一般布置在观测路线上，但观测点的布置必须有具体的目的，如为了研究地质构造线、不良地质作用、地下水露头等。观测线的长度必须能满足具体观测目的的需要。布点法适合于大、中比例尺的测绘工作。

（3）追索法　它是沿着地层走向、地质构造线的延伸方向或不良地质作用的边界线进行布点追索，其主要目的是查明某一局部的岩土工程问题。追索法是在路线穿越法和布点法的基础上进行的，它属于一种辅助测绘方法。

2.3.3　工程地质测绘和调查的程序

① 阅读已有的地质资料，明确工程地质测绘和调查中需要重点解决的问题，编制工作计划。

② 利用已有遥感影像资料，如对卫星照片、航测照片进行解译，对区域工程地质条件做出初步的总体评价，以判明不同地貌单元各种工程地质条件的标志。

③ 现场踏勘。选定观测路线，选定测制标准剖面的位置。

④ 正式测绘开始。测绘中随时总结整理资料，及时发现问题，及时解决，使整个工程地质测绘和调查工作目的更明确，测绘质量更高，工作效率更高。

2.4　工程地质测绘的研究内容

在工程地质测绘过程中，应自始至终以查明场地及其附近地段的工程地质条件和预测建筑物与地质环境间的相互作用为目的。因此，工程地质测绘研究的主要内容是工程地质条件的诸要素；此外，还应搜集调查自然地理和已建建筑物的有关资料。下面将分别论述各项研究内容的研究意义、要求和方法。

2.4.1　地层岩性

地层岩性是工程地质条件最基本的要素和研究各种地质现象的基础，所以是工程地质测绘最主要的研究内容。

工程地质测绘对地层岩性研究的内容包括：①确定地层的时代和填图单位；②各类岩土层的分布、岩性、岩相及成因类型；③岩土层的正常层序、接触关系、厚度及其变化规律；④岩土的工程性质等。

不同比例尺的工程地质测绘中，地层时代的确定可直接利用已有的成果。若无地层时代资料，应寻找标准化石、作孢子花粉分析或请有关单位协助解决。填图单位应按比例尺大小来确定。小比例尺工程地质测绘的填图单位与一般地质测绘是相同的。但是中、大比例尺小面积测绘时，测绘区出露的地层往往只有一个"组"、"段"，甚至一个"带"的地层单位，按一般地层学方法划分填图单位不能满足岩土工程评价的需要，应按岩性和工程性质的差异等作进一步划分。例如，砂岩、灰岩中的泥岩、页岩夹层，硬塑黏性土中的淤泥质土，它们的岩性和工程性质迥异，必须单独划分出来。确定填图单位时，应注意标志层的寻找。所谓"标志层"，是指岩性、岩相、层位和厚度都较稳定，且颜色、成分和结构等具特征标志，地面出露又较好的岩土层。

工程地质测绘中对各类岩土层还应着重以下内容的研究。

（1）沉积岩类　软弱岩层和次生夹泥层的分布、厚度、接触关系和性状等；泥质岩类的泥化和崩解特性；碳酸盐岩及其他可溶盐岩类的岩溶现象。

（2）岩浆岩类　侵入岩的边缘接触面、风化壳的分布、厚度及分带情况，软弱矿物富集带等；喷出岩的喷发间断面，凝灰岩分布及其泥化情况，玄武岩中的柱状节理、气孔等。

（3）变质岩类　片麻岩类的风化，其中软弱变质岩带或夹层以及岩脉的特性；软弱矿物及泥质片岩类、千枚岩、板岩的风化、软化和泥化情况等。

（4）第四纪土层　成因类型和沉积相，所处的地貌单元，土层间接触关系以及与下伏基岩的关系；建筑地段特殊土的分布、厚度、延续变化情况、工程特性以及与某些不良地质现象形成的关系，已有建筑物受影响情况及当地建筑经验等。建筑地段不同成因类型和沉积相土层之间的接触关系，可以利用微地貌研究以及配合简便勘探工程来确定。

在采用自然历史分析法研究的基础上，还应根据野外观察和运用现场简易测试方法所取得的物理力学性质指标，初步判定岩土层与建筑物相互作用时的性能。

2.4.2　地质构造

地质构造对工程建设的区域地壳稳定性、建筑场地稳定性和工程岩土体稳定性来说，都是极重要的因素；而且它又控制着地形地貌、水文地质条件和不良地质现象的发育和分布。所以地质构造常常是工程地质测绘的主要内容。

工程地质测绘对地质构造研究的内容包括：①岩层的产状及各种构造型式的分布、形态和规模；②软弱结构面（带）的产状及其性质，包括断层的位置、类型、产状、断距、破碎带宽度及充填胶结情况；③岩土层各种接触面及各类构造岩的工程特性；④挽近期构造活动的形迹、特点及与地震活动的关系等。

在工程地质测绘中研究地质构造时，要运用地质历史分析和地质力学的原理和方法，以查明各种构造结构面（带）的历史组合和力学组合规律。既要对褶曲、断裂等大的构造形迹进行研究，又要重视节理、裂隙等小构造的研究，尤其在大比例尺工程地质测绘中，小构造研究具有重要的实际意义。因为小构造直接控制着岩土体的完整性、强度和透水性，是岩土工程评价的重要依据。

在工程地质研究中，节理、裂隙泛指普遍、大量地发育于岩土体内各种成因的、延展性较差的结构面；其空间展布数米至二三十米，无明显宽度。构造节理、劈理、原生节理、层间错动面、卸荷裂隙、次生剪切裂隙等均属之。

对节理、裂隙应重点研究以下三个方面：①节理、裂隙的产状、延展性、穿切性和张开性；②节理、裂隙面的形态、起伏差、粗糙度、充填胶结物的成分和性质等；③节理、裂隙的密度或频度。具体的研究方法在岩体力学教程中已有详细讨论，不再赘述。

由于节理、裂隙研究对岩体工程尤为重要，所以在工程地质测绘中必须进行专门的测量统计，以搞清它们的展布规律和特性，尤其要深入研究建筑地段内占主导地位的节理、裂隙及其组合特点，分析它们与工程作用力的关系。

目前国内在工程地质测绘中，节理、裂隙测量统计结果一般用图解法表示，常用的有玫瑰图（图 2-1）、极点图（图 2-2）和等密度图（图 2-3）三种。近年来，基于节理、裂隙测量统计的岩体结构面网络计算机模拟，在岩体工程勘察、设计中已得到较广泛的应用。

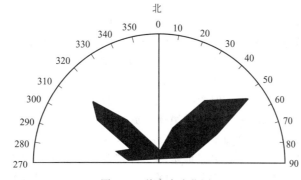

图 2-1　裂隙玫瑰花图

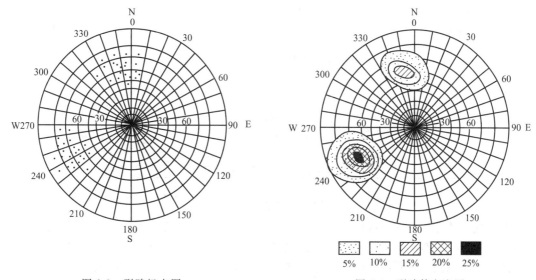

图 2-2　裂隙极点图　　　　　　　　　　图 2-3　裂隙等密度图

在强震区重大工程场地可行性研究勘察阶段工程地质测绘时，应研究晚近期的构造活动，特别是全新世地质时期内有过活动或近期正在活动的"全新活动断裂"，应通过地形地貌、地质、历史地震和地表错动、地形变以及微震测震等标志，查明其活动性质和展布规律，并评价其对工程建设可能产生的影响。有必要时，应根据工程需要和任务要求。配合地震部门进行地震地质和宏观震害调查。

2.4.3　地貌

地貌与岩性、地质构造、第四纪地质、新构造运动、水文地质以及各种不良地质现象的关系密切。研究地貌可藉以判断岩性、地质构造及新构造运动的性质和规模，搞清第四纪沉积物的成因类型和结构，以及了解各种不良地质现象的分布和发展演化历史、河流发育史等。需要指出的是，由于第四纪地质与地貌的关系密切，因此在平原区、山麓地带、山间盆地以及有松散沉积物覆盖的丘陵区进行工程地质测绘时，应着重于地貌研究，并以地貌作为工程地质分区的基础。

工程地质测绘中地貌研究的内容有：①地貌形态特征、分布和成因；②划分地貌单元，地貌单元形成与岩性、地质构造及不良地质现象等的关系；③各种地貌形态和地貌单元的发展演化历史。上述各项研究内容大多是在小、中比例尺测绘中进行的。在大比例尺工程地质测绘中，则应侧重于微地貌与工程建筑物布置以及岩土工程设计、施工关系等方面的研究。

洪积地貌和冲积地貌这两种地貌形态与岩土工程实践关系密切，下面分别讨论一下它们的工程地质研究内容。

在山前地段和山间盆地边缘广泛分布的洪积物，地貌上多形成为洪积扇。一个大型洪积扇，面积可达几十甚至上百平方公里，自山边至平原明显划分为上部、中部和下部三个区段，每一区段的地质结构和水文地质条件不同，因此建筑适宜性和可能产生的岩土工程问题也各异（图 2-4）。洪积扇的上部由碎石土（砾石、卵石和漂石）组成，强度高而压缩性小，是房屋建筑和构筑物的良好地基；但由于渗透性强，若建水工建筑物则会产生严重渗漏。中部以砂土为主，且夹有粉土和黏性土的透镜体，开挖基坑时需注意细砂土的渗透变形问题；该部与下部过渡地段由于岩性变细，地下水埋深浅，往往有溢出泉和沼泽分布，形成泥炭层，强度低而压缩性大，作为一般房屋地基的条件较差。下部主要分布黏性土和粉土，且有河流相的砂土透镜体，地形平缓，地下水埋深较浅。若土体形成时代较早，是房屋建筑较理想的地基。

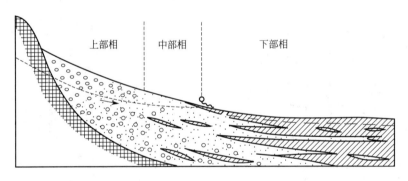

图 2-4　洪积扇的微相划分及其工程地质特征

平原地区的冲积地貌，应区分出河床、河漫滩、牛轭湖和阶地等各种地貌形态。不同地貌形态的冲积物分布和工程性质不同，其建筑适宜性也各异。河床相沉积物主要为砂砾土，将其作为房屋地基是良好的，但作为水工建筑物地基时将会产生渗漏和渗透变形问题。河漫滩相一般为黏性土，有时有粉土和粉、细砂夹层，土层厚度较大，也较稳定，一般适宜作各种建筑物的地基；需注意粉土和粉、细砂层的渗透变形问题。牛轭湖相是由含有大量有机质的黏性土和粉、细砂组成的，并常有泥炭层分布，土层的工程性质较差，也较复杂。对阶地的研究，应划分出阶地的级数，各级阶地的高程、相对高差、形态特征以及土层的物质组成、厚度和性状等；并进一步研究其建筑适宜性和可能产生的岩土工程问题。例如，成都市位于岷江支流府河的阶地上（图 2-5）。市区主要位于一级阶地，表层粉土厚 0.4～0.7m，其下为 Q_4 早期的砂砾石层，厚 28～100m。地下水较丰富，且埋深小（1～3m），是高层建筑良好的天然地基，但基坑开挖和地下设施必须采取降水和防水措施。东郊工业区主要位于

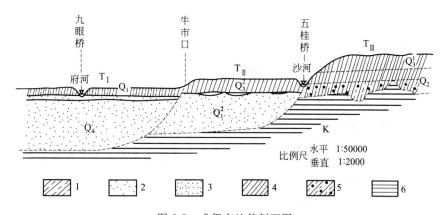

图 2-5　成都市地貌剖面图

1—亚黏土；2—砂层；3—砂砾石层；4—黏土；5—砾石层；6—白垩系红色泥岩

二级阶地，表层黏性土厚5～9m，下为砂砾石层，地下水埋深5～8m。黏性土可作一般房屋建筑的地基。东郊广大地区为三级阶地，地面起伏不平。上部为厚达10余米的成都黏土和网纹状红土，下部为粉质黏土充填的砾石层。成都黏土为膨胀土，一般低层建筑的基础和墙体易开裂，渠道和道路路堑边坡往往产生滑坡。

2.4.4　水文地质

在工程地质测绘中研究水文地质的主要目的，是为研究与地下水活动有关的岩土工程问题和不良地质现象提供资料。例如，兴建房屋建筑和构筑物时，应研究岩土的渗透性、地下水的埋深和腐蚀性，以判明对基础砌置深度和基坑开挖等的影响。进行尾矿坝与贮灰坝勘察时，应研究坝基、库区和尾矿（灰碴）堆积体的渗透性和地下水浸润曲线，以判明坝体的渗透稳定性、坝基与库区的渗漏及其对环境的影响。在滑坡地段研究地下水的埋藏条件、出露情况、水位、形成条件以及动态变化，以判定其与滑坡形成的关系。因此水文地质条件也是一项重要的研究内容。

在工程地质测绘过程中对水文地质条件的研究，应从地层岩性、地质构造、地貌特征和地下水露头的分布、类型、水量、水质等入手，并结合必要的勘探、测试工作，查明测区内地下水的类型、分布情况和埋藏条件；含水层、透水层和隔水层（相对隔水层）的分布，各含水层的富水性和它们之间的水力联系；地下水的补给、径流、排泄条件及动态变化；地下水与地表水之间的补、排关系；地下水的物理性质和化学成分等，在此基础上分析水文地质条件对岩土工程实践的影响。

泉、井等地下水的天然和人工露头以及地表水体的调查，有利于阐明测区的水文地质条件。故应对测区内各种水点进行普查，并将它们标测于地形底图上。对其中有代表性的以及与岩土工程有密切关系的水点，还应进行详细研究，布置适当的监测工作，以掌握地下水动态和孔隙水压力变化等。泉、井调查内容参阅水文地质学教程的有关内容。

2.4.5　不良地质现象

不良地质现象研究的目的，是为了评价建筑场地的稳定性，并预测其对各类岩土工程的不良影响。由于不良地质现象直接影响建筑物的安全、经济和正常使用，所以工程地质测绘时对测区内影响工程建设的各种不良地质现象必须详加研究。

研究不良地质现象要以地层岩性、地质构造、地貌和水文地质条件的研究为基础，并搜集气象、水文等自然地理因素资料。研究内容包括：各种不良地质现象（岩溶、滑坡、崩塌、泥石流、冲沟、河流冲刷、岩石风化等）的分布、形态、规模、类型和发育程度，分析它们的形成机制和发展演化趋势，并预测其对工程建设的影响。各种不良现象具体的研究内容和方法将在后面章节中论述。

2.4.6　已有建筑物的调查

测区内或测区附近已有建筑物与地质环境关系的调查研究，是工程地质测绘中特殊的研究内容，因为某一地质环境内已兴建的任何建筑物对拟建建筑物来说，应看作是一项重要的原型试验，往往可以获取很多在理论和实践两方面都极有价值的资料，甚至较之用勘探、测试手段所取得的资料更为宝贵。应选择不同的地质环境（良好的、不良的）中不同类型结构的建筑物，调查其有无变形、破坏的标志，并详细分析其原因，以判明建筑物对地质环境的适应性。通过详细的调查分析后，就可以具体地评价建筑场地的工程地质条件，对拟建建筑物可能变形、破坏情况做出正确预测，并采取相应的防治对策和措施。特别需要强调指出的是，在不良地质环境或特殊性岩土的建筑场地，应充分调查、了解当地的建筑经验，包括建筑结构、基础方案、地基处理和场地整治等方面的经验。

2.4.7　人类活动对场地稳定性的影响

测区内或测区附近人类的某些工程——经济活动，往往影响建筑场地的稳定性。例如：人工洞穴、地下采空、大挖大填、抽（排）水和水库蓄水引起的地面沉降、地表塌陷、诱发地震，渠道渗漏引起的斜坡失稳等，都会对场地稳定性带来不利影响，对它们的调查应予以重视。此外，场地内如有古文化遗迹和古文物，应妥为保护发掘，并向有关部门报告。

2.5　工程地质测绘成果资料整理

工程地质测绘资料的整理，可分为检查外业资料和编制图表。

2.5.1　检查外业资料

① 检查各种外业记录所描述的内容是否齐全。

② 详细核对各种原始图件所划分的地层、岩性、构造、地形地貌、地质成因界线是否符合野外实际情况，在不同图件中相互间的界线是否吻合。

③ 野外所填的各种地质现象是否正确。

④ 核对收集的资料与本次测绘资料是否一致，如出现矛盾，应分析其原因。

⑤ 整理核对野外采集的各种标本。

2.5.2　成果资料

根据工程地质测绘的目的和要求，编制有关图表。工程地质测绘完成后，一般不单独提出测绘成果，往往把测绘资料依附于某一勘察阶段，使某一勘察阶段在测绘的基础上作深入工作。

工程地质测绘的图件包括实际材料图、综合工程地质图、工程地质分区图、综合地质柱状图、综合工程地质剖面图、工程地质剖面图及各种素描图、照片和文字说明。对某个专门的岩土工程问题，尚可编制专门的图件。

2.6　"3S"技术在工程地质测绘中的应用

2.6.1　"3S"技术的定义和特点

3S是遥感（Remote Sensing）、全球定位系统GPS（Global Position System）和地理信息系统（Geographic Information System）的简称，是空间技术、传感器技术、卫星定位与导航技术和计算机技术、通信技术相结合，多学科高度集成的对空间信息进行采集、处理、管理、分析、表达、传播和应用的现代信息技术的总称。

RS是指从高空或外层空间接收来自地球表层各类地物的电磁波信息，并通过对这些信息进行扫描、摄影、传输和处理，从而对地表各类地物和现象进行远距离探测和识别的现代综合技术。

遥感技术可用于植被资源调查、气候气象观测预报、作物产量估测、病虫害预测、环境质量监测、交通线路网络与旅游景点分布等方面。例如，在大比例尺的遥感图像上，可以直接统计滑坡的数量、长度、宽度、分布形式，找出其与民房、公路、河流的关系，求出相关系数，并结合降雨、水位变化等因数，估算滑坡的稳定性与危险性。同样，遥感图像能反映水体的色调、灰阶、形态、纹理等特征的差别，根据这些影像显示，一般可以识别水体的污染源、污染范围、面积和浓度。

GPS 是美国从 20 世纪 70 年代开始研制，于 1994 年全面建成，具有海、陆、空全方位实时三维导航与定位能力的新一代卫星导航与定位系统。GPS 是由空间星座、地面控制和用户设备等三部分构成，GPS 测量技术能够快速、高效、准确地提供点、线、面要素的精确三维坐标以及其他相关信息，具有全天候、高精度、自动化、高效益等显著特点，广泛应用于军事、民用交通导航、大地测量、摄影测量、野外考察探险、土地利用调查及日常生活等不同领域。

GIS 是一个专门管理地理信息的计算机软件系统，它不但能分门别类、分级分层地去管理各种地理信息；而且还能将它们进行各种组合、分析，还能查询、检索、修改、输出和更新等。

地理信息系统还有一个特殊的"可视化"功能，通过计算机屏幕把所有的信息逼真地再现到地图上，成为信息可视化工具，清晰直观地表现出信息的规律和分析结果，同时，还能在屏幕上动态地监测信息的变化。

地理信息系统具有输入、预处理功能、数据编辑功能、数据存储与管理功能、数据查询与检索功能、数据分析功能、数据显示与结果输出功能、数据更新功能。通俗地讲，地理信息系统是信息的大管家。地理信息系统技术现已在资源调查、数据库建设与管理、土地利用及其适宜性评价、区域规划、生态规划、作物估产、灾害监测与预报等方面得到广泛应用。

2.6.2　RS 的应用

2.6.2.1　遥感技术的意义和特点

遥感技术包括航空摄影技术、航空遥感技术和航天遥感技术，它们所提供的遥感图像视野广阔、影像逼真、信息丰富，因而可应用于地质研究。自 20 世纪 70 年代中期以来，中国开始陆续引进和研究现代遥感技术，并应用于工程地质测绘与制图中。实践证明，它能加速地质调查、节省地面测绘的工作量，提高测绘精度和填图质量。

遥感技术一般在勘察初期阶段的小、中比例尺工程地质测绘中应用。主要工作是解译遥感图像资料。不同遥感图像的比例尺大小是：航空照片（简称航片）1∶25000～1∶100000；陆地卫星影像（简称卫片）不同时间多波段的 1∶250000～1∶500000 黑白相片和假彩色合成或其他增强处理的图像；热红外图像 1∶5000。一般于测绘工作开始之前，在搜集到的遥感图像上进行目视解译（此时应结合所搜集到的区域地质和物探资料等进行），勾画出地质草图，以指导现场踏勘。通过踏勘，又可以起到在野外验证解译成果的作用。在测绘过程中，遥感图像资料可用来校正所填绘的各种地质体和地质现象的位置和尺寸，或补充填图内容，为工程地质测绘提供确切的信息。

对各种地质体和地质现象主要依靠解译标志进行目视解译。所谓解译标志，指的是具有地质意义的光谱信息和几何信息，如目标物的色调、色彩、形状、大小、结构、阴影等图像特征。由于各种解译目标的物理-化学属性不同，所以具有不同的解译标志组合。此外，不同的遥感图像资料其解译依据也不相同。航片的比例尺一般较大，主要依据目标物的几何特征解译；卫片则很难分辨出目标物的几何特征，主要依据其光谱信息解译。热红外图像记录的是地面物体间热学性质的差别，其解译标志虽然与前两者一样，但含义与之不同。在对航片进行解译时，一般要做立体观察，以提高解译效果。即利用航空立体镜对航片作立体像观察，以获得直观的三维光学立体模型。

2.6.2.2　工程地质条件的目视解译方法

（1）地层岩性　地层岩性目视解译的主要内容，是识别不同的岩性（或岩性组合）和圈定其界线；此外，推断各岩层的时代和产状，分析各种岩性在空间上的变化、相互关系以及与其他地质体的关系。岩性地层单位的分辨程度和划分的粗细程度，取决于图像分辨率的高低、岩性地层单位之间波谱特征的差异程度、图形特征反差大小以及它们的出露程度。由于航片的分辨率高，所以它识别岩性地层单位的效果通常较卫片要好。实践证明：岩类分布面积广、岩类间的色调和性质差异大，则容易识别解译。反之，则难以识别解译。

地层岩性的影像特征，主要表现为色调（色彩）和图形两个方面。前者反映了不同岩类的波谱特征，后者是区分不同岩类的主要形态标志。不同颜色、成分和结构构造的岩性，由于反射光谱的能力不同，其波谱特征就有差异。同一岩性遭受风化情况不同，它的波谱特征也有一定变化。因此可以根据不同岩性的波谱特征的规律来识别它们。不同岩类的空间产状形态和构造类型各有特色，并在遥感图像上表现为不同类型和不同规模的图形特征。因此也就可以依据图形特征识别不同的岩类。

岩性地层目视解译前，首先要将解译地区的第四系松散沉积物圈出来，然后划分三大岩类的界线，最后详细解译各种岩性地层。利用航片识别第四系松散沉积物的成因类型并确定其与基岩的分界线是比较容易的，但要详细划分岩性则比较困难。由于它与地形地貌关系密切，所以可以结合地形地貌形态的研究以确定沉积物的类型。沉积岩类普遍适用的解译标志是层理所造成的图像，一般都具有直线的或曲线的条带状图形特征，其岩性差异则可以通过不同的色调反映出来。岩浆岩类的波谱特征有明显规律可循。一般情况下，超基性、基性岩浆岩反射率低，它们在遥感图像上多呈深色调或深色彩；而中性、酸性岩浆岩则反射率中等至偏高，因此图色调或色彩较浅。与周围的围岩相比，岩浆岩的色调较为均匀一致。这类岩石在遥感图像上的图形特征，侵入岩常反映出各种形状的封闭曲线；而喷发岩的图形特征较复杂。一般喷发年代新的火山熔岩流很容易辨认，而老的火山熔岩解译程度就低，尤其是夹在其他地层中的薄层熔岩夹层，几乎无法解译。变质岩种类繁杂，较上述两大岩类解译效果要差些。一般情况下，色调特征正变质岩与岩浆岩相近，副变质岩与沉积岩和部分喷发岩接近，而图形特征比较复杂，解译时应慎重分辨。

（2）地质构造　利用遥感图像解译和分析地质构造效果较好。一般地说，利用卫片可观察到巨型构造的形象，而航片解译中，小型构造形迹效果较好。

地质构造目视解译的内容，主要包括：岩层产状、褶皱和断裂构造、火山机制、隐伏构造、活动构造、线性构造和环状构造等的解译以及区域构造的分析。下面简要讨论与工程地质测绘关系较密切的内容。

由沉积岩组成的褶皱构造，在遥感图像上表现为色调不一的平行条带状色带，或是圆形、椭圆形及不规则环带状的色环。尤其当褶皱范围内岩层露头较好、岩性差异较大时，则表现得尤为醒目。但是，水平岩层和季节性干涸的湖泊边缘有时也会出现圈闭的环形图像，解译时需注意区别。褶皱构造依图形特征，可区分出平缓的、紧闭的、箱状的和梳状的等。在构造变动强烈的地区，由于构造遭受破坏的原因，识别时较为困难，需借助于其他的解译标志。由新构造活动引起的大面穹状隆起的平缓褶皱，较难于识别，这时可利用水系分析标志解译。在确定了褶皱存在之后，就要进一步解译背斜或向斜。这方面的解译标志较多，可参阅有关文献。

断裂构造是一种线性构造。所谓线性构造，指的是遥感图像上与地质作用有关或受地质构造控制的线性影像。线性构造较之岩性地层和褶皱的解译效果要好些。在遥感图像上影像愈明显的断裂，其年代可能愈新，所以在航（卫）片上可以直接解译活动断裂。断裂构造也主要借助于图形和色调两类标志来解译。形态标志较多，可分为直接标志和间接标志两种。在遥感图像上地质体被切断、沉积岩层重复或缺失以及破碎带的直接出露等，可作为直接解译标志。间接解译标志则有线性负地形、岩层产状突变、两种截然不同的地貌单元相接、地貌要素错开、水系变异、泉水（温泉）和不良地质现象呈线性分布等。断裂构造色调解译标志远不如形态解译标志作用明显，一般只能作为间接标志。因为引起色调差异的原因很多，有不少是非构造因素造成的，解译时应慎重加以分辨。由于活动断裂都是控制和改造构造地貌和水系格局的，因此在遥感图像上仔细研究构造地貌和水系格局及其演变形迹，可以揭示这类断裂。此外，松散沉积物掩盖的隐伏断裂也可以通过水系和地貌特征以及色调变化等综合分析来识别。

（3）水文地质　水文地质解译内容主要包括：控制水文地质条件的岩性、构造和地貌要素，以及植被、地表水和地下水天然露头等现象。进行解译时，如果能利用不同比例尺的遥感图像研究对比，可以取得较好的效果。尤其是大的褶皱和断裂构造，应先进行卫片和小比例尺航片的解译，然后进行大比例尺航片的解译。进行水文地质解译的航片以采用旱季摄影的为好。

利用航片进行地下水天然露头（泉、沼泽等）解译，所编制的地下水露头分布图效用较大。据此图可确定地下水出露位置，描述附近的地形地貌特征、地下水出露条件、涌水状况及大致估测涌水量大小，并可进一步推断测绘区含水层的分布、地下水类型及其埋藏条件。

实践证明：红外摄影和热红外扫描图像对水文地质解译效用独特。由于水的热容量大，保温作用强，因此有地下水与周围无地下水的地段、地下水埋藏较浅与周围地下水埋藏较深的地段，都存在温度差别（季节温差及昼夜温差）。利用红外摄影和热红外扫描对温度的高分辨率（0.1～0.01℃），可以寻找浅埋地下水的储水构造场所（如充水断层、古河道潜水），探查岩溶区的暗河管道、库坝区的集中渗漏通道等。此外，利用红外摄影和热红外扫描图像还可探查地下水受污染的范围。

多波段陆地卫星影像对解译大范围的水文地质现象，如松散沉积物掩盖区大型隐伏构造以及平原区挽近地质时期凹陷和隆起区的地下水分布状况，也具有较好的作用。

（4）地貌和不良地质现象　在工程地质测绘中，一般采用大比例尺卫片（1∶250000）和航片来解译地貌和不良地质现象。

地貌和不良地质现象的遥感图像解译，历来为从事岩土工程和工程地质的工程技术人员所重视，因为这两项内容解译效果最为理想，而且可以揭示其与地层岩性、地质构造之间的内在联系，为之提供良好的解译标志。地貌解译应与第四系松散沉积物解译结合进行。通过地貌解译还可提供地下水分布的有关资料。从工程实用观点讲，地貌和不良地质现象的解译，可直接为工程选址、地质灾害防治等提供依据，所以在城镇、厂矿、道路和水利工程勘察的初期阶段必须进行。

由于地貌和不良地质现象的发展演化过程往往比较快，因此利用不同时期的遥感图像进行对比研究效果更好，可以对其发展趋势以及对工程的不良影响程度作初步评价。对各种地貌形态和不良地质现象的具体解译内容和方法，这里不再论述，可参阅有关文献。

2.6.2.3　遥感地质工作的程序和方法

遥感地质作为一种先进的地质调查工作方法，其具体工作大致可划分为准备工作、初步解译、野外调查、室内综合研究、成图与编写报告等阶段。现将各阶段工作内容和方法简要论述如下。

（1）准备工作阶段　本阶段的主要任务，是做好遥感地质调查的各项准备工作和制定工作计划。主要的工作内容是搜集工作区各类遥感图像资料和地质、气象、水文、土壤、植被、森林以及不同比例尺的地形图等各种资料。搜集的遥感图像数量，同一地区应有2～3套，一套制作镶嵌略图，一套用于野外调绘，一套用于室内清绘。应准备好有关的仪器、设备和工具。制定具体工作计划时，选定工作重点区，提出完成任务的具体措施。

（2）初步解译阶段　遥感图像初步解译是遥感地质调查的基础。室内的初步解译要依据解译标志，结合前人地质资料等，编制解译地质略图。如果有条件的话，应利用光学增强技术来处理遥感图像，以提高解译效果。解译地质略图是本阶段的工作成果，利用它来选择野外踏勘路线和实测剖面位置，并提出重点研究地段。

（3）野外调查阶段　此阶段的主要工作是踏勘和现场检验。踏勘工作应先期进行，其目的是了解工作区的自然地理、经济条件和地质概况。踏勘时携带遥感图像，以核实各典型地质体和地质现象在相片上的位置，并建立它们的解译标志。需选择一些地段进行重点研究，并实测地层剖面。现场检验工作的主要内容，是全面检验和检查解译成果，在一定间距内穿越一些路线，采集必要的岩土样和水样。此期间一定要加强室内整理。本阶段工作可与工程地质测绘野外作业同时进行，遥感解译的现场检验地质观测点数，宜为工程地质测绘观测点数的30%～50%。

（4）室内综合研究、成图与编写报告阶段　这一阶段的任务，是最后完成各种正式图件，编写遥感地质调查报告，全面总结测区内各地质体和地质现象的解译标志、遥感地质调查的效果及工作经验等。应将初步解译、野外调查和其他方法所取得的资料，集中转绘到地形图上，然后进行图面结构分析。对图中存在的问题及图面结构不合理的地段，要进行修正和重新解译，以求得确切的结果。必要时要野外复验或进行图像光学增强处理等措施，直至整个图面结构合理为止。经与各项资料核对无误后，便可定稿和清绘图件。最后，根据任务要求编写遥感地质调查报告，附以遥感图像解译说明书和典型像片图册等资料。

2.6.3　GPS的应用

全球定位系统（Global Positioning System，简称GPS），是美国从20世纪70年代开始研制的用于军事目的的新一代卫星导航与定位系统。随着GPS系统的不断成熟和完善，其在工程测绘领域得到广泛运用。测绘界已普遍采用了GPS技术，极大提高了测绘工作效率和控制网布网的灵活性。图2-6为宾得三星GNSS SMT888-3G型号的GPS。

图2-6　宾得三星GNSS SMT888-3G型号的GPS

其具有如下特点。

① 三星系统跟踪GPS、GLONASS、GALILEO卫星，136卫星通道。

② 内置SIM卡，工作模式随时切换，GSM模块内置，支持客户自建CORS。

③ 双电池智能切换，内置双电池仓，大容量锂电池确保长时间作业，并不断电切换。

④ 基站、移动站自由互换，多台GPS可任意组合RTK作业。

⑤ 外置电台无需与GPS电缆连接即可作业，可扩大作业距离，并在特殊情况下移动电台获得差分数据。

⑥ 完全一体化的设计，在坚固小区的接收机中集成GPS主机、天线、RTK电台等，做到确确实实无电缆。

⑦ 内置SD卡，RTK作业可同时记载静态数据，并通过SD卡方便导出。

⑧ 内置电台,并具有开放友好的通信接口,并有蓝牙实现高速远距离传输。

SMT888-3G 的定位精度见表 2-1 所列。

表 2-1　SMT888-3G 的定位精度

项　　目	水　　平	垂　　直
单点定位	1.1m	1.9m
SBAS	0.7m	1.2m
DGPS	0.35m	0.65m
RTK 性能	10mm+1ppm	$15mm+1\times10^{-6}$
静态性能	2mm+0.5ppm	$5mm+0.5\times10^{-6}$
平均固定所需时间	7s	
置信度	>99.9%	

2.6.3.1　GPS 在工程测绘中的应用原理

GPS 采用交互定位的原理。已知几个点的距离,则可求出未知所处的位置。对 GPS 而言,已知点是空间的卫星,未知点是地面某一移动目标。卫星的距离由卫星信号传播时间来测定,将传播时间乘上光速可求出距离:$R=vt$。其中,无线信号传输速度为 $v=3\times10^8$m/s,卫星信号传到地面时间为 t(卫星信号传送到地面大约需要 0.06s)。最基本的问题是要求卫星和用户接收机都配备精确的时钟。由于光速很快,要求卫星和接收机相互间同步精度达到纳秒级,由于接收机使用石英钟,因此测量时会产生较大的误差,不过也意味着在通过计算机后可被忽略。这项技术已经用惯性导航系统(INS)增强而开发出来了。工程中要测量的地图或其他种类的地貌图,只需让接收机在要制作地图的区域内移动并记录一系列的位置便可得到。

2.6.3.2　GPS 在工程测绘上的应用

GPS 的出现给测绘领域带来了根本性的变革,具体表现为在工程测量方面,GPS 定位技术以其精度高、速度快、费用省、操作简便等优良特性被广泛应用于工程控制测量中。时至今日可以说 GPS 定位技术已完全取代了用常规测角、测距手段建立的工程控制网。在工程测量领域,GPS 定位技术正在日益发挥其巨大作用。如利用 GPS 可进行各级工程控制网的测量、GPS 用于精密工程测量和工程变形监测、利用 GPS 进行机载航空摄影测量等。在灾害监测领域,GPS 可用于地震活跃区的地震监测、大坝监测、油田下沉、地表移动和沉降监测等,此外还可用来测定极移和地球板块的运动。

2.6.3.3　GPS 测量的特点

GPS 可为各类用户连续提供动态目标的三维位置、三维速度及时间信息。

(1)功能多、用途广　GPS 系统不仅可以用于测量、导航,还可以用于测速、测时。

(2)定位精度高　在实时动态定位(RTK)和实时差分定位(RTD)方面,定位精度可达到厘米级和分米级,能满足各种工程测量的要求。

(3)实时定位　利用全球定位系统进行导航,即可实时确定运动目标的三维位置和速度,可实时保障运动载体沿预定航线运行,亦可选择最佳路线。

(4)观测时间短　利用 GPS 技术建立控制网,可缩短观测时间,提高作业效益。

(5)观测站之间无需通视　GPS 测量只要求测站 150m 以上的空间视野开阔,与卫星保持通视即可,并不需要观测站之间相互通视。

(6)操作简便,GPS 测量的自动化程度很高　GPS 用户接收机一般重量较轻、体积较小、自化程度较高,野外测量时仅"一键"开关,携带和搬运都很方便。

(7)可提供全球统一的三维地心坐标　在精确测定观测站平面位置的同时,可以精确测量观测站的大地高程。

（8）全球全天候作业　GPS卫星较多，且分布均匀，保证了全球地面被连续覆盖，使得在地球上任何地点、任何时候进行观测工作。

2.6.4　GIS的应用

2.6.4.1　地理信息系统的概念

地理信息系统，是在计算机硬件、软件系统支持下，对现实世界（资源与环境）各类空间数据及描述这些空间数据特性的属性进行采集、储存、管理、运算、分析、显示、描述和综合分析应用的技术系统，它作为集计算机科学、地理学、测绘遥感学、环境科学、城市科学、空间科学、信息科学和管理科学为一体的新兴边缘学科而迅速地兴起和发展起来。地理信息系统中"地理"的概念并非指地理学，而是广义地指地理坐标参照系统中的坐标数据、属性数据以及以此为基础而演绎出来的知识。地理信息系统具备公共的地理定位基础、标准化和数字化、多重结构和具有丰富的信息量等特征。

2.6.4.2　地理信息系统的功能

从应用的角度，地理信息系统由硬件、软件、数据、人员和方法五部分组成。硬件和软件为地理信息系统建设提供环境；硬件主要包括计算机和网络设备，储存设备，数据输入、显示和输出的外围设备等。GIS软件的选择，直接影响其他软件的选择，影响系统解决方案，也影响着系统建设周期和效益。数据是GIS的重要内容，也是GIS系统的灵魂和生命。数据组织和处理是GIS应用系统建设中的关键环节。方法为GIS建设提供解决方案，采用何种技术路线，采用何种解决方案来实现系统目标，方法的采用会直接影响系统性能，影响系统的可用性和可维护性。人员是系统建设中的关键和能动性因素，直接影响和协调其他几个组成部分。

地理信息系统的功能包括：①数据的输入、储存、编辑功能；②运算功能；③数据的查询、检查功能；④分析功能；⑤数据的显示、结果的输出功能；⑥数据的更新功能。

（1）数据的输入、储存、编辑　任何方式的地理信息系统必须对多种来源的信息，各种形式的信息（影响、图形、数字、文档）实现多种方式（人工、自动、半自动）的数据输入，建立数据库，数据的输入是把外部的原始数据输入到系统内部，将这些数据从外部格式转化为计算机系统便于处理的内部格式。数据的储存是将输入的数据以某种格式记录在计算机内部或外部储存介质上。数据的编辑功能为用户提供了修改、增加、删除、更新数据的可能。

（2）运算　为满足用户的各种查询条件或必须的数据处理而进行的系统内部操作。

（3）数据的查询、检查　满足用户采用多种查询方式从数据库数据文件或贮存装置中查找和选取所需的数据。

（4）分析功能　满足用户分析评价有关问题，为管理决策提供依据，可在操作系统的运算功能支持中建立专门的分析软件来实现，地理信息系统的分析功能的强弱决定了系统在实际应用中的灵活性和经济效益，也是判断系统本身好坏的重要标志。

（5）数据的显示、结果的输出　数据显示是中间处理过程和最终结果的屏幕显示，包括数字化与编辑以及操作分析过程的显示，如显示图形、图像、数据等。

（6）数据更新　由于某些数据不断在变化，因而地理信息系统必须具备数据更新的功能，数据更新是地理信息系统建立数据的时间序列，满足动态分析的前提。

2.6.4.3　地理信息系统的建立

地理信息系统的建立应当采用系统工程的方法，从以下六个方面进行。

（1）地理信息系统工程的目标　根据客户的需要，确立系统的目标使用所需的各种资源，按一定的结果框架、设计、组织形成一个满足客户要求的地理信息系统。应在充分调研的基础上，分析客户的要求，将其形成文字，地理信息系统的目标是整个工程建设的基础。

（2）地理信息系统工程的数据流程与工作流程

①地理信息系统的空间数据流程（图 2-7）　数据规范与信息源选择；数据的获得和标准化预处理；数据输入与数据库建库；数据管理；数据的处理、分析与应用；成果的输出与提供服务。

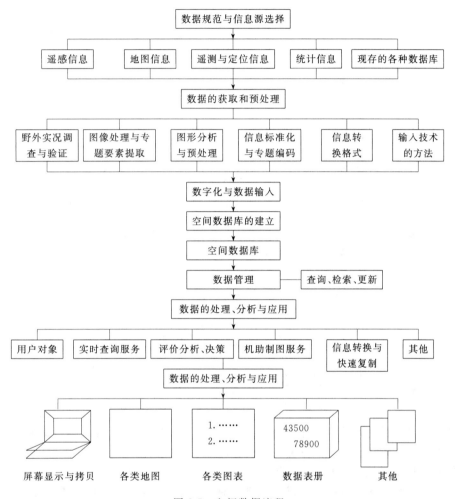

图 2-7　空间数据流程

② 地理信息系统工程的工作流程（图 2-8）　建立一个实用系统的工作流程分为 4 部分。前期准备：立项、调研、可行性分析，用户要求分析；系统设计：总体设计、标准集的产生、系统详细设计、数据库设计；施工、软件开发、建库、组装、试运行、诊断；运行，系统交付使用和更新。

（3）地理信息系统的实体框架

系统的实体框架是由系统的核心数据库和应用子系统构成。子系统可以是多个，它也是一个系统，子系统还可以分成更细一级的子系统，每个子系统都有其自身的目标、边界、输入、输出、内部结构和各种流程。

（4）地理信息系统的运行环境　地理信息系统运行的环境选择应：

① 最大限度地满足用户的工作要求；

② 在保证实现系统功能的前提下，尽可能降低资金的投入；

③ 考虑一定时期内技术的相对先进性以及软硬件之间的相互兼容性。

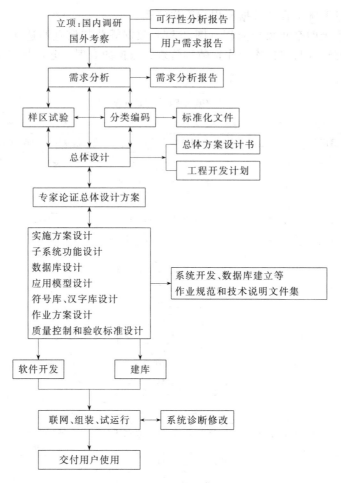

图 2-8　地理信息系统的工作流程

硬件的配置应选择性能价格比较高，维护性好，可靠性高，硬件的运行速度及容量满足系统用户的要求，便于扩展，硬件商有高的技术实力、好的售后服务。

软件配置包括其他软件和供用户进行二次开发的 GIS 基本软件。

（5）地理信息系统的标准　为确保地理信息系统中的各数据库和子系统数据分类、编码及数据文件命名的系统性、唯一性，保证本系统与后继系统以及省内或国内外其他信息系统的联网，实现系统相互兼容，信息共享，地理信息系统的设计必须充分考虑到工程的技术标准，对规范化、标准化原则予以重视，在遵守已有国家标准、行业标准、地方标准的情况下，还应根据系统本身的需要制定必要的标准、规则与规定。

（6）地理信息系统的更新　地理信息系统是在动态中进行的，应在设计阶段充分考虑系统的更新，确保系统具有旺盛的生命力，满足不同阶段客户和社会的需要。

系统的更新包括：硬件更新、系统软件更新、运行数据更新、系统模型更新、系统维护的技术人员知识更新等。

2.6.4.4　地理信息系统在我国勘察行业中的应用

MAPGIS 工程勘察 GIS 信息系统，旨在利用 GIS 技术对以各种图件、图像、表格、文字报告为基础的单个工程勘察项目或区域地质调查成果资料以及基本地理信息，进行一体化存储管理，并在此基础上进行二维地质图形生成及分析计算，利用钻孔数据建立区域三维地质结构模型，采用三维可视化技术直观、形象地表达区域地质构造单元的空间展布特征以及各种地质参数，建立集数字化、信息化、可视化为一体的空间信息系统，为相关部门提供有效的工程地质信息和科学决策依据。系统主要由以下几个功能模块组成。

（1）数据管理　数据管理子系统主要实现对地理底图、工程勘察所获取的资料和成果的录（导）入、转换、编辑、查询等功能。

① 数据建库　地理底图库：可用数字化仪输入、扫描输入、GPS 输入、全站仪输入和文件转换输入，采用海量数据库进行管理。

工程勘察数据库：可用直接导入、手工输入、数据转换（支持属性类数据的批量导入）等多种方法录入，利用大型商用数据库进行管理。

② 数据管理查询功能

a. 提供与钻孔相关的试验表类属性数据与图形数据的关联存储管理功能。

b. 提供对各种三维地质模拟结果、成果资料的存储管理。

c. 提供与钻孔相关的各种基本信息及试验结果等属性信息的查询。

d. 提供对多种成果图件及统计分析表单等系统资料的查询。

e. 对数据的统计功能。

（2）工程地质分析及应用

① 生成与钻孔相关的钻孔平面布置图、土层柱状图、岩石柱状图和工程地质剖面图。

② 生成各种等值线（彩色、填充），包括地层等值线（层顶、层底、层厚）、第四纪土等值线（层底、层厚）、基岩面等值线、地下水位等值线及其他等值线等。

③ 生成各种试验曲线：单桥静探曲线图、双桥静探曲线图、动力触探曲线图、波速曲线、十字板剪切试验曲线、孔压静力触探曲线图、三轴压缩试验曲线图、塑性图、e-p 关系曲线、土的粒径级配曲线、直剪试验曲线图等。

④ 与办公自动化 OA 系统的完美结合：根据工程勘察所获的数据自动生成工程勘察报告。

（3）三维地质结构建模可视化

① 快速、准确地建立三维地质结构模型　系统根据用户选定的分析区域内的钻孔分层数据自动建立起表达该区域地质构造单元（地层）空间展布特征的三维地质模型；对于地质条件比较复杂的区域，可通过用户自定义剖面干预建模，处理夹层、尖灰、透镜体等特殊地质现象。

② 三维可视化表现功能　系统提供如下模型显示、表现功能。

a. 系统提供对三维模型的放大（开窗放大）、缩小，实时旋转、平移、前后移动等三维窗口操作功能，支持鼠标和键盘两种操作方式。

b. 钻孔数据的多种三维表现形式。

c. 提供对钻孔数据立体散点表现形式及立体管状表现形式。

d. 三维地质模型与钻孔数据的组合显示。

e. 可对某些感兴趣的地层进行单独显示和分析。

③ 三维可视化分析功能

a. 任意方向切割模型。

b. 立体剖面图生成。

c. 三维空间量算功能。

（4）成果生成与输出

① 资料图件输出　输出指定范围内已有资料中的多种基础平面图图件，包括本区基础地理底图、水系分布图、地貌分区图、地质图、基岩地质图、水文地质图、工程地质图等。

② 表格数据输出　提供对各类表格数据、报表的输出。

③ 平面成果图件生成

a. 生成与钻孔相关的钻孔平面布置图、柱状图、剖面图。

b. 生成各种等值线（彩色、填充），包括地层等值线（层顶、层底、层厚）、第四纪土等值线（层底、层厚）、基岩面等值线等。

④ 三维地质模拟结果输出

a. 立体剖面栅状图。

b. 针对三维地质模型的空间分析、量算结果。

c. 三维地质模型静态效果图。

d. 三维地质模型漫游动画。

思　考　题

1. 工程地质测绘有何特点？

2. 工程地质测绘的范围、比例尺和精度如何确定？

3. 当比例尺变小时，勘察精度变大还是变小？

4. 工程地质测绘点上应该进行哪些工作，如何进行，有何要求？

5. 踏勘工作的内容和要求有哪些？

6. 工程地质测绘的研究内容？

7. 遥感技术在工程地质勘察中如何发挥作用？

第3章 勘探与取样

3.1 岩土工程勘探的任务、特点和手段

岩土工程实践是在地壳表层某一深度范围内进行的，因此须查明这一深度范围内岩土体的空间分布情况及其工程性质以及地下水等条件。上一章所论述的工程地质测绘，主要是调查建筑场地工程地质条件在地表的特征，并藉以推断地下的情况。确切查明地下地质情况的基本方法是岩土工程勘探。下面分别就岩土工程勘探的任务、特点和手段三方面进行讨论。

3.1.1 岩土工程勘探的任务

岩土工程勘探的任务，主要有以下各项。

（1）详细研究建筑场地或建筑地段的岩土体和地质构造　研究各地层的岩性特征、厚度及其横向变化，按岩性详细划分地层，尤其须注意软弱岩层的岩性及其空间分布情况；确定天然状态下各岩土层的结构和性质；基岩的风化深度和不同风化程度的岩石性质，划分风化带；研究岩层的产状；断层破碎带的位置、宽度和性质；节理、裂隙发育程度及随深度的变化，作裂隙定量指标的统计。

（2）研究水文地质条件　了解岩土的含水性，查明含水层、透水层和隔水层的分布、厚度、性质及其变化，各含水层地下水的水位（水头）、水量和水质；借助水文地质试验和监测，了解岩土的透水性和地下水动态变化。

（3）研究地貌和不良地质现象　查明各种地貌形态，如河谷阶地、洪积扇、斜坡等的位置、规模和结构；研究各种不良地质现象，如滑坡的范围、滑动面位置和形态、滑体的物质和结构；研究岩溶的分布、发育深度、形态及充填情况等。

（4）取样及提供野外试验条件　从勘探工程中采取岩土样和水样，供室内岩土试验和水质分析鉴定用；在勘探工程中可作各种原位测试，如载荷试验、标准贯入试验、剪切试验、波速测试等岩土物理力学性质试验，岩体地应力量测，水文地质试验以及岩土体加固与改良的试验等。

（5）提供检验与监测的条件　利用勘探工程成果布置岩土体性状、地下水和不良地质现象的监测、地基加固与改良和桩基础的检验与监测。

（6）其他　如进行孔中摄影及孔中电视，喷锚支护灌浆处理钻孔，基坑施工降水钻孔，灌注桩钻孔，施工廊道和导坑等。

3.1.2 岩土工程勘探的特点

由于岩土工程勘探承担上述各项任务，它必然具有如下特点。

① 勘探范围取决于场地评价和工程影响所涉及的空间，除了深埋隧道和为了解专门地质问题而进行的勘探外，通常限定于地表以下较浅的深度范围内。

② 除了深入岩体的地下工程和某些特殊工程外，大多数工程都坐落于第四系土层或基岩风化壳上。为了工程安全、经济和正常使用，对这一部分地质体的研究应特别详细。例如，应按土体的成分、结构和工程性质详细划分土层，尤其是软弱土层需给予特别的注意。风化岩体要根据其风化特性进行风化壳垂直分带。

③ 为了准确查明岩土的物理力学性质，在勘探过程中必须注意保持岩土的天然结构和天然湿度，尽量减少人为的扰动破坏。为此需要采用一些特殊的勘探技术。

④ 为了实现地质、水文地质、岩土工程性质的综合研究，以及与现场试验、监测等紧密结合，要求岩土工程勘探发挥综合效益，对勘探工程的结构、布置和施工顺序也有特殊的要求。

3.1.3　岩土工程勘探的手段

岩土工程勘探常用的手段有钻探工程、坑探工程及地球物理勘探三类。

钻探和坑探工程是直接勘探手段，能较可靠地了解地下地质情况。钻探工程是使用最广泛的一类勘探手段，普遍应用于各类工程的勘探；由于它对一些重要的地质体或地质现象有时可能会误判、遗漏，所以也称它为"半直接"勘探手段。坑探工程勘探人员可以在其中观察编录，以掌握地质结构的细节；但是重型坑探工程耗资高，勘探周期长，使用时应考虑经济性。地球物理勘探简称物探，是一种间接的勘探手段，它可以简便而迅速地探测地下地质情况，且具有立体透视性的优点；但其勘探成果具多解性，使用时往往受到一些条件的局限。考虑到三类勘探手段的特点，布置勘探工作时应综合使用，互为补充。

上述三种勘探手段在不同勘察阶段的使用应有所侧重。可行性研究勘察阶段的任务，是对拟建场地的稳定性和适宜性做出评价，主要进行工程地质测绘，勘探往往是配合测绘工作而开展的，而且较多地使用物探手段，钻探和坑探主要用来验证物探成果和取得基准剖面。初步勘察阶段应对建筑地段的稳定性做出岩土工程评价，勘探工作比重较大，以钻探工程为主，并取样，同时作原位测试和监测。在详细勘察阶段，目的是提出详细的岩土工程资料和设计所需的岩土技术参数，并应对基础设计、地基处理以及不良地质现象的防治等具体方案做出论证和建议，以满足施工图设计基本要求，因此须进行直接勘探，与其配合还应进行大量的原位测试，各类工程勘探坑孔的密度和深度都有详细严格的规定，在复杂地质条件下或特殊的岩土工程（或地区），还应布置重型坑探工程，同时此阶段的物探工作主要为测井，以便沿勘探井孔研究地质剖面和地下水分布等。

钻探、坑探和物探的原理和方法，在相关教程中论述，本章重点论述这三类勘探手段在岩土工程勘察中的适用条件、所能解决的主要问题、编录要求，以及勘探工作的布置和施工等问题。

3.2　钻探工程

3.2.1　岩土工程钻探的特点

在岩土工程勘察中，钻探是最常用的一类勘探手段。与坑探、物探相比较，钻探有其突出的优点，它可以在各种环境下进行，一般不受地形、地质条件的限制；能直接观察岩芯和取样，勘探精度较高；能提供作原位测试和监测的工作条件，最大限度地发挥综合效益；勘探深度大，效率较高。因此，不同类型、结构和规模的建筑物，不同的勘察阶段，不同环境和工程地质条件下，凡是布置勘探工作的地段，一般均需采用此类勘探手段。

与一般的矿产资源钻探相比，岩土工程钻探有如下特点。

① 钻探工程的布置，不仅要考虑自然地质条件，还需结合工程类型及其结构特点。如房屋建筑与构筑物一般应按建筑物的轮廓线布孔。

② 除了深埋隧道以及为了解专门地质问题而进行的钻探外，常规孔深一般十余米至数十米，所以经常采用小型、轻便的钻机。

③ 钻孔多具综合目的，除了查明地质条件外，还要取样、作原位测试和监测等；通常原位测试往往与钻进同步进行，不能盲目追求进尺。

④ 对钻进方法、钻孔结构、钻进过程中的观测编录等，均有特殊的要求。如岩芯采取率、分层止水、水文地质观测、采取原状土样和软弱夹层、断层破碎带样品等均有相关特殊技术要求。

3.2.2 岩土工程钻探的特殊要求

为了完成勘探工作的任务，岩土工程钻探有以下几项特殊的要求。

① 土层是岩土工程钻探的主要对象，应可靠地鉴定土层名称，准确判定分层深度，正确鉴别土层天然的结构、密度和湿度状态。为此，要求钻进深度和分层深度的量测误差范围应为 $\pm 0.05m$，非连续取芯钻进的回次进尺应控制在 1m 以内，连续取芯的回次进尺应控制在 2m 以内；某些特殊土类，需根据土体特性选用特殊的钻进方法；在地下水位以上的土层中钻进时应进行干钻，当必须使用冲洗液时应采取双层岩芯管钻进。

② 岩芯采取率要求较高。对岩层作岩芯钻探时，一般完整和较完整岩体不应低于 80%，较破碎和破碎岩石不应低于 65%。对于工程建筑物至关重要需重点查明的软弱夹层、断层破碎带、滑坡的滑动带等地质体和地质现象，为保证获得较高的岩芯采取率，应采用相适应的钻进方法。例如，尽量减少冲洗液或用干钻，采取双层岩芯管连续取芯，降低钻速，缩短钻程。当需确定岩石质量指标 RQD 时，应采用 75mm 口径的（N 型）双层岩芯管和采用金刚石钻头。

③ 钻孔水文地质观测和水文地质试验是岩土工程钻探的重要内容，借以了解岩土的含水性，发现含水层并确定其水位（水头）和涌水量大小，掌握各含水层之间的水力联系，测定岩土的渗透系数等。为此，在钻进过程中应按水文地质钻探的要求，做好孔中水位测量、测定冲洗液消耗量及钻孔涌水量、测量水温等工作。为了保证准确测定地下水位和水文地质试验的正常进行，必须按含水层位置和试验工作的要求，确定孔身结构和钻进方法。对不同含水层要分层止水，加以隔离。按照水文地质试验工作的要求，一般抽水试验钻孔的直径，在土层中应不小于 325mm。在基岩中应不小于 146mm，压水试验钻孔的直径为 59～150mm。同时根据换径次数及位置，即可确定孔身结构。为了保证取得准确的水文地质参数，必须采取干钻或清水钻进，不允许使用泥浆加固孔壁的措施。此外，钻孔不能发生弯曲，孔壁要光滑规则，同一孔径段应大小一致。上述各项要求应在钻探操作工艺上给予满足。

④ 在钻进过程中，为了研究岩土的工程性质，经常需要采取岩土样。坚硬岩石的取样可利用岩芯，但其中的软弱夹层和断层破碎带取样时，必须采取特殊措施。为了取得质量可靠的原状土样，需配备取土器，并应注意取样方法和操作工序，尽量使土样不受或少受扰动。采取饱和软黏土和砂类土的原状土样，还需使用特制的取土器。

3.2.3 我国岩土工程钻探常用的钻探方法和设备

我国岩土工程勘探采用的钻探方法有冲击钻探、回转钻探和振动钻探等；按动力来源又将它们分为人力的和机械的两种。机械回转钻探的钻进效率高，孔深大，又能采取岩芯，所以在岩土工程钻探中使用最广泛。

现将目前我国岩土工程勘探中采用的钻进方法、主要钻具及其适用条件和优缺点列于表3-1 中。另外《岩土工程勘察规范》GB 50021—2001 对各种钻探方法的适用的岩土类别和勘察选用要求见表 3-2 所列。

由表 3-1 及表 3-2 可知，不同的钻探方法各有定型的钻具，分别适用于不同的地层，它们各有优缺点，应根据地层的情况和工程要求恰当地选择。

目前，国内岩土工程钻探正逐渐朝着全液压驱动、仪表控制和钻探与测试相结合的方向发展。

3.2.4 浅部土层钻探方法

岩土工程钻探中对于浅部土层钻探技术要求比较低主要采用的方法如下：

① 小口径麻花钻（或提土钻）钻进；

② 小口径勺形钻钻进；

③ 洛阳铲钻进。

表 3-1　岩土工程钻探的方法、适用条件、主要钻具及优缺点

钻探方法		适用条件	主要钻具	优点	缺点
冲击钻进	人力	黏性土,黄土,砂,砂卵石层,不太坚硬的岩层	洛阳铲,钢丝绳(或竹弓),钻(锥)探,管钻	设备简单、经济,一般不用冲洗液,能准确了解含水层	劳动强度大,难以取得完整岩芯,孔深较浅,仅宜钻直孔
	机械	除上述外,还可用于略硬岩层	CZ-30 型;CZ-22 型;CZ-20C 型	可用于其他方法难以钻进的卵石、砾石、砂层,孔径较大,可不用冲洗液	不能取得完整岩芯,仅宜钻直孔
回转钻进	人力	黏土层,砂层	螺旋钻,勺钻	设备简单,能取芯,取样,成本低	劳动强度较大,孔深较浅
	机械 / 硬质合金	小于Ⅷ级的沉积岩及部分变质岩、岩浆岩	XU-300-2A 型;XY-100 型;XJ-100-1 型;DPP-1 型(车装);DPP-3 型(车装);DPP-4 型(车装);YDC-100 型(车装);SGZ-Ⅰ型;SGZ-Ⅲ型;SGZ-Ⅳ型	岩芯采取率较高、孔壁整齐,钻孔弯曲小。孔深大,能钻任何角度的钻孔,便于工程地质试验,可取芯、取样	在坚硬岩层时钻进时,钻头磨损大,效率低
	机械 / 钢粒	Ⅶ～Ⅻ级的坚硬地层		广泛应用于可钻性等级高的岩层,可取芯、取样,便于做工程地质试验	钻孔易弯曲。孔壁不太平整,钻孔角度不应小于75°岩芯采取率较低
	机械 / 金刚石	Ⅸ级以上的越坚硬岩层越有效		钻进效率高,钻孔质量好,弯曲度小,岩芯采取率高,能钻进最坚硬的地层,机具设备较轻,消耗功率小,钻具磨损较少,钻进程序较简单	在较软和破碎裂隙发育地层中不适用。孔径较小不便于做工程地质试验
冲击回转钻探		各种岩层	SH30-2 型	钻进适应性强	孔深较浅
震动钻探		黏性土,砂土,大块碎石土。卵砾石层及风化基岩	M-68 型汽车式工农-11 型拖拉机式	效率高,成本低	孔深较浅
冲击回转震动钻探		适用各种地层	G-1 型(车装);G-2 型(车装);G-3 型(车装);GYC-J50 型(车装);GDJ-2 型(车装)	钻进适应性强,效率高,轻便,成本低	孔深较浅,结构较复杂

表 3-2　钻探方法的适用的岩土类别和勘察选用要求

钻探方法		钻进地层					勘察要求	
		黏性土	粉土	砂土	碎石土	岩石	直观鉴别、采取不扰动试样	直观鉴别、采取扰动试样
回转	螺旋钻探	++	+	+	—	—	++	++
	无岩芯钻探	++	++	++	+	++	—	—
	岩芯钻探	++	++	+	++	++	++	++
冲击	冲击钻探	—	+	++	++	—	—	—
	锤击钻探	++	++	++	+	—	—	—
振动钻探		++	++	+	—	—	+	++
冲洗钻探		+	++	++	—	—	—	—

注:＋＋适用;＋部分适用;－不适用。

3.2.5　复杂地质体的钻进技术

　　岩土工程钻探往往会遇到复杂地质体,如软弱夹层、破碎带和深厚砂卵石层等,这些地层常常是工程所关注的重要对象。为了探明这些复杂地层的空间分布、工程性质和水文地质条件,须保证钻进的穿透能力并提高岩芯采取率,以提供有关的地质信息。主要措施有:增大岩芯抗扭断能力、改善钻具单动性能、及时起钻和缩短回次进尺时间、减小破岩作用力、提高钻具稳定性、减少冲洗液的冲刷、提高卡取岩芯的可靠程度等。为此,需采用一些专门的钻进技术,下面将作简要介绍。

（1）无泵钻进　在钻进过程中不用水泵，而是利用孔内水的反循环作用，不使钻头与孔壁或岩芯黏结，同时将岩粉收集在取粉管内。这种钻进技术较简便，但它可防止由于水泵送水冲刷岩芯及孔壁，较顺利地穿透软弱、破碎岩层，提高岩芯采取率并保持岩层的原状结构。

无泵钻进与干钻不同，需定时地窜动钻具，该技术利用孔内水的反循环作用，将岩粉沉淀于取粉管和岩芯管内，孔底保持干净从而顺畅地钻进。这种钻进技术的钻具有敞口式和封闭式两种（图 3-1、图 3-2）。钻进时孔内一定要有水，且其水位应经常保持在出水孔上部，以便在钻具窜动时冲洗液可循环利用。孔内水是天然地下水或是由地面人工灌入的。窜动钻具的时间间隔、次数和高度，需根据岩层软硬和钻进深度等确定。保持孔内洁净是提高钻进效率及岩芯采取率的关键，所以必须恰当地窜动钻具。

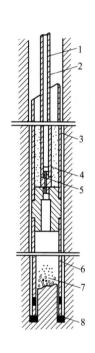 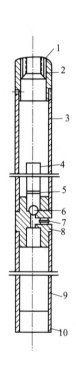 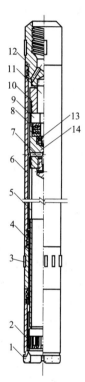

图 3-1　敞口式无泵钻具　　　　图 3-2　封闭式无泵钻具　　　　图 3-3　双层单动岩芯管结构

1—钻杆；2—出水孔；3—取粉管；　　1—出水孔；2—异径接头；3—取粉　　1—金刚石钻头；2—岩芯卡簧；3—扩
4—球阀；5—钻杆接头；6—岩芯管；　　管；4—导粉管；5—控制销；6—球阀；　　孔器；4—内管短节；5—内管；6—外
7—沉淀的岩粉；8—钻头　　　　　　7—螺钉；8—特制接头；　　　　　管；7—钢球；8—推力轴承；9—密封
　　　　　　　　　　　　　　　　9—岩芯管；10—钻头　　　　　圈外壳；10—套筒；11—心轴；12—
　　　　　　　　　　　　　　　　　　　　　　　　　　　　　异径接头；13—锁母；14—轴承外壳

因无泵钻进劳动强度大，钻进效率较冲洗液钻进低，所以在钻穿软弱、破碎岩层并做完水文地质试验后，应及时下入套管，改用冲洗液钻进。

（2）双层岩芯管钻进　双层岩芯管钻进是复杂地层中最普遍采用的一种钻进技术。一般岩芯钻采用的是单层岩芯管，其主要的缺点是钻进时冲洗液直接冲刷岩芯，致使软弱、破碎岩层的岩芯被破坏。而双层岩芯管钻进时，岩芯进入内管，冲洗液自钻杆流下后，在内、外两管壁间隙循环，并不进入内管冲刷岩芯，所以能有效地提高岩芯采取率。

双层岩芯管有双层单动和双层双动两类结构，以前者为优。金刚石钻头钻进一般都采用双层单动岩芯管，其结构如图 3-3 所示。这种钻进技术是在钻头内部使用岩芯卡簧采取岩芯的，在外管上还镶有扩孔器，不经扰动，所以不仅钻进效率高，同时因单动岩芯管当岩芯进入后再不经扰动，岩芯采取率及岩芯质量也较高。

（3）套钻和岩芯定向钻进 此项钻进工艺是黄河水利委员会勘测设计院于20世纪80年代中期研制成功的，它有效地保证了软弱夹层和破碎地层获取高质量的岩芯。

钻进的工艺过程是这样的：采用金刚石钻具以91mm孔径钻进至预定的复杂地层深度后，先用直径46mm的导向钻具在钻孔中心钻出一个约1m深的小孔，然后插筋并灌注化学黏结剂，待凝固后再以91mm孔径用随钻定向钻具钻进并取出岩芯。岩芯采取率几乎可以达到100%，而且能准确地测得孔内岩层的产状，但是所采取的岩芯不能作为力学试验的样品。

（4）厚砂卵石层钻进新工艺 深厚砂卵石层的钻进和取样，一直是岩土工程钻探的难题。成都水电勘测设计院采用金刚石钻进与SM和MY-1型植物胶体作冲洗液的钻进工艺，在深厚砂卵石层中裸孔钻进，深度已超过400m，不仅孔身结构简化，而且钻进效率和岩芯采取率也大大提高。砂卵石岩芯表面被特殊的冲洗液包裹着，从而可获取近似原位的柱状岩芯以及夹砂层、夹泥层的岩芯。

（5）绳索取心钻进的应用 绳索取芯钻进技术是小口径金刚石钻进技术发展到高级阶段的标志。此项钻进技术的主要优点是：①有利于穿透破碎易坍塌地层；②提高岩芯采取率及取芯的质量；③节省辅助工作时间，提高钻进效率；④延长钻头使用寿命，降低成本。

绳索取芯钻进可以直接从专用钻杆内用绳索将装有岩芯的内管提到地面上取出岩芯，简化了钻进工序。我国东北水电勘测设计院与美国某公司，共同研制成功了与此项钻进技术相配套的SGS-1型不提钻气压栓塞，可以同时提高钻孔压水试验的效率和质量，已在国内水利水电工程地质勘测中推广使用。

（6）钻孔设计书的编制、钻孔观测编录及资料整理

① 钻孔设计书的编制 在岩土工程勘察中，钻探工作投资的比重较大，应尽可能使每一个钻孔都发挥综合效益取得较多的成果。为此，勘察人员除了编制整个岩土工程勘探设计外，往往还需要逐个编制钻孔设计书，以保证钻探工作达到预期的目的。尤其是一些孔深较大，孔身结构较复杂的岩芯钻探孔，更应该认真编制钻孔设计书。编制钻孔设计书内容要点包括以下几项。

a. 钻孔目的及地形、地质概况。钻孔的目的一定要充分说明，使施钻人员和观测、编录人员都明确该孔的意义及钻进中应注意的问题。这对于保证钻进、观测和编录工作的质量，是至关重要的。

b. 钻孔的类型、深度及钻孔结构设计。根据已掌握的资料，绘制钻孔设计柱状剖面图，说明孔中将要遇到的地层岩性、地质构造及水文地质情况等，据此确定钻进方法、钻孔类型、孔深、开孔和终孔直径以及换径深度、钻进速度及保护孔壁的方法等。

c. 岩土工程要求。包括岩芯采取率、取样、试验、观测、止水及编录等各方面的要求。编录的项目及应取得的成果资料有：钻孔柱状剖面图、岩芯素描（或照相）、钻进观测、试验记录图及水文地质日志等。

d. 注明钻探结束后对钻孔的处理意见。

② 钻孔观测与编录 钻孔观测与编录是对钻进过程的详细文字记载，也是岩土工程钻探最基本的原始资料。因此在钻进过程中必须认真、细致地做好观测与编录工作，以全面、准确地反映钻探工程的第一手地质资料。

钻孔观测与编录的内容包括以下内容。

a. 岩芯观察、描述和编录 对岩芯的描述包括地层岩性名称、分层深度、岩土性质等，不同类型的岩土其岩性描述内容如下。

　　碎石土：颗粒级配；粗颗粒形状、母岩成分、风化程度，是否起骨架作用；充填物的成分、性质、充填程度；密实度；层理特征。

　　砂类土：颜色；颗粒级配；颗粒形状和矿物成分；湿度；密实度；层理特征。

　　粉土和黏性土：颜色；稠度状态；包含物；致密程度；层理特征。

　　岩石：颜色；矿物成分；结构和构造；风化程度及风化表现形式；划分风化带；坚硬程度；节理、裂隙发育情况，裂隙面特征及充填胶结情况，裂隙倾角、间距，进行裂隙统计。必要时作岩芯素描。

　　作为文字记录的辅助资料是岩土芯样。岩土芯样不仅对原始记录的检查核对是必要的，而且对施工开挖过程的资料核对，发生纠纷时的取证、仲裁，也有重要的价值。因此应在一段时间内妥善保存。目前已有一些工程勘察单位用岩芯的彩色照片代替实物。全断面取芯的土层钻孔还可制作土芯纵断面的揭片，便于长期保存。

　　通过对岩芯的各种统计，可获得岩芯采取率、岩芯获得率和岩石质量指标（RQD）等定量指标。

　　岩芯采取率是指所取岩芯的总长度与本回次进尺的百分比。总长度包括比较完整的岩芯和破碎的碎块、碎屑和碎粉物质。

　　岩芯获得率是指比较完整的岩芯长度与本回次进尺的百分比。它不计入不成形的破碎物质。

　　岩石质量指标（RQD）是指在取出的岩芯中，长度大于 10cm 的柱状岩芯的累积长度与本回次进尺的百分比。其计算和等级划分如图 3-4 所示。岩石质量指标是岩体分类和评价地下洞室围岩质量的重要指标。该指标只有在统一标准的钻进操作条件下才具有可比性。按照国际通用标准，应采用直径 75mm（N 型）双层岩芯管金刚石钻头的钻具。

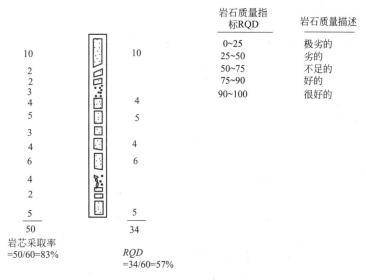

图 3-4　岩石质量指标（RQD）的计算和分级

　　上述三项指标可反映岩石的坚硬和完整程度。显然，同一回次进尺的岩芯采取率最大，岩芯获得率次之，而岩石质量指标（RQD）值则最小。

　　每回次取出的岩芯应顺序排列，并按有关规定进行编号、装箱和保管，并应注明所取原状土样、岩样的数量和取样深度。

　　b. 钻孔水文地质观测　　钻进过程中应注意和记录冲洗液消耗量的变化。发现地下水后，应停钻测定其初见水位及稳定水位。如系多层含水层，需分层测定水位时，应检查分层止水情况，并分层采取水样和测定水温。准确记录各含水层顶、底板标高及其厚度。

c. 钻进动态观察和记录　钻进动态能提供许多地质信息，钻孔观测、编录人员必须做好此项工作。在钻进过程中注意换层的深度、回水颜色变化、钻具陷落、孔壁坍塌、卡钻、埋钻和涌沙现象等，结合岩芯以判断孔内情况。如果钻进不平稳，孔壁坍塌及卡钻，岩芯破碎且采取率低，就表明该钻头所在位置处于岩层裂隙发育或构造破碎带中。岩芯钻探时冲洗液消耗量变化一般与岩体完整性有密切关系，当回水很少甚至不回水时，则说明岩体破碎或岩溶发育，也可能揭露了富水性较强的含水层。

为了对钻孔中情况有直观的印象。国内水利水电勘察单位使用的钻孔摄影和钻孔电视，可以在孔内岩层裂隙发育程度及方向、风化程度、断层破碎带、岩溶洞穴和软弱泥化夹层等方面，获取较为清晰的照片和图像。提高了钻探工作的质量和钻孔利用率。

③ 钻探资料整理　钻探工作结束后，应进行钻孔资料整理。主要成果资料如下。

a. 钻孔柱状图　钻孔柱状图是对钻孔观测与编录的资料图形化处理，它是钻探工作最主要的成果。土层钻孔和岩层钻孔的钻孔柱状图图形不同。

钻孔柱状图是将每一钻孔内岩土层情况按一定的比例尺编制成柱状图，并作简明的描述。在图上还应在相应的位置上标明岩芯采取率、冲洗液消耗量、地下水位、岩芯风化分带、孔中特殊情况、代表性的岩土物理力学性质指标以及取样深度等。如果孔内作过测井和试验的话，也应将其成果在相应的位置上标出。所以，钻孔柱状图实际上是反映钻探工作的综合成果。

b. 钻孔操作及水文地质日志图。

c. 岩芯素描图及其说明。

3.3　井探、槽探和洞探

3.3.1　岩土工程勘探常用的坑探工程类型及其适用条件

坑探工程也叫掘进工程、井巷工程，它在岩土工程勘探中占有较高的地位。与一般的钻探工程相比较，其特点是：勘察人员能直接观察到地质结构，准确可靠，且便于素描；可不受限制地采取原状岩土样，同时进行大型原位测试。尤其对研究断层破碎带、软弱泥化夹层和滑动面（带）等的空间分布特点及其工程性质等，更具有重要意义。坑探工程的缺点是：使用时往往受到自然地质条件的限制，耗费资金大而勘探周期长；尤其是重型坑探工程不可轻易采用。

岩土工程勘探中常用的坑探工程有：探槽、试坑、浅井、竖井（斜井）、平硐和石门（平巷）（图3-5）。其中前三种为轻型坑

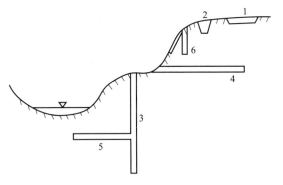

图3-5　工程地质常用的坑探类型示意
1—探槽；2—试坑；3—竖井；4—平硐；5—石门；6—浅井

探工程，后三种为重型坑探工程。现将不同坑探工程的特点和适用条件列于表3-3中。

3.3.2　坑探工程设计书的编制、坑探工程的观测与编录

（1）坑探工程设计书的编制　坑探工程设计书是在岩土工程勘探总体布置的基础上编制的。其主要内容包括以下几点。

① 坑探工程的目的、类型和编号。

② 坑探工程附近的地形、地质概况。

表 3-3　各种坑探工程的特点和适用条件

名　称	特　点	适　用　条　件
探槽	在地表深度小于 3～5m 的长条形槽子	剥除地表覆土,揭露基岩,划分地层岩性,研究断层破碎带;探查残坡积层的厚度和物质结构
试坑	从地表向下,铅直的、深度小于 3～5m 的圆形或方形小坑	局部剥除覆土,揭露基岩;作载荷试验、渗水试验,取原状土样
浅井	从地表向下,铅直的、深度 5～15m 的圆形或方形井	确定覆盖层及风化层的岩性及厚度,做载荷试验,取原状土样
竖井(斜井)	形状与浅井相同,但深度大于 15m,有时需支护	了解覆盖层的厚度和性质,做风化壳分带、软弱夹层分布、断层破碎带及岩溶发育情况、滑坡体结构及滑动面等;布置在地形较平缓、岩层又较缓倾的地段
平硐	在地面有出口的水平坑道,深度较大,有时需支护	调查斜坡地质结构,查明河谷地段的地层岩性、软弱夹层、破碎带、风化岩层等,做原位岩体力学试验及地应力量测,取样;布置在地形较陡的山坡地段
石门(平巷)	不出露地面而与竖井相连的水平坑道,石门垂直岩层走向,平巷平行	了解河底地质结构,做试验等

③ 掘进深度及其论证。

④ 施工条件:岩性及其硬度等级,掘进的难易程度,采用的掘进方法(铲、镐挖掘或爆破作业等);地下水位,可能涌水状况,应采取的排水措施;是否需要支护及支护材料、结构等。

⑤ 岩土工程要求:包括掘进过程中应仔细观察、描述的地质现象和应注意的地质问题;对坑壁、顶、底板掘进方法的要求,是否许可采用爆破作业方式;取样地点、数量、规格和要求等;岩土试验的项目、组数、位置以及掘进时应注意的问题;应提交的成果。

(2) 坑探工程的观察、描述　坑探工程观察和描述,是反映坑探工程第一性地质资料的主要手段。所以在掘进过程中岩土工程师应认真、仔细地做好此项工作。观察、描述的内容包括:

① 地层岩性的划分。第四系堆积物的成因、岩性、时代、厚度及空间变化和相互接触关系;基岩的颜色、成分、结构构造、地层层序以及各层间接触关系;应特别注意软弱夹层的岩性、厚度及其泥化情况。

② 岩石的风化特征及其随深度的变化,对风化壳进行分带。

③ 岩层产状要素及其变化,各种构造形态;注意对断层破碎带及节理、裂隙的研究;断裂的产状、形态、力学性质;破碎带的宽度、物质成分及其性质;节理裂隙的组数、产状、穿切性、延展性、隙宽、间距(频度),有必要时作节理裂隙的素描图和统计测量。

④ 水文地质情况。如地下水渗出点位置、涌水点及涌水量大小等。

(3) 坑探工程展视图　展视图是坑探工程编录的主要内容,也是坑探工程所需提交的主要成果资料。所谓展视图,就是沿坑探工程的壁、底面所编制的地质断面图,按一定的制图方法将三维空间的图形展开在平面上。由于它所表示的坑探工程成果一目了然,故在岩土工程勘探中被广泛应用。不同类型坑探工程展视图的编制方法和表示内容有所不同,其比例尺应视坑探工程的规模、形状及地质条件的复杂程度而定,一般采用 1:25～1:100。下面介绍探槽、试坑(浅井、竖井)和平硐展示图的编制方法。

① 探槽展视图　首先进行探槽的形态测量。用罗盘确定探槽中心线的方向及其各段的变化、水平(或倾斜)延伸长度、槽底坡度。在槽底或槽壁上用皮尺作一基线(水平或倾斜方向均可),并用小钢尺从零点起逐渐向另一端实测各地质现象,按比例尺绘制于方格纸上。这样便得到探槽底部或一壁槽的地质断面图。除槽壁和槽底外,有时还要将端壁断面图绘出。作图时需考虑探槽延伸方向和槽底坡度的变化,遇此情况时则应在转折处分开,分段绘制。

　　展视图一般表示槽底和一个侧壁的地质断面，有时将两端壁也绘出。展开的方法有两种：一种是坡度展开法，即槽底坡度的大小，以壁与底的夹角表示。此法的优点是符合实际；缺点是坡度陡而槽长时不美观，各段坡度变化较大时也不易处理。另一种是平行展开法，即壁与底平行展开（图 3-6）。这是经常被采用的一种方法，它对坡度较陡的探槽更为合适。

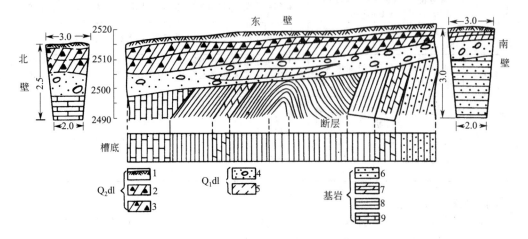

图 3-6　探槽展视图
1—表土层；2—含碎石亚砂土；3—含碎石亚黏土；4—含漂石和卵石的砂土；
5—重亚砂土；6—细粒云母砂岩；7—白云岩；8—页岩；9—灰岩

　　② 试坑（浅井、竖井）展视图　此类铅直坑探工程的展视图，也应先进行形态测量，然后作四壁和坑（井）底的地质素描。其展开的方法也有两种：一种是四壁辐射展开法，即以坑（井）底为平面，将四壁各自向外翻倒投影而成（图 3-7）。一般适用于作试坑展视图。另一种是四壁平行展开法，即四壁连续平行排列（图 3-8）。它避免了四壁辐射展开法因探井较深导致的缺陷。所以这种展开法一般适用于浅井和竖井。四壁平行展开法的缺点是，当探井四壁不直立时图中无法表示。

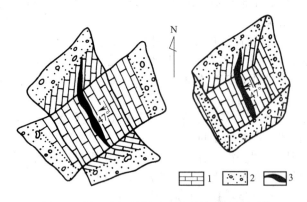

图 3-7　用四壁辐射展开法绘制的试坑展视图
1—石灰岩；2—覆盖层；3—软弱夹层

　　③ 平硐展视图　平硐在掘进过程中往往需要支护，所以应及时作地质编录。平硐展视图从硐口作起，随掌子面不断推进而分段绘制，直至掘进结束。其具体做法是：最先画出硐底的中线，同时平硐的宽度、高度、长度、方向以及各种地质界线和现象，都是以这条中线为准绘出的。当中线有弯曲时，应于弯曲处将位于凸出侧之硐壁裂一叉口，以调整该壁内侧与外侧的长度。如果弯曲较大时，则可分段表示。硐底的坡度用高差曲线表示。该展视图五

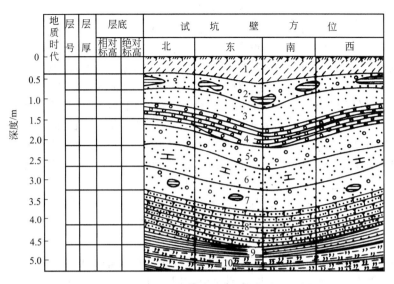

图 3-8　用四壁平行展开法绘制的浅井展视图

个硐壁面全面绘出，平行展开（图 3-9）。

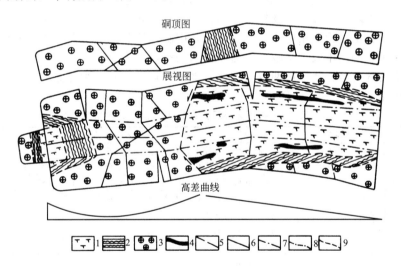

图 3-9　平硐展视图

1—凝灰岩；2—凝灰质页岩；3—斑岩；4—细粒凝灰岩夹层；5—断层；
6—节理；7—硐底中线；8—硐底壁分界线；9—岩层分界线

3.4　地球物理勘探

3.4.1　地球物理勘探的基本原理、主要作用、一般要求及分类

（1）地球物理勘探的基本原理　　地球物理勘探简称物探，它是用专门的仪器来探测各种地质体物理场的分布情况，对其数据及绘制的曲线进行分析解释，从而划分地层，判定地质构造、各种不良地质现象的一种勘探方法。由于地质体具有不同的物理性质（导电性、弹性、磁性、密度、放射性等）和不同的物理状态（含水率、空隙性、固结程度等），它们为利用物探方法研究各种不同的地质体和地质现象提供了物理前提。所探测的地质体各部分间以及该地质体与周围地质体之间的物理性质和物理状态差异越大，就越能获得比较满意的结

果。应用于岩土工程勘察中的物探,称之为"工程物探"。

物探的优点是:设备轻便、效率高;在地面、空中、水上、或钻孔中均能探测;易于加大勘探密度、深度和从不同方向敷设勘探线网,构成多方位数据阵,具有立体透视性的特点。但是,这类勘探方法往往受到非探测对象的影响和干扰以及仪器测量精度的局限,其分析解释的结果就显得较为粗略,且具多解性。为了获得较确切的地质成果,在物探工作之后,还常用勘探工程(钻探和坑探)来验证。为了使物探这一间接勘探手段在工程勘察中有效地发挥作用,岩土工程师在利用物探资料时,必须较好地掌握各种被探查地质体的典型曲线特征,将数据反复对比分析,排除多解,并与地质调查相结合,以获得正确单一的地质结论。

(2)地球物理勘探的主要作用 岩土工程勘察中可在下列方面采用地球物理勘探:

① 作为钻探的先行手段,了解隐蔽的地质界线、界面或异常点;

② 在钻孔之间增加地球物理勘探点,为钻探成果的内插、外推提供依据;

③ 作为原位测试手段,测取岩土体的波速、动弹性模量、动剪切模量、卓越周期、电阻率、放射性辐射参数、土对金属的腐蚀性等。

(3)地球物理勘探的应用条件 由上述地球物理勘探的基本原理不难得出,其应用应具备下列条件(《规范》明确列出):被探测对象与周围介质之间有明显的物理性质差异;被探测对象具有一定的埋藏深度和规模,且地球物理异常具有足够的强度;能抑制干扰,区分有用信号和干扰信号;在有代表性地段进行方法的有效性试验。

(4)地球物理勘探的分类 物探工作的种类较多,表 3-4 所列为物探分类及其在岩土工程中的应用。在岩土工程勘察中运用最普遍的是电阻率法和地震折射波法。此外,近年来地质雷达和声波测井的运用效果也较好。需要指出的是,该表中所列的岩土工程应用,有些实际上属于原位测试内容,将在后两章中阐述。本节重点介绍几种物探方法主要解决的地质问题及其使用前提。

表 3-4 物探分类及其在岩土工程中的应用

类别	方法名称		适用范围
直流电法	电阻率法	点剖面法	寻找追索断层破碎带和岩溶范围,探查基岩起伏和含水层、滑坡体,圈定冻土带
		电测深法	探测基岩埋深和风化层厚度、地层水平分层,探测地下水,圈定岩溶发育
	充电法		测量地下水流速流向,追索暗河和充水裂隙带,探测废弃金属管道和电缆
	自然电场法		探测地下水流向和补给关系,寻找河床和水库渗漏点
	激发极化法		寻找地下水和含水岩溶
交流电法	电磁法		小比例尺工程地质水文地质填图
	无线电波透视法		调查岩溶和追索圈定断层破碎带
	甚低频法		寻找基岩破碎带
地震勘探	折射波法		工程地质分层变化,探测基岩埋深和起伏变化,查明含水层埋深及厚度,追索断层破碎带,圈定大型滑坡体厚度和范围,进行风化壳分带
	反射波法		工程地质分层
	波速测量		测量地基土动弹性力学参数
	地脉动测法		研究地震场地稳定性与建筑物共振破坏,划分场地类型
磁法勘探	区域磁测		圈定第四系覆盖下侵入岩界限和裂隙带、接触带
	微磁测		工程地质分区,圈定有含铁磁性底沉积物的岩溶
重力勘探			探查地下空洞
声波勘探	声幅测量		探查洞室工程的岩石应力松弛范围,研究岩体完整性及动弹性力学参数
	声呐法		河床断面测量
放射性勘探	γ径法迹		寻找地下水和岩石裂隙
	地面放射性测量		区域性工程地质填图
测井	电法测井		确定含水层位置,划分咸淡水界限,调查溶洞和裂隙破碎带
	放射性测井		调查地层孔隙度和确定含水层位置
	声波测井		确定断裂破碎带和溶洞位置,进行风化壳分带、工程岩体分类

3.4.2　电阻率法在岩土工程勘察中的应用

电阻率法是依靠人工建立直流电场，在地表测量某点垂直方向或水平方向的电阻率变化，从而推断地质体性状的方法。它主要可以解决下列地质问题：

① 确定不同的岩性，进行地层岩性的划分。

② 探查褶皱构造形态，寻找断层。

③ 探查覆盖层厚度、基岩起伏及风化壳厚度。

④ 探查含水层的分布情况、埋藏深度及厚度，寻找充水断层及主导充水裂隙方向。

⑤ 探查岩溶发育情况及滑坡体的分布范围。

⑥ 寻找古河道的空间位置。

电阻率法包括电测深法和电剖面法，它们又各有许多变种，在岩土工程勘察中应用最广的是对称四极电测深法、环形电测深法、对称剖面法和联合剖面法。

应用对称四极电测深法来确定电阻率有差异的地层，探查基岩风化壳、地下水埋深或寻找古河道，解释效果较好。图 3-10 和图 3-11 所示分别为根据电测深曲线推断地层变化、基岩风化壳分带以及判定地下水埋深的例子。

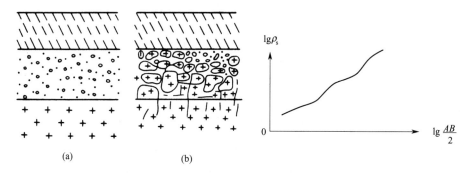

图 3-10　根据电测深曲线了解地层变化及基岩风化壳分带
（a）覆盖层分层及基岩埋深；（b）覆盖层下基岩风化壳分带

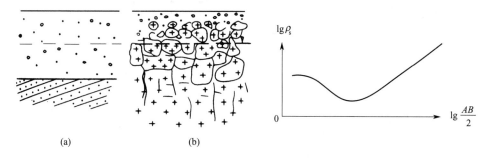

图 3-11　根据电测深曲线判定地下水位

电测剖面法可以被用来探查松散覆盖层下基岩面起伏和地质构造，了解古河道位置，寻找溶洞等。图 3-12 所示为利用对称剖面法探查岩溶地区灰岩面的起伏情况。溶蚀洼地中堆积了低电阻的第四系松散物质，视电阻率（ρ_s）曲线的高低起伏正好反映了灰岩面的起伏变化，解释效果良好。而复合四极对称装置探查溶蚀漏斗和溶洞可以取得比较满意的效果（图 3-13）

运用联合剖面法可以较为准确地推断断裂带的位置。如果沿着所要探查断层的走向上布置几条联合剖面，即可根据 ρ_s 曲线获得该断层的平面延伸情况 ［图 3-14（a）］。而在同一条联合剖面上采用不同极距，则可确定断层面的倾向和倾角 ［图 3-14（b）］。

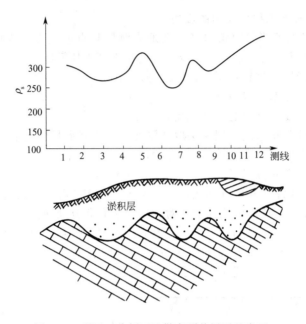

图 3-12 利用对称剖面法勘察覆盖层下基岩面
起伏情况（据贾苓希，1963）

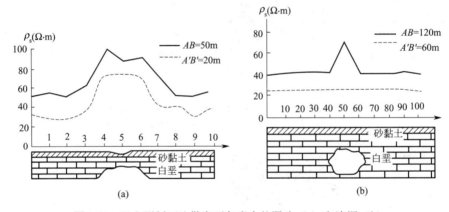

图 3-13 以电测剖面法勘察石灰岩中的漏斗（a）和溶洞（b）

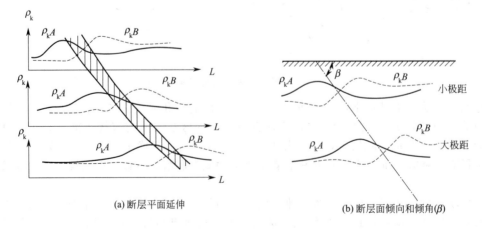

(a) 断层平面延伸

(b) 断层面倾向和倾角(β)

图 3-14 利用联合剖面法确定断裂带位置

为了使电阻率法在岩土工程勘察中发挥较好的作用，须注意它的使用条件。

① 地形比较平缓，具有便于布置极距的一定范围。

② 被探查地质体的大小、形状、埋深和产状，必须在人工电场可控制的范围之内；而且其电阻率应较稳定，与围岩背景值有较大异常。

③ 场地内应有电性标准层存在。该标准层的电阻率在水平和垂直方向上均保持稳定，且与上下地层的差值较大；有明显的厚度，倾角不大于 20°，埋深不太大；在其上部无屏蔽层存在。

④ 场地内无不可排除的电磁干扰。

3.4.3　地震折射波法在岩土工程勘察中的应用

地震勘探是通过人工激发的地震波在地壳内传播的特点来探查地质体的一种物探方法。在岩土工程勘察中运用最多的是高频（<200～300Hz）地震波浅层折射法，可以研究深度在 100m 以内的地质体。

主要解决下列问题。

① 测定覆盖层的厚度，确定基岩的埋深和起伏变化。

② 追索断层破碎带和裂隙密集带。

③ 研究岩石的弹性性质，测定岩石的动弹性模量和动泊松比。

④ 划分岩体的风化带，测定风化壳厚度和新鲜基岩的起伏变化。

滦河潘家口水库大坝左岸的 F_7 断层，是该水利工程的一个重要构造地质问题。由于地表被第四系冲积物所覆盖，自阶地至河床共布置 18 条测线，查明了该断层破碎带的位置和规模（图 3-15）。经后来的钻探资料证实，其判释的精度是较高的。

地震勘探的使用条件是：地形起伏较小，地质界面较平坦和断层破碎带少，且界面以上岩石较均一，无明显高阻层屏蔽，界面上下或两侧地质体有较明显的波速差异。

3.4.4　地质雷达在岩土工程勘察中的应用

地质雷达是交流电法勘探中的一种方法。它是沿用对空雷达的原理，由发射机发射脉冲电磁波，其中一部分是沿着空气与介质（岩土体）分界面传播的直达波，经过时间 t_0 后到达接受天线，为接收机所接收。另一部分传入介质内，在其中若遇电性不同的另一个介质体（如其他岩土体、洞穴等），就发生反射和折射，经过时间 t_s 后回到接收天线，称为回波。根据所接收到两种波的传播时间来判断另一介质体的存在并测算其埋藏深度（图 3-16）。

地质雷达具有分辨能力强，判释精度高，一般不受高阻屏蔽层及水平层、各向异性的影响等优点。它对探查浅部介质体，如覆盖层厚度、基岩强风化带埋深、溶洞及地下洞室和管线位置等，效果尤佳，因而近年来在房屋建筑和市政工程建设岩土工程勘察中逐渐推广使用。

3.4.5　声波测井在岩土工程勘察中的应用

声波测井的物理基础，是研究与岩石性质密切相关的声振动沿钻井的传播特征。它可以充分利用已有的钻井，结合地质调查，查明地层岩性特征，进行地层划分；确定软弱夹层的层位及深度；了解基岩风化壳的厚度和特征，进行风化壳分带；寻找岩溶洞穴和断层破碎带；研究岩石的某些物理力学性质，进行工程岩体分类等。与其他测井方法密切配合，还可以全部或部分代替岩芯钻探，开展无岩芯钻进。可见，声波测井在岩土工程勘察中的应用是多方面的。

声波测井的方法有多种，目前国内运用最多的是声速测井。声速测井的装置如图 3-17 所示，为单发射双接收型的。两个接收换能器 R_1、R_2 的距离为 l，沿井壁的滑行波到达两个接收器的时间差为 Δt，且有：

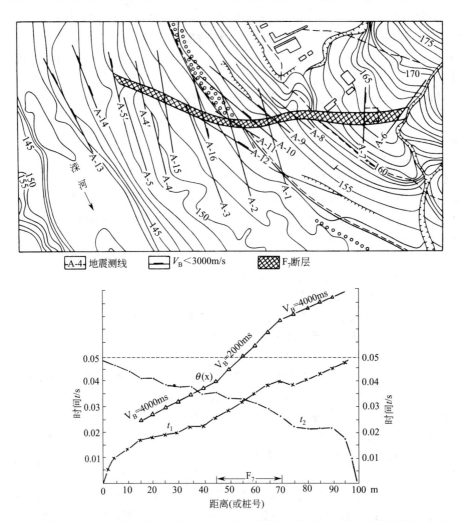

图 3-15　潘家口水库用地震浅层折射法探测 F_7 断层成果图（据原电力工业部勘测设计院物探队）

上为坝址区平面图；下为 F_7 时距曲线图

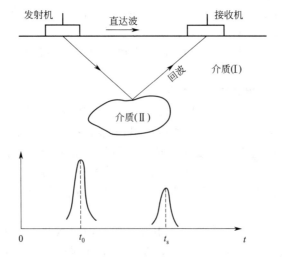

图 3-16　地质雷达工作原理示意

$$\Delta t = \frac{l}{V_2}$$

Δt 表示声波通过厚度为 l 的一段岩层所需的时间，习惯上把它换算为通过 1m 厚的岩层所需的时间，称为旅行时间，单位为 μs/m。由 Δt 即可求出声波在岩层中的传播速度 V_2（m/s）：

$$V_2 = \frac{10^6}{\Delta t}$$

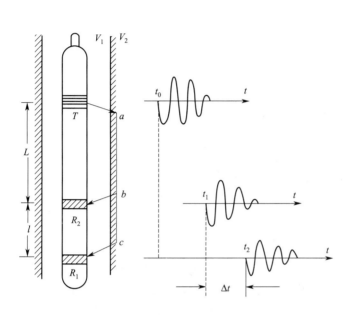

图 3-17　声速测井装置

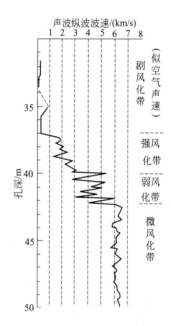

图 3-18　各风化带声速曲线形态特征

由于不同的岩层其岩石矿物成分、结构、节理裂隙发育和风化程度等不同，因而具有不同的声速及声速曲线形态，据此即可划分岩层、探查断层破碎带和进行风化壳分带等。

三峡水利枢纽坝基为前震旦纪的石英闪长岩和闪云斜长花岗岩，经大量声波测井工作获得的各风化带纵波速度值列于表 3-5 中。不同风化带的声速曲线形态也不相同，其特征十分明显（图 3-18）。

表 3-5　三峡水利枢纽坝基岩石各风化带纵波波速

风化分带	纵波波速 v_p/(m/s)	
	石英闪长岩	闪云斜长花岗岩
剧风化带	<2000	1000～2000
强风化带	2000～3000	2000～3200
弱分化带	3000～5000	3200～4800
微风化带	>5000	4800～6000

3.4.6　综合物探方法的应用

各种物探方法的使用都有一定的局限性，而大多数勘察场地又都存在着显示相同物理场的多种地质体并存的现象，用单一的物探方法解释异常比较困难。因此，可在同一剖面、同一测网中用两种以上的物探方法共同工作，将数据资料相互印证，综合分析，就有利于排除干扰因素，以提高解释的置信度。

图 3-19 是运用综合物探寻找含水溶洞的实例。该区用电测剖面法探查时，发现充水溶洞与被土充填的溶洞电性差异很小，收效差。然而从地质调查中了解到，充填于溶洞中的土

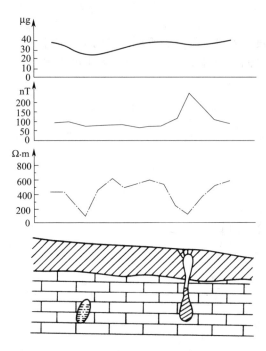

图 3-19　岩溶地区综合物探的应用（桂林瓦窑）
—重力测量曲线；—磁法测量曲线；—·—电剖面法曲线

是上部土洞与灰岩中的溶洞贯通而淤积的，由于淋滤作用，土中含铁磁性矿物局部富集，其重度也较大。为此，沿原电剖面测点布置了磁法勘探和重力勘探。结果被土填充的溶洞出现了明显的磁力高的异常，而充水溶洞测得较低的重力值；通过三种物探方法比较，较有效地区分出充水溶洞与被土填充的溶洞，排除了电法成果的多解性，取得了正确的地质结论。此工区经综合物探方法确定的 9 个含水溶洞，其置信度达 100％。该典型实例有力地说明了综合物探在岩土工程勘察中应用的可行性。

3.5　勘探工作的布置和施工顺序

3.5.1　勘探工作的布置

　　布置勘探工作总的要求，应是以尽可能少的工作量取得尽可能多的地质资料。为此，作勘探设计时，必须要熟悉勘探区已取得的地质资料，并明确勘探的目的和任务。将每一个勘探工程都布置在关键地点，且发挥其综合效益。

　　（1）勘探工作布置的一般原则　布置勘探工作时，应遵循以下几条原则。

　　① 勘探工作应在工程地质测绘基础上进行。通过工程地质测绘，对地下地质情况有一定的判断后，才能明确通过勘探工作需要进一步解决的地质问题，以取得好的勘探效果。否则，由于不明确勘探目的，将有一定的盲目性。

　　② 无论是勘探的总体布置还是单个勘探点的设计，都要考虑综合利用。既要突出重点，又要照顾全面，点面结合，使各勘探点在总体布置的有机联系下发挥更大的效用。

　　③ 勘探布置应与勘察阶段相适应。不同的勘察阶段，勘探的总体布置、勘探点的密度和深度、勘探手段的选择及要求等，均有所不同。一般地说，从初期到后期的勘察阶段，勘探总体布置由线状到网状，范围由大到小，勘探点、线距离由稀到密；勘探布置的依据，由以工程地质条件为主过渡到以建筑物的轮廓为主。初期勘察阶段以物探为主，配合以少量钻

探和轻型坑探工程；而后期勘察阶段则往往以钻探和重型坑探工程为主。

④ 勘探布置应随建筑物的类型和规模而异。不同类型的建筑物，其总体轮廓、荷载作用的特点以及可能产生的岩土工程问题不同，勘探布置亦应有所区别。道路、隧道、管线等线型工程，多采用勘探线的形式，且沿线隔一定距离布置一垂直于它的勘探剖面。房屋建筑与构筑物应按基础轮廓布置勘探工程，常呈方形、长方形、工字形或丁字形；具体布置勘探工程时又因不同的基础型式而异。桥基则采用由勘探线渐变为以单个桥墩进行布置的梅花形型式。建筑物规模越大、越重要者，勘探点（线）的数量越多，密度越大。同一建筑物的不同部位重要性有所差别，布置勘探工作时应分别对待。

⑤ 勘探布置应考虑地质、地貌、水文地质等条件。一般勘探线应沿着地质条件等变化最大的方向布置。勘探点的密度应视工程地质条件的复杂程度而定，而不是平均分布。为了对场地工程地质条件起到控制作用，还应布置一定数量的基准坑孔（即控制性坑孔），其深度较一般性坑孔要大些。

⑥ 在勘探线、网中的各勘探点，应视具体条件选择不同的勘探手段，以便互相配合、取长补短，有机地联系起来。

总之，勘探工作一定要在工程地质测绘基础上布置。勘探布置主要取决于勘察阶段、建筑物类型和岩土工程勘察等级三个重要因素。还应充分发挥勘探工作的综合效益。为搞好勘探工作，岩土工程师应深入现场，并与设计、施工人员密切配合。在勘探过程中，应根据所了解的条件和问题的变化，及时修改原来的布置方案，以期圆满地完成勘探任务。

（2）勘探坑孔间距的确定　　各类建筑勘探坑孔的间距，是根据勘察阶段和岩土工程勘察等级来确定的。

不同的勘察阶段，其勘察的要求和岩土工程评价的内容不同，因而勘探坑孔的间距也各异。初期勘察阶段的主要任务是为选址和进行可行性研究，对拟选场址的稳定性和适宜性做出岩土工程评价，进行技术经济论证和方案比较，满足确定场地方案的要求。由于有若干个建筑场址的比较方案，勘察范围大，勘探坑孔间距也比较大。当进入到中、后期勘察阶段，要对场地内建筑地段的稳定性做出岩土工程评价，确定建筑总平面布置，进而对地基基础设计、地基处理和不良地质现象的防治进行计算与评价，以满足施工设计的要求。此时勘察范围缩小而勘探坑孔增多了，因而坑孔间距是比较小的。

不同的岩土工程勘察等级，表明了建筑物的规模和重要性以及场地工程地质条件的复杂程度。显然，在同一勘察阶段内，属一级勘察等级者，因建筑物规模大而重要或场地工程地质复杂，勘探坑孔间距较小。而二、三级勘察等级的勘探坑孔间距相对较大。

在《岩土工程勘察规范》中，明确规定了各类建筑在不同勘察阶段和岩土工程勘察等级的勘探线、点间距，以指导勘探工程的布置。在实际工作中，应根据具体情况合理地确定勘探工程的间距，决不能机械照搬。

（3）勘探坑孔深度的确定　　确定勘探坑孔深度的含义包括两个方面：一是确定坑孔深度的依据；二是施工时终止坑孔的标志。概括起来说，勘探坑孔深度应根据建筑物类型、勘察阶段、岩土工程勘察等级以及所评价的岩土工程问题等综合考虑。

根据各工程勘察部门的实践经验，大致依据《岩土工程勘察规范》规定、对岩土工程问题分析评价的需要以及具体建筑物的设计要求等，确定勘探坑孔的深度。

《岩土工程勘察规范》规定的勘探坑孔深度，是在各工程勘察部门长期生产实践的基础上确定的，有重要的指导意义。例如，对房屋建筑与构筑物明确规定了初勘和详勘阶段勘探坑孔深度，还就高层建筑采用不同基础型式时勘探孔深度的确定做出了规定。

分析评价不同的岩土工程问题，所需要的勘探深度是不同的。例如，在评价滑坡稳定性时，勘探孔深度应超过该滑体最低的滑动面。为房屋建筑地基变形验算需要，勘探孔深度应超过地基有效压缩层范围，并考虑相邻基础的影响。

作勘探设计时，有些建筑物可依据其设计标高来确定坑孔深度。例如，地下洞室和管道工程，勘探坑孔应穿越洞底设计标高或管道埋设深度以下一定深度。

此外，还可依据工程地质测绘或物探资料的推断确定勘探坑孔的深度。

在勘探坑孔施工过程中，应根据该坑孔的目的任务而决定是否终止，切不能机械地执行原设计的深度。例如，为研究岩石风化分带目的的坑孔，当遇到新鲜基岩时即可终止。

3.5.2 勘探工程的施工顺序

勘探工程的合理施工顺序，既能提高勘探效率，取得满意的成果，又节约勘探工作量。为此，在勘探工程总体布置的基础上，须重视和研究勘探工程的施工顺序问题，即全部勘探工程在空间和时间上的发展问题。

一项建筑工程，尤其是场地地质条件复杂的重大工程，需要勘探解决的问题往往较多。由于勘探工程不可能同时全面施工，必须分批进行。应根据所需查明问题的轻重主次，同时考虑到设备搬迁方便和季节变化，将勘探坑孔分为几批，按先后顺序施工。先施工的坑孔，必须为后继坑孔提供进一步地质分析所需的资料。所以在勘探过程中应及时整理资料，并利用这些资料指导和修改后继坑孔的设计和施工。不言而喻，选定第一批施工的勘探坑孔是具有重要意义的。

根据实践经验，第一批施工的坑孔应为：对控制场地工程地质条件具关键作用和对选择场地有决定意义的坑孔；建筑物重要部位的坑孔；为其他勘察工作提供条件，而施工周期又比较长的坑孔；在主要勘探线上的坑孔；考虑到洪水的威胁，应在枯水期尽量先施工水上或近水的坑孔。由此可知，第一批坑孔的工程量是比较大的。

3.6 取样技术

3.6.1 土层取样

取样是岩土工程勘察中必不可少的、经常性的工作。为定量评价岩土工程问题而提供室内试验的样品，包括岩土样和水样。除了在地面工程地质测绘调查和坑探工程中采取试样外，主要是在钻孔中采取的。

一般情况下，岩土工程师较重视岩土物理力学性质指标的获取，致力于各种试验理论和方法的研究，但对岩土试样的代表性问题，即试验成果是否确切表征实际岩土体性状的问题，则重视不够。

关于试样的代表性，从取样角度来说，需考虑取样的位置、数量和技术问题。岩土体一般为非均质体，其性状指标是一定空间范围的随机变量。因此取样的位置在一定的单元体内应尽量在不同方向上均匀分布，以反映趋势性的变化。样本大小关系到总体特性指标（包括均值、方差及置信区间）估计的精确度和可靠度。考虑到取样的成本，需要从技术和经济两方面权衡，合理地确定取样的数量。根据勘察设计要求，不同试样的用途是不一样的。例如，有的试样主要用于岩土分类定名；有的主要用于研究其物理性质；而有的除上述外，还要研究其力学性质。为了保证所取试样符合试验要求，必须采用合适的取样技术。

本节主要讨论钻孔中采取土样的技术问题，即土样的质量要求、取样方法、器具以及取样效果的评价等问题。

3.6.1.1 土样的质量等级

土样的质量实质上是土样的扰动问题。土样扰动表现在原位应力状态、含水率、结构和组成成分等方面的变化，它们产生于取样之前，取样之中以及取样之后直至试样制备的全过程之中。土样扰动对试验成果的影响也是多方面的，使之不能确切表征实际的岩土体。从理论上讲，除了应力状态的变化以及由此引起的卸荷回弹是不可避免的之外，其余的都可以通过适当的取样器具和操作方法来克服或减轻。实际上，完全不扰动的真正原状土样是无法取得的。

有的学者从实用观点出发，提出对"不扰动土样"或"原状土样"的基本质量要求是：没有结构扰动、没有含水率和孔隙比的变化、没有物理成分和化学成分的改变，并规定了满足上述基本质量要求的具体标准。

由于不同试验项目对土样扰动程度有不同的控制要求，因此许多国家的规范或手册中都根据不同的试验要求来划分土样质量级别。《规范》参照国外的经验，对土样质量级别作了四级划分，并明确规定各级土样能进行的试验项目（表 3-6）。其中Ⅰ、Ⅱ级土样相当于原状土样，但Ⅰ级土样比Ⅱ级土样有更高的要求。表中对四级土样扰动程度的区分只是定性的和相对的，没有严格的定量标准。目前虽已有多种评价土样扰动程度的方法，但在实际工程中不大可能去对所取土样的扰动程度作详细研究和定量评价，只能对采取某一级别土样所必须使用的器具和操作方法做出规定。此外，还要考虑土层特点、操作水平和地区经验，来判断所取土样是否达到了预期的质量等级。

表 3-6　土样质量等级划分

级别	扰动程度	试　验　内　容
Ⅰ	不扰动	土类定名、含水率、密度、压缩变形、抗剪强度
Ⅱ	轻微扰动	土类定名、含水率、密度
Ⅲ	显著扰动	土类定名、含水率
Ⅳ	完全扰动	土类定名

3.6.1.2　钻孔取土器及其适用条件

取土器是影响土样质量的重要因素，所以勘察部门都注重取土器的设计、制造。对取土器的基本要求是：尽可能使土样不受或少受扰动；能顺利切入土层中，并取得土样；结构简单且使用方便。

（1）取土器基本技术参数　取土器的取土质量，首先取决于取样管的几何尺寸和形状。目前国内外钻孔取土器有贯入式和回转式两大类，其尺寸、规格不尽相同。以国内主要使用的贯入式取土器来说，有两种规格的取样管。如图 3-20 所示。其基本技术参数有以下几种。

① 取样管直径（D）　目前土试样的直径多为 $\phi50mm$ 或 $\phi80mm$，考虑到边缘的扰动，相应地宜采用内径（D_e）为 $\phi75mm$ 及 $\phi100mm$ 的取样管。对于饱和软黏土、湿陷性黄土等某些特殊土类，取样管直径还应更大些。

② 面积比（C_a）

$$C_a = \frac{D_w^2 - D_e^2}{D_e^2} \times 100\%$$

对于无管靴的薄壁取土器，$D_w = D_t$。因此有：

$$C_a = \frac{D_t^2 - D_e^2}{D_e^2} \times 100\%$$

C_a 值越大，土样被扰动的可能性越大。一般采取高质量土样的薄壁取土器，其 $C_a \leq 10\%$，采取低级别土样的厚壁取土器 C_a 值可达 30%。

③ 内间隙比（C_i）

C_i 的作用是减小取样管内壁与土样间因摩擦而引起对土样的扰动。C_i 的最佳值随着土样的直径的增大而减小。内壁光洁、刃口角度很小的短取土器，C_i 值可降低至零。国内生产的各种取土器 C_i 值为 $0 \sim 1.5\%$。

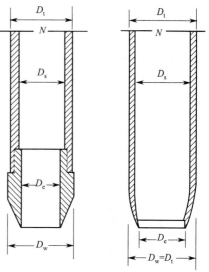

图 3-20　取样管规格

④ 外间隙比（C_o）

$$C_o = \frac{D_w - D_t}{D_t} \times 100\%$$

C_o 的作用是减小取样管外壁与土层的摩擦，以使取土器能顺利入土。国内生产的各种取土器 C_o 值为 $0\sim2\%$。

⑤ 取样管长度（L）　取样管长度要满足各项试验的要求。考虑到取样时土样上、下端受扰动以及制样时试样破损等因素，取样管长度应较实际所需试样长度要大些。

关于取样管的直径与长度，有两种不同的设计思路。一种主张短而粗，一种主张长而细；两者优缺点互补。中国过去沿用前苏联短而粗的标准。但目前国际比较通用的是长而细的一种，它能满足更多试验项目的要求。

⑥ 刃口角度（α）　α 也是影响土样质量的重要因素。该值愈小则土样的质量愈好。但是 α 过小，刃口易于受损，加工处理技术和对材料的要求也更高，势必提高了成本。国内生产的取土器 α 值一般为 $5°\sim10°$。

现将国内生产的取土器的各项技术参数列于表 3-7 中。

表 3-7　国内生产的取土器的各项技术参数

取土器参数	厚壁取土器	薄壁取土器	
面积比 C_a/%	$13\sim20$	$\leqslant10$(尚口，自由活塞)	$10\sim13$(固定活塞，水压固定活塞)
内间隙比 C_i/%	$0.5\sim1.5$	0(尚口，自由活塞)	$0.5\sim1.0$(固定活塞，水压固定活塞)
外间隙比 C_o/%	$0\sim2.0$	0	
刃口角度 α/(°)	<10	$5\sim10$	
外径 D_t/mm	$75\sim89,108$	$75,100$	
长度 L/mm	$400,550$	砂土：$(5\sim10)D_e$；黏性土：$(10\sim15)$	
衬管	整圆和半合管，塑料，酚醛层压纸或镀锌铁皮制成	无衬管，束节式取土器衬管同左	

注：在特殊情况下，取土器直径可增大至 $150\sim250$mm。

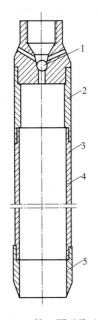

图 3-21　敞口厚壁取土器
1—球阀；2—废土管；3—半合取样管；
4—衬管；5—加厚管靴

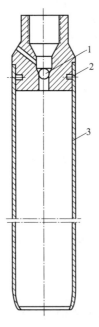

图 3-22　敞口薄壁取土器
1—球阀；2—固定螺钉；
3—薄壁取样管

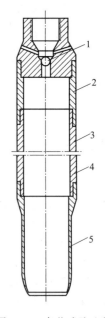

图 3-23　束节式取土器
1—球阀；2—废土管；3—半合取样管；
4—衬管或环刀；5—束节取样管靴

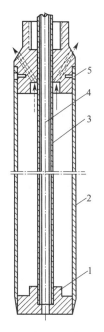
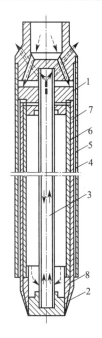
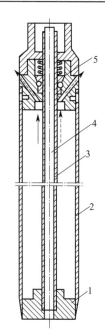

图 3-24　固定活塞薄壁取土器
1—固定活塞；2—薄壁取样管；
3—活塞杆；4—消除真空杆；
5—固定螺钉

图 3-25　水压固定活塞取土器
1—可动活塞；2—固定活塞；3—活塞杆；4—压力缸；
5—竖向导管；6—取样管；7—衬管（采用薄壁管时
无衬管）；8—取样管刃靴（采用薄壁管时无单独刃靴）

图 3-26　自由活塞薄壁取土器
1—活塞；2—薄壁取样管；
3—活塞杆；4—消除真空
杆；5—弹簧锥卡

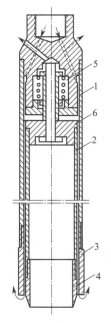
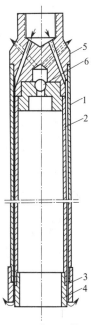

图 3-27　单动三重管取土器
1—外管；2—内管（取样管及衬管）；3—外管钻头；
4—内管管靴；5—轴承；6—内管头（内装逆止阀）

图 3-28　双动三重管取土器
1—外管；2—内管；3—外管钻头；4—内管钻头；
5—取土器头部；6—逆止阀

　　（2）贯入式取土器　贯入式取土器取样时，采用击入或压入的方法将取土器贯入土中。这类取土器又可分为敞口取土器和活塞取土器两类。敞口取土器按取样管壁厚分厚壁、薄壁和束节式三种；活塞取土器又有固定活塞、水压固定活塞、自由活塞等几种。现将它们的结构特点、适用土类及优缺点列于表 3-8 中。

由表列可知，贯入式取土器一般适用于采取相对较软的均匀细粒土。而对于坚硬、密实的细粒土以及砂类土、碎石土来说，要取得高质量的土样，则必须采用回转式取土器。

表 3-8　贯入式取土器总表

取土器种类		结构特点	适用土类	优缺点
敞口取土器	厚壁式	取样管为两个对分半圆管，内设衬管；其上端接装有上提活塞的取土器头部，下端接加厚管靴（图 3-21）	均匀的黏性土，部分粉土和砂土	结构简单，操作方便，不易变形受损，能取多种土类；土样易受扰动，质量为Ⅰ～Ⅱ级，且易逃土
	薄壁式	取样管为薄壁（厚 1.5～2mm）无缝管，内不设衬管，上端与取土器头部用螺丝连接；下端无管靴，通过卷口切削形成一定的刃口角度和内间隙比（图 3-22）。取土器提出地面后，卸下固定螺丝，土样与取样管一起封装	可塑～流塑状黏性土，部分粉土和粉砂土	土样扰动少，质量Ⅰ～Ⅱ级，适用于较软土层；需备有许多取样管。管材消耗大，不经济，遇较硬、密实土体刃口易损坏
	束节式	综合厚壁式与薄壁式优点的变径取土器即下端刃口段为筒壁管；取样管整圆或对分半圆、内装衬管或环刀；上端取土器头部结构与厚壁式相同（图 3-23）	可塑～流塑状黏性土，粉土和粉砂土	土样扰动少，质量Ⅰ～Ⅱ级；不能取较硬、密实土体，否则刃口段易损坏
活塞取土器	固定活塞薄壁式	在敞口薄壁取土器的基础上，加设一个与取样管内径匹配的活塞。取样开始时，活塞位置处于取样管底端，封闭取样管；贯入取样过程中上提活塞；贯入结束提升取土器时，活塞可隔绝土样顶部水压力（图 3-24）	软塑—流塑状黏性，部分可塑状黏性土，粉土和粉砂土	为高质量取土器，土样质量Ⅰ级；取土成功率高，逃土可能性小，结构较复杂，安装和操作较麻烦；只能取软土
	水压固定活塞式	具上下两个活塞，下活塞固定，通过一段活塞杆与取土器头部及钻杆相接。上活塞可动，连接在取样管上端，还连接一压力缸。取样开始时，将钻杆下活塞固定，且下活塞在孔底封闭取样管；通过钻杆施加水压，驱动上活塞及取样管向下贯入取样；贯入达满行程时，压力水通过活塞杆的泄水孔排出，压力下降。取样管厚薄壁皆可（图 3-25）	软塑—流塑状黏性土，部分可塑状黏性土，粉土和粉砂上	只有固定活塞取土器的基本优点。土样质量Ⅰ～Ⅱ级；操作较方便，但结构较复杂，一般只限于取较软的土样
	自由活塞薄壁式	将固定活塞取土器的活塞延伸杆去掉，仅保留活塞通向取土器头部的一段，通过装设于取土器头部的弹簧锥卡来限制活塞的反向位移。贯入取样时，活塞可随着土样相对于取样管向上移动（图 3-26）	可塑～流塑黏性土，部分粉土和粉砂土	结构和操作较简单，类似于一般敞口薄壁取土器。土样上顶活塞时易受扰动，故可塑状黏性土才能取得Ⅰ级土样，流塑、软塑状性土只能取得Ⅱ级土样

（3）回转式取土器　回转式取土器的基本结构与岩芯钻探的双层岩芯管相同，分为单动和双动两类。下面分别介绍单动三重管取土器和双动三重管取土器。

单动三重管取土器也叫丹尼森（Denison）取土器（图 3-27）。它类似于岩芯钻探用的双层单动岩芯管。内管内若不设衬管，则称二重管取土器。内管一般齐平或稍超前于外管。取样时外管旋转而内管保持不动。外管上的钻头环状切削土层，而内管容纳和保护土样。回转取土器取样时需要使用循环液，循环液沿取土器底部内外管之间的环状间隙将切削的土屑携至地面。由于内管稍超前于外管，能隔离循环液对土样的影响。

双动三重管取土器类似于岩芯钻探用的双层双动岩芯管。其主要结构是内管也配上切削刃与外管同样回转钻进（图 3-28）。为了保护土样，内管必须有较大的内间隙比，以保证衬管内的土样不因内管的转动而转动。内管同样可起到隔离循环液，保护土样的作用。显然，双动取土器可采取更为坚硬、密实的土样。内管回转虽会对土样产生扰动影响，但因所采取的是坚硬、密实的土类，不致于造成严重后果。

回转式取土器可采取较坚硬、密实的土类以至软岩的样品。单动型取土器适用于软塑～

坚硬状态的黏性土和粉土、粉细砂土，土样质量Ⅰ～Ⅱ级。双动型取土器适用于硬塑～坚硬状态的黏性土、中砂、粗砂、砾砂、碎石土及软岩，土样质量亦为Ⅰ～Ⅱ级。

回转式取土器目前在国内使用较少，所以研究资料较缺乏。

3.6.1.3　钻孔取样的操作

土样质量的优劣，不仅取决于取土器具，还取决于取样全过程的各项操作是否恰当。

（1）钻进要求

① 使用合适的钻具与钻进方法。一般应采用较平稳的回转式钻进。若采用冲击、振动、水冲等方式钻进时，应在预计取样位置1m以上改用回转钻进。地下水位以上一般应采用干钻方式。

② 在软土、砂土中宜用泥浆护壁。若使用套管护壁，应注意旋入套管时管靴对土层的扰动，且套管底部应限制在预计取样深度以上大于3倍孔径的距离。

③ 应注意保持钻孔内的水头等于或稍高于地下水位，以避免产生孔底管涌，在饱和粉、细砂土中尤应注意。

（2）取样要求

① 到达预计取样位置后，要仔细清除孔底浮土。孔底允许残留浮土厚度不能大于取土器废土段长度。清除浮土时，需注意不致扰动待取土样的土层。

② 下放取土器必须平稳，避免侧刮孔壁。取土器入孔底时应轻放，以避免撞击孔底而扰动土层。

③ 贯入取土器力求快速连续，最好采用静压方式。如采用锤击法，应做到重锤少击，且应有导向装置，以避免锤击时摇晃。饱和粉、细砂土和软黏土，必须采用静压法取样。

④ 当土样贯满取土器后，在提升取土器前应旋转2～3圈，也可静置约10min，以使土样根部与母体顺利分离，减少逃土的可能性。提升时要平稳，切忌陡然升降或碰撞孔壁，以免失落土样。

以上是贯入式取土器取样的基本要求，回转式取土器的操作要求与之有很大不同，在此不再叙述。

（3）土样的封装和贮存

① Ⅰ、Ⅱ、Ⅲ级土样应妥善密封。密封方法有蜡封和黏胶带缠绕等。应避免暴晒和冰冻。

② 尽可能缩短取样至试验之间的贮存时间，一般不宜超过3周。

③ 土样在运输途中要避免震动。对易于震动液化和水分离析的土样应就近进行试验。

思　考　题

1. 岩土工程勘探的任务是什么？通常采用什么手段？
2. 几种不同的勘探手段分别有何优缺点？其适用条件及应用范围有哪些？
3. 何谓原状土？土样受扰动的原因有哪些？如何才能避免扰动？
4. 钻孔观测和编录的内容包括哪些？
5. 钻孔柱状图、坑探展视图应包括哪些内容？

第4章 土体原位测试

4.1 概述

4.1.1 土体原位测试的优缺点

土体原位测试一般是指在岩土工程勘察现场，在不扰动或基本不扰动土层的情况下对土层进行测试，以获得所测土层的物理力学性质指标及划分土层的一种土工勘测技术。它是一项自成体系的试验科学，在岩土工程勘察中占有重要位置。这是因为它与钻探、取样、室内试验的传统方法比较起来，具有下列明显优点。

① 可在拟建工程场地进行测试，无须取样，避免了因钻探取样所带来的一系列困难和问题，如原状样扰动问题等。

② 原位测试所涉及的土尺寸较室内试验样品要大得多，因而更能反映土的宏观结构（如裂隙等）对土的性质的影响。

以上两条优点就决定了土体原位测试所提供的土的物理力学性质指标更有代表性，更具可靠性。此外，大部分土体原位测试技术具有快速、经济、可连续进行等优点。因而20世纪70年代以来，土体原位测试技术得到了迅猛发展：原有测试仪器不断被更新换代，新仪器又不断被研制成功，测试机理和成果应用的深入研究等，都超过了以往任何时期。工程勘察实践证明，土的原位测试技术的应用效果良好，经济效益明显，勘察周期大为缩短，应用越来越广。

土体原位测试技术的发展历史较短，对测试机理及应用的研究都有待于进一步深入。由于现场土体边界条件不易控制及其复杂性，使所测成果和数据与土的工程性质指标等对比时，目前仍主要是建立在大量统计的经验关系之上，但这并没有妨碍它在工程勘察实践中的应用。它的优点远大于其缺点。

4.1.2 土体原位测试技术的种类

土体原位测试方法很多，可以归纳为下列两类。

（1）土层剖面测试法 它主要包括静力触探、动力触探、扁铲松胀仪试验及波速法等。土层剖面测试法具有可连续进行、快速经济的优点。

（2）专门测试法 它主要包括载荷试验、旁压试验、标准贯入实验、抽水和注水试验、十字板剪切试验等。土的专门测试法可得到土层中关键部位土的各种工程性质指标，精度高，测试成果可直接供设计部门使用。其精度超过室内试验的成果。

土体原位测试的专门法和剖面法，经常配合使用，点、线、面结合，既提高了勘测精度，又加快了其进度。表4-1为土的各种原位测试技术方法、适用范围及试验成果精度一览表。表中基本按试验价格由低到高排列，前半部基本为剖面法所用的试验方法，后半部为专门测试法。

可以说，在当今的岩土工程勘察中不进行原位测试是没有质量保证的，它是一种不可缺少的勘察手段。因此既要掌握测试方法又要懂得原理和应用。掌握了测试方法才会使用仪器设备进行工程勘察；懂得了原理，才能提高测试精度和灵活运用；懂得了测试成果的应用，才会避免测试的盲目性，这也是原位测试的目的之所在。

以下各节将论述常用的几种土体原位测试方法。

表 4-1　土的各种原位测试技术方法、适用范围及试验成果精度一览表

原位测试方法	判别液化	定名	测剖面	U	φ	C_u (S_u)	D_r	C_c (m_c)	C_v (C_φ)	K	G (E)	承载力	K_0	OCR	应力应变线	硬岩石	软岩石	碎石土	砂土	粉土	黏性土	泥炭土
动力触探（DPT）	B	C	B	—	C	C	B	—	—	—	C	C	—	—	C	—	C	A	A	B	B	B
标准贯入（SPT）	A	A	B	—	B	C	B	C	—	—	B	B	C	C	C	—	C	—	A	B	B	C
静力触探（CPT）　机械式	A	B	A	—	B	C	B	C	—	—	C	C	C	C	C	—	C	—	A	A	A	A
电测式	A	B	A	—	B	C	B	C	—	—	B	B	C	C	B	—	C	—	A	A	A	A
孔压式	A	B	A	A	B	C	B	C	A	B	B	B	C	B	B	—	C	—	A	A	A	A
可测 U、q_c、f_s 式（CPTU）	A	A	A	A	B	B	B	C	A	B	B	B	B	B	B	—	C	—	A	A	A	A
波速静力触探（SCPTU）	A	A	A	A	B	B	B	C	A	B	A	B	B	B	A	—	C	—	A	A	A	A
电测深	—	B	B	—	B	C	A	C	—	—	C	—	—	—	—	—	—	—	A	A	A	A
声波法	—	C	B	—	—	C	C	C	—	—	A	A	C	C	C	A	A	B	—	—	A	C
波速（跨孔、单孔、地表法）	B	C	C	—	C	B	C	C	—	—	A	A	C	—	A	A	A	A	A	A	A	A
袖珍贯入仪	—	B	—	—	B	B	—	—	C	—	C	B	—	—	C	—	A	B	—	A	A	C
旁压　预钻式（PMT）	C	B	B	—	C	B	C	C	C	—	A	A	C	C	C	—	A	B	B	—	A	B
压入式（PPMT）	C	A	B	B	C	B	C	C	A	B	A	A	C	C	C	—	—	—	B	A	A	A
应变式（FDPMT）	C	C	B	B	C	C	C	B	A	B	A	A	C	A	B	—	A	—	B	A	A	A
自钻式（SBPMT）	C	B	B	A	A	B	C	B	A	C	A	A	A	B	A	—	A	A	A	A	A	A
压入式板状膨胀仪（DMT）	C	A	A	—	B	D	C	C	B	A	—	B	B	B	A	—	—	—	—	B	A	A
野外十字板剪切（FVST）	—	C	C	—	—	A	—	—	—	—	—	B	B	B	B	—	—	—	B	B	A	B
平板荷载（PLT）	—	C	B	—	C	B	B	B	C	C	C	B	B	B	A	B	A	B	A	A	A	B
钻孔平板载荷	—	B	C	—	C	B	B	B	C	C	C	A	B	A	C	B	A	—	A	A	A	B
螺旋板载荷（SPLT）	—	C	C	—	C	B	A	B	C	C	C	B	C	B	B	—	—	A	A	A	A	A
抽水、注水	—	C	—	A	—	—	—	—	B	C	B	—	—	—	—	—	A	A	B	C	C	B
水裂法	—	—	—	A	—	—	—	—	C	A	C	—	B	B	—	—	B	C	B	B	C	C
K_0 测量板	—	—	—	—	—	—	—	—	—	C	—	—	A	—	—	—	—	—	A	A	A	B
核子试验	—	—	—	—	B	—	A	—	—	—	—	—	—	B	—	—	—	—	A	A	A	A
水平压力测量板	—	—	—	—	C	—	—	—	—	—	—	—	B	B	—	—	—	—	C	C	A	A
压力盒	—	—	—	—	—	—	—	—	—	—	—	—	—	—	—	—	—	—	—	—	A	A

注：A—很适用；B—适用；C—精度较差；—不适用；U—土的孔隙水压力；φ—土的内摩擦角；D_r—砂土相对密度；C_c—土的压缩系数；C_v—土的固结系数；K—土的渗透系数；G—土的剪切模量；E—土的压缩模量；K_0—土的侧压力系数；OCR—土的超固结比。

4.2　静力载荷试验

平板静力载荷试验（英文缩写 PLT），简称载荷试验。它是模拟建筑物基础工作条件的一种测试方法，起源于 30 年代的苏联、美国等国。其方法是在保持地基土的天然状态下，在一定面积的承压板上向地基土逐级施加荷载，并观测每级荷载下地基土的变形特性。测试所反映的是承压板以下大约 1.5～2 倍承压板宽的深度内土层的应力-应变-时间关系的综合性状。

载荷试验的主要优点是对地基土不产生扰动，利用其成果确定的地基承载力最可靠、最有代表性，可直接用于工程设计。其成果用于预估建筑物的沉降量效果也很好。因此，在对大型工程、重要建筑物的地基勘测中，载荷试验一般是不可少的。它是目前世界各国用以确定地基承载力的最主要方法，也是比较其他土的原位试验成果的基础。

载荷试验按试验深度分为浅层和深层；按承压板形状有平板与螺旋板之分；按用途可分为一般载荷试验和桩载荷试验；按载荷性质又可分为静力和动力载荷试验。本章主要讨论浅层平板静力载荷试验，其他载荷试验从简；不过，理解了前者，后者也就迎刃而解了。

4.2.1　静力载荷试验的仪器设备及试验要点

（1）仪器设备　载荷试验的设备由承压板、加荷装置及沉降观测装置等部件组合而成。目前，组合形式多样，成套的定型设备已应用多年。

① 承压板　有现场砌置和预制两种，一般为预制厚钢板（或硬木板）。对承压板的要求是，要有足够的刚度，在加荷过程中承压板本身的变形要小，而且其中心和边缘不能产生弯曲和翘起；其形状宜为圆形（也有方形者），对密实黏性土和砂土，承压面积一般为 1000～5000cm^2。对一般土多采用 2500～5000cm^2。按道理讲，承压板尺寸应与基础相近，但不易做到。

② 加荷装置　加荷装置包括压力源、载荷台架或反力构架。加荷方式可分为两种，即重物加荷和油压千斤顶反力加荷。

重物加荷法，即在载荷台上放置重物，如铅块等。由于此法笨重，劳动强度大，加荷不便，目前已很少采用（图 4-1）。其优点是荷载稳定，在大型工地常用。

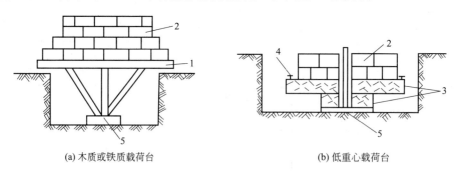

(a) 木质或铁质载荷台　　　　　　　　　　　(b) 低重心载荷台

图 4-1　载荷台式加压装置

1—载荷台；2—钢锭；3—混凝土平台；4—测点；5—承压板

油压千斤顶反力加荷法，即用油压千斤顶加荷，用地锚提供反力。由于此法加荷方便，劳动强度相对较小，已被广泛采用，并有定型产品。采用油压千斤顶加压，必须注意两个问题：油压千斤顶的行程必须满足地基沉降要求；下入土中的地锚反力要大于最大加荷，以避免地锚上拔，试验半途而废。

③ 沉降观测装置　沉降观测仪表有百分表、沉降传感器或水准仪等。只要满足所规定

的精度要求及线性特性等条件，可任意选用其中一种来观测承压板的沉降。

由于载荷试验所需荷载很大，要求一切装置必须牢固可靠、安全稳定。

（2）试验要点

① 载荷试验应布置在有代表性的地点，每个场地不宜少于 3 个，当场地内岩土体不均时，应适当增加。浅层平板载荷试验应布置在基础底面标高处。

② 浅层平板载荷试验的试坑宽度或直径不应小于承压板宽度或直径的三倍；深层平板载荷试验的试井直径应等于承压板直径；当试井直径大于承压板直径时，紧靠承压板周围土的高度不应小于承压板直径。

③ 试坑或试井底的岩土应避免扰动，保持其原状结构和天然湿度，并在承压板下铺设不超过 20mm 的砂垫层，在用水平尺找平，尽快安装试验设备；螺旋板头入土时，应按每转一圈下入一个螺距进行操作，减少对土的扰动。

④ 载荷试验宜采用圆形刚性承压板，根据土的软硬或岩体裂隙密度选用合适的尺寸；土的浅层平板载荷试验承压板面积不应小于 0.25m²，对软土和粒径较大的填土不应小于 0.5m²；土的深层平板载荷试验承压板面积宜选用 0.5m²；岩石载荷试验承压板的面积不宜小于 0.07m²。

⑤ 载荷试验加荷方式应采用分级维持荷载沉降相对稳定法（常规慢速法）；有地区经验时，可采用分级加荷沉降非稳定法（快速法）或等沉降速率法；加荷等级宜取 10～12 级，并不应少于 8 级，荷载量测精度不应低于最大荷载的 ±1%。

⑥ 承压板的沉降可采用百分表或电测位移计量测，其精度不应低于 ±0.01mm。

⑦ 对慢速法，当试验对象为土体时，每级荷载施加后，间隔 5min、5min、10min、10min、15min、15min 测读一次沉降，以后间隔 30min 测读一次沉降，当连读两小时每小时沉降量小于等于 0.1mm 时，可认为沉降已达相对稳定标准，施加下一级荷载；当试验对象是岩体时，间隔 1min、2min、2min、5min 测读一次沉降，以后每隔 10min 测读一次，当连续三次读数差小于等于 0.01mm 时，可认为沉降已达相对稳定标准，施加下一级荷载。

⑧ 当出现下列情况之一时，可终止试验：承压板周边的土出现明显侧向挤出，周边岩土出现明显隆起或径向裂缝持续发展；本级荷载的沉降量大于前级荷载沉降量的 5 倍，荷载与沉降曲线出现明显陡降；在某级荷载下 24h 沉降速率不能达到相对稳定标准；总沉降量与承压板直径（或宽度）之比超过 0.06。

4.2.2　静力载荷试验成果整理及其应用

（1）静力载荷测试成果——压力-沉降量关系曲线　载荷试验结束后，应对试验的原始数据进行检查和校对，整理出荷载与沉降量、时间与沉降量汇总表。然后，绘制压力 p 与沉降量 S 关系曲线（图 4-2）。该曲线是确定地基承载力、地基土变形模量和土的应力-应变关系的重要依据。

p-S 曲线特征值的确定及应用如下。

① 当 p-S 曲线具有明显的直线段及转折点时，一般将直线段的终点（转折点）所对应的压力（p_0）定为比例界限值，将曲线陡降段的渐近线和表示压力的横轴的交点定为极限界限值（p_L）（图 4-2）。

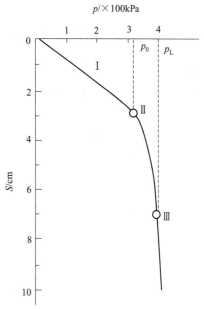

图 4-2　压力与沉降关系曲线

p_0—比例界限；p_L—极限界限；Ⅰ—压密阶段；
Ⅱ—塑性变形阶段；Ⅲ—整体剪切破坏阶段

② 当曲线无明显直线段及转折点时（一般为中、高压缩性土），可用下述方法确定比例界限。a. 在某一级荷载压力下，其沉降增量 ΔS_n 超过前一级荷载压力下的沉降增量 ΔS_{n-1} 的 2 倍（即 $\Delta S_n \geqslant 2\Delta S_{n-1}$）的点所对应的压力，即为比例界限。b. 绘制 $\lg p$-$\lg S$（或 p-$\Delta p/\Delta S$）曲线，曲线上的转折点所对应的压力即为比例界限。其中 Δp 为荷载增量，ΔS 为相应的沉降增量。

比例界限压力点和极限压力点把 p-S 曲线分为三段，反映了地基土在逐级受压至破坏的三个变形（直线变形、塑性变形、整体剪切破坏）阶段。比例界限点前的直线变形段，地基土主要产生压密变形，地基处于稳定状态。直线段端点所对应的压力即为 p_0，一般可作为地基土的允许承载力或承载力基本值 f_0。

（2）试验成果的应用

① 确定地基土承载力基本值 f_0

a. 当 p-S 上有明显的比例界限（p_0）时，取该比例界限所对应的荷载值。

b. 当极限荷载能确定，且该值小于对应比例界限的荷载值的 1.5 倍时，取荷载极限值的一半。

c. 不能按上述两点确定时，如承压板面积为 $2500 \sim 5000 \text{cm}^2$，对低压缩性土和砂土，可取 $S/B = 0.01 \sim 0.015$ 所对应的荷载值；对中、高压缩性土，可取 $S/B = 0.02$ 所对应的荷载值（S、B 分别为沉降量和承压板的宽度或直径）。

② 计算地基土变形模量 E_0

土的变形模量是指土在单轴受力、无侧限情况下似弹性阶段的应力与应变之比，其值可由载荷试验成果 p-S 曲线的直线变形段，按半无限空间弹性理论公式求得：

a. 浅层平板载荷试验的变形模量 E_0（MPa），可按式（4-1）计算：

$$E_0 = I_0(1-\mu^2)\frac{pd}{S} \tag{4-1}$$

b. 深层平板载荷试验和螺旋板载荷试验的变形模量 E_0（MPa），可按式（4-2）计算：

$$E_0 = \omega\frac{p}{S} \tag{4-2}$$

式中，p、S 分别为 p-S 曲线直线段内一点的压力值（kPa）及相应沉降量（cm）；d 为承压板的宽度或直径，cm；μ 为土的泊松比（碎石土取 0.27，砂土取 0.30，粉土取 0.35，粉质黏土取 0.38，黏土取 0.42）；I_0 为刚性承压板的形状系数，圆形承压板取 0.785；方形承压板取 0.886；ω 为与试验深度和土类有关的系数，选用见表 4-2。

表 4-2　深层载荷试验计算系数 ω

d/z＼土类	碎石土	砂土	粉土	粉质黏土	黏土
0.30	0.477	0.489	0.491	0.515	0.524
0.25	0.469	0.480	0.482	0.506	0.514
0.20	0.460	0.471	0.474	0.497	0.505
0.15	0.444	0.454	0.457	0.479	0.487
0.10	0.435	0.446	0.448	0.470	0.478
0.05	0.427	0.437	0.439	0.416	0.468
0.01	0.418	0.429	0.431	0.452	0.459

注：d/z 为承压板直径和承压板板底深度之比。

③ 基准基床系数 K_V、可根据承压板边长为 30cm 的平板载荷试验，按式（4-3）计算：

$$K_V = \frac{p}{S} \tag{4-3}$$

式中，p、S 分别为 p-S 曲线直线段内一点的压力值（kPa）及相应沉降量（cm）；K_V 为基准基床系数。

4.3　静力触探试验

4.3.1　静力触探试验的特点和仪器设备

4.3.1.1　静力触探试验的特点

静力触探试验（英文缩写 CPT），是把具有一定规格的圆锥形探头借助机械匀速压入土中，以测定探头阻力等参数的一种原位测试方法。它分为机械式和电测式两种。电测静力触探是应用最广的一种原位测试技术，这与它明显的优点有关：①兼有勘探与测试双重作用；②测试数据精度高，再现性好，且测试快速、连续、效率高、功能多；③采用电子技术，便于实现测试过程自动化。

4.3.1.2　静力触探试验仪器设备

静力触探试验仪器设备主要由以下几部分组成。

（1）触探主机和反力装置　触探主机按传动方式不同可分为机械式和液压式。液压式贯入力大；而机械式贯入力一般小于 5t，比较轻便，便于人工搬运。液压式一般用车装，如静力触探车贯入力一般大于 10t，贯入深度大、效率高、劳动强度低，适用于交通方便的地区。

反力装置的作用是固定触探主机，提供探头在贯入过程中所需之反力，一般是利用车辆自重或地锚作为反力装置。

（2）测量与记录显示装置　测量与记录显示装置一般可分为两种，电阻应变仪（或数字测力仪）和计算机装置，以用来记录测试数据。前者间断测记、人工绘图，后者可连续测记，计算机绘图和处理数据。

（3）探头　探头是静力触探仪测量贯入阻力的关键部件，有严格的规格与质量要求。一般分圆锥形的端部和其后的圆柱形摩擦筒两部分。目前国内外使用的探头可分为三种形式（图 4-3）。

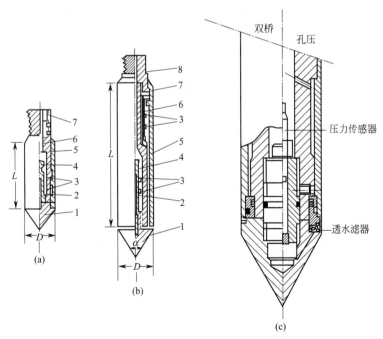

图 4-3　静力触探探头类型

1—锥头；2—顶柱；3—电阻应变片；4—传感器；5—外套筒；6—单用探头的探头管或双用探头侧壁传感器；
7—单用探头的探杆接头或双用探头的摩擦筒；8—探杆接头；L—单用探头有效侧壁长度；D—锥头直径；α—锥角

① 单用（桥）探头　是我国特有的一种探头型式，只能测量一个参数，即比贯入阻力 p_s，分辨率（精度）较低。

② 双用（桥）探头　它是一种将锥头与摩擦筒分开，可以同时测量锥头阻力 q_c 和侧壁摩阻力 f_s 两个参数的探头，分辨率较高。

③ 多用（孔压）探头　它一般是将双用探头再安装一种可测触探时所产生的超孔隙水压力装置——透水滤器和孔隙水压力传感器，分辨率最高，在地下水位较浅地区应优先采用。

探头的锥头顶角一般为 $60°$，单桥探头侧壁高度应分别采用 57mm 或 70mm，双桥探头侧壁面积应采用 $150\sim300cm^2$，探头圆锥锥底截面积应采用 $10cm^2$ 或 $15cm^2$，锥头底面积越大，锥头所能承受的抗压强度越高，探头不易受损，且有更多的空间安装其他传感器，如测孔斜、温度和密度的传感器（表 4-3），但在同一测试工程中，宜使用统一规格的探头，以便比较。

表 4-3　常用探头规格

探头种类	型号	锥头			摩擦筒（或套筒）		标准
		顶角/(°)	直径/mm	底面积/cm²	长度/mm	表面积/cm²	
单用	Ⅰ-1	60	35.7	10	57		我国独有
	Ⅰ-2	60	43.7	15	70		
	Ⅰ-1	60	50.4	20	81		
双用	Ⅱ-0	60	35.7	10	133.7	150	国际标准
	Ⅱ-1	60	35.7	10	179	200	
	Ⅱ-2	60	43.7	15	219	300	
多用(孔压)		60	35.7	10	133.7	150	国际标准
		60	43.7	15	179	200	

（4）探杆

探杆是将机械力传递给探头以使探头贯入的装置。它有两种规格，即探杆直径与锥头底面直径相同（同径）与小于锥头底面直径两种，每根探杆长度为 1m。

4.3.2　静力触探试验要点和试验成果整理

4.3.2.1　静力触探试验要点

① 率定探头，求出地层阻力和仪表读数之间的关系，以得到探头率定系数，一般在室内进行。新探头或使用一个月后的探头都应及时进行率定。探头测力传感器应连同仪器、电缆进行定期标定，室内探头标定测力传感器的非线性误差、重复性误差、滞后误差、温度漂移、归零误差均应小于 1%FS，现场试验归零误差应小于 3%，绝缘电阻不小于 $50M\Omega$。

② 现场测试前应先平整场地，放平压入主机，以便使探头与地面垂直；下好地锚，以便固定压入主机。

③ 将电缆线穿入探杆，接通电路，调整好仪器。

④ 边贯入，边测记，贯入速率控制在 1.2m/min，深度记录的误差不应大于触探深度的 $\pm1\%$。此外，孔压触探还可进行超孔隙水压力消散试验，即在某一土层停止触探，记录触探时所产生的超孔隙水压力随时间变化（减小）情况，以求得土层固结系数等。

⑤ 当贯入深度超过 30m，或穿过厚层软土后再贯入硬土层时，应采取措施防止孔斜或断杆，也可配置测斜探头，量测触探孔的偏斜角，校正土层界线的深度。

⑥ 孔压探头在贯入前，应在室内保证探头应变腔已排除气泡的液体所饱和，并在现场采取措施保持探头的饱和状态，直至探头进入地下水位以下的土层为止；在孔压静探试验过程中不得上提探头。

⑦ 当在预定深度进行孔压消散试验时，应量测停止贯入后不同时间的孔压值，其计时

间隔由密而疏合理控制；试验过程不得松动探杆。

4.3.2.2　静力触探测试成果整理

① 对原始数据进行检查与校正，如深度和零飘校正。

② 按下列公式分别计算比贯入阻力 p_s、锥尖阻力 q_c，侧壁摩擦力 f_s，摩阻比 F_R，及孔隙水压力 U。

$$p_s = K_p \varepsilon_p \tag{4-4}$$

$$q_c = K_c \varepsilon_c \tag{4-5}$$

$$f_s = K_f \varepsilon_f \tag{4-6}$$

$$F_R = \frac{f_s}{q_c} \times 100\% \tag{4-7}$$

$$U = K_u \varepsilon_u \tag{4-8}$$

以上各式中，K_p、K_c、K_u、K_f 分别为单桥探头、双桥探头、孔压探头的锥头的有关传感器及摩擦筒的率定系数；ε_p、ε_c、ε_u、ε_f 为相对应的应变量（微应变）。

③ 分别绘制 q_c、f_s、p_s、F_R、U 随着深度（纵坐标）的变化曲线，如图 4-4 所示。

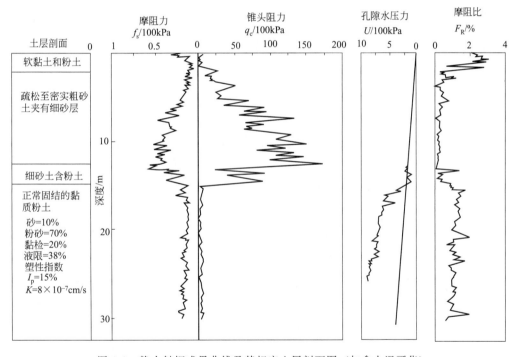

图 4-4　静力触探成果曲线及其相应土层剖面图（加拿大温哥华）

上述各种曲线纵坐标（深度）比例尺应一致，一般采用 1∶100，深孔可用 1∶200；横坐标为各种测试成果，其比例尺应根据数值大小而定。如做了超孔压消散试验，还应绘制孔压消散曲线。

如用计算机处理测试数据，则上述成果整理及曲线绘制可自动完成。

4.3.3　静力触探试验成果应用

静力触探成果应用很广，主要可归纳为以下几方面：划分土层；求取各土层工程性质指标；确定桩基参数。

（1）划分土层及土类判别　根据静力触探资料划分土层应按以下步骤进行。

① 将静力触探探头阻力与深度曲线分段。分段的依据是根据各种阻力大小和曲线形状进行综合分段。如阻力较小、摩阻比较大、超孔隙水压力大、曲线变化小的曲线段所代表的土层多为黏土层；而阻力大、摩阻比较小、超孔隙水压力很小、曲线呈急剧变化的锯齿状则为砂土。

② 按临界深度等概念准确判定各土层界面深度。静力触探自地表匀速贯入过程中，锥头阻力逐渐增大（硬壳层影响除外），到一定深度（临界深度）后才达到一较为恒定值，临界深度及曲线第一较为恒定值段为第一层；探头继续贯入到第二层附近时，探头阻力会受到上下土层的共同影响而发生变化，变大或变小，一般规律是位于曲线变化段的中间深度即为层面深度，如图 4-4、图 4-8 所示。第二层也有较为恒定值段，以下类推。

③ 经过上述两步骤后，再将每一层土的探头阻力等参数分别进行算术平均，其平均值可用来定土层名称，定土层（类）名称办法可依据图 4-5～图 4-7 进行。还可用多孔静力触探曲线求场地土层剖面，如图 4-8 所示。

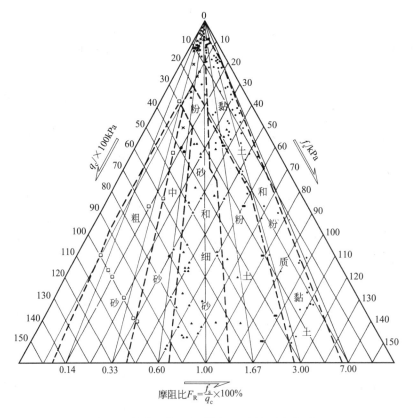

图 4-5　划分土类三角形图（双用探头初探法）

（2）求土层的工程性质指标　用静力触探法推求土的工程性质指标比室内试验方法可靠、经济，周期短，因此很受欢迎，应用很广。

① 判断土的潮湿程度及重力密度。

含水量：
$$w=\frac{100}{\sqrt{6.21\ln p_s+9.943}}\qquad 0.2\leqslant p_s\leqslant 6.9(\text{MPa})\qquad (4-9)$$

液性指数：
$$I_L=(0.9-0.18\ln p_s)^4\qquad 0.2\leqslant p_s\leqslant 6.9(\text{MPa})\qquad (4-10)$$

② 计算饱和土重力密度 γ_{sat}

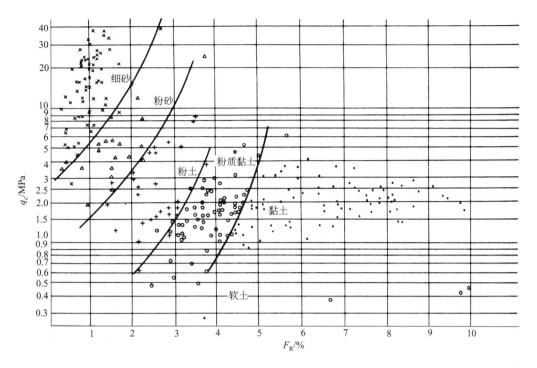

图 4-6　土的分类图

（双用探头初探法，据杨凤学，张喜发等，1996）

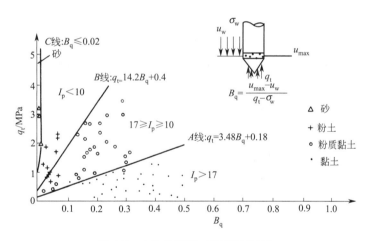

图 4-7　土的分类图（孔压触探法）

$$\gamma_{sat} = \sqrt{4.456 \ln p_s + 12.241} \tag{4-11}$$

③ 计算土的抗剪强度参数

黏性土：
$$\varphi = \arctan(0.0069 \sqrt{q_c} - 0.1023) \tag{4-12}$$

式中，φ 为摩擦角，（°）；q_c 为锥尖阻力，$400 \leqslant q_c \leqslant 8200$，kPa。

$$c = a \sqrt{f_s} - b \tag{4-13}$$

式中，c 为黏聚力，kPa；f_s 为侧壁摩阻力，kPa；a、b 为系数，与土类有关。

$$C_u = K p_s \tag{4-14}$$

式中，C_u 为黏性土不排水抗剪强度，kPa；K 为系数，$K \approx 0.045 \sim 0.060$。

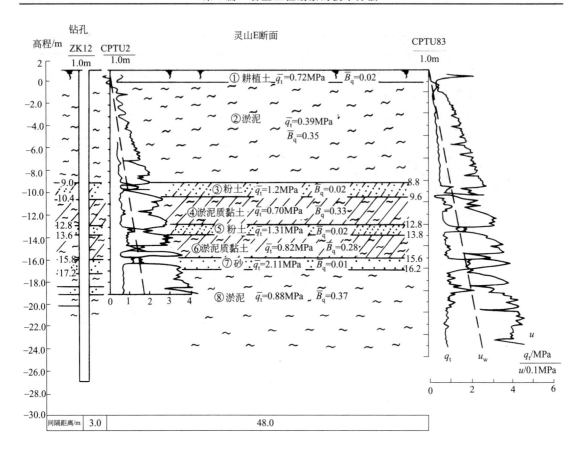

图 4-8　钻孔静力触孔联合剖面图（广州番禺）

砂土：砂土内摩擦角（φ）与锥尖阻力（q_c）关系可表示为如图 4-9 形式。

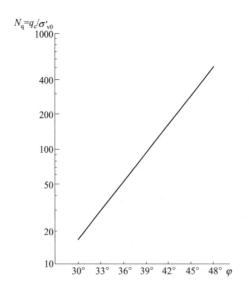

图 4-9　砂土内摩擦角与锥尖阻力关系

q_c—锥尖阻力，kPa；σ'_{v0}—有效上覆压力，kPa；N_q—承载力系数；φ—内摩擦角

铁道部静力触探规则（TBJ 37—93）提出了砂土内摩擦角参考值，如表 4-4 所示。

表 4-4 砂土的内摩擦角

p_s/MPa	1	2	3	4	6	11	15	30
φ/(°)	29	31	32	33	34	36	37	39

④ 求取地基土基本承载力 f_0

$$f_0 = 0.1\beta p_s + 0.032\alpha \tag{4-15}$$

式中，α 和 β 为土类修正系数，可见表 4-5。

表 4-5 各土类 β、α 修正系数

土类 I_p 及 修正系数值	砂土			黏性土								特殊土	
	粉细砂	细中砂	粗砂	粉土			粉质黏土			黏土		黄土	红土
I_p		<3		3~5	6~8	9~10	11~12	13~15	16~17	18~20	>21	9~12	>17
β	0.2	0.3	0.4	0.3	0.4	0.5	0.6	0.7	0.8	0.9	1.0	0.5~0.6	0.9
α		2.0			1.5			1.0		1.0		1.5	3.0

⑤ 求土层压缩模量 E_s 与变形模量 E_0（图 4-10）。

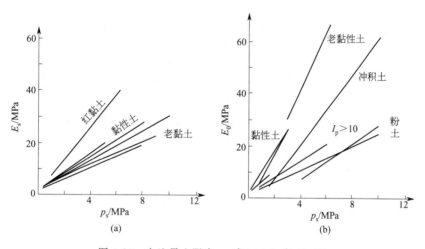

图 4-10 由比贯入阻力 p_s 求 E_s(a) 与 E_0(b)

⑥ 用孔压触探求饱和土层固结系数及渗透系数

a. 求土层固结系数 上层固结系数是估算地基沉降与时间关系的重要参数，是软土地基处理与计算中不可缺少的土的物理力学性质指标。由于难以取得高质量的非扰动的软土样以及受其他许多因素的影响，用室内试验求固结系数难以取得满意成果。孔压静力触探为快速有效地在原位测定土层的固结系数提供了可能性。

用可测孔隙水压力的静力触探仪求土层固结系数，必须先做超孔隙水压力消散试验。然后，土层固结系数可由式(4-16) 得出：

$$C_h = \frac{Tr_0^2}{t} \tag{4-16}$$

式中，C_h 为土层水平方向固结系数，cm^2/s；T 为时间因数；r_0 为透水滤器半径（意义为膨胀空穴的半径），cm；t 为超孔隙水压力达到某消散度所需时间，s，一般选用消散度达 50% 时的时间 (t_{50})。

式(4-16) 中的 r_0、t 可实际测出；T 可由土的渗透固结理论推导。在实际工作中，可由图 4-11 的曲线查出。一般选定在 $\dfrac{\Delta U_{(t)}}{\Delta U_0} = 0.3 \sim 0.8$ 之间所对应的 T 值，常用 0.5 所对应的

T 值。在对应上图查时间因数 T 时，应注意的问题可参阅有关文献。

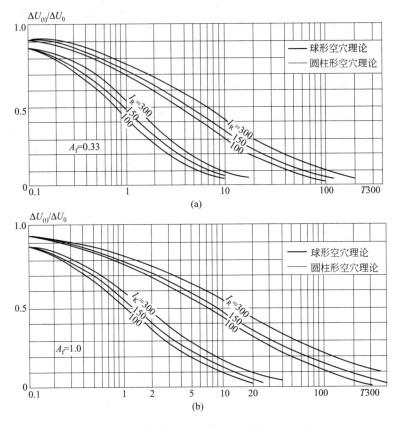

图 4-11 超孔隙水压力衰减与时间因数曲线

土层垂直方向的固结系数 C_v，可按式（4-17）求出：

$$C_v = \frac{K_v}{K_h} C_h \tag{4-17}$$

式中，K_v 和 K_h 分别为土的垂向渗透系数和水平向渗透系数。可实测，也可根据现场土层的均一性来判断，见表4-6所列。

<table>
<tr><th colspan="2">表 4-6　黏土的 K_v/K_h</th></tr>
<tr><th>黏土特征</th><th>K_v/K_h</th></tr>
<tr><td>基本为均质土，仅有少量微裂隙</td><td>0.66～1</td></tr>
<tr><td>宏观裂隙发育，夹有不连续透水层</td><td>0.25～0.5</td></tr>
<tr><td>微细层理发育，且夹有连续性好的透水层</td><td>0.067～0.33</td></tr>
</table>

<table>
<tr><th colspan="2">表 4-7　软黏土的 RR 值</th></tr>
<tr><th>$I_p/\%$</th><th>RR</th></tr>
<tr><td>14～20</td><td>0.031</td></tr>
<tr><td>33</td><td>0.032</td></tr>
<tr><td>33～50</td><td>0.025</td></tr>
</table>

b. 土的渗透系数　根据土的固结系数还可以估算土的渗透系数 K_h：

$$K_h = \frac{\gamma_w}{2.3\sigma'_{v_0}} \cdot RR \cdot C_h \tag{4-18}$$

式中，γ_w 为水的重力密度，kN/m^3；σ'_{v_0} 为有效上覆压力，kPa；RR 为土的再压缩系数。

软黏土的再压缩系数值可参考表4-7。

（3）在桩基勘察中的应用　用静力触探可以确定桩端持力层及单桩承载力，这是由于静力触探机理与沉桩相似。双桥静力触探远比单桥静力触探精度高，在桩基勘察中应优先采用。

① 应用静力触探法计算单桩极限承载力的方法已比较成熟，国内外有很多计算公式。其基本公式如下：

$$q_p = q_d + q_f = a\,\bar{q}_c A + U_p \sum \beta_{si}\,\bar{f}_{si} L_i \tag{4-19}$$

式中，q_p 为单桩轴向极限承载力，kN；$\bar{q}_c$ 为桩端附近平均锥尖阻力，kPa；A 为桩端截面积平均值，m^2；U_p 为桩身截面周长，m^3；$\bar{f}_{si}$ 为第 i 层土 f_s 平均值，kPa；L_i 为桩身在第 i 层土中的长度，m；a 为桩端阻力修正系数；β_{si} 为 f_{si} 的修正系数。公式中的参数 $\bar{q}_c$，$\bar{f}_{si}$，a，β_{si} 的计算方法，请参阅有关文献。

② 确定桩端持力层层位、厚度、埋深

从静力触探曲线上可容易地找出锥尖阻力较高的层位，根据阻值大小和桩基设计要求可确定桩端持力层，进一步确定桩长及桩截面尺寸、单桩数量等，效果甚好。

4.4　动力触探试验

4.4.1　动力触探试验的特点和种类

动力触探试验（英文缩写 DPT）是利用一定的锤击动能，将一定规格的探头打入土中，根据每打入土中一定深度的锤击数（或以能量表示）来判定土的性质，并对土进行粗略的力学分层的一种原位测试方法。

动力触探技术在国内外应用极为广泛，是一种主要的土的原位测试技术，这是和它所具有的独特优点分不开的。其优点是：设备简单且坚固耐用；操作及测试方法容易；适应性广，砂土、粉土、砾石土、软岩、强风化岩石及黏性土均可；快速、经济，能连续测试土层；有些动力触探测试（如标准贯入），可同时取样观察描述。

动力触探应用历史悠久，积累的经验丰富，如已分别建立了动力触探锤击数与土层力学性质之间的多种相关关系和图表，使用方便；在评价地基液化势方面的经验也得到了广泛应用。目前，世界上大多数国家都采用动力触探测试技术进行土工勘测。其中，美洲、亚洲和欧洲国家应用最广；日本几乎把动力触探技术当作一种万能的土工勘测手段。

虽然动力触探试验方法很多，但可以归为两大类，即圆锥动力触探试验和标准贯入试验。前者根据所用穿心锤的重量将其分为轻型、重型及超重型动力触探试验。常用的动力触探测试，如表 4-8 所列。一般将圆锥动力触探试验简称为动力触探或动探，将标准贯入试验简称为标贯。

表 4-8　常用动力触探类型及规格

类型		锤重 /kg	落距 /cm	探头（圆锥头）规格		探杆外径 /mm	触探指标（贯入一定深度的锤击数）	主要使用岩土
				锥角 /(°)	直径 /cm²			
圆锥动力触探	轻型	10	50	60	40	25	贯入 30cm 锤击数 N_{10}	浅部的填土、砂土、粉土、黏性土
	重型	63.5	76	60	43	42	贯入 10cm 锤击数 $N_{63.5}$	砂土、中密以下的碎石土、极软岩
	超重型	120	100	60	43	60	贯入 10cm 锤击数 N_{120}	密实和很密的碎石土、软岩、极软岩

4.4.2　圆锥动力触探试验

4.4.2.1　圆锥动力触探试验的仪器设备

虽然各种动力触探测试设备的重量相差悬殊，但其仪器设备却大致相同，以目前应用的机械式动力触探为例，一般可分为六部分（图 4-12）。

(1) 导向杆　可使穿心锤沿其升落。

(2) 提引器　它可提升重锤，并可到一定高度后自动脱钩放锤。在 20 世纪 80 年代前，国内外都用手拉绳提升或放开重锤（即穿心锤）。

（3）穿心锤　钢质圆柱形，中心圆孔直径比导向杆外径大 3~4mm。

（4）锤座　包括钢砧与锤垫，目前国内常用的规格为：轻型（N_{10}），直径为 $\phi45mm$；重型（$N_{63.5}$）与超重型（N_{120}），一般认为直径应小于锤径的 1/2，并大于 100mm（与欧洲标准相同）。

（5）探杆　目前国内使用较多的探杆外径为：轻型，$\phi25mm$；重型，$\phi42~50mm$；超重型，$\phi50~63mm$。

（6）探头　从国际上看，外形多为圆锥形，种类繁多，锥头直径达 25 种以上，锥角有 30°、45°、60°、90°、120°，广泛使用的是 60°和 90°两种。我国常用直径约 5 种，锥角基本上只有 60°一种。

4.4.2.2　圆锥动力触探测试要点

动力触探的测试方法大同小异。《土工试验规程》SD 128—86 规范对各种动力触探测试法分别作了规定。现将轻型、重型、超重型测试程序和要求分别叙述于下。

（1）轻型动力触探

① 先用轻便钻具钻至试验土层标高以上 0.3m 处，然后对所需试验土层连续进行触探。

② 试验时，穿心锤落距为（0.50±0.02）m，使其自由下落。记录每打入土层中 0.30m 时所需的锤击数（最初 0.30m 可以不记）。

③ 如遇密实坚硬土层，当贯入 0.30m 所需锤击数超过 100 击或贯入 0.15m 超过 50 击时，即可停止试验。如需对下卧土层进行试验时，可用钻具穿透坚实土层后再贯入。

④ 本试验一般用于贯入深度小于 4m 的土层。必要时，也可在贯入 4m 后，用钻具将孔掏清，再继续贯入 2m。

（2）重型动力触探

① 试验前将触探架安装平稳，使触探保持垂直地进行。垂直度的最大偏差不得超过 2%。触探杆应保持平直，连接牢固。

② 贯入时，应使穿心锤自由落下，落锤高度为（0.76±0.02）m。地面上的触探杆的高度不宜过高，以免倾斜与摆动太大。

③ 锤击速率宜为每分钟 15~30 击。打入过程应尽可能连续，所有超过 5min 的间断都应在记录中予以说明。

④ 及时记录每贯入 0.10m 所需的锤击数。最初贯入的 1m 内可不记读数。

⑤ 对于一般砂、圆砾和卵石，触探深度不宜超过 12~15m；超过该深度时，需考虑触探杆的侧壁摩阻影响。

⑥ 每贯入 0.1m 所需锤击数连续三次超过 50 击时，即停止试验。如需对土层继续进行试验时，可改用超重型动力触探。

（3）超重型动力触探

① 贯入时穿心锤自由下落，落距为（1.00±0.02）m。贯入深度一般不宜超过 20m；超过此深度限值时，需考虑触探杆侧壁摩阻的影响。

② 其他步骤可参照重型动力触探进行。

4.4.2.3　圆锥形重力触探成果整理

（1）检查核对现场记录　在每个动探孔完成后，应在现场及时核对所记录的击数、尺寸是否有错漏，项目是否齐全。

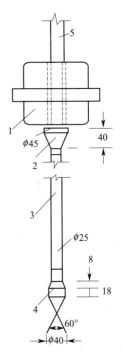

图 4-12　轻型重力触探（单位：mm）
1—穿心锤；
2—钢砧与锤垫；
3—触探杆；
4—圆锥探头；
5—导向杆

（2）实测击数校正及统计分析

① 轻型动力触探　轻型动力触探不考虑杆长修正，根据每贯入 30cm 的实测击数绘制 N_{10}-h 曲线图。根据 N_{10} 对地基进行力学分析，然后计算每层实测击数的算术平均值。

$$N'_{10} = \sum_1^n N_{10}/n \qquad (4-20)$$

式中，N_{10} 为实测击数，击/30cm；N'_{10} 为击数平均值，击/30cm；n 为参加统计的测点数。

② 重型、超重型动力触探　铁路《动力触探技术规定》（TBJ 8—87）中规定，实测击数应按杆长校正。

重型（$N'_{63.5}$）动力触探的实测击数，按式（4-21）进行校正：

$$N'_{63.5} = \alpha N_{63.5} \qquad (4-21)$$

式中，$N'_{63.5}$ 为校正后的击数，击/10cm；α 为杆长击数校正系数，查表 4-9；$N_{63.5}$ 为实测击数，击/10cm。

超重型动力触探的实测击数，应先按式（4-20）换算成相当于重型（$N_{63.5}$）的实测击数，然后再按式（4-19）进行杆长击数校正。

$$N_{63.5} = 3N_{120} - 0.5 \qquad (4-22)$$

式中，N_{120} 为超重型实测击数，击/10cm；$N_{63.5}$ 为相当于重型实测击数，击/10cm。

表 4-9　杆长击数校正系数 α

α ＼ $N_{63.5}$ ＼ l	5	10	15	20	25	30	35	40	≥50
≤2	1.0	1.0	1.0	1.0	1.0	1.0	1.0	1.0	—
4	0.96	0.95	0.93	0.92	0.90	0.89	0.87	0.86	0.84
6	0.93	0.90	0.88	0.85	0.83	0.81	0.79	0.78	0.75
8	0.90	0.86	0.83	0.80	0.77	0.75	0.73	0.71	0.67
10	0.88	0.83	0.79	0.75	0.72	0.69	0.67	0.64	0.61
12	0.85	0.79	0.75	0.70	0.67	0.64	0.61	0.59	0.55
14	0.82	0.76	0.71	0.66	0.62	0.58	0.56	0.53	0.50
16	0.79	0.73	0.67	0.62	0.57	0.54	0.51	0.48	0.45
18	0.77	0.70	0.63	0.57	0.53	0.49	0.46	0.43	0.40
20	0.75	0.67	0.59	0.53	0.48	0.44	0.41	0.39	0.36

注：l 为探杆总杆长，m；本表可以内差取值。

有些学者认为，动力触探击数不用作杆长修正，因为动力触探测试成果的影响因素很多，精度有限；随测试深度增加，探杆被加长，重量增加，其影响是减少锤击数；但另一方面，随着深度增加探杆和孔壁之间的摩擦力和土的侧向压力也增加了，其影响是增加锤击数。两者的影响可部分抵消。因此，不必对杆长进行修正，但应加以说明。一般应以相应规范要求为准。

（3）绘制动力触探锤击数与贯入深度关系曲线　以杆长校正后的击数或未修正的击数（根据相应规范选取一种）为横坐标，以贯入深度为纵坐标绘制曲线图。《岩土工程勘察规范》规定，动力触探测试成果分析应包括下列内容。

① 单孔动力触探应绘制动探击数与深度曲线或动贯入阻力与深度曲线，进行力学分层。

② 计算单孔分层动探指标平均值时，应剔除超前或滞后影响范围内及个别指标异常值。

③ 当土质均匀，动探数据离散性不大时，可取各孔分层平均动探值，用厚度加权平均法计算场地分层平均动探值。

④ 当动探数据离散性大时，宜采用多孔资料或与钻探资料及其他原位测试资料综合分析。

⑤ 根据动探指标和地区经验，确定砂土孔隙比、相对密度，粉土、黏性土状态，土的强度、变形参数，地基土承载力和单桩承载力等设计参数；评定场地均匀性，查明土坡、滑动面、层面，检验地基加固与改良效果。

4.4.3 标准贯入试验

4.4.3.1 标准贯入试验的特点和设备

标准贯入试验简称标贯（英文缩写 SPT）：是动力触探测试方法的一种，其设备规格和测试程序在世界上已趋于统一，它和圆锥动力触探测试的区别，主要是探头不同。标贯探头是空心圆柱形，常称的标准贯入器，如图 4-13 所示。在测试方法上也不同，标贯是间断贯入，每次测试只能按要求贯入 0.45m，只计贯入 0.30m 的锤击数 N，称标贯击数 N，N 没有下角标，以和圆锥贯入锤击数相区别。圆锥动力触探是连续贯入，连续分段计锤击数。

标贯的其设备规格见表 4-10 所列。

4.4.3.2 标准贯入测试程序和要求

标准贯入试验自 1927 年问世以来，其设备和测试方法在世界上已基本统一。按水利部土工试验规程（SL 237—1999）规定，其测试程序如下。

① 先用钻具钻至试验土层标高以上 0.15m 处，清除残土。清孔时，应避免试验土层受到扰动。当在地下水位以下的土层进行试验时，应使孔内水位保持高于地下水位，以免出现涌砂和塌孔；必要时，应下套管或用泥浆护壁。

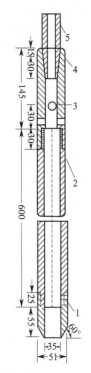

图 4-13　标准贯入器（单位：mm）
1—贯入器靴；2—贯入器身；3—排水孔；4—贯入器头；5—探（钻）杆接头

表 4-10　标准贯入试验设备规格

落锤		锤的质量/kg	63.5
		落距/cm	76
贯入器	对开管	长度/mm	＞500
		外径/mm	51
		内径/mm	35
	管靴	长度/mm	50～76
		刃口角度/(°)	18～20
		刃口单刃厚度/mm	1.6
钻杆		直径/mm	42
		相对弯曲	＜1/1000

② 将贯入器放入孔内，注意保持贯入器、钻杆、导向杆联接后的垂直度。孔口宜加导向器，以保证穿心锤中心施力。

③ 将贯入器以每分钟击打 15～30 次的频率，先打入土中 0.15m，不计锤击数；然后开始记录每打入 0.10m 及累计 0.30m 的锤击数 N，并记录贯入深度与试验情况。若遇密实土层，锤击数超过 50 击时，不应强行打入，并记录 50 击的贯入深度。

④ 提出贯入器，取贯入器中的土样进行鉴别、描述记录，并测量其长度。将需要保存的土样仔细包装、编号，以备试验之用。

⑤ 重复①～④步骤，进行下一深度的标贯测试，直至所需深度。一般每隔 1m 进行一次标贯试验。

需注意的是：①标贯和圆锥动力触探测试方法的不同点，主要是不能连续贯入，每贯入 0.45m 必须提钻一次，然后换上钻头进行回转钻进至下一试验深度，重新开始试验；②此项试验不宜在含碎石土层中进行，只宜用在黏性土、粉土和砂土中，以免损坏标贯器的管靴刃口。

4.4.3.3　标贯测试成果整理

① 求锤击数 N：如土层不太硬，并贯穿 0.30m 试验段，则取贯入 0.30m 的锤击数 N；如土层很硬，不宜强行打入时，可用下式换算相应于贯入 0.30m 的锤击数 N：

$$N = \frac{0.3n}{\Delta S} \tag{4-23}$$

式中，n 为所选取的贯入深度的锤击数；ΔS 为对应锤击数 n 的贯入深度，m。

② 绘制标贯击数-深度关系曲线（N-H）。

4.4.4　动力触探测试法成果的应用

由于动力触探试验具有简易及适应性广等突出优点，特别是用静力触探不能勘测的碎石类土，动力触探则可大有用武之地。动力触探已被列于多种勘察规范中，在勘察实践中应用较广，主要应用于以下几方面。

（1）划分土类或土层剖面　根据动力触探击数可粗略划分土类（图 4-14）。一般来说，土的颗粒越粗大，愈坚硬密实，锤击次数越多。在某一地区进行多次勘测实践后，就可以建立起当地土类与锤击数的关系。如与静力触探等其他测试方法同时应用，则精度会进一步提高。

根据触探击数和触探曲线，根据触探曲线形状，将触探击数相近段划为一层，并求出每一层触探击数的平均值，定出土的名称，就可以划分土层剖面（图 4-14）。

（2）确定地基土承载力　根据动力触

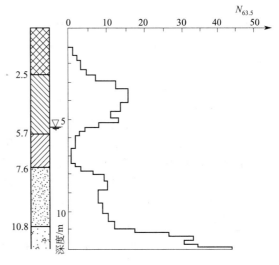

图 4-14　动力触探直方图及土层划分

探确定地基土承载力是一种快速简便的方法，已被国家标准《建筑地基基础设计规范》GB 50007—2002 等多种规范所采纳。其方法是将锤击数与地基承载力标准值建立相关关系，根据经验关系式来求取地基承载力标准值。表 4-11 所列即为各单位利用标贯成果与地基承载力标准值所建立的经验关系。需注意其适用的地区性和土类。

表 4-11　用标贯成果求地基承载力标准值 f_k

序号	提出单位	经验关系式	频数	相关系数	应用范围	土层
①	成都冶勘	$f_k = 19N + 74$	132	0.93		黏性土
②	武汉规划设计院	$f_k = 20.2N + 80$			$3 < N < 18$	
③	内蒙古建筑设计院	$f_k = 16.6N + 147$				黏性土
④	武汉冶勘	$f_k = 26N$	20	0.97	$3 < N < 23$	粉土
⑤	武汉冶勘	$f_k = 35.8N + 49$	97	0.96		黏性土
⑥	建筑规范编写组	$f_k = 22.7N + 31.9$	72	0.96	$3 < N < 18$	
⑦	建筑规范编写组	$f_k = 55.8N - 558.3$	72	0.89	$N > 18$	
⑧	中国地质大学	$f_k = 32.3N_{63.5} + 89$	56	0.86	$2 < N_{63.5} < 18$	黏性土

注：⑧为重型动探经验关系。

《建筑地基基础设计规范》GB 50007—2002规范中具体确定地基土承载力标准值的表格见第12章。

（3）求桩基承载力和确定桩基础持力层　动力触探试验对桩基设计和施工也具有指导意义。实践证明，动力触探不易贯入时，桩也不易打入。这对确定桩基持力层及沉桩可行性具有重要意义。所以，由动力触探成果预估打入预制桩的极限承载力是国内外都在采用的方法。表4-12所列即为我国一些地区单桩竖向桩端承载力与动探击数的经验关系。

表 4-12　用动探锤击数求单桩竖向桩端承载力

地区	经验关系	统计样本	相关系数	适用土层
沈阳	$q_p = 133 + 539 N_{63.5}$	22	0.915	粗砂、圆砾
成都	$q_p = 299 + 126.1 N_{120}$	35	0.79	卵石土
广州	$[q_p] = \dfrac{mH}{0.9(0.15+S)} + \dfrac{mH \cdot 2N'_{63.5}}{1200}$			硬塑-坚硬状黏土

注：q_p为极限承载力，kN；$[q_p]$为极限承载力标准值，kN；m为试桩的锤质量，t；H为落锤高度，cm；$N'_{63.5}$为从地面以下0.5m至桩进入持力层深度的动力触探总击数；S为持力层中桩的贯入度，cm，按下式计算：$S = \dfrac{10}{3.5 N_{63.5}}$。

此外，近年来我国在高层建筑中大量采用的钻孔灌注桩，利用动探成果求取单桩竖向承载力，对其经验关系也作了一些研究。根据实践经验，桩端持力层一般应选择在N大于30击的密实砂层为好。对于厚度不小于2m的土层作为桩端持力层时，$N_{63.5}$应大于20击，卵石土N_{120}应大于8击。

（4）确定砂土密实度及液化势　动力触探在砂土中的应用效果比较理想，用动探指标确定砂土密实度及液化势的研究及应用由来已久，目前仍被广泛采用。

砂土密实度的大小是确定砂层承载力和液化势的主要指标。利用动探成果确定砂土密实度，国内外都已积累了很多经验，有的已列入有关规范中。我国先后发布的GBJ 7—89和GB 50021—94两个国家标准规范，都列入了按标贯锤击数确定砂土密实度的规定（表4-13）。此外，各产业部门和地区也有适用于本部门和地区的相应规定。判别地基土是否液化的主要方法是临界标贯击数法。它的应用历史长，经验最多，国内外普遍采用。

表 4-13　按标准贯入锤击数 N 值确定砂土密实度

N值	密实度	N值	密实度
$N \leqslant 10$	松散	$15 < N \leqslant 30$	中密
$10 < N \leqslant 15$	稍密	$N > 30$	密实

（5）确定黏性土稠度及c、φ值　国内外利用标贯锤击数确定黏性土的稠度状态，也积累有较多的经验，其关系如表4-14和表4-15所示。

表 4-14　$N_手$ 与稠度状态的关系

$N_手$	<2	2~4	4~7	7~18	18~35	>35
I_L（液性指数）	>1	1~0.75	0.75~0.5	0.5~0.25	0.25~0	<0
稠密状态	流动	软塑	软可塑	硬可塑	硬塑	坚硬

注：1. 适用于冲积、洪积的一般黏性土层。

2. 标准贯入试验锤击数$N_手$是用手拉绳方法测得的，其值比机械化自动落锤方法所得锤出数$N_机$略高。换算关系如下：$N_手 = 0.74 + 1.12 N_机$，适用范围：$2 < N_机 < 23$。

表 4-15　N 与黏性土 c、φ 值的关系表

土类	粉土			黏土			粉土夹砂			黏土夹砂		
N	2	4	6	2	4	6	2	4	6	2	4	6
c/kPa	12	14.5	19.5	8	12	16	7	10	12	8	11	13
φ/(°)	10	14	16	4	8	12	12	15	17	10	12	17

4.5　旁压试验

4.5.1　旁压试验原理和特点

旁压测试（英文缩写 PMT）也是岩土工程勘察中的一种常用的原位测试技术，实质上是一种利用钻孔做的原位横向载荷试验。其原理是通过旁压器在竖直的孔内加压，使旁压膜膨胀，并由旁压膜（或护套）将压力传给周围土体（或软岩），使土体（或软岩）产生变形直至破坏（图 4-15），并通过量测装置测出施加的压力和土变形之间的关系，然后绘制应力-应变（或钻孔体积增量、或径向位移）关系曲线。根据这种关系对孔周所测土体（或软岩）的承载力、变形性质等进行评价。

1957 年，法国道桥工程师梅那（Menard）研制成功了三腔式旁压仪，即梅那预钻式旁压仪。由于其应用效果好，现已普及到全世界。但预钻式旁压试验要预先钻孔，因而会对孔壁主体产生扰动，旁压孔的深度也会因塌孔、缩孔等原因而受到限制。为了克服预先成孔等一系列缺点，自钻式旁压测试就应运而生了。

自钻式旁压仪是一种自行钻进、定位和测试的钻孔原位试验装置。它借助于地面上或水下的回转动力（通常可用水冲正循环回转钻机作为动力），利用旁压器内部的钻进装置，可自地面连续钻进到预定测试深度进行试验。为叙述方便，在前面未加"自钻"两字时，均指预钻式旁压测试。本节仅讨论预钻式旁压试验。

旁压试验的优点是和静力载荷测试比较而显现出来的。它可在不同深度上进行测试，所求地基承载力值基本和平板载荷测试所求的相近，精度很高。预钻式设备轻便，测试时间短。其缺点是受成孔质量影响大，在软土中测试精度不高。

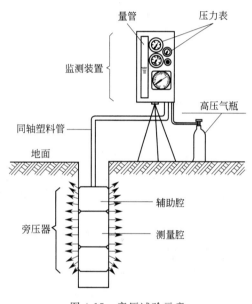

图 4-15　旁压试验示意

我国已颁布有国产 PY 型预钻式旁压试验规程 JGJ 69—90，为行业标准。

4.5.2　旁压测试法的仪器设备和测试要点

4.5.2.1　仪器设备

预钻式旁压仪型号较多，但其结构和梅纳型旁压仪基本相同。现以国产 PY 型旁压仪为例（图 4-16），简述其设备及其安装调试。国内定点生产旁压仪的厂家为江苏溧阳市仪器厂，生产 PY 型旁压仪，已有三代产品。

旁压仪主要由以下四部分组成。

（1）旁压器　它是旁压仪中的最重要部件，由圆形金属骨架和包在其外的橡皮膜所组成。旁压器一般为三腔式，中间为主腔（也称测试腔），上、下为护腔。主腔和护腔互不相通，而护腔之间则相通，把主腔夹在中间。通过旁压器橡皮膜受压膨胀向旁边的土体施加压力，主腔周围土体变形就可以作为平面应变问题来处理。在含有角砾土层中进行测试时，应用带金属铠装护套的旁压器。

（2）压力和体积控制箱　通常压力和体积控制箱设置在三角架上，它包括变形量测装置和加压稳压装置两大部分。加压稳压装置包括高压氮气瓶或人工打气筒、储气罐、调压阀和

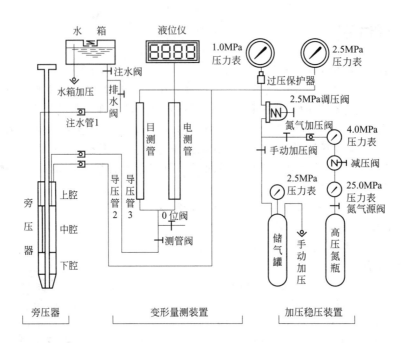

图 4-16　PY-3 型旁压仪管路

相应的压力表。变形量测装置由测管、水箱等组成，孔壁土体受压后相应的变形值用测管水位下降或水体积的消耗量表示。控制箱与旁压器之间用管路系统连接。

（3）管路系统　管路是连接旁压器和控制箱的"桥梁"。其作用是将压力和水从控制箱送到旁压器。

（4）成孔工具等配件　预钻式旁压测试要预先钻孔，其钻孔工具主要是人工钻孔用的勺钻，适用于一般黏性土。对于坚硬土层，应用轻型钻机成孔。

4.5.2.2　仪器校正（或率定）

率定旁压仪的目的是为了校正弹性膜和管路系统所引起的压力损失或体积损失，可分为旁压器弹性膜约束力的率定和旁压器综合变形的率定。

（1）弹性膜约束力的率定　当出现下列情况之一时，必须对弹性膜进行率定。①新使用的弹性膜；②新膜第一次率定在经 3～4 次测试后。

率定方法：将旁压器和控制箱用管路相连接，向水箱中加水后的旁压器进行预压 4～5 次，然后进行正式率定，加压等级为 10kPa，至水位下降 35cm 左右终止，不得超过 40cm，以避免弹性膜胀裂。然后绘制压力 p 与体积 V（或测管水位下降值 S）的关系曲线。该曲线即为弹性膜约束力校正曲线（图 4-17）。

（2）仪器综合变形的率定　在压力作用下，管路系统及测管等会膨胀。这将造成测管中的液体在到达旁压器主腔前的体积损失，给成果精度造成误差，所以应对仪器进行综合变形率定。

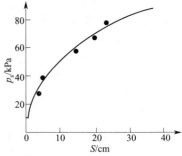

图 4-17　弹性膜约束校正曲线

率定方法：将旁压器放进无缝钢管或有机玻璃筒内，然后逐级加压，压力等级为 100kPa，一般加到 800kPa 以上终止率定。绘制压力 p 和测管下降 S 值关系曲线，其直线斜率即为仪器综合变形校正系数（图 4-18）。

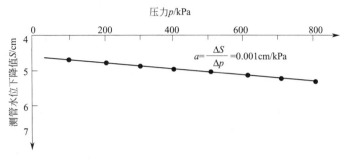

图 4-18　仪器综合变形校正曲线

4.5.2.3　试验要点

① 试验前，应平整试验场地；必要时，可钻 1～2 个钻孔，以了解土层的分布情况。

② 将水箱注满蒸馏水或干净的冷开水，在整个试验过程中最好将水箱安全阀一直打开，然后接通管路。

③ 向旁压器和变形测量系统注水。将旁压器竖立于地面。开始注水。为了顺畅注水，应向水箱稍加压力（0.01～0.02MPa）；同时，摇晃旁压器和拍打尼龙管，排除滞留在旁压器和管道内的空气。待测管和辅管中的水位上升到 15cm 时，应设法缓慢注水。要求水位到达零刻度处或稍高于零位时，关闭注水阀和中腔注水阀，停止注水。

④ 成孔。成孔应符合下列要求：a. 钻孔直径比旁压器外径大 2～6mm（可根据地层情况和所选用的旁压器而定）。孔壁土体稳定性好的土层，孔径不宜过大；b. 尽量避免对孔壁土体的扰动，保持孔壁土体的天然含水量；c. 孔呈规整的圆形，孔壁应垂直光滑；d. 在取过原状土样或进行过标贯试验的孔段以及横跨不同性质土层的孔段，不宜进行旁压试验；e. 最小试验深度、连续试验深度的间隔、离取原状土钻孔或其他原位测试孔的间距，以及试验孔的水平距离等均不宜小于 1m；钻孔深度应比预定的试验深度深 35cm（试验深度自旁压器中腔算起）。

⑤ 调零和放入旁压器。把旁压器垂直举起，使旁压器中腔中点与测管零刻度相水平；打开调零阀，把水位调到零位后，立即关闭调零阀、测管阀和辅管阀；然后把旁压器放入钻孔预定测试深度处。此时，旁压器中腔不受静水压力，弹性膜处于不膨胀状态。

⑥ 进行测试：打开测管阀和辅管阀。此时，旁压器内产生静水压力，该压力即为第一级压力。稳定后，读出测管水位下降值；按下列两种加压方式之一逐级加压，并测记各级压力下的测管水位下降值；加压等级，宜取预估极限压力 p_L 的 1/8～1/12，以使旁压 p-S 曲线上有 10 个点左右，方能保证测试资料的真实性。如果不易估计，可按表 4-16 确定；变形稳定标准：各级压力下观测时间的长短或加荷稳定时间的确定是旁压试验的一个重要问题。考虑不同的使用目的和条件，结合土的特征等具体情况，不同国家和不同部门对此项规定的差别比较大。

《PY 型预钻式旁压试验规程》JGJ 69—90 规范推荐采用 1min 或 2min，按下列时间顺序测记测管水位下降值 S（或体积 V）。

观测时间为 1min 时：15s、30s、60s。

观测时间为 2min 时：15s、30s、60s、120s。

这样，对黏性土来说，基本上相当于不排水快剪。

⑦ 终止试验：旁压试验所要描述的是土体从加压到破坏的一个过程，试验的 p-S 曲线要尽量完整。因此，试验能否终止，一般取决于仪器的两个条件，即压力达到仪器的最大额定值，或测管水位下降值接近最大允许值。对于国产 PY-2A 型旁压仪，规定测管水位下降

值达 35～40cm 时应立即终止试验；否则，弹性膜有破裂的可能。

表 4-16　试验压力增量

土 的 特 征	压力增量/kPa
淤泥，淤泥质土，流塑状态的黏性土，松散的粉砂或细砂	≤15
软塑状态的黏性土，疏松的黄土，稍密饱和的粉土，稍密很湿的粉砂或细砂，稍密的粗砂	15～25
可塑-硬塑状态的黏性土，一般性质的黄土，中密-密实的饱和粉土，中密-密实的粉砂，细砂，中密的中粗砂	25～50
硬塑-坚硬状态的黏性土，密实的粉土，密实的中粗砂	50～100

⑧ 试验记录：进行旁压试验，应在现场做好记录。其内容包括：工程名称、试验孔号、深度、所用旁压器型号、弹性膜编号及其率定结果、成孔工具、土层描述、地下水位、正式试验时的各级压力及相应的测管水位下降值等。

4.5.3　旁压试验成果整理及应用

4.5.3.1　试验成果整理

旁压试验的主要成果是旁压 p-S、p-V 曲线，可从曲线上求出一些和土的性质有关的参数。

（1）数据校正　在绘制 p-S 曲线之前，须对试验记录中的各级压力及其相应的测管水位下降值进行校正：

① 压力校正，其公式为：

$$p = p_m + p_w - p_i \tag{4-24}$$

式中，p 为校正后的压力，kPa；p_m 为压力表读数，kPa；p_w 为静水压力，kPa；p_i 为弹性膜约束力曲线上与测管水位下降值对应的弹性膜约束力，kPa。

静水压力，可采用下式计算（图 4-19），

孔中无地下水时：
$$p_w = (h_0 + Z)\gamma_w \tag{4-25}$$

孔中有地下水时：
$$p_w = (h_0 + h_w)\gamma_w \tag{4-26}$$

式中，h_0 为测管水面离孔口的高度，m；Z 为地面至旁压器中腔中点的距离，m；h_w 为地下水位离孔口的距离，m；γ_w 为水的重度，10kN/m³；

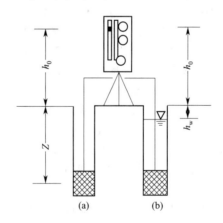

图 4-19　静水压力计算示意

② 测管水位下降值，其校正公式为：

$$S = S_m - (p_m + p_w)a \tag{4-27}$$

式中，S 为校正后的测管水位下降值，cm；S_m 为实测测管水位下降值，cm；a 为仪器综合变形校正系数，cm/kPa；其他符号意义同前。

（2）绘制压力 p-S 曲线

① 先定坐标　国内多以纵坐标为压力 p（kPa），横坐标为测管水位下降值 S（cm）。绘制 p-S 曲线，和一般材料的应力-应变曲线格式相同（图 4-20）。有时用 p-V 曲线代替 p-S 曲线。

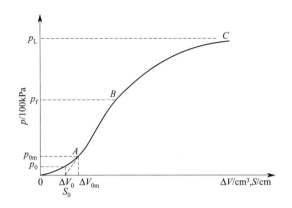

图 4-20　预钻式旁压曲线及特征值

② 曲线特征值的确定和计算　利用旁压试验确定地基土参数，首先要从旁压试验的 p-S 或 p-V 曲线上求取特征值。下面先分析一下典型的预钻式旁压曲线特征。

旁压器在逐级受压的情况下，孔壁土体相应经历了三个变形阶段，反映在 p-S（或 p-V）曲线上，可以明显划分为三个区（图 4-20）。

a. 恢复区　该区压力逐渐由零增加到 p_{om}，曲线下凸，斜率 $\Delta p/\Delta V$ 由小变大，直到在 p_{om} 处趋于直线段。

b. 似弹性区　指 p-S 曲线上的近似直线段，压力由 p_{om} 增至 p_f，直线段的终点压力称为临塑压力 p_f（也称屈服压力或比例极限），对应的体积增量为 V_f。该区段内的土层变形，可视为线性变形阶段。各类土预钻旁压曲线的这一直线段，都比较明显。

c. 塑性发展区　指孔壁压力大于 p_f 以后的曲线段。曲线呈上凸形，斜率由大变小，表明土体中的塑性区的范围不断发展和扩大。

根据预钻式旁压 p-S 曲线的特征，可以求取三个特征值。

a. 静止侧压力 p_0 可以用计算法 [式（4-28）] 求出，也可从旁压曲线上求出。

$$p_0 = \xi(\gamma h - u) + u \tag{4-28}$$

式中，ξ 为静止土侧压力系数，按土质而定，一般砂土、粉土取 0.5，黏性土取 0.6，淤泥取 0.7；γ 为土的重度，地下水位以下为饱和重度，kN/m^3；h 为测试点深度，m；u 为测试点的孔隙水压力，kPa；正常情况下，它极接近于由地下水位算得的静水压力。即在地下水位以上，$u=0$；在地下水位以下，按式（4-29）计算：

$$u = \gamma_w(Z - h_w) \tag{4-29}$$

b. 临塑压力 p_f　可按下列方法之一确定：①直线段的终点所对应的压力为临塑压力 p_f；②可按各级压力下的 30～60s 的测管水位下降值增量 ΔS_{60-30}（或体积增量 ΔV_{60-30}），或 30～120s 的测管水位下降值增量 ΔS_{120-30}（或 ΔV_{120-30}）同压力 p 的关系曲线辅助分析确定，即 p-ΔS_{60-30} 或 p-ΔS_{120-30}，其折点所对应的压力即为临塑压力 p_f。

c. 极限压力 p_L　按下列方法之一确定。①手工外推法，凭眼力将曲线用曲线板加以延伸，延伸的曲线应与实测曲线光滑而自然地连接，并呈趋向与 S（或 V）轴平行的渐近线时，其渐近线与 P 轴的交点即为极限压力。②倒数曲线法，把临塑压力 p_f 以后的曲线部分各点的测管水位下降值 S（或体积 V）取倒数 $1/S$（或 $1/V$），作 p-$1/S$（或 p-$1/V$）关系曲线（近似直线），在直线上取 $1/(2S_o + S_c)$ 或 $[1/(2V_o + V_c)]$ 所对应的压力即为极限压力

p_L。③在工程实践中，常用双倍体积法确定极限压力 p_L。

$$V_L = V_c + 2V_0 \tag{4-30}$$

式中，V_L 为 p_L 所对应的体积增量，cm^3；V_c 为旁压器中腔初始体积，cm^3；V_0 为弹性膜与孔壁接触时的体积增量，即直线段与 V 轴交点的值，cm^3，国内常用测管水位下降值 S 表示，即：

$$S_L = S_c + 2S_0 \tag{4-31}$$

式中，S_L 为 p_L 所对应的测管水位下降值，cm；S_c 为与中腔原始体积相当的测管水位下降值，PY 型国产旁压仪为 32.1cm；S_0 为直线段与 S 轴的交点所代表的测管水位下降值，cm。

V_L 或 S_L 所对应的压力即为 p_L。

在试验过程中，由于测管中液体体积的限制，使试验往往满足不了体积增量（即相当孔穴原来体积增加一倍）要求。这时，需凭眼力用曲线板将曲线延伸，延伸的曲线与实测曲线应光滑自然地连接，取 S_L（或 V_L）所对应的压力作为极限压力 p_L。以上 p_0、p_f、p_L 的单位均为 kPa。

4.5.3.2　测试法成果应用

旁压试验与载荷试验在加压方式、变形观测、成果整理及曲线形状等方面都有类似之处，甚至相同之处。

（1）确定地基容许承载力

① 临塑压力法　大量的测试资料表明，用旁压测试的临塑压力 p_f 减去土层的静止侧压力 p_0，所确定的承载力与载荷测试得到的基本承载力基本一致。国内一般采用式(4-32)：

$$f_k = p_f - p_0 \tag{4-32}$$

② 极限压力法　对于红黏土、淤泥等，其旁压曲线经过临塑压力后急剧拐弯，破坏时的极限压力与临塑压力之比值（p_L/p_f）小于 1.7。为安全起见，采用极限压力法为宜：

$$f_k = \frac{p_L - p_f}{F} \tag{4-33}$$

式中，F 为安全系数，一般取 2～3。

（2）计算地基土的旁压模量 E_m　根据 $p\text{-}S$（$p\text{-}V$）曲线直线段的斜率，按式(4-34) 和式(4-35) 计算：

$$E_m = 2(1+\mu)\left(V_c + \frac{v_0 + v_f}{2}\right)\frac{\Delta p}{\Delta V} \tag{4-34}$$

$$E_m = 2(1+\mu)\left(S_c + \frac{S_0 + S_f}{2}\right)\frac{\Delta p}{\Delta S} \tag{4-35}$$

式中，μ 为土的泊松比；V_c、S_c 为一旁压器中腔初始体积（491cm^3）或与初始体积相当的测压管水位下降值（32.1cm）；v_0、v_f 为旁压曲线上直线段两端点对应的测管水的体积，cm^3；S_0、S_f 为旁压曲线上直线段两端点所对应的测管水位下降值，cm；$\frac{\Delta p}{\Delta S}$ 为直线段斜率，kPa/cm。

由旁压模量可进一步求取土的变形模量，并计算浅基础的沉降量等。

4.6　野外十字板剪切试验

4.6.1　野外十字板剪切试验的原理和特点

十字板剪切试验（英文缩写为 FVST）是用插入软黏土中的十字板头，以一定的速率旋转，在土层中形成圆柱形破坏面，测出土的抵抗力矩，然后换算成土的抗剪强度。

十字板剪切试验开始于 1928 年。1954 年我国南京水利科学研究所引进了这种测试技术，并在软土地区得到了广泛应用，主要用其测定饱水软黏土的不排水抗剪强度，即 $\varphi=0$ 时的内聚力 c 值。它具有下列明显优点。

① 不用取样，特别是对难以取样的灵敏度高的黏性土，可以在现场对基本上处于天然应力状态下的土层进行扭剪。所求软土抗剪强度指标比其他方法都可靠。

② 野外测试设备轻便，操作容易。

③ 测试速度较快，效率高，成果整理简单。

长期以来，野外十字板剪切试验被认为是一种有效的、可靠的土的原位测试方法，国内外应用很广。必须注意的是，此法对较硬的黏性土和含有砾石、杂物的土不宜采用；否则会损伤十字板头。

4.6.2　十字板剪切试验的仪器设备和测试要点

（1）仪器设备　野外十字板剪切试验的仪器为十字板剪切仪，目前国内有三种：开口钢环式、轻便式和电测式。方法分为钻孔式和压入式两种。开口钢环式是利用蜗轮旋转将十字板头插入土层中。籍开口钢环测出抵抗力矩，计算出土的抗剪强度。要配用钻机打孔。电测式测力设备是在十字板头上方连接一贴有电阻应变片的受扭力柱的传感器，在地面用电子仪器直接量测十字板头的剪切扭力，不必进行钻杆和轴杆校正。轻便式优点是轻便、易于携带，不需动力；但在测试中难以准确掌握剪切速率和不易准确维持仪器水平，测试精度不高，故使用较少。

电测式十字板剪切仪轻便灵活，容易操作，试验成果也较稳定，目前已得到广泛应用，故介绍这种仪器设备。它主要由以下几部分组成。

① 压入主机，如图 4-21。应能将十字板头垂直压入土中。

② 十字板头，如图 4-22。直径 $D=50\mathrm{mm}$，高 $H=100\mathrm{mm}$，板厚 2mm，刃口角度为 60°，轴杆直径为 13mm，轴杆长度为 50mm。

③ 扭力传感器，如图 4-23。传感器（电阻式）应具有良好的密封和绝缘性能，对地绝缘电阻不应小 200MΩ，传感器事先率定。

④ 量测扭力传感器。静态电阻应变仪（精度为 5με）或数字测力仪（精度 1～2N）。

⑤ 施加扭力装置；由蜗轮蜗杆、变速齿轮、钻杆夹具和手柄等组成。手摇柄转动一圈正好使钻杆转动一度。

⑥ 其他：钻杆、水平尺和管钳等。

（2）测试要点

包括十字板头扭力传感器的率定和正式测试两部分。

① 扭力传感器率定　目的在于确定扭力矩与传感器应变值之间的关系，求出传感器率定系数。一般每隔三个月率定一次。如在使用过程中出现异常，经过检修后应重新率定。试验时使用的传感器、导线和测量仪器均应与率定时相同。其率定步骤见有关文献，然后以扭矩为纵坐标、以平均应变读数值为横坐标，绘制扭矩与应变值的关系曲线（图 4-24）。最后，按式(4-36)计算传感器率定系数 α 值：

$$\alpha=\frac{M}{\varepsilon_{\mathrm{p}}}\tag{4-36}$$

式中，α 为传感器率定系数，N·cm/με；M 为扭矩，N·cm；ε_{p} 为扭矩 M 所对应的应变值，με。

② 现场测试

a. 装及调平电测式十字板剪切仪机架，用地锚固定，并安装好施加扭力的装置。

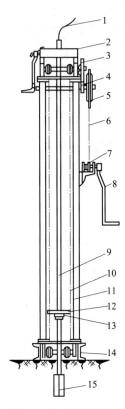

图 4-21   电测式十字板剪切仪
1—电缆；2—施加扭力装置；3—大齿轮；
4—小齿轮；5—大链轮；6—链条；
7—小链轮；8—摇把；9—钻杆；
10—链条；11—支架立杆；
12—山形板；13—垫压块；
14—槽钢；15—十字板头

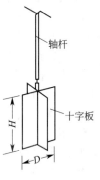

图 4-22   十字板头

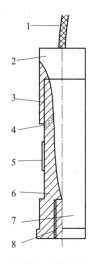

图 4-23   电测式十字板扭力传感器
1—电缆；2—钻杆接头；3—固定护套螺丝；
4—引线孔；5—电阻应变片；6—受扭力柱；
7—护套；8—接十字板头丝扣

b. 将十字板头接在传感器上拧紧，然后将其所附电缆及插头与穿入钻杆内的电缆及插座连接，并进行防水处理。接通测量仪器。

c. 将十字板头垂直压入土中至预定深度，并用卡盘卡住钻杆，使十字板头固定在同一深度上进行扭剪。在扭剪前，应读取初始读数或将仪器调零。

d. 测试开始，匀速转动手摇柄，摇柄每转一圈，十字板头旋转一度。《岩土工程勘察规范》GB 50021—2001 规定，扭转剪切速率宜采用（1°～2°）/10s，并应在测得峰值强度后继续测记 1min。十字板头插入预定深度后需至少静置 2～3min 后才能开始扭剪。在峰值强度或稳定值测试完后，顺扭转方向连续转动 6 圈后，测定重塑土的不排水抗剪强度。

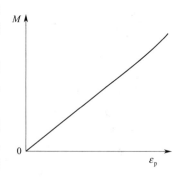

图 4-24   扭矩与应
变值关系曲线

e. 松开钻杆夹具，用手或管钳快速将探杆顺时针方向旋转 6 圈，使十字板头周围的土充分扰动后，立即拧紧钻杆夹具，重复步骤 d.；测记重塑土剪切破坏时的应变仪或测力仪的读数。注意事项为要设法防止电缆与十字板接头处被拧断，故此项宜每层土只做一两次。

f. 完成一次试验后，松开钻杆夹具。根据需要，继续将十字板头压至下一个试验深度，重复(c. ～e.)步骤。

4.6.3　十字板剪切试验成果整理及其应用

4.6.3.1　测试资料整理

电测十字板剪切试验中的数据可分为二类：第一类是原位剪切所测的原状土剪切破坏时的读数 R_y 和重塑土剪切破坏时的读数 R_e 等；第二类是传感器率定系数及十字板头直径与高度。据上述试验数据，按式(4-37) 计算土的抗剪强度及灵敏度：

$$C_u = 10K \cdot \alpha \cdot R_y \tag{4-37}$$

$$C'_u = 10K \cdot \alpha \cdot R_e \tag{4-38}$$

$$K = \frac{2}{\pi D^2 H \left(1 + \dfrac{D}{3H}\right)}, \quad \text{一般 } H = 2D, \text{ 则 } K = \frac{6}{7\pi D^3} \tag{4-39}$$

式中，C_u 为原状土抗剪强度，kPa；C'_u 为重塑土抗剪强度，kPa；K 为与十字板尺寸有关的常数，cm^{-3}，如 $D = 5cm$，则 $K = 0.00218 cm^{-3}$；α 为传感器率定系数，$N \cdot cm/\mu\varepsilon$；$R_y$、$R_e$ 分别为原状土和重塑土剪切破坏时的读数；D、H 分别为十字板头直径和高度，cm。

按下式计算土的灵敏度 S_t：

$$S_t = \frac{C_u}{C'_u} \tag{4-40}$$

4.6.3.2　试验成果的应用

在软土地基勘察中，野外十字板剪切试验用途十分广泛，其测试成果主要应用于以下几个方面。

（1）估算地基允许承载力　对于内摩擦角等于零的饱和软黏土，C_u 值可用来估算地基允许承载力。根据中国建筑科学研究院、华东电力设计院等单位的经验：

$$[R] = 2C_u + \gamma h \tag{4-41}$$

式中，γ 为基础底面以上土的重度；h 为基础埋深。

（2）预估极限端阻力和极限侧摩阻力　欧美国家习惯用 C_u 预估黏性土，特别是饱和软黏土中单桩的极限端阻力 q_p 和极限侧摩阻力 q_f，其关系式如下：

$$q_p = 9C_u + \gamma h \tag{4-42}$$

$$q_f = \alpha C_u \tag{4-43}$$

式中，α 为经验系数，和土类、桩的尺寸及施工方法等有关。对软黏土，$\alpha = 1$；对超固结土，$\alpha = 0.5$。

（3）其他　将十字板抗剪强度用于软土地基及其他软土填挖方斜坡工程的稳定性分析与核算，是尤为普遍的。用十字板剪切仪可以测定软土中地基及边坡遭受破坏后的滑动面附近土的抗剪强度，反算滑动面上土的强度参数，可为地基与边坡稳定性分析确定合理的安全系数提供依据。

在软土地基堆载预压处理过程中，可用十字板剪切试验测定地基强度的变化，用于控制施工速率及检验地基加固程度。

4.7　扁铲侧胀试验

4.7.1　扁铲侧胀试验的特点和原理

扁铲侧胀试验（简称扁胀试验）是用静力（有时也用锤击动力）把一扁铲形探头贯入土

中，达到试验深度后。利用气压使扁铲侧面的圆形网膜向外扩张进行试验，测量膜片刚好与板面齐平时的压力和移动 1.10m 时的压力。然后减少压力，测的膜片刚好恢复到与板面齐平时的压力。这三个压力，经过刚度校正和零点校正后，分别以 p_0、p_1、p_2 表示。根据试验成果可获得土体的力学参数，它可以作为一种特殊的旁压试验，它的优点在于简单、快速、重复性好和便宜，故在国外近年发展很快。扁胀试验最适用于在软弱、松散土中进行，随着土坚硬程度或密实度的增加，适应性较差。当便用加强型膜片时，也可应用于密实的砂土。因而其适用范围是一般黏性土、粉土、中密以下砂土、黄土等。不适用于含碎石土、风化岩等。

基本原理：扁胀试脸时膜向外扩张可假设为在无限弹性介质中在圆形面积上施加均布荷载 Δp。如弹性介质的弹性模量为 E_0、泊松比为 μ，膜中心的外移为 s 时，则：

$$s = \frac{4R\Delta P(1-\mu^2)}{\pi E_0} \tag{4-44}$$

式中，R 为膜的半径（$R=30$mm）。

取 $s=1.10$mm，定义 $E_D = E_0/(1-\mu^2)$ 为扁铲模量，则式（4-41）可变形为：

$$E_D = 34.7\Delta p = 34.7(p_1 - p_0) \tag{4-45}$$

式中，p_0 为膜片向土中膨胀之前的接触应力相当于土中的原位水平应力；p_1 为膜片向土中膨胀当其边缘位移达 1.10mm 时压力，kPa。

再分别定义侧胀水平应力指数 K_D、侧胀土性指数 I_D、侧张孔压指数 U_D 如下：

$$K_D = \frac{(p_0 - u_0)}{\sigma_{v_0}} \tag{4-46}$$

$$I_D = \frac{(p_1 - u_0)}{p_0 - u_0} \tag{4-47}$$

$$U_D = \frac{(p_2 - u_0)}{p_0 - u_0} \tag{4-48}$$

式中，p_2 为卸载时膜片边缘位移回到 0.05mm 时的压力，kPa；u_0 为试验深度处的静水压力，kPa；σ_{v_0} 为试验深处的有效上覆土压力，kPa。

根据 E_D、K_D、I_D、U_D 就可以分析确定岩土的相关技术参数了。

4.7.2　扁铲侧胀试验仪器设备和测试要点

（1）仪器设备　扁铲侧胀试验的设备主要为扁铲探头，其他的探杆和加压贯入装置可借用静力触探的设备进行。扁铲探头如图 4-25 所示，探头的尺寸为：长 230～240mm，宽 94～96mm，厚 14～16mm，探头前缘刃角为 12°～16°，探头侧面钢膜片直径为 60mm。

（2）测试要点

① 每孔试验前后均应进行探头率定，取试验前后的平均值为修正值；膜片的合格标准为：率定时膨胀至 0.05mm 的气压实测值 $\Delta A = 5\sim25$kPa；率定时膨胀至 0.10mm 的气压实测值 $\Delta B = 10\sim110$kPa。

② 试验时，应以静力匀速将探头贯入土中，贯入速率宜为 2cm/s；试验点间距可取 20～50cm。

③ 探头达到预定深度后，应匀速加压和减压测定膜片膨胀至 0.05mm，1.10mm 和回到

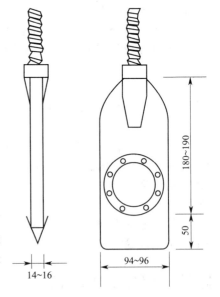

图 4-25　扁铲侧胀仪探头

0.05mm 的压力 A，B，C 值。

④ 扁铲侧胀消散试验，应在需测试的深度进行，测读时间间隔可取 1min，2min，4min，8min，15min，30min、90min，以后每 90min 测读一次，直至消散结束。

4.7.3 扁铲侧胀试验资料整理及其应用

4.7.3.1 试验成果分析

（1）试验实测数据进行膜片刚度修正

$$p_0 = 1.05(A - z_m + \Delta A) - 0.05(B - z_m - \Delta B) \tag{4-49}$$

$$p_1 = B - z_m - \Delta B \tag{4-50}$$

$$p_2 = C - z_m - \Delta A \tag{4-51}$$

式中，z_m 为调零前的压力表初读数，kPa，其他符号意义同上。

并绘制 p_0，p_1，p_2 深度的变化曲线。

（2）计算各点的 E_D、K_D；I_D、U_D 及其随深度的变化曲线（相关公式及符号意义同上）。

4.7.3.2 试验成果应用

根据扁铲侧胀试验指标和地区经验，可判别土类，确定黏性土的状态、静止侧压力系数、水平基床系数等。

（1）划分土类 Marchetti（1980）提出根据扁胀系数 I_D 可划分土类，具体见表 4-17。

表 4-17 扁胀系数 I_D 可划分土类

I_D	0.1	0.35	0.6	0.9	1.2	1.8	3.3
泥炭及灵敏性黏土	黏土	粉质黏土	黏质粉土	粉土	砂质粉土	粉质砂土	砂土

Davidson 和 Boghrat（1983）提出用扁胀系数 I_D 和扁胀仪贯入土±1min 后超孔隙的消散百分率（可由压力 C 的消散试验得到），可划分土类（图 4-26）。

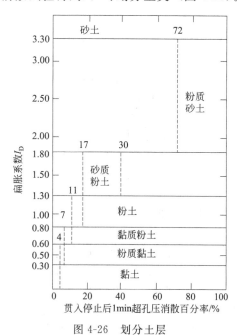

图 4-26 划分土层

（2）确定静止侧压力系数 K_0 Marchtti（1980）根据意大利黏土的测试结果提出经验公式如下：

当 $I_D \leqslant 1.2$ 时

$$K_0 = \left(\frac{K_D}{1.5}\right)^{0.47} - 0.6 \tag{4-52}$$

lunne 等（1990）提出对于新近沉积的黏土，经验公式如下：

$c_u/\sigma_{v_0} \leqslant 0.5$ 时

$$K_0 = 0.34(K_D)^{0.54} \tag{4-53}$$

（3）估算不排水抗剪强度 C_u　Marchtti（1980）提出估算不排水抗剪强度 C_u 的经验公式如下：

$$C_u/\sigma_{v_0}' = 0.22(0.5K_D)^{1.25} \tag{4-54}$$

计算土的变形参数如下。

Marchetti（1980）提出计算压缩模量 E_s 的经验公式如下：

$$E_s = R_M E_D \tag{4-55}$$

式中，R_M 为水平应力指数有关的函数。

当 $I_D \leqslant 0.6$ 时　　　　　　　$R_M = 0.14 + 2.36 \lg K_D$　　　　　　　　（4-56）

当 $0.6 < I_D < 3.0$ 时　　　　　$R_M = R_{M0} + (2.5 - R_{M0}) \lg K_D$　　　　（4-57）

当 $3.0 \leqslant I_D \leqslant 10$ 时　　　　$R_M = 0.5 + 2 \lg K_D$　　　　　　　　（4-58）

当 $I_D > 10$ 时　　　　　　　　$R_M = 0.32 + 2.18 \lg K_D$　　　　　　　（4-59）

一般　　　　　　　　　　　　$R_M \geqslant 0.85$　　　　　　　　　　　　　（4-60）

确定黏性土的应力历史

Marchetti（1980）建议，对于无黏性土（$I_D \leqslant 1.2$），可采用 K_D 评价土的超固结比（OCR）：

$$OCR = 0.5 K_D^{1.56} \tag{4-61}$$

4.8　现场波速试验

4.8.1　现场波速试验的目的和原理

土的动弹性参数，在工程抗震设计和动力机器基础反应等方面有着广泛的用途。其测定方法可分为室内试验和现场波速试验两大类，后者因能保持岩土体的天然结构构造和初始应力状态，测试成果实际应用价值大，因而更受到工程勘察单位的重视。

现场波速试验的基本原理，是利用弹性波在介质中传播速度与介质的动弹性模量、动剪切模量、动泊松比及密度等的理论关系，从测定波的传播速度入手，求取土的动弹性参数。在地基土振动问题中弹性波有体波和面波。体波分纵波（P 波）和横波（S 波），面波分瑞利波（R 波）和勒夫波（Q 波）。在岩土工程勘察中主要利用的是直达波的横波速度，方法有单孔法和跨孔法。所以作波速测试前，先要钻探成孔，但波速静力触探法可自行成孔并测试，也有用面波法的。

4.8.2　现场波速试验仪器设备和测试要点

4.8.2.1　仪器设备

波速试验的仪器设备主要由激振器、检波器和放大记录系统三大部分组成，简述如下。

（1）激振器　一般为机械振源。单孔法常采用在地面敲击木板或钢板的方法激发剪切波，板的尺寸一般为 250cm×30cm×6cm，上压重物（>500kg），用大铁锤敲击板的侧面。跨孔法可以采用标准贯入器激发剪切波，但更理想的激振器是"井下波锤"。

（2）检波器　单孔测试时，要求既能观察到波的竖直分量记录，又能观察到波的两个水平分量记录，所以一般都采用三分量检波器检测弹性波的到达。这种三分量检波器是由三个单个检波器按相互垂直（X、Y、Z）的方向固定并密封在一个无磁性的圆形筒内。在钻孔内一定要将竖向检波器平行于钻孔轴线，它可以接受纵波；另两个水平检波器接受横波。

跨孔法测试时，接收孔中一般只安置一个竖向检波器，它接受水平传播的横波的竖向分

量 S_V 波，也可用三分量检波器，此时两个水平检波器还可分别接受纵波（P 波）和横波的水平量（S_H）波。

（3）放大记录系统　主要采用多道地震仪，特别是信号增强型多道地震仪。此种仪器进口和国产的皆有，可以选用。

4.8.2.2　测试要点

（1）单孔法　测试装置如图 4-27 所示。

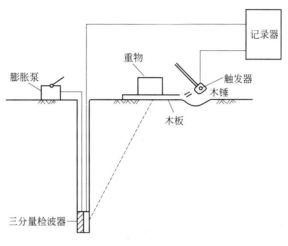

图 4-27　单孔法测试装置

① 钻探一次成孔至预计深度，下入塑料套管，套管与孔壁间隙中充填砂子，并加以密实。

② 将电缆、检波器和气囊一起放入套管，达到预定深度后对气囊充气，以便将检波器固定贴紧在套管壁上。

③ 在地表用大铁锤敲击压有重物的厚木（钢）板，用地震仪记录波形；激振板距孔口一般为 2～4m，若正反向敲击板的两端时，还将获得具有反相位的直达横波。

④ 从孔底向上，按预定测试深度依次作完；应结合土层布置测点，测点的垂直间距宜取 1～3m。层位变化处加密，并宜自下而上逐点测试，通常根据各地层层位而定。

由于单孔法在地面激振，弹性波会随深度增加而衰减，使接受信号变弱。因此其测试深度最深不超过 80m，一般浅层效果较好。

（2）跨孔法　测试装置如图 4-28 所示。如果利用两孔间隔时间和水平距离计算横波速度，可抵消激振器的延时误差，提高测试精度。因此，振源孔和测试孔，应布置在一条直线上；测试孔的孔距在土层中宜取 2～5m，在岩层中宜取 8～15m，测点垂直间距宜取 1～2m；近地表测点宜布置在 0.4 倍孔距的深度处，震源和检波器应置于同一地层的相同标高处；当测试深度大于 15m 时，应进行激振孔和测试孔倾斜度和倾斜方位的量测，测点间距宜取 1m。

测试时也是先一次钻探成孔至预计深度，安装套管后下入测试仪器设备，一孔中为激振器，另二孔中为检波器。需注意的是，为了保证测试精度，激振器和检波器必须置于同一深度上。也是由下往上，按预定深度每间隔 2m 作一个点。

跨孔法测试深度较大，精度也更高，但测试成本较单孔法要高。

4.8.3　现场波速试验资料整理及其应用

4.8.3.1　测试资料整理

（1）波形识别　波形识别的关键是要正确地判定 S 波初至点。根据 S 波速度较 P 波慢、

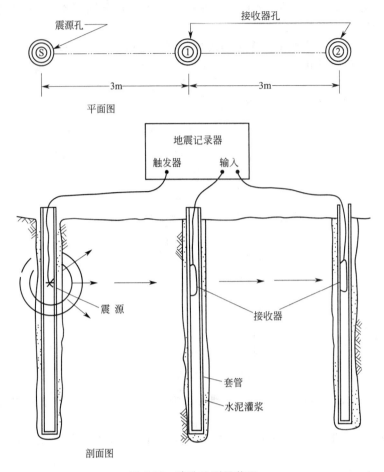

图 4-28　跨孔法测量装置

频率低、振幅大的特点，在地震仪记录上可以将波幅成倍增高和周期成倍拉长的位置作为 S 波的初至点。若采用反向激振的话，则可用重叠法找出第一个 S 波起跳的交点作为 S 波的初至点。

（2）波速计算

① 单孔法　因激振板离孔口有一段距离（2～4m），直达波行程是斜距，采用垂距计算波速时应将斜距读时校正为垂距读时。校正公式为：

$$t' = t\,\frac{h}{\sqrt{x^2 + h^2}} \tag{4-62}$$

式中，t 为斜距读时；t' 为垂距读时；h 为垂直距离；x 为激振板至孔口的距离。

经读时校正后，可按下式计算横波速度：

$$v_s = \frac{h_2 - h_1}{t_2' - t_1'} = \frac{\Delta h}{\Delta t} \tag{4-63}$$

式中，h_2、h_1 分别为土层顶、底面的深度；t_1'、t_2' 分别为横波到达土层顶、底面的时间。

② 跨孔法

$$v_s = \frac{x}{\Delta t} \tag{4-64}$$

式中，x 为经过测斜校正后两接收孔的实际间距；Δt 为弹性波到达两接收孔的时间差。

4.8.3.2　测试成果的应用

① 计算确定地基土小应变的动弹性参数剪切模量、弹性模量、泊松比和动刚度。一旦测出 P 波和 S 波的速度及土的密度，根据弹性理论公式，土的上述动弹性参数就可以确定了。

② 在地震工程中的应用。根据《建筑抗震设计规范》GB 50011—2010 的规定，由剪切波速度（v_s）划分场地土类别，并进一步划分建筑场地类别。

③ 判别砂土或粉土的地震液化。国内外都有判别地震液化的临界剪切波速经验判别式。

以上各节介绍了目前较广泛应用的土体原位测试方法。近年来，国内外勘测设计研究单位正在研制一种能同时兼做几种参数测试的仪器和方法，以求用较少的投资成本求取尽可能多的土的工程性质指标。现在已初步研制成功的有波速静力触探法、静力触探旁压测试法等。这种联合原位测试法是土体原位测试技术发展的一种新趋向。

思　考　题

1. 土体原位测试有哪些优缺点？常用的原位测试方法分别适用于什么范围？
2. 载荷试验的试验要点及资料整理的要求有哪些？
3. 静力触探的试验要点及技术要求有哪些？如何进行资料整理及成果应用？
4. 动力触探的类型和适用范围有哪些？各类触探试验的试验要点有何不同？
5. 标准贯入试验的试验设备、试验方法要求与圆锥动力触探有何不同？试验成果的应用有哪些？
6. 旁压试验、十字板剪切试验的原理和试验要点有哪些？

第5章 岩体原位测试

5.1 概述

　　岩体原位测试是在现场制备试件模拟工程作用对岩体施加外荷载，进而求取岩体力学参数的试验方法，是岩土工程勘察的重要手段之一。岩体原位测试的最大优点是对岩体扰动小，尽可能地保持了岩体的天然结构和环境状态，使测出的岩体力学参数直观、准确；其缺点是试验设备笨重、操作复杂、工期长、费用高。另外，原位测试的试件与工程岩体相比，其尺寸还是小得多，所测参数也只能代表一定范围内的岩体力学性质。因此，要取得整个工程岩体的力学参数，必须有一定数量试件的试验数据用统计方法求得。

　　岩体既不同于普通的材料，也不同于岩块，它是在漫长的地质历史中形成的，由岩块和结构面网络组成的，具有一定的结构并赋存于一定的天然应力和地下水等地质环境中的地质体。因此，岩体的力学性质与岩块相比具有易变形、强度低的特点，并且受岩体中结构面、天然应力及地下水等因素影响变化很大。岩体的力学属性也常具非均质、非连续及各向异性。所以，岩体原位测试应在查明岩体工程地质条件的基础上有计划地进行，并与岩土工程勘察阶段相适应。

　　岩体原位测试一般应遵循以下程序进行。

　　(1) 试验方案制订和试验大纲编写　这是岩体原位试验工作中最重要的一环。其基本原则是尽量使试验条件符合工程岩体的实际情况。因此，应在充分了解岩体工程地质特征及工程设计要求的基础上，根据国家有关规范、规程和标准要求制订试验方案和编写试验大纲。试验大纲应对岩体力学试验项目、组数、试验点布置、试件数量、尺寸、制备要求及试验内容、要求、步骤和资料整理方法做出具体规定，以作为整个试验工作中贯彻执行的技术规程。

　　(2) 试验　包括试验准备、试验及原始资料检查、校核等项工作。这是原位岩体力学试验最繁重和重要的工作。整个试验应遵循试验大纲中规定的内容、要求和步骤逐项实施并取得最基本的原始数据和资料。

　　(3) 试验资料整理与综合分析　试验所取得的各种原始数据，需经整理统计、回归分析等方法进行处理，并且综合各方面数据（如经验数据、室内试验数据、经验估算数据及反算数据等）提出岩体力学计算参数的建议值，提交试验报告。

　　岩体原位测试的方法种类繁多，主要有变形试验、强度试验及天然应力量测等类型，分述如下。

5.2 岩体变形试验

　　岩体变形参数测试方法有静力法和动力法两种。静力法的基本原理是：在选定的岩体表面、槽壁或钻孔壁面上施加一定的荷载，并测定其变形；然后绘制出压力-变形曲线，计算岩体的变形参数。据其方法不同，静力法又可分为承压板法、狭缝法、钻孔变形法及水压法等。动力法是用人工方法对岩体发射或激发弹性波，并测定弹性波在岩体中的传播速度，然后通过一定的关系式求岩体的变形参数。据弹性波的激发方式不同，又分为声波法和地震法。本节仅介绍承压板法、狭缝法及钻孔变形法，动力法将在第四节中介绍。

5.2.1　承压板法

承压板法又分为刚性承压板法和柔性承压板法，我国多采用刚性承压板法。该方法的优点是简便、直观，能较好地模拟建筑物基础的受力状态和变形特征。除常规的承压板法外，还有一种承压板下中心孔变形测试的方法，即在承压板下试体中心打一测量孔，采用多点位移计测定岩体不同深度处的变形值。此外，国际岩石力学学会测试委员会还推荐了一种现场孔底承压板法变形试验。这里仅介绍刚性承压板法。

5.2.1.1　基本原理

刚性承压板法是通过刚性承压板（其弹性模量大于岩体一个数量级以上）对半无限空间岩体表面施加压力并量测各级压力下岩体的变形；按弹性理论公式计算岩体变形参数的方法。该方法视岩体为均质、连续、各向同性的半无限弹性体；根据布辛湟斯克公式，刚性承压板下各点的垂直变形（W）可表示为：

$$W=\frac{mp(1-\mu^2)\sqrt{A}}{E_0}\qquad\qquad(5\text{-}1)$$

式中，A 为承压板面积；E_0 为岩体的变形模量；p 为承压板上单位面积压力；μ 为岩体的泊松比；m 为与承压板形状、刚度有关的系数。

根据式(5-1)，量测出某级压力下岩体表面任一点的变形量，即可求出岩体的变形模量（E_0）。刚性承压板法试验一般在试验平硐中进行，也可在勘探平硐或井巷中进行。在露天进行试验时，其反力装置可利用地锚或重压法，但必须注意试验时的环境温度变化对试验成果的影响。

5.2.1.2　试件制备与描述

（1）试件制备　应根据工程需要和工程地质条件选择代表性试验地段和试验点位置，在预定的试验点部位制备试件，具体要求如下。

① 试段开挖时，应尽可能减少对岩体的扰动和破坏。

② 试件受压方向应与建筑物基础的实际受力方向一致。

③ 试件的边界条件应满足下列要求：承压板边缘至硐侧壁的距离应大于承压板直径的 1.5 倍；至硐口或掌子面的距离应大于承压板直径的 3 倍；至临空面的距离应大于承压板直径的 8 倍；两试件边缘间的距离应大于承压板直径的 3 倍；试件表面以下 3 倍承压板直径深度范围内的岩性宜相同。

④ 试件范围内受扰动的岩体应清除干净并凿平整；岩面起伏差不宜大于承压板直径的 1%，承压板以外，试验影响范围以内的岩面也应大致平整，无松动岩块和碎石。

⑤ 试件面积应略大于承压板，其中加压面积不宜小于 2500cm²。

⑥ 试验反力装置部位应能承受足够的反力，在大约 30cm×30cm 范围内大致平整，以便浇注混凝土或安装反力装置。

（2）试件地质描述　试件的地质描述是整个试验工作的重要组成部分，它可为试验成果分析整理和指标选择提供可靠的地质依据。包括如下内容；

① 试硐编号、位置、硐底高程、方位、硐深、断面形状及尺寸、开挖方式及日期等。

② 试件编号、层位、尺寸及制备方法等。

③ 试段开挖方法及出现的岩体变形破坏等情况。

④ 岩石类型、结构构造及主要矿物成分和风化程度。

⑤ 地下水情况。

⑥ 岩体结构面类型、产状、性质、隙宽、延伸性、密度及充填物性质等情况。

⑦ 地质描述应提交的图件包括：试段地质素描图、裂隙统计图表及相应的照片，试段

地质纵横剖面图，试件地质素描图等。

5.2.1.3　仪器设备及其安装调试

（1）仪器设备　承压板法所需仪器设备及规格要求如下。

① 加压系统　液压千斤顶 1～2 台，其出力应根据岩体的坚硬程度、最大试验压力及承压板面积等选定，并按规范要求进行率定；液压枕 1～2 个，单个枕出力一般应为 10～20MPa；油泵 1～2 台，手摇式或电动式均可，最大压力 40～60MPa；高压油管（铜管或软管）及高压快速接头；压力表 1～2 个，精度为一级，量程 10～60MPa；稳压装置。

② 传力系统　承压板，金属质，应具有足够的刚度，厚度 3cm，面积约 2000～2500cm²；钢垫板若干块，面积等于或略小于承压板，厚度 2～3cm；传力柱，应有足够的刚度和强度，其长度视试硐尺寸而定；钢质楔形垫板若干块。

③ 量测系统　测表支架两根，钢质，应有足够的刚度和长度；百分表 4～8 只；磁性表架或万能表架 4～8 个；测量标点 4～8 个，铜质或不锈钢质，标点表面应平整光滑；温度计一支，精度 0.1℃。

（2）仪器设备的安装调试（图 5-1）

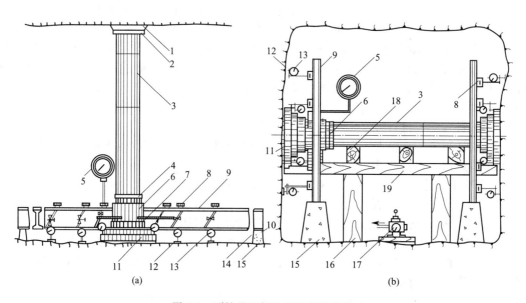

(a)　　　　　　　　　　　　　　(b)

图 5-1　刚性承压板法试验安装示意

1—砂浆顶板；2—垫板；3—传力柱；4—圆垫板；5—标准压力表；6—液压千斤顶；7—高压管（接油泵）；
8—磁性表架；9—工字钢梁；10—钢板；11—刚性承压板；12—标点；13—千分表；14—滚轴；
15—混凝土支墩；16—木柱；17—油泵（接千斤顶）；18—木垫；19—木梁

① 传力系统安装　在制备的试件表面抹一层加有速凝剂的高标号（不低于 400#）水泥浆，其厚度以填平岩面起伏为准，然后放上承压板，用锤轻击承压板，以使承压板与岩面紧密接触，为增大承压板的刚度，应在承压板上叠置 3～4 块厚 2～3cm 的钢垫板；依次放上千斤顶、传力柱及钢垫板等，安装时应注意使整个系统所有部件保持在同一轴线上且与加压方向一致；顶板（或称后座）用加速凝剂的高标号水泥砂浆浇成，浇好后启动液压千斤顶，使整个传力系统各部位接合紧密，并经一定时间的养护备用。

② 量测系统安装　在承压板两侧各安放测表支架一根，支承形式以简支梁为宜，固定支架的支点必须安放在试验影响范围以外，并用混凝土浇筑在岩体上，以防止支架在试验过程中产生沉陷或松动；通过安放在测表支架上的磁性表座或万能表架在承压板及其以外岩面对称部位上安装测表（百分表）。测表安装时应注意：测表表腿与承压板或岩面标点垂直

且伸缩自如，避免被夹过紧或松动；采用大量程测表时，应调整好初始读数，尽量避免或减少在试验过程中调表；测表应安在适当位置，便于读数和调表；磁性表架的悬臂杆应尽量缩短，以保证表架有足够的刚度。

5.2.1.4　试验步骤

仪器设备安装调试并经一定时间的养护后即可开始试验，其试验步骤如下。

(1) 准备工作

① 按设计压力的 1.2 倍确定最大试验压力。

② 根据千斤顶（或液压枕）的率定曲线及承压板面积计算出施加压力与压力表读数关系的加压表。

③ 测读各测表的初始读数，加压前每 10min 读数一次，连续三次读数不变，即可开始加压。

(2) 加压

① 将确定的最大压力分为 5 级并分级施加压力；加压方式一般采用逐级一次循环加压法，必要时可采用逐级多次循环加压法（图 5-2）。

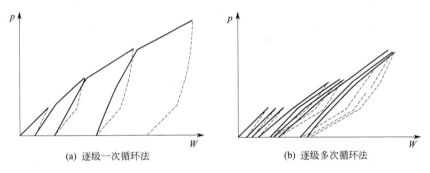

(a) 逐级一次循环法　　　　　　(b) 逐级多次循环法

图 5-2　加压方式图

② 加压后立即读数一次，此后每隔 10min 读一次数，直到变形稳定后卸压；卸压过程中的读数要求与加压相同；在加卸压过程中，过程压力下的变形也应测读一次；板外测点可在板上测表读数达到稳定后一次性读数。

③ 变形稳定标准，当所有承压板上测表相邻两次读数之差 ΔW_i 与同级压力下第一次读数与前一级压力下最后一次读数差 W_i 的比值 $\left| \dfrac{\Delta W_i}{W_i} \right| < 5\%$ 时，可认为变形达到了稳定（图 5-3）。

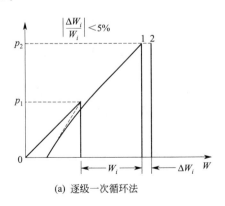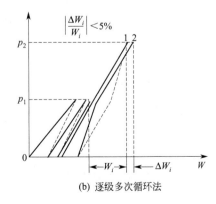

(a) 逐级一次循环法　　　　　　(b) 逐级多次循环法

图 5-3　相对变形变化的计算图

④ 某级压力加完后卸压，卸压时应注意除最后一级压力卸至零外，其他各级压力均应保留接触压力（0.1～0.05MPa），以保证安全操作，避免传力柱倾倒及顶板坍塌。

（3）重复加压　第一级压力卸完后，接着加下一级压力，如此反复直至最后一级压力，各级压力下的读数要求与稳定标准相同。

（4）测表调整与调换　当测表被碰动或将走完全量程时，应在某级变形稳定后及时调整；对不动或不灵敏的测表，也应及时更换；调表时应记录与所调表同支架上所有测表调整前后的读数；调格后，要进行稳定读数，等读数稳定后方可继续试验。

（5）记录　在试验过程中，应认真填写试验记录表格并观察试件变形破坏情况，最好是边读数、边记录、边点绘承压板上代表性测表的压力变形关系曲线。发现问题及时纠正处理。

（6）试验设备拆卸　试验完毕后，应及时拆除试验装置，其步骤与安装步骤相反。

5.2.1.5　成果整理

① 参照试验现场点绘的测表压力-变形曲线，检查、核对试验数据，剔除或纠正错误的数据。

② 变形值计算，调（换）表前一律以某级读数与初始读数之差作为某级压力下的变形值；调（换）表后的变形值用调（换）表后的稳定值作为初始读数进行计算；两次计算所得值之和为该表在某级压力下所测总变形值。以承压板上各有效表的总变形值的平均值作为岩体总变形值。

③ 以压力 p（MPa）为纵坐标、变形值 W（10^{-4} cm）为横坐标、绘制关系曲线（图 5-4）。在曲线上求取某压力下岩体的弹性变形、塑性变形及总变形值。

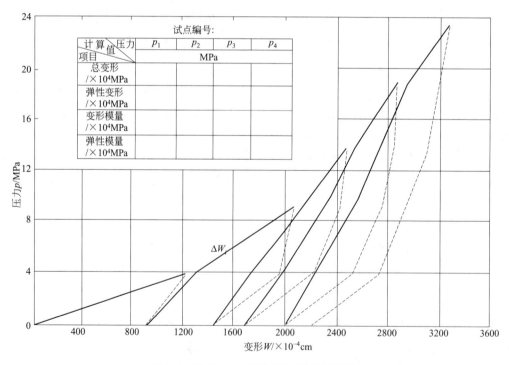

图 5-4　压力（p）-变形（W）关系曲线图

④ 按下式计算岩体的变形模量或弹性模量：

$$E_0 = \frac{m(1-\mu^2)pd}{W} \tag{5-2}$$

　　式中，E_0 为岩体的变形模量或弹性模量，MPa，当 W 总变形量代入式中计算时为变形模量，当 W 以弹性变形量代入式中计算时为弹性模量；W 为变形量，cm；m 为承压板形状系数，圆形板 $m = \dfrac{\pi}{4} \approx 0.785$，方形板 $m = 0.886$；μ 为岩体泊松比；p 为按承压板单位面积计算的压力，MPa；d 为承压板的直径（圆形板）或边长（方形板），cm。

　　承压板变形试验的主要成果是 $p\text{-}W$ 曲线及由此计算得到的变形模量。这些成果可应用于分析研究岩体的变形机理和变形特征，同时，岩体的变形模量等参数也是工程岩体力学数值计算中不可缺少的参数。

5.2.2　狭缝法

　　狭缝法又称刻槽法。一般是在巷道或试验平硐底板或侧壁岩面上进行。狭缝法的优点是设备轻便、安装较简单，对岩体扰动小，能适应于各种方向加压，且适合于各类坚硬完整岩体，是目前工程上经常采用的方法之一。它的缺点是假定条件与实际岩体有一定的出入，将导致计算结果误差较大，且随测量位置不同而异。

5.2.2.1　基本原理

　　在岩面上开一狭缝，将液压枕放入，再用水泥砂浆填实；待砂浆达到一定的强度后，对液压枕加压；利用布置在狭缝中垂线上的测点量测岩体的变形，进而根据弹性力学公式计算岩体的变形模量。因此，该方法假定岩体为连续、各向同性、均质的弹性体；狭缝视为半无限平面内的椭圆形（长短轴比视为无限大）孔洞，按平面应力状态下椭圆周边应力与变形的关系计算岩体的变形模量。根据以上假设，由弹性力学原理，狭缝中垂线上一点 A 的位移如下。

　　（1）绝对位移 W_A（cm）（图 5-5）

$$W_A = \frac{pl}{2E_0 c}\left[3 + \mu - \frac{2(1+\mu)}{c^2+1}\right] \tag{5-3}$$

$$W_A = \frac{pl}{2E_0 c}\left[1 - \mu + \frac{2(1+\mu)c^2}{c^2+1}\right] \tag{5-4}$$

　　式中，p 为狭缝岩壁上所受的压力，MPa；E_0 为岩体的变形模量，MPa；μ 为岩体的泊松比；c 为与狭缝长度及测点位置有关的系数。

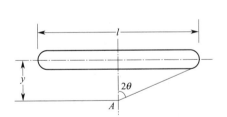

图 5-5　绝对变形计算示意

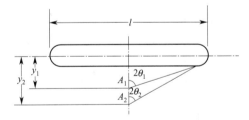

图 5-6　相对变形计算示意

　　c 由式（5-5）给出：

$$c = \frac{2y + \sqrt{4y^2 + l^2}}{l} \tag{5-5}$$

　　式中，l 为狭缝长度；y 为测点至狭缝中心线的垂直距离。

　　（2）相对位移 W_R（cm）（图 5-6）

$$W_R = \frac{pl}{2E_0}\left[(1-\mu)(\tan\theta_1 - \tan\theta_2) + (1+\mu)(\sin2\theta_1 - \sin2\theta_2)\right] \tag{5-6}$$

式中符号意义见图 5-6 及式（5-3）和式（5-4）所示。

　　利用式（5-3）～式（5-6），通过试验可求得岩体的变形模量，该方法适应于坚硬、较坚硬岩体。

5.2.2.2　试件制备与地质描述

（1）试件制备　应根据需要和地质条件选择有代表性的试验地段，确定试验位置和制备试件。具体要求如下。

① 清除掉试件范围内的浮石和松动岩块。

② 试件的边界条件应满足下列要求：狭缝边缘至洞壁的距离大于 $1.5l$（l 为狭缝长度），距洞口和掌子面的距离大于 $2l$，两狭缝间的距离大于 $3l$。

③ 在选定的试验部位开凿一条狭缝（或称直槽），切缝方向应与工程受力方向垂直，狭缝尺寸应视液压枕大小而定，一般约为 $60cm×55cm×6cm$。

（2）地质描述　内容与要求同承压板法。

5.2.2.3　仪器设备及安装调试

（1）仪器设备

① 加压系统　液压枕 1～2 个，面积一般应不小于 $50cm×50cm$，单个出力为 10～20MPa，并按有关规定率定；油泵 1～2 台，手摇或电动式，最大出力 40～60MPa；高压输油管（铜管或软管）及快速接头；压力表 1～2 个，精度为一级，量程 10～60MPa；稳压装置。

② 测量系统　测表支架一根，钢质，要求有足够的刚度和长度；百分表 4～8 只；测量标点 4～8 个，铜质或不锈钢，标点表面应平整光滑。

（2）仪器设备的安装调试（图 5-7）

① 埋设液压枕　将液压枕置于狭缝中央，两端及底部填以细砂，并使液压枕上部鼓边露出一半；两侧用加速凝剂的水泥砂浆填实，养护备用。

② 测量系统安装　沿狭缝中垂线埋设测表支架一根，并在两侧对称部位各布置测量标点、表架和百分表各 3 个。测表支架支点应安装在试验影响范围以外，并用混凝土固定在岩体上。测表安装要求同承压板法。

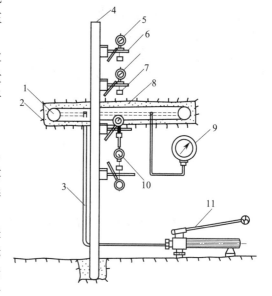

图 5-7　狭缝法试验安装示意

1—液压枕；2—槽壁；3—油管；
4—测表支架；5—百分表（绝对测量）；
6—磁性表架；7—测量标点；8—砂浆；
9—标准压力表（JZ 表）；10—百分表
（相对测量）；11—油泵

5.2.2.4　试验步骤

（1）准备工作

① 按设计压力的 1.2 倍确定最大试验压力。

② 根据液压枕的率定曲线及其加压面积计算出压力与压力表读数关系的加压表。

③ 每 10min 测读一次各测表的初始读数，直到连续二次读数不变为止。

（2）加压

① 将试验压力分为 5 级施加压力，加压一般采用逐级一次循环加压法（图 5-2）。

② 加压后立即读数一次，此后每隔 10min 读数一次、读数要求及稳定标准与承压板法相同。

（3）重复加压　同承压板法。

（4）测表调整与调换　同承压板法。

（5）试验设备拆卸　试验完毕后应及时拆除试验装置，取出液压枕。方法是：在狭缝一侧平行凿一比原狭缝较深、较长的新槽，起动液压枕使岩石松动，取出液压枕。取出的液压枕须经压平率定后，方可再次使用。

5.2.2.5　成果整理

① 原始数据的检查与校对　同承压板法。

② 变形值计算　同承压板法。

③ 绘制压力-变形曲线　同承压板法。

④ 按下式计算岩体的变形模量或弹性模量

按绝对变形量计算：

$$E_0 = \frac{pl}{2W_{AC}}\left[3+\mu-\frac{2(1+\mu)}{c^2+1}\right] \tag{5-7}$$

或

$$E_0 = \frac{pl}{2W_{AC}}\left[1-\mu-\frac{2(1+\mu)c^2}{c^2+1}\right] \tag{5-8}$$

始终符号同式(5-3)、式(5-4) 及图 5-5。

按相对变形量计算：

$$E_0 = \frac{pl}{2W_{AC}}\left[(1-\mu)(\tan\theta_1-\tan\theta_2)+(1+\mu)(\sin2\theta_1-\sin2\theta_2)\right] \tag{5-9}$$

式中符号意义同式(5-6) 及图 5-6。

5.2.3　钻孔变形法

钻孔变形法是利用钻孔膨胀计或压力计，对孔壁施加径向水压力（图 5-8），测记各级压力下的钻孔径向变形（U）。按弹性力学中厚壁筒理论，钻孔径向变形 U 为：

$$U=\frac{dp(1+\mu)}{E_0} \tag{5-10}$$

式中，d 为钻孔直径，cm；p 为压力，MPa；其余符号意义同前。

利用式(5-9) 可求得岩体的变形模量。与承压板法相比较，钻孔变形法的优点是：对岩体扰动小；可以在地下水位以下和较深的部位进行；试验方向基本不受限制，且试验压力可以达到很大；在一次试验中可以同时量测几个不同方向的变形，便于研究岩体的各向异性。其主要缺点是试验涉及的岩体体积较小。该方法较适合于软岩或半坚硬岩体。

（1）试验孔施工及地质描述

① 试验孔施工　试验孔应使用金刚石钻头钻进。钻孔深度可视工程需要及岩体条件而定，孔径需略大于测量压力计或膨胀计直径，且孔壁光滑平直。在受压范围内，岩性不应有突变或大的构造不连续，4d 范围内的岩性应相同；加压段边缘距孔口不小于 1 倍加压段长，距孔底不小于 1.5 倍加压段长，两试点之间距离不小于 1 倍加压段长。

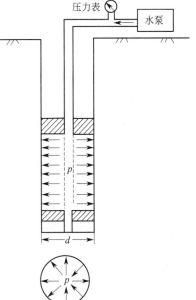

图 5-8　钻孔变形试验

② 地质描述　内容包括：钻孔及试段编号、开孔高程、孔底高程、孔深孔径及日期等情况；岩石名称、结构构造、主要矿物成分及风化程度；钻孔岩芯 RQD 值、地下水位及岩

层透水性情况；岩体结构面类型、产状、性质、隙宽与充填物性质等；应提交的图件包括：钻孔平面布置图和柱状图。

（2）仪器设备

① 旋转式钻机一台，包括起吊设备、足够长度的钻杆及金刚石钻头、扫孔器和花杆等。

② 水泵 1～2 台，离心式或往复式，最高扬程应相当于试验最高压力水头的 1.3～1.5 倍。

③ 钻孔压力计或钻孔膨胀计。

（3）试验步骤

① 准备工作　向钻孔内注水至孔口，将扫孔器放入孔内进行扫孔，直至上下连续三次收集不到岩块、岩粉为止；按压力计或膨胀计使用要求，进行探头直径标定。

② 将组装后的测量探头放入孔内测定深度，经定向后立即施加 0.5MPa 的压力，探头即自行固定，读取初始读数。

③ 加压　将确定的最大试验压力分为 7～10 级，并分级施加压力。加压方式一般采用逐级、一次振环法或大循环法（当岩体中天然应力较高时，宜用大循环法）；加压后立即读数，以后每隔 3～5min 读数一次，当相邻两次读数差 ΔW_i 与同级压力下第一次读数与前一级压力下最后一次读数差 W_i 之比 $\left|\dfrac{\Delta W_i}{W_i}\right|<5\%$ 时，可认为变形稳定，然后卸压；大循环法两相邻循环的读数差与第一次循环的变形读数之比小于 5% 时，可认为变形稳定，可卸压，循环次数应不少于 3 次；卸压后的读数要求和稳定标准与加压时相同。

④ 每一循环过程，一般卸压至初始压力。最后一次循环在卸至初始压力后，应进行稳定后读数，然后将压力卸至零并保持一段时间，再移动探头。

⑤ 试验结束后，应取出探头，对橡皮囊上的压痕进行描述，以确定孔壁岩块掉落与开裂现象和方向。

⑥ 试验过程中，如压力突然下降，应及时取出探头，检查橡皮囊是否破裂，若已破裂需更换后再进行试验。

（4）成果整理

① 检查、核对原始数据，去掉不合理且原因不明的数据。

② 绘制压力-变形关系曲线。

③ 按式(5-11)计算岩体的变形模量（MPa）：

$$E_0 = \frac{p(1+\mu)d}{U} \tag{5-11}$$

式中，p 为计算压力，等于试验压力与初始压力之差；U 相当于 p 下的钻孔径向变形，cm；d 为钻孔直径，cm；μ 为岩体的泊松比。

5.3　岩体强度试验

岩体的强度参数是工程岩体破坏机理分析及稳定性计算不可缺少的参数，目前主要依据现场岩体力学试验求得。特别是在一些大型工程的详勘阶段，大型岩体力学试验占有很重要的地位，是主要的勘察手段。原位岩体强度试验主要有直剪试验、单轴和三轴抗压试验等。由于原位岩体试验考虑了岩体结构及其结构面的影响，因此其试验成果较室内岩块试验更符合实际。

5.3.1　直剪试验

5.3.1.1　基本原理与方法

岩体原位直剪试验是岩体力学试验中常用的方法，它又可分为岩体本身、岩体沿结构面及岩体与混凝土接触面剪切三种。每种试验又可细分为抗剪断试验、摩擦试验及抗切试验。抗剪断试验是试件在一定的法向应力作用下沿某一剪切面剪切破坏的试验，所求得的强度为试体沿该剪切面的抗剪断强度；摩擦试验是试件剪断后沿剪切面继续剪切的试验，所求得的强度为试件沿该剪切面的残余剪切强度；抗切试验是法向应力为零时试件沿某一剪切面破坏的试验。

直剪试验一般在平硐中进行，如在试坑或大口径钻孔内进行，则需设置反力装置。图5-9 为常见的直剪试验布置方案，当剪切面水平或近水平时，采用（a）、（b）、（c）、（d）方案，其中（a）、（b）、（c）为平推法，（d）为斜推法，当剪切面为陡倾时采用（e）、（f）方案。方案（a）施加剪切荷载时有一力矩 e_1 存在，使剪切面的剪应力及法向应力分布不均匀。方案（b）使法向荷载产生的偏心力矩 e_2 与剪切荷载产生的力矩平衡，改善了剪切面上的应力分布；但法向荷载的偏心力矩较难控制。方案（c）剪切面上的应力分布均匀；但试体加工有一定难度。方案（d）法向荷载与斜向荷载均通过剪切面的中心，α 一般为 15°左右；但在试验过程中为保持剪切面上的法向应力不变，需同步降低由于斜向荷载增加的那一部分法向荷载。方案（e）适用于剪切面上法向应力较大的情况。方案（f）适用于剪切面上应力较小的情况。

另外，岩体直剪试验一般需制备多个试件在不同的法向应力作用下进行试验，这时由于试件之间的地质差异，将导致试验结果十分离散，影响成果整理与取值。因此，工程界还提出了一种叫单点法的直剪试验，即利用一个试件在多级法向应力下反复剪切；但除最后一级法向应力下将试件剪断外，其余各级均不剪断试件，只将剪应力加至临近剪断状态后即卸荷。具体方法可参考有关文献。

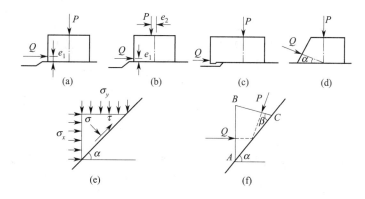

图 5-9 岩体现场直剪试验布置方案

P—垂直（法向）荷载；Q—剪切荷载；σ_x、σ_y—均布应力；τ—剪应力；σ—法向应力；e_1、e_2—偏心距；
（a）、（b）、（c）为平推法，（d）为斜推法；（e）、（f）为沿倾斜软弱面剪切的楔形体

5.3.1.2 试件制备与地质描述

（1）试件制备 在选定的试验部位，切割出方柱形试件，要求如下：①同一组试件的地质条件应基本相同且尽可能不受开挖的扰动；每组试件宜不少于 5 块；每块试件面积不小于 2500cm²，最小边长不小于 50cm，高度为最小边长的 1/2，试件之间的距离应大于最小边长的 1.5 倍。②试件各面需凿平整；对裂隙岩体、软弱岩体或结构面试件应设置钢筋混凝土保护罩，罩底预留 0.5～2cm 的剪切缝。③对斜推法试件，在施加剪应力的一面应用混凝土浇筑成斜面，也可在试件受剪力面放置一块夹角约 15°的楔形钢垫板。

（2）地质描述 内容与要求如下：①试验及开挖、试件制备的方法及其情况。②岩石类型、结构构造及主要矿物成分。③岩体结构面类型、产状、宽度、延伸性、密度及充填物性

质等。④试验段岩体风化程度及地下水情况。⑤应提交的图件为试验地段工程地质图及试体展示图、照片等。

5.3.1.3　仪器设备及安装调试（图5-10）

（1）仪器设备

① 加压系统　液压千斤顶，50～100t 与 100～200t 各一台，使用应按有关规定进行率定；液压枕2台，出力10～20MPa 左右；手摇式或电动式油泵，最大压力50～80MPa；压力表2～4个，最大压力50～80MPa，精度一级；高压油管及快速接头；稳压装置。

② 传力系统　传力柱，水平与垂直各一套，需有足够的刚度、强度和长度；钢垫板一套，尺寸与试件加压面积相同；滚轴排，钢质，尺寸与试件面积配套，应有足够的刚度与弧度。

③ 量测系统　测表支架2根，钢质，应有足够的刚度和长度；百分表4～8只；磁性表架或万能表架1～8个。

（2）仪器设备安装调试（图5-10）

① 法向荷载系统安装　在试件顶部铺设一层水泥砂浆，放上垫块使之与试件密合且平行于剪切面，然后依次放上滚轴排、垫板、千斤顶、传力柱及顶部垫板，并在垫板与反力座之间浇筑混凝土；安装完毕后起动千斤顶稍加压力，使整个系统结合紧密；应使整个系统所有部件保持在同一轴线上并垂直于预定剪切面。

② 剪切荷载系统安装　在试件受力面用水泥砂浆粘贴一块垫板，垫板应垂直预定剪切面，在垫板后依次安放传力块（平推法）或楔形垫板（斜推法）、千斤顶及垫板，并在垫板与反力座之间浇筑混凝土；应使剪切方向与预定推力方向一致，平推法的剪切荷载作用线应平行于剪切面，斜推法的剪切荷载作用线与法向荷载作用线应交于剪切面中心。

③ 量测系统安装　安装测表支架，固定支架的支点应位于变形影响范围以

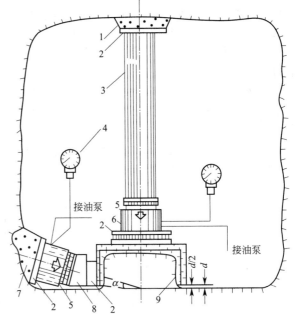

图5-10　岩体本身抗剪强度试验安装示意
1—砂浆顶板；2—钢板；3—传力柱；4—压力表；
5—液压千斤顶；6—滚轴排；7—混凝土后座；
8—斜垫板；9—钢筋混凝土保护罩

外；在支架上通过磁性表座安装百分表，在试件对称部位上分别安装剪切位移和法向位移测表，每种测表数量不应少于2只。

5.3.1.4　试验步骤

仪器设备安装调试并经一定时间的养护后可开始试验，其步骤如下。

（1）施加法向荷载　按预定的法向应力对试件分级施加法向荷载，一般应分为4～5级，每隔5min加一级，并测读每级荷载下的法向位移。在加到最后一级荷载时，要求测读稳定法向位移值。其稳定标准为：对无充填结构面和岩体，每隔5min读一次数，连续两次读数之差不超过0.01mm；对有充填结构面，可根据结构面厚度和性质，按每10～15min读一次数，连续两次读数差不超过0.05mm。

（2）施加剪切荷载

① 在法向位移稳定后，即可施加剪切荷载直至试件剪切破坏。其方法为：按预估的最

大剪切荷载分 8～12 级（当剪切位移明显增大时，可适当增加级数），每隔 5min 加一级，并在加荷前后各测读一次剪切位移读数。

② 试件剪断后，继续测记在大致相等的剪应力作用下，不断发生大位移（1～1.5cm 以上）的残余强度。然后分 4～5 级卸除剪切荷载至零，观测回弹变形。

③ 抗剪断试验结束后，根据需要调整设备和测表，按上述同样方法进行摩擦试验。

④ 采用斜推法分级施加斜向荷载时，应保持法向荷载始终为一常数。为此需同步降低由斜向荷载而增加的法向分荷载。这时施加在试件上的法向荷载 p（N）可按式(5-12)计算：

$$p = p' - Q\sin\alpha \tag{5-12}$$

式中，p' 为预定的法向荷载，N；Q 为斜向荷载，N；α 为斜向荷载作用线与剪切面的夹角。

（3）拆除设备及描述试件破坏情况　试验完毕后，按设备安装相反的顺序拆除试验设备。然后，翻转试件，对试件破坏情况进行详细描述，内容包括：破坏形式、剪切面起伏情况、剪断岩体面积、擦痕分布范围及方向等，并进行素描和拍照。

（4）重复试验　以不同的法向荷载重复步骤(1)～(3)，对其余试件进行试验，取得相应的资料。

5.3.1.5　成果整理

① 按下式计算各级荷载作用下剪切面上的应力

平推法：

$$\sigma = \frac{p}{A} \tag{5-13}$$

$$\tau = \frac{Q}{A} \tag{5-14}$$

斜推法：

$$\sigma = \frac{p}{A} + \frac{Q}{A}\sin\alpha \tag{5-15}$$

$$\tau = \frac{Q}{A}\sin\alpha \tag{5-16}$$

式中，σ、τ 分别为作用于剪切面上的法向应力和剪应力，MPa；A 为剪切面面积，mm^2；其余符号意义同前。

② 绘制各法向应力下的剪应力（τ）与剪切变形（u）（图 5-11）　根据曲线特征，确定岩体的比例极限、屈服强度、峰值强度及残余强度等数值。

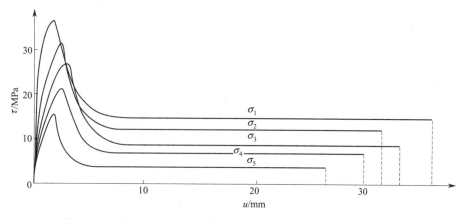

图 5-11　不同正应力（σ）下剪应力（τ）与剪切变形（u）关系曲线

③ 绘制法向应力与比例极限、屈服强度、峰值强度及残余强度关系曲线，并按库仑表达式确定相应的 c、φ 值，其试验方法和资料整理方法相同。

如果试验是沿结构面剪切或岩体与混凝土接触面剪切，则所求的 c、φ 值为结构面或岩体与混凝土接触面的 c、φ 值。

在工程岩体稳定性分析中，可根据岩体性质、工程特点，并结合地区经验等对试验成果进行综合分析，选取适当的岩体抗剪强度参数。

5.3.2　三轴试验

5.3.2.1　基本原理

原位岩体三轴试验一般是在平硐中进行的，即在平硐中加工试件，并施加三向压力，然后根据莫尔理论求岩体的抗压强度及 E_0、μ 等参数。试验又分为等围压（$\sigma_1 > \sigma_2 = \sigma_3$）三轴试验和真三轴（$\sigma_1 > \sigma_2 > \sigma_3$）试验两种，可根据实际情况选用。因此，为了确定围压和轴向压力的大小和加荷方式，试验前应了解岩体的天然应力状态及工程荷载情况。

5.3.2.2　试件制备与地质描述

（1）试件制备　在选定的试验部位，切割出立方体或方柱形试件，一面与岩体相连，试件的最小边长应不小于 30cm，每组 5 块。同一组试件的地质条件应基本相同且尽可能不受开挖扰动。

（2）地质描述　同直剪试验。

5.3.2.3　仪器设备与安装调试

（1）仪器设备

① 加压系统　液压千斤顶 100～200t，5～8 台；液压枕，4～5 台，加压面积应与试件受压面相适应，出力 10～20MPa；手摇式或电动式油泵，最大压力应与施压相匹配；压力表若干个；高压油管及快速接头；稳压装置。

② 传力系统　包括传力柱、传力架及钢垫板，其数量和尺寸应能满足试验的需要。

③ 量测系统　包括测表支架、磁性表座和百分表等。

④ 其他　包括沥青油毛毡、毛毡及黄油等润滑系统和安装工具等。

（2）仪器设备安装调试

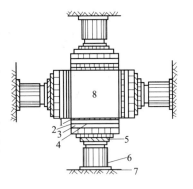

① 围压设备安装（图 5-12）　在各侧面对应的硐体部位设置反力台；在试件外表、毛毡和油毛毡上抹一层黄油，然后将毛毡、油毛毡、承压板、千斤顶（或液压枕）传力架及垫板依次安装上去；在垫板与反力台间浇筑水泥砂浆。

② 轴压设备安装　同承压板法。

③ 量测系统安装　将测表支架固定在混凝土上，固定支架的支点应位于两侧反力台以外 100～200mm 处。在支架上安装磁性表座和百分表。

图 5-12　围压设备安装示意
1—黄油；2—毛毡；3—沥青油毛毡；
4—承压板；5—传力架；6—千斤顶；
7—反力台；8—试体

5.3.2.4　试验步骤

仪器设备安装调试并经一定时间的养护后可开始试验，其步骤如下。

（1）施加围压　按预定的围压对试件施加围压。等围压试验时，试件的围压宜一次同步加完。加压后测记试件轴向和侧向稳定变形值。

（2）施加轴压

① 试件在围压下变形稳定后，立即施加轴向压力直至试件破坏；轴向压力的加载速度按应力控制；加载方式可采用一次连续加载法和逐级一次循环加载法。

② 在加轴压过程中，应同时测记不同轴向应力下的轴向变形和侧向变形值。

③ 当后一次加载后试件的变形比前一次明显增加时，应予以稳压，每隔 1min 读一次，连续 5 次累积变形达 0.5～1mm 时，即认为试件已经破坏，可终止试验。

④ 试件结束后应对破坏后的试件进行素描与照相。

（3）重复试验　以不同的围压重复步骤(1)~(2)，对其余试件进行试验，取得相应的资料。

5.3.2.5　成果整理

成果整理基本同室内三轴试验，内容包括以下几点。

① 在 $\tau\varepsilon$ 坐标系中，绘制极限应力圆包络线，并求出岩体的剪切强度参数 c、φ 值。

② 绘制 $(\sigma_1-\sigma_2)$-ε（应变）曲线，求出岩体的变形模量 E_0 与泊松比 μ。

5.4　岩体应力测试

岩体应力是工程岩体稳定性分析及工程设计的重要参数。目前，岩体应力主要靠实测求得，特别是构造活动较强烈及地形起伏复杂的地区，自重应力理论将无力解决岩体应力问题。由于岩体应力不能直接测得，只能通过量测应力变化而引起的诸如位移、应变等物理量的变化值，然后基于某种假设反算出应力值。因此，目前国内外使用的所有应力量测方法，均是在平硐壁面或地表露头面上打钻孔或刻槽，引起岩体中应力扰动，然后用各种探头量测由于应力扰动而产生的各种物理量变化值的方法来实现。常用的应力量测方法主要有：应力解除法、应力恢复法和水压致裂法等。这些方法的理论基础是弹性力学。因此，岩体应力测试均视岩体为均质、连续、各向同性的线弹性介质。

5.4.1　应力解除法

5.4.1.1　基本原理

应力解除法的基本原理是：岩体在应力作用下产生变形（或应变）。当需测定岩体中某一点的应力时，可将该点一定范围内的岩体与基岩分离，使该点岩体上所受应力解除。这时由应力产生的变形（或应变）即相应恢复。通过一定的量测元件和仪器量测出应力解除后的变形值，即可由确定的应力与应变关系求得相应应力值。应力解除法据测量方法不同可分为表面应力解除法、孔底应力解除法和孔壁应力解除法三种，各种方法根据测量元件不同又可细分为各种不同的方法。本节仅介绍孔壁应力解除法。

孔壁应力解除法（或称钻孔套芯应力解除法）。该方法的基本原理是在钻孔中安装变形或应变测量元件，测量套芯应力解除前后钻孔半径变化值（径向位移），用该孔径变化值来确定岩体应力值（图 5-13）。目前常用的变形测量元件有：门塞式应变计、光弹性应变计、钢环式钻孔变形计、压磁式钻孔应力计和空心包体式单孔全应力计等。

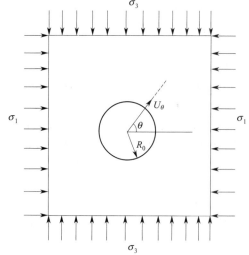

图 5-13　孔壁应力解除法原理

假定钻孔孔轴与岩体中某一应力平行，根据弹性理论垂直于孔轴平面内钻孔壁的径向位移（U_θ）与岩体应力的关系（图 5-13）为：

$$U_\theta=\frac{R_0}{E_m}[\sigma_1+\sigma_3+2(\sigma_1-\sigma_3)\cos 2\theta] \quad (5\text{-}17)$$

式中，U_θ 与 σ_1 作用方向成 θ 角处孔壁一点的径向位移；σ_1、σ_3 垂直于孔轴平面内的岩体应力；E_m 为岩体的弹性模量；R_0 为钻孔半径。

由式(5-17)可知：为了求得 σ_1、σ_3 和 θ，在钻孔中必须安装三个以上互成一定角度的测量元件，分别测出应力解除后孔壁在这些方向上的径向位移。然后求解联立方程即可求得这三个值。如果进行 2～3 个互成 90°方向的应力测试即可确定岩体中一点的应力状态。该方法适用于完整岩体。

5.4.1.2　试点选择与地质描述

在平硐壁或地表露头面上选择代表性测点，用 $\phi130mm$ 岩芯钻头打一钻孔至测量点，其深度应超过扰动影响区；在平硐内进行测试时，其深度应超过硐室直径的 2 倍；同时使测点一定范围内岩性均匀无突变，岩芯无大的裂隙通过。

地质描述内容包括：岩芯的岩石名称、结构及主要矿物成分；结构面类型、产状、宽度、充填物情况及测点的地应力现象，钻孔岩芯形状及 RQD 值等，同时提交测点剖面图及钻孔柱状图等。

5.4.1.3　仪器设备

① 钻孔及配套的钻头、钻杆。

② 钻孔应变计，使用前应进行率定，求出率定系数。

③ 应变仪及其配套仪表、电线等。

④ 其他：包括安装工具等。

5.4.1.4　试验步骤

钻孔套芯应力解除法的操作步骤如图 5-14 所示。

① 用 $\phi130mm$ 的岩芯钻头钻进至预定测量深度，然后用同径实心钻头将孔底磨平，并冲洗干净。

② 用 $\phi130mm$ 的锥形钻头打一锥形导向孔。

③ 用 $\phi36mm$ 的金刚石钻头打测量孔，深度约 50cm，并进行冲洗〔图 5-14（c）〕。如采用不同型号的应变计时，测量孔尺寸应与应变计尺寸相适应。要求测量孔与解除孔同心，孔壁光滑平直，岩芯完整。

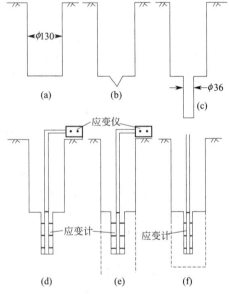

④ 安装应变计。将应变计套在钻杆上，准确地安装在测量孔内，并用电线与应变仪连接〔图 5-14（c）〕。然后向孔内注水并测读稳定初始读数。读数稳定标准为：每隔 5min 测读一次，连续三次读数之差不超过 $5\mu\varepsilon$ 时，即认为稳定。

⑤ 套钻解除。用 $\phi130mm$ 的岩芯钻头进行同心套钻，使应力逐步解除。在解除过程中，每钻进 2～3cm 读数一次，并随时监视读数变化，直至应力完全解除、读数稳定为止，读数稳定标准同④。

⑥ 折断并取出带应变计的岩芯，在实验室测定岩块的密度及弹性模量等参数。

图 5-14　钻孔套芯应力解除法程序示意

5.4.1.5　成果整理及计算

① 绘制解除深度 h（cm）与应变读数 $\varepsilon_n(\mu\varepsilon)$ 的关系曲线。

② 根据 h-ε_{ni} 关系曲线，参照地质条件和试验情况，确定最终读数 $\varepsilon_{ni}(\mu\varepsilon)$。

③ 按式（5-18）计算不同方向钻孔孔壁的径向位移 $U_{\theta i}(10^{-4}cm)$：

$$U_{\theta i}=\frac{\varepsilon_{ni}-\varepsilon_{0i}}{K} \tag{5-18}$$

式中，ε_{ni} 为不同方向应变计的最终应变读数，$\mu\varepsilon$；ε_{0i} 为应变计不同方向的初始读数，$\mu\varepsilon$；K 为应变计率定系数，$\mu\varepsilon/10^{-4}cm$。

④ 按下式计算垂直于孔轴平面内最大、最小主应力及方位。

a. 当应变计三个探头之间互成 45°角时：

$$\sigma_1 = \frac{E_m}{4R_0}\left[U_a + U_b + \frac{1}{\sqrt{2}}\sqrt{(U_a - U_b)^2 + (U_b - U_c)^2}\right] \tag{5-19}$$

$$\sigma_3 = \frac{E_m}{4R_0}\left[U_a + U_b - \frac{1}{\sqrt{2}}\sqrt{(U_a - U_b)^2 + (U_b - U_c)^2}\right] \tag{5-20}$$

$$\tan 2\theta = \frac{2U_b - U_a - U_c}{U_a - U_c}, \quad \frac{\cos 2\theta}{U_a - U_c} > 0 \tag{5-21}$$

式中，σ_1、σ_3 为垂直于孔轴平面内的最大、最小主应力，MPa；θ 为 U_a 与 σ_1 的夹角，当 $\frac{\cos 2\theta}{U_a - U_c} < 0$ 时，为 U_a 与 σ_3 的夹角；U_a、U_b、U_c 分别为 0°、45°、90°方向的孔壁径向位移（10^{-4} cm）；R_0 为测量孔半径，cm；E_m 为岩体的弹性模量，MPa。

b. 当应变计三个探头之间互成 60°角时：

$$\sigma_1 = \frac{E_m}{6R_0}\left[U_a + U_b + U_c + \frac{1}{\sqrt{2}}\sqrt{(U_a - U_b)^2 + (U_b - U_c)^2 + (U_c - U_a)^2}\right] \tag{5-22}$$

$$\sigma_2 = \frac{E_m}{6R_0}\left[U_a + U_b + U_c - \frac{1}{\sqrt{2}}\sqrt{(U_a - U_b)^2 + (U_b - U_c)^2 + (U_c - U_a)^2}\right] \tag{5-23}$$

$$\tan 2\theta = \frac{-\sqrt{3}(U_b - U_c)}{2U_a - (U_b + U_c)}, \quad \frac{\cos 2\theta}{U_a - U_c} > 0 \tag{5-24}$$

式中，U_a、U_b、U_c 分别为 0°、60°、120°方向的孔壁径向位移（10^{-4} cm）；其余符号意义同前。

5.4.2　应力恢复法

5.4.2.1　基本原理

应力恢复法一般在平硐壁面（也可在地表露头面）上进行。在岩面上切槽，岩体应力被解除，应变也随之恢复；然后在槽中再埋入液压枕，对岩体施加压力，使岩体的应变恢复至应力解除前的状态；此时，液压枕施加的压力即为应力解除前岩体受到的应力，这一应力值实际上是平硐开挖后壁面处的环向应力。通过量测应力恢复后的应力和应变值，利用弹性力学公式即可求解出测点岩体中的应力状态。

根据所采用应变计的类型不同，应力恢复法可分为钢弦应变法、电阻片法和光弹应变计法，本节仅介绍电阻片法。

应力恢复法适应于坚硬、半坚硬完整岩体。

5.4.2.2　试点制备与地质描述

在平硐壁面上选择岩体完整部位加工制备试点。方法是先在试点大于 2 倍液压枕边长的范围内进行粗加工，要求岩面起伏差不超过±0~5cm。然后在选定粘贴电阻应变花的部位进行细加工，其范围应不小于应变花直径的 2 倍，用手提式砂轮或磨平钻头磨平整试点的地质描述同承压板法，见本章第二节。

5.4.2.3　主要仪器设备

① 液压枕。出力视岩体坚硬程度及应力大小而定，使用前应按有关规定进行率定。

② 油泵、压力表、高压油管及快速接头。

③ 静态电阻应变仪及预调平衡箱。

④ 电阻片若干。

⑤ 惠斯顿电桥。

⑥ 切槽及试点制备设备。

⑦ 安装工具、粘片工具及药品等。

a. 电阻片的选择　根据岩体结构、矿物颗粒大小等选择电阻片，一般基长应不小于矿物颗粒最大粒径的 3 倍。选出的电阻片应用惠斯顿电桥测量其额定电阻值，要求每个应变花各电阻片的电阻值相差不得超过 $\pm 0.1\Omega$。

b. 电阻片粘贴处的防潮处理　在已加工好的试点上选择适合的部位粘贴电阻应变花，应变花应位于预定解除槽的中垂线上，距解除槽长轴中点约 1/3 长（图 5-15）。

在预定应变花粘贴部位，先用清水洗净，用红外线灯泡烘干；然后用丙酮擦洗至无污垢，并再次烘干至达到绝缘要求（电阻大于 $500\mathrm{M}\Omega$）为止。

在贴片部位均匀地涂一层厚约 0.2mm 的防潮胶，烘干后检查防潮层的绝缘程度；然后用细砂纸打磨，并用丙酮擦洗干净，以备贴片。

c. 电阻片粘贴　在已处理好的贴片部位，划出应变花的坐标线，每组应变花的电阻片应不少于 3 片，应变花的布置可参考图 5-16 的型式选用。

在贴片部位及电阻片背面，分别均匀地涂一层薄胶水，将电阻片准确地粘贴在划定的位置上，并用手指按压电阻片挤出余胶和气泡，使其粘贴密合。贴后应检查粘贴质量，凡不合要求者，应立即刮掉，更换电阻片重贴。然后再烘干至达到绝缘要求。

用混合蜡或其他防潮剂，涂于贴片部位，防止电阻片受潮。

在岩性相同的岩块上粘贴温度补偿片，粘贴要求与电阻片同。

将导线焊接在电阻片。并做防护罩。

d. 构槽解除　用油漆划出解除槽的轮廓线，其尺寸视液压枕尺寸大小而定。

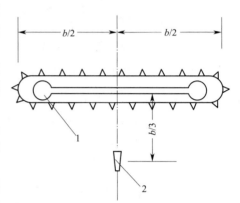

图 5-15　应力恢复法布置
1—液压枕；2—应变花

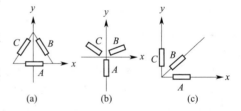

图 5-16　应变花型式
(a)、(b) 应变花成等角型；(c) 应变花成直角型

将电阻片导线与应变仪连接，通电预热后读取各电阻片的初始读数（ε_{oi}）。然后对试验点连续冲水 10min，检查防温、防潮效果，同时检查各电阻片读数有无飘移，满足要求后，即可开始切槽解除。

切槽解除。用人工方法凿出深 2cm 的导向槽，然后分级切槽，每次切槽深度 2cm，直至到预定深度为止（槽深视液压枕尺寸大小及解除读数稳定与否而定），槽壁要求平直。每次切槽后，需测记各电阻片读数（ε_{ni}）；最后一次切槽结束后，每隔 5min 读数一次，15min 内读数差不大于 $\pm 5\mu\varepsilon$ 时，可认为稳定，解除结束。

e. 埋设液压枕　用清水将槽内的岩粉冲洗干净，注入水泥砂浆。然后将安有压力表和表面涂有一层黄油的液压枕放入，再用水泥砂浆填实，并经一定时间的养护备用。

f. 加压恢复　起动油泵对液压枕分级加压，应变恢复，加卸压采用大循环法。压力等级为 1~2MPa，每次测试不少于 6 级，最大一级压力需大于解除结束时的相应压力。在加卸压过程中，同时测记每级压力的电阻片读数。

g. 液压枕拆除　在液压枕的一侧掏凹形槽，取出液压枕。

5.4.2.4　成果整理及计算

① 按下式计算各级解除深度下电阻片的应变值（ε_i）：

$$\varepsilon_i = \varepsilon_{ni} - \varepsilon_{0i} \tag{5-25}$$

式中，ε_{ni} 为某一电阻片在某一解除深度的应变读数，$\mu\varepsilon$；ε_{0i} 为某一电阻片的初始读数，$\mu\varepsilon$。

② 绘制各电阻片应变值 ε_i 与相对解除深度（h/D）的关系曲线，并根据 $\varepsilon_i\text{-}h/D$ 曲线，结合试点地质条件和试验情况，确定各电阻片的稳定应变值。

③ 计算主应变及其方向

直角型应变花：

$$\varepsilon_1 = \frac{\varepsilon_A - \varepsilon_C}{2} + \frac{1}{\sqrt{2}} \sqrt{(\varepsilon_A - \varepsilon_B)^2 + (\varepsilon_B - \varepsilon_C)^2} \tag{5-26}$$

$$\varepsilon_3 = \frac{\varepsilon_A - \varepsilon_C}{2} - \frac{1}{\sqrt{2}} \sqrt{(\varepsilon_A - \varepsilon_B)^2 + (\varepsilon_B - \varepsilon_C)^2} \tag{5-27}$$

$$\tan 2\theta = \frac{2\varepsilon_B - \varepsilon_A - \varepsilon_C}{\varepsilon_A - \varepsilon_C} \tag{5-28}$$

式中，ε_1、ε_3 为最大最小应变，$\mu\varepsilon$；ε_A、ε_B、ε_C 分别为 $0°$、$45°$、$90°$方向电阻片的稳定应变值，$\mu\varepsilon$；θ 为 ε_1 与 x 轴的夹角。

等角型应变花：

$$\varepsilon_1 = \frac{\varepsilon_A + \varepsilon_B + \varepsilon_C}{3} + \frac{\sqrt{2}}{3} \sqrt{(\varepsilon_A - \varepsilon_B)^2 + (\varepsilon_B - \varepsilon_C)^2 + (\varepsilon_C - \varepsilon_A)^2} \tag{5-29}$$

$$\varepsilon_3 = \frac{\varepsilon_A + \varepsilon_B + \varepsilon_C}{3} - \frac{\sqrt{2}}{3} \sqrt{(\varepsilon_A - \varepsilon_B)^2 + (\varepsilon_B - \varepsilon_C)^2 + (\varepsilon_C - \varepsilon_A)^2} \tag{5-30}$$

$$\tan 2\theta = \frac{\sqrt{3}(\varepsilon_B - \varepsilon_C)}{2\varepsilon_A - \varepsilon_B - \varepsilon_C} \tag{5-31}$$

式中，ε_A、ε_B、ε_C 分别为 $0°$、$60°$、$120°$方向的应变片的稳定应变值，$\mu\varepsilon$；其余符号意义同前。

④ 按下式计算测点的应力：

$$\sigma_1 = \frac{E_m}{1-\mu^2}(\varepsilon_1 + \mu\varepsilon_3) \tag{5-32}$$

$$\sigma_3 = \frac{E_m}{1-\mu^2}(\varepsilon_3 + \mu\varepsilon_1) \tag{5-33}$$

式中，σ_1、σ_3 为最大最小主应力；E_m、μ 为岩体的弹性模量与泊松比；其余符号意义同前。

⑤ 如果在两个相互垂直的方向（如侧墙和底板），测得应变恢复时的切应力，可按下式计算岩体中的应力 σ_1、σ_3（MPa）：

$$\sigma_1 = \frac{1}{8}\sigma_{\theta A} + \frac{3}{8}\sigma_{\theta B} \tag{5-34}$$

$$\sigma_3 = \frac{3}{8}\sigma_{\theta A} + \frac{1}{8}\sigma_{\theta B} \tag{5-35}$$

式中，$\sigma_{\theta A}$、$\sigma_{\theta B}$ 分别为侧墙和底板上测得的恢复应力；其余符号同前。

5.4.3　水压致裂法

5.4.3.1　基本原理

水压致裂法是利用橡胶栓塞封堵一段钻孔，然后通过水泵将高压水压入其中，使孔壁岩体产生拉破裂（图 5-17）。

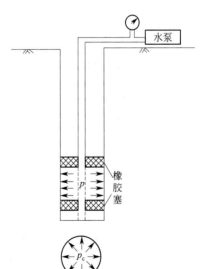

图 5-17　水压致裂法装置

　　假定铅直钻孔孔轴平行于某一岩体应力分量时，典型情况下的水泵压力随时间变化的关系如图 5-18 所示。压力从 p_0 开始增加，到峰值 p_{c1} 时，孔壁某特定部位将产生拉破裂，压力也随之降低，并稳定于 p_s，这一压力称为封井压力（或称关闭压力）。这时若人为地降低水压力，则孔壁拉裂隙在岩体应力作用下将闭合。当再次升压时，裂隙将再次张开，压力达到峰值 p_{c2} 后再次降低并稳定在 p_s 值附近。利用测得的几个特征压力 p_{c1}、p_{c2}、p_s 及拉裂隙方位等数据，根据弹性力学中圆形孔洞周边应力公式即可求得岩体中的两个水平应力值，而铅直应力可大致等于 $\rho g h$。另外，大量的试验资料表明，孔壁的初始破裂通常是铅直的，且沿最大水平主应力方向发展（图 5-19），借此可判断岩体中水平应力的方向。

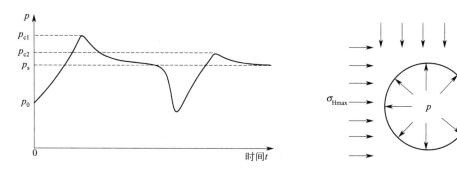

图 5-18　孔内压力随时间的变化曲线图　　　　　图 5-19　孔壁破裂力学模型

　　水压致裂法的主要优点是：①量测深度不受限制、代表性好。目前，世界上实测最大深度已达 5105m（美国，Heimson，1978），我国也已达 3958m（天津）。②试验设备简单，操作方便，测量结果直观，精度高。主要缺点是主应力方向难以准确确定。

5.4.3.2　主要仪器设备

　　① 岩芯钻机一台，包括：起吊设备、足够长度的钻杆、钻头、扫孔器、定位器和花杆等。

　　② 水泵 1～2 台，离心式或往复式，最高扬程应相当于试验最高压力水头的 1.3～1.5 倍。

　　③ 精密压力表。

　　④ 封堵橡胶栓塞一套。

　　⑤ 其他安装工具等。

5.4.3.3　试验方法要点

　　① 选择代表性测点用岩芯钻头钻进至预定测量深度，钻孔深度可视工程需要及岩体条件而定。要求钻孔铅直、孔壁平直。

　　② 对岩芯及井壁进行详细的描述，并提交相应的图件。用井下电视及摄影技术进行井下观察与记录，观察记录内容主要包括：岩性及其变化情况，结构面发育位置、类型、延伸方位、张开度与充填等情况，特别是在预定试验段内应详细观察记录。

　　③ 试验设备安装（图 5-17）用橡胶栓塞套上花杆将预定试验段封堵隔离，并用钻杆与水泵、压力表连接。

　　④ 加压。通过水泵向试验段加液压，在加压过程中，测记水泵压力随时间的变化值，在压力突变时段应加密记录，以求取得完整的 p-t 关系曲线。当压力第一次出现峰值 p_{c1} 和压力降时，说明孔壁岩体已产生破裂，这时可关闭水泵，测得破裂稳定张开时的封井压力 p_s。然后，人为地降低压力后再次加压，测量第二个峰值 p_{c2}（裂隙开启压力）。最后，使压力保持在一定时间后即可停止试验。

⑤ 拆除设备，取出橡胶塞，观察栓塞印痕情况，并用井下电视观察裂隙延伸情况，测定其延伸方位。

⑥ 成果整理与计算

a. 绘制水泵压力 p 随时间变化的关系曲线。

b. 根据 p-t 曲线结合试验情况，确定各特征压力值。

c. 按下式计算岩体的平均抗拉强度 σ_t（MPa）：

$$\sigma_t = p_{c1} - p_{c2} \tag{5-36}$$

式中，p_{c1} 为岩体中出现铅直向裂隙的峰值压力，MPa；p_{c2} 为裂隙再次开启时的开启压力，MPa。

d. 计算岩体应力

当岩体不透水时，岩体中的最大、最小水平主应力 σ_{Hmax}、σ_{Hmin}，MPa。可按下式计算：

$$\sigma_{Hmax} = \sigma_t + 3\sigma_{Hmin} - p_{c1} \tag{5-37}$$

$$\sigma_{Hmin} = p_s \tag{5-38}$$

当岩体透水不含水时，式(5-37) 应改为：

$$\sigma_{Hmax} = \sigma_t + 3\sigma_{Hmin} - Kp_{c1} \tag{5-39}$$

当岩体透水含水时，式(5-37) 应改为：

$$\sigma_{Hmax} = \sigma_t + 3\sigma_{Hmin} - 2p_0 - K(p_{c1} - p_0) \tag{5-40}$$

式(5-37)～式(5-40) 中；p_0 为空隙水压力；K 为岩体空隙弹性参数，可由式(5-41) 确定：

$$K = 2 - \left(\frac{1-2\mu}{1-\mu}\right)\left(1 - \frac{c_r}{c_b}\right) \tag{5-41}$$

式中，c_r 及 c_b 分别为岩块与岩体的压缩性指标；μ 为岩体的泊松比。通常 $1 < K < 2$，试验证明，当 $0 < p_{c1} - p_0 - \frac{\sigma_t}{K} < 25$MPa 时，$K \approx 1$；当 $p_{c1} - p_0 - \frac{\sigma_t}{K} > 50$MPa 时，$K = 2$；当 $p_{c1} - p_0 - \frac{\sigma_t}{K} = 25 \sim 50$MPa 时，$K = 1.5$。

5.5 岩体现场快速测试

5.5.1 岩体声波测试

5.5.1.1 基本原理

岩体声波测试技术是一项比较新的测试技术，它与传统的静载测试相比，具有独特的优点：轻便简易、快速经济、测试内容多且精度易于控制，因此具有广阔的发展前景。

当岩体受到振动、冲击或爆破作用时，将激发不同动力特性的应力波，应力波又分弹性波和塑性波两种。当应力值（相对岩体强度而言）较高时，岩体中可能同时出现塑性波（或称冲击波）和弹性波；当应力值较低时，则只产生弹性波。这些波在岩体中传播时，弹性波速比塑性波速大，且传播距离远；塑性波不仅传播速度慢，而且只能在振源附近才能观察到。弹性波是一种机械波，声波是其中的一种，它又分体波和面波。体波是在岩体内部传播的弹性波，又分为纵波（P 波）和横波（S 波）。纵波又称压缩波，其传播方向与质点振动方向一致；横波又称剪切波，其传播方向与质点振动方向垂直。面波是沿岩体表面或内部不连续面传播的弹性波，又可分为瑞利波（R 波）和勒夫波（Q 波）等。

根据波动理论，传播于连续、均质、各向同性弹性介质中的纵波速度（v_p）和横波速度（v_s）为：

$$v_p = \sqrt{\frac{E_d}{\rho(1+\mu_d)(1-2\mu_d)}} \tag{5-42}$$

$$v_s = \sqrt{\frac{E_d}{2\rho(1+\mu_d)}} \tag{5-43}$$

式中，E_d 为介质动弹性模量；μ_d 为介质动泊松比；ρ 为介质密度。

由式(5-42) 和式(5-43) 可知：弹性波的传播速度与 ρ、E_d、μ_d 有关，这样可通过测定岩体中的 v_{pm} 和 v_{sm} 来确定岩体的动力学性质。比较以上两式可知有 $v_{pm} > v_{sm}$，即 P 波先于 S 波到达。另外，岩体中的 v_{pm} 和 v_{sm} 不仅取决于岩体的岩性、结构构造，还受岩体中天然应力状态、地下水及地温等环境因素影响。

工程上声波测试通常是通过声波仪发生的电脉冲（或电火花）激发声波，并测定其在岩体中的传播速度，据上述波动理论求取岩体动力学参数。这项测试技术在国际上是 20 世纪 60 年代应用于岩体测试的；我国在 70 年代初研制成岩石声波参数测定仪，并在工程勘察等单位推广应用，已取得许多有价值成果。声波测试又分为单孔法、跨孔法和表面测试法几种，本节主要介绍表面测试法。

5.5.1.2　测线（点）选择与地质描述

在平碉、钻孔或地表露头上选择代表性测线和测点。测线应按直线布置，各向异性岩体应按平行或垂直主要结构面布置测线。相邻两测点的距离，可据声波激发方式确定，换能器激发为 1～3m；电火花激发为 10～30m，锤击激发应大于 3m。

测点地质描述内容包括：岩石名称、颜色、矿物成分、结构构造、胶结物性质与风化程度；主要结构面产状、宽度、长度、粗糙程度和充填物性质及其与测线的关系等；提交测点平面展示图，剖面图及钻孔柱状图等图件。

5.5.1.3　仪器设备

① 声波岩体参数测定仪。

② 换能器，包括发射与接收换能器，要求规格齐全，能适应不同方法测试。

③ 其他：黄油、凡士林、铝箔或铜箔纸等。

仪器安装如图 5-20 所示。

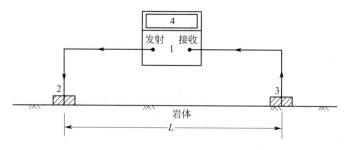

图 5-20　岩体表面声波测试装置示意
1—声波仪；2—发射换能器；3—接收换能器；4—显示器及计时装置

5.5.1.4　试验步骤

① 准备工作。安装好仪器设备后开机预热 3～5min。

② 测定零延时 t_{op}、t_{os} 值。在纵波换能器上涂上 2～3mm 厚的凡士林或黄油；横波换能器用多层铝箔或铜箔作耦合剂。然后将加耦合剂的发射和接收换能器（纵波或横波换能器）

对接，旋动"扫描延时"旋扭至波形曲线起始点，读零延时 t_{op}、t_{os} 值。

③ 测定纵波、横波在岩体中传播的时间。擦净测点表面，将加耦合剂纵波（或横波）换能器放置在测点表面压紧。然后将"扫描延时"旋扭旋至纵波（或横波）初到位置，读纵波（或横波）的传播时间 t_p（或 t_s）要求每一对测点读数 3 次，读数之差应不大于 3％。

④ 量测发射与接收换能器之间的距离 L 测距相对误差应小于 1％。

⑤ 取代表岩块试件在室内测定岩石的密度（ρ）和纵、横波速度 v_{pr}、v_{sr}（方法步骤同上）。

5.5.1.5　成果整理与应用

① 按下式计算岩体的纵、横波速度：

$$v_{pm} = \frac{L}{t_p - t_{op}} \tag{5-44}$$

$$v_{sm} = \frac{L}{t_s - t_{os}} \tag{5-45}$$

式中，v_{pm}、v_{sm} 分别为岩体的纵波与横波速度，km/s；L 为换能器间的距离，km；t_s 为纵、横波走时读数（s）；t_{op}、t_{os} 为纵波、横波零延时初始读数，s。

② 按下式计算岩体动弹性参数：

$$E_d = v_{pm}^2 \rho \frac{(1+\mu_d)(1-2\mu_d)}{1-\mu_d} \tag{5-46}$$

或

$$E_d = 2v_{sm}^2 \rho(1+\mu_d) \tag{5-47}$$

$$\mu_d = \frac{v_{pm}^2 - 2v_{sm}^2}{2(v_{pm}^2 - v_{sm}^2)} \tag{5-48}$$

$$G_d = \frac{E_d}{2(1+\mu_d)} = v_{sm}^2 \rho \tag{5-49}$$

$$\lambda_d = \rho(v_{pm}^2 - 2v_{sm}^2) \tag{5-50}$$

式中，E_d 为岩体的动弹性模量，GPa；μ_d 为岩体的动泊松比；G_d 为岩体的动剪切模量，GPa；λ_d 为岩体的动拉梅常数，GPa；ρ 为岩体的密度，g/cm³；其余符号同前。

③ 按下式计算岩体的力学参数：

$$\eta = \frac{v_{pm//}}{v_{pm\perp}} \tag{5-51}$$

$$k_v = \left(\frac{v_{pm}}{v_{pr}}\right)^2 \tag{5-52}$$

式中，η 为岩体的各向异性系数；$v_{pm//}$ 为平行结构面方向的纵波速度；$v_{pm\perp}$ 为垂直结构面方向的纵波速度；k_v 为岩体的完整性系数；v_{pr} 为岩块的纵波速度。

利用以上各种指标可以评价岩体的力学性质、岩体质量、风化程度及其各向异性特征。此外，还可以波速指标进行岩体风化分带、岩体分类和确定地下硐室围岩松弛带等。

表 5-1　某些岩体动静弹性模量的比较

岩石名称	静弹模 E_{me} /GPa	动弹模 E_d /GPa	E_d/E_{me}	岩石名称	静弹模 E_{me} /GPa	动弹模 E_d /GPa	E_d/E_{me}
花岗岩	25.0～40.0	33.0～65.0	1.32～1.63	大理岩	26.6	47.2～66.9	1.77～2.59
玄武岩	3.7～38.0	6.1～38.0	1.0～1.65	石灰岩	3.93～39.6	31.6～54.8	1.38～8.04
安山岩	4.8～10.0	6.11～45.8	1.27～4.58	砂岩	0.95～19.2	20.6～44.0	2.29～21.68
辉绿岩	14.8	49.0～74.0	3.31～5.00	中粒砂岩	1.0～2.8	2.3～14.0	2.3～5.0
闪长岩	1.5～60.0	8.0～76.0	1.27～5.33	细粒砂岩	1.3～3.6	20.9～36.5	10.0～16.07
石英片麻岩	24.0～47.0	66.0～89.0	1.89～2.75	页岩	0.66～5.00	6.75～7.14	1.43～10.2
片麻岩	13.0～40.0	22.0～35.4	0.89～1.69	千枚岩	9.80～14.5	28.0～47.0	2.86～3.2

大量的资料（表 5-1）表明：不论是岩体还是岩块，其动弹性模量都普遍大于静弹性模

量，两者的比值 E_d/E_{me}，对坚硬完整岩体约为 1.2～2.0；而对风化及裂隙发育的岩体和软弱岩体，E_d/E_{me} 较大，一般为 1.5～2.0，大者可超过 20.0。

5.5.2　岩石点荷载强度试验

5.5.2.1　基本原理

点荷载试验是将岩块试件置于点荷载仪的两个球面圆锥压头间，对试件施加集中荷载直至破坏，然后根据破坏荷载求岩石的点荷载强度。此项测试技术的优点是，可以测试不规则岩石试件以及低强度和严重风化岩石的强度。

5.5.2.2　仪器设备

① 点荷载仪（图 5-21），由加载系统（包括手摇油泵、承压框架、球面压头）和油压表组成。

② 卡尺或钢卷尺。

③ 其他。地质锤等。

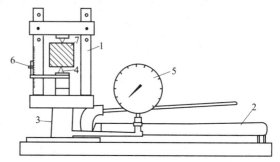

图 5-21　携带式点荷载仪示意
1—框架；2—手摇卧式油泵；3—千斤顶；
4—球面压头（简称加荷锥）；
5—油压表；6—游标卡尺；7—试样

5.5.2.3　试验步骤

（1）试件制备　在基岩露头上取小岩石样本，用地质锤略微加工使之成为 3～5cm 见方的岩块，每种岩性约需 10～15 块。在钻探中也可取岩芯加工成高 3～5cm 的柱体作为试件。

（2）试样描述　内容包括岩性、结构构造、结构面特征及与加力方向间关系和岩石风化程度等。

（3）试样安装　安装前先检查仪器上、下加荷锥头是否对中，然后将试件放入仪器中，摇动油泵升起下锥头，使加荷锥头与试件的最短边方向平行且紧密接触，并注意让接触点尽量与试样中心重合。

（4）加荷　试样安装好后，调整压力表指针至零点，以每秒 0.05～0.1MPa 的速度均匀加荷至试件破坏，记下破坏时的压力表读数（F）。

（5）描述试件破坏特征　正常的破坏面应同时通过试件两加荷点，否则试验无效，应舍弃。有效试件描述内容包括破坏面形状及破碎程度（碎裂块数）。

（6）破坏面尺寸测量　尺寸测量包括上下加荷点间的距离（D）和垂直于加荷点连线的平均宽度（W_f），求出破坏面面积（A_f）。

（7）重复试验　重复步骤(3)～(6)对其余试件试验。

5.5.2.4　成果整理

① 按下式计算破坏荷载 p（N）与破坏面等效圆直径的平方值 D_e^2（mm²）：

$$p = cF \tag{5-53}$$

$$D_e^2 = \frac{4A_f}{\pi} \tag{5-54}$$

式中，c 为标定系数；F 为破坏荷载，MPa；A_f 为破坏面面积，mm²。

② 按式(5-55)计算岩石的点荷载强度 I_s（MPa）：

$$I_s = \frac{p}{D_e^2} \tag{5-55}$$

求出各个试件的 I_s 后，以算术平均值作为所测岩石的点荷载强度。

③ 按下式计算岩石的抗压强度 σ_c（MPa）和抗拉强度 σ_t（MPa）：

$$\sigma_c = 22.82 I_s^{0.75} \tag{5-56}$$

$$\sigma_t = K I_s \tag{5-57}$$

式中，I_s 为岩石的平均点荷载强度，MPa；K 为系数，一般取 $0.86 \sim 0.96$。

点荷载强度还可作为岩块与岩体工程分类及岩体风化分带的指标。

5.5.3　岩体回弹锤击试验

5.5.3.1　基本原理

根据刚性材料的抗压强度与冲击回弹高度在一定条件下存在着某种函数关系的原理，利用岩体受冲击后的反作用，使弹击锤回跳的数值即为回弹值（R），此值愈大，表明岩体愈富弹性、愈坚硬；反之，说明岩体软弱，强度低。

据研究，岩体回弹值（R）和岩体重度（γ）的乘积与岩体抗压强度呈线性关系，因此只要测得回弹值和重度，即可按图 5-22 求取岩体的抗压强度 σ_{cm}。

用回弹仪测定岩体的抗压强度具有操作简便及测试迅速的优点，是岩土工程勘察对岩体强度进行无损检测的手段之一。特别是在工程地质测绘中，使用这一方法能较方便地获得岩体抗压强度指标。

5.5.3.2　仪器设备

（1）回弹仪（图 5-23）　由弹击系统（包括冲击锤、弹簧和弹击杆）和测量系统组成。测试前应进行检查校验。

（2）其他　记录表、文具等。

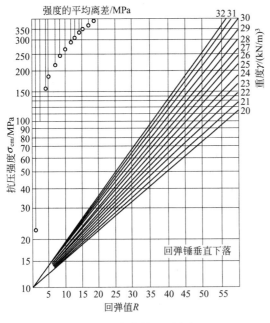

图 5-22　岩体抗压强度与
R 和 γ 的关系

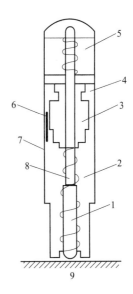

图 5-23　回弹仪结构简图
1—弹击杆；2—弹击弹簧；3—冲击锤；
4—挂钩；5—压力弹簧；6—指针滑块；
7—刻度尺；8—中心导杆；9—岩体表面

5.5.3.3　试验要点

① 在具有代表性的岩体表面，按岩性分别选择约 $0.5 \, m^2$ 的平整而干净的岩面（以能容纳均匀分布的测点 20 个左右为宜）作为一个测区，每种岩性的测区数不宜少于 10 个。各测区内测点间的间距应大于 3cm，每个测点只测试一次。

② 将弹击杆垂直岩面对准测点中心，用力把弹击杆匀速压入仪器外壳内，直至冲击锤脱落而产生冲击回弹，记录其回弹值。

③ 重复施测所测点（一般约 20 个）。

④ 在施测岩体中取代表性岩杆，测定其重度。

5.5.3.4　资料整理

将岩性、结构和风化程度等相近的各测点归并为一组，把明显不合理的测定值舍去，要求每个测点参加统计数不少于 16 个，计算其平均回弹值，然后据该值和其重度查图 5-22 求各测区岩体的抗压强度 σ_{cm}，并以平均抗压强度值 $\bar{\sigma}_{cm}$ 作为岩体的抗压强度。

思　考　题

1. 常用的岩体原位测试方法分别适用于什么范围？

2. 常用的岩体变形试验有哪几种？分别得到什么岩体参数？它们的原理是什么？有哪些试验要点？

3. 常用的岩体强度试验有哪几种？分别得到什么岩体参数？它们的原理是什么？有哪些试验要点？

4. 常用的岩体应力测试有哪几种？分别得到什么岩体参数？它们的原理是什么？有哪些试验要点？

5. 常用的岩体现场简易测试有哪几种？分别得到什么岩体参数？它们的原理是什么？有哪些试验要点？

第6章 水文地质原位测试

6.1 原位渗透试验

6.1.1 渗压计法

6.1.1.1 试验原理

渗压计法测定土的渗透性的基本原理是在钻孔中将双管式渗压计探头埋设于被测试土体,用常水头渗透压力 Δu 压水(膨胀)或抽水(压缩),探头周围的土体将产生渗流。当 $\Delta u > 0$ 时,管路中的水通过探头流入土体;当 $\Delta u < 0$ 时,土体中孔隙水通过探头流入管路。渗流流量随时间而变,但最终将趋于稳定状态。理论分析证明,探头形状、尺寸及渗透压力一定时,稳定流量仅与土的渗透系数有关。因此,可以通过对流量的测定推算土的渗透系数。

现以圆柱形渗压计为例,给出常水头渗透试验渗流量计算公式。

假设渗压计圆柱体直径为 $2a$,高度为 $2b$,圆柱周壁为透水壁,上下两端为不透水管壁,组成不透水边界条件(图 6-1)。假定渗透试验过程中土的渗透系数和压缩系数都为常数,根据 Terzaghi 固结理论中的轴对称固结方程,应用对应于常水头渗透压力 Δu 的边界条件,则渗流量与时间因数的关系式可表达为:

$$Q_{(t)} = \frac{2\pi \Delta u}{\gamma_w} b k_h \left(1 + \frac{2}{\sqrt{\pi T}}\right) + \frac{2\pi \Delta u}{\gamma_w} a' k_h f_i \left(\frac{k_h}{k_v}, \frac{a'}{a}, T\right) \tag{6-1}$$

$$a' = 0.5a$$

$$T = \frac{C_{vh}}{a^2} t$$

式中,$Q_{(t)}$ 为 t 时刻的渗流量,cm^3/s;Δu 为渗透压力,kPa;γ_w 为水的重度,kN/m^3;k_h 为土的水平向渗透系数,cm/s;k_v 为土的竖向渗透系数,cm/s;a 为渗压计圆柱体半径,cm;b 为渗压计圆柱体高度的 $1/2$,cm;T 为土的时间因数;C_{vh} 为土的固结系数,cm^2/s。

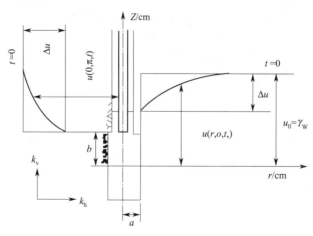

图 6-1 圆柱形渗压计边界条件

式(6-1) 中第一项只涉及 k_h，为径向渗流量；第二项涉及 $\dfrac{k_h}{k_v}$，为受垂直向渗透性影响的渗流量部分。当渗压计探头 $N \geqslant 2$（$N = b/a$）时，第二项的垂直向渗流量可以忽略不计，可以认为所测定的渗流量是由径向渗流量引起的，则式(6-1) 简化为：

$$Q_{(t)} = \frac{2\pi \Delta u}{\gamma_w} b k_h \left(1 + \frac{2}{\sqrt{\pi T}}\right) \tag{6-2}$$

在 $Q_{(t)} - \dfrac{1}{\sqrt{T}}$ 或 $Q_{(t)} - \dfrac{1}{\sqrt{t}}$ 曲线中，为一直线，根据直线的截距 $Q_{(t=\infty)}$（即 $t = \infty$ 时的稳定渗流量）和斜率 α 可以得出水平方向渗透系数 k_h 和固结系数 C_{vh}：

$$k_h = \frac{Q_{(t=\infty)}}{2\pi b} \times \frac{\gamma_w}{\Delta u} \tag{6-3}$$

$$C_{vh} = \frac{4a^2}{\pi} \left(\frac{Q_{(t=\infty)}}{\alpha}\right)^2 \tag{6-4}$$

测定了水平向渗透系数后，采用 $N = 0.2$ 的渗压计再做一次渗透试验，根据测得的 $Q_{(t)} - t$ 关系，按下式转换为 $Q_r - \dfrac{1}{\sqrt{T}}$ 曲线：

$$Q_r = \frac{\gamma_w}{2\pi \Delta u b k_h} Q_{(t)} \tag{6-5}$$

$$T = \frac{C_{vh} t}{a^2} \tag{6-6}$$

并与理论的 $Q_r - \dfrac{1}{\sqrt{T}}$ 曲线（图 6-2）相比较，确定水平方向和竖直方向渗透系数之比 RK，即可求得 k_v。

当 $k_h \gg k_v$ 时，实际的 k_h 与采用 $N = 2 \sim 5$ 的圆柱形渗压计按式(6-2) 确定的 k_h 值之比约为 $0.8 \sim 1.4$。

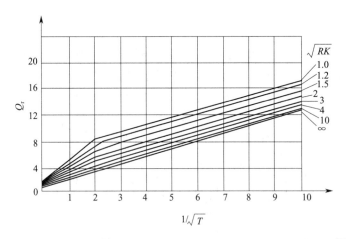

图 6-2　在不同水平向和竖向渗透系数比 RK 下，流量 Q_r 与时间因数 $1/\sqrt{T}$ 的关系

$(b/a = 0.2)$（J．F．Jezequel，1975）

当 $\dfrac{k_h}{k_v}$ 不大时，可按式(6-7) 确定渗透系数：

$$k_h = \frac{Q_{(t=\infty)}}{F} \times \frac{\gamma_w}{\Delta u} \tag{6-7}$$

式中，F 为进水系数，仅与进水口的形状、尺寸及其与不透水边界的相对位置有关，cm。

当 $N<4$ 时，
$$F=\frac{4.8\pi b}{N[1.2N+\sqrt{1+(1.2N)^2}]} \qquad (6\text{-}8)$$

当 $N\geqslant 4$ 时，
$$F=14a+3.3b \qquad (6\text{-}9)$$

对 Bishop 型渗压计，可取平均半径按式(6-8)计算进水系数 F。

6.1.1.2　试验装置

试验装置主要包括渗透水压加压系统（包括压力表和调压筒）、流量测定管、双管式渗压计探头和手压泵排气系统四部分，如图 6-3 所示。

由加压系统提供恒定的渗透水压使流量测定管中的水产生渗流，并通过流量测定管中洁净的煤油或机油与水交界面的变动来测量渗流量 $Q_{(t)}$。

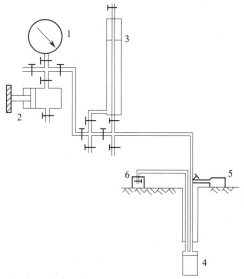

图 6-3　渗压计法渗透试验装置
1—压力表；2—调压筒；3—流量测定管；
4—渗压计探头；5—手压泵；6—塑料筒

6.1.1.3　试验方法及注意事项

① 选定测试土层，采用钻机或静力触探仪预先成孔至测试土层以上 50cm 处。钻孔清孔时应避免测试土层受扰动。

② 用特制的接头把渗压计与钻杆（或触探杆）连接、拧紧，并将塑料双管小心穿进钻杆内，从另外一头引出，把渗压计探头垂直、小心地下至孔底。

③ 将渗压计探头缓缓地压至测点深度。

由于渗压计探头的埋设采用压入法，为了最大限度地减少渗压计陶瓷透水锥体被土颗粒堵塞，渗压计压入孔底土中的深度约为二倍探头的长度。

④ 探头就位后用 3∶1 膨润土与水泥浆密封钻孔。

⑤ 静置 16h，使探头周围的超孔隙水压力消散，透水锥体孔隙保持畅通。

⑥ 试验前，必须对渗压计渗流系统（探头、连接管道及阀门）进行充分排气。

⑦ 进行渗透试验，施加常水头渗透水压，按一定间隔时间测定流出（或流入）探头的渗流量 $Q_{(t)}$，重复数次。

在正压常水头试验中，施加的渗透压力应低于引起被测土体产生水力劈裂的压力值，以避免探头透水锥体周围土体产生裂隙，导致渗透系数计算值偏大，建议施加的渗透压力 Δu 不超过测试点土的上覆有效应力的二分之一。

6.1.1.4　数据的采集与整理

每次试验记录的数据应包括：试验前和试验结束后由地表至地下水面的深度、压力表读数、压力表中心至地表的高度、地表至渗压计探头中心的深度、渗透压力、t 时间的渗流量以及试验土层的岩性描述。

根据采集的数据绘制常水头渗透压力 Δu 作用下渗流量 $Q_{(t)}$ 与时间平方根的倒数 $1/\sqrt{t}$ 的关系曲线，求取 $t=\infty$ 时的稳定渗流量，利用相关计算式可确定测试土层的渗透系数。

渗透试验典型的 $Q_{(t)}$-$1/\sqrt{t}$ 曲线如图 6-4 所示，从中可以看出：

曲线 A 和 B 显示 $Q_{(t)}$ 与 $1/\sqrt{t}$ 具有良好的线性关系，可以精确的确定 $Q_{(t=\infty)}$。

曲线 C 和 D，在试验初期为向下凹的曲线，随着测试时间的延长，渐变为直线。产生这类线形的原因，是由于土的涂抹作用，渗压计探头压入测试土层将使探头周围的土层产生扰动，在探头透水石锥体表面形成较薄的重塑土层，同时土颗粒会堵塞透水石的孔隙，导致渗透性降低或渗压计及管路中的水头损失。

曲线 E 和 F，在试验初期为向上翘的曲线，以后渐变为直线，表征渗压计或管路中气泡对渗流的影响。

因此，在渗透试验的过程中，宜直接在现场绘制 $Q_{(t)}$-$1/\sqrt{t}$ 曲线，当曲线出现类似于 C、D、E、F 的情况时，应延长测试时间，直至能满意地确定 $Q_{(t=\infty)}$ 止。

6.1.2　试坑法、单环法和双环法

6.1.2.1　试验原理

（1）试坑法　试坑法是在表层土中挖一试坑进行试验。坑深 30～50cm，坑底为直径 37.75cm 的圆形，坑底离潜水位 3～5m，坑底铺设 2cm 厚的砂砾石层。试验开始时，控制流量连续均衡，并保持坑中水层厚（Z）为常数（厚 10cm），当注入水量达到稳定并延续 2～4h，试验即可停止。

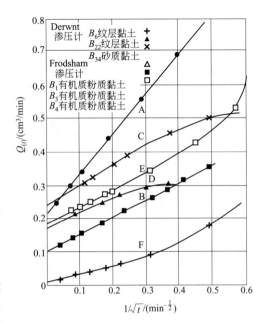

图 6-4　$Q_{(t)}$-$1/\sqrt{t}$ 典型曲线
（W. B. Wilkinson，1968）

当试验层为粗砂、砂砾或卵石层，控制坑内水层厚度 2～5cm 时，且 $(H_K+Z+l)/l \approx 1$，则 $k=Q/F=v$，可近似测定土层的渗透系数。H_K 为毛细压力水头，m，参见表 6-1；l 为试验结束时水的渗入深度，m，可在试验后开挖确定或取样分析土中含水率确定。

表 6-1　不同土层毛细压力水头　　　　　　　　　　　　　　单位：m

土层名称	H_K	土层名称	H_K
黏土	约 1.0	细粒黏土质砂	0.3
粉质黏土	0.8	粉砂	0.2
黏质粉土	0.6	细砂	0.1
砂质粉土	0.4	中砂	0.05

此法通常用于测定毛细压力影响不大的砂类土渗透系数，测定黏性土的渗透系数一般偏高。

（2）单环法　单环法是在试坑底嵌入一高 20cm、直径 37.75cm 的铁环，该铁环的面积为 1000cm²。在试验开始时，用 Mariotte 瓶控制环内水柱，保持在 10cm 高度上，试验一直进行到渗入水量 Q 固定不变时为止，其渗透速度 v 即为该土层的渗透系数 k。

$$v=\frac{Q}{F}=k \tag{6-10}$$

此外，可通过系统地记录一定时间段（如 30min）内的渗水量，求得各时间段内的平均渗透速度，然后绘制渗透速度历时曲线图（图 6-5）。渗透速度随时间延长而逐渐减小，并趋向常数（呈水平线），此时的渗透速度即为所求的渗透系数。

（3）双环法　双环法是在试坑底嵌入两个铁环，外环直径 50cm，内环直径 25cm，试验时往铁环内注水，用 Mariotte 瓶控制外环和内环的水柱都保持在同一高度（如 10cm）。根据内环所测得的数据按上述方法确定土层的渗透系数。

由于内环内水只产生垂向渗入，排除了侧向渗流带来的误差，因此双环法获得的成果精度比试坑法和单环法高。

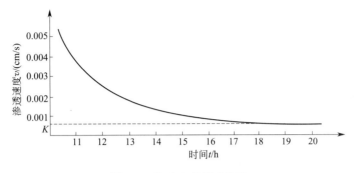

图 6-5　渗透速度历时曲线

6.1.2.2　试验装置

试坑法、单环法和双环法的试验装置如图 6-6 所示。

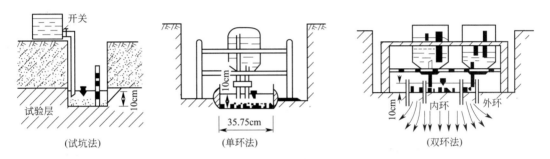

图 6-6　试坑法、单环法和双环法试验装置示意

6.1.2.3　数据计算和整理

当试验进行到渗入水量趋于稳定时，渗透系数 k 计算如下：

$$k = \frac{Ql}{F(H_K + Z + l)} \tag{6-11}$$

式中，Q 为稳定渗入水量，cm^3/min；F 为试坑（内环）渗水面积，cm^2；Z 为试坑（内环）水层高度，cm；H_K 为毛细压力水头，cm；l 为试验结束时水的渗入深度，cm。

当试验进行相当长时间后水渗入量仍未达到稳定时，k 值按式（6-12）计算：

$$k = \frac{V_1}{Ft_1\alpha_1}[\alpha_1 + \ln(1+\alpha_1)] \tag{6-12}$$

其中

$$\alpha_1 = \frac{\ln(1+\alpha_1) - \dfrac{t_1}{t_2}\ln\left(1 - \dfrac{\alpha_1 V_2}{V_1}\right)}{1 - \dfrac{t_1 V_1}{t_2 V_2}} \tag{6-13}$$

式中，t_1、t_2 为累计时间，d；V_1、V_2 分别为经过 t_1、t_2 时间的总渗入量，即总给水量，m^3；F 为试坑（内环）渗水面积，cm^2；α_1 为代用系数，由试算法求出。

6.2　注水试验

注水试验是用人工抬高水头，向试坑或钻孔内注水，来测定松散岩土体渗透性的一种原位试验方法。通过注水试验所得的渗透系数，用于预测基坑排水量、评价储水工程地基或边坡渗漏的可能性，亦是选择地基处理方案的主要参数。

注水试验主要适用于不能进行抽水试验和压水试验，取原状土试样进行室内试验又比较困难的松散岩土体。注水试验可分为试坑注水试验和钻孔注水试验两种。试坑注水试验主要适用于地下水位以上、且地下水位埋藏深度大于 5m 的各类土层。钻孔注水试验则适用于各类土层和结构较松散、软弱的岩层，且不受水位和埋藏深度的影响。

6.2.1　试坑注水试验

试坑注水试验是向试坑底部一定面积内注水，并保持一定水头，以测定土层渗透性的原位试验。试验方法分为单环法和双环法两种：对于毛细力作用不大的砂层、砂卵砾石层等，可采用单环注水法；对于毛细力作用较大的黏性土，宜采用双环注水法。

6.2.1.1　单环注水法

（1）试验设备　见表 6-2 所列。

表 6-2　单环注水设备一览

名　　称	规　　格	用　　途
铁环	高 20cm，直径 25～50cm	限定试验面积和试验水头
水箱	容积 1m³	储存试验用水
量筒	断面上下均一，面积不大于 5000cm²，且有刻度清晰的水尺或玻璃管	观测注入水量
计时钟表	秒表	计量试验时间
供水管路及阀门		向试坑供水用

（2）试验步骤

① 试坑开挖　在拟订的试坑位置，挖一个圆形或方形试坑至预定深度，在试坑底部一侧再挖一个注水试坑，深 15～20cm，坑底应修平，并确保试验土层的结构不被扰动。

② 铁环安装　在试坑内放入铁环，使其与试坑紧密接触，外部用黏土填实，确保四周不漏水，在环底铺 2～3cm 厚的粒径为 5～10mm 的细砾作为缓冲层。

③ 流量观测及结束标准　将量筒放在试坑边，向铁环注水，使环内水头高度保持在 10cm，观测记录时间和注入水量。开始 5 次观测时间间隔为 5min，以后每隔 30min 测记一次，并绘制 $Q\text{-}t$ 曲线（图 6-7）。当观测的注入流量与最后两小时的平均流量之差不大于 10% 时，试验即可结束。在试验过程中，试验水头波动幅度不得大于 0.5cm，流量观测精度应达到 0.1L。

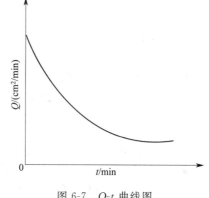

图 6-7　$Q\text{-}t$ 曲线图

（3）资料整理　假定水的运动是层流，且水力比降等于 1，按式（6-14）计算土层的渗透系数：

$$k = \frac{Q}{F} \tag{6-14}$$

式中，k 为试验土层的渗透系数，cm/min；Q 为注入流量，cm³/min；F 为铁环的面积，cm²。

6.2.1.2　双环注水法

（1）试验设备　见表 6-3 所列。

表 6-3　双环注水试验设备一览

名称	规　格	用　途	名称	规　格	用　途
铁环	高 20cm，直径分别为 25cm 和 50cm	限定试验面积和试验水头	瓶架		固定流量瓶
			玻璃管	直径 1～2cm	供水和通气用
水箱	容积 1m³	储存试验用水	计时钟表	秒表	计量注水时间
流量瓶	容积 5L	量测注入水量			

（2）试验步骤

① 试坑开挖　同单环注水法。

② 铁环安装　在拟定试验位置，将直径分别为 25cm 和 50cm 的两个铁环同心圆状压入坑底，深约 5～8cm，并确保试验土层的结构不被扰动。在内环及内、外环之间铺上厚 2～3cm 的粒径为 5～10mm 的细砾作为缓冲层。

③ 装流量瓶　安装瓶架，将流量瓶装满清水，用带两个孔的胶塞塞住，孔中分别插入长短不等的两根玻璃管（管端切成斜口），短的供水用，长的进气用，安装如图 6-8 所示。

④ 流量观测及结束标准　用两个流量瓶同时向内环和内、外环之间注水，水深为 10cm。在整个试验过程中必须使内环和内、外环之间的水头保持一致。流量瓶通气孔的玻璃管口距坑底 10cm，以保持试验水头不变，注入水量由瓶上刻度读出。观测内环的注入水量，开始 5 次观测时间为 5min，以后为 30min，并绘制 Q-t 曲线（见图 6-9）。当测读的流量与最后 2h 内的平均流量之差不大于 10% 时，即可结束试验。

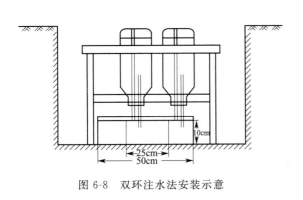

图 6-8　双环注水法安装示意

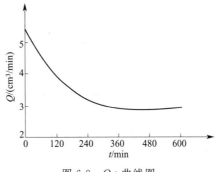

图 6-9　Q-t 曲线图

（3）资料整理

考虑黏性土、粉土的毛细力的影响，采用式(6-15)计算渗透系数：

$$k = \frac{Qz}{F(H+z+H_a)} \tag{6-15}$$

式中，k 为试验土层的渗透系数，cm/min；Q 为内环的注入流量，cm³/min；F 为内环的底面积，cm²；H 为试验水头，cm；z 为从试坑底算起的渗入深度，cm；H_a 为试验土层的毛细压力值，cm（换算成水柱压力，取毛细上升高度的 50% 计算，不同土层的取值参见表 6-4）。

表 6-4　不同土层的毛细上升高度　　　　　　单位：cm

土层名称	毛细上升高度	土层名称	毛细上升高度
黏土	200	细砂	40
粉质黏土	160	中砂	20
粉土	80～120	粗砂	10
粉砂	60		

土层渗入深度的确定方法是，试验前在距试坑 3～5m 处打一个比坑底深 3～4m 的钻孔，并每隔 20cm 取样测定其含水率。试验结束后，立即排出环内积水，在试坑中心打一个同样深度的钻孔，每隔 20cm 取样测定其含水率，与试验前资料对比，以确定注水试验的渗入深度。

6.2.1.3　试坑注水试验注意事项

单环注水法，渗流为三维流，它测的是土层的综合渗透系数。双环注水法由于在内环和内、外环之间同时注水，求得的渗透系数基本上反映土层的垂直渗透性。无论是单环注水法，还是双环注水法，都要求试验土层是均质、各向同性的，如果试验土层是互层状，或者中间存在夹层，则试验成果将存在较大误差。

6.2.2　钻孔注水试验

6.2.2.1　钻孔常水头注水试验

（1）试验原理和适用范围　钻孔常水头注水试验是在钻孔内进行的，在试验过程中水头保持不变。它一般适用于渗透性比较大的粉土、砂土和砂卵砾石层等。根据试验的边界条件，分为孔底进水和孔壁与孔底同时进水两种。

（2）试验设备　见表 6-5 所列。

表 6-5　钻孔注水试验设备一览

名　　称	规　　格	用　　途
钻机	钻孔深度和直径选用	造孔用
钻具	钻杆（N42-N50mm），钻具（N108-N146mm）	造孔用
套管	包括同孔径花管	护壁用
水泵	一般勘探用的配套水泵即可	供水用
流量计	水表、量筒、瞬时流量计等	测量注入水量
止水设备	气压、水压栓塞、套管塞（黏土与套管结合）	试段隔离
水位计	测钟和电测水位计	测地下水位和注水水头
水箱	容积 1m³	储存试验用水
计时钟表	秒表	计时用
米尺	皮尺	丈量用

（3）试验步骤

① 造孔与试段隔离　用钻机造孔，预定深度下套管，如遇地下水位时，应采取清水钻进，孔底沉淀物不得大于 5cm，同时要防止试验土层被扰动。钻至预定深度后，采用栓塞和套管进行试段隔离，确保套管下部与孔壁之间不漏水，以保证试验的准确性。对孔底进水的试段，用套管塞进行隔离，对孔壁和孔底同时进水的试段，除采用栓塞隔离试段外，还要根据试验土层种类，决定是否下入护壁花管，以防孔壁坍塌。

② 流量观测及结束标准　试段隔离以后，用带流量计的注水管或量筒向试管内注入清水，试管中水位高出地下水位一定高度（或至孔口）并保持固定，测定试验水头值。保持试验水头不变，观测注入流量。开始先按 1min 间隔测 5 次，5min 间隔测 5 次，以后每隔 30min 观测一次，并绘制 Q-t 曲线（图 6-9），直到最终的流量与最后两小时的平均流量之差不大于 10% 时，即可结束试验。

（4）资料整理　假定试验土层是均质的，渗流为层流，根据常水头条件，由达西定律得出试验土层的渗透系数计算公式：

$$k = \frac{Q}{AH} \tag{6-16}$$

式中，k 为试验土层的渗透系数，cm/min；Q 为注入流量，cm³/min；H 为试验水头，cm；A 为形状系数，由钻孔和水流边界条件确定，表 6-6 选用。

6.2.2.2　饱和带钻孔降水头注水试验

（1）试验原理和适用范围　钻孔降水头与钻孔常水头试验的主要区别是，在试验过程中，试验水头逐渐下降，最后趋于零。根据套管内的试验水头下降速度与时间的关系，计算试验土层的渗透系数。它主要适用于渗透系数比较小的黏性土层，试验设备与钻孔常水头方法相同。

（2）试验步骤

① 造孔与试段隔离　与钻孔常水头相同。

② 流量观测及结束标准　试段隔离后，向套管内注入清水，使管中水位高出地下水位

表 6-6　钻孔注水试验的形状系数值

试验条件	简　图	形状系数值	备　注
试段位于地下水位以下，钻孔套管下至孔底，孔底进水		$A = 5.5r$	
试段位于地下水位以下，钻孔套管下至孔底，孔底进水，试验土层顶板为不透水层		$A = 4r$	
试段位于地下水位以下，孔内不下套管或部分下套管，试验段裸露或下花管，孔壁和孔底进水		$A = \dfrac{2\pi l}{\ln \dfrac{ml}{r}}$	$\dfrac{ml}{r} > 10$ $m = \sqrt{k_h / k_v}$ 式中 k_h、k_v 分别为试验土层的水平、垂直渗透系数，无资料时，m 值可根据土层情况估计
试段位于地下水位以下，孔内不下套管或部分下套管，试验段裸露或下花管，孔壁和孔底进水，试验土层为顶部不透水		$A = \dfrac{2\pi l}{\ln \dfrac{2ml}{r}}$	$\dfrac{ml}{r} > 10$ $m = \sqrt{k_h / k_v}$ 式中 k_h、k_v 分别为试验土层的水平、垂直渗透系数，无资料时，m 值可根据土层情况估计

一定高度，（或至套管顶部）后，停止供水，开始记录管内水位高度随时间的变化。量测管中水位下降速度开始时间间隔为 1min 观测 5 次，然后间隔为 5min 观测 5 次，10min 间隔观测 3 次，最后根据水头下降速度，一般可按 30～60min 间隔进行，对较强透水层，观测时间可适当缩短。在现场，采用半对数坐标纸绘制水头下降比与时间的关系曲线（图 6-10）。当水头比与时间关系呈直线时说明试验正确，即可结束试验。

（3）资料整理　假定渗流符合达西定律，渗入土层的水等于套管内的水位下降后减少的水体积，由式(6-17) 得：

$$k = \frac{\pi r^2}{AH} \times \frac{\mathrm{d}H}{\mathrm{d}t} \tag{6-17}$$

根据注水试验的边界条件和套管中水位下降速度与延续时间的关系，由图 6-10 得出降水头注水试验的渗透系数计算公式：

$$k = \frac{\pi r^2}{A} \times \frac{\ln \frac{H_1}{H_2}}{t_2 - t_1} \qquad (6\text{-}18)$$

式中，H_1 为在时间 t_1 时的试验水头，cm；H_2 为在时间 t_2 时的试验水头，cm。

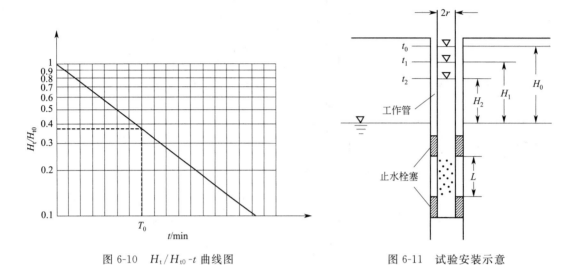

图 6-10　H_t/H_{t0}-t 曲线图　　　　　　图 6-11　试验安装示意

如在任意时间 t 时，套管水位和压力零线之间的差值为 H_t，则当 $t=0$ 时，$H_t = H_{t0}$；当 $t = T_0$ 时，$H_t = 0$，由图 6-10 得：

$$k = \frac{\pi r^2}{A T_0} \qquad (6\text{-}19)$$

式中，T_0 为注水试验的滞后时间，min。

式(6-18) 和式(6-19) 在 $\ln(H_1/H_2) = \ln(H_{t0}/H_t) = 1$ 或 $H_{t0}/H_t = 0.37, T = T_0 = t_2 - t_1$ 时的特定条件下完全相同。因此在降水头试验中，可以用与相对应的时间，近似的代替注水试验的滞后时间，代入式(6-19) 计算渗透系数，这样可以大大缩短试验时间。滞后时间的图解如图 6-11 所示。降水头注水试验的形状系数和常水头注水试验相同。

美国采用双栓塞隔离出 3 试段，进行降水头注水试验，试验安装如图 6-11 所示，流量观测方法和前述基本相同，采用下述公式计算土层的渗透系数：

$$k = \frac{r^2 \cdot \Delta H}{2 L H \cdot \Delta t} \qquad (6\text{-}20)$$

式中，k 为试段的渗透系数，cm/min；r 为工作管内半径，cm；L 为试段长度，cm；Δt 为逐次水位测量之间的时间间隔（即 $t_1 - t_0$，$t_2 - t_1$ 等），min；ΔH 为在 Δt 时间内的水头下降值，cm；H 为在 Δt 时间后的试验水头值，cm。

6.2.2.3　包气带内钻孔降水头注水试验

当试段位于地下水位以上，在包气带内进行钻孔降水头注水试验时，其试验设备和试验方法与饱和带内钻孔降水头注水试验相同，但资料整理有所不同。

中国有色金属工业总公司、冶金部标准《注水试验规程》（YS 5214—2000），考虑了包气带的饱和度和孔隙度，试验安装如图 6-12 所示，采用下述公式计算渗透系数：

$$k = \frac{r \ln \dfrac{H_1}{H_2}}{4 t_2 \left[\dfrac{3(H_1 - H_2)}{4 S_r n r} + l \right]^{\frac{1}{3}} - t_1} \qquad (6\text{-}21)$$

式中，k 为试验土层的平均有效渗透系数，cm/min；l 为注水管内半径，cm；t 为观测时间，min；H_1 为当 $t = t_1$ 时的管内水柱高度（从孔底算起），cm；H_2 为当 $t = t_2$ 时的管内水柱高度（从孔底算起），cm；S_r 为试验土层的最终饱和度；n 为试验土层的孔隙度。

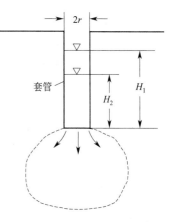

图 6-12　试验安装示意

美国采用双栓塞隔离试段，如图 6-11 所示，试段的渗透系数采用修正的 Jarvis 公式计算：

$$k = \frac{r_1^2}{2l\Delta t}\left[\frac{\operatorname{arsh}\dfrac{1}{r_e}}{2}\ln\left(\frac{2H_1-l}{2H_2-l}\right) - \ln\left(\frac{2H_1H_2-lH_2}{2H_1H_2-lH_1}\right)\right] \quad (6\text{-}22)$$

式中，k 为时段的平均渗透系数，cm/min；l 为的长度，cm；r_1 为工作管内半径，cm；r_e 为时段的有效半径，cm；Δt 为时间间隔（$t_1 - t_0$，$t_2 - t_1$ 等），min；H 为试段底部到工作管中水面的水柱高度（在测量时间 t_0、t_1、t_2 时分别为 H_0、H_1、H_2），cm。

6.3　抽水试验

在岩土工程勘察阶段和施工开始阶段常用的抽水试验是稳定流单孔抽水试验和多孔抽水试验。

单孔抽水试验仅在一个钻孔中进行试验工作，是一种方法简便、成本较低的抽水试验方法，但只能取得含水层钻孔出水量与水位下降关系以及概略的取得渗透系数的资料；多孔抽水试验是在抽水孔（或主孔）周围配置一定数量的观测孔，在试验过程中观测其周围试验层中地下水位变化的一种试验方法。它除了能完成单孔抽水试验的全部任务外，还可测定试验段内含水层不同方向上的渗透系数值、影响半径、水位下降漏斗形态及其扩展情况等，并可进行流速测定。因此这种抽水试验具有精度高，获得资料全等优点。但在缺少观测孔时，显然是不经济的。

（1）抽水试验设备　抽水试验设备包括：抽水设备、过滤器及水位、流量、水温等测量器具和排水设备等。

① 抽水设备　抽水设备种类较多，使用最多的是卧式离心泵和立式深井泵。

其中，低压卧式离心泵，具有排水量大，出水均匀，调节落程方便，能抽含砂浑水等优点，但吸程小，一般在 6~7m。当地下水埋藏很浅，降深要求不大时，经常使用这种水泵进行抽水。立式深井泵的特点是扬程大，出水均匀，但要求孔径较大，孔斜小（<1°）。当地下水埋藏较深，水量较大，且精度要求较高时，多采用这类水泵抽水。

② 过滤器　在钻孔中进行抽水试验时，除了在孔壁较完整的基岩中可直接安装抽水设备进行试验外，对破碎的岩层，特别是在松散堆积层中，必须在孔内安装过滤器。它起到防止孔壁坍塌和岩石颗粒涌入孔内的滤水护壁作用，从而保证抽水试验正常进行。

抽水试验孔过滤器的类型，根据不同含水层性质可按表 6-7 选用。

表 6-7　抽水试验过滤器的类型

含　水　量	抽水试验孔过滤器类型
具有裂隙、溶洞（其中有大量充填物）的基岩	骨架过滤器、缠丝过滤器或填粒过滤器
卵(碎)石、圆(角)砾	缠丝过滤器或填粒过滤器
粗砂、中砂	包网过滤器、缠丝过滤器或填粒过滤器
细砂、粉砂	填粒过滤器

③ 测水用具　常用的测水用具有电测水位计、流量计两种。出水量测量以采用堰箱和孔板流量计较多。

（2）抽水试验过程中应注意的事项

① 准备工作　做好试验前准备工作。包括熟悉掌握试验地段的地形地貌、水文地质条件和钻探抽水等施工技术资料，检查抽、排水设备和测水用具，以及准备各种记录表册等。

② 洗井　抽水试验孔必须及时进行洗井，以保证获得正确的抽水试验资料。

③ 抽水试验现场观测记录的内容

a. 测量抽水试验前后的孔深；

b. 观测天然水位、动水位和恢复水位；

c. 观测钻孔出水量；

d. 观测气温、水温。

④ 抽水试验技术要求

a. 为了研究井（孔）抽水特征曲线（Q-S 关系曲线），正确选择计算水文地质参数的公式，并验证参数计算的准确程度以及推算抽水孔最大可能出水量，一般要求进行三次水位下降的抽水试验。

最大降深值 S_{max} 主要取决于潜水含水层的厚度、承压水的水头及现有抽水设备的能力。三次水位降深的间距，应尽量均匀分配，最好符合下列要求：

$$若 S_1 = S_{max}，则 S_2 = \frac{2}{3} S_{max}；S_3 = \frac{1}{3} S_{max}$$

式中，S_1、S_2、S_3 为第 1、2、3 次抽水的降深值。

水位降深的顺序，取决于含水层的岩性。对松散的砂质含水层，为了便于自然过滤层的形成，落程应由小到大。在粗大的卵石层或基岩含水层中抽水时，应由大到小进行，以利于再次冲洗含水层中的细颗粒，疏通渗流通道。

b. 抽水试验的稳定延续时间主要取决于勘察的目的、要求和试验地段的水文地质条件。当地下水补给条件较好，含水层是透水性大的承压水，或主要为了求渗透系数时，延续时间可短一些（8～24h）。相反，若试验层为透水性较差的潜水层且补给贫乏，水位和水量不易稳定的地区，其延续时间就需要长一些（24～72h）。

（3）抽水试验资料整理

① 绘制水位 S、流量 Q 历时曲线（图 6-13）　一般在抽水试验正常时，Q、S-T 曲线在抽水初期表现为水位下降和出水量较大，且不稳定，随着抽水进行到一段时间后，水位、流量逐渐趋向稳定状态，呈现水位、流量两曲线平行。

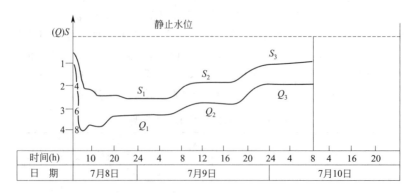

图 6-13　水位水量历时曲线图

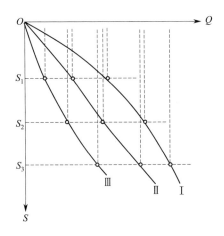

图 6-14　出水量与水位下降关系曲线图

Ⅰ—潜水曲线；Ⅱ—承压水曲线；Ⅲ—试验进行不正确时的曲线

② 绘制出水量与水位下降的关系曲线　即 $Q = F(s)$ 曲线（图 6-14）。通过该曲线特征可确定钻孔出水能力，推算钻孔的最大可能出水能力和单位出水量，判断含水层的水力性质，同时 Q-S 曲线也是检查抽水试验成果正确与否的重要依据。

③ 计算渗透系数

单井稳定流抽水试验，当利用抽水井的水位下降资料计算渗透系数时，可按裴布依公式进行计算。计算如图 6-15 所示。

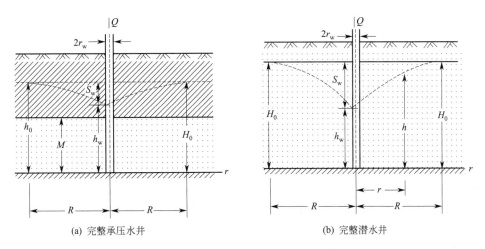

(a) 完整承压水井　　　　　　　　　　　(b) 完整潜水井

图 6-15　抽水试验时地下水向井内运动计算图

a. 当 Q-S 曲线为直线形时，按下面计算渗透系数。

对于完整承压水井：

$$K = \frac{Q}{2\pi S_w M} \ln \frac{R}{r_w} \tag{6-23}$$

对于完整潜水井：

$$K = \frac{Q}{\pi(H_0^2 - h_w^2)} \ln \frac{R}{r_w} = \frac{Q}{\pi(2H_0 - S_w)S_w} \ln \frac{R}{r_w} \tag{6-24}$$

式中，Q 为出水量，m^3/d；R 为影响半径，m；r_w 为抽水井过滤器的半径，m；S_w 为水位下降值，m；M 为承压含水层的厚度，m；H_0 为自然情况下潜水含水层的厚度（或承压水的原始水头值），m；h_w 为抽水时抽水井中的水头值，m。

对于非完整承压水井，

当 $M > 150r_w$，$L/M > 0.1$ 时，有：

$$K = \frac{Q}{2\pi S_w M}\left(\ln\frac{R}{r_w} + \frac{M-L}{L}\ln\frac{1.12M}{\pi r_w}\right) \qquad (6\text{-}25)$$

或当过滤器位于含水层的顶部或底部时，有：

$$K = \frac{Q}{2\pi S_w M}\left[\ln\frac{R}{r_w} + \frac{M-L}{L}\ln\left(1 + 0.2\frac{M}{r_w}\right)\right] \qquad (6\text{-}26)$$

对于非完整潜水井，

当 $\bar{h} > 150r_w$，$L/H_0 > 0.1$ 时，有：

$$K = \frac{Q}{\pi(H_0^2 - h_w^2)}\left(\ln\frac{R}{r_w} + \frac{\bar{h}-L}{L}\ln\frac{1.12\bar{h}}{\pi r_w}\right) \qquad (6\text{-}27)$$

或当过滤器位于含水层的顶部或底部时，有：

$$K = \frac{Q}{\pi(H_0^2 - h_w^2)}\left[\ln\frac{R}{r_w} + \frac{\bar{h}-L}{L}\ln\left(1 + 0.2\frac{\bar{h}}{r_w}\right)\right] \qquad (6\text{-}28)$$

式中，$\bar{h}$ 为潜水含水层在自然情况下和抽水试验时厚度的平均值 $\left[\bar{h} = \frac{1}{2}(H_0 + h_w)\right]$，m；$L$ 为过滤器的长度；其他符号意义同上。

b. 当利用观测孔中的水位下降资料计算渗透系数时，可采用下式计算。

完整承压水井：

$$K = \frac{Q}{2\pi M(S_w - S_1)}\ln\frac{r_1}{r_w}（有一个观测孔） \qquad (6\text{-}29)$$

$$K = \frac{Q}{2\pi M(S_1 - S_2)}\ln\frac{r_2}{r_1}（有两个观测孔） \qquad (6\text{-}30)$$

完整潜水井：

$$K = \frac{Q}{\pi(2H_0 - S_w - S_1)(S_w - S_1)}\ln\frac{r_2}{r_1}（有一个观测孔） \qquad (6\text{-}31)$$

$$K = \frac{Q}{\pi(2H_0 - S_1 - S_2)(S_1 - S_2)}\ln\frac{r_2}{r_1}（有两个观测孔） \qquad (6\text{-}32)$$

式中，Q、M、H_0 同前；S_1、S_2 为观测孔 1 和观测孔 2 的水位降，m；r_1、r_2 为观测孔 1、观测孔 2 距抽水孔轴心的距离，m。

④ 计算影响半径　利用稳定流抽水试验观测孔中的水位下降资料计算影响半径时，可采用下式。

完整承压水井：

$$\lg R = \frac{S_w \lg r_1 - S_1 \lg r_w}{S_w - S_1}（有一个观测孔） \qquad (6\text{-}33)$$

$$\lg R = \frac{S_1 \lg r_2 - S_2 \lg r_1}{S_1 - S_2}（有两个观测孔） \qquad (6\text{-}34)$$

完整潜水井：

$$\lg R = \frac{S_w(2H_0 - S_w)\lg r_1 - S_1(2H_0 - S_1)\lg r_w}{(S_w - S_2)(2H_0 - S_w - S_1)}（有一个观测孔） \qquad (6\text{-}35)$$

$$\lg R = \frac{S_1(2H_0 - S_1)\lg r_2 - S_2(2H_0 - S_2)\lg r_1}{(S_1 - S_2)(2H_0 - S_1 - S_2)}（有两个观测孔） \qquad (6\text{-}36)$$

当缺少观测孔的水位下降资料时，影响半径可采用经验数据。

抽水试验资料整理时，除了确定渗透系数、影响半径外，还经常涉及单位出水量、释水系数等参数。单位出水量（q）主要根据抽水孔的 Q-S 曲线形状，采用不同的经验公式计算。

6.4　压水试验

压水试验是一种在钻孔内进行的渗透试验，它是用栓塞把钻孔隔离出一定长度的孔段，然后以一定的压力向该孔段压水，测定相应压力下的压入流量，以单位试段长度在某一压力下的压入流量值来表征该孔段岩石的透水性，是评价岩体渗透性的常用方法。

压水试验的目的，是了解与工程有关地段岩体的相对透水性、岩体裂隙的开度、充填物的性质、岩体的可灌性、灌浆效果检查等。在地下水条件简单、透水性较小的孔段，可以用压水试验资料估算岩体的渗透系数，为设计和工程处理提供基本资料。

压水试验一般在较完整的岩石孔段内进行，由于工程的特殊需要，也可在强风化带或全风化带进行，在这些孔段，需采取特殊的止水措施，如套管栓塞、水泥塞位或超长型气压栓塞、水压栓塞。

（1）试验设备

① 止水栓塞　各种栓塞类型及优缺点见表 6-8 所列。

表 6-8　各种栓塞类型及其优缺点

栓塞类型	示意图	组成及操作要点	优　点	缺　点
双管循环式栓塞		由外管、内管、胶塞、丝杠、压盘和放气阀组成，通过拧动压盘上提丝杠压缩胶囊，压入水流从内、外管的环状间隙送入	可以利用内管作测压管，消除水头损失的干扰，栓塞的位置可以适当调整	两套工作管，设备笨重，操作麻烦，在小孔径钻孔中使用难度较大
单管顶压式栓塞		由工作管和胶塞组成，由下到孔底的支撑杆提供反力托住胶塞，由上部的工作管向下施加轴向压力，使胶塞产生径向膨胀，隔离试段	结构简单，安装方便	径向膨胀的有效长度不大，有时止水效果较差，如止水失效，要起出工作管重新安装
气压栓塞		将封闭的胶囊下到预定深度，向胶囊充气，使胶囊膨胀紧贴孔壁达到止水目的	能适应不规则孔壁，胶囊长度不受限制，可增加长度来提高止水效果，止水效果好，塞位可以任意选择，操作方便，可以做成单栓塞或双栓塞	试验现场要有高压气瓶或高压气泵等附属设备
水压栓塞		将封闭的胶囊下到预定深度，向胶囊充水使胶囊膨胀紧贴孔壁达到止水目的	同气压栓塞，可以利用现场水泵充水	有时放水不畅，造成胶囊恢复不完全，起塞困难

② 供水设备　压水试验多采用水泵直接向孔内供水。要求水泵应达到 1MPa 压力下流

量不小于 100L/min，压力稳定，出水均匀，工作可靠。目前中国在钻探中常用的三缸柱塞泵和三缸活塞泵基本能满足上述要求，两缸往复泵稍差。水泵各有关部分应密封良好，水泵的吸水高度不宜过大。在往复式水泵出水口附近应安装容积不小于 5L 的调压空气室，可以得到压力非常稳定的水源。供水管路要单独使用，不得与钻进共用。

③ 测试设备

a. 压力量测设备　压力表是压力量测的主要设备。精度要达到 1.5 级，使用范围应在压力表极限压力的 1/4～3/4 之间。由于采用多阶段循环试验，压力量测范围大，在试验期间必须换用不同极限压力值的压力表。压力表要装箱保存，不与钻机和水泵上的压力表混用。

b. 流量量测设备　量测流量可用容器加时计、水表加时计和能读出瞬时流量的流量计进行。由于流量观测每隔 1～2min 进行一次，为了操作方便和减少误差，最好用瞬时流量计量测流量（表 6-9 和表 6-10）。容积法观测流量仅适用于试段透水率小于 1Lu 的情况，采用量筒加时计的方法观测流量，要求量筒断面上下一致，面积不大于 5000cm^2，量筒内要有防止水面波动的设施，且有刻度清晰，不易变形的水尺或玻璃管。

c. 水位测量工具　测量孔内水位的工具有测钟和电测水位计等。水位测量误差在水深 10m 以内应达到 ±2cm，水位深度大于 10m 时，误差应小于 0.2%。

表 6-9　涡轮流量变送器

型号	通径/mm	最小流量/(L/mm)	最大流量/(L/mm)	工作压力/MPa	精度
LW-10	10	3.3	20	2.5～10	0.5～1
LW-15	15	10	67	2.5～10	0.5～1
LW-20	20	27	167	2.5～10	0.5～1

表 6-10　旋翼式冷水表（测量管道中流过的总水量）

型号	通径/mm	流量/(L/min)			工作压力/MPa	精度
		额定	最小	最大		
Lxs-15	15	17	0.75	25	1.0	±2
Lxs-20	20	27	1.2	42	1.0	±2
Lxs-25	25	30	1.5	58	1.0	±2
Lxs-40	40	105	3.7	167	1.0	±2

（2）现场工作要点

① 钻孔　压水试验主要是在坚硬与半坚硬岩石中进行，常用的钻进成孔工艺有碾砂钻进成孔、合金钻进成孔和金刚石钻进成孔等。金刚石钻进和合金钻进的孔壁规整，洗孔和隔离效果较好，宜优先采用。禁止使用泥浆作为冲洗液的钻进方法和无泵孔底反循环钻进方法。

压水试验钻孔应下入孔口套管，并做止水处理，防止孔口掉块和孔口地表水或钻进用水流进孔内，且有利于钻进回水排砂和检查栓塞止水效果。如已经试验过的孔段内有破碎带、强透水带或孔壁不稳定段，应及时进行护壁、堵漏或下入孔壁管隔离。

② 洗孔　洗孔方法见表 6-11。洗孔的结束标准是钻孔底部基本无岩粉，回水清洁，肉眼鉴定无沉淀物。

表 6-11　各种洗孔方法及其优缺点

洗孔方法	原理及操作要点	优　点	缺　点
压水洗孔	将洗孔钻具下至孔底，从钻杆内压入大量清水，将孔内残存岩粉洗干净	简单易行，清洗效果较好	孔口不返水时，洗孔效果难以估计
抽水洗孔	用泵吸抽水或提桶提水，可造成地下水流动方向和堵塞方向相反的环境，有利于排除钻进时充填到裂隙中的充填物，并随抽出水体排除孔外	洗孔效果好	受抽水设备的限制，孔径较小时无法采用
压缩空气洗孔	向孔内送入压缩空气，压缩空气膨胀上浮，对孔壁有压力脉冲和抽吸作用，能将部分岩粉带出孔口	洗孔效果好	需要高压气源

③ 试段隔离　　试段隔离按表 6-12 所示的工序进行。

表 6-12　试段隔离工序表

工　　序	操作要点及要求
选择塞位	根据钻孔岩芯和钻探记录,选择栓塞置放位置,尽量使栓塞放在孔壁完整、裂隙少的孔段,提高止水可靠性。在确定试段长度时,要考虑下一段的塞位
安装栓塞	单管顶压式栓塞,配塞时要使支撑杆长度与栓塞下部各接头之和等于或略大于预定的试段长度,栓塞上部进水管的总长度选择要合适,工作管不要露出地面过高,同时要考虑栓塞的压缩值。双管循环式栓塞配塞,既要使栓塞安装在正确位置,又要使内外管长度之差在允许范围之内,常用的方法是根据预定的栓塞底部位置和要求的外管高出地面的概略数值确定外管长度,再根据外管总长度选配内管长度 水压或气压栓塞在位置计算上不需要考虑胶塞压缩值,比较简单。双栓塞的安装与单栓塞基本相同 气压或水压栓塞的充塞压力根据采用充塞介质不同而分别计算,用水作充塞介质时,用下式计算充塞压力: $$p_t = p_{max} - p_y + 0.3$$ 用气作为充塞介质时,充塞压力用下式计算: $$p_t = p_{max} - p_y + p_h + 0.3$$ 式中,p_t 为充塞压力,MPa;p_{max} 为最大试验压力,MPa;p_y 为孔口至地下水位的水柱压力值,MPa;p_h 为孔口至栓塞顶部的水柱压力值(双栓塞以下栓塞顶部深度计算),MPa
栓塞止水可靠性检查及处理	可测量工作管外的水位变化,观察孔口是否返水或用诊塞隔离前后流量、压力变化情况来检查栓塞的止水效果,如止水无效,采用加大压缩量或充塞压力、移塞、起塞检查或换用性能更好的栓塞等办法处理
特殊孔段的止水措施	对于强风化带或全风化带进行压水试验,设置套管栓塞、灌制水泥塞位或换用超长型气压或水压栓塞

④ 水位观测　　水位测量必须在试段隔离以后,在工作管内进行。水位测量的结束标准为,每隔 5min 进行一次,当水位的下降速度连续两次均小于 5cm/min 时,观测工作即可结束,以最后观测结果确定压力计算零线。

⑤ 设备安装　　栓塞隔离后,在进行水位观测的同时,开始安装压水试验用的供水设备、配水盘、流量计、压力表或试段压力计等设备,压水试验设备安装如图 6-16 所示。结构顺序要合理,压水管路和钻进要分开,压力表安装在流量计或水表的下流方向,以消除流量计或水表压力损失的影响。压力表接头不能漏水。

⑥ 压力流量观测　　压水试验多采用在某一稳定压力下观测相应流量的方法进行,所以流量观测要求每 1～2min 观测一次。每一压力阶段流量观测结束标准为流量无持续增大趋势,且五次读数中最大值与最小值之差小于最终值的 10%,或最大值与最小值之差小于 1L/min。

若流量有持续增大的趋势时,应检查仪表是否正常、读数是否有误、压力是否上升等,经检查确定流量有增大趋势后应适当延长观测时间。

在压水试验过程中,当由较高压力阶段调到较低压力阶段时,常出现水由岩体流向孔内的现象,这种现象叫回流。回流

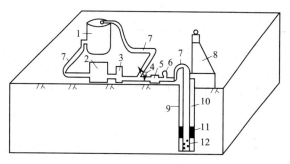

图 6-16　压水试验安装示意
1—水箱;2—水泵;3—稳压空气室;4—阀门;
5—流量计;6—压力表;7—水管;8—钻机;
9—钻孔;10—压水工作管;
11—止水栓塞;12—试段

现象一般持续数分钟或十余分钟即消失,在此过程中,流量计表现为反转(—)-不转(0)-正转(+),在试验中应待回流结束后,观测流量达到稳定,以消除其影响。

当压水孔与陡壁、泉水、井孔、洞穴等接近时，要在压水试验的同时，注意观察附近是否有新的涌水点出现，泉水流量是否有变化，临近井孔水位是否上升，洞穴等是否有新的涌水点或漏水量增大等现象，必要时可以在压入水中加入示踪剂。

各项观测记录要及时记录到正式记录表上，试验结束前要按表格逐项检查，消除错误与遗漏。

（3）资料整理　试验资料整理包括：绘制 $P\text{-}Q$ 曲线，确定 $P\text{-}Q$ 曲线类型，计算试段透水率以及根据试验成果计算岩体渗透系数等。

① $P\text{-}Q$ 曲线的绘制　按表 6-13 要求进行。

表 6-13　$P\text{-}Q$ 曲线绘制工序表

工序	内　　容
原始资料校核	包括水位观测记录，压力、流量观测记录的校核，以及根据钻孔深度，工作管长度和上余长度，对栓塞置放位置和试段长度进行校核
试验压力计算	根据采用的压力量测设备类型，确定试段压力的计算方法，计算出不同压力阶段的试验压力值
绘制 $P\text{-}Q$ 曲线	根据每个压力阶段的试验压力及相应的流量，采用统一的比例尺（P 轴 1mm＝0.01MPa，Q 轴 1mm＝1L/min），绘制 $P\text{-}Q$ 曲线，在 $P\text{-}Q$ 曲线图上，各点应标明序号，升压阶段用实线连接，降压阶段用虚线连接

② $P\text{-}Q$ 曲线类型的确定　根据 $P\text{-}Q$ 曲线中的升压曲线形状以及降压阶段和升压阶段的曲线是否重合及其相对关系，将 $P\text{-}Q$ 曲线划分五种类型，即 A（层流）型、B（紊流）型、C（扩张）型、D（冲蚀）型和 E（充填）型，见表 6-14。

表 6-14　$P\text{-}Q$ 曲线类型及曲线特点

类型名称	A（层流）型	B（紊流）型	C（扩张）型	D（冲蚀）型	E（充填）型
$P\text{-}Q$ 曲线					
曲线特点	升压曲线为通过原点的直线，降压曲线与升压曲线基本重合	升压曲线凸向 Q 轴，降压曲线与升压曲线基本重合	升压曲线凸向 P 轴，降压曲线与升压曲线基本重合	升压曲线凸向 P 轴，降压曲线与升压曲线不重合，呈顺时针的环状	升压曲线凸向 Q 轴，降压曲线与升压曲线不重合，呈逆时针环状

③ 试段透水率计算　岩体渗透性用试段透水率来表示，透水率的单位用吕荣值（Lu）来表示，当试验压力为 1MPa，每米试段的压入流量为 1L/min 时，定义为 1Lu。试段透水率采用第三（最大）压力阶段的压力值和流量值按式（6-37）计算：

$$q=\frac{Q_3}{L}\times\frac{1}{P_3} \tag{6-37}$$

式中，q 为试段透水率（Lu），取两位有效数字；L 为试段长度，m；Q_3 为第三（最大）压力阶段的压入流量，L/min；P_3 为第三（最大）压力阶段的试验压力，MPa。

每个试段的试验成果，用透水率和 $P\text{-}Q$ 曲线类型（加括号）来表示，0.23（A），12（B），8.5（C）等。对于只做一个或两个压力阶段，不能确定 $P\text{-}Q$ 曲线类型的试段，只用试段透水率来表示，最后把一个孔的试验成果和原始资料装订成册。

④ 渗透系数计算　国外的规程、手册和教科书中，一般都推荐式（6-38）计算岩体渗透系数：

$$k=\frac{Q}{2\pi HL}\ln\frac{L}{r_0} \tag{6-38}$$

式中，k 为岩体的渗透系数，m/d；Q 为压入流量，m^3/d；H 为试验水头，m；L 为试段长度，m；r_0 为钻孔半径，m。

上述公式是假定渗流服从达西定律，且为水平放射流，影响半径为 $R=L$ 的前提下推导出来的。如果试验成果不符合线性关系，则不能应用上述公式计算岩体渗透系数，否则误差较大。

库兹纳尔（C. Kutzner）归纳以往的试验成果，提出了渗透系数和试段透水率的近似对应关系（表 6-15）。多数国家直接采用 $1Lu \approx 10^{-5} cm/s$。

表 6-15　试段透水率和渗透系数近似对应关系

试段透水率/Lu	>30	20～5	3～5
渗透系数/(cm/s)	10^{-3}	$5\times10^{-4} \sim 5\times10^{-5}$	10^{-5}

思　考　题

1. 原位渗透试验与室内渗透试验相比，有哪些优势？

2. 注水试验与压水试验的区别？

3. 潜水抽水和承压水抽水过程中，出水量与水位下降关系？

第7章 现场检验与监测

7.1 现场检验与监测的意义和内容

现场检验与监测是岩土工程勘察中的一个重要环节，其目的在于保证工程的质量和安全，提高工程效益。

现场检验与监测工作应在施工期进行。但对有特殊要求的工程，应根据工程特点，确定必要的项目，在使用期间内继续进行。所谓有特殊要求的工程，是指有特殊意义的，一旦损坏会造成生命财产巨大损失，或产生重大社会影响的工程；对变形有严格要求限制的工程；采用新的设计施工方法，而又缺乏经验的工程。

岩土工程勘察重视和强调定量化评价，为解决岩土工程问题而提出对策，制定措施。它在现场检验与监测这一环节中体现得更为明显。通过现场检验与监测所获取的数据，可以预测一些不良地质现象的发展演化趋势及其对工程建筑物的可能危害，以便采取防治措施；也可以通过足尺试验和原型监测进行反分析，求取岩土体的某些工程参数，以此为依据及时修正勘察成果，优化工程设计，必要时应进行补充勘察；它对岩土工程施工质量进行监控，以保证工程的质量和安全。显然，现场检验与监测在提高工程的经济效益、社会效益和环境效益中起着十分重要的作用。

现场检验与监测的记录、数据和图件，应保持完整，并应按工程要求整理分析。监测工作对保证工程安全有重要作用，例如：建筑物变形监测，基坑工程的监测，边坡和洞室稳定的监测，滑坡监测，崩塌监测等。现场检验和监测资料，应及时向有关方面报送，当监测数据接近危及工程的临界值时，必须加密监测，并及时报告，以便及时采取措施，保证工程质量和人身安全。现场检验与监测完成后，应提交成果报告，报告中应附有相关曲线和图纸，并进行分析评价，提出建议。

现场检验和现场监测的含义及内容不尽相同，以下分别加以阐述。

现场检验指的是在施工阶段对勘察成果的验证核查和施工质量的监控。因此检验工作应包含两方面内容：第一，验证核查岩土工程勘察成果与评价建议，即在施工时通过基坑开挖等手段揭露岩土体，所获得的第一手工程地质资料较之勘察阶段更为确切，可以用来补充和修正勘察成果。如果实际情况与勘察成果出入较大时，还应进行施工阶段的补充勘察，如确实与原勘察结果有较大不同，则可能需要修改设计和施工工艺。第二，对岩土工程施工质量的控制与检验，即施工监理与质量控制。例如，天然地基基槽的尺寸、槽底标高，局部异常的处理措施，桩基础施工中的质量监控，地基处理施工质量的控制与检验，深基坑支护系统施工质量的监控等。

现场监测指的是在工程勘察、施工以至使用期间对工程有影响的地基基础、不良地质作用和地质灾害、地下水等进行监测，其目的是保证工程的正常施工和运营，确保安全。监测工作主要包含三方面内容：第一，对施工中各类荷载作用下岩土反应性状的监测。例如，土压力观测、岩土体中的应力量测、岩土体变形和位移监测、孔隙水压力观测等。第二，对施工或运营中结构物的监测。对于像核电站等特别重大的结构物，则在整个运营期间都要进行监测。第三，对环境条件的监测。包括对工程地质条件中某些要素的监测，尤其是对工程构成威胁的不良地质现象，在勘察期间就应布置监测（如滑坡、崩塌、泥石流、土洞等）；除此之外，还有对相邻结构物及工程设施在施工过程中可能发生的变化、施工振动、噪声和污染等的监测。下面分别就地基基础的检验与监测、不良地质作用和地质灾害的监测和地下水监测三个问题加以讨论。

7.2　地基基础的检验与监测

7.2.1　天然地基的基槽检验与监测

7.2.1.1　现场检验

天然地基的基坑（基槽）开挖后，应检验开挖揭露的地基条件是否与勘察报告一致，这是必须做的常规工作，通常由勘察人员会同建设、设计、施工、监理以及质量监督部门共同进行。为了做好此项工作，要求熟悉勘察报告，掌握地基持力层的空间分布和工程性质，并了解拟建建筑物的类型和工作方式，研究基础设计图纸及环境监测资料等。做好验槽的必要准备工作。

检验内容主要包括：

① 岩土分布及其性质；

② 地下水情况；

③ 对土质地基，可采用轻型圆锥动力触探或其他机具进行检查。

其中下列情况应着重检验：

① 天然地基持力层的岩性、厚度变化较大时；桩基持力层顶面标高起伏较大时；

② 基础平面范围内存在两种或两种以上不同地层时；

③ 基础平面范围内存在异常土质，或有坑穴、古墓、古遗址、古井、旧基础等；

④ 场地存在破碎带、岩脉以及湮废河、湖、沟、浜时；

⑤ 在雨期、冬期等不良气候条件下施工，土质可能受到影响时。

检验时，一般首先核对基础或基槽的位置、平面尺寸和坑底标高，是否与图纸相符。对土质地基，可用肉眼、微型贯入仪、轻型动力触探等简易方法，检验土的密实度和均匀性，必要时在槽底普遍进行轻型动力触探。但坑底下埋有砂层，且承压水头高于坑底时，应特别慎重，以免造成冒水涌砂。当岩土条件与勘察报告出入较大或设计有较大变动时，可有针对性地进行补充勘察。

7.2.1.2　现场监测

当重要建筑物基坑开挖较深或地基土层较软弱时，可根据需要布置监测工作。现场监测的内容有：基坑底部回弹观测、建筑物基础沉降及各土层的分层沉降观测、地下水控制措施的效果及影响的监测、基坑支护系统工作状态的监测等。后三项监（观）测内容将在以下各节中阐述，这里仅讨论基坑底部回弹观测问题。

高层建筑在采用箱形基础时，由于基坑开挖面积大而深，卸除了土层较大的自重应力后，普遍存在基坑底面的回弹。基坑的回弹再压缩量一般约占建筑物完工时沉降量的 1/2～1/3，最大者达 1 倍以上；地基土质越硬则回弹所占比值越大（表 7-1）。说明基坑回弹不可忽视，应予监测，并将实测沉降量减去回弹量，才是真正的地基土沉降量，否则实际观测的沉降量偏大。

除卸荷回弹外，在基坑暴露期间，土中黏土矿物吸水膨胀、基坑开挖接近临界深度导致土体产生剪切位移以及基坑底部存在承压水时，皆可引起基坑底部隆起，观测时应予以注意。

基底回弹监测应在开挖完工后立即进行，在基坑的不同部位设置固定测点，用水准仪观测，且继续进行建筑物施工过程中以至竣工之后的地基沉降监测，最终可绘制基底的回弹、沉降与卸载、加载关系曲线（图 7-1）。

表 7-1　某些高层建筑基坑回弹量与沉降量观测资料

土类	建筑物名称	平面尺寸 $B \times L$ /m×m	基坑深 /m	基坑回弹量 /cm	完工沉降量 /cm	基坑回弹量与沉降量之比/%
一般细粒土	北京中医医院	14×87	5.7	1.3	2.3	50.5
	北京前三门 604# 工程	11.6×100	4.4	0.6	1.1	54.5
	北京昆仑饭店	57×150	10.1～11.6	2.9～3.5	2.0～2.7	145～130
沿海软土	上海康乐大楼	14×70	5.5	2.3	<14.0	16.4
	上海四平大楼	10×50	5.2	3.4	<10.0	34.0
	上海华盛大楼	11×58	5.6	4.5	22.0	20.5

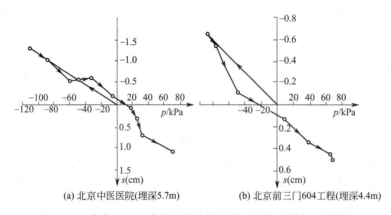

(a) 北京中医医院(埋深5.7m)　　　　(b) 北京前三门604工程(埋深4.4m)

图 7-1　一般第四纪土中箱基的实测回弹再压缩及附加沉降资料

7.2.2　桩基工程的检测

7.2.2.1　桩基工程检测的意义

　　桩基是高、重建筑物和构筑物的主要基础形式，属深基础类型。它的主要功能是将荷载传递至地下较深处的密实土层或岩层上，以满足承载力和变形的要求。与其他类型的深基础相比较，桩基的几何尺寸较小，施工简便，适用范围广。近 20 年来国内的桩基工程新技术获得迅猛发展，为了提高桩基的设计、施工水平，岩土工程师们都很关注桩基质量的检测。

　　桩基工程按施工方法，可分为预制桩和灌注桩两种，最主要的材料是钢筋混凝土。

　　一般钢筋混凝土预制桩都是采用锤击打入土层中的，其常见的质量问题是：①桩身混凝土标号低或桩身有缺陷，锤击过程中桩头或桩身破裂；②桩无法穿透硬夹层而达不到设计标高；③由于沉桩挤土引起土层中出现高孔隙水压力，大范围土体隆起和侧移，以至对周围建筑物、管线、道路等产生危害；④在桩基施工中，由于相邻工序处理不当，造成基桩过大侧移而引起基桩倾斜、位移。

　　灌注桩由于成桩过程是"地下作业"，因此控制质量的难度很大，存在的质量问题也很多。常见的质量问题是：①由于混凝土配合比不正确和离析等原因，使桩身混凝土强度不够；②由于夹泥、断桩、缩颈等原因，造成桩身结构缺陷；③桩底虚土、沉碴过厚或桩周泥皮过厚，使得桩长或桩径不够。

　　上述预制桩和灌注桩的质量问题，都将导致桩不能满足承载力和变形的要求，所以需加强桩基质量的检测工作。

7.2.2.2　桩基工程检测的内容

桩基工程检测的内容，除了核对桩的位置、尺寸、距离、数量、类型，核查选用的施工机械、置桩能量与场地条件和工程要求，核查桩基持力层的岩土性质、埋深和起伏变化，以及桩尖进入持力层的深度等以外，通常还应包括桩基强度、变形和几何受力条件等三个方面，尤以前者为主。

（1）桩基强度　桩基强度检验包括桩身结构完整性和桩承载力的检验。桩身结构完整性是指桩是否存在断桩、缩颈、离析、夹泥、孔洞、沉碴过厚等施工缺陷。桩基强度常采用声波法、动测法和静力载荷试验等检测。

（2）桩基变形　桩基变形需通过长期的沉降观测才能获得可靠结果，而且应以群桩在长期荷载作用下的沉降为准。一般工程只要桩身结构完整性和桩承载力满足要求，桩尖已达设计标高，且土层未发生过大隆起，就可以认为已符合设计要求。重要工程必须进行沉降观测。

（3）几何受力条件　桩的几何受力条件是指桩位、桩身倾斜度、接头情况、桩顶及桩尖标高等的控制。在软土地区因打桩或基坑开挖造成桩的位移或上浮是经常发生的，通常应以严格的桩基施工工艺操作来控制。必要时应对置桩过程中造成的土体变形、超孔隙水压力以及对相邻工程的影响进行观测。

7.2.2.3　桩身质量检测的方法

桩身质量的检测包括桩的承载力、桩身混凝土灌注质量和结构完整性等内容。

桩的承载力检测，应采用载荷试验与动测相结合的方法。其中最传统而有效的方法是静力载荷试验法，其试验要点在国家标准《建筑地基基础设计规范》（GB 50007—2002）等有关规范、手册中均有明确规定。尽管此法耗费大量的时间和金钱，但是在工程实践中仍普遍采用。

桩身混凝土灌注质量和结构完整性检测主要用于大直径灌注桩。检测方法有钻孔取芯法、声波法和动测法。钻孔取芯法可以检查桩身混凝土质量和孔底沉碴。由于芯样小，灌注桩的局部缺陷往往难以被发现。声波法检测灌注桩的混凝土灌注质量，这种方法仪器轻便、结果可靠而直观，已得到广泛应用。其测试装置与方法在上一章"岩石声波测试"及第三章"声透测井"论及，大致是相同的，应先在灌注混凝土之前预埋中测管，固定于钢筋笼上。用此法可检测因施工质量造成的断桩、夹泥、缩颈、孔洞等混凝土缺陷。目前多以声时值的变化作为判别的基本依据，而波幅和波形仅作为解释的辅助变量。动测法是在桩顶施加一个瞬态作用力或简谐振动力，使桩产生振动响应。通过安装在桩顶的传感器，接收桩土系统在动荷载作用下的响应信号，并以时域波形分析、频域波形分析或传递函数分析方法等进行分析，对桩身结构完整性及承载力作出判断。在预制桩和灌注桩等不同桩型的检测中已得到广泛应用。动测的方法较多，按桩身与周围土的相对位移量大小可分为高应变法和低应变法两大类。其中高应变法主要有：密斯法、凯斯法、波形拟合法和锤击贯入法等，可以反映桩土体系的弹塑性响应，通过波动方程求解桩的极限承载力和评价桩身结构的完整性。低应变法主要有：机械阻抗法、应力波反射法和动力参数法等，桩土动力响应处于完全弹性范围内，较适用于桩身结构完整性检测。

7.2.3　地基加固和改良的检验与监测

当地基土的强度和变形不能满足设计要求时，往往需要采用加固与改良的措施。地基加固与改良的方案、措施较多，各有其适用条件。为了保证地基处理方案的适宜性、使用材料和施工的质量以及确切的处理效果，按《岩土工程勘察规范》规定，应作现场检验与监测。

现场检验的内容包括：①核查选用方案的适用性，必要时应预先进行一定规模的试验性施工；②核查换填或加固材料的质量；③核查施工机械特性、输出能量、影响范围；④对施工速度、进度、顺序、工序搭接的控制；⑤按有关规范、规程要求，对施工质量的控制；⑥按计划在不同期间和部位对处理效果的核查；⑦检查停工及气候变化或环境条件变化对施工效果的影响。

现场监测的内容包括：①对施工中土体性状的改变，如地面沉降、土体变形、超孔隙水压力等的监测；②用取样试验、原位测试等方法，进行场地处理前后性状比较和处理效果的监测；③对施工造成的振动、噪声和环境污染的监测；④必要时作处理后地基长期效果的监测。

各种地基加固与改良方案常用的现场检验与监测方法列于表7-2中，以供参考。

表7-2　常用的检验与监测方法

施工方法		对适用性的检验	施工质量控制	效果检验与施工监测
置换及拌入法	开挖置换法和垫层法	暗埋的塘、浜、沟、穴等局部软弱地基湿陷性土、膨胀性土和杂填土的浅层处理；垫层材料主要有：灰土、素黏性土、砂和砂石，也可用矿渣及其他性能稳定、无侵蚀性的材料	灰土及素填土地基： 1. 对灰、土材料的检验。土料中不得含有机杂质。粒径不得大于15mm；灰料中不得夹有未熟化的生石灰块或过多水分。粒径不大于5mm，活性CaO+MgO不低于50% 2. 对灰土配合比检验及均匀性控制 3. 施工含水量控制 4. 压、夯或振动压实机械的自重、振动力的选择及与之相应的换土铺设厚度、夯压遍数及有效加密深度的控制与检验 砂和砂石地基： 1. 对材料级配（不均匀系数不宜小于10）、粒径（一般宜小于50cm）及是否含有机杂质和含泥量（不宜超过3%～5%）的检验 2. 对夯、压或振动压实机械自重、振动力的选择及与之相应的砂石料铺设厚度、施工含水量、夯压遍数及有效加密深度的控制与检验	环刀法测干重度，推算压实系数 贯入仪测贯入度或用其他常用原位测试方法检验 环刀取样或灌砂法测干重度；贯入法测贯入度 以上两类方法在施工中都应注意下卧软弱土层发生塑性流动引起侧向隆起及填料下陷。必要时对建筑物进行沉降观测
	振冲地基	松散土、黏粒含量小于25%～30%的黏性土	1. 对振冲机具及其适用性、振冲施工技术参数，如水压、水量、贯入速度、密实电流控制的及加固时间的监测与调整 2. 对填料规格、质量、含泥量、杂质含量及填料量的监控 3. 对孔位、造孔顺序及施工质量监控	标准贯入、动力触探、静力触探或载荷试验检验振冲效果
	旋喷地基	砂土、黏性土、湿陷性黄土、淤泥及人工填土	1. 对旋喷机具的性能、技术参数。如喷嘴直径、提升速度、旋转速度、喷射压力及流量等的监控与调整 2. 对水泥质量、用量、水泥浆的水灰比及外加剂用量的监控 3. 对旋喷管倾斜度位置偏差和置入深度的监控 4. 对固结体的整体性、均匀性、有效直径、垂直度、强度特性及溶蚀、耐久性的检验	1. 用取样的标准贯入、静力触探、载荷试验等原位测试方法检验旋喷效果 2. 必要时可用开挖检查方法对旋喷体的几何尺寸和力学性质进行检验
振密或挤密法	重锤夯实	地下水位以上稍湿的黏性土、砂土、湿陷性黄土、杂填土和素填土	1. 夯锤重量、底面直径、落距的选定与检查 2. 基坑夯实宽度、预量夯实土层厚度、夯击遍数及夯击路线的确定与核查 3. 夯实地基含水量的控制 4. 夯实标准的确定与检验	1. 对最后夯沉量的检验（包括与试夯下沉量的比较） 2. 取土样测孔隙比和密实度 3. 用原位测试方法检验 4. 检测夯击振动对邻近建筑、设施的影响
	强夯	碎石土、砂土、湿陷性黄土及人工地基的施工	1. 夯锤重、锤底面积、落距的选定与核查 2. 夯击点、各点夯击次数、夯击遍数及各遍之间间歇时间的确定、核查及必要的修正	1. 埋设孔隙压力计监测孔隙压力的变化 2. 夯后平均沉降量的监测 3. 用原位测试方法检验强夯效果 4. 监测夯击振动对邻近建筑、设施的影响

续表

施工方法		对适用性的检验	施工质量控制	效果检验与施工监测
振密或挤密法	砂桩挤密	软土、人工填土和松散砂土地基	1. 对砂料规格、质量、含泥量、含水量的检验 2. 对砂桩位置、孔径、垂直度、孔深、成孔质量、成桩工艺的顺序的监控与检查 3. 对灌砂量及加密工艺的核查	1. 用标准贯入或轻便钎探对桩身及桩周土加密效果的检验 2. 用锤击法检验砂桩的密实度及均匀性
	土或灰土桩挤密	地下水位以上，地下 10m 之内的湿陷性黄土、素填土或杂填土	1. 对填料质量、含水量及配合比的监控 2. 对桩孔位置、孔径、垂直度、孔深、成孔质量、成桩工艺和顺序的监控与检查 3. 对填料数量及夯实工艺的核查	1. 用轻便钎探对桩身及桩周土加密效果的检验 2. 用环刀法测夯击桩身土的干重度 3. 进行现场载荷试验或浸水载荷试验
灌浆法		砂土、湿陷性黄土、软弱黏土	1. 根据灌浆目的、地质条件和工程性质，检验灌浆方法的适用性 2. 对浆液的化学成分、流动性、析水性、凝结时间、杂质含量、浓度、比重、注浆方法、灌注速度及压力进行监控 3. 采用电动法时对电压梯度、通电时间和方法进行监控 4. 对灌注机具、管路或电极棒的适用性、置入位置进行监控	1. 检测加固区域的地面变形和沉降 2. 用常用原位测试方法对加固效果进行检验 3. 浆体钻孔取样测定浆体密度、结石性质、浆体填充率以及无侧限抗压强度等物理力学性质 4. 在防渗灌浆中，通过浆体钻孔测定地下水流量和地基的渗流特性 5. 对浆液毒性和可能造成的污染进行检测
排水固结法（堆载预压、砂井堆载预压及真空预压）		软土和冲填土地基	1. 对砂井位置、砂料规格质量、砂量或砂袋及其他排水装置规格质量、施工工艺的监控 2. 对水平排水垫层的材料及施工监控 3. 对预压荷载大小、加荷速率的监控 4. 真空预压中对真空度的监控 5. 对卸载进度的监控	1. 对地表日沉降量及最终沉降量的控制 2. 用测斜仪进行土体水平位移的监测 3. 对孔隙水压力变化的检测 4. 对卸载后的沉降和回弹情况的检测
加筋法		垫层、桥台、堤坝的挡土结构和岸边防护	1. 土工织物或加筋体的力学性质、耐久性及渗水性 2. 检测填土的规格、质量及压实性能 3. 对施工铺设要求，特别是整体性和端头锚固的监控 4. 对回填土施工含水量、填筑施工顺序及施工要求的监控	1. 对加筋体整体稳定性的监控 2. 对加筋体垂直、水平位移量的监测 3. 对用于反滤排水的，进行现场效果监测

7.2.4　深基坑开挖和支护的检验与监测

在建筑密集的城市中兴建高层建筑时，往往需要在狭窄的场地上进行深基坑开挖。由于场地的局限性，在基槽平面以外没有足够的空间安全放坡，就不得不设计规模较大的开挖支护系统，以保证施工的顺利进行。由于深基坑开挖与支护在大多数情况下属施工阶段的临时性工程，以往工程部门往往不愿投入足够的资金，也未引起岩土工程师的足够重视。但是许多工程的失效事故表明：该工程具有很大的风险性，是"最具挑战性的工程"。因而是当今岩土工程界研究的热门课题。

随着高层建筑基坑开挖深度不断加大，复杂的环境条件也对支护结构的工作状态和位移提出了越来越严格的限制，就要求岩土工程师在不断发展、创立新的支护理论和结构系统的同时，实行严格的检验与监测，以保证安全、顺利地施工。

深基坑开挖支护系统的施工质量，对整个系统的工作状态是否正常有重大影响。施工质量的好坏主要表现在：支护系统的类型、材料、构造尺寸、装设的位置和方法是否符合设计要求，装设施工是否及时，施工顺序是否与设计要求一致，地下水控制施工是否满足设计要求等方面。一个设计合理的支护系统，可能由于施工质量差而导致重大事故。为避免事故的出现，就要求检验与监测工作应在整个施工场地的各个部分同时进行，在系统的整个工作期间内不得间断。观测的时间间隔视气象条件、施工进度、和施工条件影响的范围和程度，可定位每日、每三日或每周进行一次。

检验与监测工作内容有以下几方面：
① 支护结构的变形；
② 监测基坑周边的地面变形；
③ 临近工程和地下设施的变形，注意有无沉降、倾斜、裂缝等现象发生；
④ 地下水位和孔隙水压力；
⑤ 渗漏、冒水、冲刷、管涌等情况。

很多工程实例表明：对施工场地及周围环境的肉眼巡检是很有意义的，应专派有经验的工程师逐日进行。施工条件的改变、现场堆载的变化、管道渗漏和施工用水不适当的排放、温度骤变或降雨等，都应在工程师的监视之下并应有完整的记录。地面裂缝、支护结构工作失常、渗漏、管涌、流土等，更是可以通过肉眼巡检在早期发现的。此外，预先确定各方面临界状态报警值，及时反馈监测结果，使出现的问题得到及时处理，将能大大减少可能出现的事故。

7.2.5 建筑物的沉降观测
7.2.5.1 沉降观测的对象
① 地基基础设计等级为甲级的建筑物；
② 不均匀地基或软弱地基上的乙级建筑物；
③ 加层、接建，临近开挖、堆载等，使地基应力发生显著变化的工程；
④ 因抽水等原因，地下水位发生急剧变化的工程；
⑤ 其他有关规范规定需要做沉降观测的工程。

7.2.5.2 观测点的布置及观测方法
一般是在建筑物周边的墙、柱或基础的同一高程处设置多个固定的观测点，且在墙角、纵横墙交叉处和沉陷缝两侧都应有测点控制。距离建筑物一定范围设基准点，从建筑物修建开始直至竣工以后的相当长时间内定期观测各测点高程的变化。观测次数和间隔时间应根据观测目的、加载情况和沉降速率确定，当沉降速率小于1mm/100d时可停止经常性的观测。建筑物竣工后的观测间隔按表7-3确定。

表7-3 竣工后观测间隔时间

沉降速率/(mm/d)	观测间隔时间/d	沉降速率/(mm/d)	观测间隔时间/d
>0.3	15	0.02~0.05	180
0.1~0.3	30	0.01~0.02	365
0.05~0.1	90		

根据观测结果绘制加载、沉降与时间的关系曲线。由此可以较好地划定地基土的变形性和均一性；与预测的结论对比，以检验计算采用的理论公式、方案和所用参数的可靠性；获得在一定土质条件下选择建筑结构形式的经验。也可由实测结果进行反分析，即反求土层模量或确定沉降计算经验系数。

北京国际信托大厦系采用剪力墙内筒外框结构的高层建筑，地面以上28层（高104.1m）。地下两层，采用箱形基础，埋深12.73m。该工程自箱基的隔水架空层浇筑完毕起沿基础的纵横轴线安设了138个观测点进行系统的沉降观测，截止竣工后约4年的观测资料如图7-2和图7-3所示。

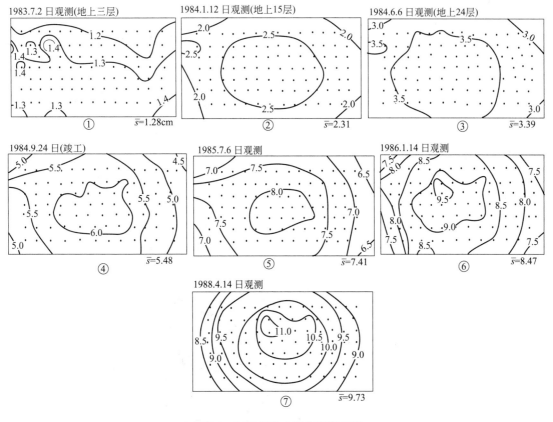

图 7-2　国际信托大厦沉降等值线
（北京市勘察院赵世平、云连仲提供，张凤林整理）

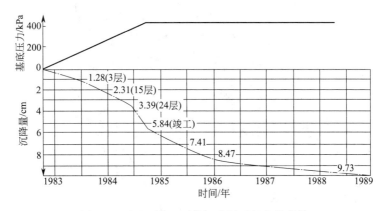

图 7-3　基地压力、平均沉降随时间变化曲线

7.3　不良地质作用和地质灾害的监测

　　不良地质作用和地质灾害对已建建筑物或构筑物构成了潜在的危险，如其进一步发展，则会造成重大的灾难性事故。根据《岩土工程勘察规范》规定，下列情况应进行不良地质作用和地质灾害的监测：场地及其附近有不良地质作用或地质灾害，并可能危及工程的安全或正常使用时；工程建设和运行，可能加速不良地质作用的发展或引发地质灾害时；工程建设

和运行,对附近环境可能产生显著不良影响时。

不良地质作用和地质灾害的监测,应根据场地及其附近的地质条件和工程实际需要编制监测纲要,按纲要进行。纲要内容包括:监测目的和要求、监测项目、测点布置、观测时间间隔和期限、观测仪器、方法和精度、应提交的数据、图件等,并及时提出灾害预报和采取措施的建议。

不良地质作用和地质灾害的勘察将在下面的各章中具体介绍,这里只列举几种常见地质灾害的监测。

① 岩溶土洞发育区应着重监测下列内容:地面变形;地下水位的动态变化;场区及其附近的抽水情况;地下水位变化对土洞发育和坍塌发生的影响。

② 滑坡的监测应包括下列内容:滑坡体的位移;滑面位置及错动;滑坡裂缝的发生及发展;滑坡体内外地下水位、流向、泉水流量和滑带孔隙水压力;支护结构及其他工程设施的位移、变形、裂缝的发生和发展。

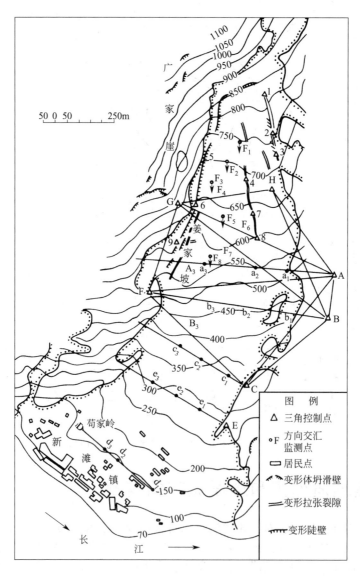

图 7-4　新滩滑坡位移观测点平面布置

③ 当需判定崩塌剥离体或危岩的稳定性时，应对张裂缝进行监测。对可能造成较大危害的崩塌，应进行系统监测，并根据监测结果，对可能发生崩塌的时间、规模、塌落方向和途径、影响范围等作出预报。

④ 对现采空区，应进行地表移动和建筑物变形的观测，并应符合下列规定：观测线宜平行和垂直矿层走向布置，其长度应超过移动盆地的范围；观测点的间距可根据开采深度确定，并大致相等；观测周期应根据地表变形速度和开采深度确定。

⑤ 应城市或工业抽水而引起区域性地面沉降，应进行区域性的地面沉降监测，监测要求和方法应按有关标准进行。

可见，对不良地质作用和地质灾害的监测主要是变形、应力和地下水的监测。通过对不良地质作用和地质灾害的监测，即可正确判定其稳定状态，可为整治提供科学依据以及检验整治的效果。

7.3.1　变形监测

（1）地面位移监测　主要采用经纬仪、水准仪或光电测距仪重复观测各测点的位移方向和水平、铅直距离，以此来判定地面位移矢量及其随时间变化的情况。测点可根据具体条件和要求布置成不同型式的线、网，一般在条件较复杂和位移较大的部位测点应适当加密。图 7-4 为长江三峡工程库区内新滩滑坡地面位移观测点平面布置图，测点主要集中布置在地面位移量较大的姜家坡一带。对于规模较大的滑坡，还可采用航空摄影测量和全球卫星定位系统来进行监测，也可采用伸缩仪和倾斜计等简易方法进行监测。

监测结果应整理成曲线图，并以此来分析滑坡或工程边坡的稳定性发展趋势，作临滑预报。图 7-5 即为新滩滑坡铅直位移-时间关系曲线，从图上可以清晰地看出，该滑坡从 1985 年 5 月开始铅直位移量显著增大，到 6 月 12 日便发生了整体下滑，滑坡方量约 $3 \times 10^7 \ m^3$。由于临滑预报非常成功，避免了人员伤亡的重大事故。

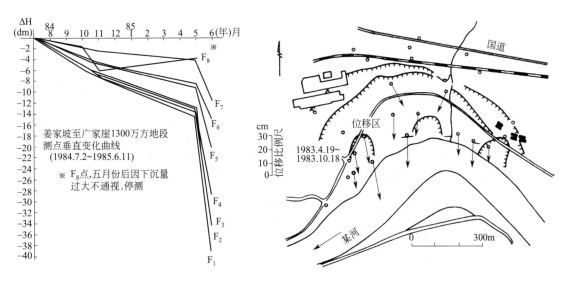

图 7-5　新滩滑坡铅直位移-时间关系曲线　　　　图 7-6　用光电测距仪测量的位移矢量

除了绘制位移-时间关系曲线图外，还应绘制各监测点的位移矢量图。图 7-6 是日本某滑坡用光电测距仪监测所获得的位移矢量，可以看出滑坡的位移范围、方向和各部位位移量的大小。铁路线和国道位于滑坡位移区之外，不受该滑坡的影响。

（2）岩土体内部变形和滑动面位置监测　准确地确定滑动面位置是进行滑坡稳定性分析和整治的前提条件，它对于正处于蠕滑阶段的滑坡效果显著。目前常用的监测方法有：

管式应变计、倾斜计和位移计等。它们皆借助于钻孔进行监测的。下面简要介绍这几种方法。

管式应变计监测是在聚氯乙烯管上隔一定距离贴电阻应变片，随后将其埋置于钻孔中，用于测量由于滑坡滑动引起管子的变形。其安装方法如图7-7所示。安装变形管时必须使应变片正对着滑动方向。测量结果可清楚地显示出滑坡体随时间不同深度的位移变形情况以及滑动面的位置。图7-8即为某滑坡用管式应变计监测的成果，滑动面深度为4.4m。此法较简便，在国内外使用最为广泛。

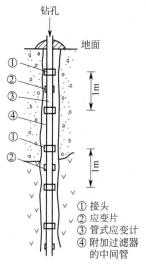

图 7-7 管式应变测量计安装

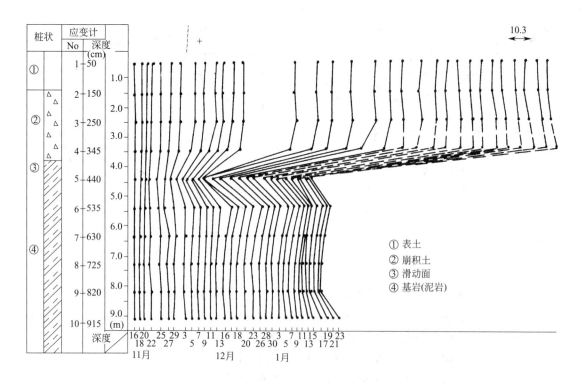

图 7-8 某管式应变测量仪测量成果

　　倾斜计是一种量测滑坡引起钻孔弯曲的装置，可以有效地了解滑动面的深度。该装置有两种型式：一种是由地面悬挂一个传感器至钻孔中，量测预定各深度的弯曲（图 7-9）；另一种是钻孔中按深度装置固定的传感器（图 7-10）。其监测结果如图 7-11 所示，滑动面深度为 3.5m。

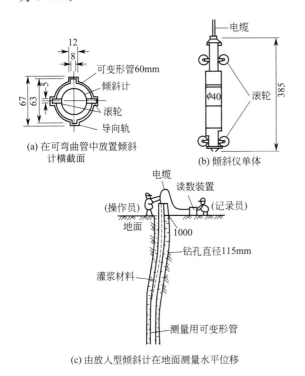

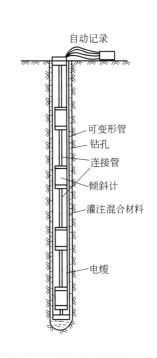

图 7-9　放入型倾斜计测量实例　　　　　图 7-10　固定型倾斜计测量实例

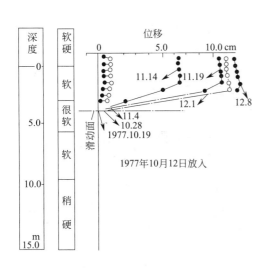

图 7-11　倾斜计测量结果示意

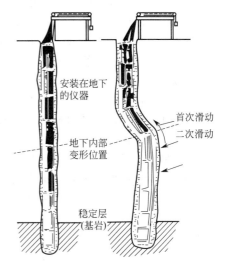

图 7-12　金属线多层位移线

　　位移计是一种靠测量金属线伸长来确定滑动面位置的装置，一般采用多层位移计量测，将金属线固定于孔壁的各层位上，末端固定于滑床上（图 7-12）。它可以用来判断滑动面的深度和滑坡体随时间的位移变形。

（3）洞室壁面收敛量测　收敛量测是直接量测岩体表面两点间的距离改变量，它被用于了解洞室壁面间的相对变形和边坡上张裂缝的发展变化，据以对工程稳定性趋势作出评价和对破坏时间作出预报。边坡张裂缝量测方法比较简单，一般在裂缝两侧埋设固定点，用钢卷尺直接量测即可。洞室壁面收敛量测则需借助于专用的收敛计，下面作简要介绍。

作收敛量测时，首先要选择代表性的洞段，量测前在壁面设测桩，收敛计的选择可根据量测方向、位移大小和观测精度确定。收敛计分垂直方向的、水平方向的和倾斜方向的几种。

垂直收敛计量测洞室顶、底板之间的相对变形，可使用悬挂型和螺栓型二种收敛计（图 7-13）。前者可免除每次量测时的攀高问题，对高边墙洞室具有明显的优点，且这种收敛计可以从顶板上的基点作洞壁全断面放射状量测，使用方便。后者不但具有悬挂型的优点，且因螺栓测点可以紧靠开挖工作面埋设，尽可能取得岩体的"全变形"资料。

水平收敛计目前常用的是带式收敛计和钢尺式收敛计。它们在跨度不大的洞室中使用，携带方便，安装简单，比较适用。但是当洞室跨度较大时，由于收敛计挠曲变形而使量测精度明显降低，因而要增加收敛计钢尺（带）的刚度和施加一定的拉力，以减少钢尺（带）的挠曲变形，在分析收敛量读数时进行适当的挠曲校正。一般钢尺（带）的材料为铟钢，每次量测时需用恒定的拉力，需精确量测时尚应消除温度的影响。

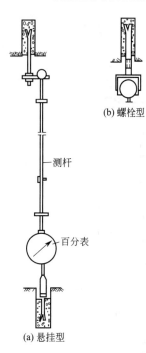

(b) 螺栓型

测杆

百分表

(a) 悬挂型

图 7-13　水平坑道支护上的围岩压力

倾斜方向的变形量测，也可以使用水平收敛计，但此时收敛计与侧桩间应改为球铰连接方式，以适应不同方向量测的要求。

当洞室稳定性出现问题时，应设限位开关的多点地表位移伸长计及报警装置，对洞室稳定性进行评价时，应分析变形（位移）与时间的关系曲线；当变形加速发展时，可根据曲线的延伸趋势作出破坏时间的预报。

7.3.2　应力量测

岩土体内部应力量测的意义一样，可用来监测建筑物的安全使用。亦可检验计算模型和计算参数的适用性和准确性。

岩土体内部的应力可分为初始应力和二次应力，初始应力也称地应力，它的概念和量测原理及方法已在前面论述过，这里仅讨论工程建筑物兴建后的二次应力，主要指的是房屋建筑基础底面与地基土的接触压力；挡土结构上的土压力以及洞室的围岩压力等的量测问题。

岩土压力的量测是借助于压力传感器装置来实现的，一般将压力传感器埋设于结构物与岩土体的接触面上。目前国内外采用的压力传

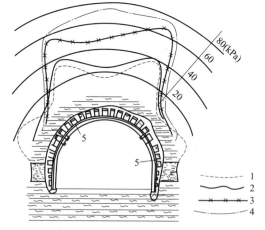

图 7-14　水平坑道支护上的围岩压力图形
1—开挖后 30 天；2—开挖后 60 天；3—开挖后 90 天；4—开挖后 120 天；5—测力计

感器多数为压力盒，有液压式、气压式、钢弦式和电阻应变式等不同型式和规格的产品，以后两种较常用。由于压力观测是在施工和运营期间进行的，互有干扰，所以务必要注意量测装置不被破坏，为了保障量测数据的可靠性，压力盒应有足够的强度和耐久性，加压、减压线性良好，能适应温度和环境条件变化而保持稳定。应注意压力盒与土体刚度的协调问题，埋设时应避免对土体的扰动，回填土的性状应与周围土体一致。

通过定时观测，便可获得岩土压力随时间变化的资料。图 7-14 即为某洞室工程结构物上所作用的围岩压力图形。

7.4　地下水的监测

7.4.1　地下水监测的意义和条件

地下水对工程岩土体的强度和变形以及对建筑物稳定性都有极大影响。例如，在高层建筑深基坑开挖和支护中，由于地下水的作用，可能会导致坑底上鼓溃决、流砂突涌、支护结构移位倾倒、降水引起周围地面沉降而导致建筑物破坏。地下水也是各种不良地质现象产生的重要因素。例如，作用于滑坡上的孔隙水压力、浮托力和动水压力，直接影响滑坡的稳定性；饱水砂土的管涌和液化、岩溶区的地面塌陷等，无不与地下水的作用息息相关。因此要对地下水压力、孔隙水压力准确控制，以保证工程顺利、安全施工和正常运行。

对地下水进行监测，不同于水文地质学中"长期观测"的含义。因观测是针对地下水的天然水位、水量和水质的时间变化规律的，一般仅是提供动态观测资料。而监测则不仅仅是观测，还要根据观测资料提出问题，制订处理方案和措施。

根据《岩土工程勘察规范》，下列情况应进行地下水监测：

① 地下水位的升降影响岩土体稳定时；

② 地下水位上升产生浮托力对地下室和地下构筑物的防潮、防水或稳定性产生较大影响时；

③ 施工降水对拟建工程或相邻工程有较大影响时；

④ 施工或环境条件改变，造成的孔隙水压力、地下水压力的变化，对工程设计或施工有较大影响时；

⑤ 地下水位的下降造成区域性地面沉降时；

⑥ 地下水位升降可能使岩土产生软化、湿陷、胀缩时；

⑦ 需要进行污染物运移对环境影响的评价时。

地下水监测的内容包括：地下水位的升降、变化幅度及其与地表水、大气降水的关系；工程降水对地质环境及附近建筑物的影响；深基、洞室施工，评价斜坡、岸边工程稳定和加固软土地基等进行孔隙水压力和地下水压力的监控；管涌和流土现象对动水压力的监控；当工程可能受腐蚀时，对地下水水质的监测等。监测工作的布置应根据监测目的、场地条件、工程要求和水文地质条件来确定。地下水监测方法应符合下列规定：①地下水位的监测，可设置专门的地下水位观测孔，或利用水井、地下水天然露头进行；②孔隙水压力、地下水压力的监测，可采取孔隙水压力计、测压计进行；③用化学分析法监测水质时、采样次数每年不应少于 4 次，进行相关项目的分析。

下面主要就孔隙水压力、地下水压力和水质监测进行讨论。

7.4.2　孔隙水压力监测

孔隙水压力对岩土体变形和稳定性有很大的影响，因此在饱和土层中进行地基处理和基础施工过程中以及研究滑坡稳定性等问题时，孔隙水压力的监测很有必要。其具体监测目的见表 7-4 所列。

表7-4 孔隙水压力监测目的

项 目	监 测 目 的	项 目	监 测 目 的
加载预压地基	估计固结度以控制加载速率	工程降水	监测减压井压力和控制地面沉降
强夯加固地基	控制强夯间歇时间和确定强夯度	研究滑坡稳定性	控制和治理
预制桩施工	控制打桩速率		

监测孔隙水压力所用的孔隙水压力计型号和规格较多,应根据监测目的、岩土的渗透性和监测期长短等条件选择,其精度、灵敏度和量程必须满足要求。现将常用的类型及其适用条件和计算公式列于表7-5中。

表7-5 孔隙水压力计类型、适用条件及计算公式

仪 器 类 型		适 用 条 件	计 算 公 式
立管式(敞开式)		渗透系数大于 10^{-4} cm/s 的岩土层	$u = \gamma_w h$
水压式(液压式)		渗透系数小的土层,测量精度>2kPa,监测期<1个月	$u = \gamma_w h + p$
气动式(气压式)		各种岩土层,测量精度≥10kPa,监测期<1个月	$u = c + ap$
电测式	振弦式	各种岩土层,测量精度≤2kPa,监测期>1个月	$u = K(f_0^2 + f^2)$
	电阻应变式	各种岩土层,测量精度≤2kPa,监测期<1个月	$u = K(\varepsilon_1 - \varepsilon_0)$
	差动变压式	各种岩土层,测量精度≤2kPa,监测期>1个月	$u = K'(A - A_0)$

注:计算公式中的符号含义为 a—孔隙水压力,kPa;p—压力表读数,kPa;γ_w—水的容重,kN/m³;h—观测点的水柱高或其与压力计基面的高差,m;c,a—气压表的标定常数;K—压力计的灵敏度系数(单位:振弦式 kPa/Hz,电阻应变式 kPa/με);f_0—压力计零压时的频率,Hz;f—压力计受压后的频率,Hz;ε_1—压力计受压后的测读数;ε_0—压力计受压前的测读数;K'—率定系数,kPa/V;A—测定值,V;A_0—初读数,V。

孔隙水压力监测点的布置视不同目的而异,一般是将多个压力计顺着孔隙水压力变化最大的方向埋置,以形成监测剖面和监测网,各点的埋置深度可不相同,以能观测到孔隙水压力变化为准。压力计可采用钻孔法或压入法埋设。压入法只适用于软土。采用钻孔法时,当钻达埋置深度后先于孔底填入少量砂子,待置入测头后再在周围和上部填砂,最后用膨胀性黏土球将钻孔全部严密封堵。由于埋设压力计时会改变土体中的应力和孔隙水压力的平衡条件,所以需要一定时间待其恢复原状后才能进行正式观测。

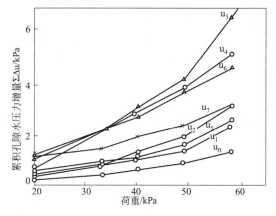

图7-15 孔隙水压力-填土荷重关系曲线(据李大梁)

观测结果应整理成曲线图。图7-15为上海某海堤试验段孔隙水压力和填土荷重的关系曲线。从图中可以看出,当荷重达到49kPa时,各测点孔隙水压力增量有一个拐点,表明地基土有塑流趋势,应降低加荷速率使孔隙水压力消散,否则将导致地基土滑动破坏。

7.4.3 地下水压力、水位和水质监测

地下水压力(水位)和水质监测工作的布置,应根据岩土体的性状和工程类型确定。一般顺着地下水流向布置观测线。为了监测地表水与地下水之间关系,则应垂直地表水体的岸边线布置观测线。在水位变化大的地段、上层滞水或裂隙水聚集地带,皆应布置观测孔。基坑开挖工程降水的监测孔应垂直基坑长边布置观测线,其深度应达到基础施工的最大降水深度以下1m处。动态监测除布置监测孔外,还可利用地下水天然露头或水井。

观测内容除了地下水位外,还应包括水温、泉的流量,在某些监测孔中有时还应定期取水样作化学分析和抽水。观测上述各项内容的同时,还应观测大气降水、气温和地表水体

（河、湖）的水位等，藉以相互对照。

监测时间应满足下列要求：①动态监测时间不应少于一个水文年，观测时间间隔视目的和动态变化急缓时期而定，一般雨汛期加密，干旱季节放疏，可以 3～5 天或 10 天观测一次，而且各监测孔皆同时进行观测，作化学分析的水样，可放宽取样时间间隔，但每年不宜少于 4 次；②当孔隙水压力变化可能影响工程安全时，应在孔隙水压力降至安全值后方可停止监测；③对受地下水浮托力的工程，地下水压力监测应进行至工程荷载大于浮托力后方可停止监测。

监测成果应及时整理，并根据所提出的地下水和大气降水量的动态变化曲线图、地下水压（水位）动态变化曲线图、不同时期的水位深度图、等水位线图、不同时期有害化学成分的等值线图等资料，分析对工程设施的影响，提出防治对策和措施。

思 考 题

1. 什么是现场检验与检测，它们与长期观测有何不同？
2. 验槽的内容、方法和要求有哪些？验槽报告应反映哪些内容？
3. 岩土体的性状监测有哪些内容？如何进行监测？
4. 不良地质作用和地质灾害监测的目的、内容及要求有哪些？
5. 地下水监测的内容、方法及要求有哪些？

第8章 岩土工程分析评价与勘察报告

岩土工程分析评价与勘察报告是在搜集已有资料、工程地质测绘、勘探、测试、检验与监测所得各项原始资料和数据的基础上，结合工程特点和要求进行的。其主要工作内容是：岩土参数的分析与选定、岩土工程分析评价和成果报告的编写。

8.1 岩土参数的分析与选取

8.1.1 岩土参数的可靠性和适用性

岩土参数的分析与选定是岩土工程分析评价和岩土工程设计的基础，岩土参数的合理性很大程度上决定了岩土工程分析评价的客观性和设计的可靠性。

岩土参数可分为两类：一类是评价指标，用以评价岩土的性状，作为划分地层类别的主要依据；另一类是计算指标，用以预测岩土体在附加荷载和自然因素作用下的应力应变状态和发展趋势，进而指导岩土工程设计、施工、检验和监测。岩土参数根据工程特点和地质条件选用，其合理性主要通过可靠性和适用性两个指标来评价。可靠性是指参数能否正确反映岩土体在规定条件下的性状，并比较有把握地估计参数真值所在的区间。适用性是指参数能否满足岩土工程设计计算的假定条件和计算精度要求。

岩土参数的可靠性和适用性主要通过以下内容进行评价：
① 取样方法和其他因素对试验结果的影响；
② 采用的试验方法和取值标准；
③ 不同测试方法所得结果的分析比较；
④ 测试结果的离散程度；
⑤ 测试方法与计算模型的配套性。

通过不同取样器和取样方法的对比试验可知，对同一土层，凡是由于结构扰动强度明显的土，其试验数据的离散性也明显增大。对同一土层的同一指标，采用不同的试验方法和标准，所得数据差异很大。例如，测定黏性土液限，采用圆锥仪法和碟式仪法所得结果差别就较大；测定土的不排水抗剪强度指标，采用室内的 UU 试验和采用原位十字板剪切试验的结果也是不相同的。因此，岩土工程师在进行岩土参数的选定时，不仅要掌握岩土参数的试验数据，而且要了解由于岩土体自身非均质型以及取样方法和试验方法不同导致的离散性，并对不同取样方法和试验方法所得结果进行比较，进而对岩土参数的可靠性和适宜性进行评价。

8.1.2 岩土参数的统计分析

由于岩土体的非均质性和各向异性以及试验时岩土体的边界条件与工程原型之间的差异等种种原因，岩土参数具有一定的随机性，变异性较大。岩土参数统计必须是在正确划分不同的工程地质单元和层位的基础上进行的。对不同的工程地质单元和层位的岩土物理力学指标必须分别统计，否则因不同工程地质单元和层位的岩土的物理力学指标差异较大，统计的数据毫无价值。

由于岩土体的不均匀性，对在同一工程地质单元（层位）取的岩土样，用相同方法测定的数据通常是离散的，并以一定的规律分布，可以用频率分布直方图和分布密度函数来表示。为了简便，通常采用统计特征值来表示。常用的统计特征值可分两大类：一类反映数据分布的中心趋势，通常作为该批数据的代表值；另一类反映数据分布的离散程度，通常用以评价单个数据的可靠性。按《岩土工程勘察规范》规定，表征岩土参数的特征值，前一类为算术平均值 ϕ_m，后一类为标准差 σ_f 和变异系数 δ。其计算式分别为：

$$\phi_m = \frac{1}{n}\sum_{i=1}^{n}\phi_i \tag{8-1}$$

$$\sigma_f = \sqrt{\frac{1}{n-1}\left[\sum_{i=1}^{n}\phi_i^2 - \frac{\left(\sum_{i=1}^{n}\phi_i\right)^2}{n}\right]} \tag{8-2}$$

$$\delta = \frac{\sigma_f}{\phi_m} \tag{8-3}$$

式中，ϕ_i 为岩土的物理力学指标数据；n 为参加统计的数据个数。

岩土参数的标准差可以作为衡量参数离散程度的尺度，但由于标准差是有量纲的，不能用于不同参数离散性的比较。为了评价岩土参数的变异特点，引入了变异系数 δ 的概念。变异系数是无量纲的，使用上比较方便，在国际上是通用的指标。在正确划分地质单元和标准试验方法的条件下变异系数反映了岩土指标固有的变异性特征。例如，土的重度的变异系数一般小于 0.05，渗透系数的变异系数一般大于 0.4；对于同一个指标，不同的取样方法和试验方法得到的变异系数可能相差比较大，例如用薄壁取土器取土测定的不排水强度的变异系数比常规厚壁取土器取土测定的结果小得多。国内外许多学者致力于不同地区、不同土类、不同指标的变异系数的研究，部分成果见表 8-1 和表 8-2。

表 8-1　Ingles 建议的变异系数

岩土参数	范围值	建议标准值	岩土参数	范围值	建议标准值
内摩擦角 φ 砂土	0.05~0.15	0.10	塑限 w_L	0.09~0.29	0.10
内摩擦角 φ 黏性土	0.12~0.56	—	标准贯入值 N	0.27~0.85	0.30
黏聚力 c(不排水)	0.20~0.50	0.30	无侧限抗压强度 q_u	0.06~1.00	0.40
压缩系数 α_{1-2}	0.18~0.73	0.30	孔隙比 e	0.13~0.42	0.25
固结系数 c_v	0.25~1.00	0.50	重度 γ	0.01~0.10	0.03
弹性模量 E	0.02~0.42	0.30	黏粒含量 p_c	0.09~0.70	0.25
液限 w_p	0.02~0.48	0.10			

表 8-2　国内研究成果的变异系数

地区	土类	重度 γ	压缩模量 E_s	内摩擦角 φ	粘聚力 c
上海	淤泥质黏土	0.017~0.020	0.044~0.213	0.206~0.308	0.049~0.089
	淤泥质亚黏土	0.019~0.023	0.166~0.173	0.197~0.424	0.162~0.245
	暗绿色亚黏土	0.015~0.031	—	0.097~0.268	0.333~0.645
江苏	黏土	0.005~0.033	0.177~0.257	0.164~0.370	0.156~0.290
	亚黏土	0.014~0.030	0.122~0.300	0.100~0.360	0.160~0.550
安徽	黏土	0.020~0.034	0.170~0.500	0.140~0.188	0.280~0.300
河南	亚黏土	0.015~0.018	0.166~0.469	—	
	粉土	0.017~0.044	0.209~0.417	—	

对于统计结果，应分析出现误差的原因，并剔除粗差数据。剔除粗差有不同的标准，常用的有正负 3 倍标准差法、Chauvenet 法和 Grubbs 法等。

当离差满足下式时应剔除：

$$|d| > g\sigma \tag{8-4}$$

式中，$d = \phi_i - \phi_m$；σ 为标准差；g 为由不同标准给出的系数，当采用正负 3 倍标准差时取 3，用另外两种方法时，由表 8-3 查得。

表 8-3　Chauvenet 法和 Grubbs 法的 g 值

n	Chauvenet 法	Grubbs 法		n	Chauvenet 法	Grubbs 法	
		$a=0.05$	$a=0.01$			$a=0.05$	$a=0.01$
5	1.68	1.67	1.75	16	2.16	2.44	2.75
6	1.73	1.82	1.94	18	2.20	2.50	2.82
7	1.79	1.94	2.10	20	2.24	2.56	2.88
8	1.86	2.03	2.22	22	2.28	2.60	2.94
9	1.92	2.11	2.32	24	2.31	2.64	2.99
10	1.96	2.18	2.41	30	2.39	2.75	3.10
12	2.03	2.29	2.55	40	2.50	2.87	3.24
14	2.10	2.37	2.66	50	2.58	2.96	3.34

注：表中 n 为统计样本数，即数据的个数，a 为风险率。

　　分析岩土参数在垂直方向和水平方向的变异规律，有助于正确掌握这些参数的变异特性。根据变异特性不同可对场地划分力学层位或分区，或者在岩土力学计算中引入表征变异规律的参数，用以估计复杂条件下岩土的反应。

　　一般对于主要参数，宜绘制沿深度变化的图件，并按变化特点划分为相关型和非相关型。必要时也应分析岩土参数在水平方向上的变异规律。

　　相关型参数宜结合岩土参数与深度的经验关系，按下式确定剩余标准差，进而利用剩余标准差计算变异系数。

$$\sigma_r = \sigma_f \sqrt{1-r^2} \tag{8-5}$$

$$\delta = \frac{\sigma_r}{\phi_m} \tag{8-6}$$

　　式中，σ_r 为剩余标准差；σ_f 为标准差；r 为相关系数，对非相关型，$r=0$；ϕ_m 为算术平均值。按计算确定的 δ 值，即可将岩土参数随深度的变异特征划分为均一型（$\delta<0.3$）和剧变型（$\delta \geqslant 0.3$）。

8.1.3　岩土参数的标准值和设计值

　　岩土参数的标准值是岩土工程设计的基本代表值，是岩土参数的可靠性估值。它是在统计学区间估计理论基础上得到的关于参数母体平均值值信区间的单侧置信界限值。按下式求得：

$$\phi_k = \phi_m \pm t_a \sigma_m = \phi_m(1 \pm t_a \delta) = \gamma_s \phi_m \tag{8-7}$$

$$\gamma_s = 1 \pm t_a \delta \tag{8-8}$$

　　式中，σ_m 为场地的空间均值标准差；γ_s 为统计修正系数。

$$\sigma_m = \Gamma(L)\sigma_f \tag{8-9}$$

标准差折减系数 $\Gamma(L)$ 可用随机场理论方法求得，

$$\Gamma(L) = \sqrt{\frac{\delta_e}{h}} \tag{8-10}$$

　　式中，δ_e 为相关距离，m；h 为计算空间的范围，m；

　　考虑到随机场理论方法尚未完全实用化，可以采用下面的近似公式计算标准差折减系数：

$$\Gamma(L) = \frac{1}{\sqrt{n}} \tag{8-11}$$

　　将式(8-9) 和式(8-11) 代入式(8-8) 中得到式(8-12)：

$$\gamma_s = 1 \pm t_a \delta = 1 \pm t_a \Gamma(L)\delta = 1 \pm \frac{t_a}{\sqrt{n}}\delta \tag{8-12}$$

式中 t_a 为统计学中的学生氏函数的界限值，一般取置信概率 a 为 95%。为了便于应用，也为了避免工程上误用统计学上的过小样本容量（如 $n=2、3、4$ 等）在规范中不宜出现学生氏函数的界限值。因此，通过拟合求得下面的近似公式：

$$\frac{t_a}{\sqrt{n}} = \frac{1.704}{\sqrt{n}} + \frac{4.678}{n^2} \tag{8-13}$$

综上所述，岩土参数的标准值 ϕ_k 可按下列方法确定：

$$\phi_k = \gamma_s \phi_m \tag{8-14}$$

$$\gamma_s = 1 \pm \left(\frac{1.704}{\sqrt{n}} + \frac{4.678}{n^2} \right) \delta \tag{8-15}$$

式中，正负号按不利组合考虑，如抗剪强度指标 c、φ 的修正系数应取负值，空隙比 e、压缩系数 a 值取正号。

在岩土工程勘察结果报告中，应按下列不同情况提供岩土参数值：

（1）一般情况下，应提供岩土参数的平均值 ϕ_m、标准差 σ_f、变异系数 δ、数据分布范围和数据的数量 n。

（2）承载能力极限状态计算所需要的岩土参数标准值，应按式(8-14) 计算；当设计规范另有专门规定的标准值取值方法时，可按有关规范执行。

岩土工程勘察报告一般只提供岩土参数的标准值，不提供设计值，当需要提供设计值时，采用分项系数描述设计表达式计算，岩土参数设计值 ϕ_d 按式(8-16) 计算：

$$\phi_d = \frac{\phi_k}{\gamma} \tag{8-16}$$

式中，γ 为岩土参数的分项系数，按有关设计规范的规定取值。

8.1.4 反分析

8.1.4.1 反分析的含义

反分析是指通过工程实体试验或施工过程中及施工后监测岩土体实际表现性状所取得的数据，反求某些岩土参数，并以此为依据验证设计计算、查验工程效果以及分析事故的技术原因。例如，根据建筑物沉降观测结果，反求地基土层的压缩模量或确定沉降计算的经验系数，并由此验证地基沉降量计算的确切性。

反分析是岩土工程勘察、设计的一个重要手段。由于岩土工程的影响因素复杂，设计计算所用的数学模型或计算公式都需经过一定的概化和简化，尤其当地质条件较复杂时，岩土参数往往不易准确量测，所以设计计算的结果就存在误差和不确定性。此外，测试条件与工程原型之间存在较大的差别（尺寸效应、应力状态等），也影响岩土参数的可靠性和适用性。因此，单纯依靠理论计算又无现成经验的设计，可靠性较低；而以实体试验和原型监测为依据的岩土工程设计则较为可靠、合理。

反分析应以岩土工程实体或足尺试验为分析对象。根据系统的原型观测，查验岩土体在工程施工和使用期间的表现，检验与预期效果相符的程度。只要方法得当，反分析可以求得更加符合实际的岩土工程技术参数。它与室内试验、原位测试一起，构成了求取岩土参数的第三种手段。也可以说，反分析是前两种测试方法的补充，并借以验证其所求得的参数的实用性。

反分析是一种分析研究性的工作。一个完整的反分析过程，除需完整准确的原型观测资料外，还必须具备详细的勘察资料和选择合理的计算模型。但是，它虽是一种技术论证的手段，一般不应作为涉及责任问题的查证。

8.1.4.2 反分析的应用

反分析可分为非破坏性（无损的）反分析和破坏性（已损的）反分析两种情况，它们的应用分别列于表8-4和表8-5中。

表8-4 非破坏性反分析的应用

工程类型	实测参数	反演参数
房屋建筑工程	沉降量和基坑回弹量观测	岩土变形参数
动力机器基础	稳态或非稳态动力反应,包括位移、速度、加速度	岩土动刚度、动阻尼
挡土结构	水平和铅直位移、倾斜、岩土压力、结构应力	岩土抗剪强度
公路	路基及路面变形	变形模量、承载比
降水工程、生产井	涌水量及水位降深	渗透系数

表8-5 破坏性反分析的应用

场地类型	实测参数	反演参数
各类场地	地基失稳滑移后的几何参数	岩土强度
滑坡	滑坡体的几何参数,滑动前后观测数据	滑动面岩土强度
饱水粉细砂	地震前后的密度、强度、水位、上覆压力、标高等	液化临界值
膨胀性土、湿陷性土	土的含水率和变形,建筑物变形的动态观测数据	膨胀压力、湿陷性指标

为了提高反分析结果的可信度，不论何种类型的工程都应做到以下几点。

① 反分析之前，应进行详细的场地勘察工作，了解岩土和地下水条件，以及它们在施工过程中发生的变化。

② 了解工程实体或足尺结构物在施工和运营过程中实际外加荷载的大小、加荷方式和作用时间。

③ 通过测试和分析，确定岩土体的初始状态变量，如岩土体的初始应力状态、应力历史等。

④ 合理确定岩土体的本构关系或反应模型以及相应的计算方法。

⑤ 恰当假定分析过程中的排水条件和边界条件。

⑥ 恰当确定反分析中所需的岩土体辅助参数，如土的重量、孔隙比、含水率等。需进行数据统计时，一般只能在内插范围内选取参数，只有在确有把握的情况下，才采用外延方法。

⑦ 原型观测的项目、手段、方法和要求，应有针对性。

⑧ 在进行量纲分析、理论分析、统计分析时，应注意反分析工程与设计工程之间在尺寸上的差异。

8.2 岩土工程分析评价

8.2.1 分析评价的内容和要求

岩土工程分析评价是勘察成果整理的核心内容。它是在工程地质测绘、勘探、测试和搜集已有资料的基础上，结合工程特点和要求进行的。

岩土工程分析评价的内容主要包括以下几点。

① 场地的稳定性和适宜性。

② 为岩土工程设计提供场地地层结构和地下水空间分布的参数、岩土体工程性质和状态的设计参数。

③ 预测拟建工程施工和运营过程中可能出现的岩土工程问题，并提出相应的防治对策和措施以及合理的施工方法。

④ 提出地基与基础、边坡工程、地下洞室等各项岩土工程方案设计的建议。

⑤ 预测拟建工程对现有工程的影响、工程建设产生的环境变化，以及环境变化对工程的影响。

岩土工程分析评价应符合下列要求。

① 充分了解工程结构的类型、特点和荷载情况和变形控制要求。

② 掌握场地的地质背景，考虑岩土材料的非均匀性、各向异性和随时间的变化，评估岩土参数的不确定性，确定其最佳估值。

③ 充分考虑当地经验和类似工程的经验。

④ 理论依据不足、实践经验不多的岩土工程，可通过现场模型试验和足尺试验取得实测数据进行分析评价。

⑤ 必要时可建议通过施工监测，调整设计和施工方案。

8.2.2　分析评价的方法

应采用定性分析评价与定量分析评价相结合的方法来进行，一般是在定性分析评价的基础上进行定量分析评价。岩土体的变形、强度和稳定应定量分析；场地的适宜性、场地地质条件的稳定性，可仅作定性分析。定性分析和定量分析都应在详细占有资料和数据的基础上，运用成熟的理论和类似工程的经验进行论证，并宜提出多个方案进行比较。

需作定量分析评价的内容是：

① 岩土体的变形性状及其极限值；

② 岩土体的强度、稳定性及其极限值，包括地基和基础、边坡和地下洞室的稳定性；

③ 岩土体应力的分布与传递；

④ 其他各种临界状态的判定问题。

定量分析的方法：定量分析可采用解析法、图解法或数值法。其中解析法是使用最多的方法，它以经典的刚体极限平衡理论为基础。这种方法的数学意义严格，但由于应用时对实际地质体有一定的前提假设条件，以及边界条件的确定和计算参数的选取也都存在误差和不确定性，甚至有一定的经验性，所以应有足够的安全储备以保证工程的可靠性。解析法可分为定值法和概率分析法。

定值法也称稳定性系数法或安全系数法。因稳定性系数就是各种参数的函数，即 $K = f(c, \phi, \gamma \cdots)$，将各种计算参数皆取一个确定值，所获得的稳定性系数便也是一个确定值。为保证安全，根据工程的重要性和地质条件的复杂程度，一般用安全系数来保证工程的安全度，即根据经验对强度打个折扣，作为安全储备。其表达式为：

$$K = \frac{R}{S} \geqslant [K] \tag{8-17}$$

式中，R、S、K、$[K]$ 分别为抗力、作用力、稳定性系数和安全系数。

实际情况是这样的：由于岩土性质的差异性以及勘探、取样和测试的误差，导致许多参数并不是一个确定值，而是具有某种分布的随机变量，所获取的稳定性系数亦相应为随机变量。因而采用概率分析法进行稳定性评价更为合理，即按破坏概率量度设计的可靠性，将安全储备建立在概率分析的基础上。概率分析法的表达式为：

$$P_f = P(K < 1) \leqslant [P_f] \tag{8-18}$$

式中，P_f、$[P_f]$ 分别为破坏概率和目标破坏概率。

而稳定的概率则为：

$$R = 1 - P_f \qquad (8\text{-}19)$$

对确定稳定性系数 K 的各种计算参数需要进行许多次随机抽样，才能获得 K 值的概率分布图（图8-1）。

目前国内的岩土工程计算一般都采用定值法，对特殊工程需要时可辅以概率分析法进行综合评价。

按《岩土工程勘察规范》规定，岩土工程计算应按极限状态进行。所谓"极限状态"指的是：整个工程或工程的一部分，超过某一特定状态就不能满足设计规定的功能要求。这一特定状态即称为该功能的极限状态。各种极限状态都有明确的标志或限值。按工程使用功能，可将极限状态分为承载能力极限状态和正常使用极限状态。

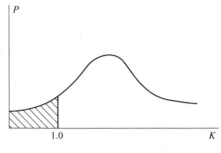

图8-1　K 值概率分布

承载能力极限状态或称破坏极限状态。它又可分为两种情况：①岩土体中形成破坏机制；②岩土体的过量变形或位移导致工程的结构性破坏。属于第一种情况的有：地基的整体性滑动、边坡失稳、挡土结构倾覆、隧洞冒顶或塌方、渗透破坏等。属于第二种情况的有：由于土体的湿陷、震陷、融陷或其他大变形，造成工程的结构性破坏；由于岩土体过量的水平位移，导致桩的倾斜、管道破裂、邻近工程的结构性破坏；由于地下水的浮托力、静水压力或动水压力造成的工程结构性破坏等。

正常使用极限状态或称功能极限状态。这种极限状态对应于工程达到正常使用或耐久性能的某种规定限值。属于正常使用极限状态的情况有：影响正常使用的外观变形、局部破坏、振动以及其他的特定状态。例如，由于岩土变形而使工程发生超限的倾斜、沉降、表面裂隙或装修损坏；由于岩土刚度不足而影响工程正常使用的振动；因地下水渗漏而影响地下室的正常使用等。

岩土工程计算应符合下列要求：①按承载能力极限状态计算，可用于评价地基承载力和边坡、挡墙、地基稳定性等问题。可根据有关设计规范规定，用分项系数或总安全系数方法计算，有经验时也可用隐含安全系数的抗力容许值进行计算；②按正常使用极限状态要求进行验算控制，可用于评价岩土体的变形、动力反应、透水性和涌水量等。

岩土工程的分析评价，应根据岩土工程勘察等级区别进行。对丙级岩土工程勘察，应根据邻近工程经验，结合触探和钻探取样试样资料进行分析评价；对乙级岩土工程勘察，应在详细勘探、测试的基础上，结合邻近工程经验进行分析评价；对甲级岩土工程勘察，除按乙级要求进行外，必要时应对其中的复杂问题进行专门研究，并结合监测对评价结论进行检验。

任务需要时，可根据工程原型或足尺试验岩土体性状的量测结果，用反分析的方法反求岩土参数，验证设计计算，查验工程效果或事故原因。

8.3　岩土工程勘察报告

勘察报告是岩土工程勘察的总结性文件，一般由文字报告和所附图表组成。此项工作是在岩土工程勘察过程中所进行的各种原始资料编录工作的基础上进行的。因此，对岩土工程分析所依据的一切原始资料，均应进行整理、检验、分析，确认无误后方可使用。

为了保证勘察报告的质量，原始资料必须完整、真实准确、数据无误、图表清晰、结论有据、建议合理、便于使用和适宜长期保存，并应因地制宜，重点突出，有明确的工程针对性。

8.3.1　报告的基本内容

岩土工程勘察报告应根据任务要求、勘察阶段、地质条件、工程特点和地质条件等具体情况编写。鉴于岩土工程的规模大小各不相同，目的要求、工程特点、自然条件等差别很大，要制定一个统一的适用于每个工程的岩土工程勘察报告内容和章节内容，显然是不切实际的。因此只能提出勘察报告基本内容，一般应包括下列各项：

① 勘察目的、任务要求和依据的技术标准；
② 拟建工程概况；
③ 勘察方法及勘察工作量布置；
④ 场地地形、地貌、地层、地质构造、岩土性质及其均匀性；
⑤ 各项岩土性质指标，岩土的强度参数、变形参数、地基承载力的建议值；
⑥ 地下水埋藏情况、类型、水位及其变化；
⑦ 土和水对建筑材料的腐蚀性；
⑧ 可能影响工程稳定的不良地质作用的描述和对工程危害程度的评价；
⑨ 场地稳定性和适宜性的评价。

岩土工程勘察报告应对岩土利用、整治和改造的方案进行分析论证，提出建议；对工程施工和使用期间可能发生的岩土工程问题进行预测，提出监控和预防措施的建议。

8.3.2　报告应附的图表

勘察报告应附的图表，主要包括：

① 勘察点平面布置图；
② 工程地质柱状图；
③ 剖面图或立体投影图；
④ 原位测试成果图表；
⑤ 室内试验成果图表。

注：当需要时，尚可附综合工程地质图、综合地质柱状图、地下水等水位线图、素描、照片、综合分析图表以及岩土利用、整治和改造方案的有关图表、岩土工程计算简图及计算成果图表等。

8.3.3　单项报告

除上述综合性岩土工程勘察报告外，也可根据任务要求提交单项报告，主要有：

① 岩土工程测试报告（如旁压试验报告）；
② 岩土工程检验或监测报告（如验槽报告、沉降观测报告）；
③ 岩土工程事故调查与分析报告（如倾斜原因及纠错措施报告）；
④ 岩土利用、整治或改造方案报告（如深基坑开挖的降水与支挡设计）；
⑤ 专门岩土工程问题的技术咨询报告（如场地地震反应分析）。

勘察报告的文字、术语、代号、符号、数字、计量单位、标点均应符合国家有关标准的规定。

最后需要指出的是，勘察报告的内容可根据岩土工程勘察等级酌情简化或加强。例如，对丙级岩土工程勘察的成果报告可适当简化，采用以图表为主，辅以必要的文字说明；而对甲级岩土工程勘察的成果报告除应符合本节规定外，尚可对专门性的岩土工程问题提交专门的实验报告、研究报告或监测报告。

思 考 题

1. 岩土参数的可靠性和适用性主要通过什么内容进行评价？
2. 为什么要对岩土参数进行统计分析？
3. 反分析的意义是什么？
4. 岩土工程分析评价包括哪些内容、有哪些要求和分别采用什么方法？
5. 岩土工程勘察报告应包括哪些内容？

第2篇 特殊性岩土勘察

第9章 特殊性岩土的勘察

9.1 湿陷性土

特殊性岩土是指在特定的地理环境或人为条件下形成的具有特殊的物理力学性质和工程特征，以及特殊的物质组成、结构构造的岩土。如果在此类岩土上修建建筑物，在常规勘察设计的方法下不能满足工程要求，为了安全和经济，需要在岩土工程勘察中采取特殊的方法进行研究和处理，否则会给工程带来不良后果。特殊性岩土的种类很多，其分布一般具有明显的地域性。常见的特殊性岩土有湿陷性土、红黏土、软土、混合土、填土、多年冻土、膨胀岩土、盐渍岩土、风化岩与残积土及污染土等。

9.1.1 湿陷性土

湿陷性土是指那些非饱和、结构不稳定的土，在一定压力作用下受水浸湿后，其结构迅速破坏，并产生显著的附加下沉。湿陷性土在我国北方分布广泛，除常见的湿陷性黄土外，在我国的干旱及半干旱地区，特别是在山前洪、坡积扇中常遇到湿陷性碎石土、湿陷性砂土等。

9.1.1.1 湿陷性黄土

湿陷性黄土属于黄土。当其未受水浸湿时，一般强度较高，压缩性较低。但受水浸湿后，在上覆土层的自重应力或自重应力和建筑物附加应力作用下，土的结构迅速破坏，并发生显著的附加下沉，其强度也随着迅速降低。

湿陷性黄土分布在近地表几米到几十米深度范围内，主要为晚更新世形成的马兰黄土（Q_3）和全新世形成的 Q_4 黄土（包括 Q_4^1 黄土和 Q_4^2 新近堆积的黄土）。而中更新世及其以前形成的离石黄土和午城黄土一般仅在上部具有较微弱的湿陷性或不具有湿陷性。我国陕西、山西、甘肃等省区分布有大面积的湿陷性黄土，其湿陷土层厚度见表 9-1 统计。

9.1.1.2 湿陷性黄土的性质

① 粒度成分上，以粉粒为主，粉粒含量超过 50% 以上，砂粒、黏粒含量较少。

② 密度小，孔隙率大，大孔性明显。在其他条件相同时，孔隙比越大，湿陷性越强烈。

③ 天然含水量较少时，结构强度高，湿陷性强烈；随含水量增大，结构强度降低，湿陷性降低。

④ 塑性较弱，塑性指数在 8～13 之间。当湿陷性黄土的液限小于 30% 时，湿陷性较强；当液限大于 30% 以后，湿陷性减弱。

⑤ 湿陷性黄土的压缩性与天然含水量和地质年代有关，天然状态下，压缩性中等，抗剪强度较大。随含水量增加，黄土的压缩性急剧增大，抗剪强度显著降低。新近沉积黄土，土质松软，强度低，压缩性高。

⑥ 抗水性弱，遇水强烈崩解，膨胀量小，但失水收缩较明显，遇水湿陷性较强。

表 9-1 地区湿陷性黄土厚度 单位：m

区 域	地 点	一级阶地	二级阶地	三、四级阶地
陕西地区	西宁	0～4.5		
	兰州	0～5.0		27
	天水	0～3.0		
陇东-陕北地区	固原	0～5.0	15	9～20
	延安	0～4.5		12
	平凉		6	
关中地区	宝鸡	6～11		
	虢镇	6～9		5
	西安	0～3.0	5～10	12
	乾县			5～14
	蒲城			6～19
豫西地区	三门峡	8.0		8～12
	洛阳	0～3.0	5～8	<8
山西地区	太原	2～10		17
	临汾	8～9		
	侯马	6		10

注：在 300～400kPa 压力下，湿陷带下限深度 32m。

9.1.1.3 湿陷发生的原因及其影响因素

黄土的湿陷是一个复杂的物理、化学变化过程，它受到多方面因素的影响和制约。对其湿陷的机理研究的观点较多，如毛细管假说、溶盐假说、水膜楔入说、欠固结理论结构学说等，现基本趋于一种综合性解释。

黄土湿陷的发生离不开管道（或水池）漏水、地面积水、生产和生活用水等渗入地下的影响，或由于降水量较大，灌溉渠和水库的渗漏、回水使地下水位上升的影响。受水浸湿只不过是湿陷发生的外界条件，黄土本身固有的结构特征、物质成分才是产生湿陷的内在原因。

黄土的结构是在形成黄土的整个历史过程中造成的。干旱或半干旱的气候是黄土形成的必要条件。季节性的短期雨水把松散干燥的粉粒黏聚起来，而长期的干燥使土中水分不断蒸发，于是，少量的水分连同溶于其中的盐类都集中在粗粉粒的接触点处。可溶盐逐渐浓缩沉淀而成为胶结物。随着含水量的减小土粒彼此靠近，颗粒间的分子引力以及结合水和毛细水的联结力也逐渐加大。这些因素都增强了土粒之间抵抗滑移的能力，阻止了土体的自重压密，于是形成了以粗粉粒为主体骨架的多孔隙结构（图 9-1）。黄土结构中零星散布着较大的砂粒，附于砂粒和粗粉粒表面的细粉粒、黏粒、腐殖质胶体以及大量集合于大颗粒接触点处的各种可溶盐和水分子形成了胶结性联结，从而构成了矿物颗粒集合体，周边有几个颗粒包围着孔隙就是肉眼可见的大孔隙。

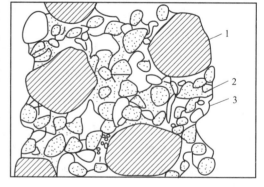

图 9-1 黄土结构示意
1—砂粒；2—粗粉粒；3—胶结物

在被水浸湿时，结合水膜增厚楔入颗粒之间，于是结合水联结消失，盐类溶于水中，骨架强度随之降低，土体在上覆土层的自重应力或自重应力与附加应力共同作用下，其结构迅速破坏，土粒滑向大孔隙，粒间孔隙减小，土层就发生湿陷。

黄土中胶结物的成分和多少，颗粒的组成和分布以及孔隙比、含水量以及所受压力大小，均对湿陷性的强弱有着重要影响。天然孔隙比越大或天然含水量越小，则湿陷性愈越强。在天然孔隙比和含水量不变的情况下，压力越大，黄土的湿陷性越大，但当压力超过某一数值后，再增加压力，湿陷量反而会减小。

9.1.1.4　湿陷性黄土的判别

《湿陷性黄土地区建筑规范》50025—2004 规定：黄土的湿陷性，应按室内浸水压缩试验在一定压力下测定的湿陷系数 P 值判定。当不能取试样做室内湿陷性试验时，应采用现场载荷试验确定湿陷性；在 200kPa 压力下浸水载荷试验的附加湿陷量与承压板宽度之比等于或大于 0.023 的土，应判定为湿陷性黄土。

按照室内浸水压缩试验方法，将原状试样加压力至一定值 P，待变形停止后，将试样浸水，测定在该压力下试样浸水而产生的湿陷量，其与试样原始高度之比，就称为湿陷系数 δ_s，按式(9-1) 计算：

$$\delta_s = \frac{h_p - h_p'}{h_0} \tag{9-1}$$

式中，h_p 为保持天然湿度和结构的土样，加压至一定压力时，下沉稳定后的高度，cm；h_p' 为上述加压稳定后的土样，在浸水作用下，下沉稳定后的高度，cm；h_0 为土样的原始高度，cm。

当 $\delta_s < 0.015$ 时，为非湿陷性黄土；

当 $\delta_s \geqslant 0.015$ 时，为湿陷性黄土。

测定湿陷系数的压力 P，用地基中黄土实际受到的压力是比较合理的，但在初勘阶段，建筑物的平面位置、基础尺寸和基础埋深等尚未确定，以实际压力评判黄土的湿陷性存在不少具体问题。因而《湿陷性黄土地区建筑规范》(GB 50025) 规定：自基础底面算起（初步勘察时自地面下 1.5m 算），10m 内的土层该压力应用 200kPa，10m 以下至非湿陷性土层顶面，应用其上覆土的饱和自重压力（当大于 300kPa 时，仍应用 300kPa）。对基底压力大于 300kPa 的建筑，宜按实际压力测定湿陷系数。

湿陷性黄土，按室内浸水压缩试验测定不同深度的土样在饱和土自重压力下的自重湿陷系数 δ_{zs}。进一步分为自重湿陷性黄土和非自重湿陷性黄土，自重湿陷系数 δ_{zs} 按式(9-2) 计算：

$$\delta_{zs} = \frac{h_z - h_z'}{h_0} \tag{9-2}$$

式中，h_z 为保持天然的湿度和结构的土样，加压至土的饱和自重压力时，下沉稳定后的高度，cm；h_z' 为上述加压稳定后的土样，在浸水作用下，下沉稳定后的高度，cm；h_0 为土样的原始高度，cm。

当 $\delta_{zs} < 0.015$ 时，为非自重湿陷性黄土；

当 $\delta_{zs} \geqslant 0.015$ 时，为自重湿陷性黄土。

自重湿陷性黄土在没有外部压力，仅仅在本身自重压力作用下浸水会产生湿陷，而非自重湿陷性黄土，只有在外部压力达到一定值时浸水才会发生湿陷。所以，使非自重湿陷性黄土开始发生湿陷所需的最低压力称为湿陷起始压力 p_{sh}。该值对于建筑物的地基设计具有重要意义，可由 p-δ_s 曲线确定（图 9-2），取 $\delta_s = 0.015$ 所对应的压力为湿陷起始压力。

（1）湿陷类型　建筑场地的湿陷类型应按实测自重

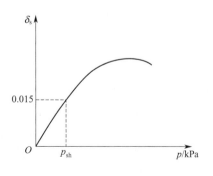

图 9-2　p-δ_s 曲线

湿陷量 Δ'_{zs} 或按室内浸水压缩试验累计的计算自重湿陷量 Δ_{zs} 判定。

实测自重湿陷量，应根据现场试坑浸水试验确定。

计算自重湿陷量按式(9-3)计算：

$$\Delta_{zs} = \beta_0 \sum_{i=1}^{n} \delta_{zsi} h_i \tag{9-3}$$

式中，δ_{zsi} 为第 i 层土在上覆的饱和 ($S_r > 0.85$) 自重压力下的自重湿陷系数；h_i 为第 i 层土的厚度，cm；β_0 为因地区土质而异的修正系数。对陇西地区可取 1.5；对陇东和陕北地区可取 1.2；对关中地区可取 0.7；对其他地区可取 0.5。

计算自重湿陷 Δ_{zs} 的累计，应自天然地面算起（当挖、填方的厚度和面积较大时，应自设计地面算起），至其下全部湿陷性黄土层的底面为止，其中自重湿陷系数 $\Delta_{zs} < 0.015$ 的土层不累计。

在工程实际中，由于整平场地，往往使挖、填方的厚度和面积较大，使其下部土层所承受的实际土自重压力与勘察时相差较大，因而使所判定的场地湿陷类型与实际情况不一致。所以，当挖、填厚度和面积较大时，测定自重湿陷系数所用的上覆土的饱和自重压力和计算自重湿陷量的累计，均应自设计地面算起，否则，计算与判别结果不符合实际情况。

按计算自重湿陷量判定场地湿陷类型，室内试验测定湿陷系数比较简便，不受现场条件限制，且有利于查明各土层的自重湿陷系数沿深度的变化规律。据对大量计算和实测资料的分析，各地区的计算自重湿陷量和实测自重湿陷量，由于不同地区存在土质差异，对计算自重湿陷量乘以一个因地区土质而异的修正系数 β_0 值，就使得同一场地的计算自重湿陷量基本上接近实测自重湿陷量。

湿陷类型按下列条件判别：

当实测或计算自重湿陷量小于或等于 7cm 时，应定为非自重湿陷性黄土场地；

当实测或计算自重湿陷量大于 7cm 时，应定为自重湿陷性黄土场地。

(2) 湿陷等级　湿陷性黄土地基的湿陷等级，应根据基底下各土层累计的总湿陷量和计算自重湿陷量的大小等因素按表 9-2 判定。

表 9-2　湿陷性黄土地基的湿陷等级

项　目	非自重湿陷性场地	自重湿陷性场地	
	$\Delta_{zs} \leqslant 7$	$7 < \Delta_{zs} \leqslant 35$	$\Delta_{zs} > 35$
$\Delta_s \leqslant 30$	Ⅰ（轻微）	Ⅱ（中等）	—
$30 < \Delta_s \leqslant 60$	Ⅱ（中等）	Ⅱ 或 Ⅲ	Ⅲ（严重）
$\Delta_s > 60$	—	Ⅲ（严重）	Ⅳ（很严重）

注：1. 当总湿陷量 $30\text{cm} < \Delta_s < 50\text{cm}$，计算自重湿陷量 $7\text{cm} < \Delta_{zs} < 30\text{cm}$ 时。可判定为 Ⅱ 级。2. 当总湿陷量 $\Delta_s \geqslant 50\text{cm}$，计算自重湿陷量 $\Delta_{zs} \geqslant 30\text{cm}$ 时，可月定为 Ⅲ 级。

总湿陷量 Δ_s 应按下式计算：

$$\Delta_s = \sum_{i=1}^{n} \beta \delta_{si} h_i \tag{9-4}$$

式中，Δ_s 为第 i 层土的湿陷系数；h_i 为第 i 层土的厚度，cm；β 为考虑地基土的侧向挤出和浸水概率等因素的修正系数，基底下 5m（或压缩层）深度内可取 1.5，5m（或压缩层）深度以下，在非自重湿陷性黄土场地，可不计算，在自重湿陷性黄土场地，可按 β_0 取值。

总湿陷量应自基础底面（初步勘察时，自地面下 1.5m）算起。在非自重湿陷性黄土场地，累计至基底下 5m（或压缩层）深度止；在自重湿陷性黄土场地，对甲类建筑，应按穿透湿陷性土层的取土勘探点，累计至非湿陷性土层顶面止，对乙、丙类建筑，当基底下的湿陷性土层厚度大于 10m 时，其累计深度可根据工程所在地区确定，但陇西、陇东、陕北地区不应小于 15m、其他地区不应小于 10m。其中湿陷系数 δ_s 小于 0.015 的土层不累计。

9.1.1.5　湿陷性黄土的勘察评价要点

① 查明湿陷性黄土的地层时代、岩性、成因、分布范围。

② 查明不良地质作用的成因、分布范围，对场地稳定性影响程度及发展趋势。

③ 查明地下水条件及季节性升降变化的可能性。

④ 查明湿陷性黄土的物理力学性质指标。包括 G、γ、w、e、n、S_r、I_L、I_P 和 a_{1-2}、E_s、C、φ、δ_s、δ_{zs} 等指标。表 9-3 为我国部分地区湿陷性黄土的物理力学性质指标。

表 9-3　湿陷性黄土物理力学性质指标

地区	地带	物理力学指标(一般值)							
		含水量 $w/\%$	天然重度 $\gamma/(kN/m^3)$	液限 w_L	塑性指数 I_P	空隙比 e	压缩系数 a_{1-2}/MPa^{-1}	湿陷系数 δ_s	自重湿陷系数 δ_{zs}
陇西地区	低阶地	9～18	14.2～16.9	23.9～28.0	8.0～11.0	0.90～1.15	0.13～0.59	0.027～0.090	0.005～0.052
	高阶地	7～17	13.3～15.5	25.0～28.5	8.4～11.0	0.98～1.24	0.10～0.46	0.039～0.110	0.007～0.059
陇东、陕北地区	低阶地	12～20	14.3～16.0	25.0～28.0	8.0～11.0	0.97～1.09	0.26～0.61	0.034～0.079	0.005～0.035
	高阶地	12～18	14.3～16.2	26.4～31.0	9.0～12.2	0.80～1.15	0.17～0.55	0.030～0.084	0.006～0.043
关中地区	低阶地	15～21	15.0～16.7	26.2～31.0	9.5～12.0	0.94～1.09	0.24～0.61	0.029～0.072	0.003～0.024
	高阶地	14～20	14.7～16.4	27.3～31.0	10.2～12.2	0.95～1.12	0.17～0.59	0.030～0.078	0.005～0.034
沿河流域区	低阶地	11～19	14.7～16.4	25.1～29.4	7.7～11.8	0.94～1.10	0.24～0.87	0.030～0.070	0.007～0.040
	高阶地	11～18	14.5～16.0	26.5～31.0	9.5～13.1	0.97～1.18	0.17～0.62	0.027～0.089	
晋东南区		18～23	15.4～17.2	27.0～32.5	10.0～13.0	0.85～1.02	0.29～1.00	0.030～0.071	
河南地区		16～21	16.1～18.1	26.0～32.0	10.0～13.0	0.86～1.07	0.18～0.33	0.023～0.045	
冀鲁地区	河北区	14～18	15.5～17.0	25.0～28.7	9.0～13.0	0.85～1.00	0.18～0.60	0.024～0.048	
	山东区	15～23	16.4～17.4	27.7～31.0	9.6～13.0	0.85～0.96	0.19～0.51	0.020～0.041	
晋陕宁区河西走廊区		7～10	13.9～16.0	21.7～27.2	7.1～9.7	1.02～1.14	0.23～0.57	0.032～0.059	
		14～18	15.5～16.7	22.6～32.0	6.7～12.0		0.17～0.36	0.029～0.059	

⑤ 进行湿陷性评价，划分湿陷类型和湿陷等级。

⑥ 确定湿陷性黄土的承载力。

对于湿陷性黄土地基，通常用以下几种方法确定其承载力。

a. 根据载荷试验成果确定，即：

$$f_k = P_L/K \text{ 或 } f_k = P_0 \tag{9-5}$$

式中，f_k 为承载力标准值；P_L 为平板载荷试验曲线上极限荷载值；P_0 为平板载荷试验曲线上临塑荷载值（或称为比例界限荷载）；K 为安全系数，一般取 1.6～2.4。

b. 按国标《湿陷性黄土地区建筑规范》（GB 50025 ）规定，根据土的物理力学指标的平均值或建议值确定 Q_3、Q_4^1 的湿陷性黄土承载力基本值 f_0（表 9-4）。

表 9-4　Q_3、Q_4^1 的湿陷性黄土承载力基本值

f_0 $\quad W/\%$ ω/s	≤13	16	19	22	25
22	180	170	150	130	110
25	190	180	160	140	120
28	210	190	170	150	130
31	230	210	160	170	150
34	250	230	210	190	170
37	----	250	230	210	190

注：对 $w < w_p$ 的土，宜按塑限含水量 w_p 的确定承载力。

c. 按圆锥动力触探、标准贯入试验和静力触探测试成果确定承载力标准值 f_k。

d. 理论公式计算确定承载力。

⑦ 提出湿陷性黄土地基的处理措施

消除地基土的全部湿陷量（对甲类建筑物）或部分湿陷量（对乙、丙类建筑物），常采用以下处理方法。

a. 垫层法　将湿陷性土层挖去，换以素土或灰土（石灰与土的配合比一般为 2：8 或 3：7），分层夯实。并可将其分为局部垫层和整片垫层，可处理垫层厚度以内的湿陷性。不能用砂土或其他粗粒土换垫。此方法适用于地下水位以上的地基处理。

b. 夯实法　夯实法有重锤夯实法及强夯法。重锤夯实法可处理地表下厚度 1～2m 土层的湿陷性。强夯法可处理 3～6m 厚度土层的湿陷性，可局部或整片处理。适用于饱和度 $S_r > 60\%$ 的湿陷性黄土地基。

c. 挤密法　采用素土或灰土挤密桩，可处理地基下 5～15m 土层的湿陷性。适用于地下水位以上的地基处理，可局部或整片处理。

d. 桩基础　桩基础只起荷载传递作用，而不是消除黄土的湿陷性，故桩端应支承在压缩性较低的非湿陷性土层上。

e. 预浸水法　预浸水法可用于处理湿陷性土层厚度大于 10m，自重湿陷量 $\Delta_{zs} \geqslant 50cm$ 的场地，以消除土的自重湿陷性。自地面下 6m 以内的土层，有时因自重应力不足而可能仍有湿陷性，尚应采用垫层等方法处理。

f. 单液硅化或碱液加固法　单液硅化加固法是将硅酸钠（$NaO \cdot nSiO_2$）溶液注入土中。对已有建筑物地基进行加固时，在非自重湿陷性场地，宜采用压力灌注；在自重湿陷性场地，应让溶液通过灌注孔自行渗入土中。

碱液加固法是将碱液 NaOH 通过灌注孔渗入土内，适宜加固非自重湿陷性黄土场地上的已有建筑物地基。

这两种方法一般用于加固地下水位以上的地基。

9.2　红黏土

红黏土是指在湿热气候条件下碳酸盐系岩石经过第四纪以来的红土化作用形成并覆盖于基岩上，呈棕红、褐黄等色的高塑性黏土。其主要特征是：液限（w_L）大于 50%，孔隙比（e）大于 1.0；沿埋藏深度从上到下含水量增加，土质由硬到软明显变化；在天然情况下，虽然膨胀率甚微，但失水收缩强烈，故表面收缩、裂隙发育。红黏土经后期水流再搬运，可在一些近代冲沟、洼谷、阶地、山麓等处堆积于各类岩石上面成为次生红黏土，由于其搬运距离不远，很少外来物质；仍保持红黏土基本特征，液限（w_L）大于 45%，孔隙比（e）大于 0.9。

红黏土是一种区域性特殊土，主要分布在贵州、广西、云南等地区，在湖南、湖北、安徽、四川等省也有局部分布。地貌上一般发育在高原夷平面、台地、丘陵、低山斜坡及洼地上，厚度多在 5～15m，天然条件下，红黏土含水量一般较高，结构疏松，但强度较高，往往被误认为是较好的地基土。由于红黏土的收缩性很强，当水平方向厚度变化大时，极易引起不均匀沉陷而导致建筑破坏。

9.2.1　红黏土的物质成分和结构构造

红黏土的矿物成分主要是以高岭石和伊利石为主的黏土矿物，碎屑矿物主要是碳，且含量极少。由于长期而强烈的淋滤作用，使红黏土中水溶盐和有机质含量都很低，一般均小于 1%。红黏土的化学成分见表 9-5，其酸碱度较低，pH 值通常小于 7。

表 9-5　红黏土的化学成分

氧化物	SiO$_2$	Al$_2$O$_3$	Fe$_2$O$_3$	CaO	MgO	烧失量
百分含量/%	33.5~68.9	9.6~12.7	13.4~36.4	0.66~1.73	0.72~1.4	8.5~15.9

红黏土的构造特征主要表现为裂隙、结核和土洞的存在。发育的裂隙以垂直的为主，也有斜交的和水平的。裂隙壁上有灰白、灰绿色黏土物质和铁锰质渲染，土中铁锰质结核呈零星状普遍存在。由于基岩溶洞的塌陷和地下水冲刷等原因，红黏土中有土洞发育。

9.2.2　红黏土的分类

红黏土除按成因划分红黏土与次生红黏土外，还必须根据红黏土的特征对其做出不同的工程分类。

9.2.2.1　按液性指数分类

土处于何种稠度状态取决于土中的含水量，但是由于不同土的稠度界限是不同的，因此天然含水量不能说明土的稠度状态。为判别自然界中黏性土的稠度状态，通常采用液性指数（I_L）进行评价，即：

$$I_L = \frac{w - w_P}{w_L - w_P} \tag{9-6}$$

当 $I_L>1$ 时，土处于流态；当 $I_L<0$ 时，土处于固态；当 $0<I_L<1$ 时，土处于塑态。也就是说，天然含水量越高，I_L 就越大，土就越软；相反，天然含水量越低，I_L 越小，土就越硬（表 9-6）。

表 9-6　按液性指数划分

坚硬状态	坚硬	硬塑	可塑	软塑	流塑
I_L 值	$I_L\leq0$	$0<I_L\leq0.25$	$0.25<I_L\leq0.75$	$0.75<I_L\leq1$	$I_L>1$

9.2.2.2　按裂隙发育特征进行结构分类

红黏土中富含网状裂隙，其分布特征与地貌部位有一定联系，土中裂隙有随远离地表而递减之势。裂隙的赋存，使得土体成为由不同的延伸方向和宽、长裂隙面与其间的土块所构成，当其承受较大水平荷载、基础浅埋、外侧地面倾斜或有临空面等情况时，将影响土的整体强度或降低其承载能力、构成了影响土体稳定性和受力条件的不利因素。

对土体结构的鉴别与划分，强调地貌、自然地应力条件的调查与分析，并综合考虑地形、高度、坡度、覆盖条件、朝向、坡向、土的性质特征与水等因素。工程中根据裂隙发育特征进行结构分类（表 9-7）。

表 9-7　红黏土结构分类

土 体 结 构	外 貌 特 征
致密状的	偶见裂隙（<1 条/m）
巨块状的	较多裂隙（1~5 条/m）
碎块状的	富裂隙（>5 条/m）

9.2.2.3　按复浸水特征分类

红黏土天然状态膨胀率仅 0.1%~2.0%，其胀缩性主要表现为收缩，线缩率一般 2.5%~8%，最大达 14%（硬塑状态）。但在收缩后复水效应及湿化性上，不同的红黏土却有明显的不同表现，根据土的外观特征、黏土矿物、化学成分以及复水特征等提

出了经验方程 $I_r' = 1.4 + 0.0066w_L$，以 I_r' 和液限比 $I_r = \dfrac{w_L}{w_P}$ 对红黏土进行复水特性分类（表 9-8）。

9.2.2.4　按地基均匀性分类

红黏土具有水平方向上厚度与竖向上湿度状态分布不均匀的特征。为了便于地基基础设计计算，红黏土可按地基均匀性分类（表 9-9）。

表 9-8　红黏土复浸水特性分类

类别	I_r 与 I_r' 关系	复浸水特性
Ⅰ	$I_r \geqslant I_r'$	收缩后复浸水膨胀,能恢复到原位
Ⅱ	$I_r < I_r'$	收缩后复浸水膨胀,不能恢复到原位

表 9-9　按地基均匀性分类

均　匀　性	基地压缩层范围内岩土组合
均匀地基	全部由红黏土组成
不均匀地基	由红黏土与岩石组成

9.2.3　红黏土的工程性质

9.2.3.1　红黏土的一般性质

根据研究资料，我国红黏土的一般工程性质指标如表 9-10 所示，但各地均存在一定的差别（表 9-11）

表 9-10　我国红黏土的一般工程性质

项　　目	指　　标	项　　目	指　　标
天然含水量 $w/\%$	30～60	液性指数 I_L	−0.1～0.4
天然密度 $\rho/(g/cm^3)$	1.65～1.85	饱和度 $S_r/\%$	＞80
土粒相对密度 G	2.76～2.90	压缩系数 a_{1-2}/MPa^{-1}	0.1～0.4
空隙比 e	1.1～1.7	变形模量 E_0/MPa	10～30
液限 $w_L/\%$	50～90	内聚力 C/MPa	0.04～0.09
塑限 $w_p/\%$	20～50	内摩擦角 $\varphi/(°)$	8～18
塑性指数 I_P	20～40		

表 9-11　南方各省区红黏土一般工程性质指标

地区\指标	湖北	湖南株洲	广西柳州	云南	贵州
天然含水量 $w/\%$	30～55	29～60	34～52	27～55	34～68
空隙比 e	0.92～1.59	0.84～1.78	0.99～1.50	0.90～1.60	1.00～1.80
液限 $w_L/\%$	51～76	47～62	54～95	50～75	60～110
塑限 $w_p/\%$	25～37	22～30	27～53	30～40	35～60
压缩系数 a_{1-2}/MPa^{-1}		0.21～1.14	0.10～0.37	0.15～0.40	0.14～0.71
变形模量 E_0/MPa		2.0～9.2	6.5～17.2	6.0～16.0	4.1～2.00
内聚力 C/MPa	0.03～0.078	0.002～0.014	0.014～0.090	0.025～0.085	0.034～0.085
内摩擦角 $\varphi/(°)$	11～32	8～15	10～26	16～28	9～15

红黏土的一般性质可以归纳为以下几点。

① 天然含水量和孔隙比均较高，一般分别为 30%～60% 和 1.1～1.7。且多数处于饱水状态，饱和度在 85% 以上。

② 含较多的铁锰元素，因而其相对密度（G）较大，一般为 2.76～2.90。

③ 黏粒含量高，常超过 50%，可塑性指标都较高。

④ 含水比 a_w 一般为 0.5～0.8，故多为硬塑状态和坚硬或可塑状态。

⑤ 压缩性低，强度较高。压缩系数一般为 0.1～0.4MPa^{-1}，固结快剪的内聚力 C 一般为 0.04～0.09MPa，φ 一般为 8°～18°。

9.2.3.2　红黏土的收缩性和膨胀性

红黏土最突出的工程地质特性是其失水时体积剧烈收缩的性能。在天然状态下，红黏土的膨胀率（δ_{ep}）仅 0.1%～2.0%，而收缩率（δ_s）一般可达 2.5%～8%，最大到 14%（硬塑状态）。

红黏土胀缩性指标及胀缩变形量同膨胀岩土的计算相同，此处可参阅 7.2 节的有关内容。

红黏土胀缩变形量的大小主要取决于其吸附水分的能力和实际的天然含水量的高低。因此，除依赖于本身的特性外，介质的特性和影响含水量变化的条件是不可忽视的。介质中低价离子浓度高，将增强红黏土的胀缩性能。对红黏土胀缩性影响较大的是气候、地形、植被及水文地质等影响水量变化的条件。一般在潮湿多雨、气温不高、地形平坦、植被茂盛、地下水埋藏较浅的地区，红黏土的胀缩变形较弱；反之，晴阴相间、干湿交替、地形坡度较大、植被稀疏、地下水埋藏较深的地区，其含水量变化较大，则胀缩变形剧烈而频繁。

9.2.4 红黏土勘察评价要点

9.2.4.1 运用工程地质测绘和调查应着重查明的内容

① 不同地貌单元的红黏土和次生红黏土的分布、厚度、物质组成、土性等特征及其差异，并调查当地建筑经验。

② 下伏基岩、岩溶发育特征及其与红黏土土性、厚度变化的关系。

③ 地裂分布、发育特征及其成因，土体结构特征，土体中裂隙的密度、深度、延展方向及其发育规律。

④ 地表水体和地下水的分布、动态及其与红黏土状态垂向分带的关系。

⑤ 现有建筑物开裂原因分析，当地勘察、设计、施工经验等。

9.2.4.2 红黏土地区勘探工作量的布置

红黏土地区勘探点的布置，应取较密的间距，查明红黏土厚度和状态的变化。初步勘察勘探点间距宜取 30～50m；详细勘察勘探点间距，对均匀地基宜取 12～24m，对不均匀地基宜取 6～12m。厚度和状态变化大的地段，勘探点间距还需加密。各阶段勘探孔的深度可按《岩土工程勘察规范》（GB 50021—2001）中对各类岩土工程勘察的基本要求布置。对不均匀地基，勘探孔深度应达到基岩。

9.2.4.3 红黏土岩土工程评价的主要内容

（1）查明红黏土的物理力学性质指标 对于裂隙发育的红黏土应进行三轴压缩试验及无侧限抗压强度试验，确定其抗剪强度参数。当需要评价边坡稳定性时，应进行重复慢剪等试验确定其力学参数。

（2）确定红黏土地基承载力 主要通过室内土工试验测定的红黏土的物理力学性质指标平均值查表 9-15 及通过载荷试验等原位测试成果确定。当基础浅埋、外侧地面倾斜、有临空面或承受较大水平荷载时，应考虑土体结构及裂隙对承载力的影响，以及开挖面长时间暴露、裂隙发展和复浸水对土质的影响。

红黏土地基处理基本同膨胀岩土相同，只是红黏土的收缩变形最为突出，故在具体处理时，应结合当地经验，采取具体有效措施。

9.3 软土

软土一般是指天然含水量大、压缩性高、承载力低的软塑到流塑状态的黏性土。《岩土工程勘察规范》（GB 50021—2007）对软土定义为：天然孔隙比大于或等于 1.0，且天然含水量大于液限的细粒土，包括淤泥、淤泥质土、泥炭、泥炭质土等。天然软土主要分布于沿海滩地、河口三角洲以及内陆河、湖、港地区及其附近。

软土按有机质含量分类可参考表 9-12。

表 9-12　软土按有机质含量分类

分类名称	有机质含量 w_u/%	现场鉴定特征	说　　明
无机土	$w_u < 5\%$		
有机质土	$5\% \leqslant w_u \leqslant 10\%$	深灰色,有光泽,味臭,除腐殖质外尚含少量未完全分解的动植物体,浸水后水面出现气泡,干燥后体积收缩	1. 如现场能鉴别或有地区经验时,可不做有机质含量测定 2. $w > w_L$,$1.0 \leqslant e < 1.5$ 时称淤泥质土 3. 当 $w > w_L$,$e \geqslant 1.5$ 时称淤泥
泥炭质土	$10\% < w_u \leqslant 60\%$	深灰或黑色,有腥臭味,能看到未完全分解的植物结构,浸水体胀,易崩解,有植物残渣浮于水中,干缩现象明显	可根据地区特点和需要按 w_u 细分为: 弱泥炭质土($10\% < w_u \leqslant 25\%$) 中泥炭质土($25\% < w_u \leqslant 40\%$) 强泥炭质土($40\% < w_u \leqslant 60\%$)
泥炭	$w_u > 60\%$	除有泥炭质土特征外,结构松散,土质很轻,暗无光泽,干缩现象极为明显	

9.3.1　软土的成因

软土根据其沉积环境不同,有以下几种成因类型。

(1) 滨海沉积软土　在表层广泛分布一层由近代各种营力作用生成的厚度为 0~3.0m、黄褐色黏性土硬壳。下部淤泥多呈深灰色或灰绿色,间夹薄层粉砂。常有贝壳及海生物残骸。

(2) 湖泊沉积软土　是近代淡水盆地和咸水盆地的沉积。其物质来源与周围岩性基本一致,在稳定的湖水期逐渐沉积而成。沉积物中夹有粉砂颗粒,有明显层理。淤泥结构松散,呈暗灰、灰绿或暗黑色,表层硬层不规律,厚 0~4m,时而有泥炭透镜体。淤泥厚度一般10m 左右,最厚可达 25m。

(3) 河滩沉积软土　主要包括河漫滩相沉积和牛轭湖相沉积,成层情况较为复杂,其成分不均匀,走向和厚度变化大,平面分布不规则。软土常呈带状或透镜状,常与砂或泥炭互层,厚度不大,一般小于 10m。

(4) 沼泽沉积软土　是在地下水、地表水排泄不畅的低洼地带,且蒸发量不足以干化淹水地面的情况下形成的沉积物。多伴以泥炭,常出露于地表,下部分布有淤泥层或淤泥与泥炭互层。

此外,在山区也时有分布,但分布规律较为复杂,一般可以从沉积环境、水文地质条件、古地理环境、地表特征、人类活动几方面去鉴别;在平原江、河附近及人工渠附近由于人工疏通航道等原因也会有软土存在。

9.3.2　软土的工程性质

大量的工程实践发现软土有以下主要特征。

细颗粒成分多、孔隙比大、天然含水量高、压缩性高、有机质含量高、成土年代较近、强度低、渗透系数小。所以在通常情况下,软土有如下特征指标:

① 小于 0.075mm 粒径的土粒占土样总重 50% 以上;

② 天然孔隙比 e 大于 1.0;

③ 天然含水量大于该土的液限 w_L;

④ 压缩系数 a_{1-2} 在 0.5MPa^{-1} 以上;

⑤ 不排水抗剪强度 τ_f 小于 30kPa;

⑥ 渗透系数 k 小于 10^{-6}cm/s;

⑦ 灵敏度 S_t 在 3~4 之间。

由此归纳,软土具以下工程性质特征。

① 触变性　软土具有触变特征,当原状土受到振动以后,破坏了结构连接,降低了土

的强度或很快地使土变成稀释状态。触变性的大小，常用灵敏度 asd 来表示。软土的 asd 一般在 3～4 之间，也有达 8～9 的。因此，当软土地基受振动荷载后，易产生侧向及基底面两侧挤出等现象。

② 高压缩性　由室内压缩试验得知，软土的大部分压缩变形发生在垂直压力为 100kPa 左右。反映在建筑物的沉降方面为沉降变形量大。

③ 低强度　不排水抗剪强度小于 30kPa，承载力小于 100kPa。若要提高软土的强度，则必须改善其固结排水条件。

④ 低透水性　软土透水性弱，一般垂直方向渗透系数在 $z \times (10^{-8} \sim 10^{-6})$cm/s 之间，对地基排水固结不利，反映在建筑物沉降延续时间长。同时，在加载时期，地基中常出现较高的孔隙水压力，影响地基的强度。

⑤ 流变性　软土除排水固结引起变形外，在剪应力作用下，土体还会发生缓慢而长期的剪切变形。对于边坡、堤岸、码头等稳定性不利。

⑥ 不均匀性　软土具有微细和高分散的颗粒组成，黏粒层中多局部以粉粒为主，平面分布上有所差异，垂直方向上具明显分选性，作为建筑物地基，则易产生差异沉降。

各类软土的工程性质指标及主要软土地区不同成因类型的软土工程性质指标分别见表 9-13 和表 9-14。

表 9-13　各类软土的物理力学性质指标统计表

成因类型	含水量 w/%	重度 γ /(kN/m³)	空隙比 e	抗剪强度		压缩系数 a_{1-2} /MPa⁻¹	灵敏度 S_t
				内摩擦角 φ/(°)	内聚力 C/MPa		
滨海沉积软土	40～100	15～18	1.0～2.3	1～7	0.002～0.02	1.2～3.5	2～7
湖泊沉积软土	30～60	15～19	0.8～1.8	0～10	0.005～0.03	0.8～3.0	
河滩沉积软土	35～70	15～19	0.9～1.8	0～11	0.005～0.003	0.8～3.0	4～8
沼泽沉积软土	40～120	14～19	0.52～1.5	0	0.005～0.02	>0.5	2～10

表 9-14　我国部分地区软土的工程性质指标

成因类型	地区	埋深/m	天然含水量 w/%	天然重度 γ /(kN/m³)	空隙比 e	饱和度 S_r /%	液限 w_L /%	塑限 w_P /%	塑性指数 I_P	液性指数 I_L	渗透系数 K /(cm/s)	压缩系数 a_{1-2} /MPa⁻¹	固结快剪强度参数	
													内聚力 C/MPa	内摩擦角 φ/(°)
泻湖相	温州	1～35	68	16.2	1.79	99	53	23	30	1.50		1.93	0.005	12
溺谷相	宁波	2～12	56	17.0	1.58	97	46	27	19	1.53	7×10^{-8}	2.50	0.010	1
		12～28	38	18.6	1.08	94	36	21	15	1.13		0.72		
	福州	3～19	68	15.0	1.87	98	54	25	29	1.48	8×10^{-8}	2.05	0.005	11
		<3,>19	42	17.1	1.17	95	41	24	17	1.05	7×10^{-7}	0.70		16
滨海相	塘沽	8～17	47	17.7	1.31	99	47	24	23	1.23	2×10^{-7}	0.97	0.017	4
		<8,>17	39	18.1	1.07	96	34	21	13	1.33		0.65		
	新港	>18	58	16.5	1.66	97	36	24	12	1.08		0.88	0.013	2
三角洲相	上海	6～17	50	17.2	1.37	98	43	23	20	1.35	6×10^{-7}	1.24	0.005	15
		<6,>20	37	17.9	1.05	97	34	21	13	1.23	2×10^{-8}	0.72	0.006	18
	杭州	3～9	17.3	17.3	1.34	97	41	22	19	1.34		1.30	0.006	14
		9～19	18.4	18.4	1.04	95	35	18	15	1.13		1.17		
	广州	0.5～10	16.0	16.0	1.82	95	46	27	19		3×10^{-6}	1.18		
	昆明		16.2	16.2	1.56		60	48	12	1.44		0.90	0.022	12
			18.5	18.5	0.95		34		18	1.68		0.40	0.015	19
河漫滩相	南京		40～50	17.2～18.0	0.93～1.32		35～44		17～20	1.10～1.60		0.50～0.80	0.002～0.018	4～10
牛轭湖相	苏北		48	17.4	1.31		39		16	1.50		1.09	0.011	5
山地沉积	山地沉积		55～91	14.7～16.4	1.62～2.30		58～78		22～34	0.86～1.40		1.2～2.25	0.009～0.023	2～19

9.3.3　软土的勘察评价要点

（1）通过工程地质测绘和调查、勘探查明

① 软土成因类型、成层条件、分布规律、层理特征、水平向和垂直向的不均匀性；

② 地表硬壳层的分布深度、下伏硬土层或基岩的埋深与起伏；

③ 固结历史、应力水平和结构破坏对强度和变形的影响；

④ 微地貌形态和暗埋的塘、滨、沟、坑穴的分布、埋深及其填土的情况；

⑤ 开挖、回填、支护、工程降水、打桩、沉井等对软土应力状态、强度和压缩性的影响；

⑥ 当地工程经验。

（2）通过室内土工试验和一些原位测试方法查明软土的物理力学性质指标

（3）确定软土承载力　确定软土承载力是采取软土处理方案的基础。软土地基承载力应根据室内试验、原位测试和当地建筑经验，并结合以下因素综合确定。其中，用变形控制原则比按强度控制原则更重要。

① 软土成层条件、应力历史、结构性、灵敏度等力学特性和排水条件。

② 上部结构的类型、刚度、荷载性质和分布，对不均匀沉降的敏感性。

③ 基础的类型、尺寸、埋深、刚度等。

④ 施工方法和程序。

⑤ 采用预压排水处理的地基，应考虑软土固结排水后强度的增长。

（4）验算地基沉降变形量　可采用分层总和法计算，并乘以经验系数，也可采用应力历史法计算沉降量，再根据当地经验进行修正，必要时应考虑软土的次固结效应。

（5）提出基础形式和持力层的建议　对于上为硬层，下为软土的双层土地基应进行下卧层验算。

（6）提出软土地基处理的措施　建造在软土地基上的建筑物易产生较大沉降或不均匀沉降，且沉降稳定往往需要很长的时间，所以在软土地基上建造建筑物，必须慎重对待。在设计上除了加强上部结构的刚度外，可对软土地基采取以下一些处理措施。

① 充分利用软土地基表层的密实土层（称硬壳层，其厚度约为 $1\sim2m$）作为基础的持力层，基础尽可能浅埋（但需验算下卧层强度）。

② 减少建筑物对地基土的附加压力，采用架空地面，减少回填土重量，设置地下室等。

③ 采用换土垫层（砂垫层）与桩基，提高地基承载力。

④ 采用砂井预压，使土层排水固结。

⑤ 可采用高压喷射、深层搅拌、粉体喷射等方法，将土粒胶结，从而改善土的工程性质，形成复合地基，以提高承载力。

9.4 混合土

9.4.1 混合土的性质

由细颗粒土和粗颗粒土混杂且缺乏中间颗粒的土，应判定为混合土。当碎石土中颗粒小于 0.075mm 的细粒土质量超过总质量的 25% 时，应定名为粗粒混合土；当粉土或黏性土中粒径大于 2mm 的粗颗粒土质量超过总质量的 25% 时，应定名为细粒混合土。

混合土是由坡积、洪积、冰水沉积形成的，在颗粒分布曲线形态上反映出的是不连续状。混合土因其成分复杂多变，各种成分粒径相差悬殊，所以其性质变化很大。一般来说，混合土的性质主要取决于土中粗、细颗粒含量的比例，粗粒的大小及其相互接触关系以及细粒土的状态。经验和专门研究表明：黏性土、粉土中的碎石组分的质量只有超过总质量的 25% 时，才能起到改善土的工程性质的作用；在碎石土中，当黏粒组分的质量大于总质量的 25% 时，则对碎石土的工程性质有明显影响，特别是当含水量较大时。

9.4.2　混合土的勘察

9.4.2.1　混合土的勘察内容

① 查明地形地貌特征，混合土的成因、分布，下伏土层或基岩的埋藏条件。

② 查明混合土的组成、均匀性及其在水平方向、垂直方向上的变化规律。

③ 查明混合土是否具有湿陷性、膨胀性。

9.4.2.2　勘察工作布置

① 勘探点的间距和勘探孔的深度应在满足各类工程的勘察基本要求的基础上适当加密加深。

② 应布置一定数量探井，并应采取大体积土试样进行颗粒分析和物理力学性质测定。

③ 对粗粒混合土宜采用动力触探试验，并应有一定数量的钻孔或探井试验。

④ 现场载荷试验的承压板和现场直剪试验的剪切面的直径都应大于试验土层最大粒径的 5 倍，载荷试验的承压板面积不应小于 $0.5m^2$，直剪试验的剪切面积不宜小于 $0.25m^2$。

9.4.3　混合土的岩土工程评价

9.4.3.1　混合土的承载力

混合土的承载力应采用载荷试验、动力触探试验并结合当地经验确定。

9.4.3.2　混合土稳定性评价

对于混合土层，应充分考虑到其下伏地层的性质及层面坡度，验算地基的整体稳定性，对于含有巨大颗粒的混合土，尤其是粒间填充不密实或为软土充填时，应考虑巨石的震动或滑动对地基稳定性的影响。

9.4.3.3　混合土边坡

混合土边坡的容许坡度可根据现场调查和当地经验确定。对重要工程应进行专门试验研究。

关于混合土的地基处理，应根据具体工程特点，考虑技术上可靠及经济上合理性采取避开或相适应处理措施。

9.5　填土

由于人类活动而堆填的土，统称为填土。在我国大多数城市的地表面，普遍覆盖着一层人工杂土堆积层。这种填土无论其物质组成、分布特征和工程性质均相当复杂，且具有地区性特点。例如，上海地区多暗滨、暗塘、暗井，常用土和垃圾回填，含有大量的腐殖质；福州市表层为瓦砾填土，其下部常见一种黏性土质填土。在旧河道、旧湖塘地带，可见一种与淤泥混杂堆填的软弱填土，呈流动或饱和状态。又如，西安市由于古城兴衰、战争等，普遍覆盖一层填土，厚度 2~6m，多为瓦砾素土，其间密布古井渗坑，周围土体呈黑绿色。

9.5.1　填土的分类

根据其物质组成和堆填方式，可将填土分为素填土、杂填土、冲填土和压实填土四类。

9.5.1.1　素填土

由碎石土、砂土、粉土和黏性土等一种或几种土质组成，不含杂质或含杂质很少的土，称为素填土。

（1）按主要组成物质分

① 碎石素填土；

② 砂性素填土；

③ 黏性素填土。

（2）按堆填时间分

① 老填土　当主要组成物质为粗颗粒，堆填时间在 10a 以上者；或主要组成物质为细颗粒，堆填时间在 20a 以上者，均称为老填土。

② 新填土　堆填年限低于上述规定者，称为新填土。

素填土的承载力取决于它的均匀性和密实度。在堆填过程中，未经人工压实时，一般密度较差，不宜做天然地基；但堆积时间较长，由于土的自重压密作用，也能达到一定的密实度。如堆积时间超过 10a 的黏性土，超过 5a 的粉土，超过 2a 的砂土，均具有一定的强度和密实度，可以作为一般建筑物的天然地基。

9.5.1.2　杂填土

含大量建筑垃圾、工业废料或生活垃圾等杂物的填土。

按组成物质和特征分为以下几类。

（1）建筑垃圾土　主要为碎砖、瓦砾、朽木等建筑垃圾组成，有机物含量较少。

（2）工业废料土　由现代工业生产的废渣、废料堆积而成，如矿渣、煤渣、电石渣等以及其他工业废料夹少量土类组成。

（3）生活垃圾土　填土中由大量从居民生活中抛弃的废物，诸如炉灰、布片、菜皮、陶瓷片等杂物夹土类组成，一般含有机质和未分解的腐殖质较多。

9.5.1.3　冲填土

冲填土也叫次填土，是由水力冲填泥砂形成的填土。

冲填土是我国沿海一带常见的填土之一。主要是由于整治或疏通江河航道，或因工农业生产需要填平或填高江河附近某些地段时用高压泥浆泵将挖泥船挖出的泥砂，通过输泥管，排送到需要填高地段及泥砂堆积区而成。上海黄浦江、天津的海河塘沽、广州的珠江等河流两岸及滨海地段不同程度分布有这种填土。

9.5.1.4　压实填土

素填土经过分层压实（或夯实）称为压实填土。压实填土在筑路、坝堤等工程中经常涉及。

9.5.2　填土的工程性质

填土的工程性质和天然沉积土比较起来有很大的不同。由于堆填时间、环境，特别是物质来源和组成成分的复杂和差异，造成填土性质很不均匀，分布和厚度变化缺乏规律，带有极大的人为偶然性，往往在很小的范围内，填土的质量密度会在垂直方向和水平方向变化较大。

填土往往是一种欠压密土，具有较高的压缩性，在干燥和半干燥地区，干或稍湿的填土往往具有湿陷性。

因此，填土的工程地质性质主要包括以下几方面。

9.5.2.1　不均匀性

填土由于物质来源、组成成分的复杂和差异，分布范围和厚度变化缺乏规律性，所以，不均匀性是填土的突出特点，而且在杂填土和冲填土中表现更加显著。例如，冲填土在泥的出口处，沉积的土粒较粗，甚至有石块，顺着出口向外围土粒则逐渐变细，并且在冲填过程中，由于泥砂来源的变化，造成冲填土在纵横方向上的不均匀性，故冲填土层多呈透镜体状或薄层状出现。

9.5.2.2　湿陷性

填土由于堆填时未经压实，所以土质疏松，孔隙发育，当浸水后会产生附加下陷，即湿陷。通常，新填土比老填土湿陷性强，含有炉灰和变质炉灰的杂填土比素填土湿陷性强，干旱地区填土的湿陷性比气候潮湿、地下水位高的地区湿陷性强。

9.5.2.3　自重压密性

填土属欠固结土，在自身重量和大气降水下渗的作用下有自行压密的特点，压密所需的时间随填土的物质成分不同而有很大的差别，例如，由粗颗粒组成的砂和碎石类素填土，一般回填时间在 2～5a 即可达到自重压密基本稳定；而粉土和黏性土质的素填土则需 5～15a 才能达到基本稳定。建筑垃圾和工业废料填土的基本稳定时间需 2～10a；而含有大量有机质的生活垃圾填土的自重压密稳定时间可长达 30a 以上。冲填土的自重压密稳定时间更长，可达几十年甚至上百年。

9.5.2.4　压缩性大，强度低

填土由于密度小，孔隙度大，结构性很差，故具有高压缩性和较低的强度。在密度相同的条件下，填土的变形模量比天然土低很多（图 9-3），并且，随着含水量的增大，压缩模量急剧降低（图 9-4）。对于杂填土而言，当建筑垃圾土的组成物以砖块为主时，则性能优于以瓦片为主的土；而建筑垃圾土和工业废料土一般情况下性能优于生活垃圾土，这是因为生活垃圾土物质成分杂乱，含大量有机质和未分解或半分解状态的植物质。对于冲填土，则是由于其透水性弱，排水固结差，土体呈软塑或流塑状态之故。

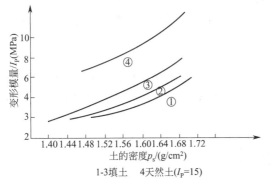

图 9-3　土的变形模量与干密度的关系
①、②、③—填土；④—天然土（$I_P=15$）

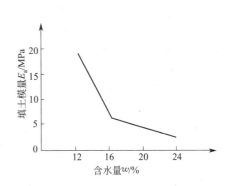

图 9-4　填土变形模量与含水量的关系

9.5.3　填土的勘察评价要点

9.5.3.1　填土勘察

填土勘察的主要内容有以下几点。

① 搜集资料，调查地形和地物的变迁，查明填土来源、堆积年限和堆积方式。

② 查明填土的分布范围、厚度、物质成分、颗粒级配及其均匀性、密实性，压缩性和湿陷性。

③ 判定地下水对建筑材料的腐蚀性及其与相邻地表水体的水力影响。

④ 确定冲填土在冲填期间的排水条件，冲填完成后的固结条件、固结性能和固结状态。

⑤ 查明填土的工程特性指标。主要采用以下测试方法确定：填土的均匀性和密实度宜采用触探法，并辅以室内试验；填土的压缩性、湿陷性宜采用室内固结试验或现场载荷试验；杂填土的密度试验宜采用大容积法；对压实填土，在压实前应测定填料的最优含水量和最大干密度，压实后应测定其干密度，计算压实系数。

9.5.3.2　填土工程评价

填土岩土工程评价应包括以下内容。

① 阐明填土的成分、分布和堆积年代，判定地基均匀性、压缩性和密实度；必要时应按厚度、强度和变形特性分层或分区评价。

② 对于堆积年限较长的素填土、冲填土及由建筑垃圾和性能稳定的工业废料组成的杂填土，当较均匀和较密实时可作为天然地基。由有机质含量较多的生活垃圾和对基础有腐蚀性的工业废料组成的杂填土不宜作为天然地基。

③ 确定填土地基承载力。按地区经验或室内土工试验、原位测试综合确定。

④ 当填土底面的天然坡度大于 20% 时，应验算其稳定性。

9.5.3.3 提出填土地基处理的措施

① 换土垫层法。

② 表层压实法。处理轻型低层建筑物地基时，可采用人力夯或机械夯、平碾式振动碾，对表层疏松填土进行人工压实。

③ 灰土桩。

④ 砂桩挤密。

9.6 多年冻土

《岩土工程勘察规范》（GB 50021—2001）对多年冻土的定义为：含有固态水、冻结状态持续两年或两年以上的土。当温度条件改变时，多年冻土的物理力学性质随之改变，并可产生冻胀、融陷、热融滑塌等现象。

9.6.1 多年冻土的一般性质

对多年冻土的工程性质起主要作用的是冰的含量及其存在形式。但是冻土中的含冰量是极不稳定的，随着湿度的升降，冰的含量剧烈变化，从而导致冻土的工程地质性质发生相应的显著变化。

冻土的含水性通常用总含水量（w_n）表示。即：

$$w_n = \frac{M_w + M_i}{M_s} \times 100\%$$

式中，M_w 为冻土中液态水的质量；M_i 为冻土中固态水的质量；M_s 为矿物颗粒的质量。

可按总含水量（w_n）将多年冻土进行分类（表 9-15）。

多年冻土为不透水层，具有牢固的冰晶胶结联结，从而具有较高的力学性能。抗压强度和抗剪强度均较高，但受湿度和总含水量的变化及荷载作用时间长短的影响；内摩擦角很小，可近似把多年冻土看作理想的黏滞体；在短期荷载作用下，压缩性很低，类似于岩石，可不计算变形，但在长期荷载作用下，冻土的变形增大，特别是温度在近似零度时，变形会更突出。

9.6.2 多年冻土的冻胀性和融陷性

9.6.2.1 冻胀性

土冻结时体积膨胀，在于水在转化为冰时体积膨胀，从而使土的孔隙度增大。如果土中的原始孔隙空间足以容纳水在冻结时所增大的体积，则冻胀不会发生；只有在土的原始饱和度很高或有新的水分补充时才会发生冻胀。所以对冻胀性的理解应为：土冻结时体积随之增大的性能。因此，常用体积的相对变化量——冻胀率（η）来表示，即：

$$\eta = \frac{V - V_0}{V} \times 100\% \tag{9-7}$$

式中，V_0 为冻结前土的体积；V 为冻结后土的体积。

按冻胀率可对冻土的冻胀性进行评价：当 $\eta \leqslant 1\%$ 时，为不冻土；当 $1\% < \eta \leqslant 3.5\%$ 时，为弱冻胀土；当 $3.5\% < \eta \leqslant 6\%$ 时，为冻胀性土；当 $\eta > 6\%$ 时，为强冻胀土。

　　土的冻胀性与含水量有关，当含水量低到一定程度时，土在冻结过程中将不表现出冻胀性，此含水量界限值称为起始冻胀含水量（w_f）。它随土的分散度不同而异，一般情况下，随颗粒组成中粗粒组的增加而降低。

9.6.2.2　融陷性

　　融陷性对多年冻土地基的评价有着重要的意义。前面已经论及冻土的冻胀性，是在土冻结过程中表现出的性能，而融陷性，则是在土融化过程中表现出的性能，即融陷性是冻土在融化过程中，由于固态冰转化为液态水时体积缩小的性能，在融化过程中，土粒间联结消弱、水分排出，在自重压力下，特别是在外部荷载作用下，多年冻土可能产生较大的压缩变形。

　　多年冻土的融陷性可用室内无侧胀压缩试验测得的融陷系数 δ_i 和土的总含水量 w_n、干密度 ρ 来评价。《岩土工程勘察规范》（GB 50021—2001）通过土的类别、总含水量 w_n、融化后潮湿程度综合评价多年冻土的融陷性（表 9-15）。

表 9-15　多年冻土类别及其特性

多年冻土名称	土的类别	总含水量	融化后的潮湿程度	融陷性分级及评价
少冰冻土	粉黏粒质量≤15％（或粒径小于 0.1mm 的颗粒＜25％，以下同）的粗颗粒土（包括碎石土、砾砂、粗砂、中砂，以下同）	$w_n≤10$	潮湿	Ⅰ级不融陷
	粉黏粒质量＞15％（或粒径小于 0.1mm 的颗粒＞25％，以下同）的粗颗粒土、细砂、粉砂	$w_n≤12$	稍湿	
	黏性土、粉土	$w_n≤w_p$	半干硬	
多冰冻土	粉黏粒质量≤15％的粗颗粒土	$10＜w_n≤16$	饱和	Ⅱ级弱融陷
	粉黏粒质量＞15％的粗颗粒土、细砂、粉砂	$12＜w_n≤18$	潮湿	
	黏性土、粉土	$w_p＜w_n≤w_p+7$	硬塑	
富冰冻土	粉黏粒质量≤15％的粗颗粒土	$16＜w_n≤25$	饱和出水（出水量小于 10％）	Ⅲ级中融陷
	粉黏粒质量＞15％的粗颗粒土、细砂、粉砂	$18＜w_n≤25$	饱和	
	黏性土、粉土	$w_p+7＜w_n≤w_p+15$	软塑	
饱冰冻土	粉黏粒质量≤15％的粗颗粒土	$25＜w_n≤44$	饱和大量出水（出水量为 10％～20％）	Ⅳ级强融陷
	粉黏粒质量＞15％的粗颗粒土、细砂、粉砂			
	黏性土、粉土	$w_p+15＜w_n≤w_p+35$	饱和出水（出水量小于 10％）	
			流塑	
含土冰层	碎石土、砂土	$w_n＞44$	饱和大量出水（出水量为 10％～20％）	Ⅴ级极融陷
	黏性土、粉土	$w_n＞w_p+35$	流塑	

　　注：1. 碎石土及砂土的总含水量界限为该两类土的中间值。含粉黏粒少的粗颗粒土比表列数值小；细砂、粉砂比表列数值大。

　　　　2. 黏性土、粉土总含水量界限中的 +7、+15、+35 为不同类别黏性土的中间值。粉土比该值小，黏土比该值大。

9.6.3　多年冻土的不良地质现象

9.6.3.1　伴随着冻结过程发生的冻土的不良地质现象

　　（1）冻胀现象　以冻胀丘和拔石为主要现象。

　　（2）厚层地下冰　在黏性土的多年冻土上限附近，常可遇见一层厚度不等的较纯的地下冰层。在山坡下部和一些负地形部位，地下冰层的厚度有时可达到几十厘米，甚至 2～3m。它们是在年复一年的冻结凝成冰过程中形成的。

　　（3）冰椎　冬季在河流水溪河床部位，由于水面封冻，过水断面减小形成阻塞压力，一旦压力大于冰层强度，河水便冲破冰层溢流于冰面形成河冰椎。若以地下水为水源，则形成泉冰椎，冰椎常常阻塞交通，危及行车安全，毁坏工程建筑物。

（4）寒冻石流　寒冻风化形成的碎石在斜坡上由于冻融过程中的重力和流水作用顺坡向下，形成寒冻石流。

（5）寒冻裂隙　在寒冬季节的低温作用下，土石表面的收缩应力大于土石的内聚强度，使其开裂。

9.6.3.2　伴随融化过程发生的冻土的不良地质现象

（1）热融沉陷和热融湖塘　当厚层地下冰消融时，地表发生沉陷，形成垂直下陷的凹地的过程称为热融沉陷。当这些热融沉陷凹地被地表水或地下水注满时就形成了热融湖塘。

（2）热融滑塌　在有厚层地下冰分布的斜坡上，当坡脚处的地下冰在夏季暴露面发生融化时，其上覆融土及植被失去支撑而塌落，掩盖了坡脚及其两侧暴露的冰层，同时却暴露了上方的地下冰层，使它发生融化，产生新的塌落，如此反复滑塌，一直向斜坡上方发展，形成融冻滑塌。融冻滑塌体形成的稀泥物质常顺坡向下流动掩埋道路、壅塞桥涵，使路基湿软，危害其下方和坡上方建筑的稳定和安全。

（3）融冻泥流　缓坡上的细粒土，由于冻融作用而结构破坏，又因下伏冻土层阻隔，土中水分不能下渗，从而使土饱和甚至成为泥浆，沿层面顺坡向下蠕动，这种现象称为融冻泥流。它有表层泥流和深层泥流两种。表层泥流分布广、规模小、流动快；深层泥流以地下冰或多年冻土层为滑动面，长达几百米，宽几十米，移动速度缓慢。融冻泥流极大地威胁着其下方的工程设计及建筑物安全。

9.6.4　多年冻土的勘察评价要点

9.6.4.1　运用工程地质测绘和调查查明的内容

① 多年冻土的分布范围、上限深度。

② 多年冻土的类型、厚度、总含水量、构造特征，物理力学和热学性质。

③ 多年冻土层上水、层间水、层下水的赋存形式、相互关系及其对工程的影响。

④ 多年冻土的融沉性分级和季节融化层土的冻胀性分级。

⑤ 厚层地下冰、冰椎、冰丘、冻土沼泽，热融滑塌、热融湖塘、融冻泥流等不良地质作用的形态特征、形成条件、分布范围、发生发展规律及其对工程的危害程度。

9.6.4.2　勘探点间距与深度应结合工程和地区的实际情况布置

① 多年冻土地区勘探点间距，在满足《岩土工程勘察规范》（GB 50021—2001）中对各类岩土工程勘察基本要求的同时，应予以适当加密。特别是在初步勘察和详细勘察阶段要引起注意。

② 勘探孔深度布置要满足下列要求：对保持冻结状态设计的地基，不应小于基底以下 2 倍基础宽度，对桩基应超过桩端以下 3～5m；对逐渐融化状态和预先融化状态设计的地基，应符合非冻土地基的要求；无论何种设计原则，勘探孔的深度均宜超过多年冻土上限深度的 1.5 倍；在多年冻土的不稳定地带，应查明多年冻土下限深度，当地基为饱冰冻土或含土冰层时，应穿透该层。

9.6.4.3　多年冻土的勘探测试应满足的要求

① 多年冻土地区钻探宜缩短施工时间，宜采用大口径低速钻进，终孔直径不宜小于 0.8mm，必要时可采用低温泥浆，并避免在钻孔周围造成人工融区或孔内冻结。

② 应分层测定地下水位。

③ 保持冻结状态设计地段的钻孔，孔内测温工作结束后应及时回填。

④ 取样的竖向间隔，除应满足规范相应要求外，在季节融化层还应适当加密，试样在采取、搬运、贮藏、试验工程中应避免融化。

⑤ 试验项目除按常规要求外，应根据需要，进行总含水量、体积含冰量、相对含冰量、未冻水含量、冻结温度、热导率、冻胀量、融化压缩等项目的试验；对盐渍化多年冻土和泥

炭化多年冻土，应分别测定易溶盐含量和有机质含量。

9.6.4.4　多年冻土岩土工程评价的主要内容

①　查明多年冻土的物理力学性质、总含水量、融陷性分级。

②　确定地基承载力应结合当地的建筑经验　按下述要求综合确定。

a. 对安全等级为甲级建筑物的应采用载荷试验或其他原位试验方法结合当地建筑经验综合确定。

b. 对于安全等级为乙级建筑物的宜采用载荷试验或其他原位试验确定。当无条件时，对保持冻结状态的地基，可根据冻土的物理力学性质和地温状态，按表 9-16 确定；对于容许融化的地基，应采用融化土地基的承载力，按实测成果确定。

c. 对丙级建筑物可根据邻近建筑的经验确定。

③　除次要工程外，建筑物宜避开饱冰冻土、含土冰层地段和冰椎、冰丘、热融湖、厚层地下冰，融区与多年冻土区之间的过渡带，宜选择坚硬岩层、少冰冻土和多冰冻土地段以及地下水位或冻土层上水位低的地段和地形平缓的高地。

表 9-16　多年冻土地基承载力标准值 f_k

土 的 名 称	基础底面的月平均最高气温/(°)				
	−0.5	−1.0	−1.5	−2.0	−3.5
(1)块石	600	950	1100	1250	1650
(2)圆砾、角砾、砾、粗砂、中砂	600	750	900	1050	1450
(3)细砂、粉砂	450	550	650	750	1000
(4)粉土	400	450	550	650	850
(5)黏性土	350	500	450	500	700
(6)饱和冻土	250	300	350	400	550

注：1. 本表序号 (1)~(5) 类的地基承载力标准值 f_k 适用于少冰冻土和多冰冻土；当地基为富冰冻土时，表列数值应降低 20%。

2. 本表不适用于含土冰层及含盐量大于 0.3% 的冻土。

3. 本表不适用于建筑后容许融化的地基土。

9.6.4.5　提出多年冻土地区的地基处理措施

多年冻土地区地基处理措施应根据建筑物的特点和冻土的性质选择适宜有效的方法。一般选择以下处理方法。

(1) 保护冻结法　宜用于冻层较厚、多年地温较低和多年冻土相对稳定的地带，以及不采暖的建筑物和富冰冻土、饱冰冻土、含土冰层的采暖建筑物或按容许融化法处理有困难的建筑物。

(2) 容许融化法的自然融化　宜用于地基总融陷量不超过地基容许变形值的少冰冻土或多冰冻土地基；容许融化法的预先融化宜用于冻土厚度较薄、多年地温较高、多年冻土不稳定的地带的富冰冻土、饱冰冻土和含冰土层地基，并可采用人工融化压密法或挖除换填法进行处理。

9.7　膨胀岩土

膨胀岩土是指含有大量亲水矿物，湿度变化时有较大的体积变化，变形约束时产生较大的内应力的岩土，包括膨胀岩和膨胀土。根据累积资料，我国膨胀岩土的分布、成因及地质年代特征列于表 9-17。

表 9-17 中国膨胀土分布、成因及地质年代特征一览

地区		成　因	地质年代	地貌特征
四川	成都、广汉、南充、西昌	冲洪积、冰水沉积、残积	Q_2—Q_3	Ⅱ级以上阶地,低丘缓坡
云南	鸡街、蒙自、文山	冲积,残、坡积	Q_3	Ⅱ级阶地斜坡
广西	宁明、南宁、贵县	冲、洪积,残、坡积	Q_3—Q_4	Ⅰ、Ⅱ级阶地、残丘、岩溶平原与阶地
湖北	郧县、襄樊、荆门、枝江	洪、冲积,湖湘沉积,坡、残积	Q_2—Q_3,Q_1—Q_2	Ⅱ级以上阶地,山前丘陵
安徽	合肥、淮南	冲、洪积,洪积	Q_3—Q_4	Ⅱ级阶地,垅岗,Ⅰ级阶地
河南	平顶山、南阳	湖湘沉积,冲洪积	Q_1	山前缓坡、垅岗
山东	泗水、临沂、泰安	坡洪积,坡、残积,冲积,洪积,湖相沉积		斜坡地形、一级阶地、河谷平原阶地、山前缓坡
陕西	康平、汉中、安康	残坡积,洪积,冲积	Q_2—Q_3	Ⅱ级以上阶地、盆地和阶地、垅岗

根据《岩土工程勘察规范》（GB 50021—2001）中有关规定,具有下列特征的岩土可初判为膨胀土或膨胀岩。

9.7.1 膨胀土

① 多分布在二级或二级以上阶地、山前丘陵和盆地边缘。

② 地形平缓,无明显自然陡坎。

③ 常见浅层滑坡、地裂,新开挖的路堑、边坡、基槽易发生坍塌。

④ 裂缝发育,方向不规则,常有光滑面和擦痕,裂缝中常充填灰白、灰绿色黏土。

⑤ 干时坚硬,遇水软化,自然条件下呈坚硬或硬塑状态。

⑥ 自由膨胀率一般大于40%。

⑦ 未经处理的建筑物成群破坏,低层较多层严重,刚性结构较柔性结构严重。

⑧ 建筑物开裂多发生在旱季,裂缝宽度随季节变化。

9.7.2 膨胀岩

① 多见于伊利石含量大于20%的黏土岩、页岩、泥质砂岩。

② 具有膨胀土③～⑦特征的岩石。

由于膨胀岩土性质复杂,许多问题仍在研究之中。对于膨胀岩的判定,尚无统一的指标和方法,多年来一直采用综合判定,即按初判和终判两步进行。膨胀岩土的勘察评价,仍然是根据工程情况及地区性经验参照《膨胀土地区建筑技术规范》进行。当膨胀岩做为地基时,可参照膨胀土的判定方法进行。当膨胀岩做为其他环境介质时,其膨胀性的判定无统一标准。如中国科学院地质研究所将钠蒙脱石含量5%～6%,钙蒙脱石含量11%～14%作为判定标准;铁道部第一勘测设计院以蒙脱石含量8%或伊利石含量20%作为判定标准;也有将干燥饱和吸水率25%作为膨胀岩和非膨胀岩的划分界线。在此主要以膨胀土勘察评价为重点内容介绍。

9.7.2.1 膨胀土的物质成分和构造特征

膨胀土裂隙发育,具显著的遇水膨胀和失水收缩性等特征,是与其物质成分与构造特征密不可分的。

已有的研究资料表明,我国膨胀土的黏土矿物以伊利石组矿物为主,蒙脱石组和高岭石组矿物为辅,黏粒中一般还含一定数量的绿泥石、针铁矿及石英。碎屑矿物以石英为主,长石次之,云母较少;重矿物中以绿帘石、闪石、锆石、电气石等不常见。此外,铁锰质结核普遍可见。在可溶性矿物中,易溶盐和中溶盐含量很低,而碳酸盐的含量相对较高。次生碳酸盐常以结核状、硬壳状以及结石形式出现,有机质含量一般均较低。

膨胀土的化学成分主要有：SiO_2、Fe_2O_3、Al_2O_3、TiO_2、CaO、MgO、K_2O、Na_2O 等。

膨胀土的物质成分一般比较均一，在水平方向上变化不大，但在垂直方向上由于物质的次生分异，而呈现有不同的构造特征。如钙质结核和铁锰结核密集层呈结核状构造，铁质浸染，土层呈花斑状构造。膨胀土最重要的构造特征是裂隙均较发育。根据研究资料，一般认为膨胀土中的裂隙主要为风化裂隙和胀缩裂隙。其中风化裂隙普遍分布于膨胀土的表层、深度一般不超过 10m，裂隙呈无序排列，纵横交错，常充填有灰白色黏土；胀缩裂隙主要沿近垂直和近水平方向延伸，有时也有斜倾裂隙，但近垂直的裂隙密度最高，裂隙壁上常有灰白、灰绿等色黏土，并有铁锰浸染斑，裂隙一般较窄，甚至呈隐形。

由于膨胀土中裂隙较为发育，且一般均存在厚度不等（可达 5～6m），强度甚低的灰白色黏土，常给建筑物的稳定和安全带来危害。

9.7.2.2　膨胀土的工程性质

（1）膨胀土的一般性质　由于膨胀土的分布、成因、成土的地质作用多样，其物理力学性质也就有明显的差别。综合我国各地区膨胀土的物理力学指标（表 9-18），可将其一般性质归纳为以下几点。

表 9-18　膨胀土主要物理力学指标

项目	天然含水量 $w/\%$	空隙比 e	液限 $w_L/\%$	塑限 $w_P/\%$	塑性指数 I_P	液性指数 I_L	压缩模量 E_s/MPa
范围	20～30	0.5～0.8	38～50	20～35	18～25	−0.14～0.00	9～12

① 膨胀土的液性指数 I_L 与塑性指数 I_P 不高，属中低塑性土，与一般黏性土相近。

② 天然孔隙比 e 不高，与一般黏性土相近。

③ 天然含水量 w 接近塑限 w_P 液性指数 I_L 接近于零，土体多呈坚硬、硬塑状态。

④ 天然情况下抗剪强度较高，但浸水前后，强度值降低很大，C、φ 值相差若干倍。

（2）膨胀土的胀缩性

膨胀土吸水膨胀、失水收缩的性能称为胀缩性。表征膨胀土胀缩性能强弱的指标一般有：自由膨胀率（δ_{ef}）、膨胀率（δ_{ep}）、膨胀力（P_e），线缩率（δ_s）、收缩系数（λ_s）等。

① 自由膨胀率（δ_{ef}）　指人工制备的烘干土样，在水中增加的体积与原体积之比。

$$\delta_{ef}=\frac{V_m-V_0}{V_0} \tag{9-8}$$

式中，V_0 为土样原有的体积，mL；V_m 为土样在水中膨胀稳定后的体积，mL。

② 膨胀率（δ_{ep}）　指在一定压力作用下，处于侧限条件下的原状土样在浸水膨胀稳定后，土样增加的高度与原高度之比。

$$\delta_{ep}=\frac{h_w-h_0}{h_0} \tag{9-9}$$

式中，h_w 为土样浸水膨胀稳定后的高度，mm；h_0 为土样原始高度，mm。

③ 膨胀力（p_e）　指原状土样在体积不变时，由于浸水膨胀产生的最大内应力，可为计算土的膨胀变形量和确定地基承载力的标准值提供依据。膨胀力的确定方法是：以各级压力下的 δ_{ep} 为纵坐标，以压力 p 为横坐标，绘制 p-δ_{ep}曲线，该曲线与横坐标的交点即为该土样的膨胀力（如图 9-5）。

④ 收线缩率（δ_s）和收缩系数（λ_s）　线缩率是指土的竖向收缩变形与试样原始高度之比。

$$\delta_s=\frac{h_0-h_1}{h_0}\times100\% \tag{9-10}$$

式中，h_0 为土样的原始高度，mm；h_1 为土样在温度 100～105℃烘至稳定后的高度，mm。

收缩系数的确定，应先根据不同时间的线缩率及相应的含水量绘制收缩曲线（如图 9-6 所示），以原状土样在直线收缩阶段，含水量减小 1%时的竖向线缩率 δ_s 即为收缩系数 λ_s，

按式(9-10) 计算:

$$\lambda_s = \frac{\Delta\delta_s}{\Delta w} \tag{9-11}$$

式中, $\Delta\delta_s$ 为收缩过程中与两点含水量之差对应的竖向线缩率之差, $\%$; Δw 为收缩过程中直线变化阶段两点含水量之差, $\%$ 。

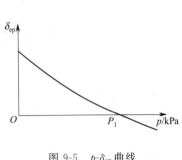

图 9-5 p-δ_{ep} 曲线

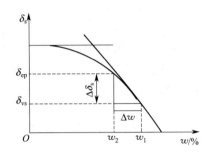

图 9-6 收缩曲线

⑤ 胀缩总率 (δ_{eps}) 膨胀土具有吸水膨胀,失水收缩,再吸水再膨胀,再失水又收缩的变形特性,这个特性被称为膨胀土的膨胀与收缩的可逆性,用胀缩总率 δ_{eps} 表示。

$$\delta_{eps} = \delta_{epi} + \lambda_s \cdot \Delta w \tag{9-12}$$

式中, δ_{epi} 为压力 p_i 下的膨胀率, $\%$; λ_s 为压力 p_i 下的收缩系数; Δw 为土的含水量可能减少的幅度, $\%$ 。

据此公式可以得到以下几点

a. 如果天然含水量 $w < 0.8w_P$,比较低,在干旱地区,基坑开挖后经暴晒的土,式中的 Δw 为零,这时土的胀缩总率即是土的膨胀率。

b. 如果天然含水量 $w > 1.2w_P$,比较高,施加的压力 p_i 等于膨胀力,即 $\delta_{ep} = 0$,此时胀缩总率即为收缩率,其值决定含水量可能变化的幅度,若能及时采取措施,控制含水量使变化很小,就可使建筑物地基变形很小。

c. 如果 p_i 大于土的膨胀力、则 δ_{epi} 为负值,即压力 p_i 作用下不产生膨胀而出现压缩变形。

⑥ 膨胀土各向异性指标 膨胀土由于结构构造特征具有胀缩各向异性。判断胀缩各向异性的指标有 $a_缩$ 和 $a_胀$,其计算公式如下:

$$a_缩 = \frac{e_{sl}}{e_{sd}} \tag{9-13}$$

$$a_胀 = \frac{e_{pl}}{e_{pd}} \tag{9-14}$$

式中, e_{sl} 、 e_{pl} 为收缩试验测定的竖向收缩率和横向收缩率; e_{sd} 、 e_{pd} 为三向膨胀试验测定的竖向膨胀率和横向膨胀率。

当 $a_缩$ (或 $a_胀$)$=1$ 时,表明竖向胀缩和横向胀缩相等,土体为各向同性。当 $a_缩$ (或 $a_胀$)>1 时,即竖向胀缩大于横向胀缩,表明土以竖向胀缩为主,反之,当 $a_缩$ (或 $a_胀$)<1 时,表明土以横向胀缩为主。 $a_缩$ 一般为 $0.70 \sim 1.50$,但在广西宁明最高达 3.33 , $a_缩$ 在陕南、云南为 $1.30 \sim 2.62$,在河南为 $0.80 \sim 1.00$,但在广东湛江则可高达 4.00 。由此可见,不同地区膨胀土的膨胀各向异性差别较大,不容忽视。

膨胀土之所以具有较强的胀缩性,主要取决于以下内在因素。

① 矿物成分 膨胀土主要由蒙脱石、伊利石等亲水矿物组成。

② 微观结构特征　膨胀土中普遍存在片状黏土矿物，颗粒彼此叠聚成微集聚体基本结构单元。从电镜观察证明，膨胀土的微观结构为集聚体与集聚体面面接触形成分散结构，这种结构具有很大的吸水膨胀和失水收缩的能力。

③ 黏粒的含量　土中黏粒含量越多，土的胀缩性越强。

④ 土的密度和含水量　天然密度越大，膨胀性越强，但收缩性相反就较弱；反之，膨胀量就小，收缩量就大。

⑤ 土的结构强度　结构强度越大，土体限制胀缩变形的能力也越大。当土的结构受到破坏后，土的胀缩性随之增强。

此外，气候条件、地形地貌条件、建筑物本身条件等外在因素也影响膨胀土的胀缩性。

我国部分地区膨胀土的胀缩特性指标见表 9-19。

表 9-19　我国部分地区膨胀土的胀缩特性指标统计表

地区	土颜色	δ_{ef}/%	δ_{epi}/% 0kPa	δ_{epi}/% 50kPa	δ_{epi}/% 100kPa	δ_{50}/%	P_e/kPa	δ_s/%	缩限 w_s/%	λ_s	δ_{ps}/%
蒙自	褐黄	40~90	3.30	0.20	<0	3.20	18~55	6.82	18.4~21.2	0.25~0.42	10.02
蒙自	灰白	54~135	11.09	2.12	0.74	11.23	4~123	9.50	16.2~18.6	0.31~0.41	20.73
鸡街	灰白	43~139	0.1~7.2	0~2.6	0~1.7	4.1	0~250	0.50~4.30	10.5~20.0	0.27~0.89	4.5~8.40
宁明	灰白	40~93	5.20	2.16	1.50	0.10~4.70	30~360	1.40~9.90	15~18	0.45~0.90	2.20~12.70
南宁	灰白	40~65	1.60	0.15	<0	0~1.20	12~98	0.80~3.40	18~22	0.20~0.45	1.90~6.38
贵县	黄色	40~82	2.90	0.01	<0	0~0.50	11~86	2.70~9.70	25~35	0.30~0.65	2.90~9.90
茂名	杂色	40~62	5.50	0.80	0.05	0~2.04	50~185	0.8~8.9	15~23	0.21~0.69	0.8~10.0
南阳	灰白	70~158	3.60	1.21	0.56	2.30	56~780	3.9~8.3	7.0~10.0	0.38	6.2~10.6
平顶山	灰绿	40~99	2.53	0.95	0.03	3.7~5.6	25~250	3.70	8~12	0.30~0.40	7.40
合肥	黄色	40~66	3.74	0.77	0.17	5.10	20~115	4.20	12~16	0.34	9.30
荆门	黄色	40~77	4.70	1.05	0.51		32~345	0.76~7.06	11.8~19.5	0.15~0.46	4.41~10.71
郧县	褐黄	40~70	8.09	1.01	−0.55	2.52	30~60	4.70	11.4	0.49	7.22
安康	棕红	40~50	2.43	0.10	0	0.12	10~60	3.50	11.1	0.55	3.62
成都	杂色	40~63	2.45	0.59	<0	0.40	10~77	4.10	12~17	0.25~0.35	4.50
邯郸	杂色	40~79	3.20	1.20	0	1.70	30~205	3.0~6.1	7.5~10.2	0.23~0.47	4.70~7.80

9.7.2.3　膨胀土地基的评判

结合我国情况，用自由膨胀率作为膨胀土的判别和分类指标，一般能获得较好的效果。研究表明，自由膨胀率能较好反映土中黏土矿物成分、颗粒组成、化学成分和交换阳离子性质的基本特征。土中的蒙脱石矿物越多，小于 0.002mm 的黏粒在土中占较多份量，且吸附着较活泼的钠、钾离子时，那么土体内部积储的膨胀潜势越强，自由膨胀率就越大，土体显示出强烈的胀缩性。调查表明：自由膨胀率较小的膨胀土，膨胀潜势较弱，建筑物损坏轻微；自由膨胀率高的土，具有强的膨胀潜势，则较多建筑物将遭到严重破坏。《膨胀土地区建筑技术规范》按自由膨胀率大小划分土的膨胀潜势强弱，以综合分析土的胀缩性高低（表9-20）。

按《膨胀土地区建筑技术规范》，对膨胀土胀缩等级以分级胀缩变形量（S_c）的大小进行划分（见表9-21）。

表 9-20　膨胀土的膨胀潜势分类	
自由膨胀率 δ_{ef}/%	膨胀潜势
$40 \leqslant \delta_{ef} < 65$	弱
$60 \leqslant \delta_{ef} < 90$	中
$\delta_{ef} \geqslant 90$	强

表 9-21　膨胀土地基的胀缩等级	
分级胀缩变形量 S_c/mm	级别
$15 \leqslant S_c < 35$	Ⅰ
$35 \leqslant S_c < 70$	Ⅱ
$S_c \geqslant 70$	Ⅲ

地基土膨胀变形量 S_e 按式(9-14)计算：

$$S_e = \psi_c \sum_{i=1}^{n} \delta_{epi} h_i \tag{9-15}$$

式中，S_e 为地基土的膨胀变形量，mm；ψ_c 为计算膨胀变形量的经验系数，宜根据当地经验确定，若无可依据经验时，三层及三层以下建筑物可采用 0.6；δ_{epi} 为基础底面下第 i 层土在该层土的平均自重压力与平均附加压力之和作用下的膨胀率，由室内试验确定；h_i 为第 i 层土的计算厚度，mm；n 为自基础底面至计算深度内所划分的土层数计算深度应根据大气影响深度确定；有浸水可能时，可按浸水影响深度确定。

地基土收缩变形量按式(9-15)计算：

$$S_s = \psi_s \sum_{i=1}^{n} \lambda_{si} \cdot \Delta w_i \cdot h_i \tag{9-16}$$

式中，S_s 为地基土的收缩变形量，mm；ψ_s 为计算收缩变形量的经验系数，宜根据当地经验确定，若无可依据经验时，三层及三层以下建筑物可采取 0.7；λ_{si} 为第 i 层土的收缩系数，由室内试验确定；Δw_i 为地基土收缩过程中，第 i 层土可能发生的含水量变化的平均值（以小数表示）；n 为自基础底面至计算深度内所划分的土层数，计算浓度可取大气影响深度，当有热源影响时，应按热源影响浓度确定。具体按《膨胀土地区建筑技术规范》规定执行。

胀缩变形量（或分级胀缩变形量）应为膨胀变形量与收缩变形量之和，或以式(9-16)计算：

$$S = \psi \sum_{i=1}^{n} (\delta_{epi} + \lambda_{si} \cdot \Delta w_i) h_i \tag{9-17}$$

式中，ψ 为计算胀缩变形量的经验系数，可取 0.7；其他符号意义同上。

9.7.2.4　膨胀岩土的勘察评价要点

（1）运用工程地质测绘和调查重点查明以下内容

① 查明膨胀岩土的岩性、地质时代、成因、产状、分布以及颜色、节理、裂缝等外观特征，并划分场地类型。

② 划分地貌单元和场地类型（平坦场地、坡地场地），查明有无浅层滑坡、地裂、冲沟以及微地貌形态和植被情况。

③ 查地表水的排泄和积聚情况以及地下水类型、水位及变化规律。

④ 收集当地降水量、蒸发量、气温、地温、干湿季节、干旱持续时间等气象资料，查明大气影响深度并调查当地建筑经验。

（2）勘探工作量应遵守下列规定

① 勘探点宜结合地貌单元和微地貌形态布置；其数量应比非膨胀岩土地区适当增加，其中采取试样的勘探点不应少于全部勘探点的 1/2。

② 勘探孔深度，除应满足基础埋深和附加应力的影响深度外，还应超过大气影响深度；控制性勘探孔不应小于 8m，一般性勘探孔不应小于 5m。

③ 在大气影响深度内，每个控制性勘探孔均应采取Ⅰ、Ⅱ级土试样，取样间距不应大于 1.0m，在大气影响深度以下，取样间距可为 1.5～2.0m；一般性勘探孔从地表下 1m 开始至 5m 深度内，可取Ⅱ级土试样，测定天然含水量。

（3）确定膨胀岩土的工程性质指标　包括一般性指标和表征膨胀岩土胀缩性的自由膨胀率、一定压力下的膨胀率、收缩系数、膨胀力等指标。

（4）进行胀缩性评价　主要包括膨胀岩土的膨胀潜势分类和膨胀土地基的胀缩等级划分。

（5）确定膨胀岩土地基承载力

① 一级工程的地基承载力应采用浸水载荷试验方法确定。

② 二级工程宜采用浸水载荷试验；试验时先分级加荷至设计荷载，浸水后再分级加荷至破坏或设计荷载的 2 倍。

③ 二级工程可采用饱和状态下不固结不排水三轴剪切试验计算或根据已有经验确定。

需要注意的是，膨胀岩土的承载力一般均较高，但其承载力随含水量的增加而降低，故在确定承载力时不应忽视其含水量的变化。

（6）膨胀岩土往往在坡度很小时就产生滑动，所以对于边坡及位于边坡上的工程，要特别重视对稳定性的分析验算　验算时应考虑坡体内含水量变化的影响；均质土可采用圆弧滑动法，有软弱夹层及层状膨胀岩土时应按最不利的滑动面验算；具有胀缩裂缝及地裂缝的膨胀边坡，应进行沿裂缝滑动的验算。

（7）提出膨胀岩土地基处理的措施　膨胀岩土地基处理一般有以下几种处理措施。

① 膨胀土地基处理可采用换土、砂石垫层、土性改良等方法。换土可采用非膨胀性土或灰土，换土厚度可通过变形计算确定。平坦场地上Ⅰ、Ⅱ级膨胀土的地基处理，宜采用砂、碎石垫层，垫层厚度不应小于 300mm，并做好防水处理。

② 膨胀土层较厚时，应采用桩基，桩尖支承在非膨胀土层上，或支承在大气影响层以下的稳定层上。

③ 膨胀岩以治理为主。

9.8　盐渍岩土

盐渍岩土包括盐渍岩和盐渍土。盐渍岩土的判别条件如下。

① 岩土中含石膏、芒硝、岩盐（主要是 K、Na、Ca、Mg 的氯化物、硫酸盐）、硼酸盐及 K、Na 的硝酸盐等易溶盐，其含量大于 0.3%。

② 自然环境下具有溶陷、盐胀腐蚀等工程特性。符合以上条件的岩土即称为盐渍岩土。其中，盐渍岩是由含盐较高的天然水体（泄湖、孤海、盐湖等）通过蒸发作用产生的化学沉淀所形成的岩石；盐渍土是当地下水沿土层的毛细管升高至地表或接近地表，经蒸发作用水中盐分被析出并聚集于地表或地表以下土层中所成。

盐渍岩以寒武纪至上第三纪的许多地质时代都有分布，而主要的形成时代为中三叠纪（四川盆地、湘鄂西地区）、白垩纪（如云南、江西的红层盆地）和下第三纪（江汉盆地、衡阳盆地、南阳盆地、东濮盆地、洛阳盆地等）。其次为中奥陶系，如山西境内的中奥陶统泥灰岩中普遍会有很厚的石膏岩。

盐渍土的分布也较广泛。如青海、新疆、宁夏等省区的内陆湖泊区和沿海的滨海地区均分布有盐渍土。另外，在平原地带，由于河床淤积或灌溉等原因，也常使土壤盐碱化形成盐渍土。

9.8.1　盐渍岩土的分类

9.8.1.1　盐渍岩按主要含盐矿物成分分类

按主要含盐矿物成分可分为石膏盐渍岩、芒硝盐渍岩等。

（1）石膏、硬石膏岩　呈白色、浅青灰色、浅红色，主要组成为单矿物岩（石膏或硬石膏），有时为石膏-硬石膏或硬石膏-石膏岩，其中有白云岩、石盐和天青石、黄铁矿等矿物。

（2）岩盐岩或石盐岩　主要成分为石盐（NaCl），并含少量其他的氯化物、硫酸盐、黏土、有机质和铁质化合物。在岩盐岩层中，也可以有约层状构造及与之共生的石膏、硬石膏互层。石盐岩常位于石膏和硬石膏岩的上部，常发现于含红色页岩的沉积岩中，或形成泥砾质石盐岩。

9.8.1.2　盐渍土按含盐的化学成分分类

（1）氯盐类盐渍土　主要含 NaCl、KCl、$CaCl_2$、$MgCl_2$ 等氯盐。这类土通常有明显的吸湿性，土中盐分易溶解，冰点低。

（2）硫酸盐类盐渍土　主要含 Na_2SO_4、$MgSO_4$ 等硫酸盐。这类土由于所含的 Na_2SO_4、$MgSO_4$ 在溶液结晶时会结合水分子形成结晶水化合物（如 $Na_2SO_4 \cdot 10H_2O$、$MgSO_4 \cdot 7H_2O$），体积增大，而在一定湿度条件时会脱水形成无水分子的结晶化合物，体积减小，故有较明显的盐胀性。

（3）碳酸盐类盐渍土　主要含 Na_2CO_3、$NaHCO_3$ 碳酸盐。土中碱性反应强烈、使黏土颗粒发生最大的分散，崩解性强，速度快，并具盐胀性。

详见表9-22。

表 9-22　盐渍土按含盐化学成分分类表

盐渍土	$\dfrac{C(Cl^-)}{2C(SO_4^{2-})}$	$\dfrac{C(CO_3^{2-})+C(HCO_3^-)}{C(Cl^-)+2C(SO_4^{2-})}$	盐渍土	$\dfrac{C(Cl^-)}{2C(SO_4^{2-})}$	$\dfrac{C(CO_3^{2-})+C(HCO_3^-)}{C(Cl^-)+2C(SO_4^{2-})}$
氯盐渍土	>2	—	硫酸盐渍土	<0.3	—
亚氯盐渍土	2～1	—	碱性盐渍土	—	>0.3
亚硫酸盐渍土	1～0.3	—			

注：表中 $C(Cl^-)$ 为氯离子在100g土中所含毫摩数，其他离子同。

9.8.1.3　盐渍土按含盐量划分

在大量工程实践中发现，当土中含盐量超过一定值时，土的工程性能就会发生改变。故为了便于解决工程问题，盐渍土按含盐量分类见表9-23。

表 9-23　盐渍土按含盐量分类　　　　　　　　　　　　　　　单位：%

盐渍土名称	平均含盐量			盐渍土名称	平均含盐量		
	氯及亚氯岩	硫酸及亚硫酸盐	碱性岩		氯及亚氯岩	硫酸及亚硫酸盐	碱性岩
弱盐渍土	0.3～1.0	—	—	强盐渍土	5.0～8.0	2.0～5.0	1.0～2.0
中盐渍土	1.0～5.0	0.3～2.0	0.3～1.0	超盐渍土	>8.0	>5.0	>2.0

9.8.2　盐渍岩土的工程性质

9.8.2.1　盐渍岩的工程特性

（1）整体性　盐渍岩多为易溶和中溶的化学沉积岩，在地下深处环境下具有整体结构，基本上不存在裂隙（若有裂隙也将为盐类沉淀所充填）并有较高的塑性变形性，不透水。

（2）易溶性　盐渍岩由于所含的各种盐类矿物具有强可溶性或相对高的可溶性，而呈现出易溶性，对工程建设构成潜在危害。如在石膏-硬石膏岩分布的地区，几乎都发育岩溶化现象，尤其是由于水工建筑物的运营，可能会在石膏岩中出现新的岩溶化洞穴，而引起地而塌陷或建筑基础的不均匀沉陷。

（3）膨胀性　硫酸盐类盐渍岩经过成岩脱水作用后形成硬石膏、无水芒硝、钙芒硝等，但在水的作用下具有吸水结晶膨胀性，从而会导致岩体的变形（如大范围形成肠状褶曲、小范围内底鼓等），使工程建筑破坏。

（4）腐蚀性　主要是硫酸盐类盐渍岩的固有特性。硫酸盐对混凝土的腐蚀机理主要

在于进人水中的 SO_4^{2-}，通过毛细力作用进入混凝土中，与水泥中的 Ca 形成 $CaSO_4 \cdot 2H_2O$，由于 $CaSO_4 \cdot 2H_2O$ 体积膨胀而使混凝土产生结构破坏或 Na_2SO_4 溶液进入混凝土后 $Na_2SO_4 \cdot 10H_2O$ 的结晶膨胀（体积增加 9.8 倍）而使混凝土强烈腐蚀。

9.8.2.2　盐渍土的工程性质

（1）吸湿性　氯盐类盐渍土含较多的 Na^+，由于其水解半径大，水化膨胀力强，故在其周围可形成较厚的水化薄膜，使盐渍土具有较强的吸湿性和保水性。

（2）有害毛细水作用　盐渍土中有害毛细水上升能直接引起地基土的浸湿软化和次生盐渍化，从而使土的强度降低，产生盐胀、冻胀，危害工程设施。因此在盐渍土地区，控制地下水位，掌握有害毛细水上升高度是岩土工程问题之一。

（3）溶陷性　盐渍土浸水后，由于土中可溶盐的溶解，在土自重压力下产生沉陷的现象，称为盐渍土的溶陷性。盐渍土的溶陷性是用溶陷系数来表示的。溶陷系数的测定有室内压缩试验和现场浸水载荷试验两种。

① 室内压缩试验　适用于土质较均匀、不含粗砾，能采取原状土试样的粘性土、粉土和含少量黏土的砂土。在一定压力 p 作用下测得下沉量，待下沉稳定后浸水，土体产生溶陷，并测出溶陷终止时的最终溶陷值，按式(9-17)计算溶陷系数 δ。压力 p 的确定宜采用设计平均压力值，一般采用 200kPa。

$$\delta = \frac{h_p - h_p'}{h_0} \tag{9-18}$$

式中，h_0 为土试样的原始高度，cm；h_p 为原状土试样加压至 p 时，下沉稳定后的高度，cm；h_p' 为上述加压稳定后的土试样，经浸水溶滤，下沉稳定后的高度，cm。

② 现场浸水载荷试验法　该法试验设备同一般载荷试验设备相同。承压板的面积一般为 $0.25m^2$。对浸水后软弱盐渍土，不应小于 $0.5m^2$，试验基坑宽度不小于承压板宽度的 5 倍。基坑底铺设 5～10cm 厚的砾砂层。试坑深度通常为基础埋深。

按载荷试验方法逐级加荷至预定压力 p。每级加荷后，按规定时间进行观测，等沉降稳定后测得承压板沉降量。然后向基坑内均匀注水，保持水头高为 0.3m，浸水时间根据土的渗透性确定，一般应达 5～12d。观测承压板的沉降，直到沉降稳定，并测定相应的沉降值。

试验土层的平均溶陷系数 δ 按式(9-18)计算：

$$\delta = \frac{\Delta S}{h} \tag{9-19}$$

式中，ΔS 为承压板压力为 p 时，浸水下沉稳定后所测得试验土层的溶陷量，cm。h 为承压板下盐渍土湿润深度（可通过钻探取样与试验前含水量对比确定，也可用瑞利波速法确定），cm。

按溶陷系数大小可以把盐渍土划分为溶陷性土和非溶陷性土。

当 $\delta < 0.01$ 时，为非溶陷性土；

当 $\delta \geq 0.01$ 时，为溶陷性土。

（4）腐蚀性　盐渍土及其地下水对建筑结构材料具有腐蚀性，腐蚀程度除与土、水中盐类成分及含量有关外，还与建筑结构所处的环境条件有关。

（5）盐胀性　当土中含有一定量的硫酸盐或碳酸盐时就会发生盐胀。

硫酸盐类盐渍土发生盐胀的主要原因是，当土中含水量、含盐量、温度达到某一条件时，土中的硫酸盐沉淀结晶，体积增大；当温度和含水量变化后，结晶盐又脱水，体积缩小，当含盐量<2%时，盐胀产生的危害较小；当含盐超过 2%时，盐胀会对工程建筑产生较大危害。当含水量为 18%～22%，温度为 15～−6℃，含盐量超过 2%时，盐胀值最大。

碳酸盐类盐渍土盐胀则是由于碳酸盐中含有的大量吸附性阳离子，遇水时与胶体颗粒相作用，在胶体颗粒周围形成结合水薄膜，减少了各颗粒间的黏聚力，使其互相分离，而引起土体盐胀变形。试验表明，当土中 Na_2CO_3 含量超过 0.5% 时，其盐胀量就显著增大。

盐渍土的盐胀性，对工程建设存在潜在危害，因此，在工程实践中对其盐胀性的评价是不可忽视的。

9.8.3　盐渍岩土溶陷性、盐胀性、腐蚀性评价

9.8.3.1　盐渍岩土溶陷性评价

按中国石油天然气总公司标准《盐渍土地区建筑规定》计算地基分级溶陷量 asd 和划分溶陷等级。

（1）地基分级溶陷量按下式计算

$$\Delta = \sum_{i=1}^{n} \delta_i h_i \tag{9-20}$$

式中，δ_i 为第 i 层土的溶陷系数；h_i 为第 i 层土的厚度，cm；n 为基础底面（初勘自地面下 1.5m 算起）以下至 10m 深度范围内全部溶陷性盐渍土的层数。

（2）根据分级溶陷量划分地基溶陷等级　按表 9-24 划分。

表 9-24　盐渍土地基溶陷等级　　　　　　　　　　单位：cm

溶陷等级	分级溶陷量 Δ
I	$7 < \Delta \leqslant 15$
II	$15 < \Delta \leqslant 40$
III	$\Delta > 40$

9.8.3.2　盐渍岩土盐胀性评价

通过盐渍土盐胀临界深度，评价盐渍土的盐胀性。盐渍土盐胀临界深度是通过野外观测获得的。其方法是：在拟建场地自地面向下 5m 左右深度内，于不同深度处埋设测标，每日定时数次观测气温、各测标的盐胀量及相应深度处的地温变化，观测周期为一年。

9.8.3.3　盐渍岩土腐蚀性评价

盐渍土地基的腐蚀性等级按表 9-25 划分。

表 9-25　盐渍土地基的腐蚀等级

地基介质	离子种类	埋设条件	腐蚀性等级			
			无	弱	中	强
地下水中盐离子含量/(mg/L)	NH_4^+	—	$\leqslant 100$	$100 \sim 500$	$500 \sim 800$	> 800
	Mg^{2+}	—	$\leqslant 1000$	$1000 \sim 2000$	$2000 \sim 3000$	> 3000
	SO_4^{2-}	—	$\leqslant 250$	$250 \sim 500$	$500 \sim 1000$	> 1000
	Cl^-	全浸	$\leqslant 5000$	—	—	—
		间浸	—	$\leqslant 500$	$500 \sim 5000$	> 5000
	pH		> 6.5	$6.5 \sim 5.0$	$5.0 \sim 4.0$	< 4.0
土中盐离子含量/(mg/kg)	SO_4^{2-}	干燥	$\leqslant 500$	$500 \sim 1000$	$1000 \sim 1500$	> 1500
		潮湿	$\leqslant 250$	$250 \sim 500$	$500 \sim 1000$	> 1000
	Cl^-	干燥	$\leqslant 400$	$400 \sim 750$	$750 \sim 7500$	> 7500
		潮湿	$\leqslant 250$	$250 \sim 500$	$500 \sim 5000$	> 5000
	总盐量/(mg/kg)	有蒸发面	$\leqslant 3000$	$3000 \sim 5000$	$5000 \sim 10000$	> 10000
		无蒸发面	$\leqslant 10000$	$10000 \sim 20000$	$20000 \sim 50000$	> 50000
	pH		> 6.5	> 6.5	$6.5 \sim 5.0$	$5.0 \sim 4.0$	< 4.0

注：1. 盐渍土地基应按所含盐离子含量和总盐量中腐蚀性最高者定级。

2. 当地基以含氯盐为主，同时含硫酸盐时，表中氯离子总含量按下式计算：Cl^-（总量）$= Cl^- + 0.25 \times SO_4^{2-}$。

3. 当地基以含硫酸盐为主，同时含氯盐时，表中硫酸根离子总含量按下式计算：SO_4^{2-}（总量）$= SO_4^{2-} + 0.075 Cl^-$。

4. 总盐量系指正负离子的总和；

5. 本表适用于普通硅酸盐水泥。

盐渍土对混凝土的腐蚀性评价，可按含盐情况细分为结晶类腐蚀评价、分解类腐蚀评价和结晶分解复合类腐蚀评价三种。表 9-26～表 9-28 分别为上述三种情况的腐蚀性评价标准。

表 9-26　结晶类腐蚀评价标准

腐蚀等级	土的盐酸浸出液中 SO_4^{2-} 含量/(g/kg)		
	Ⅰ类环境	Ⅱ类环境	Ⅲ类环境
无腐蚀性	<1.0	<3.0	<5.0
弱腐蚀	1.0～3.0	3.0～5.0	5.0～10.0
中等腐蚀	3.0～5.0	5.0～10.0	10.0～15.0
强腐蚀	5.0～10.0	10.0～15.0	15.0～20.0

表 9-27　分解类腐蚀评价标准值

腐蚀等级	pH 值		
	Ⅰ类环境	Ⅱ类环境	Ⅲ类环境
无腐蚀性	>6.5	>6.0	>5.0
弱腐蚀	6.5～5.5	6.0～5.0	5.0～4.5
中等腐蚀	5.5～4.5	5.0～4.0	4.5～4.0
强腐蚀	<4.5	<4.0	<4.0

注：pH 值的测定应为锥形玻璃电极或平板玻璃电极在土中直接测定

表 9-28　结晶分解复合类腐蚀评价标准

腐蚀等级	Ⅰ类环境		Ⅱ类环境		Ⅲ类环境	
	$Mg^{2+}+NH_4^+$	$Cl^-+SO_4^{2-}+NO_3^-$	$Mg^{2+}+NH_4^+$	$Cl^-+SO_4^{2-}+NO_3^-$	$Mg^{2+}+NH_4^+$	$Cl^-+SO_4^{2-}+NO_3^+$
	/(g/kg)					
无腐蚀性	<1.5	<3.0	<3.0	<8.0	<5.0	<15.0
弱腐蚀	1.5～2.0	3.0～5.0	3.0～3.5	8.0～10.0	5.0～5.5	15.0～20.0
中等腐蚀	2.0～2.5	5.0～10.0	3.5～4.0	10.0～15.0	5.5～6.0	20～30.0
强腐蚀	2.5～3.0	10.0～15.0	4.0～5.0	15.0～20.0	6.0～7.0	30.0～50.0

注：1. 表中阳离子与阴离子含量均为土的浸出液测定。土水比为 1：25。
　　2. 表中阳离子与阴离子的腐蚀共存时，以两者中腐蚀强度最大者作为结晶分解复合类腐蚀的评价结论。

在上述三类分别评价后，若仅有一类有腐蚀时，则按该类腐蚀的腐蚀等级作为评价结论；若三类中有两类或两类以上有腐蚀时，以具有较高腐蚀等级者，作为综合评价结论，但在勘察报告中应注明各类腐蚀等级。

除以上腐蚀性评价外，盐渍上对铝钢结构、混凝土结构的腐蚀性评价亦很重要，可按场地水、土腐蚀性评价要求进行。

9.8.4　盐渍岩土的勘察评价要点

9.8.4.1　盐渍岩土工程地质测绘和调查的主要内容

① 查明盐渍岩土的成因、分布范围、形成条件、含盐类型、含盐程度以及溶蚀洞穴发育程度和空间分布状况及植物生长状况。

② 对含石膏为主的盐渍岩，应查明硬石膏的水化深度；对含芒硝较多的盐渍岩，在隧道通过地段应查明地温情况。

③ 查明大气降水的积聚、径流、排泄、洪水淹没范围、冲蚀情况，地下水类型、埋藏条件、水质、水位及其变化。

④ 调查当地工程经验。

9.8.4.2　盐渍岩土勘探测试工作量布置应符合的规定

① 勘探工作量布置在符合相关规范规定的基础上，其勘探孔类型、勘探点间距和勘探深度确定均应以查明盐渍岩土分布特征、采取一定原状土试样等为主要前提。

② 钻探采取岩土试样宜在干旱季节进行，对用于测定含盐离子的扰动土取样，宜符合表 9-29。

③ 测定盐渍土中毛细水上升高度值。对粉土、黏性土宜采用塑限含水量法确定，对砂土宜采用最大分子含水量法确定。

④ 对盐胀性盐渍土宜现场测定盐胀临界深度或有效盐胀厚度、总盐胀量，当土中硫酸钠含量不超过 1％时，可不考虑盐胀性。

⑤ 应根据盐渍土的盐性特征，选用载荷试验等适宜的原位测试方法，对于溶陷性盐渍

土进行浸水载荷试验确定其溶陷性；溶陷性指标的测定应根据盐渍土的盐性特征，按湿陷性土的湿陷试验方法进行。

表 9-29　盐渍岩土扰动土试样取样要求表

勘察阶段	深度范围/m	取土试样间距/m	取样孔占勘探孔总数的百分数/%
初步勘察	<5	1.0	100
	5～10	2.0	50
	>10	3.0～5.0	20
详细勘察	<5	0.5	100
	5～10	1.0	50
	>10	2.0～3.0	30

⑥ 盐渍岩土除进行常规室内试验外，还应进行溶陷性试验和化学成分分析，必要时可对岩土的结构进行显微结构鉴定。

9.8.4.3　盐渍岩土的岩土工程评价的主要内容

① 盐渍土的常规物理力学性质指标。

② 岩土中含盐类型、含盐量以及主要含盐矿物对岩土工程特性的影响。

③ 岩土的溶陷性、盐胀性、腐蚀性和场地工程建设的适宜性。

④ 盐渍岩土地基的承载力。

a. 盐渍土承载力　由于盐渍土含盐性质及含盐量的不同，土的工程特性各异，地域性强，目前尚无土工试验指标与载荷试验参数建立的关系，所以载荷试验是获取盐渍土地基承载力的基本方法。如果采用其他原位测试方法，应与载荷试验结果进行对比后再确定。

b. 盐渍岩承载力　可按《建筑地基基础设计规范》（GB 5007—2002）中软质岩石承载力标准值的小值确定（200～500kPa），并应考虑盐渍岩的水溶性影响。

⑤ 盐渍岩边坡的坡度宜比非盐渍岩的软质岩石边坡适当放缓，对软弱夹层、破碎带应部分或全部加以防护。

⑥ 盐渍岩土对建筑材料的腐蚀性评价应按水、土的腐蚀性评价进行。

9.8.4.4　提出盐渍岩土的工程防护和地基处理措施

（1）盐渍岩通常可采取以下工程防护措施

① 工程布置应尽量避开主要盐渍岩地层。

② 对基础下蜂窝状溶蚀洞穴可采用抗硫酸盐水泥注浆。

③ 对各类建筑物基础，均应采用防腐蚀措施（如表面涂热沥青等），对地下水浸蚀渗出部位应采用抗硫酸盐水泥材料。

④ 设置排水措施、隔水设施和阻水帷幕，防止或消除大气降水、洪水、地下水及工业生活用水对盐渍岩的溶解作用，尤其是水工建筑物基础，采取严格防渗措施和排水措施是十分必要的。

⑤ 在盐渍岩尤其是膨胀性盐渍岩中地下开挖时，最重要的是要保持岩石的干燥，施工中禁止用水，开挖时要尽量减少对岩石的扰动，应全断面一次开挖，底板及两边墙开挖后要及时喷射混凝土进行封闭。

（2）盐渍土一般采取以下地基处理措施

① 浸水预溶法　适用于土层厚度不大或渗透性较好的盐渍土。处理前需经现场试验确定浸水时间与预溶深度。

② 强夯法　适用于地下水位以上，孔隙比较大的低塑性盐渍土。此方法可和浸水预溶法联合进行，可大幅度提高承载力。

③ 换土垫层　适用于处理溶陷性很高的分布范围不大的盐渍土。垫层宜用灰土或易夯

实的非盐渍土。

④ 振冲法　适用于粉土及粉细砂层，地下水位较高的盐渍土地区。注意振冲时所用的水应采用场地内地下水或卤水，忌用一般淡水。

⑤ 物理化学处理方法（或称盐化处理）　主要适用于含盐量很高，土层较厚，其他方法难以处理，且地下水位较深的盐渍土地区。

9.9　风化岩与残积土

风化岩是指岩石在风化营力作用下，其结构、成分和性质已产生不同程度变异的岩石。残积土是岩石已经完全风化成土而未经搬运，其矿物结晶、结构、构造均不易辨识。

9.9.1　风化岩与残积土分类及其野外特征

岩石按其风化程度可划分为：全风化岩、强风化岩、中等风化岩、微风化岩及未风化五种，风化岩和残积土的划分及野外特征见表 9-30。

由硬质岩石风化而成的残积土与由软质岩石风化成的残积土在波速及机械钻进中有较大的差异。表 9-30 列举了残积土野外特征及进行分类参考指标。

表 9-30　残积土野外特征及参考指标表

土　类		野外特征	参考指标	
			压缩波速度 v_p/(m/s)	波速比 K_v
残积土	由硬质岩石风化而成	组织结构已全部破坏，矿物成分除石英外大部分已风化成土状，锹镐易挖掘，干钻易钻进，具可塑性	<500	<0.2
	由软质岩石风化而成	组织结构已全部破坏，矿物成分已全部改变，并已风化成土状，锹镐易挖掘，干黏易钻进，具可塑性	<300	<0.1

花岗岩残积土可按大于 2mm 颗粒的含量分为砾质黏性土（>20%）、砂质黏性土（≤20%）、黏性土（不含）。

由于岩体风化是一个复杂的地质作用过程，风化的程度、风化速度与当地气候条件、地质构造、地形地貌、水文地质条件等因素密切相关，所以，岩体风化壳的厚度、岩性特征及其风化形式在不同的地区，不同的地貌单元部位均有较大差异。不同性质结构构造的岩体的特征见表 9-31。

表 9-31　常见分化形式特征

分　类	特　征
面状风化	岩性、构造均匀地区，各处风化程度相似，风化壳底板大致与地面平行，主要指层状岩
带状风化	风化作用沿断层带或某些易风化基性岩脉进行。风化岩呈带状分布
球状风化	不同方向的断裂破碎带或裂隙密集带交汇处。岩体的风化多沿节理裂隙的破碎带深入，形成宽度不大而深度较大的风化囊，如块状的花岗岩类
夹层风化	软硬相间抗风化能力相差悬殊的岩体中，风化岩呈层状夹于其他岩体中

9.9.2　风化岩与残积土的勘察评价要点

9.9.2.1　风化岩和残积土勘察应重点查明的内容

① 母岩地质年代和岩石名称。

② 划分风化程度并查明不同风化程度带的埋深及厚度。

③ 岩脉和风化花岗岩中球状风化体（孤石）的分布。

④ 岩土的均匀性、破碎带及软弱夹层的分布。

⑤ 风化岩节理发育情况及其产状。

⑥ 地下水赋存条件。

9.9.2.2　风化岩和残积土的勘探测试应符合的要求

① 勘探点间距应取《岩土工程勘察规范》（GB 50021—2001）中对各类岩土工程勘察规定的最小值。

② 勘探工作除钻探、物探外，必须有一定的井探和槽探工作量。

③ 宜在探井中用双重管、三重管采取试样，且每一风化带不应少于 3 组。

④ 宜采用原位测试与室内试验相结合，原位测试可采用圆锥动力触探、标准贯入试验、波速测试和载荷试验。

⑤ 室内试验除常规物理力学试验外，对相当于极软岩和极破碎的岩体，可按土工试验要求进行，对残积土，必要时应进行湿陷性和湿化试验。

⑥ 对花岗岩类残积土应测定其中细粒土的天然含水量、塑限、液限；对边坡工程的残积土尚应做不排水剪切试验。

9.9.2.3　区分风化岩与残积土

以采用标准贯入试验，波速试验或采取土试样测定无侧限抗压强度几种方法为主。如花岗岩类风化岩与残积土的划分标准见表 9-32。

表 9-32　花岗岩类风化岩与残积土的划分标准表

试验方法	划分标准	
	风化岩	残积土
标准贯入试验	$N \geqslant 50$,强风化岩 $50 > N \geqslant 30$,全风化岩	$N < 30$
波速试验	$v_s \geqslant 350 \text{m/s}$,强风化岩 $350 \text{m/s} > v_s \geqslant 250 \text{m/s}$,全风化岩	$v_s < 250 \text{m/s}$
无侧限抗压强度试验（风干试样）	$q_u \geqslant 800 \text{kPa}$,强风化岩 $800 \text{kPa} > q_u \geqslant 600 \text{kPa}$,全风化岩	$q_u < 600 \text{kPa}$

9.9.2.4　进行风化岩与残积土的岩土工程评价

主要包括风化岩与残积土的不均匀沉降评价和地基承载力确定及边坡变形稳定问题评价。

① 对于厚层的强风化和全风化岩石，宜结合当地经验进一步划分为碎块状、碎屑状和土状；厚层残积土可进一步划分为硬塑残积土和可塑残积土，也可根据含砾或含砂量划分为粘性土、砂质粘性土和砾质黏性土。

② 确定承载力。

a. 对于甲级建筑物和花岗岩类残积土的承载力和变形模量应采用载荷试验确定。

b.《岩土工程勘察规范》（50021—2001）中提出对地基基础设计等级为乙级、丙级的工程可根据标准贯入试验等原位测试资料，结合当地经验综合确定。按表 9-33 确定其承载力标准值。

表 9-33　花岗岩残积土承载力标准值 f_k　　　　　　　　单位：kPa

项　　目	标准贯入击数 N			
	4～10	10～15	15～20	20～30
砾质黏性土	(100)～250	250～300	300～350	350～400
砂质黏性土	(80)～200	200～250	250～300	300～350
黏性土	150～200	200～240	240～(270)	300～(350)

注：1. 括号中的数值供内插用。

2. 标准贯入击数 N 系校正后的值。

3. 当颗粒大于 2mm、质量大于或等于总质量的 20% 者定为砾质黏性土，小于 20% 者定为砂质黏性土，不含者为黏性土。

③ 建在软硬互层或风化程度不同地基上的工程，应分析不均匀沉降对工程的影响。

④ 对岩脉和球状风化体（孤石），应分析评价其对地基（包括桩基）的影响，并提出相应建议。

⑤ 提出风化岩与残积土的地基处理措施　对较宽的侵入岩脉、脉岩或球状风化体应根据其岩性、风化程度和工程性质采取换土、挖除等措施。一般情况下，尽可能直接利用。

9.10　污染土

9.10.1　污染土的含义

污染土是指由于污染物质浸入，使土的成分、结构和性质发生了显著变异的土。一般情况下，污染物是通过渗透作用浸入土体中，导致土的物理、力学、化学性质发生变化，使土的强度降低、压缩性增大，对混凝土及金属材料产生腐蚀。这里污染土含义适用于工业污染土、尾矿污染土和垃圾填埋场渗滤液污染土，不适用于受核污染的土。

目前国内外关于污染土，特别是岩土工程方面的资料不多，国外也还没制定这方面的规范。我国从 20 世纪 60 年代开始就有勘察单位进行污染土的勘察、评价和处理，但资料较分散，许多问题有待于在工程实践中继续探索研究。

9.10.2　污染土场地的分类

污染土可按场地和地基分类，不同类型场地和地基勘察应突出重点。

① 已受污染的已建场地和地基。

② 已受污染的拟建场地和地基。

③ 可能受污染的已建场地和地基。

④ 可能受污染的拟建场地和地基。

9.10.3　污染土场地勘察

污染土场地和地基的勘察，应根据工程特点和设计要求选择适宜的勘察手段，并应符合下列要求。

① 以现场调查为主，对工业污染应着重调查污染源、污染史、污染途径、污染物成分、污染场地已有建筑物受影响程度、周边环境等。对尾矿污染应重点调查不同的矿物种类和化学成分，了解选矿所采用工艺、添加剂及其化学性质和成分等。对垃圾填埋场应着重调查垃圾成分、日处理量、堆积容量、使用年限、防渗结构、变形要求及周边环境等。

② 采用钻探或坑探采取土试样，现场观察污染土颜色、状态、气味和外观结构等，并与正常土比较，查明污染土分布范围和深度。

③ 直接接触试验样品的取样设备应严格保持清洁，每次取样后均应用清洁水冲洗后再进行下一个样品的采取；对易分解或易挥发等不稳定组分的样品，装样时应尽量减少土样与空气的接触时间，防止挥发性物质流失并防止发生氧化；土样采集后宜采取适宜的保存方法并在规定时间内运送试验室。

④ 对需要确定地基土工程性能的污染土，宜采用以原位测试为主的多种手段；当需要确定污染土地基承载力时，宜进行载荷试验。

对污染土的勘探测试，当污染物对人体健康有害或对机具仪器有腐蚀性时，应采取必要的防护措施。

拟建场地污染土勘察宜分为初步勘察和详细勘察两个阶段。条件简单时，可直接进行详细勘察。

初步勘察应以现场调查为主，配合少量勘探测试，查明污染源性质、污染途径，并初步查明污染土分布和污染程度；详细勘察应在初步勘察的基础上，结合工程特点，可能采用的处理措施，有针对性地布置勘察工作量，查明污染土的分布范围、污染程度、物理力学和化学指标，为污染土处理提供参数。

勘探测试工作量的布置应结合污染源和污染途径的分布进行，近污染源处勘探点间距宜密，远污染源处勘探点间距宜疏。为查明污染土分布的勘探孔深度应穿透污染土。详细勘察时采取污染土试样的间距应根据其厚度及可能采取的处理措施等综合确定。确定污染土和非污染土界限时，取土间距不宜大于 1m。

有地下水的勘探孔应采取不同深度地下水试样，查明污染物在地下水的空间分布。同一钻孔内不同深度的地下水试样时，应采用严格的隔离措施，防止因采取混合水样而影响判别结论。

污染土和水的室内试验，应根据污染情况和任务要求进行下列试验：

① 污染土和水的化学成分；

② 污染土的物理力学性质；

③ 对建筑材料腐蚀性的评价指标；

④ 对环境影响的评价指标；

⑤ 力学试验项目和试验方法应充分考虑污染土的特殊性质，进行相应的试验，如膨胀、湿化、湿陷性试验等；

⑥ 必要时进行专门的试验研究。

9.10.4　污染土的岩土工程评价

9.10.4.1　对污染土的岩土工程评价内容

① 污染源的位置、成分、性质、污染史及对周边的影响；

② 污染土分布的平面范围和深度、地下水受污染的空间范围；

③ 污染土的物理力学性质，污染对土的工程特性指标的影响程度；

④ 工程需要时，提供地基承载力和变形参数，预测地基变形特征；

⑤ 污染土和水对建筑材料的腐蚀性；

⑥ 污染土和水对环境的影响；

⑦ 分析污染发展趋势；

⑧ 对已建项目的危害性或拟建项目适宜性的综合评价。

9.10.4.2　污染程度划分及污染场地的分区

污染程度的划分如下所述。

污染对土的工程特性的影响程度可按表 9-34 划分。根据工程具体情况，可采用强度、变形、渗透等工程特性指标进行综合评价。

表 9-34　污染对土的工程特性的影响程度

影响程度	轻微	中等	大
工程特性指标变化率/%	<10	10~30	>30

注："工程特性指标变化率"是指污染前后工程特性指标的差值与污染前指标之百分比。

9.10.4.3　污染土、水对金属和混凝土腐蚀性判别及污染土特征和发展趋势评价

污染土、水对金属和混凝土腐蚀性要进行专门的试验分析才能判别。关于污染土特征和发展趋势预测，应对污染源未完全隔绝条件下可能产生的后果，对污染土作用时间效应导致土性继续变化做出预测。这种趋势可能向有利方面转化，也可能向不利方面变化。

9.10.4.4　污染土地基承载力及治理措施

（1）地基承载力　目前对污染土工程特性的认识尚不足，由于土与污染物相互作用的复杂性，每一特定场地的污染土都有它自己的特性。因此，应尽可能进行各种原位试验，污染土承载力应尽可能采用载荷试验。目前还没有资料来证明现有规范中的承载力表是否都适用

污染土。只可以根据相似土性作为评价的参考依据。国内已经有在可能受污染场地做野外浸酸载荷试验的经验，这种试验是评价污染土工程特性的可靠依据。

（2）地基处理措施　污染土的防治处理，应在对污染场地类型了解以及污染土分区的基础上，对不同污染程度区别对待。一般情况下。严重和中等程度污染土是必须处理的，轻微的可不处理。具体措施如下：对于可能受污染的场地，当土、污染物相互作用将产生有害结果时，应该采取防止污染物浸入场地的措施；对于已经污染的场地。当污染土的强度降低或者对基础和建筑物相邻构件具有腐蚀性等危害影响时，应该按照污染的不同程度进行处理，如挖除污染土、隔离污染源、采用桩基础等措施。对污染土处理时，还应预测污染发展趋势。

思　考　题

1. 请思考红黏土具有特殊工程性质的原因。
2. 请简述混合土勘察要点。
3. 请简述冻土的特殊工程性质。
4. 膨胀土的岩土工程勘察中应注意哪些事项？
5. 请总结各种特殊类土与普通土在岩土工程勘察中的不同之处。

第10章　斜坡场地

10.1　概述

斜坡系指地壳表部一切具有侧向临空面的地质体，是地壳表层广泛分布的一种地貌形式。斜坡一般可分为天然斜坡和人工边坡。所谓天然斜坡是指未经人工破坏改造的斜坡，如沟谷、岸坡、山坡和海岸等；而人工边坡是指经人工开挖或改造了形状的斜坡，如渠道边坡、基坑边坡、路堑边坡和露天矿边坡等。本章主要研究的对象是天然斜坡。

斜坡在各种内外地质营力作用下，经历各种不同的发展演化阶段，并导致坡体内应力不断发生变化，由此可能引起不同形式和规模的变形破坏。由于斜坡变形破坏释放了应力，变形破坏后的斜坡趋于新的平衡面逐渐稳定；当应力调整打破了这种平衡，斜坡又会出现新的变形破坏。

斜坡变形破坏对工程建筑带来危害，甚至造成生命财产的重大损失。因此在斜坡地段为了合理有效利用土地资源和选择建筑场址，就必须评价和预测斜坡的稳定性，对可能产生危害的破坏斜坡或潜在不稳定斜坡加以预防或治理。

我国山地和丘陵面积广大，许多建筑场地设置在斜坡地段。崩塌、滑坡对城乡设施和各类建筑所造成的危害不乏其例。尤其在中西部地区的秦巴山区、四川盆地、川滇山区和黄土高原，斜坡变形破坏成为严重影响当地社会经济发展的地质灾害。在工程建设区，斜坡变形破坏是制约工程建设的重要因素。为此，对斜坡场地做好岩土工程勘察至关重要。

10.2　斜坡破坏类型及影响因素

10.2.1　斜坡破坏的基本类型

斜坡破坏的形式主要为崩塌和滑坡。

（1）崩塌　斜坡岩土体被陡倾的拉裂面破坏分割，突然脱离母体而快速位移、翻滚、跳跃和坠落下来，堆于崖下，即为崩塌。按崩塌的规模，可分为山崩和坠石。按物质成分，又可将崩塌分为岩崩和土崩。

崩塌的特征是：一般发生在高陡斜坡的坡肩部位；质点位移矢量铅直方向较水平方向要大得多。崩塌发生时无依附面；往往是突然发生的，运动快速。

（2）滑坡　斜坡岩土体沿着贯通的剪切破坏面所发生的滑移现象，称为滑坡。滑坡的机制是某一滑移面上剪应力超过了该面的抗剪强度所致。滑坡的规模有的可以很大，达数亿至数十亿立方米。

滑坡的特征是：通常是较深层的破坏，滑移面深入到坡体内部；质点位移矢量水平方向大于铅直方向；有依附面（即滑移面）存在；滑移速度往往较慢，且具有"整体性"。

　　滑坡是斜坡破坏型式中分布最广、危害最为严重的一种。世界上不少国家和地区深受滑坡灾害之苦，如欧洲阿尔卑斯山区、高加索山区、南美洲安第斯山区、日本、美国和中国等。

10.2.2　影响斜坡变形破坏的因素

　　斜坡稳定性受多种因素的影响，主要可分为内部因素和外部因素。其中，内部因素包括：组成斜坡的岩土体类型及性质、斜坡地质构造、斜坡形态、地下水等；外部因素包括：振动作用、气候条件、风化作用、人类工程活动等（具体内容可参阅同系列教材《岩体力学》，刘佑荣，唐辉明，2008）。

　　因此，有关斜坡的勘察应主要以查明以上影响斜坡变形破坏的因素为主要工作。

10.3　斜坡场地岩土工程勘察要点

10.3.1　勘察的目的和任务

10.3.1.1　勘察的目的

　　由于斜坡的特殊工程性质，斜坡场地的勘察目的包括以下方面：查明斜坡场地的工程地质条件，提出斜坡稳定性计算参数；分析斜坡的稳定性，预测因工程活动引起的斜坡稳定性的变化；确定人工边坡的最优开挖坡形和坡角；提出潜在不稳定斜坡的整治与加固措施和监测方案；进行场地建筑适宜性评价。

10.3.1.2　勘察任务

　　勘察应查明下列问题。

　　① 地貌的形态、发育阶段和微地貌特征。

　　② 构成斜坡岩土层的种类、成因、性质和分布；当有软弱层时，应着重查明其性状和分布；在覆盖层地区，应查明其厚度及下伏基岩面的形态与坡度。

　　③ 对岩质边坡需查明结构面的类型、产状、间距、延伸性、张开度、充填及胶结情况，组合关系和主要结构面产状与坡面的关系等；对有裂隙的土质边坡需查明裂隙的性状。

　　④ 地下水的类型、水位、水量、水压、补给和动态变化，岩土的透水性及地下水在地表的出露情况。

　　⑤ 地区的气象条件（特别是雨期、暴雨期），坡面植被，岩石风化程度，水对坡面、坡脚的冲刷情况和地震烈度，判明上述因素对斜坡稳定性的影响。

　　⑥ 岩土的物理力学性质和软弱结构面的抗剪强度。

10.3.2　勘察阶段的划分

　　斜坡岩土工程勘察是否需要分阶段进行视工程的实际情况而定。通常，斜坡的勘察多与建（构）筑物的初步勘察一并进行，进行详细勘察的边坡多限于有疑问或已发生变形破坏的边坡。对于坡长大于 300m、坡高大于 30m 的大型边坡或地质条件复杂的边坡，勘察需按以下阶段进行。

　　① 初步勘察包括搜集已有的地质资料，进行工程地质测绘，必要时可进行少量的勘探和室内试验，初步评价斜坡的稳定性。

　　② 详细勘察应对不稳定的斜坡及相邻地段进行详细工程地质测绘、勘探、试验和观测，通过分析计算做出稳定性评价。对人工边坡提出最优开挖坡角，对可能失稳的斜坡提出防护处理措施。

　　③ 施工勘察应配合施工开挖进行地质编录，核对、补充前阶段的勘察资料，进行施工安全预报，必要时修正或重新设计边坡并提出处理措施。

10.3.3 勘察技术方法

10.3.3.1 工程地质测绘

测绘是在充分搜集和详细研究已有资料（包括区域地质资料）的基础上进行的。除一般的测绘内容外，应侧重与斜坡稳定有关的内容。如斜坡的坡形与坡角、软弱层产状与分布，结构面优势方位与坡面的关系，不良地质现象的成因、性质，当地治理斜坡的经验等。测绘范围应包括可能对斜坡场地稳定有影响的所有地段。

在有大面积岩石露头的地区，测绘路线按垂直于主要构造线或坡面走向布置，路线间距100～300m，当地质条件复杂时应缩小路线间距。每个地质构造不同的区段均应布置测绘路线。观测点间距视地质条件而定。对于断层破碎带等重要地质界线应进行追索。在露头不好的地区，应采用露头全面标绘法。

岩体斜坡节理调查是一项重要且繁重的工作。调查方法通常采用测线法或分块法。采用前者时每条测线长 10～30m，采用后者时每一测区面积约 25m²。详细记录与测线相交或测区内的每条节理性状（长度小于 2m 的节理可略去不计）。每一节理组均应取样。

除平面图外，工程地质剖面图是斜坡稳定分析的重要图件。剖面的方向多取平行于坡面倾向的方向，其长度一般应大于自坡底至坡顶的长度，剖面的数量不宜少于 2～3 条。同时，按需要可绘制平行坡面走向的剖面。

10.3.3.2 勘探与取样

勘探线应垂直于斜坡走向布置，勘探点间距不宜大于 50m，当遇有软弱层或不利结构面宜适当加密。各构造区段均应有勘探点控制。为确定重要结构面的方位、性状，宜采用与结构面成 30°～60°的钻孔，孔数不少于 3 个。勘探点深度应穿越潜在滑面并深入稳定层内 2～3m，坡脚处应达到地形剖面的最低点。钻孔应仔细设计，明确所要探查的主要问题，并尽量考虑一孔多用。为提高重要地质界面处的岩芯采取率，有条件时宜采用双层或三层岩芯管。

重点地段可布置少量的探洞、探井或大口径钻孔，以取得直观地质资料和进行原位试验。探洞宜垂直坡面走向布置并略向坡外倾斜。当重要地质界线处有薄覆盖层时，宜布置探槽。

物探可用于探查边坡的覆盖层厚度，岩石风化层，软弱层性质、厚度及地下水位等资料，它常与其他勘探方法配合使用。

斜坡的主要岩土层及软弱层均应取样，每一层的试样不少于 6 件（组）。有条件时，软弱层宜连续取样。

10.3.3.3 测试工作

岩土试验是为斜坡的设计、施工和加固提供数据。需要为斜坡的各个区段拟订试验程序，包括试验项目、重要程度的顺序，试验方法及要求，取样地点与方法等。试验程序的拟定应符合不同区段的实际情况。例如，黄土边坡需进行湿陷试验，软岩边坡需进行抗风化试验等。

在初勘阶段一般只进行有限数量的钻探取样室内试验，主要试验工作应在详勘阶段进行。试验工作应着重确定岩土的抗剪强度。测定岩土体软弱面的抗剪强度（峰值强度与残余强度），室内采用直剪试验，剪切方向和最大法向荷载的选择应与试样的坡体中的实际情况相近。有必要时可作三轴试验。对斜坡稳定起控制作用的软弱面，宜进行适量的大型原位剪切试验。对大型斜坡必要时可作岩体应力测试、波速试验、动力测试、模型试验和孔隙水压力测定。

遇有地下水时应进行地下水流速、流向、流量和岩土的渗透性试验等。

10.3.3.4　监测工作

斜坡监测的内容包括：对不稳定斜坡的范围、移动方向和速度以及地下水、爆破振动等取得定量数据，提供设计；对防治工程的受力、变形等进行量测，验证其是否达到预期的作用，如未达到即应采取补救措施。

目前的斜坡监测系统大多是借助仪器直接测取读数，采用自动遥测监测系统的仍是少数。斜坡监测的项目及所用仪器如表 10-1 所列。

表 10-1　斜坡监测项目

测量类型	仪　器	目　的
地表位移	光电测距——经纬仪	1. 利用坡顶和坡面上设置的测点，测定移动区的范围 2. 确定破坏模式 3. 进行安全监测
	水准仪	利用坡顶和坡面上设置的测点，测定移动区的范围、垂直位移和位移速度
	标桩和钢带	1. 在坡顶和平台上测量裂隙的小位移 2. 确定裂隙是否活动 3. 确定移动方向 4. 安全监测
	地表位移伸长计	安装在坡顶和平台表面上，测量位移量和位移速度
	全球定位系统（GPS）	对斜坡变形和破坏进行总体监测
地下位移	倾斜仪	探测相对于稳定地层的地下岩土位移证实和确定正在发生位移的特征和部位
	钻孔伸长计	1. 监测人工加固边坡的位移 2. 从地下巷道监测边帮位移 3. 安全监测
	倒置摆	安装在坡顶和平台上，探测位移
水压力	水压计	1. 确定坡帮内地下水的状态 2. 确定作用在破坏面上的水压力 3. 评价疏干系统的效能
地面震动	地震仪	1. 测量爆破引起质点速度和位移 2. 分析控制爆破技术的效果 3. 建立震级、位移和边坡破坏之间的关系
岩石锚杆和锚索的载荷	测力计	测量锚固系统的载荷

10.4　崩塌

10.4.1　崩塌的分类

崩塌按不同的分类标准可分为不同的类型。按照崩塌的规模等级进行分类可参考表 10-2；按崩塌的机理类型进行分类可参考表 10-3。

表 10-2　崩塌规模等级

灾害等级	特大型	大型	中型	小型
体积 $V/\times 10^4 \mathrm{m}^3$	$V \geqslant 100$	$100 > V \geqslant 10$	$10 > V \geqslant 1$	$V < 1$

10.4.2　崩塌灾害调查内容

（1）危岩体

① 危岩体位置、形态、分布高程、规模。

表 10-3　崩塌形成机理分类及特征

类　型	岩　性	结构面	地　形	受力状态	起始运动形式
倾倒式崩塌	黄土、直立或陡倾坡内的岩层	多为垂直节理、陡倾坡内～直立层面	峡谷、直立岸坡、悬崖	主要受倾覆力矩作用	倾倒
滑移式崩塌	多为软硬相间的岩层	有倾向临空面的结构面	陡坡通常大于 55°	滑移面主要受剪切力	滑移
鼓胀式崩塌	黄土、黏土、坚硬岩层下伏软弱岩层	上部垂直节理,下部为近水平的结构面	陡坡	下部软岩受垂直挤压	鼓胀伴有下沉、滑移、倾斜
拉裂式崩塌	多见于软硬相间的岩层	多为风化裂隙和重力拉张裂隙	上部突出的悬崖	拉张	拉裂
错断式崩塌	坚硬岩层、黄土	垂直裂隙发育,通常无倾向临空面的结构面	大于 45° 的陡坡	自重引起的剪切力	错落

　　② 危岩体及周边的地质构造、地层岩性、地形地貌、岩（土）体结构类型、斜坡组构类型。岩土体结构应初步查明软弱（夹）层、断层、褶曲、裂隙、裂缝、临空面、侧边界、底界（崩滑带）以及它们对危岩体的控制和影响。

　　③ 危岩体及周边的水文地质条件和地下水赋存特征。

　　④ 危岩体周边及底界以下地质体的工程地质特征。

　　⑤ 危岩体变形发育史。历史上危岩体形成的时间,危岩体发生崩塌的次数、发生时间,崩塌前兆特征、崩塌方向、崩塌运动距离、堆积场所、崩塌规模、诱发因素,变形发育史、崩塌发育史、灾情等。

　　⑥ 危岩体成因的动力因素。包括降雨、河流冲刷、地面及地下开挖、采掘等因素的强度、周期以及它们对危岩体变形破坏的作用和影响。在高陡临空地形条件下,由崖下硐掘型采矿引起山体开裂形成的危岩体,应详细调查采空区的面积、采高、分布范围、顶底板岩性结构,开采时间、开采工艺、矿柱和保留条带的分布,地压现象（底鼓、冒顶、片帮、鼓帮、开裂、压碎、支架位移破坏等）、地压显示与变形时间,地压监测数据和地压控制与管理办法,研究采矿对危岩体形成与发展的作用和影响。

　　⑦ 分析危岩体崩塌的可能性,初步划定危岩体崩塌可能造成的灾害范围,进行灾情的分析与预测。

　　⑧ 危岩体崩塌后可能的运移斜坡,在不同崩塌体积条件下崩塌运动的最大距离。在峡谷区,要重视气垫浮托效应和折射回弹效应的可能性及由此造成的特殊运动特征与危害。

　　⑨ 危岩体崩塌可能到达并堆积的场地的形态、坡度、分布、高程、地层岩性与产状及该场地的最大堆积容量。在不同体积条件下,崩塌块石越过该堆积场地向下运移的可能性,最终堆积场地。

　　⑩ 可能引起的灾害类型（如涌浪,堰塞湖等）和规模,确定其成灾范围,进行灾情的分析与预测。

　　（2）崩塌堆积体

　　① 崩塌源的位置、高程、规模、地层岩性、岩（土）体工程地质特征及崩塌产生的时间。

　　② 崩塌体运移斜坡的形态、地形坡度、粗糙度、岩性、起伏差,崩塌方式、崩塌块体

的运动路线和运动距离。

③ 崩塌堆积体的分布范围、高程、形态、规模、物质组成、分选情况、植被生长情况、块度（必要时需进行块度统计和分区）、结构、架空情况和密实度。

④ 崩塌堆积床形态、坡度、岩性和物质组成、地层产状。

⑤ 崩塌堆积体内地下水的分布和运移条件。

⑥ 评价崩塌堆积体自身的稳定性和在上方崩塌体冲击荷载作用下的稳定性，分析在暴雨等条件下向泥石流、崩塌转化的条件和可能性。

10.4.3　崩塌的岩土工程勘察要点

10.4.3.1　崩塌勘察的任务和目的

危岩和崩塌勘察宜在可行性阶段或初步勘察阶段进行，应查明产生崩塌的条件及其规模、类型、范围，并对崩塌区做出建筑场地适宜性评价以及提出防治方案的建议。

危岩和崩塌的涵义有所区别，前者是指岩体被结构面切割，在外力作用下产生松动的塌落，后者是指危岩的塌落过程及其产物。

危岩和崩塌勘察以工程地质测绘和调查为主，着重分析研究形成崩塌的基本条件，这些条件包括以下几种。

（1）地形条件　斜坡高陡是形成崩塌的必要条件，规模较大的崩塌，一般产生在高度大于 30m，坡度大于 45°的陡峻斜坡上；而斜坡的外部形状，对崩塌的形成也有一定的影响；一般在上陡下缓的凸坡和凹凸不平的陡坡上易产生崩塌。

（2）岩性条件　坚硬岩石具有较大的抗剪强度和抗风化能力，能形成陡峻的斜坡，当岩层节理裂隙发育，岩石破碎时易产生崩塌；软硬岩石互层，由于风化差异，形成锯齿状坡面，当岩层上硬下软，上陡下缓或上凸下凹的坡面易产生崩塌。

（3）构造条件　岩层的各种结构面，包括层面、裂隙面、断层面等都是抗剪性较低的对边坡稳定不利的软弱结构面。当这些不利结构面倾向临空面时，被切割的不稳定岩块易沿结构面发生崩塌。

（4）其他条件　如昼夜温差变化、暴雨、地震、不合理的采矿或开挖边坡，都能促使岩体产生崩塌。

危岩和崩塌勘察的任务就是要从上述形成崩塌的基本条件着手，分析产生崩塌的可能性及其类型、规模、范围，提出防治方案的建议，预测发展趋势，为评价场地的适宜性提供依据。

10.4.3.2　崩塌工程地质测绘

测绘的比例尺宜采用 1∶500～1∶1000，崩塌方向主剖面的比例尺宜采用 1∶200。除满足一般的测绘要求外，危岩和崩塌在测绘时还应查明的内容是：

① 崩塌区的地形地貌及崩塌类型、规模、范围，崩塌体的尺寸和崩落方向；

② 崩塌岩体质量等级、岩性特征和风化程度；

③ 地质构造、岩体结构类型、结构面的产状、组合关系、闭合程度、力学属性、延展及贯穿情况；

④ 气象（重点是大气降水）、水文、地震和地下水的活动；

⑤ 崩塌前的迹象和崩塌原因；

⑥ 当地防治崩塌的经验。

10.4.3.3　崩塌监测工作

当崩塌区下方有工程设施和居民点时，应对岩体张裂缝进行监测。对有较大危害的大型崩塌，应结合监测结果，对可能发生崩塌的时间、规模、滚落方向、途径、危害范围等做出预报。其中监测的主要内容包括：对危岩及裂隙进行详细编录；在岩体裂隙主要部位要设置伸缩仪，记录水平位移量和垂直位移量；绘制时间与水平位移、时间与垂直位移的关系曲线；根据位移随时间的变化曲线，求得移动速度。必要时可在伸缩仪上联接警报器，当位移量达到一定值或位移突然增大时，即可发生警报。

10.4.3.4　崩塌的岩土工程评价

各类危岩和崩塌的岩土工程评价应符合下列规定：规模大，破坏后果很严重，难于治理的，不宜作为工程场地，线路应绕避；规模较大，破坏后果严重的，应对可能产生崩塌的危岩进行加固处理，线路应采取防护措施；规模小，破坏后果不严重的，可作为工程场地，但应对不稳定危岩采取治理措施。

10.5　滑坡

10.5.1　滑坡的形态要素

滑坡研究中的一项重要内容，就是要从形态要素来认识它。一个典型滑坡所具有的基本形态要素包括：滑坡体、滑坡床和滑动面（带）是最主要的，还有滑坡周界、滑坡壁、滑坡裂隙、滑坡台阶、滑坡舌等。除上述要素外，还有一些滑坡标志，如滑坡鼓丘、滑坡泉、滑坡沼泽（湖）、马刀树、醉汉林等。滑坡形成年代愈新，则其要素和标志越清晰，人们越易识别它。

滑坡的各种形态要素是野外鉴别斜坡是否为滑坡的重要标志。

10.5.2　滑坡的分类

滑坡类型的确定在滑坡的勘察工作中有重要的作用。根据不同的分类标准，滑坡可以分为不同种类，常用的分类形式有以下两种。

根据滑坡体的物质组成和结构形式等主要因素，可按表 10-4 进行分类。根据滑坡体厚度、运移形式、成因、稳定程度、形成年代和规模等其他因素，可按表 10-5 进行分类。

表 10-4　滑坡物质和结构因素分类

类　型	亚　类	特征描述
堆积层（土质）滑坡	滑坡堆积体滑坡	由前期滑坡形成的块碎石堆积体，沿下伏基岩或体内滑动
	崩塌堆积体滑坡	由前期崩塌等形成的块碎石堆积体，沿下伏基岩或体内滑动
	崩滑堆积体滑坡	由前期崩滑等形成的块碎石堆积体，沿下伏基岩或体内滑动
	黄土滑坡	由黄土构成，大多发生在黄土体中，或沿下伏基岩面滑动
	黏土滑坡	由具有特殊性质的黏土构成。如昔格达组、成都黏土等
	残坡积层滑坡	由基岩风化壳、残坡积土等构成，通常为浅表层滑动
	人工填土滑坡	由人工开挖堆填弃渣构成，次生滑坡
岩质滑坡	近水平层状滑坡	由基岩构成，沿缓倾岩层或裂隙滑动，滑动面倾角≤10°
	顺层滑坡	由基岩构成，沿顺坡向岩层滑动
	切层滑坡	由基岩构成，常沿倾向山外的软弱面滑动。滑动面与岩层层面相切，且滑动面倾角大于岩层倾角
	逆层滑坡	由基岩构成，沿倾向坡外的软弱面滑动，岩层倾向山内，滑动面与岩层层面相反
	楔体滑坡	在花岗岩、厚层灰岩等整体结构岩体中，沿多组弱面切割成的楔形体滑动
变形体	危岩体	由基岩构成，受多组软弱面控制，存在潜在崩滑面，已发生局部变形破坏
	堆积层变形体	由堆积体构成，以蠕滑变形为主，滑动面不明显

10.5.3　滑坡的岩土工程勘察要点

10.5.3.1　滑坡勘察的任务和目的

（1）查明滑坡的现状　包括：滑坡周界范围、地层结构、主滑方向；平面上的分块、分条，纵剖面上的分级；滑动带的部位、倾角、可能形状；滑带岩土特性等滑坡的诸形态要素。

表 10-5　滑坡其他因素分类

有关因素	名称类别	特征说明
滑体厚度	浅层滑坡	滑坡体厚度在 10m 以内
	中层滑坡	滑坡体厚度在 10～25m 之间
	深层滑坡	滑坡体厚度在 25～50m 之间
	超深层滑坡	滑坡体厚度超过 50m
运动形式	推移式滑坡	上部岩层滑动，挤压下部产生变形，滑动速度较快，滑体表面波状起伏，多见于有堆积物分布的斜坡地段
	牵引式滑坡	下部先滑，使上部失去支撑而变形滑动。一般速度较慢，多具上小下大的塔式外貌，横向张性裂隙发育，表面多呈阶梯状或陡坎状
发生原因	工程滑坡	由于施工或加载等人类工程活动引起滑坡。还可细分为： 1. 工程新滑坡：由于开挖坡体或建筑物加载所形成的滑坡 2. 工程复活古滑坡：原已存在的滑坡，由于工程扰动引起复活的滑坡
	自然滑坡	由于自然地质作用产生的滑坡。按其发生的相对时代可分为古滑坡、老滑坡、新滑坡
现今稳定程度	活动滑坡	发生后仍继续活动的滑坡。后壁及两侧有新鲜擦痕，滑体内有开裂、鼓起或前缘有挤出等变形迹象
	不活动滑坡	发生后已停止发展，一般情况下不可能重新活动，坡体上植被较盛，常有老建筑
发生年代	新滑坡	现今正在发生滑动的滑坡
	老滑坡	全新世以来发生滑动，现今整体稳定的滑坡
	古滑坡	全新世以前发生滑动的滑坡，现今整体稳定的滑坡
滑体体积	小型滑坡	$<10 \times 10^4 \mathrm{m}^3$
	中型滑坡	$(10 \sim 100) \times 10^4 \mathrm{m}^3$
	大型滑坡	$(100 \sim 1000) \times 10^4 \mathrm{m}^3$
	特大型滑坡	$(1000 \sim 10000) \times 10^4 \mathrm{m}^3$
	巨型滑坡	$>10000 \times 10^4 \mathrm{m}^3$

（2）查明引起滑动的主要原因　在调查分析滑坡的现状和滑坡历史的基础上，找出引起滑坡的主导因素；判断是首次滑动的新生滑坡还是再次滑动的古老滑坡的复活。

（3）获得合理的计算参数　通过勘探、原位测试、室内试验、反算和经验比拟等综合分析，获得各区段（牵引段、主滑段和抗滑段）合理的抗剪强度指标。

（4）合理评价　综合测绘调查、工程地质比拟、勘探及室内外测试结果，对滑坡当前和工程使用期内的稳定性做出合理评价。

（5）提出整治滑坡的工程措施或整治方案　对规模较大的滑坡以及滑坡群，宜予以避让；防治滑坡宜采用排水（包括地面水和地下水）、减载、支挡、防止冲刷和切坡压脚、改善滑带岩土性质等综合性措施，且注意每种措施的多功能效果，并以控制和消除引起滑动的主导因素为主，辅以消除次要因素的其他措施。

（6）提出是否要进行监测　如果要进行监测，确定监测方案。

10.5.3.2　滑坡灾害调查的主要内容

（1）滑坡区　滑坡所处的地理位置、地貌部位、斜坡形态、地面坡度、相对高度，沟谷发育、河岸冲刷、堆积物、地表水以及植被；滑坡体周边地层及地质构造；水文地质条件。

（2）滑坡体　形态与规模：滑体的平面、剖面形状，长度、宽度、厚度、面积和体积。边界特征：滑坡后壁的位置、产状、高度及其壁面上擦痕方向；滑坡两侧界线的位置与性状；前缘出露位置、形态、临空面特征及剪出情况；露头上滑床的性状特征等。表部特征：微地貌形态（后缘洼地、台坎、前缘鼓胀、侧缘翻边埂等），裂缝的分布、方向、长度、宽度、产状、力学性质及其他前兆特征。内部特征：通过野外观察和山地工程，调查滑坡体的岩体结构、岩性组成、松动破碎及含泥含水情况，滑带的数量、形状、埋深、物质成分、胶结状况，滑动面与其他结构面的关系。变形活动特征：访问调查滑坡发生时间，目前的发展特点（斜坡、房屋、树木、水渠、道路、坟墓等变形位移及井泉、水塘渗漏或干枯等）及其变形活动阶段（初始蠕变阶段、加速变形阶段、剧烈变形阶段、破坏阶段、休止阶段），滑动方向、滑距及滑速，分析滑坡的滑动方式、力学机制和目前的稳定状态。

（3）滑坡成因　自然因素：降雨、地震、洪水、崩塌加载等；人为因素：森林植被破坏、不合理开垦，矿山采掘，切坡、滑坡体下部切脚，滑坡体中—上部人为加载、震动、废水随意排放、渠道渗漏、水库蓄水等；综合因素：人类工程经济活动和自然因素共同作用。

（4）滑坡灾害　滑坡发生发展历史，破坏地面工程、环境和人员伤亡、经济损失等现状；分析与预测滑坡的稳定性和滑坡发生后可能成灾范围及灾情。

（5）滑坡防治　调查滑坡灾害勘察、监测、工程治理措施等防治现状及效果。

10.5.3.3　滑坡稳定性分级及野外判别依据

划分为稳定、较稳定和不稳定三级。滑坡稳定性野外判别可按照表10-6标准执行。

表10-6　滑坡稳定性野外判别依据

滑坡要素	不 稳 定	较 稳 定	稳 定
滑坡前缘	滑坡前缘临空，坡度较陡且常处于地表径流的冲刷之下，有发展趋势并有季节性泉水出露，岩土潮湿、饱水	前缘临空，有间断季节性地表径流流经，岩土体较湿，斜坡坡度在30°～45°之间	前缘斜坡较缓，临空高差小，无地表径流流经和继续变形的迹象，岩土体干燥
滑体	滑体平均坡度＞40°，坡面上有多条新发展的滑坡裂缝，其上建筑物、植被有新的变形迹象	滑体平均坡度在25°～40°间，坡面上局部有小的裂缝，其上建筑物、植被无新的变形迹象	滑体平均坡度＜25°，坡面上无裂缝发展，其上建筑物、植被未有新的变形迹象
滑坡后缘	后缘壁上可见擦痕或有明显位移迹象，后缘有裂缝发育	后缘有断续的小裂缝发育，后缘壁上有不明显变形迹象	后缘壁上无擦痕和明显位移迹象，原有的裂缝已被充填

10.5.3.4　滑坡工程地质测绘

① 工程地质测绘与调查的范围应包括滑坡区及其邻近地段，一般包括滑坡后壁外一定距离，滑坡体两侧自然沟谷和滑坡舌前缘一定距离或江、河、湖水边；测绘比例尺为1∶500～1∶2000，可根据滑坡规模选用；用于整治设计的测绘比例尺为1∶200～1∶500。

② 注意查明滑坡的发生与地层结构、岩性、断裂构造（岩体滑坡尤为重要）、地貌及其演变、水文地质条件、地震和人为活动因素的关系，找出引起滑坡复活的主导因素。

③ 测绘、调查滑坡体上各种裂缝的分布，发生的先后顺序、切割关系；分清裂缝的力学属性，作为滑坡体平面上的分块或纵剖面分段的依据。

④ 通过裂缝的调查、测绘，藉以分析判断滑动面的深度和倾角大小，并指导勘探工作。滑坡体上裂缝纵横，往往是滑动面埋藏不深的反映；裂缝单一或仅见边界裂缝，则滑动面埋深可能较大；如果基础埋深不大的挡土墙开裂，则滑动面往往不会很深；如果斜坡已有明显位移，而挡土墙等依然完好，则滑动面埋深较大；滑坡壁上的平缓擦痕的倾角，与该处滑动面倾角接近一致。

⑤ 对岩体滑坡应注意缓倾角的层理面、层间错动面、不整合面、断层面、节理面和片

理面等的调查，若这些结构面的倾向与坡向一致，且其倾角小于斜坡前缘临空面倾角，则很可能发展成为滑动面。对土体滑坡，则首先应注意土层与岩层的接触面，其次应注意土体内部岩性差异界面。

⑥ 应注意测绘调查滑动体上或其邻近的建筑物（包括支挡和排水构筑物）的裂缝，但应注意区分滑坡引起裂缝与施工裂缝、不均匀沉降裂缝、自重与非自重黄土湿陷裂缝、膨胀土裂缝、温度裂缝和冻胀裂缝的差异，避免误判。

⑦ 调查、测绘地下水特征，泉水出露地点及流量，地表水自然排泄沟渠的分布和断面湿地的分布和变迁情况等。

⑧ 围绕判断是首次滑动的新生滑坡还是再次滑动的古老滑坡进行调查。

⑨ 当地整治滑坡的经验。

10.5.3.5　勘探工作要点

① 勘探工作的主要任务是查明滑坡体的地质结构、滑动面的位置、展布形状、数目和滑带岩土性质，查明地下水情况，采取岩土试样进行试验等。

② 勘探线应在测绘、调查基础上，沿滑动主轴方向布设。根据滑坡规模和分块、分条情况，在主轴线两侧亦应布设勘探线或勘探点；在各勘探线上勘探点的间距，一般不宜大于40m。在预计设置排水和支挡构筑物的地段，应有一定数量的勘探点。

③ 为直接观察地层结构和滑动面，或为进行原位大型剪切试验，宜布设一定数量的探井或探槽。为准确查明滑动面的位置，对于土体滑坡，可布设适量静力触探点；对于岩体滑坡，可采用合适的物探手段。

④ 一般性勘探点的深度，应穿过最下一层滑动面；少量控制性勘探点的深度，应超过滑坡体前缘最低剪出口标高以下的稳定地层内一定深度。

⑤ 在滑坡体内、滑动面（带）和稳定地层内，均应采取足够数量的岩土试样进行试验。

⑥ 为查明地下水的类型、各层地下水位、含水层厚度、地下水流向、流速、流量及其承压性质，应布设专门性钻孔，或利用其他钻孔进行上述水文地质测试，必要时应设置地下水长期观测孔。

⑦ 滑坡勘探宜采用管式钻头、全取芯钻进，土质滑坡宜采用干钻，钻进过程中应细致地观察、描述和注意钻进难易的记录。以下迹象可能是滑动面（带）位置：①通过小间距取样（0.5m 或更小），测定和绘制含水量随深度的变化曲线，含水量最大处，可能是滑动面（带）；②所采取岩芯经自然风干，岩芯自然脱开处可能是滑动面；破碎地层与完整地层的界面也可能是滑动面位置；大型、超大型滑坡可能出现地层重复现象，结合测绘调查分析判断是否属滑动面（带）；③孔壁坍塌、卡钻、漏水、涌水甚至套管变形、民用水井井圈错位等都可能是滑动面位置，但应结合其他情况进行综合分析判断。

10.5.3.6　测试和监测工作

（1）测试工作　为了验算滑坡的稳定性，必须对滑带土进行抗剪强度试验，以求取 c、ϕ 指标。滑坡勘察时，土的强度试验宜符合下列要求：①采用室内、野外滑面重合剪，滑带宜作重塑土或原状土多次剪试验，并求出多次剪和残余剪的抗剪强度；②采用与滑动受力条件相似的方法；③采用反分析方法检验滑动面的抗剪强度指标。对于大型和重要的滑坡，则除采样进行室内试验外，还需滑带土的原位测试。

（2）监测工作　规模较大以及对工程有重要影响的滑坡，应进行监测。滑坡监测的内容包括：滑带（面）的孔隙水压力；滑体内外地下水位、水质、水温和流量；支挡结构承受的压力及位移；滑体上工程设施的位移等。滑坡监测资料，结合降雨、地震活动和人为活动等因素，可作为滑坡时间预报的依据。

思 考 题

1. 崩塌的形成条件是什么？危岩和崩塌的勘察要点有哪些？
2. 滑坡如何进行分类？滑坡的勘察要点有哪些？采用哪些勘察手段？
3. 结合滑坡实例，尝试布设滑坡的勘探线和勘探点。

第11章 泥石流发育地区

11.1 概述

泥石流是发生在山区的一种携带有大量泥砂、石块的暂时性急水流，其固体物质的含量有时超过水量，是介于挟砂水流和滑坡之间的土石、水、气混合流或颗粒剪切流。它往往突然暴发，来势凶猛，运动快速，历时短暂，破坏强烈，是严重威胁山区居民安全和工程建设的重要工程地质和岩土工程问题。尤其是近半个世纪以来，由于生态平衡破坏的不断加剧，世界上许多多山国家的建筑场地或居民区周围灾害性泥石流频频发生，造成了惨重损失。

泥石流现象经常发生在诸如干涸的山谷、峡谷、冲沟或河流这样一些陆域表面，有时也出现在江、湖、海底形成所谓的浊流运动。地质历史时期形成的浊积岩及其古地貌则是在海、湖底部发生泥石流后留下的痕迹，具有重要的地层、地史学研究意义。

我国地域辽阔，山地众多，而铁路、公路等交通线路跨越的地貌单元相应较多，因而所受泥石流危害也大。据统计，我国铁路沿线泥石流沟多达1400余条，泥石流发生后轻则断道阻车，重则颠覆列车，车毁人亡。例如，成昆铁路北段建成运营15年中，有78条泥石流沟先后暴发了149次泥石流，7次掩埋车站，2次冲毁桥梁，3次颠覆列车。其中1981年利子依达沟的一次泥石流，将一列正从隧道中驶出的客车机车和前两节车厢，连同桥梁冲入大渡河，另两节车厢颠覆于桥下，死亡275人，成为我国铁路史上最惨重的泥石流灾难。泥石流不但危害巨大，而且分布范围也极广。就全球范围来说，欧洲主要的泥石流危险区是阿尔卑斯山区、比利牛斯山脉、亚平宁山脉、喀尔巴阡山脉和高加索山脉。美洲主要是太平洋沿岸的安第斯山脉和科迪勒拉山系，亚洲主要是喜马拉雅山区、天山山区、川滇山区、日本山地和安纳托里亚的西部山地。泥石流在我国主要分布于温带和半干旱山区，以及有冰川积雪分布的高山地区，如西南、西北、华北山区和青藏高原边缘山区。

目前，泥石流研究作为一门新兴学科还不成熟，对泥石流这一复杂对象的发生、发展、物质组成、运动过程和堆积规律的研究，形成了一门归属地学范畴、理论性和应用性均较强的边缘学科。

综上所述，可以看出泥石流是山区一类重要的环境和场地地质灾害。泥石流虽然有其危害性，但并不是所有泥石流沟谷都不能作为工程场地，其决定于泥石流的类型、规模、目前所处的发育阶段，暴发的频繁程度和破坏程度等。因而勘察的任务非常重要，应认真做好调查研究，做出确切的评价，正确判定拟选场地作为工程场地的适宜性和危害程度，并提出防治方案的建议。

11.2 泥石流形成条件

泥石流是在有利于大量地表径流突然聚集、有利于水流搬运大量泥砂石块的特定地形地貌、地质、气候条件下形成的。通常，其形成必须具备下述三个基本条件。

11.2.1　地形条件

　　泥石流大多起始于陡峻宽阔的山岳地区，沿纵坡降较大的狭窄沟谷活动，最后堆积于开阔平坦的沟口。泥石流流域的地形条件影响着流域内径流过程，进而影响各种松散固体物质参与泥石流的形成和泥石流规模。典型的泥石流流域可划出形成区、流通区和堆积区三个区段（图11-1），它包括分水岭脊线和泥石流活动范围内的面积，亦即清水汇流面积与堆积扇面积。

　　由于泥石流流域具体地形地貌条件不同，上述三个区段，有时不可能明显分开，有时则可能缺乏某个区段。

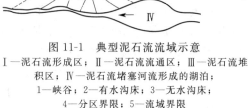

图11-1　典型泥石流流域示意
Ⅰ—泥石流形成区；Ⅱ—泥石流流通区；Ⅲ—泥石流堆积区；Ⅳ—泥石流堵塞河流形成的湖泊；
1—峡谷；2—有水沟床；3—无水沟床；
4—分区界限；5—流域界限

11.2.2　地质条件

　　泥石流流域的地质条件决定了松散固体物质的来源、组成、结构、补给方式和补给速度等。泥石流强烈发育的山区，多是地质构造复杂、岩石风化破碎、新构造运动活跃、地震频发、崩滑灾害多发的地段。这样的地段，既因岩土体松散为泥石流的发生提供了丰富的固体物质来源；又因地形高耸陡峻，高差对比大，为泥石流活动提供了强大的势能储备。

11.2.3　气象水文条件

　　强烈的地表径流是泥石流形成的必要条件，是暴发泥石流的动力条件，通常来源于暴雨、高山冰雪强烈融化和水体溃决。由此可将泥石流划分为暴雨型、冰雪融化型和水体溃决型等类型。

　　另外气象水文条件对泥石流的影响还体现在风化作用上，特别是物理风化的破碎作用，为泥石流提供了固体物质来源。

　　除上述自然条件异常变化导致泥石流发生外，人类工程经济活动也不可忽略，它不但直接诱发泥石流灾害，还往往加重区域泥石流活动强度。人类工程经济活动对泥石流影响的消极因素颇多，如毁林、开荒与陡坡耕种、放牧、水库溃决、渠水渗漏、工程和矿山弃碴不当等等。这些有悖于环境保护的工程活动，往往导致大范围生态失衡、水土流失，并产生大面积山体崩滑现象，为泥石流发生提供了充足固体物质来源，泥石流的发生、发展又反过来加剧环境恶化，从而形成一个负反馈增长的生态环境演化机制。为此必须采取固土、控水、稳流等措施，抑制因人类不合理工程活动所诱发的泥石流灾害，保护建筑场地稳定。

11.3　泥石流的工程分类

　　由于泥石流形成条件多种多样，因此使得泥石流流态、结构、组成、运动特征及其危害程度各不相同。如我国西北黄土高原以泥流为主，西南山区暴雨型泥石流较为常见，而青藏高原多暴发冰雪融化型泥石流。目前对泥石流类型划分尚未统一，并且多数分类仅依据单一指标，综合反映泥石流流态特征、形成条件、物质组成、运动过程等的分类，正在受到重视。泥石流分类的目的，主要是提供关于各种泥石流特征、形成机制的典型模式，并以此指导泥石流研究工作及防治工作的开展。

11.3.1　单指标分类

单指标分类方案较多，下面介绍常见的三种分类，见表 11-1。

表 11-1　泥石流分类

分类指标	分　类	特　征
水源类型	暴雨型泥石流	由暴雨因素激发形成的泥石流
	溃决型泥石流	由水库、湖泊等溃决因素激发形成的泥石流
	冰雪融水型泥石流	由冰、雪消融水流激发形成的泥石流
	泉水型泥石流	由泉水因素激发形成的泥石流
地貌部位	山区泥石流	峡谷地形，坡陡势猛，破坏性大
	准山前区泥石流	宽谷地形，沟长坡缓势较弱，危害范围大
流域形态	沟谷型泥石流	流域呈扇形或狭长条形，沟谷地形，沟长坡缓，规模大，一般能划分出泥石流的形成区、流通区和堆积区
	山坡型泥石流	流域呈斗状，无明显流通区，形成区与堆积区直接相连，沟短坡陡，规模小
物质组成	泥流	由细粒径土组成，偶夹砂砾，黏度大，颗粒均匀
	泥石流	由土、砂、石混杂组成，颗粒差异较大
	水石流	由砂、石组成，粒径大，堆积物分选性强
固体物质提供方式	滑坡泥石流	固体物质主要由滑坡堆积物组成
	崩塌泥石流	固体物质主要由崩塌堆积物组成
	沟床侵蚀泥石流	固体物质主要由沟床堆积物侵蚀提供
	坡面侵蚀泥石流	固体物质主要由坡面或冲沟侵蚀提供
流体性质	黏性泥石流	层流，有阵流，浓度大，破坏力强，堆积物分选性差
	稀性泥石流	紊流，散流，浓度小，破坏力较弱，堆积物分选性强
发育阶段	发育期泥石流	山体破碎不稳，日益发展，淤积速度递增，规模小
	旺盛期泥石流	沟坡极不稳定，淤积速度稳定，规模大
	衰败期泥石流	沟坡趋于稳定，以河床侵蚀为主，有淤有冲，由淤转冲
	停歇期泥石流	沟坡稳定，植被恢复，冲刷为主，沟槽稳定
暴发频率(n)	极高频泥石流	$n \geqslant 10$ 次/年
	高频泥石流	1 次/年 $\leqslant n < 10$ 次/年
	中频泥石流	0.1 次/年 $\leqslant n < 1$ 次/年
	低频泥石流	0.01 次/年 $\leqslant n < 0.1$ 次/年
	间歇性泥石流	0.001 次/年 $\leqslant n < 0.01$ 次/年
	老泥石流	0.0001 次/年 $\leqslant n < 0.001$ 次/年
	古泥石流	$n < 0.0001$ 次/年
堆积物体积(V)	巨型泥石流	$v \geqslant 50 \times 10^4 \, m^3$
	大型泥石流	$20 \times 10^4 \, m^3 \leqslant v < 50 \times 10^4 \, m^3$
	中型泥石流	$2 \times 10^4 \, m^3 \leqslant v < 20 \times 10^4 \, m^3$
	小型泥石流	$v < 2 \times 10^4 \, m^3$

11.3.2　综合分类

这种分类要求综合地反映出泥石流成因、源地特征、物质组成、流体性质、危害程度等。也有的综合分类采用多指标的概括。综合分类有利于区域泥石流资料的分级整理、对比、分析、电子储存；多指标概括便于定量化制图。《岩土工程勘察规范（GB 50021—2001）》附录 C 泥石流的工程分类即为综合分类，它主要依据多项特征和定量指标

（表 11-2）。

表 11-2　泥石流工程分类

类别	泥石流特征	流域特征	亚类	严重程度	流域面积 /km²	固体物质一次冲出量 /×10⁴m³	流量 /(m³/s)	堆积区面积 /km²
高频率泥石流沟谷	基本上每年均有泥石流发生，固体物质主要来源于沟谷的滑坡、崩塌。泥石流爆发强度小于2～4mm/10min。除岩性因素外，滑坡、崩塌严重的沟谷多发生黏性泥石流，规模大；反之，多发生稀性泥石流，规模小	多位于强烈抬升区，岩性破碎，风化强烈。山体稳定性差。沟床和扇形地上泥石流堆积新鲜，无植被或仅有稀疏草丛。黏性泥石流沟中，下游沟床坡度大于4%	Ⅰ₁	严重	>5	>5	>100	>1
			Ⅰ₂	中等	1～5	1～5	30～100	<1
			Ⅰ₃	轻微	<1	<1	<30	—
低频率泥石流沟谷	泥石流暴发周期一般在10a以上。固体物质主要来源于沟床，泥石流发生时"揭床"现象明显。暴雨时坡面产生的浅层滑坡往往是激发泥石流形成的重要因素。泥石流暴发性强，一般大于4mm/10min。泥石流规模一般较大，性质有黏有稀	山体稳定性相对较好，无大型活动性滑坡、崩塌。沟床和扇形地上巨砾遍布，植被较好，沟床内灌木丛密布。扇形地多已辟为农田。黏性泥石流沟中，下游沟床坡度小于4%	Ⅱ₁	严重	>10	>10	>100	>1
			Ⅱ₂	中等	1～10	1～10	30～100	<1
			Ⅱ₃	轻微	<1	<1	<30	—

注：1. 表中流量对高频率泥石流沟指百年一遇流量；对低频率泥石流沟指历史最大流量。

　　2. 泥石流的工程分类宜采用野外特征与定量指标相结合的原则，定量指标满足其中一项即可。

11.4　泥石流勘察与场地（线路）评价

11.4.1　泥石流勘察的目的和内容

泥石流勘察的主要目的，是判断城镇和房屋建筑场地上游沟谷或线路（铁路、公路等）通过的沟谷产生泥石流的可能性；预测泥石流的规模、类型、活动规律及其对工程的危害程度。在此基础上评价工程场地（线路）稳定性，并提出相应的防治对策与治理措施。对城镇与房屋建筑场地来说，勘察工作一般应在工程选址和初勘阶段进行；而线路工程则应在各个勘察阶段甚至施工、运营阶段皆应进行勘察调查。

11.4.1.1　泥石流勘察调查的内容

泥石流勘察调查的内容，包括搜集区域资料和实地工程地质测绘与调查访问，并辅以必要的勘探及有关指标的测定与计算工作。泥石流勘察调查的要点如下。

（1）地质条件

① 流域调查　形成区：调查地势高低，流域最高处的高程，山坡稳定性，沟谷发育程度，冲沟切割深度、宽度、形状和密度，流域内植被覆盖程度，植物类别及分布状况，水土流失的情况等；流通区：调查流通区的长度、宽度、坡度，沟床切割情况、形态、平剖面变化，沟谷冲、淤均衡坡度，阻塞地段石块堆积以及跌水、急弯、卡口情况等；堆积区：调查堆积区形态、面积大小，堆积过程、速度、厚度、长度、层次、结构，颗粒级配，坚实程度，磨圆程度，堆积扇的纵横坡度，扇顶、扇腰及扇线位置，及堆积扇发展趋势等。

② 地形地貌调查　确定流域内最大地形高差，上、中、下游各沟段沟谷与山脊的平均

高差，山坡最大，最小及平均坡度，各种坡度级别所占的面积比率。分析地形地貌与泥石流活动之间的内在联系，确定地貌发育演变历史及泥石流活动的发育阶段。

③ 岩（土）体调查　重点对泥石流形成提供松散固体物质来源的易风化软弱层、构造破碎带，第四系的分布状况和岩性特征进行调查，并分析其主要来源区。

④ 地质构造调查　确定沟域在地质构造图上的位置，重点调查研究新构造对地形地貌、松散固体物质形成和分布的控制作用，阐明与泥石流活动的关系。

⑤ 地震分析　收集历史资料和未来地震活动趋势资料，分析研究可能对泥石流的触发作用。

⑥ 相关的气象水文条件　调查气温及蒸发的年际变化、年内变化以及沿垂直带的变化，降水的年内变化及随高度的变化，最大暴雨强度及年降水量等。调查历次泥石流发生时间、次数、规模大小次序，泥石流泥位标高。

⑦ 植被调查　调查沟域土地类型、植物组成和分布规律，了解主要树、草种及作物的生物学特性，确定各地段植被覆盖程度，圈定出植被严重破坏区。

⑧ 人类工程经济活动调查　主要调查各类工程建设所产生的固体废弃物（矿山尾矿、工程弃渣、弃土、垃圾）的分布、数量、堆放形式、特性，了解可能因暴雨、山洪引发泥石流的地段和参与泥石流的数量及一次性补给的可能数量。

（2）泥石流特性

① 根据水动力条件，确定泥石流的类型。

② 调查泥石流形成区的水源类型、汇水条件、山坡坡度、岩层性质及风化程度，断裂、滑坡、崩塌、岩堆等不良地质现象的发育情况及可能形成泥石流固体物质的分布范围、储量。

③ 调查流通区的沟床纵横坡度、跌水、急湾等特征，沟床两侧山坡坡度、稳定程度，沟床的冲淤变化和泥石流的痕迹。

④ 调查堆积区的堆积扇分布范围、表面形态、纵坡、植被、沟道变迁和冲淤情况，堆积物的性质、层次、厚度、一般和最大粒径及分布规律。判定堆积区的形成历史、堆积速度，估算一次最大堆积量。

⑤ 调查泥石流沟谷的历史。历次泥石流的发生时间、频数、规模、形成过程、暴发前的降水情况和暴发后产生的灾害情况。

（3）诱发因素

① 调查水的动力类型，包括：暴雨型、冰雪融水型、水体溃决（水库、冰湖）型等。

② 降雨型主要收集当地暴雨强度、前期降雨量、一次最大降雨量等。

③ 冰川型主要调查收集冰雪可融化的体积、融化的时间和可能产生的最大流量等。

④ 水体溃决型主要调查因水库、冰湖溃决而外泄的最大流量及地下水活动情况。

（4）危害性

① 调查了解历次泥石流残留在沟道中的各种痕迹和堆积物特征，推断其活动历史、期次、规模，目前所处发育阶段。

② 调查了解泥石流危害的对象、危害形式（淤埋和漫流、冲刷和磨蚀、撞击和爬高、堵塞或挤压河道）；初步圈定泥石流可能危害的地区，分析预测今后一定时期内泥石流的发展趋势和可能造成的危害。

（5）泥石路防治

调查泥石流灾害勘察、监测、工程治理措施等防治现状及效果。

11.4.1.2　泥石流勘察调查的手段及过程

工程地质测绘与调查访问是泥石流勘察的主要手段。

在分析区域地质资料的基础上进行泥石流沟流域的工程地质测绘，按地形条件分区进行调查。测绘比例尺，对全流域宜采用 1∶50000，工程场地及其附近采用 1∶2000～1∶10000。

泥石流发生过程及泥痕的调查与鉴别，应与工程地质测绘同时进行。泥石流发生过程主要通过访问当地居民详细回忆暴发泥石流时的具体情况。访问内容有：泥石流暴发的时间、规模、有无阵流现象、大致物质组成以及大石块的漂浮、流动情况；泥石流暴发前的降雨情况、暴雨出现的时间、强度及其延续时间，或高山气温骤升、冰川、积雪的分布、消融情况；是否发生过地震、大滑坡；泥石流的危害情况等。泥痕的调查与鉴别是查明泥石流类型、性质和规模的重要证据。调查工作主要在流通区内进行，沟床两侧壁、树干以及建筑物上，常留有泥石流物质或泥石流体撞击、磨损的痕迹，应详细观察记录其颜色、形态、斑痕，并测量其高度；还有泥石流遇弯超高、遇障碍物爬起以及冲淤变化留下的痕迹等。

当需要对泥石流采取防治措施时，应进一步查明泥石流物源区松散堆积物以及堆积扇的组成结构与厚度，应采用勘探工作，包括物探和钻探、坑探工程。并取样在现场测试，以测定代表性泥石流堆积体的颗粒组成、密度以及流速、流量等定量指标。

对危害严重的大规模泥石流沟，应配合有关专业建立观测试验站和动态监测站，以获取泥石流各项特征值的定量指标，对泥石流活动规律作中、长期动态监测和基本参数变化的短周期动态监测。其中遥感技术（如多光谱航摄和地面陆摄）的采用是有效的。

11.4.1.3　城镇与房屋建筑场地泥石流勘察的内容

泥石流虽然有其危害性，但并不是所有泥石流沟谷都不能作为工程场地，而决定于泥石流的类型、规模，目前所处的发育阶段，暴发的频繁程度和破坏程度等。因而勘察的任务非常重要，应认真做好调查研究，做出确切的评价，正确判定拟选场地作为工程场地的适宜性和危害程度，并提出防治方案的建议。

对县城、集镇、矿山、重要公共基础设施以及泥石流灾害高发区的所有居民点须进行现场泥石流调查。城镇与房屋建筑一般都位于泥石流的堆积区，相对于形成区和流通区来说，堆积区地形较开阔平坦，交通运输也较方便。

对于威胁县城、集镇、重要公共基础设施且稳定性差的泥石流，应进行滑坡勘察。勘察内容包括：了解泥石流松散层物质组成、结构、厚度和颗粒粒度级配的变化，沟谷基岩地层结构、构造；现场测定泥石流物质堆积后的物理力学性质和颗粒粒度级配；采取具有代表性的原状岩、土样。

勘察方法应以地面实地调查、地球物理勘探、剥土、探井、探槽等山地工程为主，可辅以适量的钻探工程。

11.4.1.4　交通线路泥石流勘察的内容

铁路、公路工程的泥石流勘察，皆有相关行业工程地质勘察规范（程）可循。考虑到山区的铁路、公路经常要以桥隧相连的形式穿越山岭和沟谷，所以在线路勘测设计和施工、运营各阶段，都十分重视泥石流的勘察工作。

（1）新建线路各勘测阶段泥石流勘察的任务和内容　踏勘（草测）阶段的任务是了解影响线路方案的泥石流工程地质问题，为编制可行性研究报告提供泥石流地质资料。内容主要是搜集线路方案泥石流分布地段的有关资料，初步了解泥石流的分布、类型、规模和发育阶段，概略评价大型、特大型泥石流的发育趋势。

初测阶段的任务主要是查明线路各方案的泥石流分布、类型，以及重点泥石流沟的规模、发育阶段，预测其发展趋势，提出方案比选意见，为初步设计提供泥石流勘察资料。内容主要包括：泥石流沟的平面形态；沟坡的稳定性，崩塌、滑坡等不良地质现象分布与发展趋势；泥石流堆积物的分布范围、物质组成与厚度；泥痕及人类活动情况等。对重点泥石流沟的工程地质条件要详加调查。此阶段除工程地质测绘调查外，根据需要应进行勘探、取样和测试工作。

定测阶段的任务，是详细查明选定线路方案沿线泥石流沟的特征、活动规律及发展趋势，结合工程进行补充调查，具体确定线路通过泥石流沟的位置，为工程设计提供泥石流地质资料。路线可能从流通区通过时，应详细查明跨越泥石流沟桥渡上下游一定范围内沟坡的稳定性及桥基的地质情况，详细调查并核实桥位附近泥痕的高度与坡度，调查既有跨越泥石流沟建筑物遭受泥石流破坏的情况。若从堆积区通过时，应详细查明堆积扇的物质组成、结构和冲淤特点以及堆积扇上沟床摆动情况，提出防治措施意见。此阶段对形成区主要泥石流物源区的崩塌、滑坡等不良地质现象，应查明其稳定性，提出整治所需的岩土工程资料。勘探取样和测试工作应能满足线路工程设计和泥石流防治工程设计的要求，包括查明建筑物地基和待整治的滑坡等不良地质体的勘探取样和测试。

各勘测阶段泥石流勘察调查的具体内同和要求详见有关规范（规程）。

（2）施工阶段泥石流勘察 施工阶段泥石流勘察的任务：复查、核实、修改设计图中的泥石流资料，预测施工过程中可能出现的泥石流灾害，提出施工对策。

施工阶段泥石流勘察的内容：①在泥石流复查的基础上，根据预测的泥石流发展趋势，结合施工具体情况，提出施工中应注意的事项；②根据泥石流沟的情况，提出弃碴堆放和沟中取土的意见；③做好施工过程中泥石流暴发时的全过程记录，尤其要记录流体的性质和危害情况。

（3）运营期间泥石流勘察 运营期间泥石流勘察的任务：①对泥石流进行监测；②评价既有建筑物的安全；③提出改建工程或防治工程设计所需的泥石流地质资料。

运营期间泥石流勘察的内容：①分析、研究勘测设计与施工过程中积累的泥石流资料，了解全线（段）泥石流的分布与规模，建立泥石流档案；②调查线路运营后环境改变对泥石流的影响，预测泥石流发展的趋势；③对较严重的泥石流沟，宜建立监测点，并根据监测资料的综合分析，评价既有建筑物的安全，提出抢险措施与整治方案建议；④搜集并提供改建工程设计或防治工程所需的地质资料。

11.4.2　泥石流场地适宜性评价

依据规范要求，泥石流场地评价首先要根据搜集和现场调查所获的各项资料，对泥石流进行工程分类，随后在此基础上作建筑适宜性评价。

根据航空遥感影像的特征和沟谷地形地貌、地质、水文气象和人类活动等条件，首先应识别判断是否属泥石流沟，随后依据表 11-2 所列各项定性描述和定量指标将泥石流沟划分为不同的严重程度。

泥石流地区的建筑适宜性评价，应考虑到泥石流的危害性，为确保建筑物的安全，不能轻率地将建筑物设置在有泥石流影响的地段。但是，也不能认为凡是泥石流沟谷皆不能布置工程设施，而应根据泥石流的规模、危害程度等加以区别。

① 对于表 11-2 所示的 I_1 类、II_1 类泥石流，考虑到其沟谷规模大，危害性大，防治工作困难且不经济，故不能作为各类工程的建设场地。

② I_2 类、II_2 类泥石流沟谷不宜作为建筑物场地，当必须利用时应采取治理措施。道路应避免直穿洪积扇，宜在沟口设桥（墩）通过。当线路高程较低又不能架设桥梁时，则可在沟口之内修建隧道或明硐通过，或在洪积扇以外的安全地带通过。桥位应避开河床弯曲处，并宜采用一跨或大跨度跨越，桥的净空跨度应能保证泥石流畅通流出。

③ 对于 I_3 类、II_3 类泥石流沟谷，可利用其堆积区作为建筑物场地，但应避开沟口。

线路可在洪积扇通过，但不宜改沟、合并沟槽，并宜分段设桥和采取排洪、导流等防治措施；当沟口上有大量弃碴或进行工程建设改变了沟口的原有供给平衡条件时，应重新判定产生泥石流的可能性。

泥石流场地评价应在编制大比例尺（1∶10 000或1∶50 000）泥石流分布图基础上进行。图面内容应包括泥石流形成条件中的各类要素，如地层岩性、地质构造、地形地貌、崩塌滑坡现象、降雨量、植被，以及以往泥石流活动历史、已有运动特征值、以往危害程度等。图件的主要任务是详尽评价建设场地及其附近泥石流现象，尤其是对场地安全有重要影响的大泥石流沟的流域特征。它是拟定泥石流防治措施、进一步布置定位观测的基础图件。

泥石流场地评价结果的表示应体现在预测预报图上，包括泥石流可能发生的地点、规模、运动特征值以及可能发生的时间等。目前，泥石流暴发时间的预报主要是基于降雨强度进行的，不同地区一般都积累有泥石流暴发的临界降雨强度值。预测预报图上还应给出最终的场地安全评价。

预测预报图上还应给出最终的场地安全级别评价。

11.4.3　泥石流地区选线（场址）原则

合理地选择泥石流地区的交通线路、城镇、厂址是保障建筑物安全的基本因素，应视泥石流的严重程度而定。

11.4.3.1　严重泥石流地区

严重泥石流地区的交通线路应尽量绕避，或以隧道、明硐、渡槽通过。所谓绕避方案，即是采用跨河桥展线，以避开泥石流强烈发育的地段。隧道和明硐、渡槽实则也是绕避方案，只不过是"内移"而已，典型实例是成昆铁路利子依达泥石流沟，1981年7月9日暴发的极强泥石流曾酿成我国铁路史上一起严重的事故。鉴于该沟近年来泥石流活动频繁，原线设桥已不能防御泥石流的严重危害，将铁路线改线内移，修建了长约1.5km的隧道，穿越泥石流沟底，以绕避泥石流灾害。

严重泥石流地区的城镇和厂址选址应十分慎重。新城镇和工厂以不设置于强烈发育的堆积扇上为宜，老城镇和工厂则应采取排导和储淤等防治措施。

11.4.3.2　中等泥石流地区

中等泥石流沟谷一般不宜作为建筑场地；当必须进行建筑时，应根据建筑类型采取适当的线路和厂址方案。交通线路穿过泥石流流通区时，要修建跨越桥。此处一般地形狭窄，工程量较小，但冲刷强烈。所以要选择在沟壁稳定且桥下有足够净空的地段以一跨通过。堆积区通过时，可有扇前、扇后和扇身通过的几种方案。其中，扇后通过方案较好，最好用净空大跨度单孔桥或明硐、隧道等型式通过。扇身通过方案原则上应越靠近扇前部越好，而且线路应尽量与堆积扇上的各股水流呈正交，跨越桥下应有足够的净空。

城镇、厂矿等建筑物集中的工程，选址时应避开泥石流的威胁区，以减轻或消除泥石流的危害。

11.4.3.3　轻微泥石流地区

轻微泥石流沟谷的全流域皆可利用作为建筑场地。在形成区内应做好水土保持工作，不稳定的山坡和滑坡、崩塌地段应采用工程措施给予整治。流通区交通线路的桥跨下面防止淤积，且有足够净空。堆积区应做好泥石流排导工程，建筑物一般应避免正对沟口；此外，交通线路通过堆积扇上的沟流时，桥梁应采取适当的孔跨，并需适当加高桥下净空。

思　考　题

1. 泥石流的形成条件包括哪些?
2. 泥石流域可分为哪几个区段? 各个区段分别有什么特点?
3. 泥石流体的特征包括哪些? 泥石流如何进行工程分类?
4. 泥石流地区选线 (场址) 原则是什么?
5. 泥石流防治有哪些措施? 分别能起到什么作用?

第 12 章 岩溶发育地区

12.1 概述

岩溶又称喀斯特，是指水对可溶性岩石进行以化学溶蚀作用为特征（包括水的机械侵蚀和崩塌作用以及物质的携出、转移和再沉积）的综合地质作用，以及由此所产生的现象的统称。

岩溶发育的物质基础是可溶性岩石，具有溶蚀性的水是媒介，而这样两个条件在自然界一般都能得到满足，因此总的来说只要有可溶性岩体存在的地方，就有可能发育岩溶，只是岩溶发育的特征、规模和空间分布格局有所不同而已。本章主要研究碳酸盐类岩石的岩溶。

岩溶地区最主要的特点是形成一系列独特地貌景观，如地表的溶沟、石芽、溶隙、溶槽、漏斗、洼地、溶盆、峰林、孤峰、溶丘、干谷，地下的落水洞、溶洞、地下湖、暗河系统及各种洞穴堆积物。同时，也形成一系列特殊的水文地质现象，如冲沟很少且主要呈现出干谷或悬谷，地表水系不发育而主要转入地下水系，因地下架空结构而使可溶岩透水性明显增大，成为良好含水层；岩溶水空间分布极不均匀，且埋深一般较大，动态变化强烈，流态复杂；地下水与地表水相互转化敏捷；山区地下水分水岭与地表水分水岭不一致等。上述特征集中体现为地形的鲜明对照性和强烈差异性，岩石中细微溶蚀裂隙网络与巨大的溶洞、暗河体系的贯穿性。

我国的岩溶无论是分布地域还是气候带，以及形成时代上都有相当大的跨度，使得不同地区岩溶发育各具特征。但无论是何种类型岩溶，其共同点是：由于岩溶作用形成了地下架空结构，破坏了岩体完整性，降低了岩体强度，增加了岩石渗透性，也使得地表面强烈地参差不齐，以及碳酸盐岩极不规则的基岩面上发育各具特征的地表风化产物——红黏土，这种由岩溶作用所形成的复杂地基常常会由于下伏溶洞顶板坍塌、土洞发育大规模地面塌陷、岩溶地下水的突袭、不均匀地基沉降等，对工程建设产生重要影响。

岩溶场地可能发生的岩土工程问题有如下几个方面。

① 主要受压层范围内，若有溶洞、暗河等存在，在附加荷载或振动作用下，溶洞顶板坍塌引起地基突然陷落。

② 地基主要受压层范围内，下部基岩面起伏较大，上部又有软弱土体分布时，引起地基不均匀下沉。

③ 覆盖型岩溶区由于地下水活动产生的土洞，逐渐发展导致地表塌陷，造成对场地和地基稳定的影响。

④ 在岩溶岩体中开挖地下洞室时，突然发生大量涌水及洞穴泥石流灾害。

从更广泛的意义上，还包括有其特殊性的水库诱发地震、水库渗漏、矿坑突水、工程中遇到的溶洞稳定、旱涝灾害、石漠化等一系列工程地质和环境地质问题。

12.2 影响岩溶发育的因素

碳酸盐岩类岩溶发育主要是水对这类岩体化学溶蚀的结果。岩溶发育的基本条件可归结为三个，即可溶性的岩石、具溶蚀能力的水和良好的地下水循环交替条件。本节即是对影响岩溶发育基本条件及控制岩溶活动空间、时间和强度规律的因素进行讨论。

12.2.1　地质因素

12.2.1.1　岩性

岩性是岩溶发育的物质基础。据大量研究资料表明：碳酸盐岩石的化学成分、矿物成分和结构对岩溶发育的影响显著。

（1）碳酸盐岩石的成分与岩溶发育的关系　酸盐岩石是碳酸盐类矿物含量超过 50％的沉积岩，其成分比较复杂，主要由方解石、白云石和酸不溶物（泥质、硅质等）组成。由于各组分含量不同，不同类型的碳酸盐岩溶解度相差显著，直接影响着岩石的溶蚀强度和溶蚀速度。

对溶蚀试验成果的共识是：①岩石中方解石含量愈多，则溶蚀越强烈，岩溶发育越强烈；②酸不溶物含量越大，尤其是硅质含量越高且呈分散状时，岩石越不易溶蚀，岩溶发育越弱；③含有石膏、黄铁矿等矿物的碳酸盐岩溶蚀较强烈，对岩溶发育有利；而含有机质、沥青等杂质的碳酸盐岩，则不利于岩溶发育。

（2）碳酸盐岩石的结构与岩溶发育的关系　野外发现有些白云岩和白云质灰岩的岩溶发育往往较纯灰岩更为强烈，说明仅用岩石成分来解释碳酸盐岩的溶蚀性有一定的局限性。溶蚀试验结果表明，岩石结构对其溶蚀性确有影响。

据研究，碳酸盐岩的结构可分为粒屑、泥晶、亮晶、生物骨架和重结晶交代等数种。统计数据表明：溶蚀指标大小的依次关系为：泥晶＞粒屑＞亮晶，亮晶结构中细微晶粒又较粗大晶粒者溶蚀指标要高些。此外，从少量生物碎屑结构样品的试验结果看，其溶蚀指标较泥晶结构还要高些。而变质重结晶作用可使溶蚀性明显降低。

12.2.1.2　地质构造

地质构造是控制地下水循环交替条件（即地下水的补给、径流和排泄条件）的主要因素。因此它也是影响可溶岩岩溶发育的重要因素。

（1）断裂的影响　可溶岩中由于构造运动产生的断裂，包括断裂破碎带和节理裂隙密集带。是地下水运移的主要通道，它们控制了岩溶空间分布和发育速度。大型溶洞常沿断层破碎带或某组优势节理裂隙的走向发育，地表大型溶蚀洼地的长轴和落水洞的平面展布，也往往受控于某一断层的走向。有时，在有利条件下，溶蚀水沿断层面向深部循环时，还发育有深部岩溶。由于较大的断裂构造能聚集大量溶蚀水，易于形成规模巨大的洞穴，使岩体内岩溶作用差异性和空间分布的不均匀性十分显著。

（2）褶皱的影响　褶皱构造的不同型式和不同部位岩体破裂程度不同，地下水的循环交替条件也不相同，故直接影响岩溶的发育。大量勘察资料证实，一般挤压较紧密的背斜核部，由于纵张节理发育，岩溶发育十分强烈，沿之有溶蚀洼地、溶洞、暗河等展布。四川盆地内类似情况多见。当褶皱开阔平缓时，可溶岩在地表分布广泛，岩溶发育分布也较为广泛。

（3）岩层成层组合对岩溶的影响　层成层组合关系，尤其是可溶岩与非可溶岩呈互层产出时，影响着地下水的循环交替，对岩溶发育有重大影响。一般情况下，均一、厚层、质纯的碳酸盐岩更易岩溶化。而当碳酸盐岩与非碳酸盐岩互层或碳酸盐岩中有非碳酸盐岩夹层时，由于限制了地下水的循环交替，岩溶发育也就显得弱些；但此时在碳酸盐岩底面因地下水径流较强而强烈发育岩溶。

12.2.2　气候因素

气候是岩溶发育的又一重要因素，它直接影响着参与岩溶作用的水的溶蚀能力，控制着岩溶发育的类型、规模和速度。对岩溶作用影响最大的气候要素是降水量和气温。降水量大小影响地下水补给的丰缺，进而影响地下水的循环交替条件。而气温高低则直接影响化学反应速度和生物新陈代谢的快慢，因而对岩溶发育起着重要作用。

一般的情况是降水量大、气温高的地区，地下水循环交替强烈，土壤中生物地球化学作用活跃，能产生大量游离 CO_2 和多种有机酸，同时化学反应速度也较快。因此，湿热气候区岩溶发育的规模、速度较其他气候区要大。

我国地域辽阔,由南往北可划分为热带、亚热带和温带三大气候带,降水量也由南往北面递减,还有青藏高原和西北干旱地区。不同气候带中碳酸盐岩岩溶类型和规模都不相同。两广和云南部分地区属热带岩溶类型,岩溶作用充分而强烈,地表峰林、峰丛、溶洼、溶原和地下溶洞、暗河强烈发育。秦岭、淮河以南广大地区属亚热带岩溶类型,以溶丘、溶洼、溶斗等形态为特征,地下溶洞、暗河也较发育。北方的温带岩溶类型,则岩溶一般不太发育,地面岩溶形态少,以规模较小的地下隐伏岩溶为主。而青藏和西北地区,现代岩溶作用极其微弱。

12.2.3　地形地貌和新构造运动

12.2.3.1　地形地貌

地形地貌也是影响地下水循环交替条件的重要因素,进而影响到岩溶发育的形态、规模和空间分布。地貌反映了区域性和地区性侵蚀基准面和地下水排泄基准面的性质和分布,控制地下水运动的趋势和方向,从而控制了岩溶发育的总趋势。不同地貌部位上发育的岩溶形态也不同。例如,在岩溶平原区往往以埋藏较浅的水平溶洞为主;而深切峡谷山区则以深度很大的落水洞等垂直岩溶形态居多。当其他条件相同时,地形高差对比大,表明岩溶水循环交替条件好,有利于岩溶发育。

地表水文网切割有利于岩溶水减压排泄,交替强度加剧,因而河谷地段岩溶发育往往十分强烈,两岸大型水平溶洞和暗河以及谷底不同方向的岩溶管道分布密集。岩溶区修建水库时,为防止水库和坝区渗漏,必须查明河谷地段的岩溶发育情况。

12.2.3.2　新构造运动

新构造运动有多种表现型式,其中地壳间隙性升降运动与岩溶发育的关系最为密切。地壳的相对稳定时间长短、升降幅度、速度和波及范围,控制着地下水循环交替条件的优劣及其变化趋势,从而制约岩溶发育的类型、规模和速度。

当地壳处于相对稳定时期,此时地壳既不上升,也不下降,当地的侵蚀基准面和地下水排泄基准面不变,水对碳酸盐岩长时间进行溶蚀作用,就可形成规模巨大的水平溶洞和暗河系统,而在地下水面以上部位岩体中竖井、落水洞等垂直岩溶形态发育。地壳相对稳定时间越长,则岩溶发育越强烈。当地壳上升时,地下水位相对下降,岩溶作用就向深部发展,而且以垂直形态的溶隙和管道为主;原先形成的水平溶洞则上升至包气带中。上升速度越快,则岩溶越不易发育。当地壳下降时,由于地下水循环交替条件减弱,岩溶作用亦减弱;而且原先形成的水平溶洞等也被埋藏于地下深部,成为隐伏岩溶。地面往往被新的沉积物覆盖。当覆盖层厚度数米至数十米者为覆盖型岩溶;当覆盖层厚度数十米至数百米时为掩埋型岩溶。

当碳酸盐岩分布地区地壳处于持续间歇性上升运动时,就会形成水平溶洞成层分布(图12-1)。而且这种成层分布的溶洞在河谷地段还可与相应的河流阶地对应,由此了解岩溶的发育演变历史。

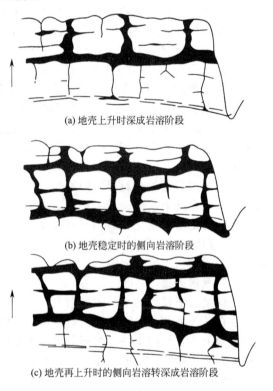

(a) 地壳上升时深成岩溶阶段

(b) 地壳稳定时的侧向岩溶阶段

(c) 地壳再上升时的侧向岩溶转深成岩溶阶段

图 12-1　地壳间歇性上升时溶洞成层分布

12.3　土洞和地面塌陷

12.3.1　含义及研究意义

覆盖型岩溶区在特定的水文地质条件作用下，基岩面以上的部分土体随水流迁移携失而形成的土洞和洞内塌落堆积物，并引起地面变形破坏的作用和现象。土洞是岩溶地区一种特殊的不良地质现象，对地面工程的负面影响大，故专列一节讨论。

土洞对地面工程设施的不良影响，主要是土洞的不断发展而导致地面塌陷，对场地和地基都造成危害。由于土洞较之岩溶洞穴来说，具有发育速度快，分布密度大的特点，所以它往往较溶洞危害要大得多。在覆盖型岩溶区是影响建筑安全的主要原因。在我国广大的东部地区以及云南、贵州等省，许多城镇、矿山报道过地面塌陷造成的灾害。例如，贵州水城盆地原自然环境良好，但自 1968 年开始因工业建设需要，大量抽汲岩溶水，随之地面塌陷日趋严重，截至 1988 年底，盆地东南段内出现塌陷坑 800 余个，成为一大环境灾害。可见土洞及由此引起的地面塌陷严重危害工程建设安全，是覆盖型岩溶区的一大岩土工程问题。为此，应研究土洞及地面塌陷的成因机制、产生条件、岩土工程评价方法和防治措施。

12.3.2　成因机制

土洞和地面塌陷系地下水活动所致。按其产生的条件，有多种成因机制，其中以潜蚀机制最为普遍，此外尚有真空吸蚀和气爆等机制。

（1）潜蚀机制　所谓潜蚀是指地下水在渗流过程中，由于渗透压力（或称动水压力）的作用，使岩土体中一些颗粒，甚至整体发生移动，从而导致地面沉陷的一种外动力地质作用。这一术语引入土洞和地面塌陷形成中，则指地下水流在碳酸盐岩及其上覆土体中产生冲刷，致使碳酸盐岩溶隙和溶洞中充填物被携走，土层中产生土洞。随着土洞的不断扩大，当其顶板不足以形成天然平衡拱时，顶板不断塌落，最终在地表形成碟形洼地或塌陷坑。潜蚀机制一般产生在基岩岩溶水与上覆松散土体中的孔隙水有强水力联系的地段。

（2）真空吸蚀机制　相对密闭的岩溶水，由于抽水等原因地下水位大幅度下降，尤其在承压岩溶水条件下，当地下水位低于覆盖层底板时，地下水面以上的洞穴成为"真空腔"。此时真空腔内的水面如同吸盘一样，强有力地抽吸覆盖层底板的土体，使其逐渐被吸蚀掏空而形成土洞。随着地下水位下降，真空腔内外压差效应不断加剧，而使土洞不断扩展，最终可导致突发地面塌陷。真空吸蚀一般产生在覆盖层隔水性好且分布较均匀的地段。在碳酸盐岩残积黏土（红黏土）分布较厚的地区，地面塌陷多因真空吸蚀所致。

（3）气爆机制　气爆机制一般也是产生在密闭的岩溶水地段，但它与真空吸蚀机制的不同之处是岩溶水呈无压状态，岩溶洞穴中地下水面以上有相当大的空间。由于地下水位不断抬升，地下水面以上的空气受到压缩而呈"高压"状态。当大气压达到一定程度时，就冲破上覆土体而突发地面塌陷。

由以上三种土洞和地面塌陷形成机制分析可知，前者强调的是渗透压力的作用，后两者强调的则是大气压差的作用。

12.3.3　产生条件

土洞和地面塌陷的产生，与岩溶区特定的岩性、地质结构、水文地质和地形地貌条件有关。

（1）覆盖层岩性及其厚度　土洞和地面塌陷的分布，受第四系松散覆盖层的岩性和厚度控制。一般认为，含砂量较高的土体，尤其是砂类土因临界水力梯度较小，容易产生土洞和地面塌陷；而亲水性强抗水性差的黏性土地段也可形成土洞。产生地面塌陷的地段第四系覆盖层厚度较小。据对我国南方岩溶地面塌陷的统计，大多数地面塌陷区的覆盖层厚度小于

10m。一般情况是：厚度＜10m 者塌陷严重；10～30m 者塌陷数量较少；而厚度＞30m 者塌陷可能性则很小。

（2）碳酸盐岩中的岩溶发育 碳酸盐岩中的岩溶洞隙是容纳覆盖层塌陷物质的空间，也是渗透水流运移塌陷物质的通道。因而碳酸盐岩浅部开口岩溶的发育，是地面塌陷产生的基础。调查资料表明，地面塌陷发生的强度与下伏碳酸盐岩的岩溶发育程度相对应，塌坑在岩溶强烈发育的地段集中分布，其出现数量与钻孔线岩溶率常具有正相关关系。表 12-1 为广东凡口矿区的调查统计资料，很好地说明了它们之间的关系。

表 12-1 岩溶发育与塌陷坑分布关系表 单位：%

岩溶发育程度	线岩溶率	地表塌陷坑	岩溶发育程度	线岩溶率	地表塌陷坑
极强烈	＞15	71	中等	5～10	14.5
强烈	10～15	14.5	微弱	＜5	0

一般情况下，在断裂带附近、褶皱轴部、硫化矿床氧化带等部位常为岩溶发育地带，因而也是地面塌陷的可能部位。例如，武汉市区自 1977 年以来发生的几起地面塌陷事件，皆位于近东西向展布的巡司河向斜南翼一规模较大的纵张断裂带上。岩性为中石炭统一下二叠统灰岩，经钻探和物探方法探测，灰岩中浅部岩溶洞穴强烈发育。

（3）地下水活动 地下水渗流及其水动力条件的变化，是土洞和地面塌陷形成的动力因素。水动力条件包括：大流量强抽（排）地下水引起水力梯度的急剧变化；抽（排）水量不稳定引起地下水位的频繁升降；连续降雨引起地下水位急剧回升；大量抽水使岩溶含水层承压水位降低，形成真空或负压。在地下水径流集中而强烈的主径流带，一般是土洞和地面塌陷产生的敏感区。

（4）地形地貌条件 具备上述条件的河流低阶地或地形低洼处，是有利于地面塌陷的地形地貌条件。岩溶地区河谷地带的低阶地处，岩溶十分发育，岩溶水与河水水力联系密切，受河水位频繁的涨落变化，地下水位也不断变化，地下水循环交替强烈，且覆盖层往往为较薄的松散砂土和粉土，易发生潜蚀，因此河床两侧易产生地面塌陷。地形低洼的负地形地段往往是隐伏岩溶发育的地面标志，在这样的地段抽排地下水时，就为地面塌陷创造了条件。因此地形低洼地段产生的地面塌陷，一般规模大，数量多。

受上述各项条件的制约，土洞和地面塌陷多分布于覆盖型岩溶区岩溶洞穴发育强烈、松散覆盖层较薄的负地形地段。当强力抽排岩溶水时，在降落漏斗中心附近及沿着地下水主要径流方向上，地面塌陷最为密集。

12.3.4 预测与防治

12.3.4.1 预测

地面塌陷是覆盖型岩溶区严重影响场地和地基稳定的不良地质现象和地质灾害，因而对其预测评价具有重要的社会经济意义。

地面塌陷预测的内容应包括塌陷的时间、地点、强度和可能造成的影响，一般可分为定性预测和定量预测。具体的预测步骤是：首先查明场地的地质、水文地质条件、地貌类型和岩溶发育规律，进行岩溶发育程度和地下水动力条件的分区；在此基础上，根据已有塌陷点的分布状况、塌陷特征及形成条件等，确定综合预测指标；最后考虑塌陷发展趋势与对工程设施和环境的影响程度，进行塌陷预测分区，编制分区预测图。

地面塌陷的定量预测是近年来正在探索的课题，目前国内主要有经验公式法和多元统计分析法两类。经验公式法是根据已有塌陷点的形成条件，采用经验判断或简单的图解判断，确定被测目标与某些因素间关系的公式。例如，根据抽（排）水的流量、水位降深、覆盖层厚度等因素，建立预测塌陷区半径的经验公式。多元统计分析法有逐步回归分析法、逐步判别分析法等数学地质方法,它们皆以影响塌陷的诸因素作为预测变量,并按一定的数学原理建立预测模型,然后分区进行顶测,由于可变因素较多,尤其是人类强烈活动的地区,其变化和发展趋势往往难以预料和控制,因而定量预测的实际效果有待验证。

12.3.4.2　防治措施

地面塌陷的预测是为了做到有效的防治。地面塌陷的防治应包括预防和治理两个方面。

预防地面塌陷的根本对策是减少或杜绝岩溶充填物和第四系松散覆盖物被地下水侵蚀、淘刷。为此在覆盖型岩溶区场地规划时,在做好地质勘察调查的基础上,进一步查明或消除可能导致塌陷的因素,制定出预防地面塌陷的供排水总体设计等。应将重要工程设施安置在稳定地段,对必须设置在塌陷区的工程设施,设计上要有相应的防止塌陷的对策和措施。

岩溶地面塌陷多数是由于抽(排)地下水引起的,所以在布设供水源地的抽水井孔和矿山疏干时,应做到:①抽水井孔应尽量远离生活和生产区,多井孔布置时应尽可能分散;②控制抽水量和降深,使地下水位始终保持在基岩面以上;③抽水井筒应设置合理的过滤器;④在浅部开口岩溶发育且与覆盖层水力联系密切时,应将浅部岩溶水封堵,用深管井开采岩溶水;⑤不宜采用强排疏干方案,水位应缓慢下降;⑥矿井突水时应采用封堵和引排,进行控制性放水,并避免和减少地表水进入矿井。还要做好地面塌陷的监测,注意塌陷的前兆现象,及时提出警报。

治理地面塌陷应针对塌陷形成的基本环境因素,从堵塞水流、加固土体及洞穴堆积物、填堵岩溶通道等三方面考虑,因地制宜地采用多种措施。常用措施方法有:回填塌陷坑、灌浆堵洞、河道改道、强夯加固坑土、跨越(塌陷坑)结构和深基础等。各种措施可综合采用。

12.4　岩溶场地勘察要点

12.4.1　勘察的目的和要求

岩溶场地勘察的目的在于查明对场地安全和地基稳定有影响的岩溶化发育规律,各种岩溶形态的规模、密度及其空间分布规律,可溶岩顶部浅层土体的厚度、空间分布及其工程性质、岩溶水的循环交替规律等,并对建筑场地的适宜性和地基的稳定性作出确切的评价。

根据已有勘察经验,在岩溶场地勘察过程中,应查明与场地选择和地基稳定评价有关的基本问题如下。

① 岩溶分布、形态、发育强度与所处的地质构造部位、褶皱形式、地层产状、断裂等结构面及其属性的关系。

② 岩溶发育与地层的岩性、结构、厚度及不同岩性组合的关系,结合各层位上岩溶形态与分布数量的调查统计,划分出不同的岩溶岩组。

③ 各类岩溶的位置、高程、尺寸、形状、延伸方向、顶板与底部状况、围岩(土)及洞内堆填物性状、塌落的形成时间与因素等。

④ 岩溶发育与当地地貌发展史、所处的地貌部位、水文网及相对高程的关系。划分出岩溶微地貌类型及水平与垂向分带。阐明不同地貌单位上岩溶发育特征及强度差异性。

⑤ 岩溶水出水点的类型、位置、标高、所在的岩溶岩组、季节动态、连通条件及其与地面水体的关系。阐明岩溶水环境、动力条件、消水与涌水状况、水质与污染情况。

⑥ 土洞及塌陷的成因、形态规律、分布密度与土层厚度、下伏基岩岩溶特征、地表水和地下水动态及人为因素的关系。结合已有资料,划分出土洞与塌陷的成因及发育程度区段。

⑦ 在场地及其附近有已(拟)建人工降水工程,应着重了解降水的各项水文地质参数

及空间与时间的动态。据此预测地表塌陷的位置与水位降深、地下水流向以及塌陷区在降落漏斗中的位置及其间的关系。

⑧ 土洞史的调查访问、已有建筑使用情况、设计施工经验、地基处理的技术经济指标与效果等。

勘察阶段应与设计相应的阶段一致。各勘察阶段的要求和方法如表12-2所列。

表12-2 各阶段岩溶地区建筑岩土工程勘察要求和方法表

勘察阶段	勘察要求	勘察方法和工作量
可行性研究	应查明岩溶洞隙、土洞的发育条件,并对其危害程度和发展趋势作出判断,对场地的稳定性和建筑适宜性作出初步评价	宜采用工程地质测绘及综合物探方法。发现有异常地段,应选择代表性部位布置钻孔进行验证核实,并在初划的岩溶分区及规模较大的地下洞隙地段适当增加勘探孔。控制孔应穿过表层岩溶发育带,但深度不宜超过30m
初步勘察	应查明岩溶洞隙及其伴生土洞、地表塌陷的分布、发育程度和发育规律,并按场地的稳定性和建筑适宜性进行分区	
详细勘察	应查明建筑物范围或对建筑有影响地段的各种岩溶洞隙及土洞的状态、位置、规模、埋深、围岩和岩堆填物性状,地下水埋藏特征;评价地基的稳定性 在岩溶发育区的下列部位应查明土洞和土洞群的位置: (1)土层较薄、土中裂隙及其下岩体岩溶发育部位 (2)岩面张开裂隙发育,石芽或外露的岩体交接部位 (3)两组构造裂隙交汇或宽大裂隙带 (4)隐伏溶沟、溶槽、漏斗等,其上有软弱土分布覆盖地段 (5)地下水强烈活动于岩土交界面的地段和大幅度人工降水地段 (6)地势低洼和地面水体近旁	(1)勘探线应沿建筑物轴线布置,勘探点间距不应大于《岩土工程勘察规范》中的相关要求,条件复杂时每个独立基础均应布置勘探点,并宜采用多种方法判定异常地段及其性质 (2)勘探孔深度除应满足《岩土工程勘察规范》的一般性要求外,当基础底面下的土层厚度不属于《岩土工程勘察》所规定的"可不考虑岩溶稳定性的不利影响"的范围时,应有部分或全部勘探孔钻入基岩。对基础下和邻近地段的物探异常点或基础点顶面荷载大于2000kN的独立基础,均匀布置验证性钻孔 (3)当预定深度内有洞体存在,且可能影响地基稳定时,应钻入洞底基岩面下不少于2m,必要时应圈定洞体范围 (4)对一柱一桩的基础,宜逐桩布置勘探孔 (5)在土洞和塌陷发育地段,可采用静力触探、轻型动力触探、小口径钻探等手段,详细查明其分布 (6)当需查明断层、岩组分界、洞隙和土洞形态、塌陷等情况时,应布置适当的探槽或探井 (7)物探应根据物性条件采用有效方法,对异常点应采用钻探验证,当发现或可能存在危害工程的洞体时,应加密勘探点 (8)凡人员可以进入的洞体,均应入洞勘察,人员不能进入的洞体,宜用井下电视等手段探测
施工勘察	应针对某一地段或尚待查明的专门事项进行补充勘察和评价,当基础采用大直径嵌岩桩或墩基时,尚应进行专门的桩基勘察	应根据岩溶地基处理设计和施工要求布置。在土洞、地表塌陷地段,可在已开挖的基槽内布置触探和钎探。对重要或荷载较大的工程,可在槽底采用小口径钻探,进行检测。对大直径嵌岩桩或墩基,勘探点应按桩或墩布置,勘探深度应为其底面以下桩径的3倍并不小于5m。当相邻桩底的基岩面起伏较大时应适当加深

12.4.2 勘察方法的使用

12.4.2.1 工程地质测绘

测绘的范围和比例尺的确定,必须根据场地建筑物的特点、设计阶段和场地地质条件的复杂程度而定。在较初期设计阶段,测绘的范围较大而比例尺较小,而较后期设计阶段,测绘范围主要局限于围绕建筑物场地的较小范围,比例尺则相对较大。重点研究内容如下。

(1)地层岩性 可溶岩与非可溶岩组、含水层和隔水层组及它们之间的接触关系,可溶岩层的成分、结构和可溶解性;第四系覆盖层的成因类型、空间分布及其工程地质性质。

(2)地质构造 场地的地质构造特征,尤其是断裂带的位置、规模、性质,主要节理裂隙的网络结构模型及其与岩溶发育的关系。不同构造部位岩溶发育程度的差异性。新构造升降运动与岩溶发育的关系。

（3）地形地貌　地表水文网发育特点、区域和局部侵蚀基准面分布，地面坡度和地形高差变化。新构造升降运动与岩溶发育的关系。

（4）岩溶地下水　埋藏、补给、径流和排泄情况、水位动态及连通情况，尤其是岩溶泉的位置和高程；场地可能受岩溶地下水淹没的可能性，以及未来场地内的工程经济活动可能污染岩溶地下水的可能性。

（5）岩溶形态　类型、位置、大小、分布规律、充填情况、成因及其与地表水和地下水的联系。尤其要注意研究各种岩溶形态之间的内在联系以及它们之间的特定组合规律。

当需要测绘的场地范围较大时，可以借助于遥感图像的地质解译来提高工作效率。在背斜核部或大断裂带上，漏斗、溶蚀洼地和地下暗河常较发育，它们多表现为线性负地形，因而可以利用漏斗、溶蚀洼地的分布规律来研究地下暗河的分布。在判读地下暗河方面，利用航空红外扫描照片效果较为理想。

12.4.2.2　钻探

工程地质钻探的目的是为了查明场地下伏基岩埋藏深度和基岩面起伏情况，岩溶的发育程度和空间分布，岩溶水的埋深、动态、水动力特征等。钻探施工过程中，尤其要注意掉钻、卡钻和井壁坍塌，以防止事故发生，同时也要做好现场记录，注意冲洗液消耗量的变化及统计线性岩溶率（单位长度上岩溶空间形态长度的百分比）和体积岩溶率（单位面积上岩溶空间形态面积的百分比）。对勘探点的布置也要注意以下两点。

① 钻探点的密度除满足一般岩土工程勘探要求外，还应当对某些特殊地段进行重点勘探并加密勘探点，如地面塌陷、地下水消失地段；地下水活动强烈的地段；可溶性岩层与非可溶性岩层接触的地段；基岩埋藏较浅且起伏较大的石芽发育地段；软弱土层分布不均匀的地段；物探异常或基础下有溶洞、暗河分布的地段等。

② 钻探点的深度除满足一般岩土工程勘探要求外，对有可能影响场地地基稳定性的溶洞，勘探孔应深入完整基岩 3～5m 或至少穿越溶洞，对重要建筑物基础还应当加深。对于为验证物探异常带而布设的勘探孔，一般应钻入异常带以下适当深度。

12.4.2.3　物探

在岩溶场地进行地球物理勘探时，有多种方法可供选择，如：高密度多极电法勘探、地质雷达、浅层地震、高精度磁法、声波透视（CT）、重力勘探等。但为获得较好的探测效果，必须注意各种方法的使用条件以及具体场地的地形、地质、水文地质条件。当条件允许时，应尽可能地采用多种物探方法综合对比判译。

电法是最常用的物探方法，以电测深法和电剖面法为主。它们可以用来测定岩溶化地层的不透水基底的深度。第四系覆盖层下岩溶化地层的起伏情况，均匀碳酸盐地层中岩溶发育深度，地下暗河和溶洞的规模、分布深度、发育方向、地下水位，以及圈定强烈岩溶化地段和构造破碎带的分布位置等。

在岩溶场地勘察中，地质雷达天然发射频率一般集中在 80～120Hz，穿透 5～9m。在雷达剖面上，通常可以识别出石灰岩石芽、充填沉积物的落水洞、岩溶洞穴、竖井或溶沟。如同其他方法一样，地质雷达不能识别岩土类型。因此它必须与钻探相结合，以根据雷达剖面所获得的异常布置钻探而获得更详细准确的资料，同时也可检验雷达探测的准确程度，以获得仅根据雷达剖面推测地下地质结构的可靠程度。

电磁法测量速度快，因而在大面积场地上测量效率高、费用低。通过沿剖面的逐点测量，最终可获得用传导值等值线表示的剖面图。通常，石灰岩石芽呈低传导性，黏土层呈高传导性，并且传导率变化最大的部位预示着石灰岩和黏土岩交界的出现。

12.4.2.4　测试和观测

对于重要的工程场地，当需要了解可溶性岩层渗透性和单位吸水量时，可以进行抽水试验和压水试验；当需要了解岩溶水连通性时，可以进行连通试验。后者对分析地下水的流动途径、地下水分水岭位置、水均衡有重要意义。一般采用示踪剂法，可用作示踪剂的有：荧光素、盐类、放射性同位素等。

为了评价洞穴稳定性时，可采取洞体顶板岩样及充填物土样作物理力学性能试验。必要时可进行现场顶板岩体的载荷试验。当需查明土的性状与土洞形成的关系时，可进行覆盖层土样的物理力学性质试验。

为了查明地下水动力条件和潜蚀作用、地表水与地下水的联系、预测土洞及地面塌陷的发生和发展时，可进行水位、流速、流向及水质的长期观测。

12.5 岩溶岩土工程评价

岩溶评价可分为场地评价与单体岩溶评价两部分。场地评价即在较大范围内，按岩溶发育强度划分出不同稳定性地段，作为建筑场地选择和建筑总平面布置的依据，而对地基稳定所涉及的单体岩溶形态的分析评价，则可分为定性和半定量两种方法。

12.5.1 岩溶地基类型

由于岩溶发育，往往使可溶岩表面石芽、溶沟丛生，参差不齐；地下溶洞又破坏了岩体完整性。岩溶水动力条件变化，又会使其上部覆盖土层产生开裂、沉陷。这些都不同程度地影响着建筑物地基的稳定。

根据碳酸盐岩出露条件及其对地基稳定性的影响，可将岩溶地基划分为裸露型、覆盖型、掩埋型三种，而最为重要的是前两种。

（1）裸露型 缺少植被和土层覆盖，碳酸盐岩裸露于地表或其上仅有很薄覆土。它又可分为石芽地基和溶洞地基两种。

石芽地基：由大气降水和地表水沿裸露的碳酸盐岩节理、裂隙溶蚀扩展而形成。溶沟间残存的石芽高度一般不超过3m。如被土覆盖，称为埋藏石芽。石芽多数分布在山岭斜坡上、河流谷坡以及岩溶洼地的边坡上。芽面极陡，芽间的溶沟、溶槽有的可深达10余米，而且往往与下部溶洞和溶蚀裂隙相连。基岩面起伏极大。因此，会造成地基滑动及不均匀沉陷和施工上的困难。

溶洞地基：浅层溶洞顶板的稳定性问题是该类地基安全的关键。溶洞顶板的稳定性与岩石性质、结构面的分布及其组合关系、顶板厚度、溶洞形态和大小、洞内充填情况和水文地质条件等有关。

（2）覆盖型 碳酸盐岩之上覆盖层厚数米至数十米（一般小于30m）。这类土体可以是各种成因类型的松软土，如风成黄土、冲洪积砂卵石类土以及我国南方岩溶地区普遍发育的残坡积红黏土。覆盖型岩溶地基存在的主要岩土工程问题是地面塌陷，对这类地基稳定性的评价需要同时考虑上部建筑荷载与土洞的共同作用。

12.5.2 岩溶地基稳定性定性评价

经验比拟法适用于初勘阶段选择建筑场地及一般工程的地基稳定性评价。这种方法虽简便，但往往有一定的随意性。实际运用中应根据影响稳定性评价的各项因素进行充分地综合分析，并在勘察和工程实践中不断总结经验。或根据当地相同条件的已有成功与失败工程实例进行比拟评价。

地基稳定性定性评价的核心，是查明岩溶发育和分布规律，对地基稳定有影响的个体岩溶形态特征，如溶洞大小、形状、顶板厚度、岩性、洞内充填和地下水活动情况等，上覆土层岩性、厚度及土洞发育情况，根据建筑物荷载特点，并结合已有经验，最终对地基稳定作出全面评价。

根据岩溶地区已有的工程实践,下列若干成熟经验可供参考。

① 当溶沟、溶槽、石芽、漏斗、洼地等密布发育,致使基岩面参差起伏,其上又有松软土层覆盖时,土层厚度不一,常可引起地基不均匀沉陷。

② 当基础砌置于基岩上,其附近因岩溶发育可能存在临空面时,地基可能产生沿倾向临空面的软弱结构面的滑动破坏。

③ 在地基主要受压层范围内,存在溶洞或暗河且平面尺寸大于基础尺寸,溶洞顶板基岩厚度小于最大洞跨,顶板岩石破碎,且洞内无充填物或有水流时,在附加荷载或振动荷载作用下,易产生坍塌,导致地基突然下沉。

④ 当基础底板之下土层厚度大于地基压缩层厚度,并且土层中有不致形成土洞的条件时,若地下水动力条件变化不大,水力梯度小,可以不考虑基岩内洞穴对地基稳定的影响。

⑤ 基础底板之下土层厚度虽小于地基压缩层计算深度,但土洞或溶洞内有充填物且较密实,又无地下水冲刷溶蚀的可能性;或基础尺寸大于溶洞的平面尺寸,其洞顶基岩又有足够承载能力;或溶洞顶板厚度大于溶洞的最大跨度,且顶板岩石坚硬完整。皆可以不考虑土洞或溶洞对地基稳定的影响。

⑥ 对于非重大或安全等级属于二、三类的建筑物,属下列条件之一时,可不考虑岩溶对地基稳定性的影响:基础置于微风化硬质岩石上,延伸虽长但宽度小于 1m 的竖向溶蚀裂隙和落水洞的近旁地段;溶洞已被充填密实,又无被水冲蚀的可能性;洞体较小,基础尺寸大于洞的平面尺寸;微风化硬质岩石中,洞体顶板厚度接近或大于洞跨。

岩溶地基稳定性的定性评价中,对裸露或浅埋的岩溶洞隙稳定评价至关重要。根据经验,可按洞穴的各项边界条件,对比表 12-3 所列影响其稳定的诸因素综合分析,作出评价。

表 12-3 岩溶洞穴稳定性的定性评价

因素	对稳定有利	对稳定不利
岩性及层厚	厚层块状、强度高的灰岩	泥灰岩,白云质灰岩,薄层状有互层,岩体软化、强度低
裂隙状况	无断裂,裂隙不发育或胶结好	有断层通过,裂隙发育,岩体被二组以上裂隙切割。裂缝张开,岩体呈干砌状
岩层产状	岩层走向与洞轴正交或斜交,倾角平缓	走向与洞轴平行,陡倾角
洞隙形态与埋藏条件	洞体小(与基础尺寸相比)呈竖向延伸的井状,单体分布,埋藏深,覆土厚	洞径大,呈扁平状,复体相连,埋藏浅,在基地附近
顶板情况	顶板岩层厚度与洞径比值大,顶板呈板状或拱状,可见钙质胶结	顶板岩层厚度与洞径比值小,有悬挂岩体,被裂隙切割且未胶结
充填情况	为密实沉积物填满且无被水冲蚀的可能	未充填或半充填,水流冲蚀着充填物,洞底见近期塌落物
地下水	无	有水流或间歇性水流,流速大,有承压性

12.5.3 岩溶地基稳定性半定量评价

鉴于以下两个原因,目前岩溶地基稳定性的定量评价较难实现:一是受各种因素的制约,岩溶地基的边界条件相当复杂,受到探测技术的局限,岩溶洞穴和土洞往往很难查清;二是洞穴的受力状况和围岩应力场的演变十分复杂,要确定其变形破坏形式和取得符合实际的力学参数又很困难。因此,在工程实践中,大多采用半定量评价方法。因目前尚属探索阶段,有待积累资料不断提高。以下分别介绍裸露型溶洞地基和覆盖型岩溶地基的几种评价方法。

(1)裸露型溶洞地基 实际上是评价浅部隐伏溶洞的稳定性问题。溶洞顶板稳定性与地层岩性、不连续面的空间分布及其组合特征、顶板厚度、溶洞形态和大小、洞内充填情况、地下水运动及建筑物荷载特点有关。由于实际问题的复杂性,目前还没有成熟可靠的方法。

以下介绍几种常用的粗略方法。

荷载传递交汇法：在剖面上从基础边缘按 $30°\sim45°$，扩散角向下作应力传递，若溶洞位于该传递所确定的应力扩散范围以外时，即认为洞体不会危及建筑物的安全。

溶洞顶板坍塌堵塞法：当碳酸盐岩体浅部有隐伏溶洞发育时，溶洞顶板安全厚度可用此法确定。方法的基本原理是：溶洞顶板岩体塌落后体积发生松胀，当塌落向上发展到一定高度后，洞体可被松胀的坍塌体自行堵塞，此时可以认为溶洞顶板已稳定。此法的前提条件是溶洞内无地下水搬运。溶洞坍塌的高度 Z 计算式为：

$$Z=\frac{H_0}{K-1} \tag{12-1}$$

式中，H_0 为溶洞的高度；K 为岩石的松胀系数，灰岩可取 1.2 左右。若溶洞顶板的实际厚度大于 Z 值，则是安全的。

结构力学近似计算法：根据溶洞顶板岩体的实际状况，按假定的梁或板的受力条件，验算所需的安全厚度。可用弯矩和剪力两种概念计算。

① 弯矩概念计算 当岩层近于水平成层，完整性较好，溶洞呈平卧状（跨度大于高度，如图 12-2 所示）时，可将溶洞顶板视为两端固定的梁板来验算其稳定性，其最大弯矩在固定端的中点处。经弯矩公式推导反算求得顶板安全厚度 Z 为：

$$Z=\sqrt{\frac{qL^2}{2\sigma b}} \tag{12-2}$$

式中，q 为溶洞顶板长边每延米上的均布荷载；L、b 分别为溶洞的长度（跨度）和宽度；σ 为岩体的允许弯曲应力，对灰岩可采用岩石允许抗压强度 $0.10\sim0.125$。

② 剪力概念计算 适用的边界条件同弯矩概念，根据溶洞顶板的极限平衡条件：

$$F+G-T=0 \tag{12-3}$$

式中，F 为上部荷载的重量；G 为顶板岩体自重；T 为梁板抵抗 F、G 的抗剪力。

$$T=Z\tau U \tag{12-4}$$

式中，Z 为溶洞顶板可能破坏的高度；τ 为岩体的抗剪强度，一般采用岩石允许抗压强度的 $0.06\sim0.10$；U 为溶洞在水平面上的周长。由此可获得溶洞顶板所需的最小（安全）厚度。

塌落拱理论分析法：假定岩体为一均匀介质，溶洞顶板岩体自然塌落最后呈一平衡拱，拱上部的岩体自重及外荷载有该平衡拱承担（图 12-3）。塌落平衡拱的高度 H 计算公式为：

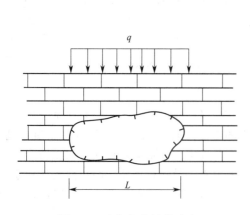

图 12-2 弯矩概念计算示意

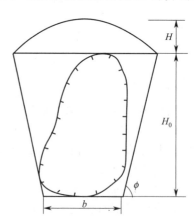

图 12-3 塌落拱理论分析示意

$$H=\frac{0.5b+H_0\tan(90°-\phi)}{f} \tag{12-5}$$

式中，b、H_0 分别为溶洞跨度（宽度）和高度；ϕ 为岩体的内摩擦角；f 为岩土的坚实系数，可查有关表格或计算获得。

平衡拱高度加上上部荷载作用所需的岩体厚度，才是溶洞顶板的安全厚度。此法对竖直溶洞（高度大于宽度）较为合适。

除了上述各种方法外，还可采用现场试验、模拟试验和弹性力学有限单元分析法等方法，评价溶洞地基的稳定性。

（2）覆盖型岩溶地基　对这类地基稳定性的评价，需要同时考虑上部建筑物和土洞的共同作用。对于特定的建筑物荷载，处于极限状态的上覆土层厚度 H_k 为（图 12-4）：

$$H_k = h + z + D \tag{12-6}$$

式中，h 为土洞的高度；D 为基础砌置深度；z 为基础底板以下建筑荷载的有效影响深度。

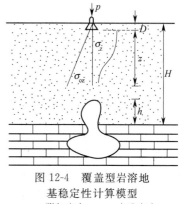

图 12-4　覆盖型岩溶地
基稳定性计算模型
σ_z—附加应力；σ_{cz}—自重应力

很显然，当土层实际厚度 $H > H_k$ 时，即使有土洞发育，地基仍然稳定；当 $H < H_k$ 时，地基不稳定。如果土洞已经形成，然后在其上进行建筑土洞处于建筑物的有效影响深度范围内，这样将使处于平衡状态的土洞发生新的坍塌，从而影响地基稳定；若土洞形成于建筑物兴建之后，那么已经处于稳定的地基，在土洞的影响下，将激活地基沉降而使建筑物失去稳定。

思　考　题

1. 岩溶发育的条件有哪些？
2. 岩溶场地可能发生的岩土工程问题有哪些？
3. 影响岩溶发育的因素有哪些？它们是如何影响岩溶发育的？
4. 土洞形成机制有哪些？其产生条件是什么？
5. 岩溶场地和地基常常采用哪些处理措施？
6. 岩溶场地勘察的目的和要求有哪些？常用的勘察方法有哪些？

第13章　高地震烈度场地

13.1　概述

地震是地壳表层因弹性波传播所引起的振动。地震发生的原因有多种，但世界上绝大多数地震是由地壳运动引起的构造地震，它一般分布在活动构造带中。强烈的地震常伴随着地面变形、地层错动和房倒屋塌。在强烈地震的影响范围内，当人口稠密，工程建筑集中时，将会产生灾难性的后果。

强震区或高烈度地震区，系指抗震设防烈度等于或大于7度的地区。为抗震设计的需要，建筑物应根据其重要性分类。《建筑工程抗震设防分类标准》GB 50223—2008 将建筑物分为四类。1. 特殊设防类：指使用上有特殊设施，涉及国家公共安全的重大建筑工程和地震时可能发生严重次生灾害等特别重大灾害后果，需要进行特殊设防的建筑。简称甲类。2. 重点设防类：指地震时使用功能不能中断或需尽快恢复的生命线相关建筑，以及地震时可能导致大量人员伤亡等重大灾害后果，需要提高设防标准的建筑。简称乙类。3. 标准设防类：指大量的除1、2、4款以外按标准要求进行设防的建筑。简称丙类。4. 适度设防类：指使用上人员稀少且震损不致产生次生灾害，允许在一定条件下适度降低要求的建筑。简称丁类。甲类建筑的地震作用，应按专门研究的地震动参数计算；其他各类建筑的地震作用应按本地区的设防烈度计算，但设防烈度为6度时，一般可不进行地震作用计算。

我国地处世界上最强烈的两个地震带：环太平洋地震带和地中海-喜马拉雅地震带之间，是一个多地震的国家，地震活动具有分布广、震源浅、强度大的特点。据统计，基本烈度≥7度的地区面积约为 $3.12 \times 10^6 \, km^2$，占全国总面积的32.5%，有一半以上的大中城市地震基本烈度≥7度，因而酿成的灾害尤为严重。世界上最惨重的震例几乎都发生在我国。因此，抗震防灾是我国工程建设中的重要任务之一。

13.2　抗震设计原则和建筑物抗震措施

13.2.1　建筑场地的选择

强震区建筑物场地的选择是强震区岩土工程勘察的重要任务。为做好此项工作，必须在岩土工程勘察的基础上进行综合分析。然后选出抗震性能好、震害最轻的地段作为建筑场地。同时应指出场地对抗震有利和不利的条件，提出建筑物抗震措施的建议。

选择建筑场地时应注意以下几点。

① 尽可能避开强烈振动效应和地面效应的地段作场地或地基。属此情况的有：淤泥土层、饱水粉细砂层、厚填土层以及可能产生不均匀沉降的地基。

② 避开活动性断裂带和与活断裂有联系的断层，尽可能避开胶结较差的大断裂破碎带。

③ 避开不稳定的斜坡或可能会产生斜坡效应的地段，例如，已有崩塌、滑坡分布的地段、陡山坡及河坎旁。

④ 避免将孤立突出的地形位置作建筑场地。

⑤ 尽可能避开地下水位埋深过浅的地段作建筑场地。

⑥ 岩溶地区存在浅埋大溶洞时，不宜做建筑场地。

对抗震有利的建筑场地条件应该是：地形平坦开阔；基岩或密实的硬土层；无活动断裂和大断裂破碎带；地下水位埋深较大；崩塌、滑坡、岩溶等不良地质现象不发育。

13.2.2　持力层和基础方案的选择

场地选定后就要为各类建筑选择适宜的持力层和基础方案。图 13-1 所示为日本东京根据建筑物上部结构选择持力层和基础型式的情况，可作参考。高层建筑的基础必须砌置于坚硬地基上，并以多层地下室的箱形基础箱——桩基础或桩（墩）基础为好。在中等密实的土层上，一般多层建筑采用各种浅基础即可；在可能液化和震陷的上层，宜采用筏式和箱形基础，较重要建筑则应采用桩基础，也可进行地基处理预先加固。

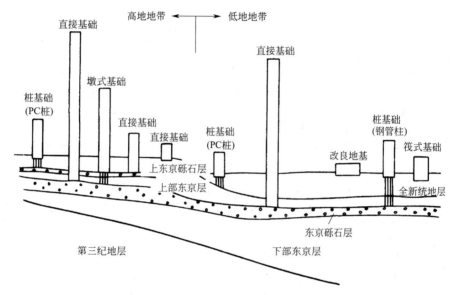

图 13-1　东京的地基和建筑物基础型式

13.2.3　建筑物结构形式的选择及抗震措施

强震区房屋建筑与构筑物的平面和立面应力求简单方整，尽量使其质量中心与刚度中心重合，避免不必要的凸凹形状。若必须采用平面转折或立面层数有变化的型式，应在转折处或连接处留抗震缝。结构上应尽量做到减轻重量、降低重心、加强整体性，并使各部分构件之间有足够的刚度和强度。

我国城乡低层和多层建筑物广泛采用的是木架结构和砖混承重墙结构。木架结构侧向刚度很差，地震时极易发生倾斜及散架落顶。其抗震措施主要是采用角撑、铁夹板等加强侧向刚度和整体性。砖混承重墙结构整体性差，强震时混凝土预制楼盖板极易从墙上脱落；还有，砌筑砖墙的灰浆在水平地震力作用下也会发生剪切错开。抗震措施主要有：每隔一定高度于灰缝内配置拉接钢筋；楼盖板周围设置圈梁，盖板与圈梁之间最好锚固起来；外墙的四角及其他部位用竖筋补强，并使之与圈梁及基础固定；用优质灰浆咬岔砌筑墙体。

强震区的高层建筑应采用侧向刚度大的结构体系。一般高层建筑可采用框架结构和剪力墙结构体系，超高层建筑采用筒式结构体系口烟囱、水塔高度在 40m 以上的，必须采用钢筋混凝土结构；40m 以下的可砖砌，但要配置圈梁和竖向钢筋，并将它们锚固起来。高耸的电视塔则应采用整体性和强度均很高的钢骨结构体系。

本章将重点讨论强震区场地的地震效应、场地和地基工程地震分析和评价，场地条件对宏观震害的影响和地震小区划、强震区场地岩土工程勘察等问题。

13.3　场地和地基的工程地震分析评价

13.3.1　场地和场地土类别及其划分

在抗震设防烈度为 6 度或大于 6 度的地区，应划分场地和场地土类别，其划分方法在国家标准《建筑抗震设计规范》GB 50011—2010 中有明确规定。

在强震区选择建筑场地是具有全局意义的，应切实做好此项工作。应选择对建筑抗震有利的地段，避免不利的地段，并不宜在危险地段建造甲、乙、丙类建筑物。各地段的划分见表 13-1。

表 13-1　各类地段的划分表

地段类别	地质、地形、地貌
有利地段	稳定基岩，坚硬土，开阔、平坦、密实、均匀的中硬土等
一般地段	不属于有利、不利和危险的地段
不利地段	软弱土、液化土、条状突出的山嘴、高耸孤立的山丘、陡坡、陡坎、河岸和边坡的边缘，平面分布上成因、岩性、状态明显不均匀的土层（含古河道、疏松的断层破碎带、暗埋的塘浜沟谷和半填半挖地基），高含水量的可塑黄土，地表存在结构性裂缝等
危险地段	地震时可能发生滑坡、崩塌、地陷、地裂、泥石流等及发震断裂带上可能发生地表位错的部位

场地土的类型根据岩土层的类型和性质、剪切波速度和地基承载力划分为五类（表 13-2）。

表 13-2　土的类型划分和剪切波速范围

场地土类型	岩土名称和性状	土层剪切波速范围/(m/s)
岩石	坚硬、较硬且完整的岩石	$v_s > 800$
坚硬土或软质岩石	破碎或较破碎的岩石或较软的岩石，密实的碎石土	$800 \geqslant v_s > 500$
中硬土	中密、稍密的碎石土，密实、中密的砾、粗、中砂，$f_{ak} > 150$ 的黏性土和粉土	$500 \geqslant v_s > 250$
中软土	稍密的砾、粗、中砂，除松散外的细、粉砂，$f_{ak} \leqslant 150$ 的黏性土和粉土，$f_{ak} > 130$ 的填土，可塑新黄土	$250 \geqslant v_s > 150$
软弱土	淤泥和淤泥质土，松散的砂，新近沉积的黏性土和粉土，$f_{ak} \leqslant 130$ 的填土，流塑黄土	$v_s \leqslant 150$

注：f_{ak} 为由载荷试验等方法得到的地基承载力特征值，kPa；v_s 为岩土剪切波速。

然后，根据土层等效剪切波速和场地覆盖层厚度按表 13-3 划分为四类，其中 I 类分为 I_0、I_1 两个亚类。当有可靠的剪切波速和覆盖层厚度且其值处于表 13-3 所列场地类别的分界线附近时，应允许按插值方法确定地震作用计算所用的特征周期。

表 13-3　各类建筑场地的覆盖层厚度　　　　　单位：m

岩石的剪切波速或土的等效剪切波速/(m/s)	场地类别				
	I_0	I_1	II	III	IV
$v_s > 800$	0				
$800 \geqslant v_s > 500$		0			
$500 \geqslant v_{se} > 250$		<5	≥5		
$250 \geqslant v_{se} > 150$		<3	3~50	>50	
$v_{se} \leqslant 150$		<3	3~15	15~80	>80

注：表中 v_s 系岩石的剪切波速。

13.3.2　地基抗震稳定性

13.3.2.1　天然地基承载力验算

在工程实践中，地震作用下天然地基承载力验算方法有两种。

（1）拟静力计算法　将地震荷载作为等效静荷载，直接与建筑物原有荷载叠加，作为附加荷载共同作用于地基上。为保证安全，地基承载力必须大于此附加荷载。此外，由于设计地震仅是一种概率性的估计，而地基土在建筑物施工完成和使用的若干年代中有一定的加密作用，所以应考虑承载力有所提高的情况。验算地基承载力的关系式为：

$$[R]' = C[R] > p_0(1 + K_v) \tag{13-1}$$

式中，$[R]'$ 为考虑竖向地震力作用时地基的承载力；$[R]$ 为地基在静荷载作用下的允许承载力；C 为大于 1 的经验修正系数；p_0 为基底的平均压力；K_v 为竖向地震系数。

竖向地震系数按我国的习惯，通常采用水平地震系数 1/2 至 1/3$[K_v = (1/2 \sim 1/3)K_c]$。然而，有些强震的震中区，由于竖向加速度很大，竖向地震系数可接近甚至超过水平地震系数。

《建筑抗震设计规范》规定，天然地基基础抗震验算时，地基土抗震承载力按式（13-2）计算：

$$f_{sE} = \xi_s f_s \tag{13-2}$$

式中，f_{sE} 为调整后的地基土抗震承载力设计值；ξ_s 为地基土抗震承载力调整系数，应按表 13-4 采用；f_s 为地基土静承载力设计值。

表 13-4　地基土抗震承载力调整系数

岩土名称和性状	ξ_a
岩石，密实的碎石土，密实的砾、粗、中砂，$f_{ak} \geq 300$ 的黏性土和粉土	1.5
中密、稍密的碎石土，中密和稍密的砾、粗、中砂，密实和中密的细、粉砂，150kPa$\leq f_k \leq$300kPa 的黏性土和粉土，坚硬黄土	1.3
稍密的细、粉砂，100kPa$\leq f_k <$150kPa 的黏性土和粉土，可塑黄土	1.1
淤泥，淤泥质土，松散的砂，杂填土，新近堆积黄土及流塑黄土	1.0

（2）强度折减法　考虑到地基土的抗剪强度在地震荷载作用下将有所降低，因此在计算承载力时一方面可以加大安全系数，另一方面也可减小土的内摩擦角和黏聚力。根据经验，对于浅基础可用下式计算地基极限承载力 q：

砂类土　　　　　　　　　$q = \gamma_0 D N_D + 0.5 \gamma B N_B \tag{13-3}$

黏性土　　　　　　　　　$q = 5.5c + \gamma_0 D \tag{13-4}$

式中，γ_0、γ 分别为基础底面以上及以下的重力密度；D 为基础砌置深度；B 为基础底面宽度；c 为基底下土的黏聚力；N_D、N_B 为太沙基的承载力系数，随土的内摩擦角 ϕ 而定，在地震作用下的 ϕ 值可按下式削减修正：

$$\varphi' = \varphi - \tan^{-1} \frac{K_c}{1 - K_v} \tag{13-5}$$

式中，φ' 为削减修正后的地基土的内摩擦角；φ 为土的天然内摩擦角；K_c 为水平地震系数；K_v 为竖向地震系数。

13.3.2.2　深基础（桩基础、墩基础等）的地震稳定性验算

地震时建筑物质量在水平加速度作用下产生的水平地震荷载将会传递给基础。对于桩、墩等单排深基础来说，将会在桩（墩）身或基础侧壁产生侧向接触压力（图 13-2）。根据拟静力法验算此侧向接触压力时，通常采用的法则是将水平反力控制在被动土压力以下，以求安全。单桩所受地基、水平向的反力 p_f 为：

$$p_f = H\left(\frac{dK_h}{4EI}\right)^{1/4} \tag{13-6}$$

式中，H 为水平地震荷载；d 为具有固定端的单桩直径；K_h 为水平地基刚度系数；E 为桩的弹性模量；I 为桩身的转动惯量。

桩身的被动土压力：

$$P_p = d K_p \gamma D \qquad (13\text{-}7)$$

式中，d 为桩身直径；K_p 为被动土压力系数；γ 为土的重力密度；D 为单桩承台底面埋深。

对于群桩的情况，可取单桩的代数和并加以适当折减。

13.3.3 地震时挡土结构土压力分析

地震时作用在基础挡墙、板桩以及其他挡土结构物侧面的土压力会有很大的变化。这是由于水平地震加速度会通过土体而产生水平地震力，同时竖向地震加速度也在支配着土体内部的结构稳定性，从而可能会对挡土结构物或地下埋设物所受的土压力产生重要的影响，考虑这种影响的实用方法主要有两种：一种是根据地震加速度水平和竖向分量的合成向量角度（θ）来削减土的内摩擦角（φ）。另一种是考虑挡土结构物可能经受一定转角时的地震主动土压力。上述两种方法的具体验算分析可参阅有关文献。

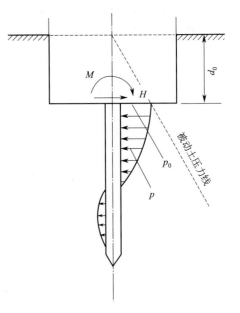

图 13-2 桩基侧向接触压力

13.4 场地条件对震害的影响及地震小区划

13.4.1 场地条件对震害的影响

场地地震效应受多种因素制约，其中场地条件对宏观震害的影响尤为显著。据国内外大量宏观调查资料可以看出，在一个较大的场地内（例如一个城市），对震害有重大影响的条件为：岩土类型及地层结构、地形地貌条件、断裂情况和地下水等。为了服务于建筑的防震抗震设计，就应具体分析场地的各项条件，并在此基础上进行地震小区划。

13.4.1.1 岩土类型及地层结构的影响

（1）地基刚性 地基刚性是指地基的软硬程度。一般情况是软土上的震害要比硬土（包括坚硬岩石）上的大，平均震害指数差值最大可达 $50\%\sim60\%$，烈度差值可达 $2\sim3$ 度。

1906 年旧金山大地震的宏观震害调查显示，人工填土和沼泽土的震害比坚硬岩石上的要重得多（表 13-5）。

原苏联学者麦德维杰夫经过详细研究，将地基岩土体划分为 7 类 23 种，并以花岗岩等最坚硬岩石为标准，分别给出各种岩土的烈度增加值（表 13-6）。

表 13-5 1906 年旧金山大地震时该市不同地基土的震害情况

地基土类型	烈度	震害情况
坚硬岩石	Ⅵ	个别屋顶上的烟囱倒塌
砂岩、上覆有薄层土	Ⅶ	屋架烟囱倒塌，墙裂
砂和冲积土	Ⅷ	砖墙破坏严重，个别倒塌
人工填土、沼泽土	Ⅸ	质量好的房屋破坏严重，地形变，裂缝

（据伍德）

表 13-6　不同岩土地震及烈度增加值

场地岩土	花岗岩	石灰岩、砂岩、页岩、片岩	石膏、泥灰岩	卵砾石	砂土	黏性土	人工填土、种植土	饱和或流动的土
纵波速度 v_p/(km/s)	5.6	1.5~4.5	1.4~3.0	1.1~2.1	0.7~1.6	0.5~1.5	0.2~0.5	—
烈度增加值	0	0.2~1.1	0.6~1.2	0.9~1.5	1.2~1.8	1.2~2.1	2.3~3.0	1.6~3.9

（据麦德维杰夫）

　　我国兰州地震大队也作了与麦氏类似的研究，将地基岩土体划分为 6 类 18 种，以密实土类为标准分别给出其他岩土的烈度增加或减小值（表 13-7）。

表 13-7　地基岩土对地震烈度的影响

岩土类型		坚硬岩类	软质岩类	半岩质岩类及碎裂岩类	密实土类	松散土类	特殊土类
参考指标	$[R]$/MPa	>0.4	<0.4	—	0.3~0.35	0.1~0.5	<0.1
	v_p/(m/s)	>3000	2000~3000	1500~2000	600~1500	400~600	<400
烈度差值		-1.5~-1.0	-1.0~-0.5	-0.5	0	+0.5	+0.5~+1.0

　　注：$[R]$ 为地基允许承载力；v_p 为纵波速度（据兰州地震大队整理）。

　　地基刚性不同主要影响地震动的幅值和持时。在相同地震能量作用下，基岩和硬土的振幅小而持时短，震害自然是较轻的；而软土则反之。此外，地基刚性的另一重要影响是改变了反应谱的形状。一般讲，软地基上的反应谱形状较宽缓，长周期部分的谱值较高，且无明显的高峰值；硬地基上则相反。它反映了：土质越软弱，其特征周期越长；土质越坚硬，则特征周期越短，所以在软土地基上的高耸建筑物因共振作用，破坏就较低矮房屋要严重得多。

　　（2）土层厚度　早在 1923 年日本关东大地震时，就发现冲积层厚度与震害呈正相关关系（图 13-3）。

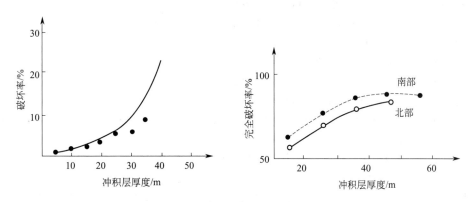

图 13-3　冲积层厚度与震害关系

　　1963 年委内瑞拉加拉加斯地震（$M=6.3$）时，距震中 60km 的该市东部高层建筑的破坏率明显大于西部。其主要原因是东部全新统冲积层厚达 40~300m，西部厚 45~90m。据统计，当冲积层厚度大于 160m 时，14 层以上的建筑物破坏率达 0.75~0.8；而建于基岩或仅有薄冲积层上的同类建筑则几乎未遭破坏。1976 年我国云南龙陵地震（$M=7.3$）时，极震区镇安盆地新生代沉积物南半部大于北半部，木构架房屋的倒塌率也是南半部高于北半部。所有实例均说明，较松散（软）的土层厚度愈大，高层或其他长周期建筑物遭受的破坏越加严重。

　　土层厚度对震害影响的主要原因是共振，土层越厚，长周期的频谱成分越显著，其特征周期越长，位于其上具有较长自振周期的柔性结构就会与之产生共振作用，使震害加重。

（3）软土夹层及液化层　软土地基对建筑物抗震是极为不利的，我们在前面已论及了。但是，随着宏观震害调查资料的积累和理论研究工作的深化，发现地基内一定深度内存在软土夹层时，反而有利于建筑物的抗震稳定性。

1976 年唐山大地震（$M=7.8$）时，唐山市区是极震区，烈度达 11 度。位于市区东部和北部的陡河两岸出现了一条低烈度异常带，多层砖混结构房屋裂而未倒。经勘察发现该地带地表以下 3～5m 深处有一层厚 1.5～5m 的软塑状淤泥质土。这个实例说明，当软土以夹层形式存在于地面以下一定深度时，能起到隔震作用，有利于建筑物的抗震稳定。软土夹层埋藏越深，厚度越大，则隔震作用也越强。

此外，地震液化在宏观震害中也有双重作用。宏观调查表明，产生液化的场地往往较同一震中距范围内未发生液化场地的烈度要低些。这是因地震剪切波在液化层中受阻，而使传至地面的地震波相应地衰减。还有，地震运动传给结构物的能量由于大部分已消耗在液化上，结果使地面运动幅值和持时皆缩小。1970 年通海地震和 1975 年海城地震的实例说明，只要液化层上覆有一定厚度的较硬稳定土层时，液化层确实可起到隔震作用。

13.4.1.2　地形地貌的影响

根据宏观调查、仪器观测、理论分析和模型试验等结果证实，局部地形地貌条件对震害的影响明显。其总的趋势是：突出孤立的地形使地震动加强，震害加剧；而低洼平坦的地形则使地震动减弱，震害相对减轻。国内外这方面的实例较多。例如，1974 年云南永善地震（$M=7.4$）时，位于一狭长山脊上的卢家湾六队房屋破坏情况明显不同，它们的地震烈度依次为 8 度、7 度和 9 度（图 13-4）。经计算，这三处的地面加速度分别为 $0.442g$、$0.266g$ 和 $0.674g$。唐山市凤山微波站的微波塔机房建于凤山顶上，专家招待所及近旁的水塔建于凤山脚缓坡地段。这两座建筑物结构相同，基础均

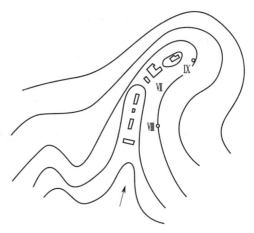

图 13-4　1974 年云南永善地震
卢家湾六队地形与场地烈度分布图

砌置于基岩上。1976 年唐山大地震时，前者全部倒塌，而后者则基本完好无损。这是地形效应的极好例证。

局部地形地貌影响的实质是：孤突的地形使山体共振或山体内地震波多次反射，而引起地面位移、速度和加速度的放大，使震害加重。而低洼平坦地形则相反。但这种影响不仅取决于地形本身，还与地震波主要波长及入射角有关。目前对局部地形效应的定量化评价还刚起步。

地形效应的另一种方式是地震导致的斜坡失稳（如崩塌、滑坡）。

13.4.1.3　断裂的影响

场地内断裂应按发震断裂及与之有联系的断裂和非发震断裂两种情况来考虑。

由于发震断裂是引起建筑物结构振动破坏和地表变形破坏的源泉，所以不能以提高烈度的方式来处理，而应在场地选择时避开。非发震断裂若破碎带胶结较好，则并无加重震害的趋势，可根据断裂带物质的性状，按一般岩土对待，而不应一概提高烈度或绕避。

13.4.1.4　地下水的影响

地下水对震害的影响也是显著的，一般的情况是：地下水位埋深越浅，其震害越重；尤

其是较松软的土层，地下水位埋深的影响更为明显。例如，1970 年通海地震（$M=7.7$）时，杞麓湖畔两个土质条件完全相同的相邻村庄，地下水位 2.2m，村庄的震害指数为 0.44，而埋深 0.8m 的村庄震害指数为 0.58。

地下水对震害影响的机理是多方面的，主要有：①饱水松软土体在震动作用下易于产生较大的孔隙水压力，导致土体强度降低而失稳；②地下水面构成两相界面，在地震波动作用下运动更为强烈；③地下水位以下的土体因受浮力作用，在地震作用下更易于发生粒间位移而导致结构破坏。它们的综合影响，就使地震烈度增高。一般地说，地下水位埋深在 0～5m 范围内影响最为明显；当埋深大于 10m 时，就可不考虑它的影响了。

综上所述，可知场地地震效应受多种因素影响，为了给强震区的建设场地防震抗震设计提供可靠依据，应综合研究各种因素的影响，作出地震小区划。

13.4.2　地震小区划

13.4.2.1　调整烈度小区划

这是一种静态的小区划方法，是苏联在 20 世纪 50 年代初提出的，我国在 50～60 年代曾试用过。它是在调查场地地质条件的基础上，调整各不同地段的烈度使之较基本烈度有所增减，也即根据场地地段的具体地质条件，将基本烈度调整为场地烈度。随后按场地烈度选用相应的地震系数（K_c）计算地震力。

调整烈度小区划一般是在同一基本烈度区内进行，将场地划分为 300～2000m 的方格，每一方格内要有一个代表性的地层剖面、地下水位埋深和土层的密度、弹性波速、特征周期等资料。然后根据地基土层的地震刚度、地下水位埋深和土层共振特性这三方面的因素，确定每一方格内的烈度增量值。

不同地基土层地震刚度的烈度增量（ΔI_1）为：

$$\Delta I_1 = 1.67 \lg \frac{V_1 \rho_1}{V_i \rho_i} \tag{13-8}$$

式中，$V_i \rho_i$ 为研究地段土层的地震刚度；V_i、ρ_i 分别为土层的弹性波速与密度，若多层土应取加权平均值；$V_1 \rho_1$ 为标准土层的地震刚度，由基本烈度研究确定"标准土层"。弹性波速最好用横波速度。该烈度增量可为正值亦可为负值。

地下水位埋深的烈度增量（ΔI_2）为：

$$\Delta I_2 = e^{-0.04h^2} \tag{13-9}$$

式中，h 为地下水位埋深，m。当 $h>6\sim10$m 时，$\Delta I_2=0$（不调整）。

土层共振现象的烈度增量（ΔI_3）为：

① 求出地基土层地震刚度 $V_i \rho_i$ 与靠近的下伏基岩地震刚度 $V_0 \rho_0$ 之比 m_i：

$$m_i = \frac{V_i \rho_i}{V_0 \rho_0} \tag{13-10}$$

② 求出地基土层厚度（H）与对应于该土层的特征周期（T_{gi}）的弹性波（纵波或横波）长 λ_i（即波速与特征周期之积，$\lambda_i = V_i T_{gi}$）之比 S_i：

$$S_i = \frac{H}{V_i T_{gi}} = \frac{H}{\lambda_i} \tag{13-11}$$

③ 按表 13-8 求出共振烈度增量 ΔI_3。

研究地段的地震烈度增量（ΔI）按式(13-12)计算：

$$\Delta I = \Delta I_1 + \Delta I_2 + \Delta I_3 \tag{13-12}$$

烈度增量值求出后，即可获得各方格内的地震烈度，并用等值线给出烈度相同的地段。

各地段按调整后的场地烈度进行设计。

表 13-8　由于土层共振引起的烈度增量 ΔI_3

m_i	S_i				
	0.1;0.6	0.2;0.7	0.25;0.75	0.3;0.8	0.4;0.9
0.1	0.2	1.2	2.5	1.2	0.2
0.2	0.2	1.1	1.7	1.1	0.2
0.3	0.2	0.9	1.3	0.9	0.2
0.4	0.2	0.8	1.0	0.8	0.2
0.5	0.2	0.6	0.7	0.6	0.2
0.6	0.1	0.5	0.5	0.5	0.1
0.7	0.1	0.3	0.4	0.3	0.1
0.8	0.1	0.2	0.2	0.2	0.1
0.9	0	0	0.1	0.1	0

13.4.2.2　调整反应谱小区划

反应谱理论是地震工程工作者在认识到地震动的频谱特征对建筑物共振破坏的作用后提出的。它假定建筑物结构为单质点系的弹性体，作用于其基底的地震运动为简谐振动。此时结构系统的动力反应，不仅取决于地面振动的最大加速度，还取决于频谱特征和结构物本身的动力特性。表征结构物动力特性的参数主要是其自振周期（T）和阻尼比（ξ）。在地震力作用下，对于结构的某一特定阻尼比来说，其体系的最大加速度（或最大速度、最大位移）与自振周期间的关系可表示为一条曲线。取几种各不相同的阻尼比就可以给出一组曲线，即为最大加速度（或最大速度、最大位移）反应谱（图 13-5）。有了反应谱就可以决定已知自振周期和阻尼比的任何单质点系的最大加速度（或最大速度、最大位移）反应，也可计算出相应的应力状态。

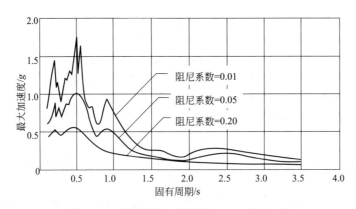

图 13-5　不同阻尼比时的最大加速度反应谱

反应谱理论反映了地震动的特性，考虑了结构物动力特性所产生的共振效应。但在实际工作中，除少数重要结构物进行动力分析外，绝大多数建筑物仍然用地震荷载的概念来计算。中国地震局工程力学研究所提出的等效静力（即水平地震力 P）计算公式为：

$$P = K_c \beta W C \tag{13-13}$$

式中，K_c 为水平地震系数；β 为动力系数；W 为建筑物重量；C 为结构影响系数，可查有关表格获得。

动力系数 β 是建筑物的最大加速度反应（a_{Emax}）与地面最大加速度（a_{max}）之比：

$$\beta = \frac{a_{Emax}}{a_{max}} \tag{13-14}$$

其值大小取决于地震加速度记录 $a(t)$ 的特性和建筑物结构的动力特性。若 $a(t)$ 和建筑物的阻尼比（ξ）已给定，就可针对不同的结构物自振周期（T）计算出 β 值，从而得到 β-T 曲线。有了这样的曲线，就可以根据设计建筑物的自振周期 T 来选定 β 值。

抗震规范中将水平地震系数 K_c 与动力系数 β 综合为一个指标，称为水平地震影响系数 α，即：

$$\alpha = K_c \beta = \frac{a_{\max}}{g} \times \frac{a_{\mathrm{Emax}}}{a_{\max}} = \frac{a_{\mathrm{Emax}}}{g} \tag{13-15}$$

此时的水平地震力计算公式改写为 $P = \alpha \Delta W \Delta C$。

由于强震地面运动受多种因素影响，准确预测给定场地未来地震时可能的加速度记录 $a(t)$ 或反应谱 $\beta(t)$ 仍有困难。所以我国 1978 年制订的抗震规范，是根据已记录到的不同岩土的地面加速度 $a(t)$，经统计的平均反应谱来计算出 $\beta(T)$ 曲线，即为设计用的标准反应谱（图 13-6）将场地土分为三类：Ⅰ类为基岩，包括所有胶结良好的岩层；Ⅱ类为一般土层，包括除了Ⅰ、Ⅱ类地基土以外的所有未胶结土层；Ⅲ类为软弱土层，如饱水疏松粉细砂土，淤泥和淤泥质黏土等土层。

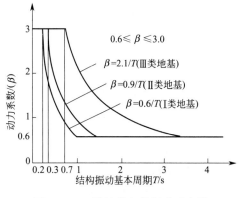

图 13-6　三类地基土的标准反应谱

场地的地震小区划按土类别选用图 13-6 给出的标准反应谱。具体工作时也是将场地划分成一定尺寸的等间距方格，每个方格中取一代表性钻孔地层柱状图来计算地震反应，计算所得的 $\beta(t)$ 曲线与图 13-6 的标准反应谱比较，或根据场地土的类别直接按图选用反应谱。这就称为调整反应谱小区划。

13.4.2.3　设计地震动小区划

这是一种动态的地震小区划方法，我国自 20 世纪 70 年代后期就开始研究，至今已在北京、大连等十多座大城市采用此方法完成了地震小区划。

设计地震动小区划的特点，是在统一考虑地震环境和场地条件的基础上，为工程场地确定一组设计地震动参数。并以平面图的形式展示出来。这种方法较之前二种方法来说更能满足工程实践的需要，并符合当前工程地震科学水平。

设计地震动小区划的基本环节是：地震输入、场地条件对地震动影响的估计和设计地震动小区划图的编制。

地震输入目前常用基岩内竖直向上入射的剪切波表示，需要有一个作为输入的基岩加速度时程 $a(t)$。由于强震记录数量有限，所以近年来依靠电子计算技术，通过拟合设计基岩地震动参数［弹性反应谱 SA(T) 和持续时间孔 T_d］用随机合成的方法产生。一般应产生一组即多个 $a(t)$。上述两个基岩地震动参数可用概率地震危险性分析方法按一定设防概率水平确定。这一方法是 1968 年美国学者科奈首先提出的，其基本假定是地震为一种随机事件。确定地震动参数所包括的步骤是：①建立地震发生模型（潜在震源的划分和地震活动性参数的估计）；②建立基岩地震动参数经验衰减规律；③计算地震危险性曲线，并按一定设防水平确定设计基岩地震动参数。具体方法可参阅专门文献。

场地条件对地震动影响的分析，首先要通过场地工程地质勘察，详细研究小区划范围内的场地条件，将场地划分为对地震动影响各不相同的多个单元，并对每个单元进行土动力学参数（现场剪切波速、室内动力剪切模量、阻尼比等）测定，将地质剖面转换为剪切波波速剖面。在此基础上建立合理的场地力学模型和地震地面运动计算。

13.5　场地岩土工程勘察要点

13.5.1　勘察要求

强震区场地的岩土工程勘察应预测调查场地、地基可能发生的震害。根据工程的重要性、场地条件及工作要求分别予以评价，并提出合理的工程措施。其具体要求如下。

① 确定场地土的类型和建筑场地类别，并划分对建筑抗震有利、不利或危险的地段。

② 场地与地基应判别液化，并确定液化程度（等级），提出处理方案。可能发生震陷的场地与地基，应判别震陷并提出处理方案。

③ 对场地的滑坡、崩塌、岩溶、采空区等不良地质现象，在地震作用下的稳定性进行评价。

④ 缺乏历史资料和建筑经验的地区，应提出地面峰值加速度、场地特征周期、覆盖层厚度等参数。对需要采用时程分析法计算的重大建筑，应根据设计要求提供岩土的有关动参数。

⑤ 重要城市和重大工程应进行断裂勘察。必要时宜作地震危险性分析或地震小区划和震害预测。

13.5.2　历史地震调查

历史地震的勘察是强震区地震工程勘察的重要内容之一。因为已遭受强震侵袭过的城市或建筑场地相当于在天然实验室中进行 1∶1 的现场试验，可以给抗震设计提供极有价值的资料。

历史地震勘察以宏观震害调查为主。在工作中，不仅在震中区需要重点调查近场震害，对远场波及区也要给予注意。在方法上，不仅要注意研究场地条件与震害的关系，而且还要研究其震害发生的机制及过程，并评价其最终结果。在进行地面调查的同时，还需作必要的勘探测试工作。其目的在于查明地面震害与地下岩土类型、地层结构及古地貌特征等各方面的关系，用以指导未来的抗震设防工作。

宏观震害调查包括：不同烈度区的宏观震害标志、地表永久性不连续变形（断裂、地裂缝）、地震液化、震陷和崩塌、滑坡等。

13.5.3　工程场地勘察

工程场地若未知地震地质情况和历史地震资料时，勘察工作的首要任务是选址，其次要对场地设计地震动参数作出估计。最后为进行场地地基基础及其上部结构相互作用下的动力反应分析测求各项动力参数，为完成上述任务需开展系统的勘察工作。

勘察的内容包括：场地条件的研究（地形地貌条件，地表、地下的岩土类型和性质，断裂，地下水等）；地基液化可能性的判定；震陷和不均匀沉陷；地震滑移的可能性；最大概率地震及其基岩加速度等。为了研究地基与结构物在一定概率地震袭击下的相互作用，需通过勘探测试工作，测求各项工程参数。

13.5.4　地震工程参数的测定

地震工程参数应包括为工程抗震设计服务的有关场地条件和岩土工程性质的各项参数。这里主要讨论有关场地地基、结构物的抗震设计所需的参数。

13.5.4.1　弹性波速度测定

波速指标是计算岩土动弹性参数和地面地震反应的基本要素。不同岩土和地层中的波速差值大。一般基岩波速变化较小，可按经验给定。但由于土层受密度、泊松比、动弹性模量、含水率以及土的各向异性等的影响，波速值变化很大，所以在工程实践中常需实测。

国内外测定波速的方法较多，可分室内测定与现场原位测定两大类。土层中波速主要靠现场测定，多利用地表人工震源激发振波，同时用检波器接收所需的振波，并用示波仪记录其波形。根据震源到各测点的距离与各相应的时间，以计算出波速。通常体波的纵波和横波速度（v_p、v_s）以及面波的瑞利波和勒夫波速度（v_R、v_{SH}）都能测定。体波速度测定有单孔法和跨孔法两种，即利用所打钻孔内不同深度处检波器接收的振波，计算各地层的波速。面波就在地面上测定。

13.5.4.2　阻尼参数的测定

研究成层土体场地的地面运动，最基本的因素是单质点系的运动。阻尼比 ξ 值对于分析运动衰减规律和单质点系在任何一种振动下力的平衡，是必不可缺的指标。

测定 ξ 值的方法也有现场测定和室内试验两种。当场地表层土质均匀，且仅需测求该表层的阻尼特性时，应作现场测定。现场测定的激振方法与波速测定是一样的，在一次锤击激振后直接用示波仪记录波形，根据振动的衰减曲线计算求得 ξ 值。深部土层的 ξ 值则必须进行室内试验来测求。室内通过动三轴试验测求的方法要点是：在循环应力作用下首先求出动应力-动应变关系曲线，在应力与应变的不同的控制条件下曲线形状是不一样的，但这些曲线的共同特征是加荷与卸荷及反向加荷过程中，应力-应变关系不等量对应或对等。这表明土有黏滞阻尼作用。阻尼愈大，滞回圈愈宽，亦即振动能量损失愈大；反之则愈小。根据实测的滞回曲线形状，可以用半经验方法求算 ξ 值（图 13-7）。随着振动次数的增加，土样的结构强度逐渐降低，滞回圈随之变化，因此 ξ 值并非一个常数。此外，随着动应力或动应变的变化，滞回圈大小、形状也随之变化。为此，在确定 ξ 值时首先应明确土样所对应的应力历史条件，然后根据图 13-7 所示的实测图形求算 ξ 值，即：

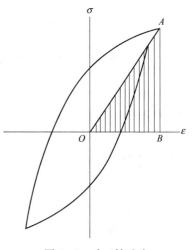

图 13-7　动三轴试验
应力-应变滞回曲线

$$\xi = \frac{A_c}{4\pi A_s} \tag{13-16}$$

式中，A_c 为滞回圈的面积；A_s 为三角形 OAB 的面积。

13.5.4.3　动刚度系数的确定

土的动刚度是指在动荷载作用下应力与应变的比值。如果所施加的应力为正负压应力，则所求的比值为动弹性模量（E_d）；如果所施加的应力为剪应力，则所求得的比值为动剪切模量（G_d）。这两种模量统称为动刚度。动刚度是地震地面运动计算中必需的指标之一。

动刚度的确定也有实验室和现场测定两种方法。实验室方法与测定阻尼比一样，需进行动三轴试验。根据定义可知，E_d 或 G_d 应为图 13-7 滞回环的平均斜率，即：

$$E_d = \frac{\sigma_{dmax}}{\varepsilon_{dmax}} \tag{13-17}$$

$$G_d = \frac{\tau_{dmax}}{\gamma_{dmax}} \tag{13-18}$$

式中，σ_{dmax}、ε_{dmax} 分别为动压应力和动压应变的最大值；τ_{dmax}、γ_{dmax} 分别为动剪应力和动剪应变的最大值。E_d 和 G_d 值同样与土的应力历史有关，所以应在与实际应力历史对应的滞回曲线求得 E_d 和 G_d 值才有意义。

由于制备的土样进行室内试验有局限性，所以在现场实测波速进行换算最为经济、简便而有效。

13.5.4.4 岩土特征周期的确定

岩土特征周期是场地和建筑物抗震设计的又一重要参数，一般是通过现场测试获取的。常用的测试方法是脉动试验，就是在地面上选择附近没有震源（如汽车、火车走动、机器振动）时，用高灵敏度的测振仪在地面或井下一定深度上测定场地土层的自由振动，通过绘制的频度-周期关系曲线来确定特征周期。

特征周期也可由表土层剪切波振动微分方程式推导求得：

$$T_g = \frac{4H}{v_s} \tag{13-19}$$

式中，T_g 为特征周期；H 为表土层厚度，m；v_s 为该表土层的剪切波（横波）速度，m/s。显然，表土层愈厚，土越软弱，则其特征周期越大。

13.6 地震液化

松散饱水的土体在地震和动力荷载等作用下，受到强烈振动而丧失抗剪强度，土颗粒处于悬浮状态，致使地基失效的现象，称为振动液化。由于这种现象多发生在砂土地基中，所以又称之为砂土液化。地震导致的砂土液化往往是区域性的，我国邢台、海城和唐山的三次大地震，皆造成了大范围的砂土液化，使各类地面工程设施遭受破坏。所以地震液化是岩土工程和工程地质学的重要研究课题之一。

地震液化现象多发生在海滨、湖岸和冲积平原区，这些地区结构较松散（软）的砂土和粉土分布较广。地震液化造成了地面下沉、地表塌陷、地面流滑以及地基土承载力丧失等宏观震害现象，它们对各类工程设施皆有危害性。

13.6.1 地震液化的机理

我们知道，饱水砂土由于孔隙水压力的作用，其抗剪强度是低于干砂的抗剪强度的：

$$\tau = (\sigma - p_{w0})\tan\varphi = \sigma_0\tan\varphi \tag{13-20}$$

式中，σ、σ_0 分别为总法向应力和有效法向应力；p_{w0} 为孔隙水压力；$\tan\varphi$ 为砂土的内摩擦系数。

在地震过程中，饱水砂土在地震力反复作用下，砂粒间相互位置调整而逐渐趋于密实。砂土要变密实就势必排水。在急剧变化的周期性荷载作用下，随着砂土的变密实，透水性愈来愈差而排水不畅。前一周期尚未完成排水，后一周期的振密又产生了，应排除的水来不及排走，而水又是不可压缩的，于是就产生了附加孔隙水压力（又称超孔隙水压力）。此时砂土的抗剪强度为：

$$\tau = [\sigma - (p_{w0} + \Delta p_w)]\tan\varphi = (\sigma - p_w)\tan\varphi \tag{13-21}$$

式中，Δp_w 即为附加孔隙水压力；而 p_w 则为总孔隙水压力。显然，此时砂土的抗剪强度进一步降低。随着振动持续时间增长，附加孔隙水压力不断地增大，而使砂土的抗剪强度不断降低，甚至丧失殆尽。一旦当砂土的抗剪强度完全丧失时（此时总孔隙水压力完全抵消总法向应力），砂土颗粒间将脱离接触而处于悬浮状态，甚至地面出现喷砂冒水现象。

在工程实践中，一般都采用砂土的抗剪强度 τ 与作用于该土体上的往复剪应力 τ_d 的比值来判定砂土是否发生液化。当 $\tau > \tau_d(\tau/\tau_d > 1)$ 时，不会产生液化；当 $\tau = \tau_d(\tau/\tau_d = 1)$ 时，处于临界状态，砂土开始剪切破坏，此时也称初始液化状态；当 $\tau < \tau_d(\tau/\tau_d < 1)$ 时，砂土的剪切破坏加剧，而当 $\tau/\tau_d = 0$ 时（有效法向应力及抗剪强度均下降为零），即为完全液化状态。由于从初始液化状态至完全液化状态往往发展很快，两者界线不易判断，为了保证安全，可将初始液化即视作液化。

为了探索液化的形成过程和机理，国内外学者取不同松密程度的饱水砂样进行室内三轴动力剪切试验。发现随着动荷载循环周期数的增加，松砂剪切迅速增大，不久即完全液化，而密砂则变形缓慢，难于完全液化。

当发生液化时，在液化砂层的某一深度（Z）处超孔隙水压力究竟多大呢？若地下水面与地表面一致时，在（Z）处的总孔隙水压力 $p_w = p_{w0} + \Delta p_w = \sigma$，其中 $\sigma = \rho_m gz$，$p_{w0} = \rho_w wz$（ρ_m、ρ_w 分别为砂土的饱和密度和水的密度，g 为重力加速度），则 $\Delta p_w = (\rho_m - \rho_w)gz = \rho gz$（$\rho$ 为砂土的浮密度）。显然，砂土的深度愈大，完全液化时超孔隙水压力就愈大。当地表有不透水的黏性土盖层时，完全液化时超孔隙水压力就更大。而且盖层愈厚，其隔水性愈强，一旦液化时，喷砂冒水现象就愈加强烈。

13.6.2 影响地震液化的因素

对国内外大量资料的分析表明，影响地震液化的因素主要有：土的类型和性质，液化土体的埋藏分布条件以及地震动的强度和历时。

（1）土的类型和性质　土的类型和性质是地震液化的物质基础。宏观考察表明，细砂土和粉砂土最易液化；但随着地震烈度的增高，粉土、中砂土等也会发生液化。

根据我国一些地区液化土层的统计资料，最易发生液化的粒度组成特征值是：平均粒径（d_{50}）为 0.02～0.10mm，不均粒系数（C_u）为 2～8，黏粒含量<10%。

粉、细砂土最容易液化的主要原因是这类土的颗粒细小而均匀，透水性较弱，但又不具有黏聚力或黏聚力很弱，在振动作用下极易形成较高的超孔隙水压力。其次是这类土的天然隙比与最小隙比的差值（$e - e_{min}$）往往较大，地震变密时有可能排挤出更多的孔隙水。相比之下，其他土类是难以液化的。

砂土的密实程度也是影响液化的主要因素之一。室内动三轴试验已证实松砂极易液化，而密砂则不易液化。一般的情况是：相对密度 $D_r < 50\%$ 的砂土在振动作用下很快液化；$D_r > 80\%$ 时不易液化。据海城地震的资料，当砂土的 $D_r > 55\%$ 时 7 度区不发生液化；$D_r > 70\%$ 时 8 度区也不发生液化。

除了土的粒度成分和密实程度外，饱水砂土的成因和堆积年代对液化的影响也不容忽视。一般大范围地震液化的地区，多为沉积年代较新的滨海平原、河口三角洲和河流堆积物区，一般土体结构疏松，地下水埋藏很浅。例如，1976 年唐山大地震引起的大范围液化区，主要在冀东平原一带，其中又以滦河口三角洲为主，松散堆积物绝大多数是新石器时代（距今 4000～5000a）以来形成的。

（2）液化土体的埋藏分布条件　由地震液化机理的讨论可知：疏松砂层埋藏愈浅，上覆不透水的粘性土盖层愈薄，地下水位埋深愈小时，液化所需的超孔隙水压力就愈小，也即愈易发生地震液化。液化土体的埋藏分布是发生地震液化的重要条件。如 1975 年海城发生 7.3 级强震时，下辽河至盘锦一线属 7 度区，但由南向北由于砂土液化使建筑物受损害的程度，可明显地划分为强烈破坏（Ⅰ）、中等破坏（Ⅱ）和轻微破坏（Ⅲ）三个区段（图 13-8）。这三个区段的黏性土盖层厚度和地下水埋深列于表 13-9 中。据宏观调查，在 7 度区当上覆土层自重压力大于 60kPa、8 度区大于 100kPa 时，下伏砂层未发生液化。

表 13-9　下辽河至盘锦黏性土盖层厚度及地下水埋深　　　　　　　　单位：m

地震液化影响分区号	黏性土盖层厚度	地下水埋深
Ⅰ	0～2	0.5～1.0
Ⅱ	2～4	1.0～1.5
Ⅲ	>5	1.5～2.0

根据我国几处地震液化统计的资料，一般饱水砂层埋深大于 15～20m 时难于液化。也有人认为从土层侧压力考虑，该值愈大则愈不易液化，此外，当地下水埋深大于 5m 时，液

化现象极少。所以在抗震规范中，饱水砂层和地下水的埋深是判别地震液化的重要因素。

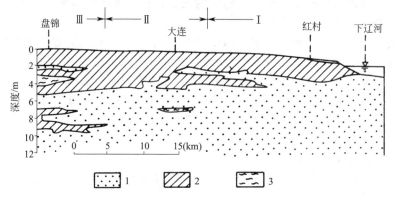

图 13-8　下辽河至盘锦地质剖面及地震液化分区图

(据蒋溥等，1976)

1—粉细砂；2—黏土；3—淤泥质土

（3）地震动的强度和历时　地震动是液化的动力来源。显然，地震愈强，历时愈长，则愈易引起液化作用；而且波及范围愈广，破坏愈严重。根据大量的观测统计资料可知，地震烈度愈高，可液化土层的平均粒径 d_{50} 范围愈大，砂土的相对密度（D_r）值也愈大。一般在 6 度以下地区很少有液化现象，而且随着烈度增高，可液化土层的 d_{50} 范围愈大。但是，根据我国海城和唐山两次大地震观测结果表明，在烈度很高的极震区由于地震动以垂直分量为主，不易形成过大的超孔隙水压力，液化现象反而轻微，甚至无液化现象。

关于地震强度与液化范围的关系，也是由统计得出的。美国地质调查局的学者 T. G. 尤德根据世界各地的地震液化资料统计，获得了如下关系式：

$$\lg R = 0.87M - 4.5 \tag{13-22}$$

式中，M 为震级（一般 $M > 6$）；R 为液化最远点的震中距，km。

确切评价液化的地震动强度条件需实测地震最大地面加速度，据以计算地下某一深度处产生的实际剪应力，再用以判定该深度处的土体是否会发生液化。

美国学者 H. B. 希德等提出的半经验计算公式是：

$$\tau_a = 0.65\gamma h \frac{a_{\max}}{g} \zeta \tag{13-23}$$

式中，τ_a 为土内任一深度处的平均剪应力；γ、h 分别为液化土层的天然重度和深度；$a_{\max}$ 为最大地面加速度；g 为重力加速度；ζ 为折减系数，在深度小于 12 时可查表获得（表 13-10）。

表 13-10　ζ 的平均值

深度/m	1	1.5	3	4.5	7.5	9	10.5	12
ζ	1.00	0.985	0.975	0.965	0.935	0.915	0.895	0.856

求得的平均剪应力愈大，土层液化的可能性就愈大。液化的具体判定在下一小节内讨论。地震持续时间的长短，直接影响超孔隙水压力的累积叠加。一般情况是：随震动持续时间延长，将引起超孔隙水压力不断累积上升，发生液化的可能性就愈大，所以，即使地震剪应力大小相同，但振动持续时间不同，对地震液化也会有不同的影响。根据室内动三轴试验的结果，强震时能引起液化的地震历时一般都大于 15s。

由上述可知，最易于发生地震液化的因素是：较细的粒度成分、较疏松的结构状态、不利的排水条件、较小的覆盖压力和侧向压力、较高的地震强度和较长的地震历时。

13.6.3 地震液化的判别

地震液化的判别是高烈度场地工程地震分析和评价的重要内容之一。

国内外现有的判别方法较多，有现场原位测试法、理论计算法、模拟试验法等。《规范》规定：判别的指标有单因子和综合指标之分，当抗震设防烈度为 7～9 度，且场地分布有饱和砂土和饱和粉土时，应判别液化的可能性，并应评价液化危害程度和提出抗液化措施的建议。抗震设防烈度为 6 度时，一般情况下可不考虑液化的影响，但对液化沉陷敏感的乙类建筑，可按 7 度进行液化判别。甲类建筑应进行专门的液化勘察。

地震液化是一种宏观震害现象。液化的发生与发展，不仅取决于土层中某深度处地震剪应力与土的抗剪强度之比，更重要的是土层条件、地形地貌特征、地震地质条件等因素。所以对场地地震液化可能性的判别，应先进行宏观判别，或称液化势判定。

按《建筑抗震设计规范》规定，宏观判别的初判条件如下。

① 饱和的砂土或粉土，其堆积年代为晚更新世（Q_3）及其以前者为不液化土。

② 粉土的黏粒（$d<0.005mm$ 的土粒）含量百分率，7 度、8 度、9 度分别小于 10、13 和 16 时，为液化土；反之，为不液化土。

③ 采用天然地基的建筑，当上覆非液化土层厚度和地下水位埋深符合下列条件之一时，应考虑液化影响，否则可不考虑液化影响。

$$d_u \leqslant d_0 + d_b - 2 \tag{13-24}$$
$$d_w \leqslant d_0 + d_b - 3 \tag{13-25}$$
$$d_u + d_w \leqslant 1.5d_0 + 2d_b - 4.5 \tag{13-26}$$

式中，d_w 为地下水位埋深，按年最高水位采用；d_u 为上覆非液化土层厚度，计算时宜将淤泥和淤泥质土扣除；d_b 为基础砌置深度，小于 2m 时应采用 2m；d_0 为液化土特征深度，可按表 13-11 采用。

除上述三条规定外，在宏观判别前应了解分析区域地震地质条件和历史地震背景（包括地震液化史、地震震级、震中距等）；在判别时应充分研究场地地层、地形地貌和地下水条件；并应调查了解历史地震液化的遗迹。对倾斜场地及大面积液化层底面倾向河沟或临空时，应评价液化引起地面流滑的可能性。

当宏观判别认为场地有液化可能性时，再作进一步判别。一般判别可在地面以下 15m 深度内进行；当采用桩基或其他深基础时，其判别深度可根据工程具体条件适当加深。判别时应采用多种方法，经比较分析后，综合判定可能性和液化程度。

《建筑抗震设计规范》50011—2001 规定，采用标准贯入试验判别法，在地面下 15m 深度范围内，液化判别标准贯入锤击数临界值可按下式计算：

$$N_{63.5} < N_{cr} \tag{13-27}$$
$$N_{cr} = N_0 [0.9 + 0.1(d_s - d_w)] \sqrt{\frac{3}{p_c}} \tag{13-28}$$

式中，$N_{63.5}$ 为饱和土标准贯入锤击数实测值（未经杆长修正）；N_{cr} 为液化判别标准贯入锤击数临界值；N_0 为液化判别标准贯入锤击数基准数，应按表 13-12 采用；d_s 为饱和土标准贯入点深度，m；p_c 为饱和土黏粒含量百分率，当小于 3 或为砂土时，均应采用 3。

表 13-11 液化土特征深度 单位：m

饱和土类别	烈度		
	7	8	9
粉土	6	7	8
砂土	7	8	9

表 13-12 标准贯入渗击数基准值

近、远震	烈度		
	7	8	9
近震	6	10	16
远震	8	12	—

存在液化土层的地基，应进一步探明各液化土层的深度和厚度，并应按式(13-29) 计算

液化指数：

$$I_{lE} = \sum_{i=1}^{n} \left(1 - \frac{N_i}{N_{cri}}\right) d_i \omega_i \tag{13-29}$$

式中，I_{lE} 为液化指数；n 为 15m 深度范围内每一个钻孔标准贯入试验点的总数；N_i、N_{cri} 分别为 i 点标准贯入锤击数的实测值和临界值，当实测值大于临界值时应取临界值的数值；d_i 为 i 点所代表的土层厚度，m；ω_i 为 i 土层考虑单位土层厚度的层位影响权函数值（单位为 m^{-1}），当该层中点深度不大于 5m 应采用 10，等于 15m 时应采用零值，5～15m 时应按线性内插法取值。

存在液化土层的地基，应根据其液化指数划分液化程度的等级（表 13-13）。

表 13-13　液化等级

液化指数	$0 < I_{lE} \le 6$	$6 < I_{lE} \le 18$	$I_{lE} > 18$
液化等级	轻微	中等	严重

此外，《建筑抗震设计规范》50011—2010 还推荐静力触探试验法和剪切波速试验法判别地震液化。它们宜用于判别地面以下 15m 深度范围内的饱和砂土和粉土。

静力触探试验法采用单桥探头或双桥探头均可。当实测计算比贯入阻力 p_{s0} 或实测计算锥尖阻力 q_{c0} 小于液化比贯入阻力临界值 p_{scr} 或液化锥尖阻力临界值 q_{ccr} 时，应判别为液化土。饱和土静力触探液化比贯入阻力临界值 p_{scr} 和尖阻力临界值 q_{ccr} 分别按下列公式计算：

$$p_{scr} = p_{s0} \alpha_w \alpha_u \alpha_p \tag{13-30}$$
$$q_{ccr} = q_{c0} \alpha_w \alpha_u \alpha_p \tag{13-31}$$
$$\alpha_w = 1 - 0.065(d_w - 2) \tag{13-32}$$
$$\alpha_u = 1 - 0.005(d_u - 2) \tag{13-33}$$

式中，p_{scr}、q_{ccr} 分别为饱和土静力触探液化比贯入阻力临界值和锥尖阻力临界值，MPa；p_{s0}、q_{c0} 分别为地下水位埋深 $d_w = 2m$、上覆非液化土层 $d_u = 2m$ 时，饱和土液化判别比贯入阻力基准值和液化判别锥尖阻力基准值，MPa，可按表 13-14 取值；α_w、α_u、α_p 分别为地下水位埋深影响系数，上覆非液化土层影响系数和土性综合影响系数，α_p 为可按表 13-15 取值；d_w 为地下水位埋深，m，按年最高水位采用；d_u 为上覆非液化土层厚度，m，计算时宜将炭泥和淤泥质土厚度扣除。

表 13-14　p_{s0}、q_{c0} 值　　　　　　　　　单位：MPa

地震设防烈度	7 度	8 度	9 度
p_{s0}	5.0～6.0	11.5～13.0	18.0～20.2
q_{c0}	4.6～5.5	10.5～11.8	16.4～18.2

剪切波速试验法的实测剪切波速值 V_s，分别大于按下列公式计算的土层剪切波速临界值 V_{scr}。时，可初步判别为不液化或不考虑液化影响。

表 13-15　α_p 值

土类	砂土	粉土	
塑性指数	$I_p \le 3$	$3 < I_p \le 7$	$7 < I_p \le 10$
α_p	1.0	0.6	0.46

砂土：
$$V_{scr} = K_c (d_s - 0.01 d_s^2)^{1/2} \tag{13-34}$$
粉土：
$$V_{scr} = K_c (d_s - 0.0133 d_s^2)^{1/2} \tag{13-35}$$

式中：V_{scr} 为饱和砂土或饱和粉土液化剪切波速临界值，m/s；K_c 为经验系数，可按表 13-16 取值，d_s 为土层剪切波速测点深度，m。

表 13-16　K_c 值

土类	抗震设防烈度	砂土	粉土
	7 度	92	42
	8 度	130	60
	9 度	184	84

对甲类和乙类建筑，还可采用基于室内动三轴试验的理论计算法，并结合其他手段进行综合判别。

理论计算法也称剪应力对比法，是 H. B. 希德在 1964 年日本新泻地震后提出的，是目前国际上比较流行的判别方法。其基本原理是：当地震剪切波在土层中引起的平均剪应力超过该土层的抗剪强度时，即可能发生液化。其表示式为：$\tau_a > \tau$。上一小节已经讨论了 τ_a 的计算方法，下面简要介绍一下引起液化所需剪应力（即土的抗剪强度）τ 计算方法。根据希德的研究：

$$\frac{\tau}{\sigma_0} = \frac{\sigma_d/2}{\sigma_a} \times C_r \tag{13-36}$$

式中，σ_0 为某一深度处的有效覆盖压力；$\dfrac{\sigma_d/2}{\sigma_a}$ 为动三轴压缩试验所求得的应力比，亦即最大动循环剪应力 $\tau_{a(max)}$ 与初始围压 σ_a 之比，$\tau_{a(max)} = (\sigma_1 - \sigma_3)/2 = \sigma_d/2$，$\sigma_d/2$ 为施加的循环荷载；C_r 为小于 1 的校正系数，用它来考虑室内动三轴压缩试验与地震现场应力状态之间的差别，它随土的相对密度 D_r 而改变，可按图 13-9 选取。

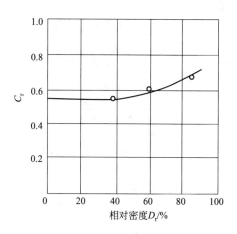

图 13-9　C_r 与 D_r 关系曲线图

有效覆盖压力 σ_0 的计算有三种情况。

① 若计算点以上土体在地下水位以上，则：

$$\sigma_0 = \gamma Z \tag{13-37}$$

② 若计算点以上部分土体在地下水位以下，则：

$$\sigma_0 = \gamma h + \gamma'(Z - h) \tag{13-38}$$

③ 若地下水位出露于地面，则：

$$\sigma_0 = \gamma' Z \tag{13-39}$$

上三式中，γ、γ' 分别为土的天然重力密度和浮重力密度；h 为地下水位埋深；Z 为计算点深度。

τ 值求出后，与 τ_a 对比，即可判定液化的可能性。

此法从地震液化的机理出发，综合了影响液化的一些主要因素，建立定量关系，从力学计算角度来判别地震液化的可能性，有一定的理论和试验依据。但是室内试验比较繁琐，制备近似天然结构的试样相当困难；而且，目前国内能满足要求的试验仪器也较少。所以一般工程场地不便采用。

13.6.4　地震液化的防治措施

地震液化的常用防治措施有：合理选择建筑场地、地基处理、基础和上部结构选择等。在强震区应合理选择建筑场地，以尽量避开可能液化土层分布的地段。一般应以地形平坦、地下水埋藏较深、上覆非液化土层较厚的地段作为建筑场地。这对重大建筑物更显必要。

地基处理可以消除液化可能性或减轻其液化程度。地震液化的地基处理措施较多，主要有：换土、增加盖重、强夯、振冲、砂桩挤密、爆炸振密和围封等方法。换土是将地基中的液化土层全部挖除，并回填以压实的非液化土，是彻底消除液化的措施。它适用于液化土层较薄且埋藏较浅时。增加盖重是地面上堆填一定厚度的填土，以增大有效覆盖压力。强夯、振冲、砂桩挤密和爆炸振密等，是为改善饱和土层的密实程度，提高地基抗液化能力的方法，它们可以全部或部分消除液化的影响。围封法是在建筑物地基范围内用板桩、混凝土截水墙、沉箱等，将液化土层截断封闭，以切断外侧液化土层对地基的影响，增加地基内土层的侧向压力。它可全部消除液化的影响。

建立于液化土层上的建筑物，若为低层或多层建筑，以整体性和刚性较好的筏基、箱基和钢筋混凝土十字形条基为宜。若为高层建筑，则应采用穿过液化土层的深基础，如桩基、管桩基础等，以全部消除液化的影响；切不可采用浅摩擦桩。此外，应增强上部结构的整体刚度和均匀对称性，合理设置沉降缝。

由于建筑类别和地基的液化等级不同，所以抗液化措施应按表 13-17 选用。

表 13-17　液化防治措施的选择

建筑种类	地基的液化等级		
	轻微	中等	严重
甲类	全部消除液化		
乙类	部分消除液化，或对基础和上部结构处理	全部或部分消除液化，且对基础和上部结构处理	全部消除液化
丙类	基础和上部结构处理，亦可不采取措施	基础和上部结构处理或更高要求措施	全部或部分消除液化，且对基础和上部结构处理
丁类	可不采取措施	可不采取措施	基础和上部结构处理，或其他经济的措施

思　考　题

1. 强震区的建筑物抗震设计原则和抗震措施有哪些？
2. 不同工程的抗震稳定性如何计算？
3. 影响震害的场地条件有哪些？它们是如何影响震害的？
4. 强震区场地的岩土工程勘察要点有哪些？
5. 主要的地震工程参数有哪些？分别如何测定？
6. 什么是地震液化？其作用机理是什么？影响地震液化的因素有哪些？如何进行地震液化的判别？地震液化的防治措施有哪些？

第14章 地下采空区场地

14.1 概述

人类为采掘地下资源而留下的地下空间成为地下采空区，根据开采现状可分为老采空区、现采空区及未来采空区三类。老采空区是指建筑物兴建时，历史上已经采空的场地；现采空区是指建筑物兴建时，地下正在开采的场地；未来采空区是指建筑物兴建时，地下赋存有工业价值的矿层，目前尚未开采，而规划中要开采的场地。

由于地下开采造成一定的地下空间，导致周围岩体向此空间移动。如果开采空间的位置很深或尺寸不大，则围岩的变形破坏将局限在一个很小的范围内，不会波及到地表。但是，当开采空间位置很深浅或尺寸很大，这时围岩变形破坏往往波及到地表，使之产生沉降，形成地表移动盆地，甚至出现崩塌和裂缝，以致危及地面建筑物安全，形成采空区场地特有的岩土工程问题。另外，作为地下采空区场地，不同部位其变形类型和大小各不相同，且随着时间也是变化的。这种变形对建筑物选址和选型都是很重要的。如铁路、高速公路及大型饮水工程选线，工业与民用建筑、隧洞等工程的选址及其地基处理都必须考虑地下采空区场地变形特性及发展趋势的影响。

正因为采空区场地的特殊性，因此与一般建筑物场地相比，地下采空区场地的勘察内容、研究方法及建筑设计都是不一样的，甚至对不同类型的采空区也是有区别的。

14.2 采空区的地表变形特征

（1）地表变形分区 当地下开采影响到达地表以后，在采空区上方地表将形成一个凹陷盆地，或称为地表移动盆地。一般来说，地表移动盆地的范围要比采空区面积大得多，形状近似椭圆形。在矿层平缓和充分采动的情况下，发育完全的地表移动盆地可分为三个区域（图14-1）：①中间区位于采空区正上方，其地表下沉均匀，地面平坦，一般不出现裂缝，地表下沉值最大；②内边缘区位于采空区内侧上方，其地表下沉不均匀，地面向盆地中心倾斜，呈凹形，一般不出现明显的裂缝；③外边缘区位于采空区外侧矿层上方，其地表下沉不均匀，地面向盆地中心倾斜，呈凸形，常有张裂缝出现，地表移动盆地的外边界，常以地表下沉 10mm 的标准来圈定。

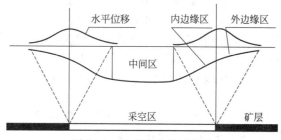

图 14-1 地表移动盆地分区

（2）影响地表变形的因素 研究表明，采空区地表变形的大小及其发展趋势、地表移动盆地的形态与范围等受多种因素的影响，归纳起来有以下几种。

① 矿层因素　表现在矿层埋深愈大（即开挖深度愈大），变形扩展到地表所需的时间愈长，地表变形值愈小，变形比较平缓均匀，且地表移动盆地范围较大。矿层厚度愈大，采空区愈大，促使地表变形值增大。矿层倾角愈大，使水平位移增大，地表出现裂缝的可能性加大，且盆地与采空区的位置也不对称等。

② 岩性因素　上覆岩层强度高且单层厚度大时，其变形破坏过程长，不易影响到地表。有些厚度大的坚硬岩层，甚至长期不产生地表变形；而强度低、单层厚度薄的岩层则相反。脆性岩层易出现裂缝，而塑性岩层则往往表现出均匀沉降变形。另外，地表第四系堆积物愈厚，则地表变形值愈大，但变形平缓均匀。

③ 地质构造因素　岩层节理裂隙发育时，会促使变形加快，变形范围增大，扩大地表裂隙区。而断层则会破坏地表变形的正常规律，改变移动盆地的范围和位置，同时，断层带上的地表变形会更加剧烈。

④ 地下水因素　地下水活动会加快变形速率，扩大变形范围，增大其地表变形值。

⑤ 开采条件　矿层开采和顶板处理方法及采空区的大小、形状、工作面推进速度等，都影响着地表变形值、变形速度和变形方式。如以柱房式开采和全充填法处理顶板时，对地表变形影响较小等。

14.3　采空区场地的建筑适宜性评价

（1）地表变形对建筑物的影响　在采空区场地进行建筑时，必须考虑地表变形对建筑物安全稳定及正常使用的影响。大量的实践表明，这种影响是多方面的，主要表现在建筑所处的位置不同，其地表变形的类型与大小各异，使建筑物遭受的破坏程度和方式都是不一样的。例如，位于地表移动盆地边缘区的建筑要比在中间区的建筑不利得多。

地表变形类型不同，对建筑物的影响也不同。均匀下沉使建筑物产生整体下沉，不会对建筑物带来大的损害。但如果下沉量过大，地下水位又浅时，会造成地面积水，使地基土体长期浸水，强度下降，严重者可造成建筑物倒塌。地表倾斜对高耸建筑物影响较大，使高耸建筑物的重心发生偏斜，引起附加应力非均匀分布，进而导致建筑物破坏。对铁路和给排水系统，倾斜将改变其坡度，造成污水倒灌和影响铁路正常运营等。地表曲率使地面成为曲面，在负曲率（地表下凹）作用下，建筑物中央部分将悬空，使墙体产生正八字形裂缝和水平裂缝。在正曲率（地表上凸）作用下，建筑物两端会悬空，使墙体产生倒八字形裂缝，严重时会出现屋架或梁端部从墙体抽出，造成建筑物倒塌。地表水平位移对建筑物也有很大的影响，尤其是拉伸的破坏性更大，较小的拉伸变形就能使建筑物产生裂缝。压缩变形会使墙体产生水平裂缝、纵墙褶曲和屋顶鼓起等。

应当指出，地表变形对建筑物的破坏作用，常是几种变形同时作用的结果。在一般情况下，地表拉伸和正曲率同时出现，压缩和负曲率同时发生。

（2）建筑物的允许变形和破坏等级划分　为了保证建筑物的安全和正常使用，建筑物地基的变形必须控制在允许值范围以内。当地表变形值小于或等于该允许值时，一般可不考虑采用专门的加固措施。各类建筑地基的允许变形可参考 GBJ 7—89《建筑地基基础设计规范》。

根据各类地表变形值的大小，可将砖石结构建筑物的破坏等级划分为如表 14-1 所示的 4 级，表中同时还给出了相应的处理方法，而在实践中参考。

在建筑物下采矿时，应根据预测的变形值及其对建筑物的破坏程度，对建筑物采取加固措施。具体加固处理措施的设计、施工方法可参考有关文献。

表 14-1　砖石结构建筑物的破坏等级（保护等级）

破坏（保护）等级	建筑物可能达到的破坏程度	地表变形值			处理方式
		倾斜 T /(mm/m)	曲率 K/ $(\times 10^{-3} mm/m^2)$	水平变形 ε /(mm/m)	
I	墙壁上不出现或仅出现少量宽度小于 4mm 的细微裂缝	≤3.0	≤0.2	≤2.0	不修
II	墙壁上出现 4～15mm 宽的裂缝，门窗略有歪斜，墙皮局部脱落，梁支承处稍有异样	≤6.0	≤0.4	≤4.0	小修
III	墙壁上出现 16～30mm 宽的裂缝，门窗严重变形，墙身倾斜，梁头有抽动现象，室内地坪开裂或鼓起	≤10.0	≤0.6	≤6.0	中修
IV	墙身严重倾斜，错动、外鼓或内凹，梁头抽动较大，屋顶、墙身挤坏，严重者有倒塌危险	>10.0	>0.6	>6.0	大修、重修或拆除

注：本表适用于长度或沉降缝区段小于 20m 的砖石结构建筑物，其他结构类型的建筑物可视具体情况参照执行。

14.4　地下采空区场地的勘察要点

地下采空区勘察的主要目的是查明老采空区的分布范围、埋深、充填程度及上覆岩层的稳定性，预测现采空区和未来采空区的地表变形特征和规律，为建筑工程选址、设计和施工提供可靠的地质和岩土工程资料。采空区勘察主要通过资料搜集、地面调查，辅以物探、钻探和地表变形观测等进行，具体内容如下。

① 矿区地层岩性、地质构造及水文地质条件。

② 矿层的分布、层数、厚度、倾角、埋深及上覆岩层性质。

③ 开采方法、深度、厚度、顶板管理方法、开采边界及工作面推进方向和速度。

④ 地表变形特征和分布规律，包括地表陷坑、台阶及裂缝的位置、形状、大小、深度、延伸方向及其与采空区、地质构造、开采边界及工作面推进方向等的关系。

⑤ 对老采空区应通过调查访问和物探、钻探工作查明采空区的分布范围、采厚、埋深、充填情况和密实程度、开采时间、方式，评价上覆岩层的稳定性，预测残余变形的影响，判定作为建筑场地的适宜性和应采取的措施。

⑥ 对现采空区和未来采空区，应分析预测地表移动盆地的特征，划分出中间区、内边缘区和外边缘区。计算地表下沉、倾斜、曲率、水平位移和变形值的大小。根据建筑物允许变形判断对建筑物的危害程度，提出加固保护方案和措施。

⑦ 采空区附近的抽、排水情况及对采空区稳定性的影响。

⑧ 已有建筑物的类型、结构及其对地表变形的适宜程度和建筑经验等。

⑨ 建筑场地的地形及地基岩土物理力学性质。

采空区场地的物探工作应根据岩土的物性条件和当地经验采用综合物探方法，如地震法、电法等。

钻探工作除满足一级岩土工程详勘要求外，在异常点和可疑部位应加密勘探点，必要时可一桩一孔。

思　考　题

1. 试述地下采空区的地表变形特征。

2. 试总结影响地下采空区地表变形的因素。

3. 如何进行地下采空区场地的建筑适宜性评价。

4. 试总结地下采空区场地的勘察要点。

第4篇 各类建筑岩土工程勘察

第15章 房屋建筑与构筑物

15.1 概述

房屋建筑与构筑物系指一般房屋建筑、高层建筑、大型公用建筑、工业厂房及烟囱、水塔、电视电讯塔等高耸构筑物。

在城市建设中,高层建筑占有相当大的比重。在国外,高层建筑起始于19世纪末期。进入20世纪,由于工业技术的进步。高层建筑发展加快,例如美国1907年在纽约建造了高度187m共47层的辛尔摩天大楼;1931年建造了高381m共102层的帝国大厦;1973年建造了高411m共110层的世界贸易中心大厦;1974年在芝加哥又建造了高443m共110层的西尔斯大楼。到目前为止,世界上已建成的最高建筑物是马来西亚吉隆坡的吉隆坡塔,总高450m共85层。我国改革开放以来的高层建筑如雨后春笋般地拔地而起,目前我国最高的建筑已超过80层,总高300m。目前对高层建筑划分的标准各国不一致,但绝大多数都以建筑物的层数和高度作为划分依据。如美国规定高度25m以上或7层以上,英国规定高度在24.3m以上,法国规定居住建筑高度在50m以上,而其他建筑高度在28m以上,日本则把8层以上或高度超过31m的建筑称为高层建筑。1972年在国际高层建筑会议上,对高层建筑的起点,统一规定为9层,其高度小于50m;超高层建筑为40层以上,其高度大于100m。我国根据目前城市登高消防器材,消防车供水能力等实际情况,参考国外高层与多层建筑的界限,确定适合我国高层建筑的起始高度为24m,其划分标准见表15-1。

表 15-1 我国工业与民用建筑划分标准

分 类	高度/m	层 数	对建筑物结构起控制作用的荷载
低层建筑	3～6	1～2	竖向荷载
多层建筑	9～12	3～7	竖向荷载与水平荷载
高层建筑	24～60	8～20	水平荷载
超高层建筑	>60	>20	水平荷载

从岩土工程角度来看高层建筑的特点主要是高度大、荷重大、基础埋深大等。由于建筑物高耸,不仅竖向荷载大而集中,而且风力和地震力等水平荷载引起的倾覆力矩成倍增长,因此就要求基础和地基提供更高的竖直与水平承载力,同时使沉降和倾斜控制在允许的范围内,并保证建筑物在风荷载与地震荷载下具有足够的稳定性。另外,高层建筑的基础一般具有较大的埋置深度,有的甚至超过20m。实践证明,经济合理的基坑支护结构和严密的防护措施是高层建筑基础工程不可分割的一部分。高层建筑的基础类型,在土基中主要有箱型基础、桩基础以及箱形基础加桩的复合基础;在岩基上则一般采用锚桩基础或墩基础等。

在房屋建筑与构筑物中，常常遇到以下几种岩土工程问题。

（1）区域稳定性问题　区域地壳的稳定性直接影响着城市建设的安全和经济，在城市建设中必须首先考虑。区域稳定性的主要因素是地震和新构造运动，在新开发地区选择建筑场址时，更应注意。在强震区兴建房屋建筑与构筑物时，应着重于场地地震效应的分析与评价。

（2）斜坡稳定性问题　在斜坡地区兴建建筑物时，斜坡的变形和破坏危及斜坡上及其附近建筑物的安全。建筑物的兴建，给斜坡施加了外荷载，增加了斜坡的不稳定因素，可能导致其滑动，引起建筑物的破坏。因此，必须对斜坡的稳定性进行评价，对不稳定斜坡提出相应的防治或改良措施。

（3）地基稳定性问题　研究地基稳定性是房屋建筑与构筑物岩土工程勘察中的最主要任务。地基稳定性包括地基强度和变形两部分。若建筑物荷载超过地基强度、地基的变形量过大，则会使建筑物出现裂隙、倾斜甚至发生破坏。为了保证建筑物的安全稳定、经济合理和正常使用，必须研究与评价地基的稳定性，提出合理的地基承载力和变形量，使地基稳定性同时满足强度和变形两方面的要求。

（4）建筑物的配置问题　大型的工业建筑往往是由工业主厂房、车间、办公大楼，附属建筑及宿舍构成的建筑群。由于各建筑物的用途和工艺要求不同，它们的结构、规模和对地基的要求不一样，因此，对各种建筑物进行合理的配置，才能保证整个工程建筑物的安全稳定、经济合理和正常使用。在满足建筑物对气候和工艺方面的条件下，工程地质条件是建筑物配置的主要决定因素，只有通过对场地工程地质条件的调查，才能为建筑物选择较优的持力层，确定合适的基础类型，提出合理的基础砌置深度，为各建筑物的配置提供可靠的依据。

（5）地下水的侵蚀性问题　混凝土是房屋建筑与构筑物的建筑材料，当混凝土基础埋置于地下水位以下时，必须考虑地下水对混凝土的侵蚀性问题。大多数地下水不具有侵蚀性，只有当地下水中某些化学成分（如 HCO_3^-、SO_4^{2-}、Cl^-、侵蚀性的 CO_2 等）含量过高时，才对混凝土产生分解性侵蚀、结晶性侵蚀及分解、结晶复合性侵蚀。地下水中的化学成分与环境及污染情况有关。所以，在岩土工程勘察时，必须测定地下水的化学成分，并评价其对混凝土的各种侵蚀性。

（6）地基的施工条件问题　修建房屋建筑与构筑物基础时，一般都需要进行基坑开挖工作，尤其是高层建筑设置地下室时，基坑开挖的深度更大。在基坑开挖过程中，地基的施工条件不仅会影响施工期限和建筑物的造价，而且对基础类型的选择起着决定性的作用。基坑开挖时，首先遇到的是坑壁应采用多大的坡角才能稳定、能否放坡、是否需要支护，若采取支护措施，采用何种支护方式较合适等问题；坑底以下有无承压水存在，能否造成基坑底板隆起或被冲溃；若基坑开挖到地下水位以下时，会遇到基坑涌水、出现流砂、流土等现象，这时需要采取相应的防治措施，如人工降低地下水位与帷幕灌浆等。影响地基施工条件的主要因素是土体结构特征，土的种类及其特性，水文地质条件，基坑开挖深度、挖掘方法、施工速度以及坑边荷载情况等。

在岩土工程勘察测试结果的基础上进行的岩土工程问题分析评价，是岩土工程勘察报告的精髓和关键部分，对房屋建筑与构筑物而言，地基稳定性（地基承载力和沉降变形）是岩土工程分析评价中的主要问题；对采用桩基或进行深基坑开挖的建筑物，应进行相关问题的岩土工程评价；对强震区，应进行场地地震效应的评价。

15.2　地基承载力确定

地基承载力是指地基受荷后塑性区（或破坏区）限制在一定范围内，保证不产生剪切破坏而丧失稳定，且地基变形不超过允许值时的承载能力，即同时满足地基土的强度条件和对沉降、倾斜的限制要求。

地基承载力分基本值、标准值和设计值三个值。地基承载力基本值（f_0）是指按有关规范规定的一定基础宽度（$b \leqslant 3m$）和埋深（$d \leqslant 0.5m$）条件下的地基承载力，按有关规范查表确定。地基承载力标准值（f_k）是指按有关规范规定的标准方法试验并经统计处理后的承载力值。地基承载力设计值（f_v）是地基承载力标准值经深宽修正后的地基承载力值；或按载荷试验和用实际基础深宽按理论公式计算所得地基承载力值。

不能认为地基承载力是一个单纯的岩土力学指标，它不仅取决于岩土本身的性质，还受到基础的尺寸与形状、荷载倾斜与偏心、基础的埋深、地下水位、下卧层性质、上部结构与基础的刚度等多种因素的影响。确定地基承载力时，应根据建筑物的重要性及其结构特点，对上述影响因素作具体分析并予以考虑。

在房屋建筑与构筑物的岩土工程勘察中，确定地基承载力的方法主要有按理论公式计算、按原位测试方法及按现行国家标准中的承载力表查表求取等。选择方法时，应考虑到建筑物的安全等级与参数的可靠程度以及当地的建筑经验等。对一级建筑物应采用理论公式计算结合原位测试方法综合确定，并宜用现场载荷试验验证；对需进行变形计算的二级建筑物可按理论公式计算，并结合原位测试方法确定；对不需要进行变形计算的二级建筑物可按现行国家标准中的承载力表并结合原位测试方法确定；对三级建筑物可根据邻近建筑物的建筑经验确定。

15.2.1　按地基规范承载力表确定地基承载力

《建筑地基基础设计规范》（5007—2002）在上述按理论公式确定地基承载力的基础上，总结我国丰富的工程实践经验，提出一套根据野外鉴别结果、室内物理力学性质指标或原位测试结果来确定地基承载力的表格（表 15-2～表 15-12）。在房屋建筑与构筑物的岩土工程勘察中，常用这些表格确定地基土（岩）承载力。

① 对岩石与碎石土可根据野外鉴别结果确定地基承载力标准值（表 15-2 与表 15-3）。

表 15-2　岩石承载力标准值　　　　　单位：kPa

风化程度 岩石类别	强风化	中等风化	微风化
硬质岩石	500～1000	1500～2500	$\geqslant$4000
软质岩石	200～500	700～1200	1500～2000

注：1. 对于微风化的硬质岩石，其承载力如取用大于 4000kPa 时，应由试验确定；

2. 强风化的岩石，当与残积土难以区分时按土考虑。

表 15-3　碎石土承载力标准值　　　　　单位：kPa

密实度 土的名称	稍密	中密	密实
卵石	300～500	500～800	800～1000
碎石	250～400	400～700	700～900
圆砾	200～300	300～500	500～700
角砾	200～250	250～400	400～600

注：1. 表中数值适用于骨架颗粒空隙全部由中砂、粗砂或硬塑、坚硬状态的粘性土或稍湿的粉土所充填。

2. 当粗颗粒为中等风化或强风化时，可按其风化程度适当降低承载力，当颗粒间呈半胶结状时，可适当提高承载力。

② 当根据室内物理力学指标平均值确定地基承载力标准值时，应按下列规定将表 15-4～表 15-8 中的承载力基本值乘以回归系数。

表 15-4 粉土承载力基本值 单位：kPa

第一指标孔隙比 e ＼ 第二指标含水量 $w/\%$	10	15	20	25	30	35	40
0.5	410	390	(365)				
0.6	310	300	280	(270)			
0.7	250	240	225	215	(205)		
0.8	200	190	180	170	(165)		
0.9	160	150	145	140	130	(125)	
1.0	130-	125	120	115	110	105	(100)

注：1. 有括号者仅供内插用。

2. 折算系数 ξ 为 0。

3. 湖、塘、沟、谷与河漫滩地段，新近沉积的粉土，其工程性质一般较差，应根据当地实践经验取值。

表 15-5 黏性土承载力基本值 单位：kPa

第一指标孔隙比 e ＼ 第二指标液性指数 I_L	0	0.25	0.50	0.75	1.00	1.25
0.5	475	430	390	(360)		
0.6	400	360	325	295	(265)	
0.7	325	295	265	240	210	170
0.8	275	240	220	200	170	135
0.9	230	210	190	170	135	105
1.0	200	180	160	135	115	
1.1		160	135	115	105	

注：1. 有括号者仅供内插用。

2. 折算系数 ξ 为 0.1。

3. 在湖、塘、沟、谷与河漫滩地段新近沉积的黏性上，其工程性能一般较差，第四纪晚更新世（Q_3）及其以前沉积的老黏性土，其工程性能通常较好。这些土均应根据当地实践经验取值。

表 15-6 沿海地区淤泥和淤泥质土承载力基本值

天然含水量 $\omega/\%$	36	40	45	50	55	65	75
f_0/kPa	100	90	80	70	60	50	40

注：对于内淤泥和淤泥质土，可参照使用。

表 15-7 红黏土承载力基本值 单位：kPa

土的名称	第一指标含水率 ＼ 第二指标液塑限	0.5	0.6	0.7	0.8	0.9	1.0
红黏土	≤1.7	380	270	210	180	150	140
	≥2.3	280	200	160	130	110	100
次生红黏土		250	190	150	130	110	100

注：1. 本表仅适用定义范围内的红黏土。

2. 折算系数 ξ 为 0.4。

表 15-8 素填土承载力基本值

压缩模量 $E_{s_{1-2}}/\text{MPa}$	7	5	4	3	2
f_0/kPa	160	135	115	85	65

注：1. 本表只适用于堆填时间超过 10 年的黏性土，以及超过五年的粉土。

2. 压实填土地基的承载力，可按本规范第 6.3.2 条采用。

回归修正系数 ψ_f 按式(15-1) 计算：

$$\psi_{\mathrm{f}} = 1 - \left(\frac{2.884}{\sqrt{n}} + \frac{7.918}{n^2} \right)\delta \tag{15-1}$$

式中，δ 为变异系数；n 为参加统计的土指标样本数。

当计算得到的回归修正系数时，$\psi_{\mathrm{f}} < 0.75$，应分析变异系数过大的原因，如分层是否合理，试验有无差错等，并应同时增加试样数量。

当表中并列二个指标时，变异系数应按式(15-2)计算：

$$\delta = \delta_1 + \xi \delta_2 \tag{15-2}$$

式中，δ_1 和 δ_2 分别为对应于第一指标和第二指标的变异系数；ξ 为第二指标的折算系数，其值见有关承载力表格注释。

③ 根据标准贯入锤击数 N、轻便触探试验锤击数 N_{10} 确定地基承载力标准值见表 15-9~表 15-12。

表 15-9　砂土承载力标准值　　　　　　　　　　　　单位：kPa

土类　＼＼＼　N	10	15	30	50
中、粗砂	180	250	340	500
粉、细砂	140	180	250	340

表 15-10　黏性土承载力标准值

N	3	5	7	9	11	13	15	17	19	21	23
$f_{\mathrm{k}}/\mathrm{kPa}$	105	145	190	235	280	325	370	430	515	600	680

表 15-11　黏性土承载力标准值

N_{10}	15	20	25	30
$f_{\mathrm{k}}/\mathrm{kPa}$	105	145	190	230

注：N_{10} 指锤重为 10kg 的轻便触探试验贯入击数。

表 15-12　素填土承载力标准值

N_{10}	10	20	30	40
$f_{\mathrm{k}}/\mathrm{kPa}$	85	115	135	160

注：本表只适于黏性土与粉土组成的素填土。

15.2.2　岩石地基承载力

岩石是高层建筑的理想地基。当岩石埋深不大且风化程度不高（如中等风化或微风化）时，可以采用条形基础，甚至独立基础，但埋深小时要注意加地锚固定基础。

岩石地基承载力可根据野外鉴别查表 15-3 确定，也可按岩基载荷试验方法确定，对于微风化及中风化的岩石地基承载力设计值，也可根据室内饱和单轴抗压强度按式(15-3)计算：

$$f = \psi f_{\mathrm{rk}} \tag{15-3}$$

式中，f 为岩石地基承载力设计值，kPa；f_{rk} 为岩石饱和单轴抗压强度标准值，kPa；ψ 为折减系数。微风化岩宜为 0.20~0.33。中等风化岩宜为 0.17~0.25。取值时，对于硬质岩石着重考虑岩体中结构面间距、产状及其组合，软质岩石着重考虑其水稳性。此折减系数值未考虑施工因素及建筑物使用后风化作用的继续。

岩石试料可用钻孔的岩芯或坑、槽探中采取的岩块。岩样尺寸一般为 $\phi 50\mathrm{mm} \times 100\mathrm{mm}$，数量不宜少于 6 个，进行饱和处理。对于黏土质岩，在确保施工期及使用期不致遭水浸泡时，也可采用天然湿度的试样，不进行饱和处理。试验后，根据参加统计的一组试样的试验值计算其平均值（μ_{fr}）、标准差（σ_{fr}），取岩石饱和单轴抗压强度的标准值为：

$$f_{\mathrm{rk}} = \mu_{\mathrm{fr}} - 1.645\sigma_{\mathrm{fr}} \tag{15-4}$$

计算值取至整数位。

15.2.3　地基承载力深度和宽度修正

当按原位测试或规范表格确定地基承载力标准值后，作为浅基础来讲，还需根据实际基础的宽度 b 与埋深 d 进行修正后作为地基承载力设计值（f）。

当基础宽度大于 3m 或埋置深度大于 0.5m 时，除岩石地基外，其地基承载力设计值应按式(15-5) 计算：

$$f = f_k + \eta_b \gamma (b-3) + \eta_d \gamma_0 (d-0.5) \tag{15-5}$$

式中，f 为地基承载力设计值；f_k 为地基承载力标准值；η_b、η_d 为基础宽度和埋深的地基承载力修正系数，按基底下土类查表 15-13 确定；b 为基础底面宽度，m，当基宽小于 3m 按 3m 考虑，大于 6m 按 6m 考虑。其余符号同前。

当计算所得设计值 $f < 1.1 f_k$ 时，可取 $f = 1.1 f_k$。

地基上承载力的确定宜采用多种方法进行综合评价。

表 15-13　承载力修正系数

土的类别		η_b	η_d
淤泥和淤泥质土	$f_k < 50kPa$	0	1.0
	$f_k \geqslant 50kPa$	0	1.1
人工填土 e 和 I_L 大于等于 0.85 的黏性土 $e \geqslant 0.85$ 或 $S_r > 0.5$ 的粉土		0	1.1
红黏土	含水比 $a_w > 0.8$	0	1.2
	含水比 $a_w \leqslant 0.8$	0.15	1.4
e 和 I_L 均小于 0.85 的黏性土		0.3	1.6
$e < 0.85$ 及 $S_r \leqslant 0.5$ 的粉土		0.5	2.2
粉砂、细砂(不包括很湿与饱和时的稍密状态)		2.0	3.0
中砂、粗砂、砾砂和碎石土		3.0	4.4

注：1. 强风化的岩石，可参照所风化成的相应土类取值。

2. S_r 为土的饱和度 $S_r \leqslant 0.5$，稍湿；$0.5 < S_r \leqslant 0.8$，很湿；$S_r > 0.8$，饱和。

15.3　桩基岩土工程问题分析

在房屋建筑与构筑物的基础设计中，桩基础是常考虑的基础形式之一。桩基础具有施工方便、承载力高、沉降量小等优点。实践证明，桩基础不但可以减小平均沉降，而且能有效地控制整体倾斜，如上海某地区，天然地基上的箱形基础（21 座），不管是在纵向还是在横向上，其倾斜程度均大于桩箱基础（24 座）的倾斜程度，且在横向上更甚，箱形基础的最大横向倾斜值为 7.2%，是桩箱基础最大横向倾斜实测值的 6 倍。另外，在桩长较大的情况，实筑测桩箱沉降为 3.7～6.9cm，建筑物的整体倾斜都较小，几乎均在 1% 以内。因此，在一级建物中，桩基础是较普遍采用的方案。

在房屋建筑与构筑物桩基础岩土工程评价中，单桩承载力的确定是最主要的内容，此外，尚需合理选择桩基础类型与桩端持力层，必要时还需估算负摩擦力，对群桩基础，还应进行群桩承载力与群桩沉降验算。

15.3.1　桩基类型及持力层的选择

在现场岩土工程勘测的基础上，对桩基岩土工程评价首先应考虑桩基类型与桩端持力层的合理选择。桩的类型虽然很多，但常用的桩一般只有少数几种，在房屋建筑与构筑物的桩基础设计中，常采用灌注桩与预制桩（材料多为钢筋混凝土）。灌注桩一般有沉管灌注桩、大直径桩（钻孔与人工挖孔）、扩孔灌注桩等。一级建筑物多采用大直径钻孔灌注桩，二级建筑物多采用预制桩、沉管灌注桩、扩孔灌注桩以及人工挖孔灌注桩。对于桩型选择，要综合考虑建筑物荷重大小、场地工程地质条件以及经济技术的合理性等。

桩基持力层宜选择层位稳定的硬塑～坚硬状态的低压缩性黏性土和粉土层，中密以上的砂土与碎石层，微、中风化的基岩；第四系土层作为桩端持力层其厚度宜超过 6～10 倍桩身直径或桩身宽度；扩底墩的持力层厚度宜超过 2 倍墩底直径；如果持力层下卧软弱地层时，应从持力层的整体强度及变形要求考虑，保证持力层有足够厚度。此外，对于预制打入桩来说，还应考虑桩能顺利穿过持力层以上各地层的可能性。

15.3.2 单桩承载力的确定

在房屋建筑与构筑物的桩基础中，一般以受竖向荷载为主，故单桩承载力常指的是单桩竖向承载力。单桩承载力一方面取决于制桩材料的强度，另一方面取决于土对桩的支承力，大多数情况下，桩的承载力都是由土的支承力控制的。因此，如何根据地基的强度与变形确定单桩承载力是设计桩基础的关键问题，根据土对桩的支承力确定单桩承载力的方法，主要有静荷载（桩载）试验与静力分析（半经验公式计算）两种方法。静力分析法主要是根据原位测试资料或土的物理性质指标与承载力参数之间的关系来确定单桩承载力。对一级建筑桩基应采用现场静载荷试验，并结合静力触探、标准贯入等原位测试方法综合确定；对二级建筑桩基应根据静力触探、标准贯入、经验参数等估算，并参照地质条件相同的试桩资料，综合确定，当缺乏可参照的试桩资料或地质条件复杂时，应由现场静载荷试验确定；对三级建筑桩基，如无原位测试资料时，可利用承载力经验参数估算。

桩静载荷试验是先在准备施工的地方打试验桩，在试桩顶上分级施加静荷载，直至桩发生剧烈或不停滞的沉降（桩已丧失稳定性）为止，在同一条件下的试桩数量，不宜少于总桩数的 1%，并不应少于 3 根，工程总桩数在 50 根以内时不应少于 2 根。然后根据试验结果，绘制荷载-沉降（Q-S）关系曲线，从而可确定单桩竖向极限承载力标准值。

按静力分析法估算单桩承载力，不同规范所推荐的经验公式是有差别的，有的用以估算单桩承载力设计值，有的则用以估算单桩承载力极限值。在房屋建筑与构筑物的桩基中，主要是估算单桩承载力极限值，下面介绍在房屋建筑与构筑物的桩基中常用的静力触探法与按土的物理指标法确定单桩承载力极限值。

静力触探法估算单桩承载力如下所述。

静力触探试验中的探头与土的相互作用，相似于桩与土的相互作用，因此可以用静力触探试验测得的比贯入阻力（单桥）或双桥探头中的锥尖阻力与侧壁摩阻力估算单桩承载力。但不能直接以静力触探中端阻与摩阻作为实际单桩的端阻力和摩阻力，而必须经过修正，这是因为静力触探的工作性能与实际单桩的工作性能有所不同。不同之处主要是尺寸效应、应力场、材料性质等，存在这些差异所造成的影响至今还难以从理论上逐项严密地进行理论或从数学关系上加以描述，因此用静力触探确定单桩承载力也是一种经验估算。

① 根据单桥探头静力触探资料确定混凝土预制单桩竖向极限承载力标准值时，如无当地经验可按式(15-6)计算：

$$Q_{uk} = Q_{sk} + Q_{pk} = u\sum_{i=1}^{n} q_{sik}l_i + \alpha p_{sk}A_p \tag{15-6}$$

式中，Q_{uk} 为单桩竖向极限承载力标准值；Q_{sk} 为单桩总极限侧阻力标准值；Q_{pk} 为单桩总极限端阻力标准值；u 为桩身周长；q_{sik} 为用静力触探比贯入阻力值估算的桩周第 i 层土的极限侧阻力标准值；l_i 为桩穿越第 i 层土的厚度；α 为桩端阻力修正系数；p_{sk} 为桩端附近的静力触探比贯入阻力标准值（平均值）；A_p 为桩端面积。

q_{sik} 值应结合土工试验资料，依据土的类别、埋藏深度、排列次序，按图 15-1 中的折线取值。图中，直线Ⓐ（线段 gh）适用于地表下 6m 范围内的土层；折线Ⓑ线段（$0abc$）适用于粉土及砂土土层以上（或无粉土及砂土土层地区）的黏性土；折线Ⓒ（线段 $0def$）适用于粉土及砂土土层以下的黏性土；折线Ⓓ（线段 $0ef$）适用于粉土、粉砂、细砂及中砂。当桩端穿越粉土、粉砂、细砂及中砂层底面时，折线Ⓓ估算的 q_{sik} 值需乘以表 15-14 中的系数 ξ_s 值。

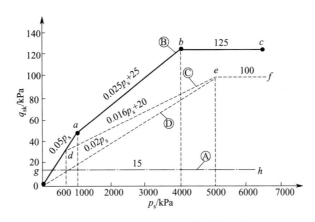

图 15-1　$q_{sk} - p_s$ 曲线

桩端阻力修正系数 α 值按表 15-15 取值。

表 15-14　系数 ξ_s 值

p_s / p_{sl}	$\leqslant 5$	7.5	$\geqslant 10$
ξ_s	1.00	0.50	0.33

注：1. p_s 为桩端穿越的中密～密实砂土、粉土的比贯入阻力平均值；p_{sl} 为砂土、粉土的下卧软土层的比贯入阻力平均值。

2. 采用单桥探头，圆锥底面积为 15cm²，底部带 7cm 高滑套，锥角 60°。

表 15-15　桩端阻力修正系数表

桩入土深度/m	$h<15$	$15\leqslant h\leqslant 30$	$30<h\leqslant 60$
α	0.75	0.75～0.90	0.90

注：桩入土深度 $15\leqslant h\leqslant 30$m 时，$\alpha$ 值直线按 h 值直线内插；h 为基底至桩端全断面的距离（不包括桩尖高度）。

p_{sk} 可按下式计算。

当 $p_{sk1}\leqslant p_{sk2}$ 时，有：

$$p_{sk} = \frac{1}{2}(p_{sk1} + \beta p_{sk2}) \tag{15-7}$$

当 $p_{sk1} > p_{sk2}$ 时，有：

$$p_{sk} = p_{sk2} \tag{15-8}$$

式中，p_{sk1} 为桩端全截面以上 8 倍桩径范围内的比贯入阻力平均值；p_{sk2} 为桩端全截面以下 4 倍桩径范围内的比贯入阻力平均值，如桩端持力层为密实的砂土层，其比贯入阻力平均值 p_s 超过 20MPa 时，则需乘以表 15-16 中系数 c 予以折减后，再计算 p_{sk2} 及 p_{sk1} 值；β 为折减系数，按 p_{sk2}/p_{sk1} 值从表 15-17 中选用。

表 15-16　c 系数

p_s/MPa	20～30	35	>40
系数 c	5/6	2/3	1/2

表 15-17　折减系数 β

p_{sk2}/p_{sk1}	≤5	7.5	12.5	≥15
β	1	5/6	2/3	1/2

注：表 15-16、15-17 可内插取值。

② 根据双桥探头静力触探资料确定混凝土预制桩单桩竖向极限承载力标准值时，对于黏性土、粉土和砂土、如无当地经验时可按式(15-9) 计算：

$$Q_{uk} = u \sum_{i=1}^{n} l_i \beta_i f_{si} + \alpha q_c A_p \tag{15-9}$$

式中，f_{si} 为第 i 层土的探头平均侧阻力；q_c 为桩端平面上、下探头阻力，取桩端平面以上 4d（d 为桩的直径或边长）范围内按土层厚度的探头阻力加权平均值，然后再和桩端平面以下 1d 范围内的探头阻力进行平均；α 为桩端阻力修正系数，对黏性土、粉土取 2/3，饱和砂土取 1/2；β_i 为第 i 层土桩侧阻力综合修正系数，按下式计算。

黏性土、粉土：$\qquad\qquad \beta_i = 10.04 \, (f_{si})^{-0.55} \tag{15-10}$

砂土：$\qquad\qquad\qquad \beta_i = 5.05 \, (f_{si})^{-0.45} \tag{15-11}$

注：双桥探头的圆锥底面积为 15cm^2，锥角 60°，摩擦套筒高 21.85cm，侧面积 300cm^2。

15.3.2.2　土的物理指标法确定单桩承载力

根据土的物理指标与承载力参数之间的经验关系确定单桩竖向极限承载力标准值时，宜按式(15-12) 计算：

$$Q_{uk} = Q_{sk} + Q_{pk} = u \sum_{i=1}^{n} q_{sik} l_i + q_{pk} A_p \tag{15-12}$$

式中，q_{sik} 为桩侧第 i 层土的极限侧阻力标准值，如无当地经验值时，可按表 15-18 取值；q_{pk} 为极限端阻力标准值，如无当地经验值时，可按表 15-21 取值。

式(12-12) 主要用于沉管灌注桩与干作业钻孔桩。对于大直径桩（$d \geqslant 800$mm）单桩竖向极限承载力标准值，可按式(15-13) 计算：

$$Q_{uk} = Q_{sk} + Q_{pk} = u \sum_{i=1}^{n} \psi_{si} q_{sik} l_{si} + \psi_p q_{pk} A_p \tag{15-13}$$

式中，q_{sik} 为桩侧第 i 层土的极限侧阻力标准值，可按表 15-18 取值，对于扩底桩变截面以下不计侧阻力；q_{pk} 为桩径为 800mm 的极限端阻力标准值，可采用深层载荷板试验确定；当不能进行深层载荷板试验时，可采用当地经验值或按表 15-21 取值，对于干作业桩（清底干净）可按表 15-20 取值；ψ_{si}、ψ_p 为大直径桩侧阻、端阻尺寸效应系数，按表 15-22 取值。

表 15-18　桩的极限侧阻力标准值 q_{sik} 　　　　　　　　　　　　　　　　单位：kPa

土的名称	土的状态	混凝土预制桩	水下钻(冲)孔桩	沉管灌注桩	干作业钻孔桩
填土		20～28	18～26	15～22	18～26
淤泥		11～17	10～16	9～13	10～16
淤泥质土		20～28	18～26	15～22	18～26

土的名称	土的状态	混凝土预制桩	水下钻（冲）孔桩	沉管灌注桩	干作业钻孔桩
黏性土	$I_L>1$	21～36	20～34	16～28	20～34
	$0.75<I_L\leqslant1$	36～50	34～48	28～40	34～48
	$0.50<I_L\leqslant0.75$	50～66	48～64	40～52	48～62
	$0.25<I_L\leqslant0.5$	66～82	64～78	52～63	62～76
	$0<I_L\leqslant0.25$	82～91	78～88	63～72	76～86
	$I_L\leqslant0$	91～101	88～98	72～80	86～96
红黏土	$0.75<a_w\leqslant1$	13～32	12～30	10～25	12～30
	$0.5<a_w\leqslant0.7$	32～74	30～70	25～68	30～70
粉土	$e>0.9$	22～44	22～40	16～32	20～40
	$0.75\leqslant e\leqslant0.9$	44～64	40～60	32～50	40～60
	$e<0.75$	64～85	60～80	50～67	60～80
粉细砂	稍密	22～42	22～40	16～32	20～40
	中密	42～63	40～60	32～50	40～60
	密实	63～85	60～80	50～67	60～80
中砂	中密	54～74	50～72	42～58	50～70
	密实	74～95	72～90	58～75	70～90
粗砂	中密	74～95	74～95	58～75	70～90
	密实	95～116	95～116	75～92	90～110
砾砂	中密、密实	116～138	116～135	92～110	110～130

注：1. 对于尚未完成自重固结的填土和杂填土，不计算其侧限力。

2. a_w 为含水比，$a_w=w/w_L$。

3. 对于预制桩，根据土层埋深 h，将 q_{pk} 乘以表 15-19 修正系数。

表 15-19 q_{pk} 乘以下表修正系数

土层埋深 h/m	$\leqslant5$	10	20	$\geqslant30$
修正系数	0.8	1.0	1.1	1.2

表 15-20 干作业桩（清底干净，$D=800$mm）**极限端阻力标准值 q_{pk}** 单位：kPa

土名称		状态		
黏性土		$0.25<I_L\leqslant0.75$	$0<I_L\leqslant0.25$	$I_L\leqslant0$
		800～1800	1800～2400	2400～3000
粉土		$0.75<e\leqslant0.9$	$e\leqslant0.75$	
		1000～1500	1500～2000	
砂土、碎石类土		稍密	中密	密实
	粉砂	500～700	800～1100	1200～2000
	细砂	700～1100	1200～1800	2000～2500
	中砂	1000～2000	2200～3200	3500～5000
	粗砂	1200～2000	2500～3500	4000～5500
	砾砂	1400～2400	2600～4000	5000～7000
	圆砾、角砾	1600～3000	3200～5000	6000～9000
	卵石、碎石	2000～3000	3300～5000	7000～11000

注：1. q_{pk} 取值宜考虑桩端持力层土的状态及桩进入持力层的深度效应，当进入持力层深度 h_b 为：$h_b\leqslant D$，$D<h_b<4D$，$h_b\geqslant4D$；q_{pk} 可分别取较低值、中值、较高值。

2. 砂土密实度可根据标贯击数 N 判定、$N\leqslant10$ 为松散，$10<N\leqslant15$ 为稍密，$15<N\leqslant30$ 为中密，$N>30$ 为密实。

3. 当对沉降要求不严时，可适当提高 q_{pk} 值。

表 15-21   桩的极限端阻力标准值 q_{pk}

单位：kPa

土名称	桩型 / 土的状态	预制桩入土深度/m				水下钻(冲)孔桩入土深度/m			
		$h\leqslant9$	$9<h\leqslant16$	$16<h\leqslant30$	$h>30$	5	10	15	$h>30$
黏性土	$0.75<I_L\leqslant1$	210~840	630~1300	1100~1700	1300~1900	100~150	150~250	250~300	300~450
	$0.50<I_L\leqslant0.75$	840~1700	1500~2100	1900~2500	2300~3200	200~300	350~450	450~550	550~750
	$0.25<I_L\leqslant0.5$	1500~2300	2300~3000	2700~3600	3600~4400	400~500	700~800	800~900	900~1000
	$0<I_L\leqslant0.25$	2500~3800	3800~5100	5100~5900	5900~6800	750~850	1000~1200	1200~1400	1400~1600
粉土	$0.75<e\leqslant0.9$	840~1700	1300~2100	1900~2700	2500~3400	250~350	300~500	450~650	650~850
	$e\leqslant0.75$	1500~2300	2100~3000	2700~3600	3600~4400	550~800	650~900	750~1000	850~1000
粉砂	稍密	800~1600	1500~2100	1900~2500	2100~3000	200~400	350~500	450~600	600~700
	中密、密实	1400~2200	2100~3000	3000~3800	3800~4600	400~500	700~800	800~900	900~1100
细砂	中密、密实	2500~3800	3600~4800	4400~5700	5300~6500	550~650	900~1000	1000~1200	1200~1500
中砂	中密、密实	3600~5100	5100~6300	6300~7200	7000~8000	850~950	1300~1400	1600~1700	1700~1900
粗砂	中密、密实	5700~7400	7400~8400	8400~9500	9500~10300	1400~1500	2000~2200	2300~2400	2300~2500
砾砂	中密、密实	6300~10500				1500~2500			
角砾、圆砾	中密、密实	7400~11600				1800~2800			
碎石、卵石	中密、密实	8400~12700				2000~3000			

土名称	桩型 / 土的状态	沉管灌注桩入土深度/m				干作业钻孔桩入土深度/m		
		5	10	15	>15	5	10	15
黏性土	$0.75<I_L\leqslant1$	400~600	600~750	750~1000	1000~1400	200~400	400~700	700~950
	$0.50<I_L\leqslant0.75$	670~1100	1200~1500	1500~1800	1800~2000	420~630	740~950	950~1200
	$0.25<I_L\leqslant0.5$	1300~2200	2300~2700	2700~3000	3000~3500	850~1100	1500~1700	1700~1900
	$0<I_L\leqslant0.25$	2500~2900	3500~3900	4000~4500	4200~5000	1600~1800	2200~2400	2600~2800
粉土	$0.75<e\leqslant0.9$	1200~1600	1600~1800	1800~2100	2100~2600	600~1000	1000~1400	1400~1600
	$e\leqslant0.75$	1800~2200	2200~2500	2500~3000	3000~3500	1200~1700	1400~1900	1600~2100
粉砂	稍密	800~1300	1300~1800	1800~2000	2000~2400	500~900	1000~1400	1500~1700
	中密、密实	1300~1700	1800~2400	2400~2800	2800~3600	850~1000	1500~1700	1700~1900
细砂	中密、密实	1800~2200	3000~3400	3500~3900	4000~4900	1200~1400	1900~2100	2200~2400
中砂	中密、密实	2800~3200	4400~5000	5200~5500	5500~7000	1800~2000	2800~3000	3300~3500
粗砂	中密、密实	4500~5000	6700~7200	7700~8200	8400~9000	2900~3200	4200~4600	4900~5200
砾砂	中密、密实	5000~8400				3200~5300		
角砾、圆砾	中密、密实	5900~9200						
碎石、卵石	中密、密实	6700~10000						

注：1. 砂土和碎石类土中桩的极限端阻力取值，要综合考虑土的密实度，桩端进入持力层的深度比 h_b/d，土愈密实，h_b/d 愈大，取值愈高。

2. 表中沉管灌注桩系指带端沉管灌注桩。

对于混凝土护壁的大直径挖孔桩，计算单桩竖向承载力时，其设计桩径取护壁外直径。

表 15-22 大直径灌注桩侧阻力尺寸效应系数 ψ_{si}、端阻力尺寸效应系数 ψ_p

土类别	黏性土、粉土	砂土、碎石类土
ψ_{si}	1	$\left(\dfrac{0.8}{D}\right)^{1/3}$
ψ_p	$\left(\dfrac{0.8}{D}\right)^{1/4}$	$\left(\dfrac{0.8}{D}\right)^{1/3}$

15.3.3 群桩承载力与群桩沉降验算

当桩中心距小于或等于 6 倍桩径且桩数超过 9 根（含 9 根）时，可将桩和土作为假想的实体基础，此时桩台、桩和桩间土形成一个整体，在上部荷载作用下一起下沉，这便是群桩作用。验算这类桩基的承载力与沉降时，按实体基础考虑。

15.3.3.1 群桩承载力验算

群桩承载力验算是指验算实体基础底面（桩端平面处）的地基承载力是否满足。常用方法之一是假定荷载从最外一圈的桩顶，以外 $\varphi_0/4$ 的倾角向下扩散传布（φ_0 为桩长范围内各土层的平均内摩擦角），如图 15-2 所示，此时应满足：

中心荷载时：

$$\frac{F+G}{A} \leqslant f \tag{15-14}$$

偏心荷载时：

$$\frac{F+G}{A} + \frac{M_x}{W_x} + \frac{M_y}{W_y} \leqslant 1.2f \tag{15-15}$$

式中，F 为作用于桩基上的竖向荷载设计值；G 为实体基础自重，包括承台自重和承台上土重及图 15-2 中 1234 范围内的土重与桩重；A 为实体基础的底面积。

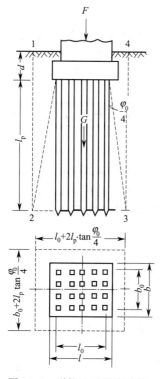

图 15-2 群桩地基强度验算

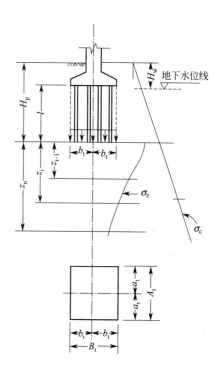

图 15-3 群桩沉降计算模式

$$A = \left(l_0 + 2l_{\mathrm{p}} \cdot \tan \frac{\varphi_0}{4} \right) \left(b_0 + 2l_{\mathrm{p}} \cdot \tan \frac{\varphi_0}{4} \right) \tag{15-16}$$

式中，φ_0 为桩长 l_{p} 范围内各层土的内摩擦角的加权平均值，即 $\varphi_0 = \frac{\sum \varphi_i h_i}{\sum h_i}$，$\varphi_i$ 为第 i 层土的内摩擦角，h_i 为第 i 层土厚度；l_0、b_0 桩端平面处实体基础的长度与宽度；M_{x}、M_{y} 为作用于桩端平面处实体基础底面上，对于桩基主轴的力矩设计值；W_{x}、W_{y} 为桩端平面处实体基础底面积对于桩基主轴的截面抵抗矩；f 为桩端平面处地基承载力设计值。

15.3.3.2 群桩沉降验算

群桩沉降验算时，同样将群桩作为实体基础，所计算的桩基变形值应满足建筑物桩基变形允许值的规定。

实体基础的底面尺寸可按 $\varphi_0/4$ 扩散后的范围取值，亦可按桩端处群桩所占的范围取值，两种取法的计算结果略有差别。

群桩的沉降计算可按浅基础的沉降计算步骤进行，亦即第三节中介绍的沉降计算方法。也可按等效作用分层总和法计算，计算模式如图 15-3 所示，等效作用面位于桩端平面，等效作用面积为桩承台投影面积，等效作用附加应力近似取承台底平均附加应力。等效作用面以下的应力分布采用各向同性均质直线变形体理论，桩基沉降量 s 可用下式表示：

$$s = \psi_{\mathrm{p}} \psi_{\mathrm{e}} s' \tag{15-17}$$

式中，s' 为按分层总和法计算出的桩基沉降量；ψ_{p} 为桩基沉降计算经验系数，当无当地可靠经验时，对非软土地区和软土地区桩端有良好持力层，则 ψ_{p} 取 1.0。对软土地区且桩端无良好持力层，当桩长 $l \leqslant 25\mathrm{m}$ 时，ψ_{p} 取 1.7，桩长 $l > 25\mathrm{m}$ 时，ψ_{p} 取 $(5.9l-20)/(7l-100)$；ψ_{e} 为桩基等效沉降系数，按下式简化计算：

$$\psi_{\mathrm{e}} = c_0 + \frac{n_{\mathrm{b}} - 1}{c_1(n_{\mathrm{b}} - 1) + c_2} \tag{15-18}$$

$$n_{\mathrm{b}} = \sqrt{nB_{\mathrm{c}}/L_{\mathrm{c}}} \tag{15-19}$$

式中，n_{b} 为矩形布桩时的短边布桩数，当布桩不规则时可按式 15-19 近似计算，当 n_{b} 计算值小于 1 时，取 $n_{\mathrm{b}} = 1$；c_0、c_1、c_2 为根据群桩不同距径比（桩中心距与桩径之比）S_{a}/d、长径 L/d 及基础长宽比 $L_{\mathrm{c}}/B_{\mathrm{c}}$ 来确定，可查有关规范中已制好的表格；L_{c}、B_{c}、n 分别为矩形承台的长、宽和总桩数。

桩基沉降计算中的压缩层深度 z_{n} 按应力比法确定，z_{n} 处的附加应力 σ_z 与自重应力 σ_{c} 应满足式(15-20)要求：

$$\sigma_z \leqslant 0.2\sigma_{\mathrm{c}} \tag{15-20}$$

计算桩基沉降时，应考虑相邻基础的影响，采用叠加原理计算；桩基等效沉降系数可按独立基础计算。当桩基形状不规则时，可采用等代矩形面积计算桩基等效沉降系数，等效矩形的长宽比可根据承台实际形状确定。另外，由于桩基础在桩端处的自重应力较大，因此沉降计算时所用的压缩模量应按地基的实际自重应力与附加应力确定。

15.3.4 桩的负摩擦力

桩的负摩擦（阻）力是因为桩周围土层的下沉（地面沉降）对桩产生方向向下的摩阻力。产生负摩擦力的原因主要有：①欠固结软黏土或新填土的自重固结；②大面积堆载使桩周土层下沉；③正常固结软黏土地区地下水位全面下降，有效应力增加引起土层下沉；④湿陷性黄土湿陷引起沉降。负摩擦力的作用使桩上的轴向荷载增大（附加荷载），在负摩擦力较明显的地方，应引起重视。负摩擦力的大小受着多种因素的影响，诸如桩周土与桩端土的强度、土的固结历史、地面荷载、桩的类型及设置方法、地下水位变化以及历时等。因此计算负摩擦力大小是一个较为复杂的问题。大多采用半经验公式或经验估算，主要根据竖向有效应力、土的不排水抗剪强度、土的力学性质指标等进行估算。实际中一般按有效应力估算，即单桩负摩擦力标准值为：

$$q_{si}^n = \zeta_n \sigma_i' \tag{15-21}$$

当降低地下水位时：

$$\sigma_i' = \gamma_i' z_i \tag{15-22}$$

当地面有满布荷载时：

$$\sigma_i' = p + \gamma_i' z_i \tag{15-23}$$

式中，q_{si}^n 为第 i 层土桩侧负摩擦力标准值；ζ_n 为桩周土负摩擦力系数，可按表 15-23 取值；σ_i' 为桩周第 i 层土平均竖向有效应力；γ_i' 为第 i 层土层底以上桩周土按厚度计算的加权平均有效重度；z_i 为自地面起算的第 i 层土中点深度；p 为地面均布荷载。

表 15-23　负摩擦力系数 ζ_n

土　　类	ζ_n	土　　类	ζ_n
饱和软土	0.15～0.25	砂土	0.35～0.50
黏性土、粉土	0.25～0.40	自重湿陷性黄土	0.20～0.35

注：1. 在同一类土中，对于打入桩或沉管灌注桩，取表中较大值，对于钻（冲）挖孔灌注桩，取表中较小值。

2. 填土按其组成取表中同类土的较大值。

3. 当 q_{si}^n 计算值大于正摩擦力时，取正摩擦力值。

对于砂类土，也可按式(15-24)估算负摩擦力标准值：

$$q_{si}^n = \frac{N_i}{5} + 3 \tag{15-24}$$

式中，N_i 为桩周第 i 层土经钻杆长度修正的平均标准贯入试验锤击数。

我国沿海软土地区过去并未考虑负摩擦力问题，也很少发现由于负摩擦力引起的事故，这是因为在桩端可能继续沉降的情况下，负摩擦力可能减小甚至消失。但当桩穿过 15m 以上较厚软土层，且地面下沉速率超过每年 2cm 时，或桩端支承在岩层、砂砾石等硬层上时，所产生的负摩擦力可能较大。此时应考虑桩负摩擦力的作用，并按式(15-25)验算单桩承载力：

$$p + u \sum_{i=1}^{n} \overline{q}_{si}^n \cdot h_i \leq \frac{1}{0.75} q_k \tag{15-25}$$

式中，p 为作用于桩顶的上部结构荷载；u 为桩身周长；h_i 为产生沉降的第 i 层上的厚度；q_{si}^n 为第 i 层土的平均负摩擦力标准值；q_k 为单桩竖向承载力标准值。

15.4　深基坑开挖的岩土工程问题

兴建房屋建筑与构筑物基础，一般都需要进行基坑开挖，尤其在建筑密集的城市中兴建超高层建筑时，为了利用有限的空间及降低基底的净压力，往往设有 1～3 层地下室，有的甚至达 6 层，基坑深度一般都超过 5m，有的达数十米。深浅基坑的划分界线在我国还没有统一标准，在国外有人建议把深度超过 6m 的基坑定为深基坑，小于 6m 的则为浅基坑。浅基坑（包括浅基础的基坑开挖）的岩土工程问题一般较少且不很严重；深基坑的岩土工程问题一般较为复杂且有的较为严重，因此对深基坑应重视岩土工程问题的分析与评价。

基础牢固与否是关系到建筑物安全稳定的首要问题，而基础施工大多从基坑开挖开始。实践证明，基坑开挖工作是否顺利、不仅影响基础施工质量，而且影响施工周期与工程造价。基坑开挖过程中，常遇到基坑壁过量位移或滑移倒塌、坑底卸荷回弹（或隆起）、坑底渗流（或突涌）、基坑流砂等基坑稳定性问题。为防止或抑制这些问题，使基坑开挖与基础施工顺利进行，需要采取相应的防护措施。

最近 20 年，深基坑开挖与支护工程的开展对近代土力学的发展也起了很大的推动作用。主要表现在：以本构关系和有限单元方法为手段，研究支护结构与被支护土体的相互作用；以室内模型试验为依据，研究支护结构刚度对土压力分布的影响及简化计算方法；地下水控制的理论与方法以及以现场监测结果为依据的反分析方法等等。从这个意义上说，对深基坑与支护的研究也具有十分重要的意义。在本节中，不介绍很高深的理论，只对深基坑开挖过程中出现的一般岩土工程问题进行分析与评价。

15.4.1　基坑支护及其土压力

15.4.1.1　基坑支护

在房屋建筑与构筑物的基坑开挖中，尤其是城市中的基坑开挖，由于场地的局限性，大多为有侧壁支护基坑的开挖，即基坑侧壁常要求垂直开挖，如果不采取支护措施，一般基坑侧壁上体是不稳定的。基坑支护工程的作用主要有：①节约施工空间（不放坡开挖）；②保护相邻部位已有构筑物与地下设施的安全；③减小基底隆起；④利用支护结构进行地下水控制；⑤利用支护结构作为永久性结构的一部分等。

支护系统一般由挡土结构与支撑系统组成。

挡土结构系指支护系统中，直接与被支护的岩土体接触并承受土、水压力的结构。常见类型如下。

骨架式结构——分离排列的钢筋混凝土桩或钢桩 ［图 15-4(a)］
连续式结构——钢板桩 ［图 15-4(b)］、钢筋混凝土切线桩 ［图 15-4(c)］、
地下连续墙 ［图 15-4(d)］
半连续式结构——在骨架式结构的钢筋混凝土桩或钢桩之间加隔板 ［图 15-4(e)］、(f)］

支撑系统视支撑的位置，可分为两类：

内支撑系统——支撑的位置在开挖空间以内，即槽内。有斜撑 ［图 15-5(a)］
与横撑 ［图 15-5(b)］ 两种。
外支撑系统——支撑置于被支护土体内，即槽外。常见的有锚杆系统 ［图 15-5(c)］
和拉锚系统 ［图 15-5(d)］。

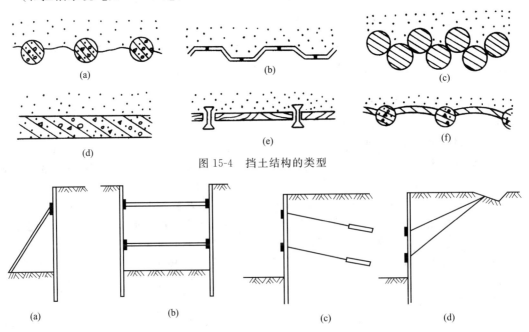

图 15-4　挡土结构的类型

图 15-5　支撑体系的分类

在挡土结构与支撑构件之间，常有腰梁连接。腰梁亦可看作支撑系统的组成部分，其作用是传递支撑力，并将挡土结构与支撑系统连成整体。只有挡土结构而无须用支撑时，便形成悬臂支护结构，浅基坑一般采用此种支护形式。深基坑一般采用悬臂式支护结构加支撑系统，如汉口的深基坑多采用悬臂式支护桩加锚杆等。

15.4.1.2　土压力分析

基坑采取支护措施时，一般都需要分析作用在支护结构上的上压力性质、分布与计算土压力大小。土压力应根据土体经受的侧向变形条件来确定，土压力性质包括静止土压力、主动土压力、被动土压力或与侧向变形条件相应的可能出现的土压力。分析土压力时应考虑场地的工程地质条件、支护结构相对于土体的位移、地面坡度、地面超载、邻近建筑及设施的影响、地下水位及其变化、支护结构体系的刚度、基坑工程的施工方法等。

目前对土压力大小的计算，一般采用朗肯土压力理论或库仑土压力理论。但在实际工程中，情况远比该理论的假定条件复杂得多。其一，土对支护结构的压力不仅与土本身的工程性质（如 c、φ）有关，而且还与支护结构的性质特别是刚度有关，因此土压力的大小与分布状态实际上是被支护土体与支护结构之间相互作用的结果。实测结果表明，支护结构的刚度与支撑方式不同，土压力大小及其分布都有一定的区别。其二，与一般挡土墙不同，支护结构的位移往往受到严格限制，在槽边存在已有结构与设施时更是如此，其位移量往往不允许达到出现极限状态时的主动或被动土压力所要求的位置，那么土压力的数值究竟取多大为宜，就需要依据工程类比与经验，包含相当程度的工程判断。实际中也可进行土压力系数的调整来确定土压力值，即当支护结构经受的侧向变形条件不符合主动、被动极限平衡状态条件时，可将计算的主动或被动土压力系数 K_a、K_p 分别调整为 K_{ma}（主动）、K_{mp}（被动）分别为：$K_{ma}=0.5(K_0+K_a)$、$K_{mp}=(0.5\sim0.7)K_p$（K_0 为静止土压力系数）。至于土压力分布，实测结果表明，对于刚性支护结构而言，只要其上端的水平位移大于下端位移，主动边和被动边的土压力都可看成三角形分布。如果位移足够大，便可按一般的土压力公式计算[如图 15-6(a)]。在某些情况下，如挡土结构嵌入深度过浅或坑底土质很软时，挡土结构下端向坑内方向的水平位移可能大于其上端的位移，此时土压力沿深度将呈抛物线形分布[如图 15-6(b)]，设计时要加以考虑。对于柔性支护结构，由于其本身的变形情况比较复杂，导致土压力的分布情况也较为复杂。

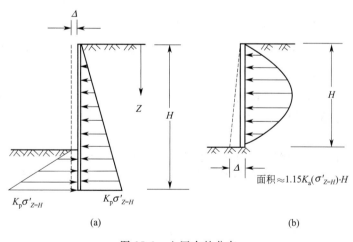

图 15-6　土压力的分布

总之，作用于挡土结构上的土压力取值应根据土压力类型、支护结构类型和允许变形、被支护土体的性质、墙与土之间的摩擦力及挡土结构两面的地面坡度等因素来综合考虑。另外，当存在地下水时，土压力值宜按水压力与土压力分算的原则计算，即作用在支护结构上的侧压力为有效土压力与水压力之和；有效土压力按土的浮重度及有效抗剪强度指标计算。亦可采用水压力与土压力合并计算的原则计算，此时水土合并的压力按土的饱和重度及总应力抗剪强度指标计算。

15.4.2　基坑稳定性分析

15.4.2.1　基坑底卸荷回弹（隆起）

基坑开挖是一种卸荷过程，开挖愈深，初始应力状态的改变就愈大，这就不可避免地引起坑底土体的隆起变形，有的甚至可能由于受到过大的剪应力而导致基底隆起失效。基坑回弹（隆起）不只限于基坑的自身范围，而且要波及四邻地面，引起地面挠曲，对邻近建筑物或设施均产生影响，应引起注意。必要时要组织施工开挖过程中坑内外地面的变形监测，供及时分析趋势和采取措施之需。

在软至中等强度的黏性土（$C_u \approx 12 \sim 50 \mathrm{kPa}$）中进行深基坑开挖时，基坑底抗隆起稳定性可按下式进行验算（计算模式如图 15-7 所示）：

$$\gamma_D = \frac{N_c \tau_0 + \gamma t}{\gamma(h+t)+q} \qquad (15\text{-}26)$$

式中，N_c 为承载力系数，$N_c = 5.14$；τ_0 为由十字板试验确定的总强度，kPa；γ 为土的重度，$\mathrm{kN/m^3}$；γ_D 为入土深度底部土隆起抗力分项系数，即抵抗基底隆起的安全系数，一般要求 $\gamma_D \geqslant 1.4$；t 为支护结构入土深度，m；h 为基坑开挖深度，m；q 为地面均布荷载，kPa。

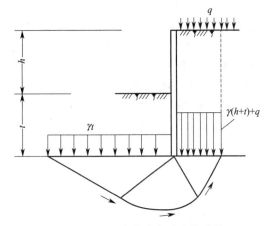

图 15-7　基坑底抗隆起稳定性验算

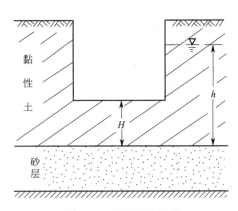

图 15-8　基坑开挖示意

控制基坑回弹（隆起）的措施可采用降低地下水位、冻结法或在基坑开挖后立即浇捣相等重量的混凝土，使基坑的回弹量尽可能减小。

15.4.2.2　基坑底渗透稳定性

如果基坑在黏性土中开挖，且坑底下有承压水存在时，当上覆土层减到一定程度时，承压水水头压力便冲破基坑底板造成渗流（或突涌）现象（图 15-8）。基坑底抗渗流稳定性可按式(15-27) 验算：

$$\gamma_{rw} = \frac{\gamma_m H}{\gamma_w h} \qquad (15\text{-}27)$$

式中，γ_m 为透水层（砂层）以上黏性土的饱和重度，$\mathrm{kN/m^3}$；H 为透水层顶面至基坑底面的垂直距离，m；γ_w 为水的重度，$\mathrm{kN/m^3}$；h 为承压水头高于透水层顶面的高度，m；γ_{rw} 为基坑底土层渗透稳定抗力分项系数。

为使基坑底不因渗流而丧失稳定性，一般要求 $\gamma_{rw} \geqslant 1.2$，如果验算的 $\gamma_{rw} < 1.2$，应采取必要的措施，如降水等。

15.4.2.3　基坑流砂问题

当基坑底以上黏性土中夹有砂或粉土，且地下水位较高，基坑开挖揭露这些夹层时；或者当基坑底部为砂土或粉土、随着基坑开挖加深，水力坡度加大，当动水压力超过砂土或粉土颗粒自重使土颗粒悬浮时，砂或粉土与水一起涌于基坑中，便产生流砂现象。

是否产生流砂现象可按式(15-28)验算：

$$I_{cr} = (\rho_s - 1)(1 - n) \tag{15-28}$$

式中，I_{cr} 为临界水力坡度；ρ_s 为土的颗粒密度；n 为土的孔隙度，以小数计。

当实际水力坡度 I 大于 I_{cr} 时，将发生流砂现象，实际中还要考虑一个大于 1.0 的安全系数。影响流砂现象的因素较多，主要是土的颗粒级配、结构及埋藏条件等。当深挖时水力坡度超过临界水力坡度，又具有以下条件时，就更容易产生流砂现象。

① 土的颗粒组成中，黏粒含量小于 10%，粉、砂粒含量大于 75%。

② 土的不均匀系数小于 5。

③ 土的含水量大于 30%。

④ 土的孔隙比大于 0.75（或土的孔隙度大于 43%）。

⑤ 在黏性土有砂夹层的土层中，砂土或粉土层的厚度大于 25cm。

流砂现象的产生，一方面将严重影响施工（如挖了又涨，无法达到设计标高）；另一方面因流砂使地下掏空，可导致土体丧失稳定性或地面产生塌陷，危及相邻建筑物的安全。防止流砂的措施主要有人工降低地下水位、打板桩或加固坑壁以增长渗流途径减小实际水力坡度等。

15.4.2.4　基坑边坡整体稳定性

在房屋建筑与构筑物的基坑开挖中，在没有采用支护结构之前，基坑边坡（一般为黏性土）整体稳定性一般采用极限平衡理论中的条分法（多采用瑞典条分法）进行估算，从而可确定最危险的滑动面。对于采用支护结构的基坑，稳定性验算仍采用条分法，验算时应将支护结构所产生的抗滑力矩计入总的抗滑力矩之中。

对于桩、墙式围护结构的基坑，其整体稳定性可按式(15-29)验算。

当无地下水时，有：

$$\gamma_{rs} = \frac{\sum(q + \gamma h) b \cos\alpha_i \tan\varphi + \sum cl + M_P/R}{\sum(q + \gamma h) b \sin\alpha_i} \tag{15-29}$$

式中，γ 为土的天然重度，kN/m^3；h 为土条高度，m；α_i 为土条底面中心至圆心连线与垂线的夹角，(°)；φ、c 为土的固结快剪峰值抗剪强度指标，(°)、kPa；l 为每一土条弧面的长度，m；q 为地面超载，kPa；b 为土条宽度，m。

当坑内外有地下水位差时（图 15-9），

$$\gamma_{rs} = \frac{\sum(q + \gamma_1 h_1 + \gamma_2' h_2 + \gamma_3' h_3) b \cos\alpha_i \tan\varphi + cl + M_P/R}{\sum(q + \gamma_1 h_1 + \gamma_2 h_2 + \gamma_3 h_3) b \sin\alpha_i} \tag{15-30}$$

式中，h_1 为每一土条浸润线（地下水位渗流线）以上的高度，m；γ_1 为与 h_1 相应的天然重度，kN/m^3；h_2 为浸润线以下坑内水位以上土条高度，m；γ_2'、γ_2 为与 h_2 相应的土的浮重度与饱和重度，kN/m^3；h_3 为坑内水位以下土条高度，m；γ_3' 为与 h_3 相应的土的浮重度，kN/m^3；M_P 为每延米中的桩产生的抗滑力矩，$kN \cdot m/m$；γ_{rs} 为基坑整体稳定性抗力分项系数；R 为滑动圆弧半径，m。

为保证基坑的整体稳定，一般要求 $\gamma_{rs} \geqslant 1.1 \sim 1.2$，如果黏性土中不计渗流力作用时，应满足 $\gamma_{rs} \geqslant 1.40$。对于支护桩、圆弧切桩时每延米中桩产生的抗滑力矩 M_P 由式(15-31)和

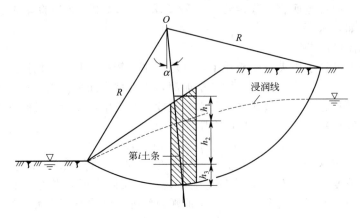

图 15-9　整体稳定性验算

图 15-10 计算确定。

$$M_P = R \cdot cos\alpha_i \sqrt{\dfrac{2M_c \gamma h_i (K_p - K_a)}{d + \Delta d}} \qquad (15\text{-}31)$$

式中，α_i 为桩与滑弧切点至圆心连线与垂线的夹角；M_c 为每根桩身的抗弯弯矩，kN・m/单桩；h_i 为切桩滑弧面至坡面的深度，m；γ 为 h_i 范围内土的重度，kN/m^3；K_p、K_a 为土的被动与主动土压力系数；d 为桩径，m；Δd 为两桩间的净距，m。

对于地连墙支护 $d + \Delta d = 1.0m$。

当滑动弧面切于锚杆时，应计入弧外锚杆抗拉力对圆心产生的抗滑力矩。

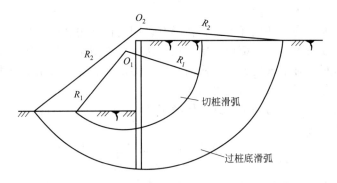

图 15-10　桩抗力力矩计算

15.4.3　地下水控制

当基坑开挖至地下水位以下时，为了防止因地下水作用而引起的渗流、流砂、管涌、坑底隆起、边坡滑塌以及坑外地层过度变形等，保证施工过程中处于疏干和稳态的工作条件下进行开挖，必须做好对地下水的控制工作。基坑工程控制地下水的方法有降低地下水位与隔离地下水两类。对于弱透水地层中的浅基坑，当基坑环境简单、含水层较薄、降水深度较小时，可考虑采用集水明排的方法进行降水；在其他情况下宜采用降水井降水、隔水措施或隔水、降水综合措施。

基坑地下水控制设计应具备下列资料。

① 地层各分层的岩性厚度及顶底板高程。

② 地下水的类型、地下水位标高与动态规律以及各含水层之间的水力联系。

③ 各含水层的补给、径流条件、基坑与附近大型地表水源的距离关系及其水力联系。

④ 各含水层的水文地质及与降水相关的工程地质参数。

⑤ 基坑开挖深度、尺寸，基坑周围建筑与地下管线基础情况，基坑支护结构类型。

⑥ 基坑工程施工季节内的气象资料及基坑维持时间。

15.4.3.1　基坑降水

基坑降水常用的方法是明沟排水和井点降水。明沟排水就是在基坑内或基坑外设置排水沟、集水井（坑），用抽水设备将地下水从集水井（坑）中排出。井点降水是将带有滤管的降水工具沉没到基坑四周的土中，利用各种抽水工具，在不扰动土结构情况下，将地下水位下降至基坑底部以下，以利基坑的开挖。井点降水在深基坑中应用较广，下面将着重介绍该方法。

常用井点类型与适用范围见表 15-24。实际中应根据基坑规模、槽深、环境条件、各土层渗透性和降低水位的深度等合理选择降水井类型。

表 15-24　降水井类型及适用范围表

降水井类型 \\ 适用条件	渗透系数 /(cm/s)	可降低水位深度/m	土 质 类 型
轻型井点及多层轻型井点	$1\times10^{-7}\sim2\times10^{-4}$	<6 6～10	含薄层粉砂的粉质黏土，黏质粉土，砂质粉土，粉细砂
喷射井点	$1\times10^{-7}\sim2\times10^{-4}$	8～20	含薄层粉砂的粉质黏土，黏质粉土，砂质粉土，粉细砂
电渗井点	$<1\times10^{-7}$	根据选定的井点确定	黏土，淤泥质黏土，粉质黏土
管井	$>1\times10^{-6}$	>10	含薄层粉砂的粉质黏土，砂质粉土，各类砂土，砾砂，卵石
砂（砾）渗井	$>5\times10^{-7}$	根据下伏导水层的性质及埋深确定	含薄层粉砂的粉质黏土，黏质粉土，砂质粉土，粉土，粉细砂

基坑降水首先应进行基坑降水内容的设计，设计内容主要有：①确定降水井类型；②降水井系统的布设，包括井数、井深、井距、井径、过滤管、人工滤层、单井出水量、水位与地面沉降的监测等；③预测降水效果，包括基坑内外典型部位的最终稳定水位及水位降深随时间的变化，降水引起的沉降及对邻近建筑物、地下管线等的影响；④设置回灌井时，应进行回灌系统的设计。

井点的平面布置尽可能使井点能包围基坑，并考虑地下水流向、降水深度和土质等因素，布置成环形、U 形或线形，目的是使基坑中心水位降到最低。当基坑宽度小于 6m，降深不超过 5m 时，可采用单层轻型井点；若要求降水深度大于 5m、基坑宽度大于 6m 时，可采用多层轻型井点；井点距坑边约 0.5～1.0m。

基坑降水的井数、井深、井距及单井出水量等可通过计算确定。在房屋建筑与构筑物的基坑降水中，多采用轻型井点或多层轻型井点类型，下面介绍该井点类型的一些有关计算。

（1）井点的埋设深度　井点管的埋深必须满足使地下水位下降到基坑底面以下 0.5～1.0m 的要求，可由式(15-32)确定（图 15-11）：

$$h=h_1+h_2+\Delta h+i\cdot L_1+L \tag{15-32}$$

式中，h 为井点管底部的埋设深度，m；h_1 为基坑底面离原地下水位的距离，m；h_2 为地下水位到集水总管的距离，m；为了充分发挥井点的效率，一般把总管放在距地下水位以上 0.5～1.0m 的平台上；Δh 为水位降低后地下水位距基底面的安全距离，m，一般为 0.5～1.0m；L_1 为井点管中心线到基坑中心线的水平距离，m；i 为水力坡度，一般可取 1/10；L 为滤管长度，m。

求算出 h 后，为安全计，一般宜增加 $\frac{1}{2}L$。

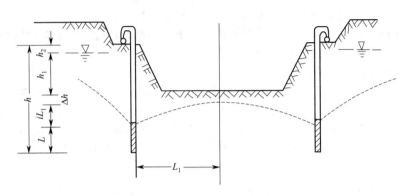

图 15-11　井点管埋设深度

（2）基坑总涌水量　当矩形基坑的长宽比小于 5，或基坑宽度小于抽水影响半径 R 的 2 倍时，基坑的总涌水量 Q（m^3/d）为：

$$Q = 1.366K \cdot \frac{(H^2 - h^2)}{\lg \dfrac{R + r_0}{r_0}} \tag{15-33}$$

或

$$Q = 1.366K \cdot \frac{(2H - s)s}{\lg \dfrac{R + r_0}{r_0}} \tag{15-34}$$

式中，K 为土的渗透系数，m/d；H 为含水层厚度，m；h 为抽水时井点系统中心的降水深度到不透水层顶面的高度，m，即 $h = H - s$；s 为设计水位降深，m；R 为抽水影响半径，m，可根据稳定流抽水试验确定，或用经验数据；r_0 为基坑换算半径，m，矩形或不规则形基坑 $r_0 = 0.564 \sqrt{F}$，F 为基坑面积。

（3）单井干扰出水量 q（m^3/d）

$$q = \pi \cdot 2r \cdot L \frac{\sqrt{k}}{15} \tag{15-35}$$

式中，$2r$ 为滤管的直径，m；L 为滤管长度，m，一般取 $1.0 \sim 1.7m$。

（4）降水井数量 n 与井点间距 a

$$n = Q/q \tag{15-36}$$

$$a = l/(n-1) \tag{15-37}$$

式中　l 为沿基坑周边布置降水井的总长度，m；a 为降水井间距，一般要求大于 $15d$（d 为滤管外径）。

为了防止井点管因故堵塞或漏气而影响抽水效率，往往把计算所得的井点数量 n 再增加 10%左右。

（5）降水引起的地面沉降　地下水位下降后，地基应力发生变化，地面出现沉降，井点降水引起周围地面的最终沉降可按式（12-38）计算：

$$S_\infty = \sum (a_{i1-2} \Delta p_i \cdot \Delta h_i)/(1 + e_{oi}) \tag{15-38}$$

式中，S_∞ 为最终沉降量，mm；a_{i1-2} 为第 i 层土 $100 \sim 200kPa$ 的压缩系数，kPa^{-1}；e_{oi} 为第 i 层土的初始孔隙比；Δp_i 为第 i 层土因降水产生的附加应力，kPa；Δh_i 为第 i 层土的厚度，mm。

基坑降水引起的地基变形加上基坑开挖本身引起的地基变形，对周围的建筑物、地下管线以及其他设施必然产生影响，当环境对这类影响的承受能力有限时，必须采取措施以减轻或防止对周围环境的影响，如在降水井与受保护对象之间设置回灌井、回灌砂井、砂沟或设置圈体帷幕、水力帷幕等。

（6）监测工作　在基坑降水过程中，必须做好监测工作，监测内容主要包括：对降水井应定时测定地下水位，及时掌握井内地下水位的变化，确保水泵正常运行；在基坑中心或群井干扰最小处及基坑四周，宜布设一定数量的观测孔，定时测定地下水位，掌握基坑内外地下水位的变化；临近基坑的建筑物及各类地下管线应设置沉降点，定时观测其沉降，掌握沉降量及变化趋势。

基坑降水的停止降水时间宜根据工程实际要求及地下结构施工情况确定。

15.4.3.2　基坑隔水

基坑隔水就是采取隔离地下水的措施，阻止地下水向基坑内流动。主要措施有地下连续墙、连续排列的排桩墙、隔水帷幕、坑底水平封底隔水等。

采用隔水应因地制宜，必须查清场区及邻近场地的地层结构、水文地质特征，了解地下水渗流规律、基坑出水量、隔水帷幕内外的水压力差和坑底浮力，以此作为隔水帷幕或封底底板厚度设计的依据。隔水帷幕及封底底板设计应经过计算分析或结合已有工程经验进行，必要时应通过现场试验，确定设计方案、施工参数，并采取保证质量的措施。采用地下连续墙或隔水帷幕隔离地下水，宜将其插入含水层底板以下 $2\sim3m$，隔水帷幕渗透系数宜小于 $1.0\times10^{-7}cm/s$。

根据场地的工程地质和环境条件，有时可采取基坑隔离地下水措施（全封闭隔离地下水除外）与降水井降低或疏干坑内地下水措施结合使用。

15.5　房屋建筑与构筑物岩土工程勘察要点

15.5.1　勘察的主要内容

对房屋建筑与构筑物的岩土工程勘察应与设计阶段相适应，分阶段进行，并且要明确建筑物的荷载、结构特点、对变形的要求和有关的功能上的特殊要求，有时还要估计到可能采用的地基基础的设计施工方案，做到工作有鲜明的目的性和针对性。

岩土工程勘察一般有下列主要内容。

① 查明与场地稳定性有关的问题

a. 大的断裂构造的位置关系、规模、力学性质、与场地和地基利用的关系、活动性及其与区域和当地地震活动的关系。

b. 在强震作用下场地与地基岩土内可能产生的不利地震效应，如饱和砂土液化、松软土震陷、斜坡滑坍、采空区地面塌陷等。

c. 滑坡或不稳定斜坡的存在，可能的危害程度。

d. 岩溶作用的程度及其对地基可靠性的影响。

e. 人为的或天然的因素引起的地面沉降、挠折、破裂或塌陷的存在及其危害等。

② 查明岩土层的种类、成分、厚度及坡度变化等，对岩土层特别是基础下持力层（天然地基或桩基等人工地基）和下卧层的岩土工程性质，特别是黏性土层的岩土工程性质，宜从应力历史的角度进行解释与研究。

③ 查明潜水和承压水层的分布、水位、水质、各含水层之间的水力联系，获得必要的渗透系数等水文地质计算参数。

④ 利用上述资料，提供岩土工程评价和设计、施工需要的岩土强度、压缩性等供岩土工程设计计算用的岩土技术参数（指标）。

⑤ 确定地基承载力，对建筑物的沉降与整体倾斜进行必要的分析预测；提出地基基础设计方案比较和建议，包括重要的地基基础施工措施的建议。

⑥ 在岩土工程分析中，必要时应分析地基与上部结构的协同作用，做到地基基础和结构设计更加协调和经济合理。

15.5.2　勘察阶段的划分及各阶段任务要求

房屋建筑与构筑物的岩土工程勘察阶段一般划分为可行性研究勘察阶段、初步勘察阶段与详细勘察阶段。对于单体建筑物如高层建筑或高耸建筑物，其勘察阶段一般划分为初步勘察阶段和详细勘察阶段两个阶段。当工程规模较小且要求不太高、工程地质条件较好时，初步勘察与详细勘察可合并为一个勘察去完成。当建筑场地的工程地质条件复杂或有特殊施工要求的重大建筑地基，或基槽开挖后地质情况与原勘察资料严重不符而可能影响工程质量时，尚应配合设计和施工进行补充性的地质工作或施工岩土工程勘察。各勘察阶段的任务要求分述如下。

15.5.2.1　可行性研究勘察阶段

这一阶段的工作重点是对拟建场地的稳定性和适宜性作出评价，其任务要求主要为以下几点。

① 搜集区域地质、地形地貌、地震、矿产和附近地区的工程地质资料及当地的建筑经验。

② 在搜集和分析已有资料的基础上，通过踏勘，了解场地的地层、构造、岩石和土的性质、不良地质现象及地下水等工程地质条件。不良地质现象包括滑坡、崩塌、泥石流、岩溶、土洞、活断层、洪水淹没及水流对岸边的冲蚀等。

③ 对工程地质条件复杂，已有资料不能符合要求，但其他方面条件较好且倾向于选取的场地，应根据具体情况进行工程地质测绘及必要的勘探工作。

在确定建筑场地时，在工程地质条件方面，宜避开下列地区或地段：不良地质现象发育及对场地稳定性有直接危害或潜在威胁的；地基土性质严重不良的；对建筑物抗震危险的；洪水或地下水对建筑场地有严重不良影响的；地下有未开采的有价值矿藏或未稳定的地下采空区。

该阶段作为厂址选择来讲称为选厂勘察阶段，其主要任务是，首先在几个可能作为厂址的场地中进行调查，从主要工程地质条件方面收集资料，并分别对各场地的建厂适宜性作出明确的结论，然后配合有关选厂的其他有关人员，从工程技术、施工条件、使用要求和经济效益等方面进行全面考虑，综合分析对比，最后选择一个比较优良的厂址。

15.5.2.2　初步勘察阶段

(1) 任务与要求　初步勘察是在可行性勘察基础上，根据已掌握的资料和实际需要进行工程地质测绘或调查以及勘探测试工作，为确定建筑物的平面位置，主要建筑物地基类型以及不良地质现象防治工程方案提供资料，对场地内建筑物地段的稳定性作出岩土工程评价，其主要工作内容如下。

① 搜集可行性研究阶段岩土工程勘察报告，取得建筑区范围的地形图及有关工程性质、规模的文件。

② 初步查明地层、构造、岩土物理力学性质、地下水埋藏条件以及冻结深度。

③ 查明场地不良地质现象的类型、规模、成因、分布、对场地稳定性的影响及其发展趋势。

④ 对抗震设防烈度大于或等于 7 度的场地，应判定场地和地基的地震效应。

(2) 勘探工作　勘探点、线、网的布置应符合下列要求：勘探线应垂直地貌单元边界线、地质构造线及地层界线。勘探点宜按勘探线布置，并在每个地貌单元及其交接部位布置勘探点，在微地貌和地层变化较大的地段，勘探点应予以加密。在地形平坦地区，可按方格网布置勘探点。勘探线、勘探点间距与勘探孔深度可根据岩土工程勘察等级按表 15-25 与表

15-26 确定。

<table>
<tr><td colspan="3">表 15-25　勘探线、点间距</td></tr>
<tr><td colspan="3" align="right">单位：m</td></tr>
</table>

岩土工程勘察等级	线距	点距
一级	50～100	30～50
二级	75～150	40～100
三级	150～300	75～200

注：表中间距不适用于地球物理勘探。

表 15-26　勘探孔深度表

单位：m

勘探孔类别 岩土工程勘察等级	一般性勘探孔	控制性勘探孔
一级	≥15	≥30
二级	8～15	15～30
三级	≤8	≤15

注：1. 勘探孔包括钻孔、探井、铲孔及原位测试孔。
2. 进行波速测试、旁压试验、长期观测等钻孔除外。

　　勘探过程中，控制性勘探孔宜占勘探孔总数的 1/5～1/3，且每个地貌单元或每幢重要建筑物均应有控制性勘探孔。当遇到下列情况之一时，应适当增减勘探孔深度：当场地地形起伏较大时，应根据预计的整平地面标高调整孔深；在预定深度内遇基岩时，除控制性勘探孔应钻入基岩适当深度外，其他勘探孔在确认达到基岩后即可终孔；当预计基础埋深以下有厚度超过 3～5m 且分布均匀的坚实土层（如碎石土、老堆积土等）时，控制性勘探孔应达到规定深度外，其他勘探孔深度可适当减小；当预定深度内有软弱地层时，勘探孔深度应适当加大。

　　（3）取样与测试　为了解岩土体的岩土工程性质在水平和垂直方向的变化规律，适当选择某些坑孔取原状土样进行室内试验和一定数量的原位测试工作，取土试样和进行原位测试的勘探孔（井）宜在平面上均匀分布，其数量可占勘探孔总数的 1/4～1/2。取土试样或原位测试的数量和竖向间距，应按地层特点和土的均匀程度确定，每层土均应采取土试样或进行原位测试，其数量不得少于 6 个。

　　（4）水文地质工作　调查地下水类型、补给和排泄条件，实测地下水位，并初步确定其变化幅度；必要时应设长期观测孔。当需绘制地下水等水位线图时，应统一观测地下水位。当地下水有可能浸湿或浸没基础时，应根据其埋藏特征采取有代表性的水试样进行腐蚀性分析。其取样地点不宜少于 2 处。

15.5.2.3　详细勘察阶段

　　（1）任务与要求　详细勘察一般是在工程平面位置，地面整平标高，工程的性质、规模、结构特点已经确定，基础形式和埋深已有初步方案的情况下进行的，是各勘察阶段中最重要的一次勘察，且主要是最终确定地基和基础方案，为地基和基础设计计算提供依据。该阶段应按不同建筑物或建筑群提出详细的岩土工程资料和设计所需的岩土技术参数；对建筑地基应作出岩土工程分析评价，并应对基础设计、地基处理、不良地质现象的防治等具体方案作出论证和建议，主要应进行下列工作。

　　① 取得附有坐标及地形的建筑物总平面布置图，各建筑物的地面整平标高，建筑物的性质、规模、结构特点，可能采取的基础形式、尺寸、预计埋置深度，对地基基础设计的特殊要求。

　　② 查明不良地质现象的成因、类型、分布范围、发展趋势及危害程度，并提出评价与整治所需的岩土技术参数和整治方案建议。

　　③ 查明建筑物范围各层岩土的类别、结构、厚度、坡度、工程特性，计算和评价地基的稳定性和承载力。

　　④ 对需进行沉降计算的建筑物，提供地基变形计算参数，预测建筑物的沉降、差异沉降或整体倾斜。

　　⑤ 对抗震设防烈度大于或等于 6 度的场地，应划分场地土类型和场地类别；对抗震设

防烈度大于或等于 7 度的场地，尚应分析预测地震效应，判定饱和砂土或饱和粉土的地震液化，并应计算液化指数。

⑥ 查明地下水的埋藏条件。当基坑降水设计时尚应查明水位变化幅度与规律，提供地层的渗透性。

⑦ 判定环境水和土对建筑材料和金属的腐蚀性。

⑧ 判定地基土及地下水在建筑物施工和使用期间可能产生的变化及其对工程的影响，提出防治措施及建议。

⑨ 对深基坑开挖尚应提供稳定计算和支护设计所需的岩土技术参数；论证和评价基坑开挖、降水等对邻近工程的影响。

⑩ 提供桩基设计所需的岩土技术参数，并确定单桩承载力；提出桩的类型、长度和施工方法等建议。

（2）勘探工作　详细勘察的勘探点布置应按岩土工程勘察等级确定。对安全等级为一级、二级的建筑物，宜按主要柱列线或建筑物的周边线布置勘探点；对三级建筑物可按建筑物或建筑群的范围布置勘探点；对重大设备基础应单独布置勘探点；对重大的动力机器基础，勘探点不宜少于 3 个。在复杂地质条件或特殊岩土地区宜布置适量的探井。高耸构筑物应专门布置必要数量的勘探点。详细勘察的勘探点间距可按表 15-27 确定。

表 15-27　勘探点间距　　　　　　　　　　　　　　　　单位：m

岩土工程勘察等级	间距	岩土工程勘察等级	间距
一级	15～35	三级	40～65
二级	25～45		

详细勘察勘探孔的深度自基础底面算起。对按承载力计算的地基，勘探孔深度应能控制地基主要受力层。当基础底面宽度 b 不大于 5m 时，勘探孔深度对条形基础应为基础底面宽度的 3 倍；对单独柱基应为 1.5 倍。但不应小于 5m。大型设备基础勘探孔深度不宜小于基础底面宽度的 2～3 倍。对需要进行变形验算的地基，控制性勘探孔的深度应超过地基沉降计算深度，并考虑相邻基础的影响，其深度可按表 15-28 确定。当有大面积地面堆载或软弱下卧层时，应适当加深勘探孔深度。

高层建筑详细勘探点的布置除按上述要求外，还应满足下列要求：勘探点应按建筑物周边线布置，角点和中心点应有勘探点。勘探点的布置应满足纵横方向对地层结构和均匀性的评价要求，其间距宜取 15～35m。高层建筑群可共用勘探点或按网格布点。特殊体型的建筑物应按其体型变化布置勘探点。单幢高层建筑的勘探点不应少于 4 个，其中控制性勘探点不宜少于 3 个。

表 15-28　控制性勘探孔深度表　　　　　　　　　　　　单位：m

基础底面宽度 b	勘探孔深度		
	软土	一般黏性土、粉土及砂土	老堆积土、密实砂土及碎石土
$b \leqslant 5$	$3.5b$	$3.0b \sim 3.5b$	$3.0b$
$5 < b \leqslant 10$	$2.5b \sim 3.5b$	$2.0b \sim 3.0b$	$1.5b \sim 3.0b$
$10 < b \leqslant 20$	$2.0b \sim 2.5b$	$1.5b \sim 2.0b$	$1.0b \sim 1.5b$
$20 < b \leqslant 40$	$1.5b \sim 2.0b$	$1.2b \sim 1.5b$	$0.8b \sim 1.0b$
$b > 40$	$1.3b \sim 1.5b$	$1.0b \sim 1.2b$	$0.6b \sim 0.8b$

注：1. 表内数据适用于均质地基，当地基为多层土时可根据罗列数值予以调整。

2. 圆形基础可采用直径 d 代替基础底面宽度。

对于采用箱形基础或筏板基础时的高层建筑，控制性勘探孔深度应大于压缩层的下限；一般性勘探孔应能控制主要受力层，亦可按式(15-39) 计算：

$$z = d + \alpha b \tag{15-39}$$

式中，z 为勘探孔深度，m；d 为箱基或筏基的埋深，m；b 为基础底面宽度，m，对圆形或环形基础按最大直径考虑；α 为与压缩层深度有关的经验系数，可按表 15-29 取值。

表 15-29　经验系数 α 值

土的类别 勘察孔类别	碎石土	砂土	粉土	黏性土(含黄土)	软土
控制孔	0.5～0.7	0.7～0.9	0.9～1.2	1.0～1.5	2.0
一般孔	0.3～0.4	0.4～0.5	0.5～0.7	0.6～0.9	1.0

注：表中 α 值，当土的堆积年代老、密实或在地下水位以上时取小值，反之取大值。

对于采用桩基础或墩基础的建筑物，勘探点的布置应控制持力层层面坡度、厚度及岩土性状，其间距宜 10～30m。相邻勘探点的持力层层面高差不应超过 1～2m。当层面高差或岩土性质变化较大时，应适当加密。当岩土条件复杂时，每个大口径的桩或墩宜布置一个勘探点。当需要计算沉降时，应取勘探孔总数的 1/3～1/2 作为控制性孔，其深度应达到压缩层计算深度或在桩尖下取基础底面宽度的 1.0～1.5 倍。当在该深度范围内遇坚硬岩土层时，可终止勘探。一般性勘探孔深度宜进入持力层 3～5m。大口径桩或墩，其勘探孔深度应达到桩尖下桩径的 3 倍。

（3）取样与测试　详细勘察的取土试样和进行原位测试的孔（井）数量，应按地基土的均匀性和设计要求确定，并宜取勘探孔总数的 1/2～2/3，对安全等级为一级的建筑物每幢不得少于 3 个孔。取土试样和原位测试点的竖向间距，在地基主要受力层内宜为 1～2m；对每个场地或每幢安全等级为一级的建筑物，每一主要土层的原状土样不应少于 6 件；同一土层的孔内原位测试数据不应少于 6 组。在地基主要持力层内，对厚度大于 50cm 的夹层或透镜体应采取土试样或进行孔内原位测试。当土质不均或结构松散难以采取土试样时，可采用原位测试。对于高层建筑，当需要计算倾斜时，四个角点均应有取土孔。

（4）水文地质工作　进一步查明地下水类型、补给和排泄条件。对地下水位，可在钻孔或探井内直接量测初见水位和静止水位，静止水位的量测应有一定的稳定时间，其稳定时间按含水地层的渗透性确定，需要时宜在勘察结束后统一量测静止水位；对多层含水层的水位量测，必要时应采取止水措施与其他含水层隔开。当需进一步查明地下水对建筑材料的腐蚀性或有其他特殊要求时，应采取代表天然条件下水质情况的水试样进行化学分析。在基坑开挖及地下工程施工中，对地下水进行疏干或降压可采用井点降水；当工程规模较小、施工条件简单，且水量不大时，可采用重力排水或集水坑排水，在此之前，应根据施工降水（或排水）和邻近工程保护的需要，提供降水设计所需的计算参数和方案建议，必要时应进行抽水试验等水文地质测试。

15.5.2.4　施工勘察

施工勘察不是一个固定的勘察阶段，主要是解决施工中遇到的岩土工程问题。对安全等级为一级、二级的建筑物，应进行施工验槽。基槽开挖后，如果岩土条件与原勘察资料不符，应进行施工勘察。此外，在地基处理及深基开挖施工中，宜进行检验和监测工作；如果施工中出现有边坡失稳危险，应查明原因，进行监测并提出处理意见。

思　考　题

1. 在房屋建筑和构筑物中，常见的岩土工程问题有哪些？

2. 如何确定地基承载力？不同的地基的承载力标准值在什么范围内？

3. 地基承载力计算时如何进行深度和宽度的修正？

4. 如何确定单桩承载力和群桩承载力？

5. 何为桩的负摩阻力？其对于桩的承载力有何影响？对桩身的应力分布有何影响？

6. 基坑的稳定性分析包括哪些方面？分别如何计算？

7. 房屋建筑与构筑物的岩土工程勘察内容有哪些？不同勘察阶段主要任务有哪些？

第16章　地下洞室工程

16.1　概述

人工开挖或天然存在于岩土体内作为各种用途的构筑物统称为地下洞室，也有称为地下建筑或地下工程的。较早出现的地下洞室是人类为了居住而开挖的窑洞和采掘地下资源而挖掘的矿山巷道，如我国铜绿山古铜矿遗址留下的地下采矿巷道，其开采年代最晚始于西周（距今约 3000 年）。但其规模和埋深都很小。随着生产的不断发展，地下洞室的规模和埋深也在不断增大，目前，地下洞室最大埋深可达 2500m，跨度已超过 50m，且其用途也越来越广。

地下洞室按其用途可分为交通隧道、水工隧洞、矿山巷道、地下厂房和仓库、地下铁道及地下军事工程等类型；按其内壁是否有内水压力作用可分为无压洞室和有压洞室两类；按其断而形状可分为圆形、矩形、城门洞形和马蹄形等类型；按洞室轴线与水平面的关系可分为水平洞室、竖井和倾斜洞室三类；按围岩介质类型可分为土洞和岩洞两类；另外还有人工洞室与天然洞室之分等。各种类型的地下洞室，所产生的岩土工程问题不尽相同，对地质条件的要求也不同，因而所采用的研究方法和研究内容也是有区别的。本章主要讨论单个水平人工岩石洞室的岩土工程勘察与评价。

地下洞室是以岩土体作为其建筑材料与环境的。因此，它的安全、经济和正常运营都与其所处的地质环境密切相关。由于地下开挖破坏了岩土体的初始平衡状态，因而引起岩土体内应力、应变的重新分布。如果重分布应力、应变超过了岩土体的承受能力，围岩将产生破坏。为了维护地下洞室的稳定性，就要进行支护衬砌，以保证其安全和正常使用，变形与破坏的围岩作用于支衬上的压力称为围岩压力。在有压洞室中，常存在很高的内水压力作用于洞室衬砌上，使衬砌产生变形并把压力传递给围岩，这时围岩将产生一个反力，称为围岩抗力。因此，围岩应力、围岩压力、围岩变形与破坏及围岩抗力是地下洞室主要的岩土工程问题。除此之外，在某些特殊地质条件下开挖地下洞室时，还存在诸如坑道涌水、有害气体及地温等岩土工程问题。

本章将主要讨论围岩分类、围岩稳定性评价、地下洞室位址选择、地下洞室岩土工程勘察等问题。关于地下洞室围岩应力、围岩变形与破坏、围岩压力坑道涌水、有害气体及地温等问题，限于篇幅，在此不予讨论（可参考同系列教材《岩体力学》，刘佑荣、唐辉明，2008）。

16.2　地下洞室围岩分类

围岩分类是地下洞室围岩稳定性分析的基础、也是解决地下洞室设计和施工工艺标准化的一个重要途径。从岩体工程地质特征出发，总结在各种围岩条件下的支护结构和施工工艺方面成功和失败经验教训的基础上，经过分析概括，即可将围岩归纳划分成几类。

目前国内外已提出的围岩分类方案有数十种之多。有定性的，也有定量的分类；有单一因素分类，也有考虑多种因素的综合分类。分类原则和考虑的因素也不尽相同，但岩体完整性、成层条件、岩块强度、结构面发育情况及地下水等因素，在各种分类中都不同程度地考虑到了。下面主要介绍几种国内外应用较广、影响较大的分类方法。除这些分类方法外，中科院提出的《岩体结构分类》，铁道部提出的《铁路隧道围岩分类》，原国家建委提出的《人工岩石洞室围岩分类》等，在国内应用也很广泛，均可在实践工作中，根据具体岩体条件和工程类型选用。

16.2.1　洞室围岩质量分级

国标《工程岩体分级标准》(GB 50218—94，1995) 提出按岩体基本质量指标 BQ 进行分级，BQ 的表达式为：

$$BQ = 90 + 3\sigma_c + 250K_v \tag{16-1}$$

式中，σ_c 为岩石（块）饱和单轴抗压强度，MPa；K_v 为岩体完整性系数。

应用时，当 $\sigma_c > 90K_v + 30$ 时，以 $\sigma_c = 90K_v + 30$ 和 K_v 代入式(13-10) 计算 BQ 值；当 $K_v > 0.04\sigma_c + 0.4$ 时，以 $K_v > 0.04\sigma_c + 0.4$ 和 σ_c 代入式(13-10) 计算 BQ 值。K_v 用声波试验资料按式(16-2) 确定：

$$K_v = \left(\frac{v_{pm}}{v_{pr}}\right)^2 \tag{16-2}$$

式中，v_{pm} 为岩体纵波速度；v_{pr} 为岩块纵波速度。当无测试资料时，也可用岩体体积节理数（单位岩体体积内结构面条数）J_v，查表 16-1 求得 K_v 值。

表 16-1　J_v 与 K_v 对照

J_v(条/m³)	<3	3～10	10～20	20～35	>35
K_v	>0.75	0.75～0.55	0.55～0.35	0.35～0.15	<0.15

岩体的基本质量指标主要考虑了组成岩体岩石的坚硬程度和岩体完整性。依据 BQ 值和岩体质量定性特征将岩体划分为如表 16-2 的 5 级。

表 16-2　围岩质量分级

质量级别	岩体基本质量的定性特征	岩体基本质量指标(BQ)
I	坚硬岩($\sigma_c > 60$MPA)，岩体完整($K_v > 0.75$)	>550
II	坚硬岩($\sigma_c > 60$MPA)，岩体较完整($K_v = 0.75 \sim 0.55$) 较坚硬岩($\sigma_c = 60 \sim 30$MPA)，岩体完整($K_v > 0.75$)	550～451
III	坚硬岩($\sigma_c > 60$MPA)，岩体较破碎($K_v = 0.55 \sim 0.35$) 较坚硬岩($\sigma_c = 60 \sim 30$MPA)或较硬岩互层，岩体较完整($K_v = 0.75 \sim 0.55$) 较软岩($\sigma_c = 30 \sim 15$MPA)，岩体完整($K_v > 0.75$)	450～351
IV	坚硬岩($\sigma_c > 60$MPA)，岩体破碎($K_v = 0.35 \sim 0.15$) 较坚硬岩($\sigma_c = 60 \sim 30$MPA)，岩体较破碎至破碎($K_v = 0.55 \sim 0.15$) 较软岩($\sigma_c = 30 \sim 15$MPA)或较硬岩互层，且以软岩为主，岩体较完整至较破碎($K_v = 0.75 \sim 0.35$) 软岩($\sigma_c = 15 \sim 5$MPA)，岩体完整至较完整($K_v = 0.75 \sim 0.55$)	350～251
V	较软岩($\sigma_c = 30 \sim 15$MPA)，岩体破碎($K_v = 0.55 \sim 0.35$) 软岩($\sigma_c = 15 \sim 5$MPA)，岩体较破碎至破碎($K_v = 0.55 \sim 0.15$) 全部极软岩($\sigma_c < 5$MPA)及全部极破碎岩($K_v < 0.15$)	≤250

当洞室围岩处于高天然应力区或围岩中有不利稳定的软弱结构面或地下水存在时，岩体的基本质量指标应进行修正，修正值 [BQ] 按式(16-3) 计算：

$$[BQ] = BQ - 100(K_1 + K_2 + K_3) \tag{16-3}$$

式中，K_1 为地下水影响的修正系数，按表 16-3 确定；K_2 为主要软弱结构面产状影响的修正系数，按表 16-4 确定；K_3 为天然应力影响的修正系数，按表 16-5 确定。

表 16-3　地下水影响修正系数（K_1）

K_1　　　　BQ 地下水出水状态	＞450	450～351	350～251	＜250
潮湿或点滴状出水	0	0.1	0.2～0.3	0.4～0.6
淋雨状或涌流状出水，水压≤0.1MPa 或单位出水量＜10L/(min·m)	0.1	0.2～0.3	0.4～0.6	0.7～0.9
淋雨状或涌流状出水，水压＞0.1MPa 或单位出水量＞10L/(min·m)	0.2	0.4～0.6	0.7～0.9	1.0

表 16-4　主要软弱结构面产状影响修正系数（K_2）

结构面产状及其与洞轴线 的组合关系	结构面走向与洞轴线夹角 $\alpha<30°$， 倾角 $\beta=30°～75°$	结构面走向与洞轴线夹角 $\alpha>60°$， 倾角 $\beta>75°$	其他组合
K_2	0.4～0.6	0～0.2	0.2～0.4

表 16-5　天然应力影响修正系数（K_3）表

K_3　　　　BQ 天然应力状态	＞550	550～451	450～351	350～251	＜250
极高应力区	1.0	1.0	1.0～1.5	1.0～1.5	1.0
高应力区	0.5	0.5	0.5	0.5～1.0	0.5～1.0

注：极高应力指 $\sigma_c/\sigma_{max}<4$，高应力指 $\sigma_c/\sigma_{max}=4～7$。$\sigma_c$ 为岩石饱和单轴抗压强度；σ_{max} 为垂直洞轴线方向平面的最大天然应力。

根据修正值 [BQ] 的岩体分级，仍按表 16-3 进行。各级岩体的物理力学参数和围岩自稳能力可按表 16-6 和表 16-7 评价。

表 16-6　岩体物理力学参数表

岩体基本质量级别	重力密度 $\gamma/(kN/m^3)$	抗剪断峰值强度		变形模量 E/GPa	泊松比 μ
		内摩擦角 $\varphi/(°)$	黏聚力 c/MPa		
Ⅰ	＞26.5	＞60	＞2.1	＞33	＜0.2
Ⅱ		60～50	2.1～1.5	33～20	0.2～0.25
Ⅲ	26.5～24.5	50～39	1.5～0.7	20～6	0.25～0.3
Ⅳ	24.5～22.5	39～27	0.7～0.2	6～1.3	0.3～0.35
Ⅴ	＜22.5	＜27	＜0.2	＜1.3	＞0.35

表 16-7　地下工程岩体自稳能力

岩体类别	自　稳　能　力
Ⅰ	跨度≤20m，可长期稳定，偶有掉块，无塌方
Ⅱ	跨度 10～20m。可基本稳定，局部可发生掉块或小塌方；跨度＜10m，可长期稳定，偶有掉块
Ⅲ	跨度 10～20m，可稳定数日至 1 个月，可发生小至中塌方；跨度 5～10m，可稳定数月，可发生局部块体位移及小至中塌方；跨度＜5m，可基本稳定
Ⅳ	跨度＞5m，一般无自稳能力，数日至数月内可发生松动变形、小塌方，进而发展为中至大塌方。埋深小时，以拱部松动破坏为主，埋深大时，有明显塑性流动变形和挤压破坏；跨度≤5m，可稳定数日至 1 个月
Ⅴ	无自稳能力

注：小塌方，塌方高度＜3m，或塌方体积＜30m³；中塌方，塌方高度 3～6m，或塌方体积 30～100m³；大塌方，塌方高度＞6m，或塌方体积＞100m³。

16.2.2　洞室围岩分类

国标《锚杆喷射混凝土支护技术规范》（GB 50086—2001）中提出的围岩分类方案列于表 16-8。该分类系统地考虑了岩体结构、结构面发育情况、岩石强度及岩体声学性质等指标，将岩体分为 5 类，并给出了毛洞自稳性的工程地质评价。

表 16-8　GB 50086—2001 围岩分类

围岩类别	主要工程地质特点								毛洞稳定情况
	岩体结构	构造影响程度,结构面发育情况和组合状态	岩石强度指标		岩体声波指标		岩体强度应力比 S_m		
			单轴饱和抗压强度 σ_c/MPa	点荷载强度/MPa	岩体纵波速度 v_{pm}/(km/s)	岩体完整性系数 K_v			
I	整体状及层间结合良好的厚层状结构	构造影响轻微偶有小断层结构面不发育仅有 2～3 组平均间距大于 0.8m,以原生和构造节理为主多数闭合无泥质充填不贯通层间结合良好一般不出现不稳定块体	>60	>2.5	>5	>0.75			毛洞跨度 5～10m 时,长期稳定,无碎块掉落
II	同 I 级围岩结构	同 I 级围岩特征	30～60	1.25～2.5	3.7～5.2	>0.75			毛洞跨度 5～10m 时,围岩能较长时间(数月至数年)维持稳定,仅出现局部小块掉落
	块状结构和层间结合较好的中厚层或厚层状结构	构造影响较重,有少量断层。结构面较发育一般为 3 组,平均间距 0.4～0.8m,以原生和构造节理为主,多数闭合,偶有泥质充填,贯通性较差,有少量软弱结构面。层间结合较好,偶有层间错动和层面张开现象	>60	>2.5	3.7～5.2	>0.5			
III	同 I 级围岩结构	同 I 级围岩特征	20～30	0.85～1.25	3.0～4.5	>0.75	>2		毛洞跨度 5～10m 时,围岩能维持一个月以上的稳定,主要出现局部掉块、塌落
	同 II 级围岩块状结构和层间结合较好的中厚层或厚层状结构	同 II 级围岩块状结构和层间结合较好的中厚层或厚层状结构特征	30～60	1.25～2.50	3.0～4.5	0.5～0.75	>2		
	层间结合良好的薄层和软硬岩互层结构	构造影响较重,结构面发育,一般为 3 组,平均间距 0.2～0.4m,以构造节理为主,节理面多数闭合,少有泥质充填。岩层为薄层或以硬岩为主的软硬岩互层,层间结合良好,少见软弱夹层、层间错动和层面张口现象	>60(软岩,>20)	>2.50	3.0～4.5	0.30～0.50	>2		
	碎裂镶嵌结构	构造影响较重。结构面发育,一般为 3 组以上,平均间距 0.2～0.4m,以构造节理为主,节理面多数闭合,少数有泥质充填,块体间牢固咬合	>60	>2.50	3.0～4.5	0.30～0.50	>2		
IV	同 II 级围岩块状结构和层间结合较好的中厚层或厚层状结构	同 II 级围岩块状结构和层间结合较好的中厚层或厚层状结构特征	10～30	0.42～1.25	2.0～3.5	0.5～0.75	>1		毛洞跨度 5m 时,围岩能维持数日到一个月的稳定,主要失稳形式为冒落或片帮
	散块状结构	构造影响严重,一般为风化卸荷带。结构面发育,一般间距 0.4～0.8m,以构造节理、卸荷、风化裂隙为主,贯通性好,多数张开,夹泥,夹泥厚度一般大于结构面的起伏高度,咬合力弱,构成较多的不稳定块体	>30	>1.25	>2.0	>0.15	>1		

続表

围岩类别	主要工程地质特点							毛洞稳定情况
	岩体结构	构造影响程度,结构面发育情况和组合状态	岩石强度指标		岩体声波指标		岩体强度应力比 S_m	
			单轴饱和抗压强度 σ_c/MPa	点荷载强度/MPa	岩体纵波速度 v_{pm}/(km/s)	岩体完整性系数 K_v		
Ⅳ	层间结合不良的薄层、中厚层和软硬岩互层结构	构造影响严重。结构面发育,一般为 3 组以上,平均间距 0.2～0.4m,以构造、风化节理为主,大部分微张(0.5～1.0mm),部分张开(>1.0mm),有泥质充填,层间结合不良,多数夹泥,层间错动明显	>30(软岩,>10)	>1.25	2.0～3.5	0.20～0.40	>1	
	碎裂状结构	构造影响严重,多数为断层影响带或强风化带。结构面发育,一般为 3 组以上。平均间距 0.2～0.4mm,大部分微张(0.5～1.0mm),部分张开(>1.0mm),有泥质充填,形成许多碎块体	>30	>1.25	2.0～3.5	0.20～0.40	>1	
Ⅴ	散体状结构	构造影响很严重,多数为破碎带、全强风化带、破碎带交汇部位。构造及风化节理密集,节理面及其组合杂乱,形成大量碎块体。块体间多数为泥质充填,甚至呈石夹土状或土夹石状			<2.0			毛洞跨度 5m 时,围岩稳定时间很短,约数小时至数日

注：1. 围岩按定性分类与定量指标分类有差别时，一般应以低者为准。

2. 本表声波指标以孔测法测试值为准。如果用其他方法测试时，可通过对比试验，进行换算。

3. 层状岩体按单层厚度可划分为：厚层：大于 0.5m；中厚层：0.1～0.5m；薄层：小于 0.1m。

4. 一般条件下，确定围岩类别时，应以岩石单轴湿饱和抗压强度为准；对洞跨小于 5m，服务年限小于 10 年的工程，确定围岩类别时，可采用点荷载强度指标代替岩块单轴饱和抗压强度指标，可不做岩体声波指标测试。

5. 测定岩石强度，做单轴抗压强度后，可不做点荷载强度。

16.2.3　岩体地质力学分类（RMR 分类）

由比尼卫斯基（Bieniawski，1973）提出，后经多次修改，于 1989 年发表在《工程岩体分类》一书中。该分类系统由岩块强度、RQD 值、节理间距、节理条件及地下水 5 类指标组成。分类时，根据各类指标的数值，按表 16-9A 的标准评分，求得总分。然后按表 16-9B 和表 16-10 的规定对总分作适当地修正。最后用修正后的总分对照表 16-9 C 求得岩体的类别及相应的不支护地下洞室的自稳时间和岩体强度指标（c，ϕ 值）。

16.2.4　巴顿岩体质量（Q）分类

由巴顿（Barton，1974）等提出，其分类指标为：

$$Q = \frac{RQD}{J_n} \times \frac{J_r}{J_a} \times \frac{J_w}{SRF} \tag{16-4}$$

式中，RQD 为岩芯质量指标，定义为大于 10cm 的岩芯累计长度与钻孔进尺长度之比的一百分数；J_n 为节理组数；J_r 为节理粗糙系数；J_a 为节理蚀变系数；J_w 为节理水折减系数；SRF 为应力折减系数。

式（16-4）中 6 个参数的组合，反映了岩体质量的 3 个方面，即 $\dfrac{RQD}{J_n}$ 为岩体的完整性；

表 16-9　岩体地质力学（RMR）分类

A 分类参数及其评分值

分类参数		数值范围						
1	完整岩石强度 /MPa	点荷载强度指标	>10	4~10	2~4	1~2	对强度较低的岩石宜用单轴抗压强度	
		单轴抗压强度	>250	100~250	50~100	25~50	5~25	1~5	<1
	评分值		15	12	7	4	2	1	0
2	岩芯质量指标 RQD		90%~100%	75%~90%	50%~75%	25%~50%	<25%	
	评分值		20	17	13	8	3	
3	节理间距		>200cm	60~200cm	20~60cm	6~20cm	<6cm	
	评分值		20	15	10	8	5	
4	节理条件		节理面很粗糙，节理不连续，节理宽度为零，节理面岩石坚硬	节理面稍粗糙，宽度<1mm，节理面岩石坚硬	节理面稍粗糙，宽度<1mm，节理面岩石软弱	节理面光滑或含厚度<5mm的软弱夹层，张开度 1~5mm，节理连续	含厚度>5mm的软弱夹层，张开度>5mm，节理连续	
	评分值		30	25	20	10	0	
5	地下水条件	每 10m 长的隧道涌水量 /(L/min)	无	<10	10~25	25~125	>125	
		$\frac{节理水压力}{最大主应力}$ 比值	或 0	或 <0.1	或 0.1~0.2	或 0.2~0.5	或 >0.5	
		总条件	或完全干燥	或潮湿	或只有湿气（有裂隙水）	或中等水压	或水的问题严重	
	评分值		15	10	7	4	0	

B 按节理方向修正评分值

节理走向或倾向		非常有利	有利	一般	不利	非常不利
评分值	隧道	0	−2	−5	−10	−12
	地基	0	−2	−7	−15	−25
	边坡	0	−5	−25	−50	−60

C 按总评分值确定的岩体级别及岩体质量评价

评分值	100~81	80~61	60~41	40~21	<20
分级	I	II	III	IV	V
质量描述	非常好的岩石	好岩石	一般岩石	差岩石	非常差岩石
平均稳定时间	15m 跨度 20 年	10m 跨度 1 年	5m 跨度 1 周	2.5m 跨度 10h	1m 跨度 30min
岩体内聚力(kPa)	>400	300~400	200~300	100~200	<100
岩体内摩擦角/(°)	>45	35~45	25~35	15~25	<15

表 16-10　节理表向和倾角对隧道开挖的影响

走向与隧道轴垂直				走向与隧道轴平行		与走向无关
沿倾向掘进		反倾向掘进		倾角 20°~45°	倾角 45°~90°	倾角 0°~20°
倾角 45°~90°	倾角 20°~45°	倾角 45°~90°	倾角 20°~45°			
非常有利	有利	一般	不利	一般	非常不利	不利

$\frac{J_r}{J_a}$ 表示结构面（节理）的形态、充填特征及次生变化等情况；$\frac{J_w}{\text{SRF}}$ 表示水与其他应力存在时对岩体质量的影响。分类时，根据各参数的实际情况，查表确定各自的数值（表省略）。然后代入式(16-4)，求得 Q 值，按 Q 值将岩体分为如表 16-11 所示的 9 类。

表 16-11　按 Q 值对岩体的分类

Q 值	<0.01	0.01~0.1	0.1~1.0	1.0~4.0	4.0~10	10~40	40~100	100~400	>400
岩体类别	异常差的	极差的	很差的	差的	一般的	好的	很好的	极好的	异常好的

16.3　地下洞室围岩稳定性评价

围岩稳定性评价是地下洞室岩土工程研究的核心，一般采用定性评价与定量评价相结合的方法进行。定性评价是根据工程设计要求对洞址区的工程地质条件进行综合分析，并按一定的标准和原则对洞室围岩进行分类和分段，找出可能产生失稳的部位、破坏形式及其主要影响因素。定量评价是根据一定的判据对围岩进行稳定性定量计算。目前工程上常用稳定性系数 η 来反映围岩的稳定性。所谓稳定性系数是指围岩强度与相应的围岩应力之比，当 $\eta=1$ 时，围岩处于极限平衡状态；当 $\eta>1$ 时，围岩稳定；当 $\eta<1$ 时，则不稳定。实际评价时，为安全起见，应有一定的安全储备，因此常将 η 除以一大于1的安全系数。

16.3.1　围岩稳定性的定性评价

地下洞室围岩稳定性不仅取决于岩体本身性质及其所处的天然应力、地下水等地质环境条件，还与洞室规模、断面形状及施工方法等工程因素密切相关。因此，地下洞室围岩的失稳破坏实际上是这些因素综合影响的结果。对一般埋深和规模不太大的地下洞室，围岩的破坏与失稳总是发生在围岩强度薄弱部位，不稳定的地质标志较为明显。通常能够通过一般地质调查工作予以查明。但对埋深和规模较大的地下洞室，由于围岩应力的作用明显增大，不稳定的地质因素较为复杂，围岩稳定性的研究与评价也就较为困难和复杂。如非线弹性问题、弹塑性问题和流变问题等，都可能在这类洞室中出现。

大量的实践经验表明，一般地下洞室围岩的失稳与破坏通常发生在下列部位：①破碎松散岩体或软弱岩类分布区，包括岩体中的风化和构造破碎带以及力学强度低、遇水易软化、膨胀崩解的粘土质岩类分布区；②碎裂结构岩体及半坚硬层状结构岩体分布区；③坚硬块状及厚层状岩体中，在多组软弱结构面切割并在洞壁上构成不稳定分离体的部位；④洞室中应力急剧集中的部位，如洞室间的岩柱和洞室形状急剧变化的部位，常易产生应力型破坏。以上这些部位通常是围岩失稳的部位，特别是在有地下水活动的情况下，最容易形成大规模的塌方。因此，选择地下洞室场址时，应尽量避开以上不稳定部位或减少这类不稳定地段所占的比重。

对于一般地下洞室，围岩稳定的地质标志也是比较明确的，如新鲜完整的坚硬或半坚硬岩体，裂隙不发育，没有或仅有少量地下水活动的地区以及新鲜的坚硬岩体，裂隙虽较发育，但均紧密闭合且连续性较差，不能构成不稳定分离体，且地下水活动微弱或没有的地区，洞室围岩通常是十分稳定的。

地质条件介于上述两大类之间者，是属于稳定性较好至较差的过渡类型。

16.3.2　围岩稳定性的定量评价

16.3.2.1　围岩的整体稳定性计算

对于整体状或块状岩体，可视为均质的连续介质，其围岩稳定性分析，除研究局部不稳定影响外，应着重于围岩整体稳定的力学计算。计算方法是根据围岩重分布应力计算或实测结果，求出围岩中的最大拉应力或压应力，将其与岩体的抗拉或抗压强度比较，来评价围岩的稳定性。

地下洞室洞壁处的弹性应力为：$\sigma_\theta = \alpha\sigma_h + \beta\sigma_v$。式中应力集中系数 α、β 可查表求得。这时洞壁围岩的稳定条件为：

$$\sigma_{\theta c} \leqslant \frac{\sigma_c}{F_s} \tag{16-5}$$

$$\sigma_{\theta t} \leqslant \frac{\sigma_t}{F} \tag{16-6}$$

式中，$\sigma_{\theta c}$、$\sigma_{\theta t}$ 为洞壁处最大的环向压应力和拉应力；σ_c、σ_t 为岩体饱和抗压与抗拉强度；F_s 为安全系数，一般取 $F_s = 2$。

16.3.2.2　围岩的局部稳定性计算

在裂隙岩体中，由于结构面的切割，在围岩的某些部位形成不稳定分离体。若结构面走向与洞轴平行，可取垂直于洞轴的剖面进行研究。

（1）洞顶分离体的稳定性　如图 16-5 所示，在洞顶由 L_1、L_2 两组结构面切割成三角形分离体 ABC。结构面的倾角为 α、β，抗拉强度为 T_{j1}、T_{j2}，分离体底宽为 L_3，则分离体的高度 b 为：

$$b = \frac{L_3}{\cot\alpha + \cot\beta} \tag{16-7}$$

由于分离体是悬挂在洞顶的，失稳时 L_1 和 L_2 被拉开，而分离体单位长度重量 W_1 和抗拉力 T 为：

$$W_1 = \frac{1}{2}L_3 b\rho g = \frac{L_3^2 \rho g}{2(\cot\alpha + \cot\beta)} \tag{16-8}$$

$$T = T_{j1}L_1 + T_{j2}L_2 \tag{16-9}$$

所以分离体的稳定性系数 η 由式(16-9) 和式(16-10) 得：

$$\eta = \frac{T}{W_1} = \frac{2(T_{j1}L_1 + T_{j2}L_2)(\cot\alpha + \cot\beta)}{L_3^2 \rho g} \tag{16-10}$$

当 $\eta \geqslant 2$ 时分离体稳定，反之不稳定。

（2）侧壁分离体的稳定性　如图 16-1，侧壁分离体在自重 W_2 的作用下沿 L_4 滑移，而后缘切面 L_2 的抗拉强度可忽略。这时分离体 DFE 的稳定性系数为：

$$\eta = \frac{W_2 \cos\alpha \tan\varphi + cL_4}{W_2 \sin\alpha} \tag{16-11}$$

式中，c、ϕ 为结构面 L_4 的内聚力和内摩擦角；α 为结构面 L_4 的倾角。

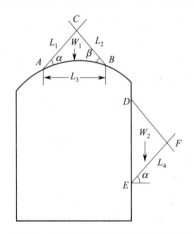

图 16-1　洞顶洞壁分离体稳定性计算

16.4　地下洞室位址选择的工程地质论证

地下洞室位址选择需考虑一系列因素。对于一般洞室而言，主要围绕围岩稳定性来选择。一个好的洞室位址应当是不需要衬砌或衬砌比较简单就能维持围岩稳定，而且易于施工的位置。因此，在于整体工程建设布局不产生矛盾的前提下，地下洞室位址选择应满足如下要求。

① 地形上要山体完整，洞顶及傍山侧应有足够的厚度，避免由于地形条件不良造成施工困难、洪水及地表沟谷水流倒灌等问题。同时也应避免埋深过大造成高天然应力及施工困难。另外相邻洞室间应有足够的间距。

② 岩性比较坚硬、完整，力学性能好且风化轻微。而那些易于软化、泥化和溶蚀的岩体及膨胀性、塑性岩体则不利于围岩稳定。层状岩体以厚层状的为好，薄层状的易于塌方。遇软硬及薄厚相间的岩体时，应尽量将洞顶板置于厚层坚硬岩体中，同一岩性内的压性断层，往往上盘较破碎，应将洞室至于下盘岩体中。

③ 地质构造上，应选择断裂少且规模较小及岩体结构简单的地段。区域性断层破碎带及节理密集带，往往不利于围岩稳定，应尽量避开。如不得已时，应尽量直交通过，以减少其在洞室中的出露长度。当遇褶皱岩层时，应置洞室于背斜核部，以借岩层本身形成的自然拱维持洞室稳定。向斜轴部岩体较破碎，地下水富集，不利于围岩稳定，应予避开。另外洞轴线应尽量与区域构造线、岩层及区域性节理走向直交或大角度相交。在高天然应力去，洞轴线应尽量与最大天然水平主应力平行，并避开活动断裂。

④ 水文地质方面，洞室干燥无水时，有利于围岩稳定。因此，洞室最好选择在地下水位以上的干燥岩体或地下水量不大、无高压含水层的岩体内，尽量避开饱水的松散岩土层、断层破碎带及岩溶发育带。

⑤ 进出口应选在松散覆盖层薄、坡度较陡的反向坡，并避开地表径流汇水区。同时应注意研究进出口边坡的稳定性，尽量将洞口置新鲜完整的岩质边坡上，避免将进出口布置在可能滑动与崩塌岩体及断层破碎岩体上。

⑥ 在地热异常区及洞室埋深很大时，应注意研究地温和有害气体的影响。能避则避，不能避开时，则应研究其影响程度，以便采取有效的防治措施。

应当指出，在实际选择地下洞室位址时，常常不是对某个单一因素进行研究和选择，而应全面综合各种因素的基础上，结合地下洞室的不同类型和要求进行综合评价，选择好的位址、进出口及轴线方位。

16.5　地下洞室岩土工程勘察要点

地下洞室岩土工程勘察的目的，是查明建筑地区的岩土工程地质条件，选择优良的建筑场址、洞口及轴线方位，进行围岩分类和围岩稳定性评价，提出有关设计、施工参数及支护结构方案的建议，为地下洞室设计、施工提供可靠的岩土工程依据。整个勘察工作应与设计工作相适应地分阶段进行。

16.5.1　可行性研究勘察及初步勘察

本阶段勘察的目的是选择优良的地下洞室位址和最佳轴线方位。其勘察研究内容有：①搜集已有地形、航片和卫片、区域地质、地震及岩土工程等方面的资料；②调查各比较洞线地貌、地层岩性、地质构造及物理地质现象等条件，查明是否存在不良地质因素，如性质不良岩层、与洞轴线平行或交角很小的断裂和断层破碎的存在与分布等；③调查洞室进出口和傍山浅埋地段的滑坡、泥石流、覆盖层等的分布，分析其所在山体的稳定性；④调查洞室沿线的水文地质条件，并注意是否有岩溶洞穴、矿山采空区等存在；⑤进行洞室工程地质分段和初步围岩分类。

勘察方法以工程地质测绘为主，辅以必要的物探、钻探与测试等工作。测绘比例尺一般为1∶5000～1∶25000。对可行性研究阶段的小比例尺测绘可在遥感资料解释的基础上进行。

本阶段的勘探以物探为主，主要用于探测覆盖层厚度及古河道、岩溶洞穴、断层破碎带和地下水的分布等。钻探孔距一般为200～500m，主要布置在洞室进出口、地形低洼处及有岩土工程问题存在的地段。钻探中应注意收集水文地质资料，并根据需要进行地下水动态观测和抽、压水试验。试验则以室内岩土物理力学试验为主。

16.5.2　详细勘察

本阶段勘察是在已选定的洞址区进行。其勘察研究内容有：①查明地下洞室沿线的工程地质条件。在地形复杂地段应注意过沟地段、傍山浅埋地段和进出口边坡的稳定条件。在地质条件复杂地段，应查明松软、膨胀、易溶及岩溶化地层的分布，以及岩体中各种结构面的分布、性质及其组合关系，并分析它们对围岩稳定性的影响。②查明地下洞室地区的水文地质条件，预测涌水及突水的可能性、位置及最大涌水量。在可溶岩分布区还应查明岩溶发育规律，溶洞规模、充填情况及富水性。③确定岩体物理力学参数，进行围岩分类，分析预测地下洞室围岩及进出口边坡的稳定性，提出处理建议。④对大跨度洞室，还应查明主要软弱结构面的分布和组合关系，结合天然应力评价围岩稳定性，提出处理建议。⑤提出施工方案及支护结构设计参数的建议。

本阶段工程地质测绘、勘探及测试等工作同时展开。测绘主要补充校核可行性研究及初勘阶段的地质图件。在进出口、傍山浅埋及过沟等条件复杂地段可安排专门性工程地质测绘，比例尺一般为1∶1000～1∶2000或更大。钻探孔距一般为100～200m，城市地区洞室的孔距不宜大于100m，洞口及地质条件复杂的地段不宜少于3个孔。孔深应超过洞底设计标高3～5m，当遇破碎带、溶洞、暗河等不良地质条件时，还应适当调整其孔距和孔深。在水文地质条件复杂地段，应有适当的水文地质孔，以求取者岩层水文地质参数。坑、洞探主要布置在进出口及过沟等地段，同时结合孔探和坑、洞探，以围岩分类为基础，分组采取岩样进行室内岩土力学试验及原位岩土体力学试验，测定岩石、岩土体和结构面的力学参数。对于埋深很大的大型洞室，还需进行天然应力及地温测定，在条件允许时宜进行模拟试验。

16.5.3　施工勘察

本阶段勘察主要根据导洞所揭露的地质情况，验证已有地质资料和围岩分类，对围岩稳定性和涌水情况进行预测预报。当发现与地质报告资料有重大不符时，应提出修改设计的建议。

本阶段的工作主要是编制导洞展示图，比例尺一般为1∶50～1∶200，同时进行涌水与围岩变形观测。必要时可进行超前勘探，对不良地质条件进行超前预报。超前勘探常用地质雷达、水平钻孔及声波探测等手段，超前勘探预报深度一般为5～10m。

思　考　题

1. 各类结构岩体危岩的变形破坏分别有哪些特征？
2. 地下洞室危岩分类方法有哪些？分别依据哪些指标进行分类？
3. 围岩稳定性的定性和定量评价分别包括哪些内容？
4. 常用的支护衬砌施工方法有哪些？
5. 地下洞室岩土工程勘察的目的是什么？有哪些要求要求？在不同的勘察阶段主要进行哪些勘察工作？

第 17 章　道路和桥梁

　　道路是陆地交通运输的干线，由公路和铁路共同组成运输网络，其中铁路运输量占首位，铁路是国民经济的动脉，在我国的政治、经济、国防上发挥着巨大作用。新中国成立前，我国仅有铁路 1 万多公里，公路数万公里。建国以来，我国铁路和公路除修复和改造外，新增修了一系列的铁路线，如包兰线、兰新线、宝成线、鹰厦线、成渝线、成昆线等；公路更多，大的如青藏、新藏和川藏公路等。特别是近年来我国高速公路飞速发展，高等级公路网络已初具规模，至 1998 年底，我国公路通车总里程达 127.8 万公里，高速公路里程 8733km，在建高速公路里程达 12600km。全国通公路的乡镇达到 99%，通公路的行政村达到 87%。

　　桥梁是在道路跨越河流、山谷或不良地质现象发育地段而修建的构筑物，是道路的重要组成部分，随着道路地质复杂程度的增加，桥梁的数量与规模在道路中的比重越来越大，它是道路选线时的重要因素之一。所以，除特大桥梁需单独进行勘察外，一般桥梁工程地质勘察即为道路工程地质勘察的一部分。上述两者虽有密切联系，但它们对工程地质条件的要求不同，本章将分别论述。

17.1　道路（路基）岩土工程勘察

17.1.1　概述

　　公路与铁路在结构上虽各有其特点，但两者却有许多相似之处：①它们都是线型工程，往往要穿过许多地质条件复杂的地区和不同地貌单元，使道路的结构复杂化；②在山区线路中，崩塌、滑坡、泥石流等不良地质现象都是道路的主要威胁，而地形条件又是制约线路的纵向坡度和曲率半径的重要因素（表 17-1 和表 17-2）；③两种线路的结构都是由三类建筑物所组成：第一类为路基工程，它是线路的主体建筑物（包括路堤和路堑）；第二类为桥隧工程（如桥梁、隧道、涵洞等），它们是为了使线路跨越河流、深谷、不良的地质和水文地质条件地段，穿越高山峻岭或使线路从河、湖、海底以下通过等；第三类是防护建筑物（如明硐、挡土墙、护坡、排水盲沟等）。在不同线路中上述各类建筑物的比例也不同，主要决定于线路所经地区工程地质条件的复杂程度。

表 17-1　铁路线路纵向坡度与最小曲率半径总表

铁路等级	特	I	II	III
行车速度/(km/h)	200	120	100	80
线路最小曲率半径 R/m	1500~4000	800~1200	550~700	350~500
线路最大纵向坡度/‰		6~12	12	15
隧道最小曲率平径 R/m	>3500	>800	>500	>350

　　注：山区铁路线路的 R 不小于 250m。

表 17-2　公路线路纵向坡度与最小曲率半径总表

公路等级	1	2	3	4	5	6	简易
行车速度/(km/h)	120	100	80	60	40	25	
线路最大纵向坡度/‰	40	50	60	70	90	90	90
线路最小曲率半径 R/m	600	400	250	125	50	20	15

公路与铁路的工程地质问题大体相似，但铁路比公路对地质和地形的要求更高。高等级公路比一般公路对地质条件的要求高。

17.1.2 主要工程地质问题

17.1.2.1 路线选择工程地质论证

路线选择是由多种因素决定的，地质条件是其中的一个重要的因素，也是控制性的因素。

路线方案有大方案与小方案之分，大方案是指影响全局的路线方案，如越甲岭还是越乙岭，沿A河还是沿B河，一般是属于选择路线基本走向的问题；小方案是指局部性的路线方案，如走垭口左边还是右边，沿河右岸还是左岸，一般是属于线位方案。工程地质因素不仅影响小方案的选择，有时也影响大方案的选择。

下面分山岭区与平原区两种情况进行研究。

（1）山岭区

① 沿河线　由于沿河路线的纵坡受限制不大，便于为居民点服务，有丰富的筑路材料和水源可供施工、养护使用，在路线标准、使用质量、工程造价等方面往往优于其他线型，因此它是山区选线优先考虑的方案。但在深切的峡谷区，如两岸张裂隙发育，高陡的山坡处于极限平衡状态时，采用沿河线则应慎重考虑。

沿河线路线布局的主要问题是：路线选择走河流的哪一岸？路线放在什么高度？在什么地点跨河？关于第三个问题将在桥渡部分详细讨论，这里的讨论只涉及前两个问题。

路线选择走河流的哪一岸，应结合河谷的地貌、地质条件进行分析比较。为了避让不利地形和不良地质地段，还可考虑跨河换岸。

为求工程节省、施工方便与路基稳定，路线宜选择在有山麓缓坡、较低阶地可利用的一岸，尽可能避让大段的悬崖峭壁。

在积雪和严寒地区，阴坡和阳坡的差异很大，路线宜尽可能选择在阳坡一岸，以减少积雪、翻浆、涎流冰等病害。

在顺向谷中，路线应注意选择在基岩山坡较稳定、不良地质现象较少的一岸。在单斜谷中，如为软弱岩层或有软弱夹层时，一般应选择在岩层倾向背向山坡的一岸（图17-1）；如为坚硬岩层时，则应结合地貌考虑，选择较为有利的一岸。

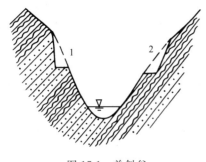

图17-1　单斜谷
1—有利；2—不利

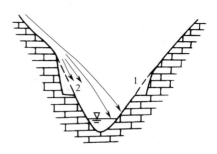

图17-2　山地河谷
1—有利；2—不利

在断裂谷中，两岸山坡岩层破碎、裂隙发育，对路基稳定很不利。如不能避免沿断裂谷布线时，应仔细比较两岸出露岩层的岩性、产状和裂隙情况，选择相对有利的一岸。

在山地河谷中，常常会遇到崩塌、滑坡、泥石流、雪崩等不良地质现象。如两岸皆有，应通过详细调查分析，选择比较有利的一岸；如规模大、危害重且不易防治时，则应考虑避让。跨河到对岸避让时，还应考虑上述不良地质现象可能冲击对岸的范围（图17-2）。

在强震区的沿河线，更应注意避让悬崖峭壁以及大型不良地质现象地段；避免沿断裂破碎带布线并努力争取地质地貌条件对抗震有利的河岸。

沿河线的线位高低，应根据河岸的地质地貌条件以及河流的水流情况来考虑。

沿河线按其高出设计洪水位的多少，有高线、低线之分。高线一般位于山坡上，基本不受洪水威胁，但路线较曲折，回旋余地小；低线路基一侧临水，边坡常受洪水威胁，但路线标准较高，回旋余地大。

在有河流阶地可利用时，通常认为利用一级阶地定线是最适当的，因为这种阶地可保证路线高出洪水位，同时由于阶地本身受切割破坏较轻，故工程较省。

在无河流阶地可利用时，为保证沿河低线高出洪水位以上，免遭水淹，勘测时应该仔细调查沿线洪水位，作为控制设计的依据。同时应采取切实有效的防护措施，以确保路基的稳定和安全。

在强震区，当河流有可能为崩塌、滑坡、泥石流等暂时阻塞时，还应估计到这种阻塞所造成的淹没以及溃决时的影响范围，合理确定线位和标高。

② 越岭线　横越山岭的路线，通常是最困难的，一上一下需要克服很大的高差，常有较多的展线。

越岭线布局的主要问题是：垭口选择、过岭标高选择、展线山坡选择。这三者是相互联系、相互影响的，不能孤立的考虑，而应当综合考虑。

越岭方案可分路堑与隧道两种。选择哪种方案过岭，应结合山岭的地形、地质和气候条件考虑。

下列情况可以考虑隧道方案：采用较短隧道可以大大缩短路线长度、改善路线标准时；在高寒山区采用隧道可以避免或大大减轻冰、雪灾害时；地面崩塌、滑坡等不良地质现象较发育时。

不同的越岭方案有不同的考虑。对于路堑过岭方案，选择标高最低的垭口和适宜展线的山坡是非常重要的；对于隧道过岭方案，选择标高最低的垭口是没有重要意义的，而应选择可以用较低标高和较短隧道通过的垭口。

关于隧道工程的地质问题，将在地下洞室部分详细讨论，这里着重讨论路堑方案的一些工程地质问题。

① 垭口选择　垭口是越岭线的控制点，在符合路线基本走向的前提下，要全面考虑垭口的标高、地形地质条件和展线条件来选择。

通常应选择标高较低的垭口，特别是在积雪、结冰地区，更应注意选择低垭口，以减少冰雪灾害。

对宽厚的垭口，只宜采用浅挖低填方案，过岭标高基本上就是垭口标高。对瘠薄的垭口，常常采用深挖方式，以降低过岭标高，缩短展线长度，这时就要特别注意垭口的地质条件。

断层破碎带型垭口，对深挖特别不利。由单斜岩层构成的垭口，如页岩、砂页岩互层、片岩、千枚岩等易风化、易滑动的岩层组成时，对深挖也常常是很不利的。

② 展线山坡　山坡线是越岭线的主要组成部分，选择垭口的同时，必须注意两侧山坡展线条件的好坏。评价山坡的展线条件，主要看山坡的坡度、断面形式和地质构造、山坡的切割情况以及有无不良地质现象等。

坡度平缓而又少切割的山坡有利于展线。陡峻的山坡、被深沟峡谷切割的山坡，对展线是不利的。

山坡岩层的岩性和地质构造对于路基稳定有极大影响。如为倾斜岩层（倾角 $>10°\sim15°$），且路线方向与岩层走向大致平行时，则应注意岩层倾向与边坡的关系（图 17-3）。

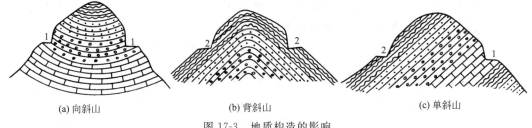

(a) 向斜山　　　　　　　(b) 背斜山　　　　　　　(c) 单斜山

图 17-3　地质构造的影响

1—有利情况；2—不利情况

实际工程中尚应结合岩层情况来综合考虑。如虽为倾斜岩层，但路线方向与岩层走向的交角大于 $40°\sim50°$ 时，也属于有利情况。接近水平的岩层，如由软硬相间的岩层组成，受差异风化的作用，可形成阶梯状山坡，此种山坡是否稳定主要看坚硬岩层的厚薄及裂隙情况。

在山坡上可能遇到各种不良地质现象，调查时应予以特别注意。最常见的是滑坡和崩塌，关于这些不良地质现象在第二篇中已有详细介绍。在北方及高寒山区，还要考虑积雪、涎流冰等问题，这就要注意研究坡向和风向、泉水和地下水。在某些高山地区还可能有雪崩。在有雪崩的山坡上，一般应避免在同一坡上布设多条路线。

（2）平原区　　地面水特征是首先应考虑的因素。为避免水淹、水浸，应尽可能选择地势较高处布线，并注意保证必要的路基高度。在排水不畅的众河汇集的平原区、大河河口地区。尤应特别注意。

地下水特征也是应该仔细考虑的重要因素。在凹陷平原、沿海平原、河网湖区等地区，地势低平，地下水位高，为保证路基稳定，应尽可能选择地势较高、地下水位较深处布线。

应该注意地下水位变化的幅度和规律。不同地区，可能有不同的变化规律。如灌区主要受灌溉水的影响，水位变化频繁，升降幅度大；又如多雨的平原区，主要受降水的影响，大量降水不仅使地下水位升高，而且会形成广泛的上层滞水。

在北方冰冻地区，为防治冻胀与翻浆，更应注意选择地面水排泄条件较好、地下水位较深、土质条件较好的地带通过，并保证规范规定的路基最小高度。

在有风沙流、风吹雪的地区，要注意路线走向与风向的关系，确定适宜的路基高度，选择适宜的路基横断面，以避免或减轻道路的沙埋、雪阻灾害。

在大河河口、河网湖区、沿海平原、凹陷平原等地区，常常会遇到淤泥、泥炭等软弱地基的问题，勘测时应予以注意。

在广阔的大平原内，砂、石等筑路材料往往是很缺乏的，应借助地形图、地质图认真寻找。

另外，对于强震区还应特别注意以下几点。

① 路线应尽量避开地势低洼、地基软弱的地带，选择地势较高、排水较好、地下水位较深、地基内无软弱层（粉细砂和软黏土）的地带通过，同时注意路基排水、路基压实等工作，以避免严重的喷水冒砂，并减轻路基开裂、下沉等震害。

② 不应沿河岸、水渠布线，不得已时，应远离河岸、水渠，以防强震时河岸滑移危害路基，并避免严重的喷水冒砂。

③ 对于铁路和重要公路，应尽量避免沿发震断层两侧危险地带布线；无法绕避时则应垂直于发震断裂通过。

17.1.2.2　路基主要工程地质问题

道路路基包括路堤、路堑和半路堤、半路堑式等。在平原地区修建道路路基比较简单，工程地质问题较少，但在丘陵区，尤其是在地形起伏较大的山区修建铁路时，路基工程量较大，往往需要通过高填或深挖才能满足线路最大纵向坡度的要求。因此，路基的主要工程地质问题是：路基边坡稳定性问题，路基基底稳定性问题，道路冻害问题以及天然建筑材料问题等。

（1）路基边坡稳定性　路基边坡包括天然边坡、傍山线路的半填半挖路基边坡以及深路堑的人工边坡等。

任何边坡都具有一定的坡度和高度，在重力作用下，边坡岩土体均处于一定的应力状态，在河流的冲刷或工程的影响下，随着边坡高度的增长和坡度的加大，其中应力状态也不断增强。当剪应力大于岩土体的强度时，边坡即发生不同形式的变形与破坏。其破坏形式主要表现为滑坡、崩塌和错落。

土质边坡的变形主要决定于土的矿物成分，特别是亲水性强的黏土矿物及其含量，在地下水的作用下，黏土的膨胀使土体的强度显著降低，加速边坡的变形。影响土质边坡稳定性的因素，除受地质（成分、结构和成因类型）、水文地质和自然因素影响外，施工方法是否正确也有很大关系。如违反开挖顺序，或在坡体上存土加载，修建水池及其他建筑物，不合理地开挖便道以及爆破等都能引起滑坡的发生和发展。

岩质边坡的变形主要决定于岩体中各种软弱结构面的性状及其组合关系，它对边坡的变形起着控制作用。在人工边坡形成临空面的条件下，必须具体分析被切割的山体中各种软弱结构面可能起滑动和切割岩体的作用，只有同时具备临空面、滑动面和切割面三个基本条件，岩质边坡的变形才有发生的可能。影响岩质边坡稳定性的主要因素是岩石性质、构造情况、岩体结构类型、水文地质条件、边坡要素及其规模以及施工条件等。此外，岩石的风化、大气降水的冲刷、地下水的渗流、温差的变化、干湿的交替、裂隙充填物的吸水膨胀等作用，坡体上的堆积加载，地震以及人类的工程活动等都能促使边坡变形的发生和发展。

由于开挖路堑而形成的人工边坡，改变了天然山坡的稳定条件，加大了山坡的陡度和高度，使山坡的边界条件发生变化，破坏自然山坡原有应力状态以及岩土体的原生结构，加大临空面，使岩土体暴露于地表，不仅受到大气降水的冲刷和侵蚀，而且又经受各种风化营力的作用，加速岩土体的风化进程，导致岩土体强度的降低，促进山坡不稳定因素的发展。同时，开挖的临空面又往往使各类软弱结构面（层面、节理面、断层面、古滑坡面等）组合而成的滑落体失去支持，为山坡的失稳创造了条件。此外，有时因开挖而切割含水层，地下水渗出产生动水压力，或因渗水冻结而产生冻胀力，更进一步破坏了山坡岩土体的稳定性。

路堑边坡不仅可能产生工程滑坡，而且在一定条件下，还能引起古滑坡复活。由于古滑坡发生时间较长，在各种外营力的长期作用下，其外表形迹早已被改造成平缓的山坡地形，若不注意观察，很难发现。当施工开挖使其滑动面临空时，很易引起处于休止阶段的古滑坡重新活动，造成边坡不稳定：如成昆线嘎立车站附近，位于牛日河左岸一级阶地以上的斜坡地带，在施工中曾引起古滑坡的复活。此外，其他山区线路也常出现古滑坡复活的情况。

山区铁路，即使线路在较平缓的山坡地段通过，有时路基必须采用深挖方案，就需重视该地段深挖路堑边坡的稳定性问题，这是因为有些平缓山坡的工程地质条件较复杂，岩性种类繁多，风化程度各异，基岩面起伏不平，其上又常为第四纪冲积、坡积、洪积、冰积等成因类型的土层所覆盖，土体多山砂类土和碎石类土所组成，其中常含有不规则的黏土透镜体，土层饱水后呈软塑-流塑状态，在这种地方开挖路堑，往往出现边坡变形问题。

人工边坡一经开挖，有的立即发生变形，威胁施工的安全，也有的需要相当长时期才发生变形，使铁路的正常运营受到影响。滑坡变形对路基的危害程度，主要决定于滑坡的性质、规模、滑体中含水情况以及滑动面的倾斜程度。只有掌握滑坡变形发生和发展的规律，才能得出正确的结论，提出有效的防治措施，减少或避免滑坡对铁路工程的危害。

边坡稳定性分析必须建立在正确的地质分析基础上，首先要求对地质环境充分了解，找出滑坡发生演变的主导因素，确定滑坡的边界条件，正确选取计算参数，然后选择适用的计算公式，按力学分析法进行计算，评定边坡的稳定性。在一定条件下，也可采用工程地质类比法进行边坡稳定性分析，此法主要是把已有边坡的设计经验应用于工程地质条件、斜坡类型及其模式等相似的新边坡，通过类比，对边坡的稳定性进行评价，最终确定其坡角和坡高。

不稳定边坡的治理原则是以防为主，及时根治。防治的含义包括线路绕避规模较大而难以整治的斜坡地段；消除或改变促使边坡稳定性恶化的主导因素，防止发生危害性较大的破坏。常用的治理措施有：①修筑锚杆挡墙、成排设置抗滑桩、抗滑明硐等支挡性建筑物；②对于规模小的滑体或不良的地质体可全部消除，但对规模大的滑坡，则主要采用上部刷方、下部填方（所谓"削头补足"的办法）来减缓坡度、增加斜坡的稳定性，或者改变边坡结构，降低坡高；③修筑天沟、侧沟、盲沟、支撑渗沟及堵塞滑坡裂缝等，防止地表水和地下水渗入滑体内，避免岩土因受湿而抗滑力进一步降低；④有时在边坡表面上，局部或全部用灰浆或沥青进行抹面，喷射水泥砂浆，修筑浆砌片石或混凝土护坡，采用骨架支撑式护坡及种植草皮等，以防止大气降水对边坡面的冲刷和岩石风化；⑤有些情况下可采用掺砂翻夯、硅化法、焙烧法等土质改良方法，提高土体的力学强度，使边坡达到稳定。

（2）路基基底变形与稳定性　路基基底稳定性多发生于填方路堤地段，其主要表现形式为滑移、挤出和塌陷。一般路堤和高填路堤对路基基底的要求是要有足够的承载力，它不仅承受列车在运营中产生的动荷载，而且还承受很大的填土压力，因此，基底土的变形性质和变形量的大小主要决定于基底土的力学性质、基底面的倾斜程度、软层或软弱结构面的性质与产状等。此外，水文地质条件也是促进基底不稳定的因素，它往往使基底发生巨大的塑性变形而造成路基的破坏。如路基底下有软弱的泥质夹层，当其倾向与坡向一致时。若在其下方开挖取土或在上方填土加重，都会引起路堤整个滑移；当高填路堤通过河漫滩或阶地时，若基底下分布有饱水厚层淤泥，在高填路堤的压力下，往往使基底产生挤出变形；也有的由于基底下岩溶洞穴的塌陷而引起路堤严重变形，如成昆线南段就有路堤塌陷的实例。

路基基底若为软黏土、淤泥、泥炭、粉砂、风化泥岩或软弱夹层所组成，应结合岩土体的地质特征和水文地质条件进行稳定性分析，若不稳定时，可选用下列措施进行处理：①放缓路堤边坡，扩大基底面积，使基底压力小于岩土体的允许承载力；②在通过淤泥软土地区时路堤两侧修筑反压护道；③把基底软弱土层部分换填或在其上加垫层；④采用砂井预压排除软土中的水分，提高其强度；⑤架桥通过或改线绕避等。

（3）道路冻害　道路冻害包括冬季路基土体因冻结作用而引起路面冻胀和春季因融化作用而使路基翻浆。结果都会使路基产生变形破坏，甚至形成显著的不均匀冻胀和路基土强度发生极大改变，危害道路的安全和正常使用。

道路冻害具有季节性。冬季，在负气温长期作用下，路基土中水的冻结和水的迁移作用，使土体中水分重新分布，并平行于冻结界面而形成数层冻层，局部地段尚有冰透镜体或冰块，因而使土体体积增大（约 9%）而产生路基隆起现象；春季，地表冰层融化较早，而下层尚未解冻，融化层的水分难以下渗，致使上层土的含水量增大而软化，强度显著降低，在外荷作用下，路基出现翻浆现象。翻浆是道路严重冻害的一种特殊现象，它不仅与冻胀有密切关系，而且与运输量的发展有关。在冻胀量相同的条件下，交通频繁的地区，其翻浆现象更为严重。翻浆对铁路影响较小，但对公路的危害比较明显。

影响道路冻胀的主要因素是：负气温的高低，冻结期的长短，路基土层性质和含水情况，土体的成因类型及其层状结构，水文地质条件，地形特征和植被情况等。

根据水的补给情况，道路冻胀的类型可分为表面冻胀和深源冻胀两种，前者是在地下水埋深较大地区，由于大气降水和地表水渗入和积聚于路基中而迅速冻结形成的，其主要原因是路基结构不合理，或养护不周，致使道碴排水不良造成的，其冻胀量较小，一般为 30～40mm，最大达 60mm，但也有不发生地表变形的。深源冻胀多发育在冻结深度大于地下水埋深或毛细管水带接近地表的地区。路堑基底为粉质黏性土，冻结速度缓慢，地下水补给源丰富，水分迁移强，极易形成深源冻胀，其冻胀量较大，一般为 200～400mm，最大达 600mm，尤其是不均匀冻胀对于要求较高的铁路来说，危害极大。甚至有的隧道因冻胀而使列车不能通过。

防止道路冻害的措施有：①铺设毛细割断层，以断绝补给水源；②把粉、黏粒含量较高的冻胀性土换为粗分散的砂砾石抗冻胀性土；③采用纵横盲沟和竖井，排除地表水，降低地下水位，减少路基土的含水情况；④提高路基标高；⑤修筑隔热层，防止冻结向路基深处发展等。

（4）建筑材料　路基工程需要天然建筑材料的种类较多，包括道碴、土料、片石、砂和碎石等。它不仅在数量上需要量较大，而且要求各种建材产地沿线两侧零散分布，但在山区修筑高路堤时却常遇土料缺乏；在平原区和软岩山区，常常找不到强度符合要求的护坡片石和道碴等，因此，寻找符合要求的天然建材有时成为铁路选线的关键性问题，常常被迫采用高桥代替高路堤的设计方案，甚至"移线就土"，提高线路的造价。

17.1.3　道路岩土工程勘察

道路岩土工程勘察的任务是运用工程地质学的理论和方法，去认识道路通过地带的工程地质条件，为道路的设计和施工提供依据和指导，以正确处理工程建筑与自然条件之间的关系，充分利用有利条件，避免或改造不利条件，使修建的道路能更好地实现多快好省的要求。

道路是一种线形建筑物，它有着很大的长度，常常穿越许多自然条件十分不同的地区。道路又主要是一种表层建筑物，它受地质、地理因素的影响。因此，道路岩土工程勘察无论在内容、要求与方法上都有其自己的特点。

道路岩土工程勘察，包括新建道路与改建道路的勘察工作，均应按照规定的设计程序分阶段进行。常用的设计阶段与步骤是：踏勘、初察与详察。不同测设阶段，对岩土工程勘察工作有不同的要求，在广度、深度和重点等方面都是有差别的，可查阅有关规程、细则或手册。岩土工程勘察一般不应超越阶段的要求，也不应将工作遗留到下一阶段去完成。

17.1.3.1　道路岩土工程勘察的工作内容

（1）路线岩土工程勘察　在踏勘、初察、详察各阶段，与路线、桥梁、隧道专业人员密切配合，查明各条路线方案的主要工程地质条件，选择地质条件相对良好的路线方案；在地形、地质条件复杂的地段，确定路线的合理布设，以减少灾害。路线岩土工程勘察并不要求查明全部工程地质条件，但对路线方案与路线布设起控制作用的地质问题，则应进行重点调查，得出正确结论。

（2）特殊地质、不良地质地区（地段）的岩土工程勘察　特殊地质地段及不良地质现象，诸如盐渍土、多年冻土、岩溶、沼泽、风沙、积雪、滑坡、崩塌、泥石流等，往往影响路线方案的选择、路线的布设与构造物的设计，在踏勘、初察、详察各阶段均应作为重点，进行逐步深入的勘察，查明其类型、规模、性质、发生原因、发展趋势和危害程度，提出绕越根据或处理措施。

（3）路基路面岩土工程勘察　路基路面岩土工程勘察亦称沿线土质地质调查。在初察、详察阶段，根据选定的路线方案和确定的路线位置，对中线两侧一定范围的地带，进行详细的工程地质勘察，为路基路面的设计和施工提供工程、地质、水文及水文地质方面的依据。

（4）桥渡岩土工程勘察　大桥桥位影响路线方案的选择，大、中桥桥位多是路线布设的控制点，常有比较方案。因此，桥渡工程地质勘察一般应包括两项内容：首先应对各比较方案进行调查，配合路线、桥梁专业人员，选择地质条件比较好的桥位；然后再对选定的桥位进行详细的工程地质勘察，为桥梁及其附属工程的设计和施工提供所需要的地质资料。前一项工作一般是在踏勘与初察时进行，后一项则在初勘与详勘时分阶段陆续完成。

（5）隧道岩土工程勘察　隧道多是路线布设的控制点，长隧道尤其影响路线方案的选择。隧道工程地质勘察同桥渡一样，通常包括两项内容：一是隧道方案与位置的选择；二是隧道洞口与洞身的勘察。前者，除几个隧道位置的比较方案外，有时还包括隧道与展线或明挖的比较；后者是对选定的方案进行详细的工程地质勘察，为隧道的设计和施工提供所需要的地质资料。前一项工作一般应在踏勘及初勘时完成，后一项则在初勘与详勘时分阶段陆续完成。

（6）筑路材料勘察　修建道路需要大量的筑路材料，其中绝大部分都是就地取材，特别是像石料、砾石、砂、黏土、水等天然材料更是如此。这些材料品质的好坏和运输距离的远近，直接影响工程的质量和造价，有时还会影响路线的布局。筑路材料勘察的任务是充分发掘、改造和利用沿线的一切就地材料，当就近材料不能满足要求时，则应由近及远扩大调查范围，以求得数量足够，品质适用，开采、运输方便的筑路材料产地。

17.1.3.2　道路岩土工程勘察的主要方法

道路岩土工程勘察方法，主要有研究既有资料、调查与测绘、勘探、试验与监测等几方面。

（1）研究既有资料　收集和研究路线通过地区既有的有关资料，不仅是野外工作之前准备工作的重要内容，也是工程地质勘察的一种主要方法。特别是在既有资料日益丰富、信息手段日益先进的今天，这种方法显得越来越重要。

收集的资料一般应包括以下几个方面的内容。

① 区域地质资料。如地层、地质构造、岩性、土质及筑路材料等。

② 地形、地貌资料。如区域地貌类型及其主要特征、不同地貌单元与不同地貌部位的工程地质评价等。

③ 区域水文地质资料。如地下水的类型、分带及分布情况、埋藏深度、变化规律等。

④ 物理地质作用和现象。如各种特殊岩土的分布情况、发育程度与活动特点等。

⑤ 地震资料。如沿线及其附近地区的历史地震情况、地震烈度、地震破坏情况及其与地貌、岩性、地质构造的关系等。

⑥ 气象资料。如气温、降水、蒸发、湿度、积雪、冻结深度及风速、风向等。

⑦ 其他有关资料。如气候、水文、植被、土壤等。

⑧ 工程经验。区内已有公路、铁路的主要工程地质问题及其防治措施等。

上述资料，应包括政府和生产、科研、教学等部门所出的一切有参考价值的地质图、文献、调查报告等。当勘察地区面积较大以及地形、地质条件比较复杂时，应特别注意收集利用既有的航空照片和卫星照片。

对收集到的资料进行分析研究和判释，可以初步掌握路线所经地区的工程地质条件概况和特点，粗略判定可能遇到的主要工程地质问题，并了解这些问题的研究现状和工程经验。这对作好准备工作和野外工作，无疑都是十分必要的。在道路岩土工程勘测工作中，正确地运用此种方法，可以减少野外工作的盲目性，提高工作质量。

（2）调查与测绘　调查与测绘是工程地质勘察的主要方法。通过观察和访问，对路线通过地区的工程地质条件进行综合性的地面调查，将查明的地质现象和获得的资料，填绘到有关的图表与记录本中，这种工作统称为调查测绘。一般情况下，道路工程地质调查测绘采用沿线调查的方法，而不进行测绘；但对地质条件复杂地区或重点工程地段，则应根据需要进行较大面积的工程地质测绘。

①　工程地质调查　工程地质调查主要是采用野外观察和访问群众的方法，需要时可配合适量的勘探和试验工作。

野外观察。野外观察是工程地质调查最重要最基本的方法。它主要利用自然迹象和露头，进行由此及彼、由表及里的观察分析工作，以达到认识路线通过地带工程地质条件的目的。

观察工作的质量，一方面取决于观察点的数量和选择是否恰当，另一方面则取决于调查人员的知识和经验。我们知道，只有理解了的东西才能更深刻地感觉它，如果不具备丰富的理论知识，不熟悉各种地质现象的本质及其相互联系，是很难进行深刻的观察分析工作的。有经验的地质人员，能充分利用各种自然迹象和露头。运用多种方法互相配合进行观察分析，不仅可保证工作的质量，还可减少不必要的勘探工作。

访问群众。访问群众是工程地质调查常用的方法。对沿线居民调查访问，可以了解有关问题的历史情况、多年情况及当地与自然灾害作斗争的经验，这对于野外观察往往是必不可少的补充。在某些情况下，这种方法显得尤其重要，如对历史地震情况的调查，对沿线洪水位的调查，对风沙、雪害、滑坡、崩塌、泥石流等不良地质现象的发生情况、活动过程和分布规律都离不开调查访问。

②　工程地质测绘　工程地质测绘的内容应视要求而定。测绘的重点也因勘察设计阶段及工程类型的不同而各有所侧重。但其基本内容不外乎以下几个方面。

地形、地貌。地形、地貌的类型、成因、特征与发展过程；地形、地貌与岩性、构造等地质因素的关系；地形、地貌与其他因素的关系，对路线布设及路基工程的影响等。

地层、岩性。地层的层序、厚度、时代、成因及其分布情况；岩性、风化破碎程度及风化层厚度；土石的类别、工程性质及对工程的影响等。

地质构造。断裂、褶曲的位置、构造线走向、产状等形态特征和地质力学特征；岩层的产状和接触关系，软弱结构面的发育情况及其与路线的关系、对路基的稳定影响等。

第四纪地质。第四纪沉积物的成因类型、土的工程分类及其在水平与垂直方向上的变化规律；土的物理、水理、化学、力学性质；特殊土及地区性土的研究和评价。

地表水及地下水。河、溪的水位、流量、流速、冲刷、淤积、洪水位与淹没情况；地下水的类型、化学成分与分布情况，地下水的补给与排泄条件，地下水的埋藏深度、水位变化规律与变化幅度；地面水及地下水对道路工程的影响。

特殊地质、不良地质。各种不良地质现象及特殊地质问题的分布范围、形成条件、发育程度、分布规律及其对道路工程的影响。

（3）勘探　勘探是岩土工程勘察的重要方法，是获取深部地质资料必不可少的手段。

在进行地质勘察时，应充分利用地面调查测绘资料，合理布置勘探点，以减少不必要的工作量；同时应充分利用地面调查测绘资料，分析勘探成果，以避免判断的错误。

道路岩土工程勘探的方法有坑探、钻探、地球物理勘探等几类。前面已有讲述，本章不再重复。

（4）试验　试验是岩土工程勘察的重要环节，是对岩土工程性质进行定量评价的必不可少的方法，是解决某些复杂的工程地质问题的主要途径。

工程地质调查、测绘与勘探工作，只能解决岩土的空间分布、发展历史、形成条件等问题，对岩土的工程性质只能进行定性的评价，要进行准确的定量的评价必须通过试验工作。

在工程实践中可能遇到某些复杂的自然现象和作用，一时尚不能从理论上认识清楚，而又急于要求解决，在这种情况下，往往可以通过试验的方法加以解决。

工程地质试验可分为室内试验与野外试验两种。室内试验是对调查测绘、勘探及其他过程中所采取的样品进行试验，这种试验通常在实验室中进行，野外试验是在岩土的原处并在自然条件下进行的，和取样试验是有区别的，这种试验也称为现场原位试验。

（5）监测　物理地质现象与作用是在自然环境不断变化的情况下发生与发展的，其中某些具有周年的变化过程，如盐渍土、道路冻害等；某些具有多年的变化过程，如滑坡、泥石流等；而另一些则可能兼有两种变化，如沙漠、多年冻土等。通过直接观察和勘探，只能了解某一个短时期的情况，要了解其变化规律，就需要做长期的观测工作，而掌握其变化规律，有时则是工程设计所必需的，因此，长期观测是岩土工程勘察的重要方法，在某些情况下则是必需的。长期观测不仅可以为设计直接提供依据，而且可以为科学研究积累资料。在道路工程的实践中，对沙漠、盐渍上、滑坡、泥石流、多年冻土与道路冻害等物理地质作用与现象，都有设立长期观测站的实例和经验。

17.2　桥梁岩土工程勘察

17.2.1　概述

当道路跨越河流、山谷或与其他交通线路交叉时，为了道路的畅通和安全，往往要修桥梁。它是道路建筑工程中的重要组成部分。如我国成昆铁路全长 1083km，就有大、中桥梁 800 多座，共长约 80km。桥梁技术在新中国成立后的铁道建设中得到迅速发展，无论在技术标准、设计、施工、规模与速度等方面已走在世界先进的行列。我国自行设计与施工的南京长江大桥，采用装配式钢筋混凝土薄壁管柱作为墩台基础，它不仅因水上施工而不受洪水限制，改善施工条件，提高工作效率，降低成本，保证施工质量，而且跨度较大，每孔的跨度为 157m，具有显著的优越性；大跨度钢筋混凝土拱桥詹东线丹河一号大桥，其跨度为 88m；近年来我国在长江干流上新建大桥十余座，单跨一千多米，这都说明建国以来我国桥梁建筑的技术水平。

桥梁是由正桥、引桥和导流等工程组成，正桥是主体，位于河两岸桥台之间，桥墩均位于河中。引桥是连接正桥与原线的建筑物，常位于河漫滩或阶地之上，它可以是高路堤或桥梁；导流建筑包括护岸、护坡、导流堤和丁坝等，是保护桥梁等各种建筑物的稳定，不受河流冲刷破坏的附属工程。

按桥梁结构可分为梁桥、拱桥和钢架桥等，而跨越间歇性水流、无水的山涧或干谷等地段的桥梁，均称为旱桥。不同类型的桥梁，对地质有不同的要求。当梁桥为静定结构时，各桥孔是独立的，相互之间没有联系，对地质条件的适应范围较广；拱桥受力时，在拱脚处产生垂直和向外的水平力，因此，对拱脚处地基的地质条件要求较高，最好建在坚硬而完整的基岩上。所以，地质条件是选择桥梁结构的主要依据。

17.2.2　桥梁建筑工程地质

桥墩台主要工程地质问题如下所述。

桥墩台主要工程地质问题包括桥墩台地基稳定性、桥台的偏心受压及桥墩台地基的冲刷问题等，分述于下。

（1）桥墩台地基稳定性问题　桥墩台地基稳定性主要取决于墩台地基中岩土体的允许承载力，它是桥梁设计中最重要的力学数据之一，它对选择桥梁的基础和确定桥梁的结构形式起决定性作用，影响造价极大，是一项关键性的资料。

虽然桥墩台的基底面积不大，但经常遇到地基强度不一，岩土体软弱或软硬不均等现象，严重影响桥基的稳定性。在溪谷沟床、河流阶地、古河湾及古老洪积扇等处修建桥墩台时，往往遇到强度很低的饱水淤泥和其他软土层，也有时遇到较大的断层破碎带，近期活动的断裂，或基岩面高低不平，风化深槽，软弱夹层，囊状风化带，软硬悬殊的界面或深埋的古滑坡等地段，均能使桥墩台基础产生过大沉降或不均匀下沉，甚至造成整体滑动，不可忽视。

桥墩台地基为土基时，其允许承载力的计算方法和基本原理与大型工业民用建筑物地基是相同的，但是超静定结构的大跨度桥梁，对不均匀沉降特别敏感，故其地基允许承载力必须取保守值；而岩质地基允许承载力主要决定于岩体的力学性质、结构特征以及水文地质条件，一般按铁路工程技术规范规定，根据岩石强度、节理间距、节理发育程度等来确定地基的允许承载力。但对断层、软弱夹层及易溶岩等，则应通过室内试验及现场原位测试等慎重确定，对风化残积层按碎石类土确定地基的允许承载力。

（2）**桥台的偏心受压问题**　桥台除了承受垂直压力外，还承受到岸坡的侧向主动土压力，在有滑坡的情况下，还受到滑坡的水平推力，使桥台基底总是处在偏心荷载状态下，桥墩的偏心荷载，主要是由于列车在桥梁上行驶突然中断而产生的，对桥墩台的稳定性影响很大，必须慎重考虑。

工程实践中常采用材料力学中的偏心受力公式来计算矩形平面的桥基，尤其是桥台基底的总压力，如图 17-4（a）。

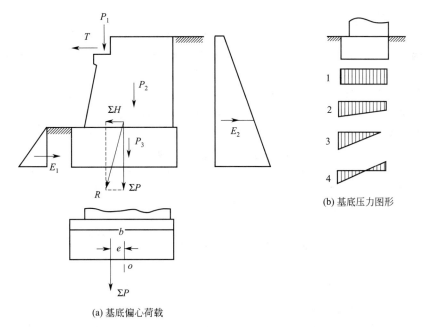

(a) 基底偏心荷载

(b) 基底压力图形

图 17-4　桥台基底压力图

$$
\left.
\begin{aligned}
\sigma_{\max} &= \frac{\sum P}{F} + \frac{M}{W} \\
\sigma_{\min} &= \frac{\sum P}{F} - \frac{M}{W}
\end{aligned}
\right\}
\tag{17-1}
$$

只有当基底岩土体的允许承载力 $[R] > \sigma_{\max}$ 才能满足设计要求。

上两式也可合写成：

$$
\begin{aligned}
\sigma_{\mathrm{g}} &= \frac{\sum P}{F}\left(1 \pm \frac{M}{W}\right) = \frac{\sum P}{F}\left(1 \pm \frac{F}{\sum P} \cdot \frac{6M}{ab^2}\right) \\
&= \frac{\sum P}{F}\left(1 \pm \frac{1}{\sum P} \cdot \frac{6M}{b}\right) = \frac{\sum P}{F}\left(1 \pm \frac{6e}{b}\right)
\end{aligned}
\tag{17-2}
$$

式中，e 为偏心距，m，$\varepsilon = \dfrac{M}{\sum P}$；$\sum P$ 为作用于基础形心处 o 的各垂直力之和；M 为偏

心荷载对基础形心 o 的力矩；W 为抵抗矩（基础底面模量），m^3，$W=ab^2/6$；F 为基础底面的面积，m^2，$F=ab$。

根据上式，由于偏心矩不同，地基受力图形可能出现下列四种情况，如图 17-4（b）。

① 当 $e=0$ 时，σ_g 的图形是矩形。

② 当 $0<e<\dfrac{b}{6}$ 时，$\sigma_{max}>\sigma_{min}>0$，$\sigma_g$ 的图形为梯形。

③ 当 $e=\dfrac{b}{6}$ 时，$\sigma_{max}=\dfrac{2\sum P}{F}$，$\sigma_{min}>0$，$\sigma_g$ 的图形为三角形。

④ 当 $e>\dfrac{b}{6}$ 时，$\sigma_{min}<0$，基底产生拉应力，σ_g 的图形是一对两向对顶三角形。

在设计过程中，桥台基底压力图形最好为"（1）"状态，若为"（2）"和"（3）"两种情况，说明基底应力分布不均，一般规定 $\dfrac{\sigma_{max}}{\sigma_{min}}<3.0$。但绝不能出现"（4）"种情况，如果在基础与基底之间出现拉应力时，则需进行倾覆稳定性验算。

（3）**桥墩台地基的冲刷问题** 桥墩和桥台的修建，使原来的河槽过水断面减小，局部增大了河水流速，改变了流态，对桥基产生强烈冲刷，有时可把河床中的松散沉积物局部或全部冲走，使桥墩台基础直接受到流水冲刷，威胁桥墩台的安全，因此，桥墩台基础的埋深，除决定于持力层的埋深与性质外，还应满足下列要求。

① 在无冲刷处，除坚硬岩石地基外，应埋置在地面以下不小于 1m 处。

② 在有冲刷处，应埋置在墩台附近最大冲刷线以下不小于表 17-3 规定的数值。

③ 基础建于抗冲刷较差的岩石上（如页岩、泥岩、千枚岩和泥砾岩等），应适当加深。

表 17-3 墩台基础在最大冲刷线以下的最小埋深表

净冲刷深度/m			<3	≥3	≥8	≥15	≥20
在最大冲刷线以下的最小埋深/m	一般桥梁		2.0	2.5	3.0	3.5	4.0
	特大桥及其他重要桥梁	设计流量	3.0	3.5	4.0	4.5	5.0
		验算流量	按设计流量所列值再增 1/2				

注：1. 净冲刷深度是自计算冲刷的河床面算起的冲刷总深度，即一般冲刷与局部冲刷和（据铁路工程地质手册略有修改）。

2. 最大冲刷深度也可按 300 年一遇最高洪水位深度的 40% 计算。

17.2.3 桥梁岩土工程勘察要点

桥梁是道路建筑的附属建筑物，除特大型或重要桥梁外，一般不单独编制设计任务书，而桥梁的设计仅包括初步设计和技术设计两个阶段，且只有当道路初步设计被批准之后，才编制桥梁初步设计，对于工程规模较小而工程地质条件又简单的桥梁，其工程地质勘察工作可在一个阶段完成。

17.2.3.1 初步设计阶段工程地质勘察要点

初步设计阶段工程地质勘察任务是在几条桥线比较方案范围内，全面查明各桥线方案的一般工程地质条件，并着重对桥线方案起控制作用的重大复杂地段进行详细勘察，特别是对其中关键性工程地质问题与不良地质现象的深部情况加以深入剖析，从技术可能性和经济合理性进行综合对比，为选择一条最优的桥线方案提供重要的工程地质依据。

17.2.3.2 技术设计阶段工程地质勘察要点

技术设计阶段工程地质勘察任务是在已选的最优方案基础上，进一步大量进行钻探、试验和原位测试工作，着重查明个别墩基特殊的工程地质条件和局部地段存在的严重工程地质问题。为桥线选择基础类型及其最佳位置以及施工方法等提供必要的工程地质资料。

17.2.4　桥址选择工程地质论证

桥址的选择应从经济、技术和使用观点出发，使桥址与线路互相协调配合，尤其是在城市中选择铁路与公路两用大桥的桥址时，除考虑河谷水文、工程地质条件外，尚要考虑市区内的交通特点，线路要服从于桥址，而桥址的选择一般要考虑下列几个方面的问题。

① 桥址应选在河床较窄、河道顺直、河槽变迁不大、水流平稳、两岸地势较高而稳定、施工方便的地方。避免选在具有迁移性（强烈冲刷的、淤积的、经常改道的）河床，活动性大河湾，大沙洲或大支流汇合处。

② 选择覆盖层薄、河床基底为坚硬完整的岩体。若覆盖层太厚，应选在无漫滩相和牛轭湖相淤泥或泥炭的地段，避免选在尖灭层发育和非均质土层的地区。

③ 选择在区域稳定性条件较好、地质构造简单、断裂不发育的地段，桥线方向应与主要构造线垂直或大交角通过。桥墩和桥台尽量不置于断层破碎带和褶皱轴线上，特别在高地震基本烈度区，必须远离活动断裂和主断裂带。

④ 尽可能避开滑坡、岩溶、可液化土层等发育的地段。

⑤ 在山区峡谷河流选择桥址时，力争采用单孔跨越。在较宽的深切河谷，应选择两岸较低的地方通过，要求两岸岩质坚硬完整，地形稍宽一些，适当降低桥台的高度，降低造价，减少施工的困难。

17.2.5　桥基勘察要点

桥基工程地质勘察的任务是为桥梁墩台设计提供地质资料。方法是在调查与测绘的基础上进行勘探工作。对于大、中桥，目前均采用以钻探为主，辅以物探的方法。这种综合的勘探方法，能够互相补充，可收到事半功倍的效果。勘察的结果应提出：①桥位处的河床地质断面图；②钻孔柱状断面图与钻探记录；③水、土的化验与试验资料。

桥基工程地质勘察应注意的主要问题有：

（1）钻孔布设　钻孔布设应在桥位工程地质调查与测绘的基础上进行，以避免盲目性。钻孔数量取决于：①设计阶段；②桥位地质条件；③拟采用的基础类型。

在初步设计阶段，一般布设 3～5 个钻孔；在技术设计阶段，钻孔数应不少于墩台数。如采用沉井基础，或基础在倾斜、锯齿状的基岩面上时，应增加辅助钻孔，复杂时每一墩台需要 4～5 个钻孔。钻孔一般布设在桥梁中心线上。为了避免钻穿具有承压水的岩层而引起基础施工困难，也可布设在墩台以外。为了解沿河床方向基岩面的倾斜情况，在桥梁的上下游可加设辅助钻孔。

（2）钻孔深度　钻孔深度取决于河床地质条件、基础类型与基底埋深。

河床地质条件包括：河床地层结构、基岩埋深、地基承载力、可能的冲刷深度等。基础类型要区分明挖、深井与桩基等。

如遇基岩，要求钻入基岩风化层 1～3m。这一点在山区河流上尤应注意，以免把孤石错定为基岩。

钻孔的大概深度可参考表 17-4。

表 17-4　钻孔的大概深度　　　　　　　　　　　　　　　　　　单位：m

顺序号	图层名称		钻孔深度	
			大桥	中桥
1	岩石		应在风化岩石下不少于 3	
2	砂砾	由河底最大计算冲刷标高算起	15	10
3	砂		20	15
4	黏质土		30	25
5	软性黏土		低于荷重土层表面以下不得少于 15	

（3）操作规程　为保证钻探工作的质量，钻进过程中要认真对待取样、鉴别、记录这些环节。每隔 1m 深度应取样，每次变层要取样。为使样品尽可能保持原来状态，应注意选择钻头和钻进方法。记录要仔细，对所使用的钻具、进尺、取样以及钻进中的感觉等均应详细记录。在鉴别样品时，应与调查测绘结果对照，避免发生重大错误。

思　考　题

1. 路线选择的工程地质论证包括哪些内容？
2. 路基主要的工程地质问题有哪些？
3. 道路岩土工程勘察的内容有哪些？主要采用哪些勘察方法？
4. 桥梁建筑的主要工程地质问题有哪些？
5. 桥梁的岩土工程勘察要点有哪些？

第18章 水利水电工程

18.1 概述

自然界中，水能资源是一种廉价的、不污染环境且具有再生性的能源，世界上许多国家都在开发利用它。现今工业发达国家水能资源的开发利用程度一般均在 40% 以上，其中英国、法国、瑞士、意大利等国已超过 90%。

我国地域辽阔，江河纵横，流域面积超出 $1000km^2$ 的大江河有 1500 多条，水能资源十分丰富，理论蕴藏着 6.76 亿千瓦，居世界首位。其中可供开发利用的为 3.78 亿千瓦。早在春秋战国时期，我们的祖先就兴修了名扬于世的都江堰、郑国渠和灵渠等输水、灌溉工程，隋朝建成的大运河，连接海河、黄河、淮河和长江四大流域，至今仍是世界上最长的运河。新中国成立后，水利水电事业更是飞速发展。据统计，全国已建成的水库有近十万座，总库容数亿立方米，其中 1 亿立方米以上的大型水库数百座。15m 以上的水坝有 18000 多座，其中 100m 以上的高坝 13 座。大、中型水电站 96 座，其中装机容量在 25 万千瓦以上的大型水电站 21 座。葛洲坝、刘家峡、丹江口、新安江、龚咀、乌江渡、白山、新丰江等一批骨干工程，已为工农业建设发挥了重要作用。

尽管我国的水利水电事业已经有了长足发展，但与世界上一些工业发达国家相比，水能资源开发利用程度仍有较大差距。要充分开发、利用水能资源，就必须兴修水利水电工程（水工建筑物）。当前，一般要求水工建筑物应具有如下作用：①调洪排洪；②农田灌溉；③水力发电；④水力交通；⑤水生养殖；⑥城市及工业给排水等。为此，水工建筑物设计时总是要考虑综合利用，使其尽可能地发挥最大效益。所以，水工建筑物的主要部分往往是由挡水、溢洪、输水、发电和航运等建筑物组成的复杂建筑群，统称为水利枢纽。挡水坝、泄洪闸是这些建筑物中的主体工程，其上游形成的人工湖泊称为水库。

水工建筑物不同于其他建筑物，有其自身的特点。

首先是水对建筑物的多种作用，这些作用中最主要的是水对建筑物的静压力和动压力，巨大的静水压力对水工建筑物的稳定性有特别重要的意义，它是确定建筑物各部尺寸的主要依据；动水压力、扬压力等的作用，渗透水流流速增大，潜蚀能力加强，使水工建筑物建成后问题更为复杂。

其次，因水工建筑物的建成，而使广大范围内（库区及相邻地段）的水文和水文地质条件发生变化。这种变化就可能引起水库岸坡再造、水库渗漏、水库淤积和坝下游河床冲刷等作用。水文地质条件的变化主要是广大范围内的地下水回水，引起农田的沼泽化、盐渍化，并使矿坑涌水量增加等。水荷载、空隙水压力的增大还会引起水库诱发地震等问题，危及建筑物安全。

再次，必须重视勘察、设计、施工全过程，否则后果极其严重。例如 1959 年失事的法国马尔帕塞坝高出河床 60m，库容仅 $4700m^3$，属于中型坝。失事后库内洪水汹涌奔向下游，水位瞬时上涨为深 7～15m、宽 1km 的巨流，以 70km/h 的速度向下游冲去，历时达 45min，坝下游 10km 的弗雷茹斯（Frejus）城沦为废墟，马赛-尼瑟铁路被冲毁约 500m，附近公路、供电和供水线路几乎全部遭到破坏。据不完全统计，这次事故中 396 人丧生，约 2000 住户受到不同程度的损害，估计经济损失达 5000 万美元，类似事故在国外水工建筑史上并不少见。

　　水工建筑物是能够使广大范围内自然环境发生显著变化的建筑物，它所给予地壳的人为荷载是巨大的，因此，在这类建筑物的设计过程中，无论从环境保护，还是建筑物安全、正常使用和经济方面来考虑，都需要给以充分的地质论证。需要从地质方面论证的问题主要有坝址、水库、引水渠道、隧洞等位置的选择，水库蓄水后对区域稳定、区域水文地质条件的影响，各种建筑物的稳定和正常工作条件以及它们的施工条件等。因为水工建筑物工程地质勘察所涉及的范围广，遇到的工程地质问题多，水坝、水库、引水渠道又各有其不同的问题，所以本章分别论述水坝、水库、引水渠道等各种水工建筑物类型、对工程地质条件的要求、存在的主要工程地质问题，最后讨论各勘察阶段的工作要点。

　　需要说明的是，由于水利水电工程的特殊性、复杂性，至今在水利水电系统仍沿用"工程地质勘察"的术语，而并未使用"岩土工程勘察"这一术语，且争议较大。因此，本书对水利水电工程仍使用"工程地质勘察"这一术语，待新规范颁布后，再行修改。

18.2　水坝工程地质

18.2.1　水坝类型及其对工程地质条件的要求

　　水坝起拦挡水流、抬高上游水位的作用，是水工建筑物中的主要建筑。水坝类型较多，不同类型的水坝其工作特点和对工程地质条件的要求不同。按筑坝的材料不同，主要可分为散体堆填坝和混凝土（或浆砌石）坝两类。前者是适应于较大变形的柔性结构，又可分为土坝、堆石坝、干砌石坝等；而后者则是变形敏感的相对刚性结构，按结构又可分为重力坝、拱坝和支墩坝等。

18.2.1.1　土坝

　　土坝是利用当地土料堆筑而成的历史最悠久、采用最广泛的坝型。它有很多优点：①可以就地取材、造价相对较低；②结构简单，施工容易，既可以大规模机械化施工，又可以半机械化施工；③属柔性结构物，抗震性能好；④对地质条件要求低，几乎在所有条件下均可修建；⑤寿命较长，维修简单，后期加高、加宽均较容易，因此，在各国坝工建设中所占比例最大。我国 15m 以上的水坝中，土坝占 95%；美国土坝比例占 45%，日本占 86%。有些国家采用这种坝型堆筑高坝，如前苏联、加拿大和美国。

　　土坝对工程地质条件的要求如下。

　　① 坝基有一定强度。由于土坝允许产生较大的变形，故可以在土基（软基）上修建。但它是以自身的重力抵挡库水的推力而维持稳定的结构物，体积很大，荷载被分布在较大面积上，所以要求坝基材料具有一定承载能力和抗剪强度。选择坝址时，应避免淤泥软土层、膨胀、崩解性较强的土层，湿陷性较强的黄土层以及易溶盐含量较高的岩层作为坝基。考虑到高坝地基产生的沉陷量较大，坝体应采取超高建筑的形式设计，使超高等于所计算的最终沉降量。

　　② 坝基透水性要小。坝基若是深厚的砂卵石层或岩溶化强烈的碳酸盐岩类，则不仅会产生严重的渗漏，影响水库蓄水效益，而且可能会出现渗透稳定问题。在河谷地段地下水位较低、岩石透水性较强的碳酸盐岩地区建坝，常会出现"干库"。因此，在查明以上条件后，要进行防渗设计。

　　③ 附近应有数量足够、质量合乎要求的土料，包括一般的堆填料和防渗土料，它直接影响坝的经济条件和坝体质量。

　　④ 要有修建泄洪道的合适地形、地质条件。需要修建泄洪道是土坝的特点，在选坝时必须考虑有无修建泄洪道的有利地形、地质条件；否则会增加工程布置的复杂性和造价。

18.2.1.2 堆石坝（干砌石坝）

坝体用石料堆筑（干砌）而成，它也是一种就地取材的古老坝型。现今由于机械化施工和定向爆破技术的不断发展，堆石坝已成为经济坝型的一种。

堆石坝对工程地质条件要求与土坝大致相同，但地基要求要高些。一般岩基均能满足此种坝的要求；而松软的淤泥土、易被冲刷的粉细砂、地下水位较低的强烈岩溶化地层，则不适于修建此种坝型。此外，采用刚性斜墙防渗结构的堆石坝，应修建在岩基上，修建堆石坝的另一重要条件是坝址区要有足够的石料，其质量的要求是有足够的强度和刚度及有较高的抗风化和抗水能力。

18.2.1.3 重力坝

重力坝也是一种常见坝型，有混凝土重力坝和浆砌石重力坝。由于它结构简单，工作可靠、安全，对地形适应性好，施工导流方便，易于机械化施工，速度快，使用年限长，养护费用低，安全性好，所以重力坝在近代发展很快，在各种坝型中的比例仅次于土坝。目前，世界上最高的重力坝是瑞士的大荻克逊（Grand Dixence）坝，高为 285m。

重力坝的特点是重量大，依靠其自重与地基间产生的摩擦力来抵抗坝前库水等的水平推力，保持大坝稳定。同时，还利用其自重在上游面产生的压应力，足以抵消库水等在坝体内和坝基接触面上产生的拉应力，使之不致发生拉张破坏。重力坝在满足抗滑稳定及无拉应力两个主要条件的同时，坝体内的压应力通常是不高的。如一座高达 70m 的重力坝，其坝体最大压应力一般不超过 2MPa，所以材料强度未能被充分利用，不经济。同时，由于基础面较宽，地基面上的压应力也是不高的。

浇筑混凝土坝体时，由于温度效应会使其产生裂缝。为了克服上述缺点和节省材料，近数十年来国内外创造发展了宽缝式、空腹式、空腹填碴式及预应力式等新型重力坝。

重力坝对工程地质条件的要求如下。

① 坝基岩石的强度要高。要求坝基岩石坚硬完整，有较高的抗压强度，以支持坝体的重量。同时，也应具有较大的抗剪强度，以利于抗滑稳定性。因此，一般要求重力坝修建在坚硬的岩石地基上，软基是不适宜的。当坝基中有缓倾角的软弱夹层、泥化夹层和断层破碎带等软弱结构面时，对重力坝的抗滑极为不利，尤其是那些倾向与工程作用力方向一致的缓倾角结构面。坝基中若有河流覆盖层和强风化基岩时，需清除或加固。

② 坝基岩石的渗透性要弱。坝基岩石中的缝隙，会产生渗漏及扬压力，对水库蓄水效益和坝基抗滑稳定均不利。特别是强烈岩溶化地层及顺河向的大断裂破碎带，在坝址勘察时应十分注意，对它们的处理常常是复杂和困难的。

③ 就近应有足够的、合乎质量要求的砂砾石和碎石等混凝土骨料，它往往是确定重力坝型的依据之一。

18.2.1.4 拱坝

拱坝在平面上呈圆弧形，凸向上游，拱脚支撑于两岸。作用于坝体上的库水压力等，借助于拱的推力作用传递给拱端两岸的山体，并依靠它的支承力来维持稳定。

拱坝是一个整体的空间壳体结构。从水平切面上看，它是由许多上下等厚或变厚的拱圈叠成，大部分荷载即由拱的作用传到两岸山体上。在铅直断面上，则是由许多弯曲的悬臂梁组成，少部分荷载依靠梁的作用传递给坝基。由于拱是推力结构，只要充分利用它的作用，即可充分发挥材料强度。典型的薄拱坝，比起相同高度的重力坝可节省混凝土量在 80%，如法国的托拉（Tora）拱坝高为 85m，其最大厚度仅 2.4m。因而，拱坝是一种经济合理的坝型，但它的施工技术要求很高。

拱坝具有较强的抗震性能和超载能力。位于阿尔卑斯山区的瓦伊昂（Vaiont）双曲拱坝，高为 261.6m，当 1963 年 10 月 9 日水库左岸的高速巨大滑坡体进入库内时，激起 250m

高的涌浪，高 150m 的洪波溢过坝顶泄向下游，而坝体却安全无恙。

拱坝的上述结构特点，决定了它对工程地质条件的特殊要求如下。

① 坝址应为左右对称的峡谷地形。河谷宽高比（L/H）应小于 2，愈狭窄的"V"字形峡谷，愈有利于发挥拱坝的推力结构作用。若地形不对称，就需开挖或采取结构措施使之对称。

② 坝基及拱端应坐落在坚硬、完整、新鲜、均匀的基岩上，上、下游岸坡和拱端岩体稳定，且无与推力方向一致的软弱结构面存在。

③ 拱坝要求变形量小，特别应注意地基的不均匀沉降和潜蚀等现象。

18.2.1.5　支墩坝

支墩坝是由相隔一定距离的支墩和向上游倾斜的挡水盖板组成。库水压力等由盖板经支墩传递给地基。为了增加支墩的整体性和侧向稳定性，支墩还常设有加劲梁。根据盖板的形状不同，支墩坝可分为平板坝、大头坝和连拱坝。

支墩坝是一种轻型坝，它的特点是能比较充分地利用材料强度，能利用上游面的水重帮助坝体稳定，扬压力对它的作用很小，因此，可节省大量材料。

支墩坝对工程地质条件要求较低，可修建在各种地基上，在地基较差的河段中修建支墩坝时，通常设有基础板，把荷载分布在地基上，以免除由不均匀沉陷而产生扭应力。支墩坝可修建在较宽阔的河谷中，但要求两岸坡度不易过陡；否则，必须做一段重力墩来过渡。

由于支墩坝的轴方向整体性差和对坝肩岩体变形抵抗能力低，在强震区和坝肩存在蠕滑体时，不宜选用此种坝型。

18.2.2　坝址区主要工程地质问题

18.2.2.1　坝基渗漏问题

坝基渗漏是指水库蓄水以后由于坝上、下游的水头差，使库水在一定的压力下通过坝基岩土体的透水层向下游渗漏。其结果首先是影响水库的蓄水效益，渗漏量不大时，会延长库水蓄积时间。渗漏严重时，水库大部或全部丧失效益。其次是渗流产生的压力会对坝体的稳定带来不良影响，表现为扬压力和动水压力两个方面，前者减小了重力坝的有效应力而不利于抗滑稳定，后者对岩土的冲刷，产生坝基渗透变形，也不利于坝体稳定。另外，渗漏还可能引起下游地区的浸没、沼泽化及边坡失稳等不良地质作用。

（1）坝基渗漏条件分析　构成坝基渗漏必须满足两个条件：存在渗漏通道和渗漏通道的良好贯通性。渗漏通道透水性的强弱决定了渗漏量的大小，而渗漏通道连通性则决定渗透水流是否通得过。只有上游（库区）有入口、下游有出口，中间能连通，水流才能沿渗漏通道漏出。

渗漏通道一般是指具有较强透水性能的岩土体，可归纳为三种类型：透水层、透水带和岩溶管道。

透水层主要为第四纪砂、卵石层，胶结不良的砂、砾岩层也有一定的透水性，但比较微弱。具有气孔构造的火山岩，如玄武岩、流纹岩等，因气孔为裂隙沟通也常有较强的透水性。

透水带主要是断层破碎带和裂隙密集带口在岩体中这是主要渗漏通道，当破碎较为严重而充填物较少时，其透水性很强。但其宽度一般有限，与透水层不同，多呈带状分布，因而称为透水带。

岩溶管道是在可溶性岩石分布地区，当岩溶发育强烈的岩层通过坝区时，由溶洞、暗河及岩溶裂隙等互相连通而构成的管道，可能造成严重的坝基渗漏。这类渗漏通道的透水性极不均匀，在工程地质勘察中应进行专门试验予以确定。

下面讨论渗漏通道的连通性。

对砂、砾石层等松软岩层来讲，连通性主要决定于地层结构特征，而这又与地貌发育情况密切相关。一般山区河流，上游河床覆盖层多由单一的粗粒物质组成，厚度不大，不透水夹层较少，所以透水层的连通性是良好的。中下游河床覆盖层细粒成分增多，厚度也随之增加，地层常呈多层结构型式。山前冲积扇边缘地区则以细粒为主，粗粒物质薄层与细粒物质多层相间。这些多层结构沉积物的连通性就比较差，有些层尖灭，有的则是连通的，并与其他透水层形成综合体。在中下游的多层结构沉积常是上部层透水性较弱，下部层透水性相对较强，表现为双层结构的特点。这就使下部强透水层因缺乏入口和出口而失掉连通性。这时的上部弱透水层等于天然防渗铺盖，应当加以保护，取土筑坝时不应使之破坏若已受河流冲刷，冲沟切割面部分受到破坏，则应在坝前一定范围用铺盖办法将其修补完整。

在多层结构情况下还应注意相对隔水层的厚度、延伸情况及其完整性。有的厚度较小，易被渗透水流击穿，不起隔水作用；有的延伸不远即行尖灭；有的在沉积当时即部分被冲刷掉以致残缺不全；在这些情况下，其上下透水层互相联系，成为一个含水层。只有厚度较大、延伸较远、比较完整的隔水层才能起隔水作用。当其埋深不很大时，可用截水墙把其上面的透水层隔断，将其连通性破坏掉，以达防渗目的。

对基岩透水层、透水带来讲，连通性受地质构造的控制。纵向河谷（岩层走向与河流流向平行）透水层的连通性良好，横向河谷透水层连通性较差，或者只有入口没有出口，或者只有出口没有入口，而且倾斜的隔水层常将其隔住，无论倾向上游还是倾向下游，倾角是大还是小，都不能兼顾入口、出口和通道。只有在向斜构造（图18-1）情况下，或透水层与透水带相组合（图18-2），透水岩层才能具有良好的连通性。在这种情况下，坝基不但存在渗漏问题，而且其抗滑稳定性也是很差的，一般不宜选作坝址。

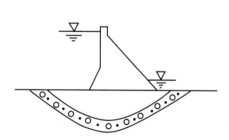

图18-1 透水层在向斜情况下的连通性示意

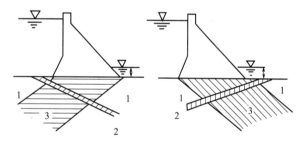

图18-2 坝基透水层与透水带组合而连通示意
1—透水层；2—断层破碎带；3—隔水层

（2）坝基渗漏计算 坝基渗漏量计算方法很多，一般可归纳为三种：①解析法解法，按照经典水文地质公式计算渗流量，但对地质条件作了相当简化，多为近似公式和经验公式；②模拟试验法，有电模拟和数值模拟两种，可模拟不同条件下的渗漏问题；③数值解法，多用有限元或有限差分法，它可以处理各种复杂边界条件和非均质问题，是目前发展的趋势。

根据专业及课程需要，这里仅介绍一些常用的水力学方法计算公式。

假设坝基为单一而较均匀的松软土层（砂土、砾石层等）。在此情况下坝基渗漏量可按式(18-1)求算：

$$q = KHq_r \tag{18-1}$$

式中，q 为坝基单宽剖面渗漏量，$m^3/(d \cdot m)$；K 为透水层渗透系数；H 为坝上、下游水位差；q_r 为"计算流量"，$m^3/(d \cdot m)$，可按图18-3求出。由图18-3可见，当 $\dfrac{T}{2b} > 6$ 时，增

加 $\dfrac{T}{2b}$ 而 q_r 的数值增加很少；T 为透水层的厚度；$2b$ 为坝底宽（图 18-4），均以 m 为单位。

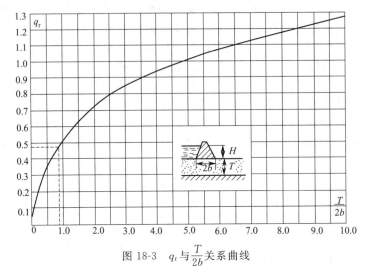

图 18-3　q_r 与 $\dfrac{T}{2b}$ 关系曲线

土坝底宽一般很大，透水层厚度很少能超过它的 4 倍，所以 q_r 一般为小数。

如果透水层的厚度不超过坝基宽度（$\dfrac{T}{2b}<1.0$），则可按式（18-2）计算：

$$q=KH\frac{T}{2b+T}=K\frac{H}{2b+T}T \tag{18-2}$$

当坝基透水层夹有透水性或大或小的夹层，或两者交互成层，以致透水层的渗透系数不均一时，应先计算渗透系数的平均值，再行计算。

如果坝基由两层透水性差别显著的透水层构成时，如图 18-5 所示，则按式（18-3）计算宽剖面渗漏量：

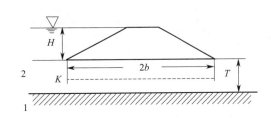

图 18-4　单层透水坝基
1—隔水层；2—透水层

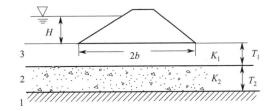

图 18-5　双层透水坝基
1—隔水层；2—强透水层；3—弱透水层
T_1——上层厚度；T_2——下层厚度

$$q=\frac{H}{\dfrac{2b}{K_2T_2}+2\sqrt{\dfrac{T_1}{K_1K_2T_2}}} \tag{18-3}$$

式（18-3）适用于上层为弱透水的黏性土层，下层为强透水的砂砾石层，这是常见的双层结构情况。如果层序与上述相反，即强透水层在上、弱透水层在下，则计算时可将下层黏性土层当作隔水层处理，而按单层透水层计算通过沙砾石层的渗漏量。

在上述计算中所得 q 系单宽剖面渗漏量，而整个坝基渗漏量 Q 尚须按式（18-4）计算：

$$Q=qB \qquad (\mathrm{m^3/d}) \tag{18-4}$$

式中，B 为坝轴线方向整个渗漏带宽度，m。

实际上，沿河谷横断面各段的地质结构常是不同的，例如靠近河两岸和中部往往不同，且有的段可能存在埋藏古河床。这样各段透水层的厚度、透水性的强弱、不透水层或透镜体的分布等都可能有所不同，有的段可能为集中渗漏带。遇此情况，应先分段计算渗漏量，再计算渗漏总量，计算结果比较准确。

由上面的计算方法可以看出，坝基渗漏量的大小主要决定于透水层的渗透系数和透水层的厚度。此外，各层的组合情况、厚度及其相对位置，也有很大影响。坝的高度和坝基宽度则影响到上、下游水位差（水头）和渗径长度，因而决定了渗透水流的水力坡降，对渗漏量的计算也很重要。这些因素均应全面考虑。

这里仅举了松软土坝基渗漏量的计算方法，并对条件进行了简化。至于基岩坝基，由于条件复杂，透水性很不均一，如何准确计算尚需进一步研究。

在基岩坝基中应研究各种可能渗漏通道，如层面、不整合面、断层、透水岩层的各自特点及其连通性，在有隔水层情况下它们之间的水力联系。在坝址勘察中常用压水试验了解岩体的透水性，在详勘时有时用单孔抽水试验与压水试验相配合，求取渗透系数。在某些大型水利枢纽有时采取群孔抽水试验以检查压水试验的成果，应用这些资料得出坝基渗透剖面图，找出可能的集中渗漏带。

18.2.2.2　绕坝渗漏问题

（1）绕坝渗漏条件分析　在坝接头的岸边地带，若岩土具有一定的透水性，就可能形成库水绕过坝肩岸边地带向坝下游渗漏。筑坝后，由于库水位的抬高，与坝相接的岸边地带处于两种水流的作用下，其一是原来即向河谷流动的地下水流，另一为由坝上游水库绕过坝肩地带的渗透水流（图 18-6）。这两种水流相互作用的结果决定了绕坝渗漏带的宽度。水库的壅高愈大则绕渗带的宽度愈大；相反，岸坡流来的地下水流量愈大，则绕渗带的宽度愈小。

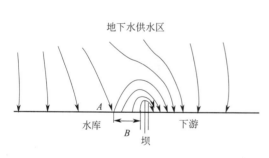

图 18-6　绕坝渗漏流线

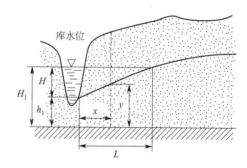

图 18-7　计算剖面

关于绕渗带宽度（B）的确定，可按式(18-5)求得：

$$B = \frac{L}{\pi} \tag{18-5}$$

式中，L 为水库壅水前潜水位相当于水库正常高水位的一点距库岸之距离（图 18-7）。

如果经勘探已测得 L 的数值则可直接按上式确定 B，如果 L 值未知，则可按下列公式求出：

① 在无压水情况下（图 18-7），有：

$$L = \frac{H_1^2 - h_1^2}{y^2 - h_1^2} x \tag{18-6}$$

式中，h_1 为河水位高出隔水层顶板的高度；y 为距河岸 x 距离处钻孔中含水层厚度；H_1 为水库正常高水位高出隔水层顶板的高度；H 为坝前水库壅水高度（有效水头）。

② 在有压水情况下，有：

$$L = \frac{H}{H_x} x \tag{18-7}$$

式中，H_x 为距河岸 x 处钻孔中承压水位高出河水位的高度。

（2）绕坝渗漏计算 绕坝渗漏也有多种计算方法，目前主要采用水力学方法。此法假设岸边流线形状与坝接头建筑物轮廓相似，均为有规则的几何曲线，且沿流线流速不变。此外，绕坝渗漏属三维流，而计算假定为二维流，所以它是一种近似计算方法。

在确定了 B 之后，即可按下面公式计算每一岸的绕坝渗流量：

① 对潜水型，有：

$$Q = 0.366 K H (h_1 + H_1) \lg \frac{B}{r_0} \tag{18-8}$$

式中，r_0 为半圆周的半径，此半圆周的长度等于绕流围线的周长（图 18-8）；其他符号意义同前。

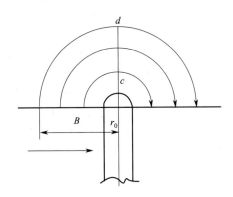

图 18-8 流线近圆形绕坝渗漏

r_0—第一条流线的圆半径

当绕渗宽度因缺乏资料而无法求得时，绕坝渗漏量可按下式粗略求出：

$$Q \approx K H (h_1 + H_1) \tag{18-9}$$

② 对承压水型，有：

$$Q = 0.732 K H T \lg \frac{B}{r_0} \tag{18-10}$$

式中，T 为承压含水层厚度，m；其他符号意义同前。

粗略计算可按式(18-11)：

$$Q \approx 2 K H T \tag{18-11}$$

以上的计算方法适用条件为：水库和下游的岸线为直线，隔水层顶板为水平的，岩土为均质的。

岸线为直线的平直型河谷，水流在绕过坝肩渗漏时，其入渗和排泄条件较差。当岸坡在坝肩上、下游有规模较大的支流沟谷发育时，就使坝肩上游迎水面的入渗和下游的排泄条件大为改善，增强了绕坝渗漏的严重程度。在这种条件下，且含水层为倾斜的，为了进行渗漏量的计算，须先绘制近似的流线，把渗漏范围分成若干个渗流带 [图 18-9(a)]，逐一计算每一渗流带的渗漏量（ΔQ），将其总和在一起，即为该岸的绕坝渗漏量。ΔQ 可按式(18-12)计算：

$$\Delta Q = K \Delta b \left(\frac{h_1 + H_1}{2} \right) \frac{H}{l} \tag{18-12}$$

式中，b 为某一水流带长条的宽度；l 为某一水流带长条的长度；其他符号意义同前。

在有压水情况下，用式(18-13) 计算：

$$\Delta Q = K \Delta b T \frac{H}{l} \tag{18-13}$$

上述计算方法适用于岸坡为松软土的情况，如洪积扇、宽阶地堆积等。

基岩岸坡条件较为复杂，只有在经过详细的工程地质研究后，方可根据具体情况参酌应用。除断层破碎带外，基岩（非可溶性的）透水主要靠裂隙和层面等，其分布和透水性很不均匀，渗透系数各不相同，可分带计算。

比较危险的是处于渗透带范围内的具有自上游到下游连通性很好的透水带，这种透水带可以由断层破碎带、岩石风化带、岩溶管道等构成。发育方向与流线近于平行的开张节理裂隙 ［图 18-9(b)］，也常成为大量渗漏的通道。因此，在研究绕坝渗漏中均应注意。应通过勘探和水文地质试验查明坝肩斜坡的地质构造，测定岩土体的透水性指标。查明岸坡的地下水浸润曲线，以确定 l 值。还应查明隔水层的分布、厚度和产状。

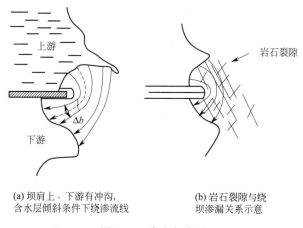

(a) 坝肩上、下游有冲沟，
含水层倾斜条件下绕渗流线

(b) 岩石裂隙与绕
坝渗漏关系示意

图 18-9　渗流与渗漏

18.2.2.3　坝基渗透稳定问题

(1) 坝基渗透变形的形式　渗透变形是指土体在渗透水流作用下其颗粒发生移动或颗粒成分及土的结构发生改变的现象。渗透变形的形式上要有管涌和流土两种。

管涌：在渗流作用下，单个土颗粒发生独立移动的现象。管涌一般发生在不均粒系数较大的沙砾层中，它既可以发生在地下水逸出段，又可能发生于土体内部粗粒骨架的孔隙中。当坝基土体的粗粒骨架孔隙中能被携带走的细颗粒含量较少时，并不影响坝体的稳定。而当坝基的细粒物质被渗流从粗粒孔隙中携带走后，形成管状孔洞，土体的结构和强度遭到破坏，造成地面塌陷时，即会危及坝体安全。这种管涌称之为发展型管涌。

流土：是一定体积的土颗粒在渗流作用下同时发生移动的现象，在粉细砂土和黏聚力弱的亚砂土中最为常见。在坝下游坡脚渗流水流逸出处，当其动水压力超过土体自重时，即可产生流土。此外，随着条件变化，管涌也可转化为流土。

(2) 影响坝基渗透稳定的宏观地质因素　坝基产生渗透变形的必要条件是地下水动力条件和土石的粒度成分条件，但在实践中获知，还受工程因素和宏观地质因素等的影响。宏观地质因素指的是坝基地层结构和地形地貌条件。

① 坝基地层结构　在单一结构型情况下，若为沙卵（砾）石层，一般地说会发生管涌型的渗透变形，而其强烈程度则取决于细颗粒的含量。若粗粒骨架孔隙中细颗粒成分较多，

且能被渗流不断携走的情况下，往往发生强烈管涌。

在多厚层和多薄层结构型情况下，是否会发生渗透变形，主要取决于表层黏性土的性质、厚度和完整程度。如果黏性土较厚而完整，且抗剪强度较大，即使下层砂砾石的水头梯度较大，也不易发生渗透变形。如果黏性土较薄或不完整，则在坝下游土层的某些部位自重小于渗流的动水压力时，黏性土层即被顶鼓，产生裂缝，以至冲溃、浮动，发生流土而形成破坏区，下层的管涌或流土可相继发生。如果下层砂砾石层由坝上游向下游逐渐变厚，由于过水断面变大而削减了动水压力，则不利于渗透变形的发生；反之，如果砂砾石层向下游逐渐变薄，甚至尖灭，则动水压力逐渐增大，有利于渗透变形的发生。表层黏性土的自重压力（若固结压密程度较高的话，还应考虑其抗剪强度）与动力压力的大小关系，是决定渗透变形能否发生的控制因素。

② 地形地貌条件 沟谷切割影响渗流的补给、渗径长度和出口条件。若坝上、下游的沟谷将弱透水的表土层切穿的话，则有利于渗透的补给，渗径缩短而加大水力梯度，并使下游的渗流出口临空，就极有利于渗透变形的发生。

③ 坝基渗透变形预测 渗透变形预测是坝基渗透稳定性评价的主要内容。坝下游坡脚处系渗透水流逸出段，渗流方向由下向上，该地段最容易发生渗透变形，所以需重点预测坝下游渗透上升段范围内的渗透变形，只要该地段实际水力梯度超过了允许水力梯度后，就可能发生渗透变形。

预测的步骤如下：

判定渗透变形的类型（形式）；

确定坝基各点（主要是下游坝脚处）的实际水力梯度；

确定临界水力梯度；

确定允许水力梯度；

划分出可能发生渗透变形的范围。

渗透变形的类型可按土的细粒含量判别：

$$当 P_c \geqslant \frac{1}{4(1-n)} \times 100\% 时 \qquad 流水$$

$$当 P_c < \frac{1}{4(1-n)} \times 100\% 时 \qquad 管涌 \qquad (18-14)$$

式中，P_c 为土的细粒颗粒含量，以质量分数计，%；n 为土的孔隙率，%。

实际水力梯度的确定是在查明坝基地层结构和渗透系数的基础上进行的，方法较多，有理论计算法、绘制流网法、水电比拟法和观测法等。绘制流网法比较简便，而且可靠性甚高，它可以确定坝基任一点的水力梯度，是常用的方法。初步确定时可采用理论计算法。它是根据渗流类型、地层结构和渗流方向等选用计算公式。

如果坝基为双层结构，且土层厚度稳定、透水性均一，则在平面流情况下，坝下游渗流上升段的平均水力梯度计算公式为：

$$I_{cr}^{上升} = \frac{H_1 - H_2}{2M_1 + 2b\sqrt{\dfrac{K_1}{K_2} \times \dfrac{M_1}{M_2}}} \qquad (18-15)$$

式中，H_1，H_2 分别为坝上、下游水位，m；M_1、M_2 从分别为上、下土层的厚度，m；K_1、K_2 分别为上、下土层的渗透系数；$2b$ 为坝底宽度，m。

坝基下水平渗流段的水流大部分在下层渗流，该段的平均水力梯度可按直线比例法确定，即：

$$I_{cr}^{水平} = \frac{H_3 - H_4}{2b} \qquad (18-16)$$

式中，H_3、H_4 分别为上、下游坝脚处下层土的测压水位，m。

确定临界水力梯度的方法也比较多，有计算法、图表法和试验法等。对于流土来说，根据土的类型及其致密程度，可选择不同的计算公式。而管涌由于处于粗颗粒孔隙中的细颗粒单独运动，受力条件比较复杂，同时土的颗粒组成、排列方式等也复杂多样，因此目前还没有理想的计算公式，一般采用图表法和试验确定临界水力梯度。

流土的临界水力梯度计算公式如下。

对黏性土，有：

$$I_{cr} = \frac{\gamma'}{\gamma_w}(1+\tan\varphi) + \frac{c}{\gamma_w}L \tag{18-17}$$

式中，γ'、γ_w 分别为土的浮重度及水的重度；$\tan\varphi$、c 分别为土的摩擦系数及黏聚力；L 为破坏面长度。

对砂土，有：

$$I_{cr} = \frac{\gamma'}{\gamma_w}(1+\tan\varphi) \tag{18-18}$$

对沙砾石、沙卵石，有：

$$I_{cr} = \frac{4+0.1\eta}{\eta} \tag{18-19}$$

式中，η 为土的不均匀系数。

沙土和沙砾土管涌临界水力梯度，可按图 18-10 和图 18-11 大致确定。

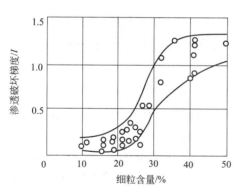

图 18-10　渗透破坏梯度与细粒含量关系

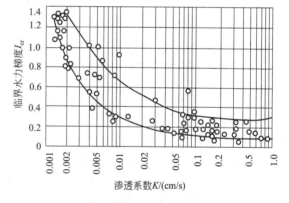

图 18-11　渗透系数与临界水力梯度关系曲线

试验法是确定临界水力梯度最直接、可靠的方法，有室内试验和现场试验。室内试验即取样在室内大型渗透仪或管涌仪中进行。对大型工程且坝基工程地质条件又比较复杂时，则应进行现场试验。

确定允许水力梯度时，首先要确定安全系数。安全系数与地基土性质及建筑物等级有关。根据经验，一般对在固定水头差作用下发生连续管涌现象的危险性管涌土，选用安全系数 2～3；而非危险性管涌土，选用安全系数 1.5～2.5 较为合适。安全系数确定后，即可获得允许水力梯度：

$$I_{允} = \frac{I_{cr}}{m} \tag{18-20}$$

式中，I_{cr} 为临界水力梯度；m 为安全系数。不同土的允许水力梯度参考值列于表 18-1 中。

表 18-1　各种土允许的水力梯度参考值

土 的 类 别	$I_允$	土 的 类 别	$I_允$
密实黏土	0.5～0.4	中砂	0.2～0.15
粗砂、砾石	0.3～0.25	细砂	0.15～0.12
轻亚黏土	0.25～0.2		

允许水力梯度确定后，以实际水力梯度与之比较，若实际水力梯度大于允许水力梯度，是危险的；反之，是安全的。

坝基渗漏及渗透变形的防治，可采取以下措施。

① 对松散土体坝基　垂直截渗（黏土截水槽、灌浆帷幕、混凝土防渗墙）、水平铺盖、排水减压（排水沟、减压井）和反滤盖重等。

② 对裂隙岩体坝基　灌浆帷幕、排水孔、防渗井、斜墙铺盖等。

18.2.2.4　坝基抗滑稳定问题

（1）坝基滑动破坏的类型　修建在岩基上的刚性坝，坝基可能的滑动破坏类型有三种，即表层滑动、岩体浅部滑动及岩体深部滑动。

表层滑动：是坝体混凝土底面与基岩接触面之间发生的平面剪切破坏（图 18-12）。它主要受接触面剪力强度的控制。当坝基岩体坚硬完整、无控制滑移的软弱结构面存在，岩体强度远大于混凝土与基岩接触面的强度时，就可能发生此种型式的滑动破坏。接触面的摩擦系数值是控制坝体稳定的主要指标。

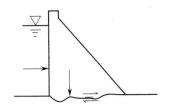

图 18-12　表层滑动示意

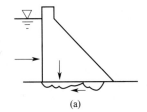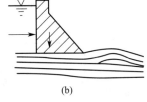

(a)　　　　　　　　　(b)

图 18-13　岩体浅部滑动示意

岩体浅部滑动：当坝基浅部岩体的抗剪强度既低于混凝土与基岩接触面的强度，又低于深部岩体的强度时，便发生这种类型的滑动破坏。产生的条件是：坝基浅部岩体破碎，裂隙网络发育，抗剪强度低，不足以抵抗库水的推力。破坏面往往呈参差状［图 18-13(a)］。此外，另有一种条件是：坝基由水平产出的薄层状软弱岩层组成，在库水推力作用下浅部岩体发生滑移弯曲破坏［图 18-13(b)］。

岩体深部滑动：当坝基岩体一定深度范围内存在软弱结构面，它们在工程力作用下组合成危险滑移体时，就可能发生深部滑动（图 18-14）。此时岩体强度将主要由岩体中抗剪强度最低的软弱结构面控制，许多工程实例表明，该弱面一般是缓倾角的软弱结构面，称之为滑移控制面。由于这种滑移型式较多，边界条件也比较复杂，所以是工程地质重点研究的对象。

此外，当坝基岩体不均一，强度高低不等，或局部地段存在组成深部滑动的软弱结构面时，地基滑动破坏将可能部分在坝基接触面上，部分在岩体软弱结构面上发生，即为混合滑动（图 18-15）。

（2）影响坝基抗滑稳定性的因素　坝基抗滑稳定性决定于坝体所受到的各种作用力与坝基抵抗滑动的力之间的平衡关系。所以对此问题分析时，应从所受之力与抵抗力两方面进行考虑。

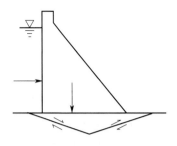

图 18-14　岩体深部滑动示意

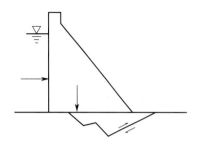

图 18-15　混合滑动示意

坝所受到的作用力包括以下几点。

① 坝体自重与设备重量　坝体自重决定于坝高和结构形式；坝上设备主要为闸门、坝上的桥及移动式吊车等。

② 水压力　这是作用于坝面的主要荷载，包括静水压力（决定于库水深度）和动水压力（溢流时产生的水压力）。

③ 扬压力　这是影响坝基抗滑稳定性的重要因素之一，它是坝基下的地下水压力，由浮托力和渗透压力两部分组成。扬压力能够减小压应力的作用，从而降低潜在滑移面上的摩擦力，这对重力坝影响很大。起初人们对扬压力认识不足，美国圣弗兰西斯坝和意大利泽尔毕诺坝因此而失事后，经过总结教训和原型观测，才逐渐摸清扬压力的某些规律。

浮托力（W_1）是下游水位至坝底的水柱高度 H_2 所形成的上举力，系静水压力。在整个坝底，这种压力是均匀分布的 ［图 18-16(a)］，其大小决定于坝下游的河水位，即：

$$W_1 = \gamma_w H_2 \tag{18-21}$$

式中，γ_w 为水的重度，kN/m^3；H_2 为坝下游水位至坝底水柱高度，m。

渗透压力是由于坝上、下游水位差形成的渗透水流作用在坝底的上举力。坝踵下面的渗透压力为 $\gamma_w H$（H 为上、下游水位差），由于渗透水流经过坝基岩石裂隙渗流过程中沿程受到阻力，造成水头损失，至下游坝脚（坝趾）时渗透压力即变为零，因此，渗透压力（W_2）在坝下的分布，理论上呈三角形 ［图 18-16(a)］。

浮托力与渗透压力之和即为扬压力（u），即：

$$u = W_1 + W_2 \tag{18-22}$$

根据大量实测资料分析，当坝基设有防渗帷幕和排水孔时，能够有效地减小渗透压力。所以，目前修建在岩基上的大坝均采取灌浆帷幕。设有灌浆帷幕的坝基渗透压力呈折线分布，如图 18-16(b) 所示。在坝踵处渗透压力为 $\gamma_w H$，帷幕中心处则大为降低，约为全水头渗透压力的 50%～70%，即 $W_2 = \alpha_1 \gamma_w H$，其中 α_1 称为渗透压力系数，我国《混凝土重力坝设计规范》规定 $\alpha_1 = 0.45 \sim 0.60$。

排水设施在降低渗透压力方面的效果不见得比灌浆帷幕差，甚至效果更为显著。当坝基仅设有排水而无防渗帷幕时，渗透压力也会有一个转折点，排水处的渗透压力为 $\alpha_2 \gamma_w H$，α_2 也是渗透压力系数，$\alpha_2 \approx 0.5$。但是只作排水而不作帷幕一般是不容许的，因为这可能引起坝基岩体的渗透冲刷，危及大坝安全。

当今大坝多是既设置灌浆帷幕，也有排水设施。这样，渗透压力的分布就会有两个转折点 ［图 18-16(c)］坝基不同点处的扬压力如图 18-17 所示。浮托力呈矩形分布，压力强度为 $\gamma_w H_2$；渗透压力呈折线分布，在帷幕中心线为 $\alpha_1 \gamma_w H$（$\alpha_1 = 0.4 \sim 0.7$），在排水孔中心线上为 $\alpha_2 \gamma_w H$（此时 $\alpha_2 = 0.2 \sim 0.4$ 比单独排水时为小），在坝趾处为零。

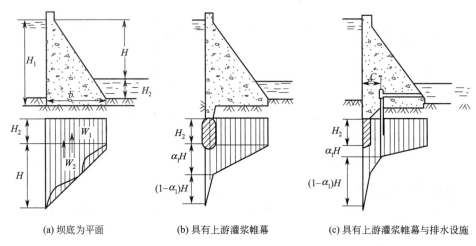

(a) 坝底为平面   (b) 具有上游灌浆帷幕   (c) 具有上游灌浆帷幕与排水设施

图 18-16   坝基场压力强度的分布与坝底形状关系示意

为了有效地减小坝基扬压力，许多大坝还在坝基设置 2～3 排纵、横排水廊道，但在设计中常不计算它们的排水减压作用，仅作为安全储备。

④ 淤砂压力   在多泥砂的河流中筑坝，坝前淤积较快，须考虑淤砂压力。

⑤ 地震荷载   主要是地震时由建筑物自重引起的地震惯性力，在抗震计算时一般只考虑水平方向地震力。

⑥ 风浪压力

以上是坝体所受到的作用力。至于坝基岩体抗滑力则应考虑以下各因素。

① 滑移面的阻滑作用   滑移面的内摩擦角和黏聚力的大小是决定岩体抗滑能力的主要因素。但滑移面的试验抗剪强度不是决定抗滑力的唯一因素，即以滑移面本身而论也还应考虑其他因素。例如滑移面的物质组成是以碎屑为主还是以泥质为主；水库长期蓄水后，滑移面组成物质的可能变化，滑移面的起伏程度；有无层间褶皱、岩相变化、夹层尖灭、或为其他断层所错断等等。只有根据这些有利和不利因素，选择比较切合实际的抗剪数据，才能正确估计滑移面的阻滑作用。

② 侧向切割面的阻滑作用   通常，坝基抗滑稳定

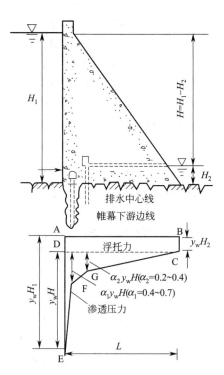

图 18-17   有防渗、排水设施的坝底扬压力分布示意

性的计算均按平面问题考虑，侧向切割面的抗滑作用均被忽略，只作为安全储备。实际上，除非是顺河断层发育，坝基浅层滑移、宽河谷的中、低坝等情况，侧向阻滑作用不甚明显之外，一般情况下侧向阻滑力还是不小的，特别是断裂与河流流向交角较大，在狭窄的河谷修建高、中坝时。侧向阻滑作用是不能不考虑的。一些现场抗剪试验也证明有侧向岩体阻滑作用的抗剪总强度要比没有侧向阻滑作用的大得多。因此，根据工程地质条件，在有些情况下，应当考虑侧向阻滑作用。以顺河断层来说，在岩层软硬相间的横谷区断层只在脆性岩层中破碎明显，而塑性岩层则不甚明显。以致断层分布不均，贯穿性不强，还是具有较大的阻

滑作用的。

③ 坝下游抗力体的阻滑作用　坝下游能够起支撑作用，抵抗坝基滑移的岩体，称为抗力体。当可能滑移面倾向下游而无陡立临空面（图 18-18）或滑移面近水平时，坝下游岩体就能起到抵抗坝基岩体滑动的作用，成为抗力体。滑移面倾向上游，或下游有陡立临空面时，则坝下游岩体即失掉支撑力，而不具备抗力体结构。

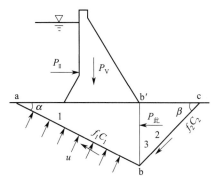

图 18-18　坝下游抗力体阻滑作用示意
1—滑移面；2—第一破裂面；3—第二破裂面

（3）坝基抗滑稳定性计算　坝基抗滑稳定计算方法有刚体极限平衡法、有限单元法和地质力学模型试验法等。这里仅介绍刚体极限平衡法。

对坝基表层滑移情况，主要核算坝体混凝土与坝基接触面的抗滑稳定性，计算公式为：

$$K = \frac{f(\sum V - u) + cA}{\sum H} \tag{18-23}$$

式中，K 为抗滑稳定系数；$\sum H$ 为作用在滑移面上的各种水平力的总和；$\sum V$ 为作用在滑移面上的各种垂直力的总和；u 为作用在滑移面上的扬压力；A 为滑移面面积；f 为摩擦系数；c 为黏聚力。

对坝基浅部滑移情况：根据其滑移特点分析，它主要是沿坝基下不深的水平软弱面或风化破碎岩体滑动，在性质上与表层滑移类似，所以可采用表层滑移稳定计算公式。抗剪强度数值利用软弱或破碎岩体的试验结果及经验值确定。

对坝基深部滑移情况：深部抗滑稳定问题是一个空间块体的平衡问题，但在进行力学分析时一般都将条件简化为平面问题，以求得稳定系数。其方法是沿着水流方向切取单宽断面或选取一个坝段作为计算对象，而不考虑相邻断面（坝段）的影响，核算滑移控制面上的力学平衡条件。

这里介绍几种基本的滑移结构，即单斜滑移面倾向上游、单斜滑移面倾向下游和双斜滑移面的稳定计算。

① 对单斜滑移面倾向上游 ［图 18-19(a)］，有：

$$K = \frac{f(H\sin\alpha + V\cos\alpha - u) + cL}{H\cos\alpha - V\sin\alpha} \tag{18-24}$$

② 对单斜滑移面倾向下游 ［图 18-19(b)］，有：

$$K = \frac{f(V\cos\alpha - H\sin\alpha - u) + cL}{H\cos\alpha - V\sin\alpha} \tag{18-25}$$

上两式中，V 为单宽断面内各铅直力总和；H 为单宽断面内各水平力总和；u 为单宽断面内滑移面上的扬压力；L 为滑移面长度；α 为滑移面沿水流方向的倾角；f、c 分别为滑移面上的摩擦系数和黏聚力。

③ 对双斜滑移面，在坝基岩体中由两组结构面组成的滑移控制面，组合形式较多，这里仅讨论分别倾向上、下游的二滑移面及侧切面组成的棱柱形滑移体，且二滑移面交线恰好位于坝趾处垂直投影线上的情况（图 18-20）。其力学分析方法是先作垂直线 BD，将岩体分割为三角形的楔体 ABD（Ⅰ）和 BDC（Ⅱ），楔体Ⅱ即为抗力体，它作用于楔体Ⅰ的抗力 R，倾角为 φ，楔体Ⅰ同样给楔体 Q 以反力 R，两者大小相等而方向相反。

考虑楔体Ⅰ的平衡条件，作用在 AB 面上的滑动力是 $H\cos\alpha + V_1\sin\alpha$，抗滑力是 $f_1 \left[V_1\cos\alpha - H\sin(\varphi - \alpha) - u_1\right] + c_1L_1$，$BD$ 面能提供的抗滑力是 $R\cos(\varphi - \alpha)$。

再考虑楔体Ⅱ的平衡条件，作用在 BC 面上的滑动力是 $R\cos(\varphi + \beta) - V_2\sin\beta$，抗滑力是

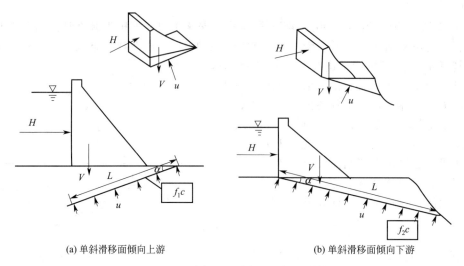

(a) 单斜滑移面倾向上游　　　　　　(b) 单斜滑移面倾向下游

图 18-19　单斜滑移结构抗滑稳定计算

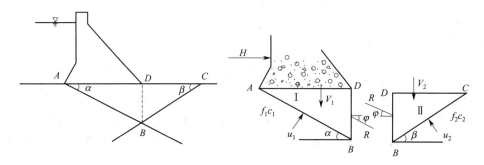

图 18-20　双斜滑移结构抗滑稳定计算

$f_2\left[R\sin(\varphi+\beta)+V_2\cos\beta-u_2\right]+c_2L_2$。

按常规方法推求深部抗滑稳定系数，是令楔体 I 处于极限平衡状态，求得相应的抗力 R，再将 R 施加于块体 II 上，求后者的稳定系数 K，即：

$$R=\frac{(H\cos\alpha-V_1\sin\alpha)-f_1(V_1\cos\alpha-H\sin\alpha-u_1)-c_1L_1}{\cos(\varphi-\alpha)-f_1\sin(\varphi-\alpha)} \tag{18-26}$$

$$K=\frac{f_2\left[R\sin(\varphi+\beta)+V_2\cos\beta-u_2\right]+c_2L_2}{R\cos(\varphi+\beta)-V_2\sin\beta} \tag{18-27}$$

式中，H 为单宽断面内各种水平力的总和；V_1 为坝体和楔体 I 的单宽重量；V_2 为楔体（抗力体）的单宽重量；u_1，u_2 分别为作用在 AB，BC 面上的扬压力；f_1，f_2 分别为 AB，BC 面的摩擦系数；c_1，c_2，L_1，L_2 分别为 AB，BC 面的黏聚力和长度；α，β 分别为 AB，BC 面的倾角。

很显然，这种方法求得的只是 BC 面上的 K 值，实际上应写为 K_2。这样得到的 K 值偏大，在某些情况下会给出不合理结果（如 R 出现负值，或求出极大的 K 值）。有的学者提出了按等 K 法原理计算，给两个楔体以相同的安全度，似较合理。

等 K 法的具体作法如下。

分别列出楔体 I、II 的稳定系数 K_1 和 K_2 的计算式：

$$K_1=\frac{R\left[\cos(\varphi-\alpha)-f_1\sin(\varphi-\alpha)\right]+f_1\left[V_1\cos\alpha-H\sin\alpha-u_1\right]+c_1L_1}{H\cos\alpha+V_1\sin\alpha} \tag{18-28}$$

$$K_2 = \frac{f_2[R\sin(\varphi+\beta)+V_2\cos\beta-u_2]+c_2 L_2}{R\cos(\varphi+\beta)-V_2\sin\beta} \tag{18-29}$$

令 $K_1=K_2$，用试算法或迭代法联立解以上两式，可以求得 K、R 值。

某一双滑面滑移结构的重力坝。用常规法和等 K 法核算的 K 值分别为 1.69 和 1.20，说明这 2 种计算方法所求得的稳定安全系数有相当大的差别。

由于将计算简化为平面问题，上述的抗滑稳定计算公式中都未考虑侧向切割面的阻滑作用。实际上，当坝基岩体处于临界失稳状态时，不仅底部的滑移控制面发挥了极限抗剪作用，而且侧向切割面也能提供一定的阻滑力，特别当地壳中存在着较大的水平向地应力、且最大主应力垂直于河谷时，更加强了侧切面的阻滑作用。有些工程按平面问题核算时，安全系数较低，而实际上坝体工作正常，这可能是侧向阻滑力起了很大作用的缘故。

据实践经验，下列情况侧向阻滑力可不予考虑而作为安全储备：①河谷很宽的中、低坝；②滑移控制面埋深浅，且产状稳定，延续贯通性好；③存在顺河向断裂带，其面较平直，抗剪强度较低。下列情况应考虑侧向阻滑力的作用，作空间问题核算稳定系数：①河谷狭窄的中、高坝；②滑移控制面走向与坝轴线交角较大；③顺河断裂不发育，或断裂、裂隙延续贯通性差，或各部位力学性质差异甚大，或与河流斜交。

进行空间问题核算时，应切取一段坝体作整体分析。首先确定侧切面上的抗剪指标 f_0，c_0 值及其面积 A_0；考虑到该面上的法向压力 N 较难确定；且 Nf 值往往远小于 cA 值，所以在计入侧向阻滑力时，一般均按抗剪公式核算。如当单斜滑移面倾向上游时的计算公式为：

$$K = \frac{f(\sum H\sin\alpha - u) + c_A + c_0\sum A_0}{\sum H\cos\alpha - \sum V\sin\alpha} \tag{18-30}$$

坝基深部抗滑稳定系数的要求数值在《水利水电工程地质勘察规范》（GB 50487—2008）中未明确规定，在实际核算时应根据具体情况，由地质、试验、设计人员共同研究确定。

提高坝基抗滑稳定性的措施有：清基开挖（清除不稳定体）、岩体加固（固结灌浆、锚固等）、防渗排水（帷幕灌浆、排水孔）、改变建筑物结构（增大坝底面积、建基面阶梯开挖、改变坝型等）和其他措施（预留岩体保护层、覆盖开挖面等）5 类。

18.2.2.5　坝肩抗滑稳定性问题

不同的坝型对坝肩稳定性要求不同。土石坝和重力坝只要求将坝肩嵌入到岩体内一定深度，以满足防渗要求和一定的联结能力，不要求核算坝肩的抗滑稳定性。拱坝的工作条件与土石坝、重力坝有本质的区别，在库水推力作用下，坝体内将产生复杂的空间应力分布，而且主要以轴向压力的方式将荷载传递到河谷两岸的岩体上。拱端对坝肩岩体将产生法向推力 P_H、切向剪力 P_v 和力矩 M（图 18-21）。当拱端岩体具有足够的强度和刚度时，则给拱圈以相应的反力来保持坝体稳定。若拱端岩体软弱破碎，尤其当存在与拱端推力方向一致的软弱结构面时，将对拱坝的稳定性带来威胁。因此，对拱坝需进行坝肩岩体抗滑稳定分析。

（1）拱坝坝肩岩体稳定性的边界条件　拱坝的结构和受力后的传递特点，决定了坝基抗滑稳定性问题比重力坝为小。但是两岸岩体在拱端的推力作用下则易于发生滑动，并对坝体造成威胁，成为拱坝突出的工程地质问题。而岸坡又是一个天然的倾

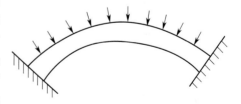
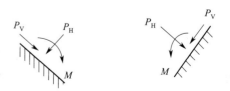

图 18-21　拱端受力状况

斜临空面，下游常有或大或小的沟谷切割，使拱端岩体变得单薄。在地质营力的长期作用下，岸坡受到风化剥蚀，适于修建拱坝的陡坡河岸，往往发育有卸荷裂隙，以及岩体中固有的各种结构面，其中有些性质软弱、延续性较强，在某些结构面组合下，形成对拱坝坝肩岩体稳定性不利的边界条件。结构面组合的分析，首先应确定岩体内可能出现的分离体，再了解分离体的各边界面，应特别注意找出可能的滑动面，并根据其物质成分、延续性等特点，分析分离体沿之滑动的可能性。岩体中倾角平缓的结构面和走向与河流近平行的结构面组合，对坝肩稳定是不利的（图 18-22）。如果这些结构面性质软弱，充填有泥质物，则具备了滑移面的条件。在临空面方面，平直的岸坡足以满足滑移的要求，下游横切沟谷则成为类似坝基滑移的陡立临空面，使条件更为恶化。大型的横河断裂同样可成为潜在临空面，如图18-23 所示。

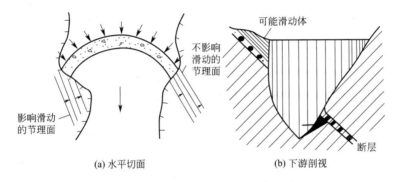

图 18-22　不利于拱坝坝肩稳定的断层节理

(a) 水平切面　　　　　(b) 下游剖视

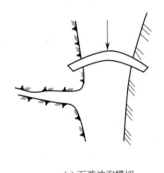 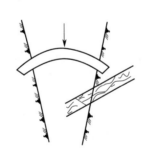 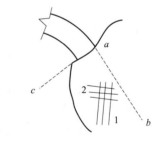

(a) 下游冲沟横切　　　(b) 断层破碎带的影响

图 18-23　坝下游横向临空面对
坝肩稳定的影响

图 18-24 拱坝坝肩岩体滑动
方向分析（水平切面）
1—可能成为借移面的陡倾角结构面；
2—不可能成为滑移面的陡倾角结构面

　　坝肩岩体的滑动方向，如图 18-24 所示。图中的 ab 线，为坝轴线的切线方向，ac 是 ab 线的垂线方向。坝肩岩体的滑动方向即限于 ab 和 ac 二线之间的范围内，走向在此范围内的陡倾角结构面可能成为坝肩岩体滑移的侧向滑移面。而且其走向愈近拱端推力方向，滑动的危险性愈大。

　　（2）坝肩岩体稳定计算　　坝肩岩体稳定性受滑动力与抗滑力的控制，由于临空面的影响，其滑动比较复杂，往往具有三维特征。但计算的基本原理与重力坝坝基抗滑稳定计算类似。

　　有两种计算方法。①计算单位坝高某层的稳定。一般取 1m 高的拱圈及相应的岸边岩体作为独立计算对象，并假定上、下层互不联系（由于拱坝是个整体，实际上各拱圈是互相连着的），在拱端推力作用下，验算该层坝肩的抗滑稳定性。一般不需一层一层都验算，而只是验算几个典型拱圈，即受力较大岩体稳定性较低的部位。"U"形谷拱坝的最大应力层多在坝底；"V"形和梯形谷多在 1/3 坝高处。若这些部位是稳定的，则整个坝高范围坝肩岩体也是稳定的。验算时可用平切面将典型拱圈分出即可。②计算整个坝肩岩体稳定性。计算时应先分析岸坡岩体结构，确定滑移面，然后算出该面上的滑动力和抗滑力。如图 18-25 所示，岩体内有平行岸边的铅直软弱面 1 和水平软弱面 2，它们割切出分离岩体，该分离体滑移的滑动力（S）是由拱圈所受推力 P 分解的轴向力（H）和剪力（V）在软弱面 1 上的分力 [图 18-25(c)(d)]。

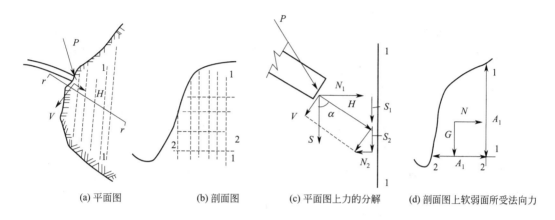

(a) 平面图　　　　(b) 剖面图　　　　(c) 平面图上力的分解　　　(d) 剖面图上软弱面所受法向力

图 18-25　坝肩岩体受力分析

P，H，V—拱圈推力、轴向力、势力（P 是 H，V 的合力）；N，N_1，N_2—软弱面 1 上的法向力（$N=N_1-N_2$）；S，S_1，S_2—软弱面 1 的滑动力（$S=S_1+S_2$）；G—软弱面 2 上的法向力（即分离岩体的重量）；α—软弱面 1 与坝抽线夹角；1—铅直软弱面；2—水平软弱面

据此可求出该面上的滑动力与抗滑力。

滑动力为 $S=S_1+S_2=H\cos\alpha+V\sin\alpha$

抗滑力为 $T=T_1+T_2=[f_1(N_1-N_2)+c_1A_1]+(f_2G+c_2A_2)=(f_1N_1+c_1A_1)+(f_2G+c_2A_2)$

稳定系数为：

$$K_c=T/S \tag{18-31}$$

式中，H，V 分别为拱坝坝肩轴向力和剪力（P 的分力）；α 为软弱面 1 与坝轴线夹角；f_1，c_1，A_1 分别为软弱面 1 的内摩擦角、黏聚力和面积；N 为拱圈推力在软弱面 1 上的法向分力；f_2，c_2，A_2 分别为软弱面 2 的内摩擦角、黏聚力和面积；G 为水平软弱面 2 上的法向力（岩体重量）。

由此求出的 K_c 值，设计上要求不小于 5，才认为坝肩岩体是稳定的。拱坝坝肩的轴向力和剪力系考虑到水压力和温度应力等叠加后的不利组合情况。

提高坝肩岩体稳定性的措施：固结灌浆、排水减压、坝肩嵌固、处理软弱结构面（开挖回填、支撑加固、修建传力墙）、改变建筑物结构等。

18.2.3　坝址选择的工程地质论证

选择坝址是水利水电建设中一项具有战略意义的工作。它直接关系到水工建筑物的安全、经济和正常使用。工程地质条件在选坝中占有极其重要的地位，选择一个地质条件优良的坝址，并据此合理配置水利枢纽的各个建筑物，以便充分利用有利的地质因素、避开或改造不利的地质因素。

坝址的概念应该包括整个水利枢纽各种建筑的场地。所以在坝址选择时除了考虑主体建筑物拦水坝的地质条件外,还应研究包括溢洪、引水、电厂、船闸等建筑物的地质条件,为规划、设计和施工提供可靠依据。

坝址选择,一般按照"面中求点,逐级比较"的方法进行。即首先了解整个流域的工程地质条件,选择出若干个可能建坝的河段,经过地质和经济技术条件的比较,制定出梯级开发方案,并确定首期开发的河段或坝段。进一步研究首期开发段的工程地质条件,提出几个供比选的坝址,经过工程地质勘察和概略设计之后,对各比选坝址的地质条件、可能出现的工程地质问题及各建筑物配置的合理性、工作量、造价和施工条件等进行论证,选定一个坝址。坝址比选是一项十分重要的工作,它决定了以后的勘察、设计、施工的总方针,因而需要地质、水工设计及施工等人员相互配合、详细讨论后决定。然后,在选定的坝址区再提出几条供比选的坝轴线,进行详细的勘察和各种试验,为设计提供各种必要的地质资料和参数,并主要由地质条件确定施工的坝线。

我国长江三峡水利枢纽的选坝工作是严格按以上的原则和步骤进行的。该枢纽在新中国成立之初曾提出了南津关和美人沱两个供比选的坝段,经过多年勘察,认识到南津关坝段虽河谷狭窄,但碳酸盐岩的岩溶发育处理措施复杂,美人沱坝段虽工程量较大,结晶岩风化壳也较厚,但处理较有把握。在 1959 年的第一次选坝会议上经过充分研讨后,选定了美人沱坝段。之后,在该坝段提出了太平溪、三斗坪和黄陵庙三个可能坝址,通过 20 年详细的工程地质勘察,经全面比较各坝址的各项条件后,认为施工条件优越的三斗坪坝址较为理想,于是在 1979 年的第二次选坝会议上选定了该坝址。

在自然界中,地质条件完美的坝址很少,尤其是大型的水利枢纽,对地质条件的要求很高,更不能完全满足建筑物的要求。所谓"最优方案"是比较而言的,最优坝址在地质上也会存在缺陷。所以在坝址选择时,也应当考虑不同方案为改善不良地质条件的处理措施。因此,地质条件较差、预计处理困难、投资高昂的方案,应首先被否定。

坝址选择时,工程地质论证的主要内容包括区域稳定性、地形地貌、岩土性质、地质构造、水文地质条件和物理地质作用以及建筑材料等,还要预计到可能产生的工程地质问题和处理这些问题的难易程度、工作量大小等,下面分别论述。

18.2.3.1 区域稳定性

区域稳定性问题的研究在水利水电建设中具有特别重要的意义。围绕坝址或要开发的河段,对区域地壳稳定性和区域场地稳定性进行深入研究是一项战略任务。特别是地震的影响直接关系着坝址和坝型的选择,一般情况下,地震烈度由地震部门提供,但对于重大的水利枢纽工程要进行地震危险性分析和地震安全性评价。因此,对于大型水电工程,在可行性研究阶段,应组织专门力量解决区域稳定性评价。

18.2.3.2 地形地貌

地形地貌条件是确定坝型的主要依据之一,同时,它对工程布置和施工条件有制约作用。

狭窄、完整的基岩"V"形谷适合修建拱坝,宽高比大于 2 的"U"形基岩河谷区宜修建混凝土重力坝或砌石坝。宽敞河谷地区岩石风化较深或有较厚的松散沉积层,一般适于修建土坝。

不同地貌单元,其岩性、结构有其自身的特点,如河谷开阔地段,其阶地发育,二元结构和多元结构往往存在渗漏和渗透变形问题。古河道往往控制着渗漏途径和渗漏量等。因此,在坝址比选时要充分考虑地形、地貌条件。

18.2.3.3　岩土性质

　　岩土性质对建筑物的稳定来说十分重要，对坝址的比选具有决定性意义。因此，在坝址比选时，首先要考虑岩土性质。修建高坝，特别是混凝土坝，应选择坚硬、完整、新鲜均匀、透水性差而抗水性强的岩石作为坝址。我国已建和正在施工的 70 余座高坝中，有半数建于强度较高的岩浆岩地基上，其余的绝大多数建于片麻岩、石英岩和砂岩上，而建于可溶性碳酸盐岩和强度低易变形的页岩、千枚岩上的极少。

　　在世界坝工建设史上，由于坝基强度不够，而改变设计、增加投资，甚至发生严重事故者不乏其例。例如，美国圣佛兰西斯（St. Francis）坝是一座高 62.6m 的混凝土重力坝，坝址岩石为云母片岩和红色砾岩，二者在右岸斜坡上呈断层接触。砾岩泥质胶结，并穿插有石膏细脉，强度低且易饱水软化崩解。水库于 1926 年初开始蓄水，至 1928 年初突然垮坝，右翼首先被水冲溃；继之左翼也坍垮，仅残留河床中部 23m 长的一个坝段（图 18-26）。后经查明，垮坝的原因是右岸红色砾岩中石膏脉的溶解和岩石软化崩解以及左岸云母片岩顺片理滑动。我国黄河干流上的八盘峡水利枢纽坝基岩石系白垩纪红色砂页岩，岩性软弱，由于勘察和选坝工作粗糙，未查清坝基地质条件就施工，第一期基坑开挖后才发现有两条顺河大断层切割坝基岩体，在进一步勘察过程中又查明了坝基内顺层的缓倾角软弱泥化夹层分布广，抗剪强度低，对坝基抗滑稳定影响极大。此外，断层带及软弱泥化夹层有发生渗透变形的可能。经计算，原设计断面已不能满足稳定的需要。为改善地基条件被迫炸毁三段导墙，将坝线上移 103m，使开挖量和混凝土浇筑量加大、工期延长。

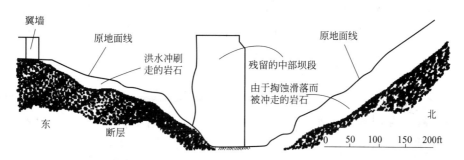

图 18-26　由于坝基岩石选择不良而致垮坝的美国圣佛兰西斯坝

　　下面将不同成因类型岩土的建坝适宜性及其主要问题作简要概述。

　　侵入的块状结晶岩体，一般致密坚硬、均一、完整、强度大、抗水性强、渗透性弱，是修建高混凝土坝最理想的地基，其中尤以花岗岩类为最佳。这类岩石需注意它们与围岩以及不同侵入期的边缘接触面、平缓的原生节理、风化壳和风化夹层的分布，选坝时避开这些不利因素。

　　喷出岩类强度较高、抗水性强，也是较理想的坝基。我国东南沿海、华北和东北有不少大坝坐落在这类岩石上。喷出岩的喷发间断面往往是弱面，存在风化夹层、夹泥层及松散的砂砾石层，还有凝灰岩的泥化和软化等，对坝基抗滑稳定性的影响不可忽视。此外，玄武岩中的柱状节理，透水性很强，在选坝时也须注意研究。桑干河干流上的山西省册田水库大坝坝基为新生代的玄武岩，柱状节理极发育，坝基及绕坝渗漏严重，影响着水库效益。

　　深变质的片麻岩、变粒岩、混合岩、石英岩等，强度高、抗水性强、渗透性差，也是较理想的坝基。但是在这类岩体中选坝址，必须注意片理面的各向异性及软弱夹层的存在，选坝时，应避开软弱矿物富集的片岩（如云母片岩、石墨片岩、绿泥石片岩、滑石片岩）。在浅变质岩的板岩、千枚岩区，应特别注意岩石的软化和泥化问题。

　　沉积岩中，以厚层的砂岩和碳酸盐岩为较好的坝基。这类岩石坝基较岩浆岩、变质岩的条件复杂。这是因为在厚层硬岩层中常夹有软弱岩层，这些夹层力学强度低，抗水能力差，易构成滑移控制面。碎屑岩类如砾岩、砂岩等，强度与胶结物类型有关，一些胶结物在水的作用下可能产生溶解、软化、崩解、膨胀等。在构造变动下往往发生层间错动，经过次生作用易于发生泥化。在坝址比选时必须十分注意这一问题。此外，碳酸盐岩的岩溶洞穴和裂隙的发育，可能会产生严重的渗漏。

　　另外，在坝址比选中，河床松散覆盖层具有重要意义。修建高混凝土坝，坝体必须座落在基岩之上，若河床覆盖层过厚，就会增加坝基的开挖工程量，使施工条件复杂化。所以当其他条件大致相同时，应将坝址选择在覆盖层较薄的地段。有的河段因覆盖层过厚，只得采用土石坝型。比选松散土体坝基的坝址时，须研究渗漏、渗透变形和振动液化等问题，而且应避开如淤泥类土等软弱、易变形土层。

18.2.3.4　地质构造

　　地质构造在坝址选择中同样占有重要地位，对变形较为敏感的刚性坝来说更为重要。

　　在地震强烈活动或活动性断裂发育的地区，选坝时应尽量避开或远离活断层，而位于区域稳定条件相对较好的地块上。在选坝前的可行性研究时，应进行区域地质研究，查明区域构造格局。尤其要查明目前仍持续活动或可能活动断裂的分布、类型、规模和错动速率，并预测发生水库诱发地震的可能及震级。国外有些水坝就因横跨活断层而坝体被错开或致垮坝。例如，美国西部位于圣·安德烈斯大断裂上的晶泉坝和老圣安德烈斯坝，在 1908 年旧金山大地震时分别被错开 2.5m 和 2m。1963 年洛杉矶附近鲍尔德温山水库大坝的溃决，则是因通过库区和坝下的断层活动，水沿断层渗流使坝基中粉、细砂层发生渗透变形所致（图18-27）。经研究，断层的最大错距达 150mm。我国新丰江水库 1982 年 3 月 6.1 级诱发地震发生后，更重视了选坝中对区域稳定条件的研究。

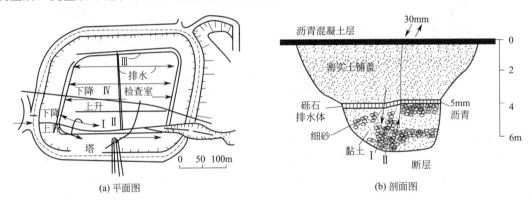

　　　　(a) 平面图　　　　　　　　　　　　　　(b) 剖面图

图 18-27　沿活断层错动引起管涌造成溃坝的鲍尔得温坝（D. M. 斯泰普莱顿，1976 年）

　　地质构造也经常控制坝基、坝肩岩体的稳定，在层状岩体分布地区，倾向上游或下游的缓倾含层中存在层间错动带时。在后期次生作用下往往演化为泥化夹层。若有其他构造结构面切割的话，对坝基抗滑稳定极为不利，在选坝时应特别注意。因为缓倾岩层的构造变动一般较轻微，容易被忽视。陡倾甚至倒转岩层，由于构造形变强烈，岩石完整性受到强烈破坏，在选坝时更要特别注意查清坝基内缓倾角的压性断裂。总之，要尽可能选择岩体完整性较好的构造部位作坝址，避开断裂、裂隙强烈发育的地段。

18.2.3.5　水位地质条件

　　在以渗漏问题为主的岩溶区和深厚河床覆盖层上选坝时，水文地质条件应作为主要考虑的因素。

　　从防渗角度出发、岩溶区的坝址应尽量选在有隔水层的横谷，且陡倾岩层倾向上游的河段上。同时还要考虑水库有否严重的渗漏问题，岸区最好是强透水层底部有隔水岩层的纵谷，且两岸的地下分水岭较高。

乌江渡水电站原来有上、中、下三个比较坝址。上坝址由寒武纪白云质灰岩组成。临近断层带，岩溶发育，无可利用的隔水岩层，因而存在严重的渗漏问题，难以处理。中坝址由二叠纪灰岩组成，岩溶很发育，也缺乏隔水层，渗漏问题也较严重。下坝址为三叠纪灰岩夹页岩，岩层倒转，倾向上游。倾角为 $50°\sim75°$。属横向谷，厚为 $26\sim44m$ 的页岩层可利用作隔水层，因而被选定为坝址。这是在岩溶地区成功地选定高坝位址的实例。

当岩溶区无隔水层可以利用的情况下，坝址应尽可能选在弱岩溶化地段。这就要求仔细分析研究岩层结构、地质构造和地貌条件。贵州猫跳河梯级开发中，三级电站和四级电站的坝址渗漏问题形成鲜明对照。三级电站坝址为中、上寒武世厚层白云岩夹泥质白云岩，岩溶发育微弱，透水性较差，构造上属背斜的翼部。地下水位较高，岸边泉水多高于设计蓄水位，河谷为强烈下切峡谷，水库蓄水后，坝区和库区均未渗漏（图 18-28）。四级电站坝址

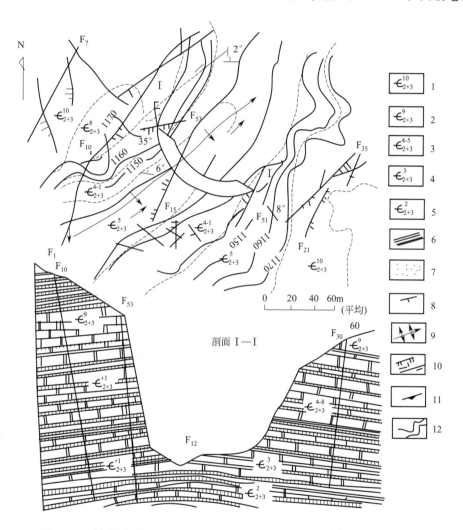

图 18-28　贵州猫跳河三级水电站坝址地质示意（据水电部原第九工程局）

1—中晚寒武世中厚层夹薄层白云岩；2—中晚寒武世中厚层、厚层白云岩；3—中晚寒武世白云岩夹泥质砂质白云岩；4—中晚寒武世厚层、中厚层夹薄层砂质细粒白云岩；5—中晚寒武世白云岩夹砂质白云岩；6—软弱夹层；7—岩层界线；8—岩层产状；9—背斜轴；10—正断层①及平移断层②；11—节理；12—右岸坝下游冲沟地形

为寒武纪及二叠纪碳酸盐岩和砂页岩。但因断裂构造复杂，岩溶十分发育，左右岸地下水位均低于河水位 14～18m。构造断裂作用的结果，虽有隔水岩层，但被破坏而失去隔水作用，在左岸，由于岩溶管道的发育，在 700 余米防渗线上出现了 7 个地下水洼槽。1970 年水库蓄水后，左岸库首及绕坝渗漏严重，渗漏量随库水位升高而加大，最大渗漏量为 20m³/s，占河流多年平均流量的 36%，发电引水流量的 20%，致使一台机组不能运行。此渗漏问题至今未能解决。从上述实例中，清楚地说明了在碳酸盐岩地区选择坝址时，研究岩溶发育规律和水文地质条件的重要意义。

18.2.3.6　物理地质作用

影响地址选择的物理地质作用较多，诸如岩石风化、岩溶、滑坡、崩塌、泥石流等，但从一些水库失事实例来看，滑坡对选择坝址的影响较大。

在河谷狭窄的河段上建坝可节省工程量和投资，所以选择坝址时总希望找最窄的峡谷地段。但是，峡谷地段往往存在岸坡稳定问题，一定要慎重研究。如法国罗曼什河上游一坝址，地形上系狭窄河段，河谷左岸由花岗岩和三叠纪砂岩及石灰岩构成。右岸是里亚斯页岩，表面上看来岩体较完整，后经钻探发现页岩下面为古河床相的砂砾石层，表明了页岩是古滑坡体物质，滑坡作用将河槽向左岸推移了 70m（图 18-29）。因而只得放弃该坝址而另选新址。我国江西某水电站勘察中也遇到类似的情况，原拟在下游的茶子山河段上建坝，经勘察发现由花岗岩及变质砂岩组成的右岸高陡岸坡岩体已发生变形移位、危岩耸立。于是，不得不放弃该坝址而在上游另选罗湾坝址进行勘探。

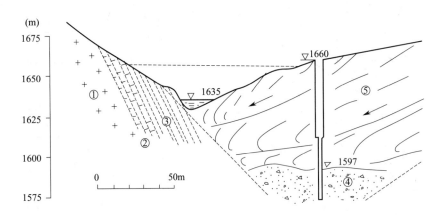

图 18-29　罗曼什河上滑坡体形成的峡谷段地质剖面图
(Gignoux and Barbier, 1955 年)
①—花岗岩；②—石灰岩；③—砂岩；④—老河谷砂砾石层；⑤—滑坡体

18.2.3.7　天然建筑材料

天然建筑材料也是坝址选择的一个重要因素。坝体施工常常需要当地材料，坝址附近是否有质量合乎要求、储量满足建坝需要的建材，如砂石、黏土等，是坝址选择应考虑的。

天然建筑材料的种类、数量、质量及开采条件及运输条件对工程的质量、投资影响很大，在选择坝址时应进行勘察。

18.3　水库工程地质

水库蓄水以后，水文条件发生剧烈变化，库周的水文地质条件也发生很大变化，将影响库区及邻近地段的地质环境。当存在某些不利因素时，就会产生工程地质问题。一般地说，水库工程地质问题有水库渗漏、库岸稳定、库周浸没、水库淤积和诱发地震等 5 个方面。其中水库诱发地震在有关文献中已有论述，下面讨论前四个方面问题。

18.3.1　水库渗漏问题

一般地说，渗漏问题是水库最主要的工程地质问题。但在自然条件下，要求水库"滴水不漏"是不可能的，问题在于渗漏所造成的水量损失是否会影响水库修建的目的，或产生其他严重的工程地质问题。所以，应当从水库水量平衡的观点来研究这一问题。

由于大量渗漏而影响水库蓄水效益，甚至完全丧失效益，在国内外是不乏其例的。如修建在强烈岩溶化灰岩地区的西班牙高 83.5m 的蒙特热克水库，由于严重渗漏而成"干库"。我国北京的十三陵水库，由于库水顺库右侧一古河道大量渗漏而长期未能正常发挥效益。

18.3.1.1　水库渗漏形式

可分暂时性渗漏和永久性渗漏两种形式。暂时性渗漏是水库蓄水过程中，用来饱和库盆包气带岩土体的空隙所需的水量。其特点是水量不渗漏到库外，而且经过一定时间后就会停止。此种形式的渗漏除干旱地区外，一般来说研究意义不大。永久性渗漏是库水通过某渗漏通道向库外的渗漏。这种渗漏是长期持续的，对水库蓄水效益有影响。

永久性渗漏的途径大致可分为三种情况。

① 通过分水岭向邻谷渗漏 [图 18-30(a)]。

② 通过河湾向河谷下游渗漏 [图 18-30(b)]。

③ 通过库盆底部向远处低洼排泄区渗漏 [图 18-30(c)]。

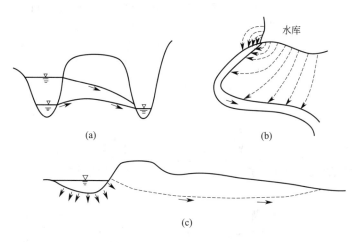

图 18-30　永久性渗漏的三种途径

18.3.1.2　水库渗漏条件分析

对水库渗漏条件的分析，是进行水库渗漏工程地质研究的基础工作，主要包括地形地貌、岩性、地质结构和水文地质条件等方面。

（1）地形地貌条件　水库附近沟谷的切割深度和密度，对水库渗漏至关重要。当相邻沟谷切割很深，低于库水位，且与水库间的分水岭比较单薄时，由于渗透途径短，水力梯度大，有利于库水渗漏。特别是在库周水文网切割密度和深度大的山区，容易产生水库渗漏。当分水岭很宽、邻谷高于库水位时，则不会产生库水向邻谷的渗漏。有时分水岭较宽，但由于水库回水范围内河流支流（沟谷）发育，将某段分水岭切割得比较单薄，亦可能形成渗漏地段。

山区或平原河流均可形成急剧转弯的河曲，若在河湾地段筑坝，就会在库区与坝下游河流之间形成单薄的河间地块，此时上下游之间水力梯度大，应特别注意库水向下游河道的渗漏问题。

河流多次改道变迁形成的古河道若通向库外时，库水就会沿着古河床堆积物向库外渗漏。如果古河道与邻谷或坝下游河道相连，则库水将沿之漏失。

（2）岩性及地质结构条件　库区地层的岩土性质和地质结构，决定了渗透介质的透水性能。渗透性强烈的岩土体和构造破碎带，构成水库的渗漏通道。

就岩土性质来说，对水库渗漏有重大意义的是碳酸盐岩和未胶结的砂卵（砾）石层。

碳酸盐岩的岩溶洞穴和暗若与库外相通，能形成集中径流带或管道流带，这是最严重的渗漏通道。前述的猫跳河四级电站水库左岸即为典型的实例。当水库区强岩溶化的碳酸盐岩底部无隔水层分布，或虽有隔水层存在，但其埋藏很深或封闭条件很差时，就有可能通过分水岭向邻谷、向河谷下游或向远处低洼排泄区等多种途径发生渗漏。当然，强岩溶化地区不一定都会发生严重的渗漏，要做具体的分析，其关键是研究河谷地段的岩溶化程度。如果近期地壳强烈上升，河床以下岩溶化反而较弱，则有利于建库。在岩溶化强烈的地区建库，应充分利用相对隔水层的隔水作用。

沙卵（砾）石层往往是冲积形成的，当其厚度大且透水性强烈时，能组成强渗漏通道、在山区河流分水岭的局部低洼地段或丘陵、平原河流的河间地段，常常有古河道分布，所以研究沙卵（砾）石层的渗漏通道需结合河谷发育历史来考虑。

地质结构对水库渗漏的影响也是重大的。当宽大而胶结较差的断层破碎带切过分水岭通向邻谷时，就有可能形成集中渗漏通道，使库水向邻谷渗漏。若河谷地段有强岩溶化地层与隔水层分布时，不同的构造条件对水库渗漏的作用不同。纵向河谷向斜构造，一般不会发生水库渗漏［图 18-31（a）］。而纵谷背斜构造，库水则有可能向邻谷渗漏［图 18-31（b）］。当岩层倾角较大时，无论向斜谷或背斜谷，水库渗漏的可能性均会减小［图 18-31（c）］。当纵谷断层切断渗漏通道时，往往对防渗有利［图 18-31（d）］。当横向河谷透水层的一端在库区内出露时，库水将会向下游或远处排泄区渗漏［图 18-31（e）］。

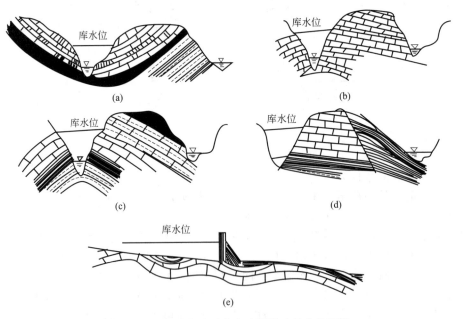

图 18-31　地质构造对水库渗漏影响的几种情况

（3）水文地质条件　上述的地形地貌、岩性及地质结构条件，是决定水库渗漏的必要条件而不是充分条件。判定水库是否会产生永久性渗漏，还必须研究水文地质条件。在预测水库是否会发生渗漏时，查清库周有否地下分水岭以及分水岭的高程与库水位的关系最为重要。如果地表分水岭的两侧均有潜水补给的泉时。必定存在地下分水岭。非岩溶地区的河间地块一般都存地下分水岭，而且与地表分水岭的位置经常是一致的；但是岩溶地区的地下分水岭则经常不与地表分水岭相一致，甚至根本就不存在地下分水岭。

　　根据有无地下分水岭以及地下分水岭的高程与水库正常高水位之间的关系，可大致判断库水向邻谷渗漏的可能性。

　　① 地下分水岭高于水库高水位，不会发生渗漏 ［图 18-32(a)］。

　　② 地下分水岭低于水库正常高水位，有可能发生渗漏 ［图 18- 32(b)］。

　　③ 无地下分水岭，且蓄水前河谷水流就向邻谷排泄，蓄水后严重渗漏 ［图 18-3(c)］。

　　④ 无地下分水岭，但蓄水前，邻谷水流向库区河流排泄，但水库正常高水位高于邻谷水位，蓄水后仍有可能发生渗漏 ［图 18-32(d)］；若邻谷水位高于水库正常高水位，则蓄水后不会发生渗漏 ［图 18- 32(e)］。

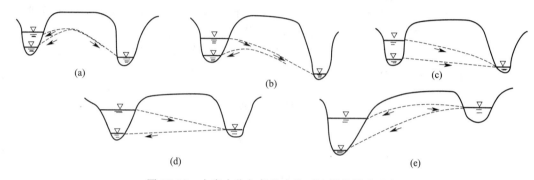

图 18-32　水库水位与邻谷水位对渗漏的影响示意

　　归纳以上分析，研究岩溶地区水库渗漏，必须查明以下四个重要条件：①渗漏途径和通道，尤其是集中通流带；②河谷地段岩溶发育的强度和深度；③隔水层的分布、厚度、完整性及深度；④地表分水岭，河间地块和地形垭口处有无地下分水岭，其高程与库水位的关系等。

18.3.1.3　水库渗漏量计算

　　水库渗漏量计算一般是在选定的穿越地表分水岭的有代表性的剖面上进行的。计算前，应通过认真细致的勘察工作，查明渗漏边界条件，确定计算参数，然后利用地下水动力学公式估算。

　　(1) 单层岩土体分水岭　当分水岭由单层岩土体或透水性较均一的综合岩土体组成，隔水底板水平且埋藏较浅时，分两种情况考虑。

　　① 两岸无坡积层 ［图 18- 33(a)］，有：

$$q=K \frac{H_1-H_2}{L} \cdot \frac{H_1+H_2}{2} \tag{18-32}$$

$$Q=qB \tag{18-33}$$

　　② 两岸有坡积层 ［图 18-33(b)］，有：

$$q=K_{cr}\frac{H_1-H_2}{l'+l''+l} \cdot \frac{H_1+H_2}{2} \tag{18-34}$$

$$K_{cr}=\frac{l'+l''+l}{\dfrac{l'}{K'}+\dfrac{l''}{K''}+\dfrac{l}{K}} \tag{18-35}$$

$$Q=qB \tag{18-36}$$

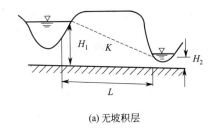 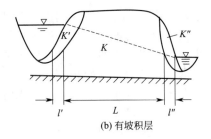

(a) 无坡积层　　　　　　　　　　　(b) 有坡积层

图 18-33　岩层岩土体分水岭渗漏计算剖面图

式中，q 为分水岭单宽断面的渗漏量；K，K'，K''分别为分水岭岩土体及其两侧坡积层的渗透系数；l，l'，l''分别为坡积层之间岩土体厚度及两侧坡积层过水部分的厚度；H_1，H_2 分别为库水位及邻谷水位为分水岭过水部分的平均渗径长度；B 为分水岭漏水段总宽度；K_{cr} 为渗透系数的平均值；Q 为分水岭总渗漏量。

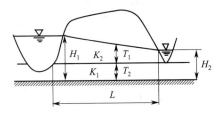

图 18-34　双层透水层分水岭渗漏计算剖面

（2）双层透水层分水岭　如图 18-34 所示。

$$q = K_{cr} \times \frac{H_1 - H_2}{L} \times (T_1 + T_2) \qquad (18\text{-}37)$$

$$K_{cr} = \frac{K_1 T_1 + K_2 T_2}{T_1 + T_2} \qquad (18\text{-}38)$$

$$T_2 = \frac{H_1 - T_1}{2} + \frac{H_2 - T_2}{2} \qquad (18\text{-}39)$$

$$Q = qB \qquad (18\text{-}40)$$

式中，T_1 为下层透水层的厚度；T_2 为上层透水层过水部分的平均厚度；其他符号意义同前。

水库渗漏的防治措施包括灌浆、铺盖、堵塞、截水墙、隔水墙和排水减压等。

18.3.2　库岸稳定问题

水库蓄水后，库岸的自然条件发生急剧变化，使之处于新环境和外营力作用之下。主要表现为：①原来处于干燥状态下的岩土体，在库水位变化范围的部分因浸湿而经常处于饱和状态，岩土工程地质性质恶化，c、φ 值降低；②岸坡遭到库水波浪的冲刷、掏蚀作用，形成陡坡凹进，稳定性降低；③库水位经常变化，当水位快速下降时，原来被顶托而壅高的地下水来不及泄出，因而增加了岸坡岩土体的动水压力和自重压力，使得原来处于平衡状态的岸坡失去稳定。

库岸的变形破坏可危及滨库地带居民点和建筑物安全，使滨库地带的农田遭到破坏；库岸的破坏物质又成为水库的淤积物，减小库容。近坝库岸的大型滑坡会产生涌浪，危及大坝安全，并可能给坝下游带来灾难性后果。

18.3.2.1　库岸破坏的形式

库岸破坏的形式主要有塌岸、滑坡、崩塌等。因库水和地下水的长期作用，使得岸坡不断后退，最终形成浅滩而达到稳定。

滑坡是库岸破坏的主要形式之一，是非常复杂的课题，需进行专门研究。目前国内外一般采用模型试验和计算两种方法来求得库岸滑坡的涌浪高度。影响涌浪高度的最主要因素是滑坡的滑速，而滑速计算是按质量定律或能量守恒和转化原理来进行的。

崩塌：包括了小规模块石的坠落和大规模的山（岩）崩，岩崩是峡谷型水库岩质库岸常见的破坏形式，它常发生在由坚硬岩体组成的高陡库岸地段。水库蓄水后，由于坡脚岩层软

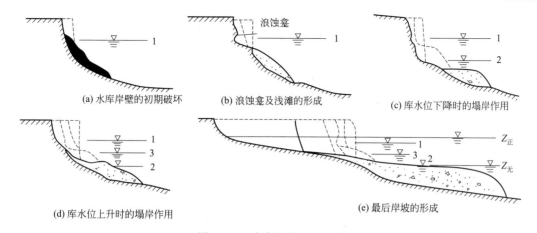

(a) 水库岸壁的初期破坏　　(b) 浪蚀龛及浅滩的形成　　(c) 库水位下降时的塌岸作用

(d) 库水位上升时的塌岸作用　　(e) 最后岸坡的形成

图 18-35　水库塌岸过程示意

化或下部库岸的变形破坏，而引起上部库岸的岩体崩塌（图 18-35）。

18.3.2.2　水库塌岸的预测

定量地估计水库建成蓄水后塌岸的范围，某一库岸地段塌岸宽度和速度，某一期限内和最终的塌岸宽度，以及形成最终塌岸宽度所需的年限，以便给防治措施提供依据，这就是预测水库塌岸的目的。

塌岸宽度的预测方法较多，有计算法、作图法、工程地质类比法和试验法等，它们都属于半理论、半经验性质的，各具特点，都不能作为通用的方法。

塌岸预测分短期预测和长期预测两种。短期预测的期限，由刚蓄水时至预定的最高水位为止，一般 2～3 年。该期限内水库未进入正常运行阶段，水位升降变化无规律，库岸因初次湿化而大量坍塌。在短期预测的基础上进行长期预测，以确定最终塌岸范围。在水库运行期间，应对预测结果进行观测和检验，并据以修改长期预测的结果。我国在黄土地区修建的一些水库，进行了一定的塌岸预测工作。

松软土库岸预测的计算法，采用较多的是 E. Г. 卡秋金在 1949 年提出的库岸最终塌岸宽度计算公式，即：

$$S=N[(A+h_{\mathrm{p}}+h_{\mathrm{B}})\cot\alpha+(h_0-h_{\mathrm{B}})\cot\beta-(B+h_{\mathrm{p}})\cot\gamma] \tag{18-41}$$

式中，S 为最终塌岸宽度；N 为与土的类型有关的系数，黏土为 1，冰积亚黏土为 0.8，黄土为 0.6，砂土为 0.5；A 为保证率 10%～20% 的最高水位与非结冰期间最低水位之差；B 为正常高水位与非结冰期间最低水位之差；h_{p} 为波浪影响深度，相当于 1～2 倍波高，或用专门的半经验公式计算；h_{B} 为波浪爬升高度，大致为 0.1～0.8 倍波高，细粒土小，粗粒土大；h_0 为保证率 10%～20% 的最高水位以上的岸壁高；α 为浅滩被冲刷后水下稳定坡角，其值与波高及土的性质有关（图 18-36）；β 为水上岸坡的稳定坡角，与土的性质及眉蜂高度有关（表 18-2）；γ 为原岸坡的坡角。

表 18-2　水上岸坡稳定坡角

土的名称	眉峰高度/m	$\beta/(°)$	土的名称	眉峰高度/m	$\beta/(°)$
粗砂土	0.7	35～45	亚黏土	3.0～7.0	25～42
中砂土	1.5	32～40	黏土	2.0～10.0	10(5)～30
细砂土	2.5	30～35	含砾亚黏土		38
黄土	5.0～7.0	20～35			

式(18-41) 可用图 18-37 说明。

卡秋金法对于均质土岸的中小型水库及由黄土、砂土、砂质黏土及黏土等组成的库岸，所得结果甚为准确。对于大型水库，则适用于其中、上游地带。

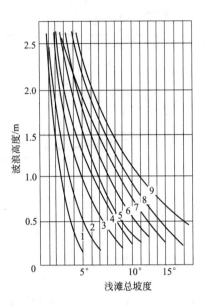

图 18-36 不同坡高情况下几种土的 α 值（°）

1—黏土；2—黄土；3—亚黏土；4—细砂；5—中砂；6—含漂砾的亚黏土；
7—粗砂；8—细砾石；9—卵石

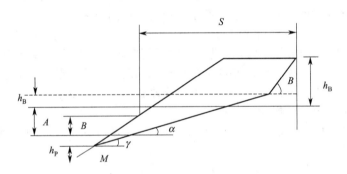

图 18-37 卡秋金公式图解

短期预测的计算公式与上式大致相同，但某些计算参数的取用不同，如 A 应取用蓄水初期最高水位与原河流最高洪水位之差。

计算结果的准确程度，主要取决于各项计算参数的选用。由于参数较多地选自经验值，所以在实际预测时必须进行观测，以补不足，才能取得较可靠的成果。

松软土库岸塌岸预测的作图法，是由 Γ. C. 佐洛塔廖夫提出的，适用于大型水库的中、下游地段。

佐氏认为，水库中、下游的水文情况与上游不同，水深较大，水面宽广，波高增加，对库岸的破坏，波浪作用是主要的，与上游部分以水流冲刷作用为主的情况大不相同。水库塌岸后的剖面外形结构可分为浅滩外缘陡坡、堆积浅滩、冲蚀浅滩、波浪爬升带斜坡及水上岸坡 5 个带。各带所遭受的地质作用是不相同的，前两个带为堆积作用，后三个带为冲蚀作用。各带的稳定坡角不同（表 18-3），作图时应加以区别。

塌岸后稳定剖面的形状和位置，可利用堆积系数 K_a，加以确定，即：

$$K_a = \frac{F_1}{F_2} \times 100\% \tag{18-42}$$

式中，F_1 为堆积部分中不能为波浪搬运走的粗粒物质所占体积；F_2 为冲蚀部分体积。堆积系数的大小随岩土类型而变，其值如表 18-3 所列。

表 18-3　用于绘制水库塌岸剖面时的坡度值

（据 Г.С. 佐洛塔廖夫，Д.Н. 拉沙）

岩土名称	堆积浅滩斜坡坡度 $\alpha_1(\beta_1)/(\degree)$	堆积浅滩及冲蚀浅滩表面的坡度/(°)		波浪爬升带坡度/(°)		堆积系数 $K_a/\%$
		10 年期 α_2, α_3	最终期 β_2, β_3	10 年期 α_4	最终期 β_4	
粉细砂	<10~12	1.5	1	5	3	5~10
中砂与不等粒砂		3	2	6	4	10~15
粗砂与砾砂	<18~20	5	3	10	6	15~20
卵石与块石夹砂		10~12	8~10	18~20	15~18	20~35
充填黏土的卵石和块石		8~10	6~8	15~18	14~16	0~25
亚黏土	<8~10	1.5	1	4	2~3	3~5
黏土		3	1.5	6	8	<3
黄土		1.5	1	4	2	0<3

佐氏根据上述原理，用作图法预测水库塌岸的方法分为最终预测和水库建成后前 10 年内预测两种。

库岸稳定的措施包括抛石、护坡、护岸、丁坝、防波堤等。

18.3.3　库周浸没问题

水库蓄水后水位抬高，引起水库周围地下水壅高。当库岸比较低平，地面高程与水库正常高水位相差不大时，地下水位可能接近，甚至高出地表，产生种种不良后果，称之为浸没。

浸没对滨库地区工农业生产和居民生活会造成危害，它使农田沼泽化和盐渍化；建筑物强度降低甚至破坏，影响其稳定和正常使用；附近居民无法居住，或采取排水措施，或迁移他处（图 18-38）；浸没区还会造成附近矿坑充水，使采矿条件恶化。因此，浸没问题常常影响到水库正常高水位的选择，甚至影响到坝址选择。

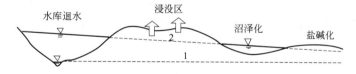

图 18-38　水库迴水及浸没示意

低矮的丘陵、山间盆地和平原地区的水库，由于周围地势低平多最易形成浸没，且其影响范围也较大。如山东东平湖水库系一围堤而成的平原水库，蓄水后堤外地下水壅高，使滨库地带的大片农田严重沼泽化和次生盐渍化，因地基条件恶化房屋毁坏，村镇居民无法居住而被迫迁往他处。

18.3.3.1　浸没产生的条件

浸没现象的产生，是各种因素综合作用的结果，包括地形、地质、水文气象、水库运行和人类活动等。依据地形、地质因素而言，可能产生浸没的条件如下。

① 受库水渗漏影响的邻谷和洼地，平原水库的坝下游和围堤外侧，特别是地形标高接近或低于原来河床的库岸地段，容易产生浸没。高陡的库岸不可能发生浸没。

② 岩土应具有一定的透水性能。基岩分布地区不易发生浸没。第四纪松散堆积物中的黏性土和粉沙质土，由于毛细作用较强，易发生浸没，特别是胀缩性土和黄土类土，浸没的影响更为严重。如果库岸由不透水的岩土体组成或研究地段与库岸之间有不透水岩层阻隔

时，不可能发生浸没。

③ 地下水埋深较小。地表水和地下水排泄不畅，补给量大于排泄量的库岸地带或沼泽地带的边缘，容易产生浸没。地下水埋深较大，在水库正常高水位以上的库岸有经常性水流（河沟、泉），且排泄条件良好的地段，一般不会发生浸没。

18.3.3.2　浸没的预测

主要包括水库蓄水后地下水壅高值计算和确定地下水临界深度两方面。

（1）地下水壅高值计算　如图 18-39 所示，假定下伏隔水层为水平产出，透水层为均一土层，预测 m 点地下水的壅高值 Z_1。

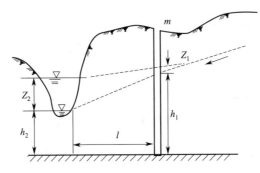

图 18-39　地下水壅高计算剖面

壅水前后通过断面 m 的地下水单宽流量各为 q_1 和 q_2，即：

$$q_1 = K\frac{h_1 - h_2}{l} \times \frac{h_1 + h_2}{2} \tag{18-43}$$

$$q_2 = K\frac{(h_1 + Z_1) - (h_2 + Z_2)}{l} \times \frac{(h_1 + Z_1) + (h_2 + Z_2)}{2} \tag{18-44}$$

壅水前后地下水补给量不变，即 $q_1 = q_2$，故解上二式，得：

$$Z_1 = \sqrt{h_1^2 - h_2^2 + (h_2 + Z_2)^2} - h_1 \tag{18-45}$$

式中，h_1，h_2 分别为水库蓄水前 m 点的地下水位及河水位（平水期水位）；Z_2 为水库正常高水位与河水位的高差；l 为 m 点与水库（河流）岸边的水平距离；K 为透水层的渗透系数。

在实际工作中，常根据预测地段的重要性，对 Z_1 乘以安全系数 α（应大于 1）得 Z_1' 值，即：

$$Z_1' = \alpha Z_1 \tag{18-46}$$

地下水壅高值，除了用上述公式计算外，还可通过工程地质类比法加以确定。

（2）地下水临界深度 h_{cr} 的确定　地下水临界深度是用以判定是否会发生浸没的标准，它的确定方法视具体对象而异。

农田地下水临界深度的确定，与当地的气候、土质、地下水矿化度、作物种类、耕作方法及排灌水措施等因素有关。在干旱、半干旱地区种植旱地作物时，h_{cr} 应大于该土壤的毛细饱和带高度 H_K，以防止产生土壤盐渍化。而在潮湿气候条件下的水田作物，此值可减小。

城镇、工矿企业建筑物及居民聚居区地下水临界深度，应根据地基土类型、建筑物规模和设防情况（包括地下室）等来确定。一般地基土的 h_{cr} 应小于饱和带高度 H_K 和基础（或地下室）砌置深度 h_c 之和（$h_{cr} \geqslant H_K + h_c$）。

湿陷性黄土地区的地下水临界深度，应在建筑物地基土有效持力层（不允许发生湿陷的地基土持力层）以下。

通过计算地下水壅高后所得实际地下水埋深值（h）与地下水临界深度相比较，即可圈定出浸没的范圈，凡是 $h_{cr}>h$ 者会发生浸没，反之不发生浸没。

水库周围有大片农田和重要城镇、工矿企业的低平地带，都需要作浸没预测工作。

浸没的防治措施包括：工程措施（疏、排地下水）、农业措施（改变作物种类、耕作方法）。

18.3.4　水库淤积问题

水库形成后，河水流入水库后流速锐减，水流搬运能力下降，所挟带的泥砂就会沉积下来，堆于库底，形成水库淤积。淤积的粗粒部分堆于上游，细粒部分堆于下游，随着时间的推移，淤积物逐渐向坝前推移。修建水库的河流若含有大量泥砂，则淤积问题将成为该水库的主要工程地质问题之一。

水库淤积虽然可以起到天然铺盖以防止水库渗漏的作用，但是大量淤积物堆于库底，将减小有效库容，降低水库效益；使水深变浅，妨碍航运和渔业，影响发电设备的运转等。严重的淤积，将使水库在不长的时间内失去有效库容，缩短使用寿命。例如，美国科罗拉多河上的一座大型水库，建成 13 年后便有 95％ 的库容被泥砂充填。日本有 256 座水库平均使用寿命仅 53 年，其中 56 座已淤库容的 50％，26 座已淤库容的 80％。山西、陕西黄土高原上有一些小水库，建成 1 年后库容竟全部被泥砂淤满。

河水中所携带的泥砂亦称固体径流，包括悬移质、跃移质和推移质。一般河流的年平均含沙量是 $5\sim100N/m^3$；但我国流经或发源于黄土高原的河流含沙量大大超出上述数字，如黄河的年均含沙量为 $313N/m^3$，最大含沙量为 $2.8kN/m^3$，每年携砂量 16 亿吨，居世界大河的首位。它的某些支流含砂量更高，如无定河、泾河、渭河最高含砂量分别为 $15.18kN/m^3$、$9.78kN/m^3$ 和 $6.9kN/m^3$。

造成水库淤积的固体物质来源是与流域内的岩性、地貌、水土流失以及动力地质作用密切相关的。应考虑研究如下内容：流入库区河流所挟带的泥砂；水库汇水区内泥石流的发生规模和数量；库岸塌岸的范围及数量以及库周的水土流失情况等。

防治水库淤积的措施包括：水保措施（整治沟谷、植树造林）和工程措施（加固库岸、修建拦砂库、清淤等）。

18.4　引水建筑工程地质

引水建筑物是一种线型的水工建筑物，它本身可由渠道、输水隧道、渡槽、倒虹吸管道、闸门、跌水与泄槽等一系列结构物组成。渠道是最主要的引水建筑物，它一般是开敞式的，就通过的地形条件可将其划分为挖方的、填方的和半挖半填方的三种（图 18-40）。

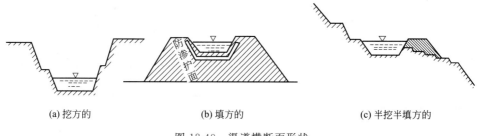

(a) 挖方的　　　　　(b) 填方的　　　　　(c) 半挖半填方的

图 18-40　渠道横断面形状

引水建筑物的工程地质问题复杂多样，如渠道的渗漏和边坡稳定、渠系的淤积和冲刷、输水隧洞的围岩稳定和施工涌水、渡槽墩基和闸基的强度和变形等。本节将着重分析渠道的工程地质问题。

18.4.1　渠道渗漏问题

渠道一般位于地下水埋深较大的地段，渠道的渗漏很难避免，如果渗漏量过大，影响渠道的效益，同时由于渗漏会造成渠道附近地下水位抬升，条件适宜时将引起沼泽化、盐渍化，在黄土区则会引起湿陷变形，山区渗漏还会导致斜坡滑动等。

18.4.1.1　渠道渗漏的地质条件分析

基岩地区渠道渗漏一般不严重。渗漏的主要条件取决于基岩的破碎程度和渗漏通道特征。渗漏通道包括透水岩层、断层破碎带、节理密集带、岩溶发育带和强烈风化带等。要在勘察中根据地质条件确定各种通道的渗漏作用大小及其特征，并提出相应的防渗措施。

在第四纪松散堆积层地区，渠道渗漏取决于松散土体的透水性质，而透水性强弱又与其成因类型和岩性及物质组成有关，在山前地带多为坡积物和残积物，坡积物一般上部颗粒粗，坡脚处颗粒细，通过粗颗粒时则易渗漏。残积物一般颗粒粗大，透水性好，应同时考虑垂向渗漏和侧向渗漏。洪积物透水性变异很大，大型洪积扇上部，一般为粗大颗粒，透水性强，而中、前部颗粒逐渐变小，透水性也相应变弱。平原地区一般在顶部为细小的黏土颗粒，可以找到相对稳定的黏性土作为相对隔水层。但由细粒物质组成的黄土类土，具大孔隙和垂直节理，透水性较强，故黄土地区的渠道渗漏也较严重。修建于河谷中的渠道应尽量将渠道开挖于二元结构上层的黏性土中，而避开渗漏性很强的下层砂卵石层。

渠道渗漏还受地下水位控制，当地下水位高于渠水水位时不会发生渗漏。地下水位越低，渗漏越严重。

在松散堆积层上修筑渠道，主要应查明各类土的空间分布范围，并进行渗水试验，以确定渠道线路和渠道的工程设计。

18.4.1.2　渠道渗漏过程及渗漏阶段

渠道渗漏特点，可由其渗漏过程来表示。渠道过水初期，由于要浸入干燥的岩土体，入渗强度较大，随着时间延续而逐渐减少，到一定时间后，便达到相对稳定状态。根据渠道的这种渗漏特点，对其渗漏过程做如下的分析。

假定透水层均匀，地下水埋藏较深，则渠道的渗漏过程大体是：渠道过水初期，渗透水流在重力和毛细力作用下，渗漏以垂直渗漏为主，并有部分侧渗（图 18-41）。当下渗水流到达地下水面后，转向两侧渗流。若两侧渗出的水量（Q_φ）大于渗流排走的水量（Q_c）时，渠底下的地下水位逐渐上升，形成地下水峰；地下水峰逐渐升高，直至与渠水连成统一水面。当 $Q_\varphi = Q_c$，且为一常数时，该地下水面不再上升而趋于稳定（图 18-42）。此后渠道以侧向渗漏为主。

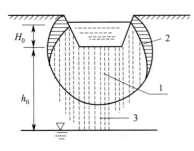

图 18-41　垂向渗漏示意
1—重力水运动；2—毛细水运动；
3—重力水毛细水运动

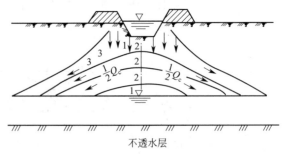

图 18-42　回水渗漏示意
1—原地下水位；2—地下水峰；3—水流向

由此，可将渠道渗漏过程分为三个阶段。

（1）垂向渗漏阶段　即出现地下水峰之前阶段。

（2）退水渗漏阶段　即地下水峰开始出现至水峰逐渐升高到与渠水连成统一水面之前阶段。

（3）侧向渗漏阶段　即地下水与渠水连成统一水位以后阶段。

垂向渗漏和遇水渗漏阶段的渗漏量不稳定，$Q_\varphi > Q_c$；侧向渗漏阶段的渗漏量稳定，$Q_\varphi = Q_c$。据陕西省水利科学研究所的试验，渠水初渗值约为稳定值的 $1\sim5$ 倍。一般大型渠道放水历时 $10\sim15d$ 渗漏量接近稳定，而小型渠道数天即达稳定。

当地下水埋藏较浅，土层渗透性弱或侧向排水条件较差时，渗水很快由垂向渗漏转为回水渗漏及侧向渗漏。反之，当地下水埋藏很深，土层渗透性很强，或非常年过水的间歇性水流渠道，则可能仅处于垂向渗漏阶段。

18.4.1.3　渠道渗漏量计算

渠道渗漏所处的阶段不同，其渗漏边界条件有差别，因此，不同渗漏阶段就应采用相应的渗漏量计算公式。

（1）垂向渗漏阶段　多采用半经验半理论计算公式。当均质透水层厚度很大，透水性较强，且地下水埋深相当大时，自渠道渗出的水流似一垂线（图 18-43），它的水力梯度接近于 1。此时稳定渗漏量计算公式为：

$$q = K(B + H_0 C_1) \tag{18-47}$$

式中，q 为渠道单位长度渗漏量，$m^3/(d \cdot m)$；K 为岩土渗透系数，m/d；B 为渠道水面宽度，m；H_0 为渠水深度，m；C_1 为与 B/H_0 比值有关的系数；由图 18-44 确定，也可查表 18-4 获得。

表 18-4　C_1 值与水面宽度、水深及渠坡关系

B/H_0	C_1			B/H_0	C_1		
	$m=1.0$	$m=1.5$	$m=2.0$		$m=1.0$	$m=1.5$	$m=2.0$
2	2.0			8	3.4	3.0	2.7
3	2.4	1.9		10	3.7	3.2	2.9
4	2.7	2.2	1.8	15	4.0	3.6	3.3
5	3.0	2.5	2.1	20	4.2	3.9	3.6
6	3.2	2.7	2.3				

注：1. 表中 m 为边坡系数，$m = \cot\alpha$（α 为边坡角）。
2. 实用时，中间值可内插。

上述条件下，还可用下式计算渗漏量：

$$Q = 0.0116K(b + 2aH_0\sqrt{1+m^2}) \tag{18-48}$$

式中，Q 为渠道每千米长度的渗漏量，$m^3/(d \cdot km)$；b 为渠底宽度，m；a 为考虑到侧渗所加的修正系数；$a = 1.1\sim1.4$；m 为渠道边坡系数，即边坡角的余切；其他符号意义同前。

当距渠道深为 T 处有强透水层，且其中有埋藏不深的地下水时，该强透水层成为良好的排水通道（图 18-45）。其稳定渗漏量计算公式为：

$$q = K(B + H_0 C_2) \tag{18-49}$$

式中，C_2 为与 B/H_0 和 T/H_0 有关的系数，按图 18-46 确定；其他符号意义同前。

另外，还可采用实测流量和其他计算方法，工作时可根据具体条件选用不同的计算方法。

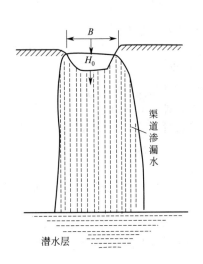

图 18-43　均质土层中渠道垂向渗漏示意

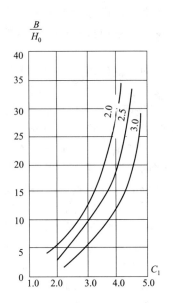

图 18-44　C_1 与 B/H_0 关系曲线

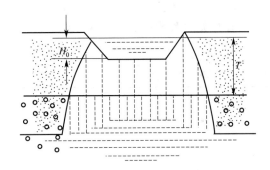

图 18-45　下部有强透水层情况下渠道渗漏

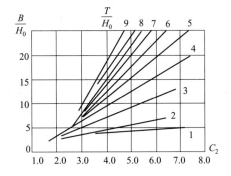

图 18-46　C_2 为与 B/H_0 和 T/H_0 关系曲线

（2）迴水渗漏阶段　当出现地下水峰后，即可按式(18-50) 计算：

$$Q_h = \beta Q_j \tag{18-50}$$

式中，Q_h 为迴水稳定阶段每千米长度的渗漏量，$m^3/(d \cdot km)$；Q_j 为垂向渗漏稳定时的渗漏量，$m^3/(d \cdot km)$；β 为校正系数，与渠道流量及地下水埋深有关，按表 18-5 确定。

表 18-5　迴水渗漏阶段渗漏量校正系数 β 值

渠道流量 /(m³/s)	地下水埋藏深度/m				
	<3.0	3.0	5.0	7.5	10.0
1.0	0.63	0.79			
3.0	0.50	0.63	0.82		
10.0	0.44	0.50	0.65	0.79	0.91
20.0	0.36	0.45	0.57	0.71	0.82
30.0	0.35	0.42	0.54	0.66	0.77
50.0	0.32	0.37	0.49	0.60	0.69
100.0	0.28	0.33	0.42	0.52	0.58

注：使用时中间值可内插。

（3）侧向渗漏阶段　一般采用地下水动力学公式计算，有两种情况。

① 在斜坡地段，当隔水层顶板低于河水位时（图 18-47），有：

$$q = K \left(\frac{h_1 + h_2}{2} \right) \left(\frac{H_1 - H_2}{L} \right) \tag{18-51}$$

式中，q 为渠道单位长度渗漏量，$\mathrm{m^3/(d \cdot m)}$；h_1，h_2 分别为渠道及排水点处潜水含水层厚度，m；H_1，H_2 分别为渠道及排水点处潜水位，m；L 为渠道至排水点的水平距离，m；K 为岩土渗透系数，m/d。

② 在斜坡地段，当排水点隔水层顶板高于河水位时（图 18-48），有：

$$q = K \times \frac{h_1}{2} \times \frac{H_1}{L} \tag{18-52}$$

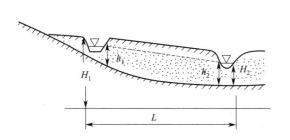

图 18-47　隔水层顶板低于排水点
河水位时渠道渗漏计算

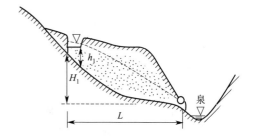

图 18-48　渠道隔水层顶板高于排水点
河水位时渠道渗漏计算

上述各渗漏阶段，除了用公式计算外，还可采用实测流量的方法计算渗漏量。此法即是对某一计算长度的渠段，各测定流入断面及流出断面的流量，并用渗漏强度这一指标来表征该测段渗漏量的大小。所谓渗漏强度，即是每公里的流量损耗与入流量之比值：

$$\delta_1 = \frac{1}{l} \times \frac{Q_\text{入} - Q_\text{出}}{Q_\text{入}} \times 100\% \tag{18-53}$$

式中，δ_1 为渠道渗流强度，%；l 为渠道长度，km；$Q_\text{入}$ 为流入断面的渠道流量，$\mathrm{m^3/s}$；$Q_\text{出}$ 为流出断面的渠道流量，$\mathrm{m^3/s}$。

测定计算工作应在一定时间内不同的季节多次进行，且划分为不同的渠段。计算结果可对比多段的渗漏强度。

为了确切地评价渠道所发挥的效益，引入"渠系有效利用系数"这一指标，其含义即是渠尾流量与渠道设计流量之比值，以百分数表示为：

$$\delta = \frac{Q_\text{尾}}{Q_\text{设}} \times 100\% \tag{18-54}$$

此值也可用渗漏强度计算得到。如一干渠长 89.5km，渠道设计流量为 $50\mathrm{m^3/s}$，渗漏强度为 0.4%，则计算所得每公里渠水漏失的流量为 $50 \times 0.4\% = 0.2\mathrm{m^3/(s \cdot km)}$，总漏失流量为 $0.2 \times 89.5 = 17.9\mathrm{m^3/s}$，则：

$$\delta = \frac{50 - 17.9}{50} \times 100\% \tag{18-55}$$

此例中，$\delta = 64.2\%$。δ 值过小，则说明渠道渗漏严重，有效利用率低。陕西关中地区的渠道多位于黄土上，δ 值有的只有 35%～40%。这种情况下，必须采取专门的有效防渗措施，以降低渗漏量。

渠道渗漏的防治措施包括绕避、防渗（设置防渗材料）、土质改良（灌浆、强夯、硅化加固）等。

18.4.2　渠道稳定问题

渠道稳定问题包括渠边坡和渠底稳定以及山坡渠道的斜坡稳定问题。关于边坡的一般地质分析和稳定性计算方法已在有关文献中论述过，这里仅就渠道的工作条件进行分析。

渠道是一种引水建筑物，故校核渠道边坡稳定时必须考虑水的因素。渠道过水后，水面以下的边坡为水所饱和，由于自重增加及岩土体抗剪强度降低，水下部分的边坡角一定要采用小于水上干燥边坡角。各种岩土的水上及水下稳定坡角值见表 18-6 。

表 18-6　各种岩土的水上及水下稳定边坡角

渠道边坡岩土类型	边坡余切值($\cot\beta$)		渠道边坡岩土类型	边坡余切值($\cot\beta$)	
	水下	水上		水下	水上
细砂土	3.0～3.5	2.5	紧密的重亚黏土	1.0	0.25～0.5
亚砂土,较疏松的冲积黏土	2.5～3.0	2.0	砂及砂砾土	1.5	1.0
紧密的亚砂土,轻亚黏土	1.5～2.0	1.5	卵石	1.25	1.0
黄土,中亚黏土	1.5	0.5～1.0	风化岩石及软弱岩石	0.25～0.5	0.25
紧密的黄土,重亚黏土	1.0～1.5	0.5～0.75	未风化的坚硬岩石	0.1～0.25	0

注：此表适用于边坡高度小于 1.0m 的条件下。

对于水位变化较大的干渠，由于水面急剧下降引起动水压力加大，产生对边坡的渗透变形因素，在校核边坡稳定时也要考虑。

此外，渠水对边坡和渠底的冲刷，可引起水下边坡角加大和淘空现象，也降低了边坡的稳定性，因而土质边坡渠道，应根据土的类型和性质限制渠水的流速。现将黏性土及无黏性土的允许（不产生冲刷）平均流速值列于表 18-7 及表 18-8 中。

表 18-7　黏性土的允许（不冲刷）平均流速表

土的名称	ε:1.2～0.9 γ:11.8kN/m³				ε:0.9～0.6 γ:11.8～16.3kN/m³				ε:0.6～0.3 γ:16.3～20kN/m³				ε:0.3～0.2 γ:20～21kN/m³			
	水流平均深度/m															
	0.4	1	2	3	0.4	1	2	3	0.4	1	2	3	0.4	1	2	3
	允许(不冲刷)平均流速/(m/s)															
黏土、亚黏土	0.35	0.40	0.45	0.50	0.70	0.85	0.95	1.10	1.00	1.20	1.40	1.50	1.40	1.70	1.90	2.10
轻亚黏土、亚砂土	0.35	0.40	0.45	0.50	0.65	0.80	0.90	1.00	0.95	1.20	1.40	1.50	1.40	1.70	1.90	2.10
黄土					0.60	0.70	0.80	0.85	0.80	1.00	1.20	1.30	1.10	1.30	1.50	1.70

注：1. 表中流速值不可内插，可采用近似值。
2. 当水深大于 3m 时，允许流速采用水深 3m 时的数值。

表 18-8　无黏性土的允许（不冲刷）平均流速

土的名称	水流平均深度/m					
	0.4	1	2	3	5	≥10
	允许(不冲刷)平均流速/(m/s)					
粉砂土,细砂土	0.15～0.35	0.20～0.45	0.25～0.55	0.30～0.60	0.40～0.70	0.45～0.80
中砂土,粗砂土	0.35～0.65	0.45～0.75	0.55～0.80	0.60～0.90	0.70～1.00	0.80～1.20
小、中砾石土	0.65～0.90	0.75～1.05	0.80～1.15	0.90～1.30	1.00～1.45	1.20～1.75
大砾石土	0.90～1.25	1.05～1.45	1.15～1.65	1.30～1.85	1.45～2.00	1.75～2.30
大、中卵石土	1.25～2.00	1.45～2.41	1.65～2.75	1.85～3.10	2.00～3.30	2.30～3.60
大卵石土	2.00～3.50	2.40～3.80	2.75～4.30	3.10～4.65	3.30～5.00	3.60～5.40
小漂石土	3.50～3.85	3.80～4.75	4.30～4.90	4.65～5.30	5.00～5.60	5.40～6.00
中、大漂石土			4.95～5.35	5.30～5.50	5.60～6.00	6.00～6.20

注：表中流速值不可内插，可采用近似值。

修建于山坡上的盘山、傍山渠道和山前地带的渠道，常以挖方或半挖方半填方的形式通过。对于这种斜坡型的渠道，首先要评价斜坡本身的稳定性，在此基础上再研究开挖渠道通水后渠道连同斜坡的稳定性评价问题。尤其当斜坡的坡度较陡，坡积层很厚，或斜坡上基岩风化较严重的情况下，由于渠水渗透使附近的岩土体饱水，增加了斜坡自重，并降低其抗剪强度，使稳定性大为下降，而发生斜坡连同其上渠道的整体滑动，见图 18-49。此种现象在我国西北的引洮、引渭工程中都曾发生过。为灌溉和供水目的而修建的渠道，其干渠常位于地形位置较高的山坡或山前斜坡地段，因而此类问题较为突出。

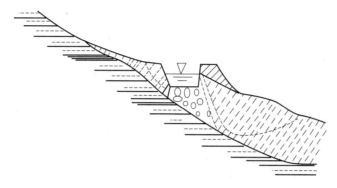

图 18-49　斜坡连同渠道整体滑动示意

18.4.3　黄土区渠道工程的湿陷变形问题

黄土分布区气候比较干旱，为满足城市及工农业用水，常修建一些引水工程，这些工程为当地工农业生产和人民生活用水的需要发挥了很大效益。但是，在湿陷性黄土分布地区的渠系工程，除了同样会产生渠道的渗漏和稳定问题外，还会产生湿陷变形这一特殊工程地质问题。

由国内外一些观测资料可知，黄土地区运河、渠道的湿陷变形特点是在放水以后不久（有时在一二日以内），即在河渠两侧产生许多裂缝，其延长方向与河渠平行，每一条裂缝的长度不等，由数米至数百米，裂缝的宽度由数厘米至 1m 左右。最后形成以渠道线为中心、向两侧逐级抬升的阶梯状湿陷台阶，每级台阶高 0.1～2.5m 不等，台阶可多达十余级。说明渠道中心线附近饱水土层厚度最大，因此湿陷变形最为强烈。湿陷裂缝的深度一般 5～15m。两岸湿陷台阶的宽度可达 80m。这种湿陷变形现象可延续几年之久，而后逐渐消失。但当渠道水文动态发生改变，或渠道加深、加宽时，这种现象仍可重新发生。

由于地质条件和黄土湿陷特性的差异，可划分出四种湿陷变形的形态类型。

（1）对称湿陷变形：在平原、高原、盆地中心、平坦的分水岭台地或宽广阶地的黄土地区，由于黄土层厚度较大，且岩性均匀而形成。

（2）不对称湿陷变形：在山坡、山前斜坡地段、阶地和高原的边缘坡地的黄土地区，由于黄土层厚度不一，岩性比较复杂以及渠道两岸地形起伏不平而形成。

（3）不规则湿陷变形：由于渠水渗到地下后，产生了潜蚀作用，并在黄土层内形成洞穴，之后造成地面塌陷。它实际上是一种黄土"喀斯特"现象。

（4）局部湿陷变形：由于局部地质因素或人为因素形成的碟状湿陷洼地。

对称湿陷变形只造成渠床高程的改变，对渠坡稳定性影响不大，故渠道仍可继续使用。而不对称及不规则湿陷变形则往往引起渠坡及其他渠系工程较大的变形破坏，终致废弃。此外，渠道湿陷变形还可能加剧渠道渗漏。

黄土区渠道工程湿陷变形的防治措施除各种防渗措施外，还可以采用预浸水法、强夯法和土垫层法等。

由以上讨论可知，湿陷变形对黄土区的渠系工程稳定性和正常运行影响极大，故在黄土区修建渠系工程时，应对黄土的地质成因、土体结构、厚度及湿陷性特征等进行研究，并进行湿陷等级的小区域划分，预测湿陷变形量，为工程设计和防治措施提供依据。

18.5　水利水电工程地质勘察要点

工程地质勘察是水利水电工程建设的基础工作，其主要任务是：查明建设地区的工程地质条件，分析有关的工程地质问题并做出确切的结论，为规划、设计及施工提供可靠的地质依据，以便充分地利用有利的地质因素，避开或改造不利的地质因素。

与其他类型工程建筑的勘察工作一样，水利水电工程地质勘察也是分阶段进行的，且应与设计阶段相适应。

我国在 20 世纪 60 年代中期以前，水利水电工程地质勘察阶段基本上袭用苏联的规定，划分为流域规划、初步设计、技术设计和施工设计四个阶段。70 年代中期，在总结 20 多年勘察实践经验的基础上，制定了 1978 年水利电力部颁发的《水利水电工程地质勘察规范》（SDJ14—78，试行），将勘察阶段划分为规划选点、初步设计和施工图设计等三个阶段，并把初步设计阶段再分为一、二两期。1999 年制定的规范《水利水电工程地质勘察规范》（GB 50287—99）将勘察阶段划分为规划、可行性研究、初步设计和技施设计等四个阶段。下面分述各个阶段工程地质勘察的任务和勘察要点。

18.5.1　规划阶段的工程地质勘案

此阶段的任务是了解规划河流或河段的区域地质和地震概况，了解各梯级水库、坝址、长引水线路（大于 2km 的隧道或渠道）的工程地质条件和工程地质问题，分析建库、建坝等的可能性，掌握天然建筑材料的赋存情况，对河流开发方案和水利水电近期开发工程选择进行地质论证，提供所需工程地质资料。并提出选定的近期开发工程可行性研究阶段工程地质勘察的方案或意见。

勘察工作的深度要求如下。

对区域地质和地震，应搜集和分析已有各类最新地质资料，查明区域地形地貌、岩组特点和分布、区域构造情况和含水层、隔水层情况，编绘满足规划方案需要的规划河流或河段的区域综合地质图（可选用比例尺 1∶500000～1∶100000）。

对各规划方案的水库、坝址、长引水线路，应搜集和了解地层岩性及岩土工程地质性质、地质构造及区域地震、地貌及物理地质作用、岩土的透水性及相对隔水层分布等资料。根据所掌握的资料，对区域稳定性、环境工程地质、坝基（肩）稳定、地下洞室围岩稳定等主要工程地质问题进行初步分析、评价。

对勘察方法而言，以工程地质测绘为主，辅以物探和轻型勘探工程。对可能近期开发或控制性工程的坝段，可适当布置钻孔，并做少量压水和抽水试验，实验室工作量不大。

在工程地质测绘中，应充分搜集和利用卫片、航片和陆摄照片，进行地质解译，并应重视对已有区域和有关地质资料的研究。各梯级坝址区、库区及引水线路区，需进行工程地质测绘，测绘范围及比例尺列于表 18-9 中。

表 18-9　规划阶段工程地质测绘范围及比例尺要求

测绘地区	测绘范围	比例尺
水库区	水库及分水岭地段,有时还包括邻谷地区	一般情况:1∶100000～1∶50000;可溶岩地区:1∶50000～1∶25000
坝址区	包括各比较坝址、绕坝渗漏的岸坡地段	峡谷区:1∶10000～1∶5000;丘陵平原区 1∶25000～1∶10000
引水线路区	线路两侧各 1km 地带	1∶5000～1∶10000

在选作近期开发或控制性工程地段的勘探工作是比较重要的，应以钻探为主，并辅以坑探。在各梯级坝址地段上一般布置一条垂直河谷的勘探剖面，布置 1～3 个钻孔，近期开发

工程坝址勘探剖面上可布置 3～5 个钻孔，其中河床部位宜为 1～3 个钻孔，两岸各不少于 1 个钻孔或平硐。覆盖层厚度，岩体风化深度和滑动带深度等可利用地面物探方法勘察，且配合以少量钻孔验证。应作少量钻孔压水（或抽水）试验及室内岩土物理力学性质试验和水质简分析。

此阶段应进行各类天然建筑材料的普查工作。

18.5.2　可行性研究阶段的工程地质勘察

可行性研究阶段的勘察，是在规划阶段选定的近期开发工程地段进行，其任务是进行区域构造稳定性研究，对工程场地构造稳定性和地震危险性做出评价，查明与库区、坝址、坝型和其他主要建筑物方案有关的工程地质条件和问题，并做出初步评价，为合理选定坝址、初选基本坝型、工程规模和枢纽布置方式、引水线路方案等进行工程地质论证，提供工程地质资料，进行天然建筑材料初查。并提出初步设计阶段工程地质勘察方案或意见。

此阶段勘察工作的深度要求如下。

对区域构造稳定性研究，应搜集分析坝址周围 300km 范围内的地层岩性、表层和深部构造、区域性活断层、现代构造应力场，重磁异常及地震活动性等资料，进行 Ⅰ，Ⅱ 级大地构造单元和地震区划分，并分析其稳定性；调查坝址周围 20～40km 范围内的区域性断裂及其活动性；进行坝址周围 8km 范围内的坝区专门性构造地质测绘，判定对坝址有影响的活断层，构造地质测绘比例尺宜选用 1∶100000～1∶25000；并进行地震危险性分析及水库诱发地震危险性预测。

对水库区，在查明库区工程地质条件的基础上，对水库的渗漏、浸没、库岸稳定，淤积来源以及诱发地震等问题，进行论证和预测。要特别注意查明近坝地段大坍滑体的分布和大致规模，在岩溶区要分析可能渗漏地段的范围、渗漏形式和主要的渗漏通道，估算渗漏量。在地质构造复杂、新构造活动较明显或地震活动频繁的地区，应配合地震部门，调查活动性断裂的性状和近期活动情况，分析水库诱发地震的可能性。

对坝址区，应查明各比较坝址的工程地质条件，分析主要的工程地质问题，进行比较评价，为坝址的选定提供地质依据。特别要注意软弱夹层的存在，研究它的分布、厚度、产状及工程地质性质。分析其对坝基（肩）或边坡稳定性的可能影响。要查明贯穿坝址区的断裂及软弱结构面，分析它们的组合形式以及对工程的影响。研究河床第四系覆盖层的厚度、成层组合关系及性质；基岩风化层的厚度、分带和风化囊的分布情况。研究岩土体的透水性，相对隔水层的埋深、厚度及延续性；分析坝基和绕坝渗漏条件。在岩溶区，应注意坝基和坝肩范围内岩溶发育的深度，主要岩溶形态的分布、连通和充填情况，分析其对坝基及坝肩稳定、渗漏等的影响。

对引水线路，应对各比较线路方案的工程地质条件和问题进行全面的研究和比较，并选出最优的线路、工程型式和各建筑物的布置方案。要初步查明盘山和傍山渠道的边坡稳定条件，注意强透水层和自重湿陷性黄土的分布。初步评价输水隧洞的围岩稳定性及隧洞进出口的洞脸边坡稳定，对施工涌水进行初步预测。对交叉工程地段的地质条件及岩土的承载力和变形性质，进行初步研究。

本阶段的勘察方法，工程地质测绘仍占有重要地位，勘探、试验工作占有一定的比重，简述如下。

① 工程地质测绘范围应包括各比较方案。水库区可选用比例尺为 1∶50000～1∶10000；对可能威胁工程安全的滑坡和潜在不稳定岸坡可采用更大的比例尺，测绘范围除应包括整个库盆外并应包括：喀斯特区可能存在渗漏通道的河间地块邻谷和坝下游地段；盆地或平原型水库应测到水库正常蓄水位以上可能浸没区所在阶地后缘或相邻地貌单元的前缘；峡谷型水库应测到两岸坡顶并包括两岸及坝址上下游附近的塌滑体泥石流沟和潜在不稳定岸坡分布地

段。坝址区测绘比例尺 1：10000～1：2000，测绘范围应包括：各比较坝址（导流工程和副坝、溢洪道等有关枢纽建筑布置地段）；邻近及与阐明各比较坝址地质条件有关的地段（坝下游危及工程安全运行的可能失稳岸坡）；当比较坝址相距在 2km 及以上时，可分别单独测绘成图；引水线路区的测绘比例尺，隧洞及渠道线路可选 1：25000～1：5000 建筑物场地（如溢洪道）为 1：5000～1：1000，测绘范围应包括隧洞或渠道各比较线及其两侧 300～1000m 地带。

② 各比较坝址应布置适量勘探剖面，其他主要建筑物也应布置必要的勘探工作。库区内影响较大的不稳定岸坡、重点的坍岸和浸没地段，应布置勘探剖面。勘探手段以钻孔为主。在主要勘探剖面线上勘探点间距不应大于 100m，并应注意特殊部位，如河床、坝肩、重大工程地质问题地段等。

③ 枢纽区钻孔基岩段全部做压水试验，大部分钻孔应作综合测井。覆盖层的渗透系数应以单孔抽水试验资料为基础。粉细砂、亚砂土等可能振动液化地基须做标准贯入试验。

④ 系统采取岩土样，测定其物理力学性质指标。重要的软弱夹层必要时应做野外现场试验，软基应做触探试验。河水和地下水应做水质分析与评价。

⑤ 选择有代表性的泉和钻孔进行地下水动态观测，对不稳定岸坡应进行监测。

⑥ 进行天然建筑材料的初查，初查储量不宜小于设计需要量的 3 倍。

18.5.3　初步设计阶段的工程地质勘察

本阶段的勘察最为关键和重要，它是在可行性研究阶段选定的坝址、引水线路等工程场地上进行的，其主要任务是全面查明水库及建筑物区的工程地质条件，进行选定坝型、枢纽布置和其他主要建筑物的轴线、型式、规模及有关的工程处理方案的工程地质论证，预测蓄水后变化，进行天然建筑材料详查，进行地下水动态观测和岩土体稳定性监测。提供建筑物设计所需的各项工程地质资料、数据和建议。

勘察工作的深度要求如下。

水库区，应深入查清所存在的渗漏、浸没、坍岸、不稳定岸坡、水库诱发地震等主要工程地质问题，并做出确切结论。具体要求如下。

① 查明不稳定斜坡的边界条件，尤其要分析近坝大滑坡体在水库蓄水后的稳定问题，滑坡激起的涌浪对枢纽建筑物和坝下游的影响及应采取的防范措施。

② 正常高水位条件下，浸没和塌岸区范围的预测，防治措施。

③ 查明岩溶渗漏地段的渗漏途径和通道，估计渗漏量，确定防渗处理的范围和深度。

④ 对构造复杂、有活动性断裂的地区，或地震基本烈度大于 7 的地区，是否可能产生水库诱发地震的条件做出初步评价，必要时应开始建立和进行断裂活动性或地震的监测。

坝址区，应为最后确定坝轴线、坝型、枢纽总体布置，为初步论证施工方法和工程处理措施，提供地质资料和数据。具体要求主要如下。

① 覆盖层、岩体各风化带、卸荷带的分布、物理力学性质和抗水性等特征，提出坝基开挖深度和有关的处理措施。

② 地基岩土的工程地质性质，分层给出各岩土层的变形模量、压缩系数、允许渗透梯度等参数；粉细砂、亚砂土等的振动液化条件。

③ 对工程有影响的断裂破碎带位置、产状、宽度、性质、构造岩和影响带的物理力学性质、透水性和产生管涌的临界条件，提出处理措施。

④ 岩土体的水文地质结构，各层的渗透系数，集中渗漏带的位置，以及它们对抗滑稳定和管涌、液化等的影响，预测坝基及绕坝渗漏量及基坑涌水量，防渗处理的范围和深度。

⑤ 对混凝土坝或砌石坝，应分段提出岩体的物理力学性质指标。当重力坝或拱坝坝基

（肩）存在有软弱夹层或其他软弱结构面时，应进一步查清其层次、分布、范围、延续性、厚度、起伏差、填充物性状、力学参数及其与其他结构面的组合关系，对坝基（肩）岩体稳定性做出定量评价。

对引水线路，在继续查明工程地质条件的基础上，进行工程地质分段，对主要的工程地质问题进行确切的分析评价，提出渠道各段的开挖边坡值及隧洞各段的强度和变形参数，以及有关工程处理的建议。当渠道通过不稳定斜坡地段时，应查明其分布范围和规模，预测稳定性。在岩溶区，应注意岩溶发育对渗漏的影响。对平原渠道，应特别注意粉细砂、软土、自重湿陷性黄土、强透水层等的分布，预测渠道渗漏损失和渗透稳定、振动液化、两侧浸没、湿陷变形等问题。对输水隧洞，应查明输水隧洞各段围岩的稳定条件，进行强度分类，并给出各项参数。岩溶区的隧洞，应查明岩溶发育的规律和深度，对稳定性的影响；地下水位及岩层的富水性，估算涌水量。查明进出口段边坡稳定性，确定洞脸开挖坡度。深埋隧洞要研究地应力和地热的影响。

在深挖方、高填方段或渡槽、倒虹吸管道等交叉建筑物布置地段，应查明地基和边坡岩土体性质和水文地质条件，提出地基承载力和开挖边坡的数据。预测施工基坑的涌水量。

勘察方法以勘探、试验工作为主，简述如下。

① 进行选定坝址及建筑物区、水库重点防护地段、引水线路重点地段详细的工程地质测绘，其比例尺选择参见表 18-10。

表 18-10 初步设计阶段工程地质测绘范围及比例尺要求

测绘地区		测绘范围	比例尺
水库区	严重渗漏地段	测绘范围应包括可能渗漏通道及其进出口地段凡能追索的喀斯特洞穴均应进行测绘	1：10000～1：2000
	浸没区	可能浸没所在阶地的后缘	城镇地区 1：2000～1：1000 农业地区 1：10000～1：5000
	坍岸区	根据需要确定	城镇地区 1：2000～1：1000 农业地区 1：10000～1：5000
	不稳定岸坡	不稳定岸坡及其有关地段	1：5000～1：1000
坝址区	混凝土坝址区	坝址水工建筑物场地和对工程有影响的地段	一般 1：2000～1：1000 高拱坝坝址可选用 1：500
	土石坝址区	坝址水工建筑物场地和对工程有影响的地段	1：5000～1：1000
	地下洞室	地下式电站厂址以及隧洞进出口、傍山浅埋段、过沟段等地质条件复杂地段	1：2000～1：1000；局部 1：500
引水线路区	渠道	渠道沿线及其建筑物场地和填方渠段	一般 1：10000～1：1000；渠道建筑物场地和填方渠段，1：2000～1：1000
	地面电站和泵站厂址	自压力前池或调压塔至尾水渠等所有建筑物地段	1：2000～1：1000
	溢洪道	自引渠、泄洪闸至下游消能段。以及为论证边坡稳定所需的地段。溢洪道距坝很近时，应与坝址工程地质测绘范围连接	1：2000～1：1000
	通航建筑物	通航建筑物及对工程有影响的地段	1：2000～1：1000

② 尽量采用综合性勘探。勘探剖面线应根据具体地质情况结合建筑物特点布置，应有坝轴线及上下游辅助勘探剖面和一定数量的纵剖面，主要建筑物应有轴线和横向勘探剖面。除帷幕线和控制孔外，一般孔深为 1/3～1/2 坝高，深帷幕线应有完整的渗透勘探剖面，孔

深为 2/3 坝高，并进入可靠隔水层或相对隔水层，大部分钻孔应作测井。大型和重要工程，一般均需布置重型坑探工程及大口径钻孔；有时还需布置河底平硐，以查清河底基岩的地质结构。应在拱坝坝肩不同的高程和方向上布置重型坑探工程，以控制各种滑动结构面及变形影响范围。岩溶区应按需要布置一定数量的控制性深孔。

水库的重点浸没、坍岸地段和影响建筑物安全的近坝不稳定体，需布置纵横勘探剖面。

③ 岩土物理力学性质试验应依照室内试验与野外试验相结合的原则。高坝及重要工程控制建筑物稳定的岩土体，一定要做野外原位试验，可对液化层做室内三轴震动试验。

水文地质试验主要集中在坝基、坝肩和两岸的帷幕线上，以压水及抽水试验为主；对无黏性土、断层破碎带及泥化夹层，还应进行现场或室内管涌试验。

主要工程地质问题可进行专门性试验或地质力学模型试验。

④ 继续进行各个项目的长期观测工作。

⑤ 进行天然建筑材料的详查，详查储量不得少于设计需要量的 2 倍。

18.5.4 技施设计阶段的工程地质勘察

技施设计阶段工程地质勘察是在初步设计阶段选定的水库及枢纽建筑物场地上进行的。本阶段的任务是检验前期勘察的地质资料与结论，补充论证专门性工程地质问题，并提供优化设计所需的工程地质资料，包括以下几方面：

① 进行初步设计审批中要求补充论证的和施工中出现的专门性工程地质问题勘察；

② 提出对不良工程地质问题处理措施的建议；

③ 进行施工地质工作；

④ 提出施工期和运行期工程地质监测内容、布置方案和技术要求的建议，分析施工期工程地质监测资料。

因通过初步设计阶段的勘察，对各具体建筑物的工程地质问题已做出确切的定性、定量评价，所以本阶段主要是对新发现的问题作补充勘察和评价。此外，应查明施工临时建筑工程布置地段和附属建筑地段的工程地质条件，配合设计、施工和科研等有关部门，进行地基处理和其他试验工作，勘察施工用水源地，以及进行选定料场的复查等。

施工地质是对前期勘察成果的检验，对优化建筑物设计与施工均有积极意义。通过编录和观测可校核、验证以前的地质勘察资料、结论和数据，向设计或施工单位预报可能出现的地质作用和问题，以便修改设计或采取有效措施，以保证施工期和运行期的安全和正常工作。必要时，应提出补充勘察工作意见。

勘察方法应根据具体任务、场地条件和初设阶段对该问题的研究深度拟定。

当施工中出现新的地质问题，需要查明其详细情况时，应进行工程地质测绘，比例尺可选用 1：1 000～1：200，并应布置专门的勘探和试验。

应充分利用各种先期施工的开挖面和导洞进行勘察，必要时应重点布置专门性的重型坑探工程和大口径钻孔，以及大型现场试验。应继续进行并完善各项长期观测和监测工作。

最后需要指出的是，上述各勘察阶段适用于一、二等水利水电工程，即大型工程。对于中、小型工程，勘察阶段可适当合并，勘察工作量也相应减小。

思 考 题

1. 简述水工建筑物的类型及特点。

2. 试述水利水电工程地质勘察的意义。

3. 简述不同类型水坝对工程地质条件的要求。

4. 何谓坝基渗漏和绕坝渗漏？如何进行其渗漏量计算？

5. 简述坝基渗透变形的形式及条件。

6. 简述坝基渗透变形预测的一般步骤。

7. 影响坝基、坝肩抗滑稳定的因素有哪些？

8. 水库工程地质问题包括哪几个方面？

9. 简述水库渗漏的类型、特点及形成条件。

10. 简述水利水电工程地质勘察各阶段的勘察要点。

第19章 港口工程

19.1 概述

港口工程的工程地质勘察阶段应按下列原则划分：大中型工程的地质勘察分为可行性研究阶段勘察、初步设计阶段勘察、施工图设计阶段勘察；对于小型工程，工程地质条件简单或熟悉地区的工程，可简化勘察阶段。对发生工程地质事故的工程，应进行补充勘察工作。对于重要工程或地质条件复杂的工程，应总结经验。

19.2 可行性研究阶段勘察

可行性研究阶段勘察应根据工程的特点及其技术要求，通过收集资料、踏勘、工程地质调查、勘探试验和原位测试等，对场地的工程地质条件作出评价，为确定场地的建设可行性提供工程地质资料。

可行性研究阶段勘察应调查研究下列内容。

① 地貌类型及其分布、港湾或河段类型、岸坡形态与冲淤变化、岸坡的整体稳定性；②地层成因、时代、岩土性质与分布；③对场地稳定性有影响的地质构造和地震情况；④不良地质现象和地下水情况。

可行性研究阶段勘察中应收集下列资料。

① 地区和场地的地质图、工程地质图、地质报告和工程地质报告；②地形图和水深图、包括早期施测的图纸、水道和岸线变迁图等；③地震资料；④当地建筑经验；⑤测量控制资料（包括当地理论最低潮面资料）等。

勘探点应根据可供选择场地的面积、形状特点、工程要求和地质条件等进行布置。河港宜垂岸向布置勘探线，线距不宜大于200m，线上勘探点间距不宜大于150m。海港勘探点可按网格状布置，点距200～500m。当基岩埋藏较浅时，宜予加密。勘探点应进入持力层内适当深度，勘探宜采用钻探与多种原位测试相结合的方法（对于影响场地取舍的重大工程地质问题，应根据具体情况布置专门的勘察工作）。

19.3 初步设计阶段勘察

初步设计阶段勘察应能为确定总平面布置、建筑物结构形式、基础类型和施工方法提供工程地质资料。

初步设计阶段勘察工作应根据工程建设的技术要求，并应结合场地地质条件完成下列工作内容：①划分地貌单元；②初步查明岩土层性质、分布规律、形成时代、成因类型、基岩的风化程度、埋藏条件及露头情况；③查明与工程建设有关的地质构造和地震情况；④查明不良地质现象的分布范围、发育程度和形成原因；⑤初步查明地下水类型、含水层性质、调查水位变化幅度、补给与排泄条件；⑥分析场地各区段工程地质条件，推荐适宜建设地段及基础持力层。

初步设计阶段勘察应采用工程地质调查、测绘、钻探和多种原位测试方法。勘探工作应充分利用已有资料，勘探过程中应根据逐步掌握的地质条件变化情况，及时调整勘探点间距深度及技术要求。

布置勘探线和勘探点时应符合下列各项规定。

勘探线和勘探点宜布置在比例尺为 1：1000～1：2000 的地形图上；河港水工建筑物区域，勘探点应按垂直岸向布置，勘探点间距在岸坡区应小于相邻的水、陆域；海港水工建筑物区域，勘探线应按平行于水工建筑长轴方向布置，但当建筑物位于岸坡明显地区时，勘探线、勘探点宜按上条中的规定布置；港口陆域建筑区宜按垂直地形、地貌单元走向布置勘探线，地形平坦时按勘探网布置；在地貌、地层变化处勘探点应适当加密。

根据工程类别、地质条件，可按表 19-1 确定勘探线、勘探点的布置。

表 19-1　初步设计阶段勘察勘探点、勘探线布置

工程类别		地质条件	勘探线间距(m)或条数	勘探点间距/m
河港	水工建筑物区	山区	700～100	≤30
	陆域建筑物区			50～70
	水工建筑物区	丘陵	700～150	≤50
	陆域建筑物区			50～100
	水工建筑物区	平原	100～200	≤70
	陆域建筑物区			70～150
海港	水工建筑物区	岩基	≤50	≤50
		岩土基	50～75	50～100
		土基	50～100	75～200
	港池及锚地区	岩基	50～100	50～100
		土基	200～500	200～500
	航道区	岩基	50～100	50～100
		土基	1～3 条	200～500
	防波堤区	各类地基	1～3 条	100～300
	陆域建筑物区	岩土基	50～150	75～150
		土基	100～200	100～200

注：1. 应根据具体勘探要求、场地微地貌和地层变化、有无不良地质现象及对场地工程条件的研究程度等参照本表综合确定间距数值。

2. 岩基——在工程影响深度内基岩上覆盖层甚薄或无覆盖层；岩土基——在工程影响深度内基岩上覆盖有一定厚度的土层，岩层和土层均可能作为持力层；土基——在工程影响深度内全为土层。

勘探点的勘探深度主要应根据工程类型、工程等级、场地工程地质条件及其研究程度确定。本阶段勘探点分为控制性和一般性两类，对每个地貌单元及可能布置重要建筑物区至少有一个控制性勘探点。勘探点的勘探深度可按表 19-2 确定。

表 19-2　初步设计阶段勘察勘探深度　　　　　　　　　　　　　　　　单位：m

工程类型			一般性勘探点勘探深度	控制性勘探点勘探深度
水工建筑物区	码头船坞船台滑道	万吨级以上	25～50	≤60
		3～5 千吨级	15～25	≤40
		千吨级以下	10～15	≤30
	防波堤区		≤25	≤40
	港池航道区		设计水深以下 2～3	—
	锚地区		3～5	—
	陆域建筑物区		15～30	≤40

注：1. 在预定勘探深度内遇基岩时，一般性勘探点深度达到标准贯入试验击数 $N \geqslant 50$ 处。控制性勘探点深度应钻入强风化层 2～3m。在预定深度内遇到中等风化或微风化岩石时亦应钻入适当深度，采取岩芯判定岩石名称。

2. 经控制性勘探点和已有资料表明，在预定勘探深度内有厚度不小于 3m 的碎石土层且无软弱下卧层时，则一般性勘探点深度达到该层即可。

3. 在预定勘探深度内遇到坚硬的老土层（Q_{1-3}）时，深度可酌减，一般性勘探点达到坚硬的老土层内深度：水域不超过 10m，陆域不超过 4m，控制性勘探点达到坚硬的老土层内深度，应按一般勘探点深度增加 5m。

4. 在预定勘探深度内遇松软土层时，控制性勘探点应加深或穿透松软土层，一般性勘探点应根据具体情况增加勘探深度。

19.4 施工图设计阶段勘察

施工图设计阶段勘察应能为地基基础设计、施工及不良地质现象的防治措施提供工程地质资料。

施工图设计阶段勘察应详细查明各个建筑物影响范围内的岩、土分布及其物理力学性质和影响地基稳定的不良地质条件。应根据工程类型、建筑物特点、基础类型、荷载情况、岩土性质，并结合所需查明问题的特点确定勘探点位置、数量和深度等。施工图设计阶段勘探点的勘探深度可按表19-3确定。对大面积填土堆载区、基岩地区以及为岸（边）坡稳定进行的勘探工作，其勘探深度应根据具体情况确定。港区内勘探线和勘探点宜布置在比例尺不小于1:1000的地形图上，可参照表19-4确定。

表 19-3 施工图设计阶段勘察勘探深度

地基基础类别	建筑物类型		勘探至基础底面（或桩尖）以下深度/m			
			一般黏性土	老黏性土	中密、密实砂土	中密、密实碎石土
天然地基	水工建筑物	重力式码头	≤1.5B	≤B	3～5	≤3
		斜坡码头	斜坡建筑物坡顶及坡身≥15,坡底3.5	3～5	≤2	≤2
		防波堤	10～15	≤10	≤3	≤2
		船坞	≤B	5～8	≥5	3～5
		滑道	同斜坡码头	3～5	≥3	≤3
		船台	10～20	8～10	≤5	≤3
		施工围堰	根据具体技术要求确定			
	陆域建筑	条形基础	6～12	3～5	3～5	≤1
		矩形基础	3～9	≤3	3～5	≤1
桩基	水工建筑物		5～8	3～5	3～5	≤2
	陆域建筑物		3～5	3	2	1.5～2.0
大管桩	水工或陆域建筑物		桩径的3倍			
板桩			桩尖以下3～5			≤2

注：1. B为基础底面的宽度。

2. 本勘察阶段中航道、港池、锚地区的勘探深度与初步设计勘察阶段相同。

表 19-4 施工图设计阶段勘察勘探点、勘探线布置

工程类别			勘探线（点）布置方法	勘探线距或条数		勘探点距或点数		备注
				岩土层简单	岩土层复杂	岩土层简单	岩土层复杂	
码头	斜坡式		按垂直岸线方向布置	50～100m	30～50m	20～30m	≤20m	
	高桩式		沿桩基长轴方向	1～2条	2～3条	30～50m	15～25m	后方承台相同
	栈桥	桩基	沿栈桥中心线	1条	1条	30～50m	15～25m	
		墩基	每墩至少一个勘探点	—	—	墩基尺寸较小至少1个点	墩基尺寸较大至少3个点	
	墩式		每墩至少一个勘探点	—	—	墩基尺寸较小至少1个点	墩基尺寸较大至少3个点	
	板桩式		按垂直码头长轴方向	50～75m	30～50m	10～20m	10～20m	一般板桩前沿点距10m,后沿为20m
	重力式		沿基础长轴方向布置纵断面	1条	2条	20～30m	≤20m	
			垂直于基础长轴方向布置横断面	40～75m	≤40m	10～30m	10～20m	
	单点或多点系泊式		按沉块和桩的分布范围布点			4个点	不少于6个点	

续表

工程类别		勘探线（点）布置方法	勘探线距或条数		勘探点距或点数		备　注
			岩土层简单	岩土层复杂	岩土层简单	岩土层复杂	
修造船建筑物	船坞	纵断面	3～4 条 15～20m	5 条 10～20m	30～50m	15～30m	坞口横断面线距用下限，坞室横断面线距用上限，地质条件简单时坞口布 2 条，复杂时 3 条
		横断面	30～50m	15～30m	15～20m	10～20m	
	滑道	纵式滑道按平行滑道中心线布置	1～2 条	1～2 条	20～30m	≤20m	
		横式滑道按平行滑道中心线布置	2～3 条	3～5 条	20～30m	≤20m	
	船台	按网状布置、斜坡式同滑道	50～75m	25～50m	50～75m	25～50m	
施工图堰		每一区段布置一个垂直于围堰长轴方向的横断面	—	—	每一横断面上布置 2～3 个点		"区段"按岩土层特点及围堰轴向变化划分
防波堤		沿长轴方向	1～3 条	1～3 条	75～150m	≤50m	
土建	条形基础	按建筑物轮廓线	50～75m	25～50m	50～75m	25～50m	土层分布简单时可按建筑物群布置
	柱基	按柱列线方向	30～50m	≤25m	50～75m	≤30m	一条勘探线可控制一至数条柱列线
单独建筑物		每一建筑物不少于 2 个勘探点					如灯塔、油罐系船设备及重大设备的基础等

注：1. 相邻勘探点间岩土层急剧变化而不能满足设计、施工要求时，应增补勘探点。

2. "岩土层简单"及"岩土层复杂"主要根据基础影响深度内（或勘探深度内）岩、土层分布规律性及岩土性质的均匀程度判定。

3. 确定勘探线距及勘探点距时除应考虑具体地质条件外，尚应综合考虑建筑物重要性等级、结构特点及其轮廓尺寸、形状等。

4. 对沉井基础如基岩面起伏显著时，应沿沉井周界加密勘探点。

　　本阶段勘探中除钻取岩土样进行岩土试验外，尚应根据岩土特性及地基基础设计需要选用原位测试方法，划分岩土单元体和确定岩土工程特性指标。当需降低地下水位时，应通过抽水试验或其他野外渗透试验来确定所需的水文地质参数。有地下水位长期观测资料时应结合资料进行分析。

19.5　施工期中的勘察

　　遇下列情况之一时，应进行施工期中的勘察：为解决施工中出现的工程地质问题；地基中有岩溶、土洞、岸（边）坡裂隙发育时；以基岩为持力层，当岩性复杂、岩面起伏大、风化带厚度变化大时；施工中出现的其他地质问题，需作进一步的勘察、检验时。

　　施工期中的勘察应针对需解决的工程地质问题进行布置，勘察方法包括施工验槽、钻探和原位测试等。

19.6　港口工程勘察手段与内容

19.6.1　工程地质调查与测绘

　　对工程地质条件简单的场地仅作地质调查，对工程地质条件较复杂或基岩大面积出露的场地，应进行工程地质测绘。调查与测绘的范围、要求，应在研究已有地质资料基础上，根据工程需要确定。测绘比例尺 1：2000～1：5000 为宜。观测点密度在图上的距离应随工程地质条件而定，一般为 2～5cm。

港口工程地质调查与测绘工作应包括下列内容。

（1）对地貌的调查与测绘

①划分微地貌单元；②判定成因类型；③分析地貌形态与岩土性质、第四系堆积的类型、地质构造；④地下水和地表水的关系；⑤调查河、海动力地质作用对岸线变迁的影响，对附近已经人工整治的岸线调查其整治措施及效果；⑥调查被掩埋的古河道、沟和塘等的分布，填土区的分布范围、填土方法与年代，人工洞穴的位置；⑦量测各类岩土组成的天然和人工边坡的坡高、坡度与坡向。

（2）对地层的调查与测绘

①基岩的地质时代、岩性、风化状态和岩面起伏特征。着重调查研究软弱夹层、泥化层和软弱结构面的性状与分布；②土层的类别、时代、成因、土质与分布规律。着重调查研究特殊土的性状与分布。

（3）对各类结构面的调查 调查与测绘地质构造类型、地层产状、层位关系、软硬岩土层的接触关系，各断裂构造的分布、性状及其与地震活动的关系，收集场地地震烈度和地震效应资料。着重研究各种软弱结构面（层理、节理、片理、断层、岸坡区的卸荷裂隙）及其不利组合对工程建设的影响。

（4）对不良地质现象的调查 研究滑坡、崩塌、潜蚀等的形成原因、分布范围、发育程度、发展趋势等对场地稳定性的影响。有岩溶、土洞发育时，可参照现行国家标准《岩土工程勘察规范》进行调查测绘工作。

（5）对地下水的调查与测绘

①调查地下水的类型、露头位置、含水层性质、埋藏补给与排泄条件，水位变幅及与地表水体水位的动态变化关系，水质污染情况；②岸坡地区着重调查研究地下水活动与不良地质现象发育的关系。

（6）对建筑经验的调查

①收集建筑物变形、地基沉降有关资料；②对场区内已发生的工程地质事故，应调查事故原因、提出并验收防治措施及其效果。

工程地质测绘中，观测点应采用仪器法定位。对地质条件适合的水域，可采用水底地层剖面仪配合探测。对场地的重要地面地质现象，宜绘制草图、素描图或摄影。

应在下列地点布置工程地质测绘观测点：①对有代表性的地貌、地层、地下水露头、地质构造、有关的地质现象等分布处；②岩土层，包括标准层、地貌单元的界线、主要的地质构造线；③不良地质现象发育地点；④露头良好地点，对天然露头不良地区应布置适量的人工露头。

工程地质调查与测绘成果，应由文字报告及下列有关图件组成：①实际材料图；②综合工程地质图或工程地质分区图；③钻孔、探坑、探槽、柱状图与场地综合柱状图；④工程地质剖面图，包括水底地层剖面仪探测成果；⑤反映地质现象的照片、素描图等。

当工程地质调查与测绘工作配合勘探工作进行时，其成果资料可与勘探成果综合整理。

19.6.2   工程地质钻探

钻孔孔位、标高和钻进深度的测定符合下列规定。

① 陆域钻孔可采用经纬仪定位 水域钻孔根据其离岸距离的远近，选用经纬仪前方交会定位、无线电定位、全站型电子速测仪或 GPS 卫星定位。

② 钻孔应按设计孔位施钻。开钻后应测定实钻孔位及标高，并及时核对实钻孔位置及标高的正确性。

③ 水域钻孔的孔口标高及钻进深度的测量允许误差应不大于±10cm。在有潮汐水域施钻时，必须进行多次定时水位观测，按时校正水面标高，计算钻进深度。在水深流急的水域中施钻时，孔口标高应由多次水深测量确定，并用下入水中套管的长度作校核。

水域钻探应在水上钻探平台或钻探船舶上进行。钻探船舶定位抛锚时必须根据水文、气象条件和水域地质，选择锚型、系缆长度、抛锚数量及锚位。岩芯钻探每回次进尺不得超过岩芯管长度的 2/3。

岩芯钻探过程中应对岩样和钻进情况作详细记录，并计算岩芯采取率。必要时尚需记录岩石质量指标。在陆域和水域平台上钻探时，其岩芯采取率应符合表 19-5 标准。当应用钻探船进行水域钻探时，其岩芯采取率可允许适当降低。对于不易取得岩芯的部位，宜采取双层岩芯管钻取岩芯。

表 19-5　岩芯采取率标准

岩　　石	一　般　岩　石	破　碎　岩　石
岩芯采取率	≥80%	≥65%

岩土样品的采取、储运与保存应符合下列规定。

采取原状土样应满足下列要求。

①钻孔采用套管或泥浆护壁。当采用套管时，孔内水位等于或稍高于地下水位；②取样前仔细清孔，并防止对孔底土层的扰动。孔底残留土厚度不大于取土器废土段的长度；③取土过程中土样不得受压、受挤和受扭，土样充满取样筒；④软土采用薄壁取土器，用匀速连续压入法取样，可塑至坚硬状态的黏性土、粉土也可采用厚壁取土器以备有导向装置的重锤少击法取样；⑤原状土样的直径 75～100mm。

原状土样应妥善密封。储运过程中应采取防冻、防晒和防振动等措施。土样应直立安放不得倒置，保存时间不宜超过 3 周。对重要钻孔，可根据需要保存岩土芯样。钻取岩芯的尺寸，应满足试样加工的要求。对需要保持天然湿度的岩芯应立即蜡封。

地下水位的量测和水样的采取应符合下列规定。

①陆域钻孔应测记地下水的初见水位和稳定水位。②量测初见水位和采取水样前采用无循环液钻进。③当需了解地下水动态变化及其与地表水的相关变化时，选择垂岸向勘探线上的钻孔，进行多次同步观测地下水位和地表水位。④存在多层地下水时，根据需要分别测定其地下水位。⑤当需判断地下水对建筑材料的侵蚀性时，应采取水样进行分析。水样采取的要求，储存、分析的项目及评价标准应符合现行国家标准《岩土工程勘察规范》。

钻孔、探坑和探槽的回填符合下列要求。对下列情况应根据具体要求填塞：影响基础安全；影响堤防安全；影响测试与施工；影响耕作；影响交通安全；影响地下水的水质、水量；有可燃气体冒出。回填材料宜就地取材，但应满足回填料规定的技术要求。对影响堤防安全的钻孔，应严格遵守堤防管理部门对钻孔回填的规定，并应做好回填记录。钻探记录必须翔实，数据正确，书写清楚，岩土描述按相关规范执行。

思　考　题

1. 港口岩土工程勘察可分为哪几个阶段，每个阶段的主要勘察内容是什么？
2. 试总结初步设计勘察和施工图设计勘察中勘探点、勘探线布置要求的不同点。
3. 试总结在港口勘察中进行工程地质调查测绘的作用和意义。
4. 在港口工程地质钻探中，岩土样品的采取、储运与保存有何规定？

第 20 章　城市轨道交通

20.1　概述

地下铁道，简称地铁，亦简称为地下铁，狭义上专指在地下运行为主的城市铁路系统或捷运系统；但广义上，由于许多此类的系统为了配合修筑的环境，可能也会有地面化的路段存在，因此通常涵盖了都会地区各种地下与地面上的高密度交通运输系统。绝大多数的城市轨道交通系统都是用来运载市内通勤的乘客，而在很多场合下城市轨道交通系统都会被当成城市交通的骨干。通常，城市轨道交通系统是许多都市用以解决交通堵塞问题的方法。目前所有城市地下铁路仅为客运服务。在战争（如第二次世界大战）时，地下铁路亦会被用作工厂或防空洞。不少国家（如韩国）的地铁系统，在设计时都有把战争可能计算在设计内，所以无论是铁路的深度、人群控制方面，都同时兼顾日常交通及国防的需要。

城市轨道交通中"轻轨"与"地铁"相对应，但是两者又有本质的区别。轻轨是指在轨距为 1435mm 国际标准双轨上运行的列车，列车运行利用自动化信号系统。随着中国城市的发展，一些大中型城市已开通或正在建设地铁和轻轨，普通民众由于对城市轨道交通系统接触较少，认识时间较晚，概念上有些误区。一则认为城市轨道交通中，在地面以下行驶的叫地铁，在地面或高架上行驶的就是轻轨；其次认为轻轨的钢轨重量比地铁轻，这两种认识都是错误的。城市轨道交通分为地铁和轻轨两种制式，地铁和轻轨都可以建在地下、地面或高架上。地铁与轻轨的勘察在很多方面相似，本章中主要对其分为地面上路基、高架线路和桥涵勘察与地下隧道勘察两部分列出。

20.2　路基、高架线路和桥涵勘察

20.2.1　路基勘察

20.2.1.1　路基对道路的影响及其勘察类型

路基指的是按照路线位置和一定技术要求修筑的作为路面基础的带状构造物，路基是用土或石料修筑而成的线形结构物。它承受着本身的岩土自重和路面重力，以及由路面传递而来的行车荷载，是整个公路构造的重要组成部分。为使路线平顺，在自然地面低于路基设计标高处要填筑成路堤，在自然地面高于路基设计标高处要开挖成路堑。路基必须具有足够的强度和稳定性，即在其本身静力作用下地基不应发生过大沉陷；在车辆动力作用下不应发生过大的弹性和塑性变形；路基边坡应能长期稳定而不坍滑。路基勘察包括路基、高路堤、深路堤及支挡建筑物。

20.2.1.2 路基勘察

路基是由填筑或开挖而形成的直接支承轨道的结构，也叫做线路下部结构。路基与桥梁、隧道相连，共同构成一条线路。铁路路基的作用是在路基面上直接铺设轨道结构。因此，路基是轨道的基础，它既承受轨道结构的重量，即静荷载，又同时承受列车行驶时通过轨道传播而来的动荷载（参见路基荷载）。路基同轨道一起共同构成的这种线路结构是一种相对松散连接的结构形式，抵抗动荷载的能力弱。建造路基的材料，不论填或挖，主要是土石类散体材料，所以路基是一种土工结构。

路基勘察要点如下。

① 查明地层结构、土石性质、岩层产状、风化程度及水文地质特征；分段划分土、石可挖性等级；确定路堑边坡坡度；评价路基基底的稳定性。

② 工程地质纵剖面、横剖面上的勘探点，其数量与深度应满足设计需要。

③ 应分段取岩土试样进行物理力学试验，取水样进行水质分析。

20.2.1.3 高路堤勘察

路堤是在天然地面上用土或石填筑的具有一定密实度的线路建筑物，基身顶面高于原地面的填方路基，在结构上分为上路堤和下路堤，上路堤是指路面地面以下的 80～150cm 范围内的填方部分，下路堤是指上路堤以下的填方部分，高路堤一般是指 18～20m 高的路堤。

高路堤勘察要点如下。

① 查明基底地层结构，土、石性质，覆盖层与基岩接触面的形态。查明不利倾向的软弱夹层，并应评价其稳定性。

② 调查地表水汇水面积及地下水活动对基底稳定性的影响。

③ 查明基底和斜坡稳定性，地质复杂地区应布置横剖面。

④ 应分段取岩土试样，进行物理力学试验，并应提供验算基底稳定性的技术参数。

⑤ 应取水样进行水质分析。

20.2.1.4 深路堑勘察

当铺设轨道或路面的路基面低于天然地面时，路基以开挖方式构成，这种路基为路堑。路堑通过的地层，在长期的生成和演变过程中，一般具有复杂的地质结构。路堑边坡处于地壳表层，开挖暴露后，受各种条件与自然因素的作用，容易发生变形和破坏，应慎重对待，深路堑一般指挖方边坡高度大于 20m 的路堑。

深路堑勘察要点如下。

① 查明地貌、植被、不良地质现象和特殊地质问题。调查沿线天然边坡、人工边坡的工程地质条件。

② 岩质边坡应查明岩层性质、厚度、成因、节理、裂隙、断层、软弱夹层的分布、风化破碎程度，主要结构面的类型、产状及充填物。

③ 松散地层边坡应查明土层厚度、地层结构、成因类型、密实程度及下伏基岩面形态和坡度。

④ 查明地下水类型、水位、水压、水量、补给和动态变化。评价岩土透水性及地下水出露情况对路堑边坡及地基稳定性的影响。

⑤ 进行岩土物理力学试验和软弱面抗剪试验，提供边坡稳定性计算参数。

⑥ 提出边坡最优开挖坡形和排水措施，边坡坡度允许值应按表 20-1、表 20-2 的规定执行。

⑦ 调查雨期、暴雨量及雨水对坡面、坡脚的冲刷和地震对坡体稳定性的影响。

⑧ 勘探点间距不宜大于 50m，遇有软弱夹层或不利结构面时，勘探点可适当加密。孔

深应探明软弱层厚度及软弱结构面产状，且应穿过潜在滑动面并深入稳定地层内 2～3m。

表 20-1　岩石边坡坡度允许值（高宽比）

岩石名称	风化程度	边坡高度/m		
		<10	10～20	20～30
1. 各种岩浆岩	微风化	直立～1:0.1	1:0.1～1:0.2	1:0.1～1:0.2
2. 厚层灰岩硅（铁）质砂砾岩	中等风化	1:0.1～1:0.2	1:0.1～1:0.3	1:0.2～1:0.4
3. 片麻岩石英岩大理岩	强风化	1:0.2～1:0.3	1:0.2～1:0.4	1:0.3～1:0.5
1. 中薄层砂砾岩	微风化	1:0.1～1:0.2	1:0.1～1:0.3	1:0.2～1:0.4
2. 中薄层灰岩	中等风化	1:0.2～1:0.3	1:0.2～1:0.4	1:0.3～1:0.5
3. 较硬板岩、片岩、泥岩	强风化	1:0.3～1:0.4	1:0.3～1:0.5	1:0.3～1:0.75
1. 薄层砂页岩互层	微风化	1:0.2～1:0.3	1:0.3～1:0.4	1:0.3～1:0.5
2. 板岩片岩泥岩	中等风化	1:0.3～1:0.4	1:0.3～1:0.5	1:0.5～1:0.75
	强风化	1:0.4～1:0.5	1:0.5～1:0.75	1:0.75～1:1.0

表 20-2　土质边坡坡度允许值（高宽比）

土的名称	密实度或状态	边坡高度/m	
		<8	8～15
碎石土	密实	1:0.35～1:0.5	1:0.5～1:0.75
	中密	1:0.5～1:0.75	1:0.75～1:1.0
	稍密	1:0.75～1:1.0	1:1.0～1:1.25
粉土	Sr≤0.5	1:0.75～1:1.0	1:1.0～1:1.25
黏性土	坚硬	1:0.5～1:0.75	1:0.75～1:1.0
	硬塑	1:0.75～1:1.0	1:1.0～1:1.25
	可塑	1:1.0～1:1.25	1:1.25～1:1.5

20.2.1.5　支挡建筑物勘察

支挡建筑物主要是阻止其后岩土体坍滑，保护与收缩边坡等功能。在路基工程中，支挡建筑物常用来防止路基填土或挖方坡体变形失稳，克服地形限制或地物干扰，减少土方量或拆迁和占地面积。支挡建筑物主要分为 3 类：①抗滑桩，②轻型支挡结构，③桩板式挡墙。抗滑桩分为全埋式桩、悬臂式桩和预应力锚索；轻型支挡结构包括：锚杆挡土墙、锚定板挡墙、加筋土挡墙、土钉墙和短卸荷板式挡土墙；桩板式挡土墙是由钢筋混凝土组成的挡土结构，桩之间一般用挡土板维持岩（土）体稳定。

支挡建筑物勘察要点如下。

① 查明支挡地段地貌地质及不良地质现象和特殊地质问题，判定其稳定状态。

② 查明基底的地层结构及岩土性质，提供地基承载力。对路堑挡土墙应提供墙后岩土物理力学指标。

③ 查明支挡地段水文地质条件，评价地下水对支挡建筑物的影响，提出处理地下水措施，并取水样进行水质分析。

④ 查明地基与被支挡岩土体的地质条件，按其复杂程度可适当增减勘探孔，但不得少于 3 个，孔深应穿过潜在滑动面并深入稳定地层内 2～3m。

20.2.2　高架线路勘察

高架线路是指用构筑物支承，架设在地面以上的公共交通线路。高架线路不同于一般的桥梁，有其单独的勘察过程。

20.2.2.1　选址阶段的工程地质勘察要点

选址勘察应了解选择高架线路方案的工程地质条件和影响高架线路方案的主要工程地质问题，其工作应符合下列规定。

① 选址勘察以搜集资料为主，每地貌单元或每公里内应有勘探资料，初步了解区域地

质、水文地质条件，对线路通过地区的工程地质条件进行初步评价。

② 对控制线路方案的地段，应了解地层、岩性、构造、水文地质及不良地质现象和特殊地质问题，并进行可行性评价。

20.2.2.2　初步勘察阶段工程地质要点

初步勘察应在选址勘察基础上，进一步查明初定方案沿线的水文地质、工程地质条件。其主要内容应符合下列规定。

① 查明沿线的地形、地貌、地层、岩性、构造及水文地质对高架线路方案的影响。

② 查明不良地质、特殊地质的成因、类型、性质和范围，预测其发生和发展趋势及对高架线路危害程度和影响。

③ 查明沿线岩土的分类、密实程度、含水特征、物理力学性质，初步确定地基承载力并提出基础埋深意见。

④ 高架线路重点地段每 $100\sim200m$ 应布置一个勘探孔，查明墩台地质情况，并初步提出基础类型意见。

⑤ 取水样进行水质分析，取岩、土样进行物理力学试验。

20.2.2.3　详细勘察阶段工程地质要点

详细勘察应根据初步设计方案进行勘察。应详细查明沿线工程地质、水文地质条件，提出编制施工设计所需的工程地质资料。详细勘察应包括下列内容：

① 应查明高架柱基地层分布、埋藏条件，溶洞、土洞、人工洞穴、采空区等不良地质现象，地下管网和地基中的有害气体。提供岩土、物理力学性质及有关技术参数，并应对柱基的稳定性作出评价提出基础处理措施。

② 查明沿线水文地质条件，进行水文地质试验，确定施工设计需要的水文地质参数，提出控制地下水措施，判定地下水、地表水对混凝土和金属材料的腐蚀性。

③ 对各类柱基持力层、单桩承载力，提出建议。

④ 当抗震设防烈度等于或大于 7 度时，应判别地基土液化势，并应对柱基设防提出建议。

⑤ 勘探点数量应满足编制详细工程地质纵剖面图的要求。地质简单的直线柱基地段，每 $3\sim4$ 柱基布置一个勘探点。地质复杂、高架线路为曲线以及大跨越地段，每个柱基应布置勘探点，并应进行原位测试。

⑥ 勘探点深度应满足下列要求：当基础置于无地表水地段时，应穿过最大冻结深度达持力层以下；当基础置于地表水水下时，应穿过水流最大冲刷深度，并达到持力层以下；当第四系覆盖层较薄时，应根据上部荷载的要求，结合基岩性质和风化带的强度确定。

⑦ 测定有关技术参数和具有特殊要求的钻孔，可配合物探测井，其数量与孔深应根据需要确定。

20.2.3　桥涵勘察

桥涵勘察主要包括两部分内容：①小桥、涵洞勘察；②中桥、大桥、特大桥、跨线桥勘察。

20.2.3.1　小桥、涵洞勘察

小桥、涵洞勘察要点如下：

① 查明地貌、地层、岩性、地质构造、天然沟床稳定状态、隐伏的基岩斜坡、不良地质和特殊地质。

② 查明小桥、涵洞地基水文地质条件，必要时进行水文地质试验，提出地下水参数并取水样进行水质分析。

③ 每座小桥、涵洞根据地形、地质复杂程度，勘探点可定为 $1\sim3$ 个。各类土层应取样

进行物理力学试验。

　　④ 基础置于土中的小桥、涵洞勘探深度，可按表 20-3 确定。

　　⑤ 资料编制包括工程地质说明、桥址工程地质纵剖面图或涵洞轴向工程地质纵剖面图及勘探、测试资料。

表 20-3　小桥涵洞勘探深度　　　　　　　　　　　　　单位：m

工程类别 \ 土的名称	碎石类土（角砾土、圆砾土、碎石土、卵石土）	砂类土及黏性土	流塑状态黏性土及饱和粉细砂软土等
涵洞	3～6	4～8	8～15
小桥	4～8	6～12	12～20

　　注：1. 勘探深度应由地面或新开挖地面算起。
　　　　2. 箱形桥的勘探深度，可按涵洞要求适当加深。

20.2.3.2　中桥、大桥、特大桥、跨线桥勘察

　　对于桥梁总长（两桥台台背前缘间距离）L_1 大于 30m 小于 100m，且计算跨径（桥梁结构两支点间的距离）L 大于等于 20m 小于 40m 的桥梁，称为中桥；L_1 大于 100m 小于 500m，L 大于 40m 小于 100m 的桥梁，称为大桥；L_1 大于等于 500m，L 大于等于 100m 的桥梁，称为特大桥；跨越铁路线、公路线（立交桥）等，称之为跨线桥。

　　中桥、大桥、特大桥、跨线桥勘察要点如下。

　　① 桥渡位置应选在工程地质条件较好的地段。

　　② 查明桥渡区的地形、地貌、地层、岩性、地质构造及岸坡稳定性，查明断层破碎带及活动情况，查明墩台范围内有无软弱夹层提出地基稳定性评价及处理意见。

　　③ 查明土层成因类型、物质成分、结构特征、密实度、含水程度及下伏基岩面的形态。

　　④ 基明桥渡区不良地质、特殊地质范围及对墩台稳定的影响提出工程措施建议。

　　⑤ 查明墩台及调节建筑物基底岩土的物理力学性质，确定地基承载力。

　　⑥ 查明桥渡区水文地质条件主地基地渗透性，预测基坑可能出现涌水、流砂、液化等情况。

　　⑦ 黏性土和岩石应取样进行试验，砂类土地基应判别液化势。

　　⑧ 地表水及地下水应取样进行水质分析，并应提供地下水参数。

　　⑨ 每个墩台宜有一个钻孔当地质条件复杂时每个墩台可有 2～5 个钻孔。

　　⑩ 钻孔深度宜按表 20-4 确定。

表 20-4　钻孔深度表　　　　　　　　　　　　　单位：m

地层 \ 基础类别 钻孔深度	细砂、粉砂、黏性土	碎石类土、砾沙、粗沙、中沙
桩基	25～35	15～30
扩大基础	15～20	10～15

　　注：1. 深度应由地面或新开挖地面算起，遇特殊情况可适当增减。
　　　　2. 对岩质地层，风化层不厚时，应穿透透风化层至完整岩面下 2～3m 抗冲刷较差的岩层应适当加深。

20.3　地下隧道勘察

　　由于城市的不断扩大和发展，市内地面运输已经不能满足交通要求，修建地下铁道成为最有效的手段之一。地下隧道现有的施工方法主要是：明挖法和暗挖法。

20.3.1　地下隧道明挖法勘察

　　明挖法指的是先将隧道部位的岩（土）体全部挖除，然后修建洞身、洞门，再进行回填

的施工方法，包括：放坡开挖、支护开挖和盖挖法。

在隧道开挖施工前进行岩土工程勘察，应取得：①线路平面图、隧道结构平面图和剖面图；②隧道结构类型、荷载、预埋深度及有关基础的设计方案；③施工方案；④施工方法所需要的场地环境条件、工程地质、水文地质、不良地质及特殊地质等资料以及岩土工程设计参数。勘探取样、原位测试及室内试验条件应与设计方案、施工工艺及运营时期的现场实际应力状态、地下水动态变化等相适应。

明挖法的岩土工程勘察应提出埋设隧道适宜地层、埋设深度及其平面位置的建议。

20.3.1.1　边坡开挖勘察

边坡开挖勘察要点如下：

① 场地岩土种类、成因、性质及软弱土夹层、粉细砂层分布。在覆盖层地区应查明上覆地层厚度、下伏基岩产状、起伏及其坡度。

② 场地不良地质现象、特殊地质问题及古河道、地下洞穴、古文物等，并应判明有无可液化层。

③ 地下水类型、水位、水量、流向，岩土渗透性、上层滞水及其补给源，地下水动水压力对边坡稳定的影响，水质对混凝土及金属材料的腐蚀性。

④ 岩土物理力学性质，软弱结构面抗剪强度及边坡稳定性计算所需技术参数。

⑤ 确定人工边坡最佳开挖坡形和坡角平台位置及其边坡坡度允许值并应符合表 20-1、表 20-2 的规定。

⑥ 场地附近既有建筑物基础类型、埋深与地下设施现状，并对坡顶与既有建筑基础间的安全距离作出评价。

⑦ 放坡开挖勘察范围应扩大到可能发生边坡滑体以外，勘探深度不宜小于基坑深度的 2 倍。

20.3.1.2　支护开挖勘察

在基坑开挖深度大于自然稳定临界深度或放坡条件受限制时，应设置挡土结构支护，在挡墙支护稳定后继续开挖。

支护开挖勘察要点如下：

① 场地岩土种类、成因、性质及软弱土夹层、粉细砂层的分布。在覆盖层地区应查明上覆地层厚度、下伏基岩产状、起伏及其坡度。

② 场地不良地质现象、特殊地质问题及古河道、地下洞穴、古文物等，并应判明有无可液化层。

③ 地下水类型、水位、水量、流向，隔水层、含水层分布及其渗透性，上层滞水及其补给源，水质对混凝土及金属材料的腐蚀性。

④ 基坑内、外产生水头压差，对粉细砂层、粉土层的潜蚀、管涌、浮托破坏的可能性作出评价。

⑤ 根据支护开挖工程特点应提供重力密度、黏聚力、内摩擦角、静止侧压力系数、基床系数、回弹模量、弹性模量及渗透系数等岩土参数。

⑥ 支护开挖根据土的性质、工程类别和施工方法可分别采用不固结不排水剪、固结不排水剪和固结排水剪试验。

⑦ 判断基坑开挖人工降低地下水位的可能性，提供地下水参数。由于降低水位对基底、坑壁以及地面建筑的稳定进行预测与评价。

⑧ 场地附近既有建筑物基础类型、基础埋深、地下设施现状及评价对明挖施工影响的承受能力。

20.3.1.3　盖挖法勘察

盖挖法是由地面向下开挖至一定深度后，将顶部封闭，其余的下部工程在封闭的顶盖下进行施工。主体结构可以顺作，也可以逆作。在城市繁忙地带修建地铁车站时，往往占用道路，影响交通当地铁车站设在主干道上，而交通不能中断，且需要确保一定交通流量要求时，可选用盖挖法。

盖挖法勘察部分与支护开挖勘察相同，此处不做重复阐述，仅对盖挖法中特有的内容进行补充，包括：地下连续墙、护坡桩与大直径中间桩。

（1）地下连续墙及护坡桩勘察要点

① 盖挖中地下连续墙及护坡桩应提供：土的重度、黏聚力、内摩擦角、压缩模量、无侧限抗压强度、基床系数等设计参数及静水头高度。

② 对基坑抗倾覆的整体稳定性、抗隆起和抗管涌的稳定性及地下水浮托应进行预测与评价。

③ 应查明墙端、桩端持力层及隔水层位置、厚度。

（2）大直径中间桩勘察要点

① 应查明桩基持力层及下卧软弱土层的埋深、厚度、性状及其变化。

② 当采用基岩作为桩基持力层时，应查明基岩岩性、构造、风化程度及厚度，并应取岩样进行饱和单轴抗压强度试验。

③ 应估算桩的端承、摩阻力。

④ 计算桩基沉降的勘探孔，深度应超过桩端以下压缩层计算深度，并应取样试验确定变形计算参数。

⑤ 相邻勘探孔的持力层层面高差大于 1m，或岩土条件复杂时，勘探点可适当加密。

⑥ 车站中间桩、中柱基桩或大型十字桩等大直径钻孔灌注桩的控制性勘探孔，其深度应达到持力层以内不少于 3 倍桩端直径，且不少于 5m，一般勘探孔深应达到桩端以下 2～3m。

20.3.2　地下隧道暗挖法勘察

隧道及地下建筑工程施工时，须先开挖出相应的空间，然后在其中修筑衬砌。施工方法的选择，应以地质、地形及环境条件以及埋置深度为主要依据，其中对施工方法有决定性影响的是埋置深度。埋置较浅的工程，施工时先从地面挖基坑或堑壕，修筑衬砌之后再回填，这就是明挖法。当埋深超过一定限度后，明挖法不再适用，而要改用暗挖法，即不挖开地面，采用在地下挖洞的方式施工。适用于城市中不能采用明挖法施工的地方，亦适用于松散层及含水松散层地层。

隧道的地质勘察首先应查明水文地质条件及其有关参数，分析评价可能产生的后果，提出建议；在复杂含水地层中，应加密勘探点，查明地层中有无古河道或使开挖面产生突发性涌水及坍塌的含水透镜体，并提供地质剖面；其次，提供必选采用矿山法或盾构法施工所需的地层稳定性的特征指标及有关参数；最后，钻孔取样进行土工试验，试验中的应力状态应与施工过程中相接进。本节中主要对矿山法和盾构法施工隧道过程中的勘察进行说明，并对岩土加固工程勘察进行说明。

20.3.2.1　矿山法隧道施工勘察

矿山法指的是用开挖地下坑道的作业方式修建隧道的施工方法。矿山法是一种传统的施工方法。它的基本原理是，隧道开挖后受爆破影响，造成岩体破裂形成松弛状态，随时都有可能坍落。基于这种松弛荷载理论依据，其施工方法是按分部顺序采取分割式的开挖，并要求边挖边撑以求安全，所以支撑复杂，木料耗用多。随着喷锚支护的出现，使分部数目得以减少，并进而发展成新奥法。

（1）矿山法隧道施工前应提供解决下列工程问题的资料

①选定隧道轴线位置；②确定洞口位置或明、暗挖施工的分界点；③开挖方案及辅助施

工方法的必选；④衬砌类型及设计；⑤开挖设备的选型及设计；⑥施工组织设计；⑦不良地质条件下施工和运营中的工程问题预测；⑧环境保护。

（2）矿山法隧道施工的勘察应查明下列围岩条件及形态

①滑坡等活动性围岩；②构造破碎带；③含水松散围岩；④膨胀性围岩；⑤岩溶现状；⑥可能产生岩爆的围岩；⑦有地热、温泉、有害气体等围岩。当采用弹塑性有限元模型分析围岩稳定性时，应提供描述岩土与结构关系的参数。

（3）矿山法施工浅埋土质隧道的勘察要点

①表层填土的组成、性质及厚度；②隧道通过土层的性状、密实度及自稳性；③上层滞水及各含水层的分布、补给及对成洞的影响，产生流砂及隆起的可能性；④辅助施工方法所需的有关勘察资料；⑤古河道、古湖泊、古墓穴及废弃工程的残留物；⑥地下管线的分布及现状；⑦隧道附近建筑物、构筑物的基础型式、埋深及基底压力等。

（4）矿山法施工隧道的勘察项目（表 20-5）

表 20-5　矿山法施工隧道的勘察项目

项目	勘察内容	项目	勘察内容
地貌	1. 滑坡地貌	力学性质	4. 岩体的弹性模量
	2. 偏压地形		5. 土体的变形模量及压缩模量
地质构造	1. 地层分布、产状		6. 泊松比
	2. 断层、褶层		7. 标贯系数
	3. 岩体结构		8. 静止侧压力系数
岩、土性质	1. 岩土名称、状态		9. 基床系数
	2. 岩相		10. 动弹性模量、动剪切模量
	3. 裂隙	物理性质	1. 含水量
	4. 风化变质		2. 液塑限
	5. 固结程度		3. 黏粒含量及颗分曲线
地下水	1. 地下水类型		4. 密度、孔隙比
	2. 地下水位、水量		5. 围岩的纵横波速、超声波波速
	3. 渗透系数	矿物组成及工程特性	1. 矿物组成
	4. 水质分析		2. 浸水崩解度
力学性质	1. 无侧限抗压强度		3. 吸水率、膨胀率
	2. 抗拉强度		4. 热物理指标
	3. 黏聚力、内摩擦角	其他	围岩分类、土石工程等级、酸碱度

（5）矿山法施工隧道不同情况下所需查明的内容

①当需要采用掘进机开挖隧道时，应查明沿线的地质构造、有无断层破碎带及溶洞等，并应进行岩石抗磨性试验，在含有大量石英或其他坚硬矿物的地层中，应作含量分析。②当采用降低地下水位法施工，地层有可能产生固结沉降时，应进行固结试验。③当采用气压法施工时，可向钻孔内加压缩空气，进行透气试验。④当需要采有冻结法施工时应提供以下参数：地下水流速、地下水含盐量、地层温度、地层的含水量、孔隙比和饱和度、地层的热物理指标。⑤当在市区采用钻爆法施工时，应进行爆破振动检测。

（6）矿山法隧道施工中的勘察

①配合隧道开挖进行围岩岩性的编录。②绘制隧道轴线工程地质纵剖面图及工程地质横断面图。③测试点的地质描述、围岩变形及松动范围量测、现场取样试验。④围岩分类的确认与修正。⑤围岩稳定性分析。⑥施工超前地质预报及变更设计与施工方法的建议。⑦施工地质日志。⑧施工勘察报告。

20.3.2.2　盾构法隧道施工勘察

盾构法是暗挖法施工中的一种全机械化施工方法，它是将盾构机械在地中推进，通过盾构外壳和管片支承四周围岩防止发生往隧道内的坍塌，同时在开挖面前方用切削装置进行土体开挖，通过出土机械运出洞外，靠千斤顶在后部加压顶进，并拼装预制混凝土管片，形成隧道结构的一种机械化施工方法。

（1）盾构法施工隧道前应提供解决下列工程问题的资料

①选定隧道轴线位置；②确定隧道在陆地及江、河、湖、海大水体下的最小覆盖层厚度及其纵断面；③盾构类型及盾构正面支撑、开挖；④盾构施工方法及连通道等附属建筑的施工方法；⑤衬砌结构及竖井等地下结构的设计；⑥不良地质条件下施工阶段和运营中的工程问题预测；⑦辅助施工方法；⑧环境保护。

（2）盾构法施工隧道的勘察，应查明下列复杂地层

①灵敏度高的软土层；②透水性强的松散砂土层；③高塑性的黏性土层；④含有承压水的砂土层；⑤含漂石或卵石的地层；⑥开挖面的软、硬地层。

（3）盾构法施工隧道根据实际情况选定勘察项目，勘察项目见表 20-6。

表 20-6　盾构法施工隧道的勘察项目

项目	勘察内容	项目	勘察内容
地形	丘陵、台地、洼地等	力学性质	4. 泊松比
地层组合	1. 地层分类		5. 静止侧压力系数
	2. 地层构造		6. 标贯击数
	3. 地层中充分洞穴、透镜体及障碍物		7. 基床系数
地下水	1. 地下水位	物理性质	1. 相对密度、含水量、重力密度、孔隙比
	2. 孔隙水压力		2. 颗粒分析（即含砾石量、含砂量、含粉砂量、含黏土量，d_{50}、d_{10} 及不均匀系数 d_{60}/d_{10} 最大粒径砾石形状尺寸硬度）及颗分曲线
	3. 渗透系数		
	4. 流速、流向		3. 液塑限
	5. 水质分析		4. 灵敏度
力学性质	1. 无侧限抗压强度		5. 波速
	2. 黏聚力、内摩擦角	缺氧及有害气体	1. 土的化学组成
	3. 压缩模量、压缩系数		2. 有害气体成分、压力、含量

（4）盾构法施工隧道中需要注意的问题

①当采用降低地下水位法或气压法施工时，应进行固结试验或透气试验。②在含卵石或漂石地层中采用机械化密闭型盾构时，应探明卵石或漂石的最大粒径，当采用破碎方式排土时，应进行破碎试验。③位于饱和软土地层中的隧道，应进行竣工后的后期沉降观测，后期沉降观测期应根据地层特点及当地经验确定。

（5）盾构法隧道施工中的勘察要点

①在盾构试推进阶段或地面变形敏感的地带进行土体变形和地面垂直及水平位移监测。②工作面取样并观测土体移动及涌水量，验证已提供的工程地质和水文地质资料，预报前方地质条件的变化。③观测地下水位的变化。④隧道沉降槽范围的地表下沉和建筑物、构筑物及地下管线的变形观测。⑤采有气压法施工时，随时观察工作面的状态，测定涌水量，并对邻近水井、地下室等进行观测。⑥洞内有害气体含量及环境监测。⑦发生地质异常情况时的调查。

20.3.2.3　隧道岩土加固工程勘察

隧道岩土加固工程一般包括：隧道围岩的整体支护或局部加固补强；地下铁道、轻轨交通的线路、车站及地面建（构）筑物地基的加固处理；受施工影响的既有建筑物和构筑物地基的加固托换；以及基坑开挖时边坡支护或坑底土处理等。岩土加固工程勘察大部分是相同

的，对于岩、土体不相同的在本节后半部列出。

（1）岩土加固工程勘察应配合设计和施工解决下列工程问题　对隧道的围岩进行初期支护，使围岩在施工开挖期间保持稳定；增强地基土的强度；湿陷性土地基的浸水湿陷；地震和动载作用下地基土产生液化或震陷；构筑物承受不均匀荷载造成不均匀变形和过大的结构内力；由于隐伏的基岩滑坡、沟床内泥石流，以及其他不良地质现象引起的桥涵变形；由于地下施工引起地面、建（构）筑物或市政管线变形影响正常使用或破坏；基坑发生潜蚀、涌砂和基底黏性土被冲破或隆起以及边坡失稳；暗挖法隧道出现的涌砂、涌水或坍塌；采用矿山法施工的隧道，不良地质条件造成的围岩失稳；采用盾构法施工的隧道，因遇灵敏度高、软弱黏性土层，透水性强的松散砂质土层或含承压水的砂土层，造成的施工开挖面的失稳；隧道在竣工后渗水造成的结构开裂或地面下沉。

（2）岩土加固工程勘察要点

①搜集和分析已有工程地质与水文地质资料，必要时可进行补充勘察，并应提供稳定或变形分析以及加固设计和施工所需的岩土参数。②在既有建筑物下进行加固时，应详细调查既有建筑物结构、基础类型、埋深以及地基土等情况，搜集被加固建筑物竣工后沉降或变形观测资料。③配合设计进行围岩、边坡或坑底土的稳定性验算以及有关的变形计算，对稳定性和变形量作出评价。④搜集和了解本地区工程加固处理的经验，根据场地地质条件以及稳定和变形分析结果，经过方案比较，提出加固处理的范围以及方案的建议。⑤当场地条件复杂时，可对所选择的加固方法，在施工现场进行试验。⑥分析和评价加固处理给周围环境及邻近建筑物造成的影响并提出减少影响的建议。⑦对在施工过程中出现或可能出现的围岩、边坡、坑底或开挖面坍塌失稳等，根据施工条件提出辅助施工加固措施的建议。⑧对加固处理效果检验和监测提出建议。

（3）岩体加固勘察　岩体加固工程除按照上述岩土体加固勘察的内容进行，还需在这以外，针对岩体特殊情况进行一系列其他的勘察。

① 岩体的加固勘察要点　查明岩体的风化程度、节理发育、裂隙、软弱面或软弱夹层的状况及其组合关系、层状岩层厚度及层间结合程度、围岩体结构特征和完整状态。提供加固设计所需要的岩体的弹性模量、黏聚力、内摩擦角、泊松比、重力密度以及围岩结构面的黏聚力、摩擦系数。

② 岩体围岩稳定性评价中采用工程地质分析与理论计算相结合的综合评价方法　需注意：对于硬质、整体状结构的围岩，宜按弹性理论计算围岩压力，并评价其稳定性。受结构面切割且在洞壁或洞顶产生分离体的岩体，当主要结构面走向平行洞轴且结构面张开或有充填物时，可近分离块体平衡理论评价其稳定性。对受多组结构面切割的层状、碎裂状的硬质围岩，或整体状、块状的软质围岩，可按弹塑性理论进行松动围岩压力计算。对受强烈构造作用、强烈风化的围岩，宜采用松散理论计算松动围岩压力。当洞室穿过膨胀性岩土可能产生膨胀压力、地形地质条件复杂可能产生偏压以及埋深大或地应力高的脆性岩体可能产生岩爆时，围岩压力应专门研究确定。

（4）土体加固勘察　土体加固工程除按照上述岩土体加固勘察的内容进行，还需在这以外，针对土体中存在的特殊情况进行一系列其他的勘察。

土体加固勘察要点如下：

①应查明造成隧道或地面建筑过大不均匀沉降的软弱土层以及坚硬土层的分布规律、厚度变化。②应取土样做室内试验并进行原位测试，必要时可进行载荷试验。③查明地下水位、水量及含水层层位，并测定土层的渗透性、水压。④当隧道周围和建筑物基底下有湿陷性土时，应查明湿陷性土层分布，提供判定场地湿陷类型、地基湿陷等级的湿陷系数与自重湿陷系数，并就消除湿陷性土的范围、措施和方法提出建议。⑤当隧道周围和建筑物基底下

为可液化土层时，应查明可液化土层的厚度与分布，提供液化指数，对液化等级作出评价，并提出抗液化措施的建议。⑥对深基坑边坡支护加固工程，勘察时应查明坑壁和坑底软弱土层、粉细砂层分布情况，提供各土层的有关技术参数，并应经过边坡、坑底土的稳定性验算后，对支护方案以及施工监测项目提出建议。

20.4　勘察报告中的要点

地下铁道、轻轨交通岩土工程勘察报告，应在工程地质测绘、勘探、测试及搜集已有资料的基础上编写，应提供工程场地及沿线邻近地带的工程地质及水文地质资料，并结合工程特点和要求，进行岩土工程分析评价。本章中仅列出城市轨道交通施工勘察中勘察报告编写的要点，一般勘察报告编写见第8章，在此不做复述。

20.4.1　勘察报告中岩土工程分析评价

① 工程场地的稳定性评价。

② 地下工程的围岩分类、围岩压力稳定和变形分析对施工和衬砌方案的建议。

③ 地上工程的地基承载力及变形分析对地基基础设计方案的建议。

④ 不良地质现象及特殊地质条件对工程影响的评价及治理方案的建议在强震区应划分场地土类型和场地类别评价地震液化和震陷的可能性。

⑤ 工程建设对环境影响的预测及其防治对策的建议。

⑥ 地下水对工程的静水压力浮托作用等影响对建筑材料腐蚀性的评价及其防治对策的建议。

20.4.2　勘察报告的基本要求

工程地质测绘、勘探、测试、监测及搜集所得的各项数据和资料，均应整理、检查、分析、鉴定。

（1）初步勘察报告中在满足设计方案比选、确定隧道埋深及施工方法的要求，还需符合以下规定：①确定不良地质现象严重发育区段，评价对工程的影响；②初步划定围岩类别，并对岩土性状进行初步评价；③初步确定地下水的类型、补给、径流和排泄条件，含水层和隔水层的分布，评价地下水对工程的影响；④以线路位置、隧道埋深、施工方法、不良地质现象的防治提出建议；⑤对详细勘察工作的建议。

（2）详细勘察报告中需要满足施工图设计对支护计算、地基计算、涌水量和降水计算及其他设计计算的要求，并且应符合下列规定：①详细划分地层，提供各项设计需要的岩土参数；②详细划定各地段的围岩类别；③提供地下水位及其变化规律，提供含水层的渗透系数，以及地下水对建筑材料的腐蚀性作出评价；④对围岩压力或土压力进行分析评价，对地基基础方案、支护方案、降水或截水方案、不良地质及特殊地质的治理提出建议；⑤对工程施工和运营过程中可能产生的环境地质问题进行预测，提出防治措施的建议。

20.4.3　施工勘察报告要点

针对工程具体情况、施工手段勘察报告中需要对不同问题进行分析评价。

（1）明挖法

①软弱结构面空间分布、特性及其对边坡、坑壁稳定的影响。②岩土压力的计算参数，对岩土压力大小、特点的评价。③岩土透水性或隔水性的评价，对施工排水或截水方案的建议。④放坡开挖合理坡度、坡形、平台位置的建议。⑤深基坑开挖支护方式、支护设计及施工的建议，基坑整体稳定、坑底隆起、坑底突涌、邻近地面沉降可能性的分析评价。⑥地下连续墙持力层、嵌入深度及连续墙施工设备的建议，连续墙槽壁稳定性的评价，中间桩类型的选择，中间桩、护坡桩持力层及嵌入深度的建议，软弱下卧层稳定性的评价。⑦基坑开挖

引起岩土体移动对邻近工程影响的分析评价，并提出防治措施的建议。

（2）矿山法

①在围岩分类的基础上，进行结构面分析，指出冒顶、边墙失稳、洞底隆起、围岩破坏的可能形式和围岩稳定的薄弱部位，并提出防治措施。②对可能出现高地应力地段，进行地应力对工程影响的分析，并建议进行地应力观测。③指出可能涌水地段和突水地段，并提出防治建议。

（3）盾构法

①对盾构选型的建议。②当采用普通盾构时，提出开挖方法、支护方法、辅助施工措施的建议，提出在软硬不均地层中开挖措施及开挖面障碍物处理方法的建议。③当采用密封型盾构时，提出选择排土方式的建议。④根据设计要求，提供岩土压力、水压力、土的颗粒级成及其特征参数，土的渗透系数和透气性等有关参数。⑤提出关于衬砌方案的建议。⑥预估盾构施工，土体固结造成的沉降和地面变形，分析评价地层移动地面变形对邻近工程的影响，提出防治措施。⑦预估出现有害气体的可能性，提出防治措施。

20.4.4 分析工程建设对环境的影响的要点

① 基坑开挖或隧道掘进，引起地面下沉、隆起或水平位移，可能导致对邻近建筑物及地下管线的影响。

② 施工降水导致地下水位变化，出现区域性的降落漏斗，水源枯竭、水质恶化、地面固结沉降、生态失衡的预测并提出防治措施建议。

③ 隧道建成后，在其上部及两侧一定范围内，对新建建筑物、大面积地面积载及其他影响隧道安全施工活动的评价。

④ 工程建成后造成的环境问题评价。

思 考 题

1. 城市轨道交通工程可分为哪些？各自是如何定义的？
2. 高架线路勘察的要点是什么？
3. 地下隧道勘察可分为哪几类？各类勘察可分为哪几个阶段？
4. 城市轨道交通勘察的勘察报告有何要求？

第21章 废物处理工程

21.1 废物处理工程勘察的一般规定

21.1.1 勘察内容和勘察阶段

废物处理工程的岩土工程勘察，应着重查明下列内容。

①地形地貌特征和气象水文条件；②地质构造、岩土分布和不良地质作用；③岩土的物理力学性质；④水文地质条件、岩土和废物的渗透性；⑤场地、地基和边坡的稳定性；⑥污染物的运移，对水源和岩土的污染，对环境的影响；⑦筑坝材料和防渗覆盖用黏土的调查；⑧全新活动断裂、场地地基和堆积体的地震效应。

废物处理工程勘察的范围，应包括堆填场（库区）、初期坝、相关的管线、隧洞等构筑物和建筑物，以及邻近相关地段，并应进行地方建筑材料的勘察。废物处理工程的勘察应配合工程建设分阶段进行。可分为可行性研究勘察、初步勘察和详细勘察，并应符合有关标准的规定。

可行性研究勘察应主要采用踏勘调查，必要时辅以少量勘探工作，对拟选场边的稳定性和适宜性作出评价。

初步勘察应以工程地质测绘为主，辅以勘探、原位测试、室内试验，对拟建工程的总平面布置、场地的稳定性、废物对环境的影响等进行初步评价，并提出建议。

详细勘察应采用勘探、原位测试和室内试验等手段进行，地质条件复杂地段应进行工程地质测绘，获取工程设计所需的参数，提出设计施工和监测工作的建议，并对不稳定地段和环境影响进行评价，提出治理建议。

废物处理工程勘察前，应搜集下列技术资料。

①废物的成分、粒度、物理和化学性质，废弃物的日处量、输送和排放方式；②堆场或填埋场的总容量、有效容量和使用年限；③山谷型堆填场的流域面积、降水量、径流量、多年一遇洪峰流量；④初期坝的坝长和坝顶标高，加高坝的最终坝顶标高；⑤活动断裂和抗震设防烈度；⑥邻近的水源保护带、水源开采情况和环境保护要求。

21.1.2 工程地质测绘及其他规定

废物处理工程的工程地质测绘应包括场地的全部范围及其邻近有关地段，其比例尺，初步勘察宜为 1：2000～1：5000，详细勘察的复杂地段不应小于 1：1000，应着重调查下列内容。

①地貌形态、地形条件和居民区的分布；②洪水、滑坡、泥石流、岩溶、断裂等场地稳定性有关的不良地质作用；③有价值的自然景观、文物和矿产的分布，矿产的开采和采空情况；④与渗漏有关的水文地质问题；⑤生态环境。

在可溶岩分布区，应着重查明岩溶发育条件，溶洞、土洞、塌陷的分布，岩溶水的通道和流向，岩溶造成地下水和渗出液的渗漏，岩溶对工程稳定性的影响。

初期坝的筑坝材料勘察及防渗和覆盖用黏土材料的勘察，应包括材料的产地、储量、性能指标、开采和运输条件。可行性勘察时应确定产地，初步勘察时应基本完成。

21.2　工业废渣堆场勘察

21.2.1　工业废渣堆场勘察的规定和内容

工业废渣场地详细勘察时，勘探工作应符合下列规定。

①勘探线宜平行于堆填场、坝、隧道、管线等构筑物的轴线布置，勘探点间距应根据地质条件复杂程度确定；②对前期坝，勘探孔的深度应能满足分析稳定、变形和渗漏的要求；③与稳定、渗漏有关的关键性地段，应加密加深勘探孔或专门布置勘探工作；④可采用有效的物探方法辅助钻探和井探；⑤隧洞勘察应符合相关规范的规定。

废渣材料加高坝的勘察，应采用勘探、原位测试和室内试验的方法进行，并应着重查明下列内容。

①已有堆积体的成分、颗粒组成、密实程度、堆积规律；②堆积材料的工程特性和化学性放；③堆积体内浸润线位置及其变化规律；④已运行坝体的稳定性，继续堆积至设计高度的适宜性和稳定性；⑤废渣堆积坝在地震作用下的稳定性和废渣材料的地震液化可能性；⑥加高坝运行可能产生的环境影响。

废渣材料加高坝的勘察，可按堆积体规模垂直坝轴线布设不少于三条勘探线，勘探点间距在堆场内可适当增大；一般勘探孔深度应进入自然地面以下一定深度，控制性勘探孔深度应能查明可能存在的软弱层。

21.2.2　工业废渣堆场的岩土工程评价及勘察报告

工业废渣堆场的岩土工程评价应包括下列内容。

①洪水、滑坡、混石流、岩溶、断裂等不良地质作用对工程的影响；②坝基、坝肩和库岸的稳定性，地震对稳定性的影响；③坝址和库区的渗漏及建库对环境的影响；④对地方建筑材料的质量、储量、开采和运输条件，进行技术经济分析。

工业废渣堆场的勘察报告，除应满足一般场地勘察报告的要求外，还应满足下列要求。

①按上文内容，进行岩土工程分析评价，并提出防治措施的建议；②对废渣如高坝的勘察，应分析评价现状和达到最终高度时的稳定性，提出堆积方式和应采取措施的建议；③提出边坡稳定、地下水位、库区渗漏等方面监测工作的建议。

21.3　垃圾填埋场勘察

21.3.1　垃圾填埋场勘察的内容和要求

垃圾填埋场勘察前搜集资料时，除应遵守 21.1 中相关规定外，尚应包括下列内容。

①垃圾的种类、成分和主要特性以及填埋的卫生要求；②填埋方式和填埋程序以及防渗层和封盖层的结构，渗出液集排系统的布置；③防渗衬层、封盖层和渗出液集排系统对地基和废弃物的容许变形要求；④截污坝、污水池、排水井、输液输气管道和其他相关构筑物情况。

垃圾填埋场的勘探测试，除应遵守 21.2 中的相关规定外，尚应符合下列要求。

①需进行变形分析的地段，其勘探深度应满足变形分析的要求；②岩土和似土废弃物的测试，可按《岩土工程勘察规范》相关章节的规定执行，非土废弃物的测试，应根据其种类和特性采用合适的方法，并可根据现场监测资料，用反分析方法获取设计参数；③测定垃圾渗出液的化学成分，必要时进行专门试捡，研究污染物的运移规律。

21.3.2　垃圾填埋场勘察的岩土工程评价及勘察报告

垃圾填埋场勘察的岩土工程评价除应按 21.2 中的相关规定执行外，尚宜包括下列内容。

①工程场地的整体稳定性以及废弃物堆积体的变形和稳定性；②地基和废弃物变形，导致防渗衬层、封盖层及其他设施失效的可能性；③坝基、坝肩、库区和其他有关部位的渗漏；④预测水位变化及其影响；⑤污染物的运移及其对水源、农业、岩土和生态环境的影响。

垃圾填埋场的岩土工程勘察报告，除应符合一般场地勘察报告的要求外，尚应符合下列规定。

①按按上文要求进行岩土工程分析评价；②提出保证稳定、减少变形、防止渗漏和保护环境措施的建议；③提出筑坝材料、防渗和覆盖用黏土等地方材料的产地及相关事项的建议；④提出有关稳定、变形、水位、渗漏、水土和渗出液化学性质监测工作的建议。

思 考 题

1. 试总结工业废渣堆场勘察与一般场地勘察内容和要求的异同点。
2. 试总结垃圾填埋场勘察与一般场地勘察内容和要求的异同点。
3. 如何进行工业废渣堆场的岩土工程评价？
4. 如何进行垃圾填埋场的岩土工程评价？

第22章 核 电 厂

22.1 概述

　　1954 年，苏联建成世界上第一座装机容量为 5MW 的核电站。英国、美国等国也相继建成各种类型的核电站。到 1960 年，有 5 个国家建成 20 座核电站，装机容量 1279MW。由于核浓缩技术的发展，到 1966 年，核能发电的成本已低于火力发电的成本。核能发电真正迈入实用阶段。1978 年全世界 22 个国家和地区正在运行的 30MW 以上的核电站反应堆已达 200 多座，总装机容量已达 107776MW。20 世纪 80 年代因能源短缺日益突出，核能发电的进展更快。到 1991 年，全世界近 30 个国家和地区建成的核电机组为 423 套，总容量为 3.275 亿千瓦，其发电量占全世界总发电量的约 16%。

　　核电厂具有以下优点。①核能发电不像化石燃料发电那样排放巨量的污染物质到大气中，因此核能发电不会造成空气污染。②核能发电不会产生加重地球温室效应的二氧化碳。③核燃料能量密度比起化石燃料高上几百万倍，故核能电厂所使用的燃料体积小，运输与储存都很方便，一座 1000MW 的核能电厂一年只需 30t 的铀燃料，一航次的飞机就可以完成运送。④核能发电的成本中，燃料费用所占的比例较低，核能发电的成本较不易受到国际经济情势影响，故发电成本较其他发电方法为稳定。

　　但同时，核电厂还存在以下缺点。①核能电厂会产生高低阶放射性废料，或者是使用过之核燃料，虽然所占体积不大，但因具有放射线，故必须慎重处理，且需面对相当大的政治困扰。②核能发电厂热效率较低，因而比一般化石燃料电厂排放出更多废热到环境里，故核能电厂的热污染较严重。③核电厂的反应器内有大量的放射性物质，如果在事故中释放到外界环境，会对生态及民众造成伤害。

　　综上所述，核电厂的选址工作对于核电厂的建设来说非常重要。因此，核电厂的勘察工作与一般场地的勘察相比更为详细，要求也更为严格。

　　核电厂岩土工程勘察可划分为初步可行性研究、可行性研究、初步设计、施工图设计和工程建造等五个勘察阶段。

22.2 初步可行性研究勘察

22.2.1 初步可行研究勘察的要求

　　初步可行性研究勘察应以搜集资料为主，对各拟选厂址的区域地质、厂址工程地质和水文地质、地震动参数区划、历史地震及历史地震的影响烈度以及近期地震活动等方面资料加以研究分析，对厂址的场地稳定性、地基条件、环境水文地质和环境地质做出初步评价，提出建厂的适宜性意见。

　　初步可行性研究勘察，厂址工程地质测绘的比例尺应选用 1∶10000～1∶25000；范围应包括厂址及其周边地区，面积不宜小于 4km²。

　　初步可行性研究勘察，应通过必要的勘探和测试，提出厂址的主要工程地质分层，提供岩土初步的物理力学性质指标，了解预选核岛区附近的岩土分布特征，并应符合下列要求。

　　①每个厂址勘探孔不宜少于两个，深度应为预计设计地坪标高以下 30～60m；②应全断

面连续取芯，回次岩芯采取率一般应大于 85%，对破碎岩石应大于 70%；③每一主要岩土层应采取 3 组以上试样；勘探孔内间隔 2~3m 应作标准贯入试验一次，直至连续的中等风化以上岩体为止；当钻进至全风化层时，应增加标准贯入试验频次，试验间隔不应大于 0.5m；④岩石试验项目应包括密度、弹性模量、泊松比、抗压强度、软化系数、抗剪强度和压缩波速度等；土的试验项目应包括颗粒分析、天然含水量、密度、相对密度、塑限、液限、压缩系数、压缩模量和抗剪强度等。

初步可行性研究勘察，对岩土工程条件复杂的厂址，可选用物探辅助勘察，了解覆盖层的组成、厚度和基岩面的埋藏特征，了解隐伏岩体的构造特征，了解是否存在洞穴和隐伏的软弱带。

22.2.2　初步可行研究勘察阶段厂址适宜性评价

核电厂厂址适宜性评价应考虑下列因素。

①有无能动断层，是否对厂址稳定性构成影响；②是否存在影响厂址稳定的全新世火山活动；③是否处于地震设防烈度大于 8 度的地区，是否存在与地震有关的潜在地质灾害；④厂址区及其附近有无可开采矿藏，有无影响地基稳定的人类历史活动、地下工程、采空区、洞穴等；⑤是否存在可造成地面塌陷、沉降、隆起和开裂等永久变形的地下洞穴、特殊地质体、不稳定边坡和岸坡、泥石流及其他不良地质作用；⑥有无可供核岛布置的场地和地基，并具有足够的承载力；⑦是否危机供水水源或对环境地质构成严重影响。

22.3　可行性研究勘察

22.3.1　可行性研究勘察的内容

核电厂可行性研究勘察内容应符合下列规定。

①查明厂址地区的地形地貌、地质构造、断裂的展布及其特征；②查明厂址范围内地层成因、时代、分布和各岩层的风化特征，提供初步的动静物理力学参数；对地基类型、地基处理方案进行论证，提出建议；③查明危害厂址的不良地质作用及其对场地稳定性的影响，对河岸、海岸、边坡稳定性做出初步评价，并提出初步的治理方案；④判断抗震设计场地类别，划分对建筑物有利、不利和危险地段，判断地震液化的可能性；⑤查明水文地质基本条件和环境水文地质的基本特征。

可行性研究勘察应进行工程地质测绘，测绘范围应包括厂址及其周边地区，测绘地形图比例尺为 1:1000~1:2000，测绘要求按《岩土工程勘察规范》有关规定进行。

22.3.2　可行性研究阶段的勘探和测试

本阶段厂址区的岩土工程勘察应以钻探和工程物探相结合的方式，查明基岩和覆盖层的组成、厚度和工程特性；基岩埋深、风化特征、风化厚度等；并应查明工程区存在的隐伏软弱带、洞穴和重要的地质构造；对水域应结合水工建筑物布置方案，查明海（湖）积地层分布、特征和基岩面起伏状况。

可行性研究阶段的勘探和测试应符合下列规定。①厂区的勘探应结合地形、地质条件采用网格状布置，勘探点间距宜为 150m。控制性勘探点应结合建筑物和地质条件布置，数量不宜少于勘探点总数的 1/3，沿核岛和常规岛中轴线应布置勘探线，勘探点间距宜适当加密，并应满足主体工程布置要求，保证每个核岛和常规岛不少于 1 个。②勘探孔深度，对基岩场地宜进入基础底面以下基本质量等级为 Ⅰ 级、Ⅱ 级的岩体不少于 10m；对第四纪地层场地宜达到设计地坪标高以下 40m，或进入 Ⅰ 级、Ⅱ 级岩体不少于 3m；核岛区控制性勘探孔深度，宜达到基础底面以下 2 倍反应堆厂房直径；常规岛区控制性勘探孔深度，不宜小于地基变形计算深度，或进入基础底面以下 Ⅰ 级、Ⅱ 级、Ⅲ 级岩体 3m；对水工建筑物应结合水下地形布置，并考虑河岸、海岸的类型和最大冲刷深度。③岩石钻孔应全断面取芯，每回次岩芯采取率对一般岩石应大于 85%，对破碎岩石应大于 70%，并统计 RQD、节理条数和倾角；每一主要岩层应采取 3 组以上的岩样。④根据岩土条件，选用适当的原位测试方法，测定岩土的特性指标，并可用声波测试方法，评价岩体的完整程度和划分风化等级。⑤在核岛位置，宜选 1～2 个勘探孔，采用单孔法或跨孔法，测定岩土的压缩波速和剪切波速，计算岩土的动力参数。⑥岩土室内试验项目除应符合 22.2 节的相关要求外，还应增加每个岩体（层）代表试样的动弹性模量、动泊松比和动阻尼比等动态参数测试。

22.3.3　可行性研究勘察的地下水调查和评价

①结合区域水文地质条件，查明厂区地下水类型，含水层特征，含水层数量、埋深、动态变化规律及其周围水体的水力联系和地下水化学成分；②结合工程地质钻探对主要地层分别进行注水、抽水或压水试验，测求地层的渗透系数和单位吸水率，初步评价岩体的完整性和水文地质条件；③必要时，布置适当的长期观测孔，定期观测和记录水位，每季度定时取水样一次做水质分析，观测周期不应少于一个水文年。

可行性研究阶段应根据岩土工程条件和工程需要，进行边坡勘察、土石方工程和建筑材料的调查和勘察。

22.4　初步设计勘察

22.4.1　初步设计勘察要求

初步设计勘察应分核岛、常规岛、附属建筑和水工建筑四个地段进行，并应符合下列要求。

①查明各建筑地段的岩土成因、类别、物理性质和力学参数，并提出地基处理方案；②进一步查明勘察区内断层分布、性质及其对场地稳定性的影响，提出治理方案的建议；③对工程建设有影响的边坡进行勘察，并进行稳定性分析和评价，提出边坡设计参数和治理方案的建议；④查明建筑地段的水文地质条件；⑤查明对建筑物有影响的不良地质作用，并提出治理方案的建议。

22.4.2　初步设计核岛地段勘察

初步设计核岛地段勘察应满足设计和施工的需要，勘探孔的布置、数量和深度应符合下列规定。

①应布置在反应堆厂房周边和中部，当场地岩土工程条件较复杂时，可沿十字交叉线加密或扩大范围。勘探点间距宜为 10～30m；②勘探点数量应能控制核岛地段地层岩性分布，并能满足原位测试的要求。每个核岛勘探点总数不应少于 10 个，其中反应堆厂房不应少于 5 个，控制性勘探点不应少于勘探点总数的 1/2；③控制性勘探孔深度宜达到基础底面以下 2 倍反应堆厂房直径，一般性勘探孔深度宜进入基础底面以下 Ⅰ 级、Ⅱ 级岩体不少于 10m。波速测试孔深度不应小于控制性勘探孔深度。

初步设计常规岛地段勘察，除应符合本章 22.1 节的规定外，尚应符合下列要求。

①勘探点应沿建筑物轮廓线、轴线或主要柱列线布置，每个常规岛勘探点总数不应少于 10 个，其中控制性勘探点不宜少于勘探点总数的 1/4；②控制性勘探孔深度对岩质地基应进入基础底面下 Ⅰ 级、Ⅱ 级岩体不少于 3m，对土质地基应钻至压缩层以下 10～20m；一般性勘探孔深度，岩质地基应进入中等风化层 3～5m，土质地基应达到压缩层底部。

22.4.3　初步设计水工建筑勘察

初步设计阶段水工建筑的勘察应符合下列规定。

①泵房地段钻探工作应结合地层岩性特点和基础埋置深度，每个泵房勘探点数量不应少

于2个，一般性勘探孔应达到基础底面以下1～2m，控制性勘探孔应进入中等风化岩石1.5～3.0m；土质地基中控制性勘探孔深度应达到压缩层以下5～10m；②位于土质场地的进水管线，勘探点间距不宜大于30m，一般性勘探孔深度应达到管线底标高以下5m，控制性勘探孔应进入中等风化岩石1.5～3.0m；③与核安全有关的海堤、防波堤，钻探工作应针对该地段所处的特殊地质环境布置，查明岩土物理力学性质和不良地质作用；勘探点宜沿堤轴线布置，一般性勘探孔深度应达到堤底设计标高以下10m，控制性勘探孔应穿透压缩层或进入中等风化岩石1.5～3.0m。

初步设计阶段勘察的测试，除应满足本章22.1节的要求外，还应符合下列规定。

①根据岩土性质和工程需要，选择合适的原位测试方法，包括波速测试、动力触探试验、抽水试验、注水试验、压水试验和岩体静载荷试验等；并对核反应堆厂房地基进行跨孔法波速测试和钻孔弹模测试，测求核反应堆厂房地基波速和岩石的应力应变特性；②室内试验除进行常规试验外，尚应测定岩土的动静弹性模量、动静泊松比、动阻尼比、动静剪切模量、动抗剪强度、波速等指标。

22.5 施工图设计阶段和工程建造阶段勘察

施工图设计阶段应完成附属建筑的勘察和主要水工建筑以外其他水工建筑的勘察，并根据需要进行核岛、常规岛和主要求工建筑的补充勘察。勘察内容和要求可按初步设计阶段有关规定执行，每个与核安全有关的附属建筑物不应少于一个控制性勘探孔。

工程建造阶段勘察主要是现场检验和监测，其内容和要求按《岩土工程勘察规范》第13章和有关规定执行。核电厂的液化判别应按现行国家标准《核电广抗震设计规范》（GB 50267）执行。

思 考 题

1. 试总结核电厂勘察和一般场地勘察的异同点。
2. 核电厂勘察的中心工作是什么？
3. 核电厂可行性研究勘察的主要内容和要求是什么？
4. 请思考核电厂初步设计阶段勘察为何要进行水工建筑物勘察？

参 考 文 献

[1]　中华人民共和国建设部．岩土工程勘察规范（GB 50021—2001），北京：中国建筑工业出版社，2009.

[2]　中华人民共和国建设部．建筑地基基础设计规范（GB 50007—2002）．北京：中国建筑工业出版社，2002.

[3]　中华人民共和国水利部．水利水电工程地质勘察规范（GE 50487—2008）．北京：中国计划出版社，2008.

[4]　中华人民共和国交通部．公路工程地质勘察规范（JTJ 064—98）甲．北京：人民交通出版社，2003.

[5]　中华人民共和国铁道部．铁路工程地质勘察规范（TB 10012—2007）．北京：中国铁道出版社，2001.

[6]　中华人民共和国建设部．建筑抗震设计规范（GB 50011—2001）．北京：中国建筑工业出版社，2002.

[7]　中华人民共和国建设部．湿陷性黄土地区建筑规范（GB 50025—2004）．北京：中国建筑工业出版社，2004.

[8]　中华人民共和国建设部．膨胀土地区建筑技术规范（GBJ 112—87）．北京：中国建筑工业出版社，1987.

[9]　中华人民共和国建设部．高层建筑岩土工程勘察规范（JGJ 72—2004）．北京：中国建筑工业出版社，2004.

[10]　中华人民共和国建设部．建筑桩基技术规范（JGJ 94—2008）．北京：中国建筑工业出版社，2009.

[11]　中华人民共和国建设部．建筑地基处理技术规范（JGJ 79—2002）．北京：中国建筑工业出版社，2002.

[12]　中华人民共和国水利水电．工程岩体试验方法标准（GB/T 50266—99）．北京：中国建筑工业出版社，1999.

[13]　中华人民共和国建设部．土工试验方法标准（GB/T 50123—1999）．北京：中国计划出版社，1999.

[14]　中华人民共和国铁道部．铁路工程特殊岩土勘察规程（TB 10038-2001J 126—2001）．北京：中国铁道出版社，2001.

[15]　中华人民共和国铁道部．铁路工程不良地质勘察规程（TB10027-2001J 125—2001）．北京：中国铁道出版社，2001.

[16]　国家质量监督局，中华人民共和国建设部．地下铁道、轻轨交通岩土工程勘察规范（GB 50307—1999）．北京，2000.

[17]　中国建筑科学研究院．软土地区工程地质勘察规范（JGJ 83—91）．北京，1992.

[18]　张咸恭．工程地质学．北京：北京地质出版社，1964.

[19]　张咸恭．工程地质学（上）．地质出版社，1979.

[20]　张咸恭．工程地质学（下）．地质出版社，1983.

[21]　高大钊．岩土工程勘察与设计．北京：人民交通出版社，2010.

[22]　李智毅，唐辉明．岩土工程勘察．武汉：中国地质大学出版社，2003.

[23]　郭超英，凌浩美，段鸿海．岩土工程勘察．北京：地质出版社，2007.

[24]　高金川，杜广印．岩土工程勘察与评价．武汉：中国地质大学出版社，2003.

[25]　李永乐．岩土工程勘察．郑州：黄河水利出版社，2004.

[26]　张喜发．岩土工程地质勘察与评价．长春：吉林科学技术出版社，1995.

[27]　张倬元．工程地质勘察．北京：地质出版社，1998.

[28]　林宗元．岩土工程勘察设计手册．沈阳：辽宁科学技术出版社，1996.

[29]　黄绍铭，高大钊．软土地基与地下工程．第2版．北京：中国建筑工业出版，2005.

[30]　刘特洪．工程建设中的膨胀土问题．北京：中国建筑工业出版社，1997.

[31]　唐辉明．工程地质学基础．北京：化学工业出版社，2008.

[32]　工程地质手册编委会．工程地质手册．第4版．北京：中国建筑工业出版社，2007.

[33]　郭抗美．工程地质学．北京：中国建材工业出版社，2005.

[34]　张咸恭．工程地质学．北京：地质出版社，1983.

[35]　张咸恭，李智毅，郑达辉，李日国．专门工程地质学．北京：地质出版社，2004.

[36]　王思敬，黄鼎成等．中国工程地质世纪成就．北京：地质出版社，2004.

[37]　张咸恭，王思敬等．中国工程地质学．北京：科学出版社，2000.

[38]　刘佑荣，唐辉明．岩体力学．北京：化学工业出版社，2009.

[39]　刘佑荣．裂隙化岩体力学参数的确定方法．郑州：黄河水利出版社，1998.

[40]　唐辉明，晏同珍．岩体断裂力学理论及工程应用．武汉：中国地质大学出版社，1992.

[41]　谷德振．岩体工程地质力学基础．北京：科学技术出版社，1979.

[42]　李斌．公路工程地质．北京：人民交通出版社，1980.

[43]　孟高头．土体原位测试机理、方法及其规程应用．武汉：中国地质大学出版社，2000.

[44]　王清．土体原位测试与工程勘察．北京：地质出版社，2006.

[45]　张喜发等．工程地质原位测试．北京：地质出版社，1989.

[46]　李相然，宋华山等．公路工程现场勘察与测量技术．北京：人民交通出版社，2003.

[47] 林宗元主编. 岩土工程试验监测手册. 北京，中国建筑工业出版社，2005.

[48] 陈希哲. 土力学地基基础. 北京：清华大学出版社，2002.

[49] 胡聿贤. 地震工程学. 北京：地震出版社，1988.

[50] 殷跃平，张作辰，张开军. 我国地面沉陷现状及防治对策研究. 中国地质灾害与防治学报，2005，16（2）.

[51] 薛群禹，张云，叶淑君. 中国地面沉降及其需要解决的问题. 第四纪研究，2003，23（6）.

[52] 袁道先等. 中国岩溶学. 北京：地质出版社，1994.

[53] 袁道先，蔡桂鸿. 岩溶环境学. 重庆：重庆出版社，1988.

[54] 李瑜，朱平雷，明堂等. 岩溶地面塌陷技术及测试方法. 中国岩溶，2005，24（2）：103-108.

[55] 中国科学院成都地理所. 泥石流论文集. 重庆：重庆大学出版社，1996.

[56] 田连权，吴积善，康志成等著. 泥石流侵蚀搬运与堆积. 成都：成都地图出版社，1993.

[57] KRUMBEIN, W. C. (1941): Measurement and Geological Signification of Shape and Roundness of Sedimentary Particles. -Journal of Sedimentary Petrology, 11, S. 64-72.

[58] CARDER, D. S. (1945): Seismic Investigations in the Boulder Dam Area, 1940-1944, and the Influence of Reservoir Loading on Local Earth-quake Activity. -Bull. Seism. Soc. Am. , 35, S. 175-197.

[59] LOH, H. C. (1954): Internal Stress Gauges for Cementious Materials . -Proc. Soc. Exp. Stress Anal. , II

[60] BAGNOLD, R. A. (1954): The Physics of Blown Sand and Desert Dunes. -265 S. , Methuen, London.

[61] BARDEN, L. (1963) . Stresses and Displacements in a Cross-Anisotropic Soil. -Geotechnique , XII , S. 198-210.

[62] BJERUM, L. , BREKKE, T. L. , MOUM, J. &SELMER-OLSEN, R. (1963): Some Norwegian Studies and Experiences with Swelling Materials in Rock Gouges. -Felsmech. u. Inggeol. , I, S. 23.

[63] CHENEVERT , M. e. (1964): The Deformation Failure Characteristics of Laminated Sedimentary Rocks. -Ph. D. Thesis, Austin, Texas.

[64] CHURCH, H. K. (1965): Seismic Exploration Yields Data. -Engineering News-Record , August.

[65] CAMPBELL, C. V. (1967): Lamina , Laminaset , Bed and Bedset. -Sedimentology, 8, S. 7-26.

[66] BIELENSTEIN, H. U. &EISBACHER, G. H. (1969): Tectonic Interpretation of Elastic Strain Recovery Measurements at Elliiot Lake, Ontario. Mines Branch Research Report R 210, 64s , Ottawa.

[67] CHURCH, H. K. (1970): Soft Rock Versus Hard Rock : New Look at Ripping Costs. -Roads and Streets , October.

[68] BARTON, N. R. (1971): Relationship Between Joint Roughness and Joint Sheer Strength . -Proc. Int. Symp. Rock Mech . , Nancy.

[69] BANKS, D. C. & DE ANGELO, M. (1972): Velocity of Potential Landslides , Libby Dam . -U. S. Army Engineer Waterways Experiment Station , Report to U. S. Army Engineer District . Seattle , Wash.

[70] BARTON, N. , LIEN, R. &LUNDE, J. (1974): Engineering Classification of Rock for the Design of Tunnel Support Rock Mech , 6, S. 189-236.

[71] BIENIAWSKI, Z. T. (1974): Geotechnical Classification of Rock Masses and its Application in Tunneling. -Proc. 3rd Congr. ISRM, S. 27, Denver.

[72] AHORNER, L. (1975): Present Day Stress Field and Seism tectonic Block Movements Along Major Fault Zones in Central Europe. -Tectonophysics, 29, S. 233-249.

[73] BHASKARAN, R. (1975): Variability in Strength and Deformation Characteristics of Anisotropic Clays Symp Recent Developments Analysis Soil Behavior and Application to Geotechnical Structures , Uni. of N. S. W. , Sydney Australia, S. 289.

[74] BIENIAWSKI, Z. T. &ORR, C. M. (1976): Rapid Site Appraisal for Dam Foundations by the Geotechnical Classification. -12e Congr . Grands Barrages, III , S. 483-501.

[75] BAUANN, H. (1981): Regional stress Field and Rifting in Western Europe. In: ILLIES , J. H. (Hrsg): Mechanism of Graben Formation. Tectonophysics, 73, S. 105-111.